U0257583

中国水权制度建设考察报告

THE INVESTIGATION REPORT ON DEVELOPMENTS OF
CHINA'S WATER RIGHT SYSTEM

刘世庆 巨 栋 刘立彬 郭时君 等 著

社会科学文献出版社
SOCIAL SCIENCES ACADEMIC PRESS (CHINA)

序　言

大力推进水权制度建设

　　这是一本经过跋山涉水、深入典型水权案例调查而写成的考察报告。这是作者研究国家社科基金重大项目"我国流域经济与政区经济协同发展研究"所取得的重要成果之一。这个成果结合运用水科学和经济科学的理论和实践，涉猎了流域经济和政区经济协同发展的基本规律，我作为一同跋山涉水的作者，作为全书的第一读者，阅读后深受鼓舞和启发。

　　中国自 1987 年在黄河流域以省、自治区、直辖市为单位实行分水及之后探索水权改革以来，经过 30 多年的试验，取得很大成就。2014 年，水利部又决定在长江、珠江等其他流域推广黄河流域经验，并选择在不同特色地区实行水权交易的试点。这些水利专业的政策举措，经过作者们的深入考察和研究发现，在许多方面，实际上 20 世纪 80 年代以来，中国以产权制度改革为核心的市场化改革已经跨过了工业、农业、服务业等领域，进入了决定人类万物生存、发展、演进的水资源、水资产、水市场的领域。这是中国经济改革和社会发展向现代化迈进的一个重要标志。

　　水是大自然施予地球上人类及各种动植物的特殊物质资源。在人类千百万年的繁衍、进化和发展中，水是，科学家们把水的性质和功能定义为"生命之源"、"生产之要"、"生态之基"。也就是说，地球上一切有生命的物质均源于水，没有水就没有生命。因此科学家们判断，可能存在的外星人，就栖居在宇宙的某个有水的星球。

　　人类要在地球上生存、发展和享受生活，就需要生产各种物质的、精神的产品，而生产这些产品的要素，除人类本身外，就是水。水和其他物质

（如矿产、原油）最大的不同，是供给的可持续性，一年四季，千年万载，地球都有 H 和 O 的元素化合，产生降水的机制，保证了水作为生产要素的永续性。所以水被定义为生产之要，而且是要素中不可或缺的。

人类和各种有生命动植物要在地球上生存、繁衍、进化、发展，必须有良好的生态环境，这个环境主要是水、大气、阳光、土壤等几个方面。水在不同温度下改变着自己的存在形态，大气、土壤的污染与水的污染有密切关系，所以，保持良好的生态环境主要在水。科学家们把水的性质和功能定义为生态之基——基本和基础，是很切实的。

水是流体型的性状，表现为一年四季的降水或降雪。水具有很强的流动性，在不同的气温、海拔下形成冰川、雪山、江河、湖泊、海洋等多种形式。它的承载体是由水的冲刷、水流造物形成的，如江河流域的河道、河床、岸线等构成了大小不等的河流，依靠不同的落差从高处向低处流动。最长的河流可以从地球海拔的最高处流入海洋。如中国长江，源头的海拔6621 米。不可忽视的是，水还有很强的渗透力和沉降力，从而在地面下形成储藏丰富的地下水藏。

大自然施予地球丰富的水，但却不均衡，有的时间多、有的时间少，有的地区多、有的地区少。遇到极端气候还会形成危害人类的洪涝和干旱灾害。为了解决这个矛盾，整个人类的历史，可以说是一个治水的历史。除整治自然河流外，还不断动用大量人力物力建造运河、水坝、水库、水渠、水堰、水塘以至水井，优化水资源配置。90 年代以来中国政府启动的南水北调宏大工程，就是想要在中国大地上构建一个"四横三纵"的水资源优化配置网络。中国在地球上所处的地理位置决定了中国就是一个人多水少的国家，人均拥有的水资源仅为全球人均的 1/4。夏季降水多、冬季降水少，南方水多、北方水少，很不均衡。这种特征，随着人口的增加、经济社会的发展、人民生活水平的不断提高，对生态环境的要求越来越高，水危机越来越明显地摆在中国面前。应对水危机将是中国长期而紧迫的任务。

水是大自然无偿地施予地球上人类和各种生物的物质，但由于地球的陆地归属于不同的称为"领土"的国家，海洋则根据国际规则划分为不同国家的"领海"和共同享用的"公海"。于是在国家间就产生了河流的权属问题。长江是中国的，密西西比河是美国的，权属关系很清晰；欧洲的莱茵河、多瑙河流经几个国家，就必须有明确的国家间的权属界定。在一个国家内，河流的权属无疑是国家所有的。长江是国家的，黄河是国家的，其支流大渡河、渭河同样是国家的。但是许多河流特别是大江大河，要流经许多省、自治区、直辖市，如黄河要流经 9 个省（区、市），不同省（区、市）产水多寡不同，发展进程不同，用水多寡不同，这就提出了所有权与使用权的问题。所有权是国家的。根据经济学的产权理论，在不改变国家所有权的前提下，可由国家赋予各省（区、市）水的使用权。以此类推，一直可以把水的使用权划分到县。

在一个江河流域内各省（区、市）的水权应当怎样划分和确定呢？这是一个很复杂的问题，至今没有科学的方法。我国目前的分水原则是现实为主兼顾发展，同时，在长期对河流的治理、管理和解决河水使用的纷争中发现，经济规模、人口规模、城市规模与用水量有着较紧密的关系，于是，万元 GDP 用水量也成为我国分水中较重要的潜在参考——各省（区、市）无法漫天要价。分水方案是动态的，要根据变化进行调整。如黄河划分水权是1987 年经国务院批准实施的，称为"八七分水"方案。近 30 年来，黄河流域和各省（区、市）情况都发生了很大变化，但因为再划分难度很大，至今没有调整，对各省（区、市）的经济社会发展都产生不同程度的影响。

由于流域中各省（区、市）地形地貌、地域面积、人口数量、上游输入水量、自产水量、经济社会发展用水量有较大差异，因此各地区所分水量差异往往也大，这就需要中央政府加以协调，做出国家的流域分水方案，由各区域遵照执行。

划分水权的目的，是要运用水权制度和水权交换机制，动员广大人民群众全面贯彻落实和提升水对人类社会的"三生"（"生命之源"、"生产之要"、"生态之基"）功能和作用，实现合理用水、节约用水、清洁用水、安全用水、可持续用水的目标。水权制度是江河流域各行政区拥有其区内水的使用权的制度。使用权可以在本区域内和各区域间相互交换，但交换是有偿的。一个区域内的水可划分为三类：生产用水（包括工、农、服务业用水）、生活用水、生态用水。这三类用水（特别是农业、工业用水）是最有交换条件的。在内蒙古鄂尔多斯市，农业用水节约潜力很大，工业新上项目则基本无水可用，难以发展。经过政府有关部门牵线搭桥，双方进行价格协商,农业方面就把部分节约的水卖给工业,卖水得到的钱就用来改造灌溉渠道,用喷灌等现代化方法灌溉,不但把水节约下来了,还省了钱。原来工业有项目,没有水,上不了马,买到农业水后,一下上了 24 个项目。这种水权交换真正做到了工农双赢。河南省平顶山市把南水北调中线分给他们的 2.5 亿立方米水拿出 2200 万立方米,以每立方米 0.87 元的价格卖给本省的新密市,解决了新密市用水不足的问题。表面上看是钱的问题,实际上是把水省下来了。这两个例子告诉我们,建立水权制度和水权有偿交换机制是一个很好的方法,在某种程度上比建调水工程还重要。

建立水权制度和水权有偿交换机制有许多学问,我希望水利部门、水科学研究部门、经济学研究者、产权、物权研究者等,独立或联合研究这个问题,写一本水权经济学出来,编一本水权制度建设规章制度出来,立一本水权建设和水权交易法规出来。用这三本书,培训全国七大流域成千上万这方面的人才,我国水资源的优化配置,区域性、全国性水网建设,现代化用水、节水事业的发展,绿色江河流域建设,水生态的保护等等,就会飞速发展了。我作为一个老社科工作者愿意参加这方面的工作。

林　凌

2015 年 12 月

目　　录

第一篇　总　论

第二篇　中国实践

第三篇 世界经验

第四篇 未来展望

第一篇 总 论

第 一 章

中国水情及水权制度建设的战略意义[*]

  中国是水资源大国，根据全国水资源综合规划成果，1956～2000年，全国多年平均水资源总量为28412亿 m³[①]，其中地表水水资源量为27388亿 m³，地下水与地表水资源不重复计算水量为1024亿 m³，居世界第六位；中国是人口大国，人均水资源拥有量只有2200m³，仅为世界平均水平的1/4，是全球13个人均水资源最贫乏的国家之一，特别是在经济高速增长30多年后，缺水状况是全国普遍现象且不断加剧，全国670个城市一半以上缺水，110多个严重缺水，水资源已成为制约我国经济社会发展的最大瓶颈，促进水资源节约、高效、可持续利用，成为今天中国面临的最大课题。从20世纪80年代黄河分水、2001年西北三条内陆河分水，到今天全国所有区域完成分水，我国实行最严格的三条红线制度，探索南水北调中线东线跨流域分水，水权建设正在逐渐走进人们的生活。

第一节　中国水资源概况

  地球是一个名副其实的大水球。水是地球表面数量最多的天然物质，它覆盖了地球71%以上的表面。据估计，地球上的水总共有14.5亿 km³，然而目前能够直接用于人类生存的淡水却只占其中不到1%（陆地淡水占总水

---

 *　本章作者：郭时君，四川省社会科学院区域经济硕士研究生；刘立彬，四川省水利水电设计研究院规划设计分院原副院长、教授级高级工程师。

 ①　水利部水利水电规划设计总院：《中国水资源及其开发利用调查评价》，中国水利水电出版社，2014，第110页。

量的 2.53%，其中冰川占陆地淡水的 68.69%），即存在于大陆表面的湖泊、河流以及浅层地下水是地球浩瀚水圈的极小部分，而且在地球大陆的分布十分不均匀。巴西、俄罗斯、美国、加拿大、中国等 9 个国家，大约拥有地球大陆淡水的 60%，其余近 200 个国家只占另外的 40%。地球上大多数国家和地区都面临着先天缺乏淡水资源的困境，而中国的水资源形势尤为严峻。

中国幅员面积 950.6 万 km^2，分属 10 个水资源一级区（流域），有松花江（包括黑龙江、图们江、乌苏里江等）、辽河（包括辽宁沿海诸河及鸭绿江等）、海河（包括滦河及冀东沿海地区等）、黄河、淮河（包括山东沿海诸河）、长江（含太湖流域）、东南诸河、珠江（包括华南沿海诸河、海南岛诸河等）、西南诸河、西北诸河。按地域划分北方地区流域面积 605.6 万 km^2，水资源总量 5267 亿 m^3，人均水资源占有量 868 m^3/年；南方地区流域面积 345 万 km^2，水资源总量 23145 亿 m^3，人均水资源占有量 3300 m^3/年（见表 1）。

考虑多年平均地表水资源量减去不应该被利用的生态环境基本水量和难以被控制利用的水量的多年平均值，剩余的水量即为多年平均地表水资源可利用量。地表水资源可利用量和平原区浅层地下水可开采量相加，再扣除地表水可利用量与平原区浅层地下水可开采量之间的重复计算水量，得水资源可利用总量为 8140 亿 m^3，水资源可利用率为 29.4%（见表 2）。

表 1　中国水资源一级区多年平均年水资源统计

水资源一级区	计算面积（km^2）	地表水资源量（亿 m^3）	地下水资源量（亿 m^3）	不重复计算水量（亿 m^3）	水资源总量（亿 m^3）	产水系数	产水模数（万 m^3/km^2）
松花江区	934802	1296	478	196	1492	0.32	15.96
辽河区	314146	408	203	90	498	0.29	15.86
海河区	320041	216	235	154	370	0.22	11.57
黄河区	795043	607	376	113	719	0.20	9.04
淮河区	330009	677	397	234	911	0.33	27.62

续表

水资源 一级区	计算面积 （km²）	地表水 资源量 （亿 m³）	地下水 资源量 （亿 m³）	不重复 计算水量 （亿 m³）	水资源 总量 （亿 m³）	产水系数	产水模数 （万 m³/km²）
长江区	1782715	9856	2492	102	9958	0.51	55.86
东南诸河区	244574	2656	666	19	2675	0.61	109.37
珠江区	578974	4723	1163	14	4737	0.53	81.82
西南诸河区	844114	5775	1440	0	5775	0.63	68.42
西北诸河区	3362261	1174	770	102	1276	0.24	3.79
北方地区	6056302	4378	2458	889	5267	0.27	8.7
南方地区	3450377	23010	5760	135	23145	0.55	67.08
全国	9506679	27388	8220	1024	28412	0.46	29.9

注：此表摘自《中国水资源及其开发利用调查评价》一书。

表 2　中国水资源一级区水资源可利用总量估算成果统计

水资源 一级区	水资源 总量（亿 m³）	水资源 可利用总量 （亿 m³）	水资源 可利用率 （%）	2010 年 实际供水量 （亿 m³）	水资源 开发利用率 （%）
松花江区	1492	660	44.3	456.6	30.6
辽河区	498	240	48.1	208.9	41.9
海河区	370	237	64.1	368.3	99.5
黄河区	719	396	55.1	392.3	54.6
淮河区	911	512	56.2	639.3	70.2
长江区	9958	2827	28.4	1983.1	19.9
东南诸河区	2675	560	27.1	342.5	12.8
珠江区	4723	1235	26.1	883.5	18.7
西南诸河区	5775	978	16.9	108	1.9
西北诸河区	1276	495	38.8	639.5	50.1
北方地区	5267	2540	48.2	2704.9	51.4
南方地区	22451	5600	24.9	3317.1	14.3
全国	27718	8140	29.4	6022	21.7

注：此表根据《中国水资源及其开发利用调查评价》和《中国水资源公报 2010》编制，在全国和东南诸河水资源总量中均未包括台湾省、香港和澳门特别行政区。

　　首先，从水资源总量来看，我国水资源总量不少，仅次于巴西、俄罗斯、加拿大居世界第四位。但由于水资源禀赋条件并不优越，中国人口众多，人均、亩均水资源占有量非常低，人均水资源仅为 2200m³/年，仅为世界人均占有量的 28%；亩均水资源仅为 1440m³/亩，约为世界平均水平的 1/2。单位国土面积水资源量仅为 29.9 万 m³/km²，为世界平均水平的 83%。据统计，全球淡水资源的人均占有量为 10000m³/年，各个国家的人均占有量差距很大，加拿大为 92692m³/年，美国为 10491m³/年，巴西为 45931m³/年，俄罗斯为 30836m³/年。国际上一般认为，人均占有量小于 3000m³/年即为轻度缺水，小于 2000m³/年则为中度缺水，小于 1000m³/年就属严重缺水，小于 500m³/年则属极度缺水。由此看来，中国是轻度缺水国家，且已接近中度缺水临界线，北方部分地区甚至严重缺水、极度缺水，全国人均拥有淡水量在世界仅排第 88 位。在确保生态环境"健康"的情况下，水资源可利用总量为 8140 亿 m³，水资源可利用率为 29.4%，可利用水量更加有限。更可怕的是，随着经济社会的发展和人口的增长，有人预测，到 2030 年我国人均水资源量将降至 1760m³/年，成为中度缺水国家，向严重缺水国家滑落，水资源的整体缺乏与经济社会发展、人民生活水平的提高有着极大的矛盾。[①]

其次，我国水资源时空分布不均，且与人口、耕地、生产力分布不相匹配是一大显著特征。空间分布表现为南方多、北方少，山区多、平原少。全国多年平均产水系数为 0.46（产水系数指范围内水资源总量与其相应降水量的比值），其中北方地区多年平均产水系数为 0.27，南方地区多年平均产水系数为 0.55。山丘区多年平均产水模数为 37.44 万 m³/km²（产水模数指每平方千米产生的水资源总量），平原区为 10.6 万 m³/km²。特别是我国北方地区国土面积、人口、耕地和 GDP 分别占全国的 64%、46%、60% 和 45%，但其水资源总量仅占全国的 19%，其中黄河、淮河、海河流域水资源仅占全国的 7%，人均水资源占有量不足 450m³/年，辽河流域人均水资源占有量只有 1700m³/年。流域内部水资源径流量差异大的特点为：长江流域以南的地区，国土面积占全国的 36.5%，水量占全国的 81%；长江流域以北的地区，国土面积占全国的 63.5%，水量却只占全国的 19%，各地水资源条件差别很大。在各大流域沿岸，水资源分布依然不均，例如长江水主要

---

① 刘宝珺、韩作振、廖声萍：《水资源的天然属性决定人为干预必须慎之又慎》，林凌、刘宝珺主编《南水北调西线工程备忘录》，经济科学出版社，2006，第 9 页。

集中在三峡水库地区，即长江上中游接合部，三峡水库多年平均径流量 4510 亿 m³，占长江入海水量近一半，长江源头地区则水资源贫乏；黄河水主要分布在上游，黄河水量约 60% 产生在黄河上游兰州以上地区，下游地区则严重缺水。在省级行政区中，台湾、香港、澳门、广东、福建、江西、浙江、海南等多年平均产水模数较大，在 90 万 m³/km² 以上，为全国平均的 3 倍多；宁夏、内蒙古、新疆、甘肃、山西等省（自治区）多年平均产水模数较小，在 10 万 m³/km² 以下，不足全国的 1/3。因此，中国区域水资源供需矛盾十分尖锐，北方地区尤为突出，水资源开发利用的任务不仅十分繁重，而且难度非常大。必须在更大的空间寻求水资源的合理配置，进行流域、区域之间水资源的优化配置，以及流域内部的水资源优化配置。

近年来，随着人口的增长和经济规模的不断扩大、城市化和工业化进程的提速，水资源的消耗日益增大，我国水资源在水量型缺水和水资源分配不均的基础特征上，还呈现水质型缺水愈加严重的趋势。全国 600 多座城市中有 400 多座缺水，2/3 的城市供水不足，缺水已经是几乎无法解决的难题，更可怕的是，在我国 118 个大中城市中，较重污染的城市占 64%，较轻污染的城市占 33%，有 1/4 的人口饮用水不合标准，3.6 亿农民无清洁用水。2012 年，我国主要城市污水排放量达到 176 亿吨，废水排放 439.5 亿吨/年，超过环境容量的 82%，导致流经城市的河段 90% 以上污染严重。2011 年我国淡水资源约 40% 为 IV 类以下水质，水污染已经对生态环境造成重大破坏，甚至给人的生命带来致命危害，加强水资源管理刻不容缓。

第二节　中国水资源开发利用基本情况

新中国成立以来，全国的水利建设取得了巨大的成就，中国以占全球 5% 的淡水资源、9% 的耕地保障了占全球 22% 的人口的温饱和经济社会的快速发展。截至 2010 年，中国已建成大中小型水库约 8.79 万座，总库容约 7162 亿 m³，其中大型水库 552 座，总库容约 5594 亿 m³，中型水库 3269 座，总库容 930 亿 m³，小型水库 84052 座，总库容 637.9 亿 m³；引水工程近 86 万处，年引水能力为 1686 亿 m³；机电排灌站装机容量 4398.7 万千瓦，其中固定提水工程 43.5 万处，年提水量 755 亿 m³；机电井眼 533.7 万眼，年供水量 847.9 亿 m³（见表 3）。

表 3 中国水资源一级区 2010 年主要水利设施情况统计

水资源一级区	灌溉面积（万公顷）	已建成水库		其中:大型水库		机电排灌站装机容量（万千瓦）	其中:固定机电排灌站		机电井眼数（眼）
		数量（座）	总库容（亿 m³）	数量（座）	总库容（亿 m³）		数量（处）	装机容量（万千瓦）	
全国	6635.24	87873	7162.43	552	5594.47	4398.7	435320	2330.5	5337050
松花江区	597.91	2475	581.24	44	492.3	170.3	8475	56.8	612275
辽河区	327.3	1248	423.95	42	372.51	117.7	6949	58.8	308868
海河区	836.1	2095	323.15	34	262.97	660	14005	130.1	1535616
黄河区	602.15	2773	843.96	29	740.1	403.1	33318	338.8	592269
淮河区	1189.72	8966	667.25	58	523.25	1078.8	70507	391.3	1883867
长江区	1614.25	45197	2463.27	178	1883.67	1353.7	206391	932.9	194760
东南诸河区	223.7	7446	577.99	48	443.12	123.8	40677	85.4	36516
珠江区	472.52	14909	1056	83	745.51	374.3	52958	319	38815
西南诸河区	117.23	1971	65.52	7	32.58	8.6	1203	7.6	1387
西北诸河区	654.36	793	160.1	29	98.46	108.4	837	9.8	132677

2010 年全国总供水量 6022 亿 m³，占当年水资源总量的 19.5%。其中地表水源供水量 4881.6 亿 m³，占总供水量的 81.1%；地下水源供水量 1107.2 亿 m³，占总供水量的 18.4%；其他水源供水量 33.2 亿 m³，占总供水量的 0.6%。在地表水供水量中，蓄水工程占 32.3%、引水工程占 33.9%、提水工程占 30.8%、水资源一级区间调水占 3.0%。

据《2011 中国水利统计年鉴》和《中国水资源公报 2010》统计，在全国 2010 年总用水量 6022 亿 m³ 中，生活用水 765.9 亿 m³，占总用水量的 12.7%；工业用水 1447.5 亿 m³，占总用水量的 24.0%；农业用水 3689.1 亿 m³，占总用水量的 61.3%；生态环境补水 119.6 亿 m³，占总用水量的 2.0%（见表 4）。

表4　中国水资源一级区2010年供水量和用水量统计

水资源一级区	供水量(亿 m³)				用水量(亿 m³)				
	合计	地表水	地下水	其他	合计	农业	工业	生活	生态
全国	6022	4881.6	1107.2	33.2	6022	3689.1	1447.5	765.9	119.6
松花江区	456.6	259.2	197.3	0.1	456.6	331.4	82.5	34.4	8.3
辽河区	208.9	91.8	113	4.1	208.9	136.7	34.8	33.3	4.1
海河区	368.3	122.5	236.2	9.7	368.3	247.6	50.8	59	10.9
黄河区	392.3	262.6	126.2	2.8	392.3	277.6	61.5	44	9.1
淮河区	639.3	463.5	172.7	3.1	639.3	445.5	98.8	85.9	9.2
长江区	1983.1	1889.7	85.1	8.4	1983.1	948.2	746.6	268.5	19.9
东南诸河区	342.5	333.3	8.5	0.8	342.5	157.8	121.8	53.1	9.8
珠江区	883.5	840.7	39.6	3.1	883.5	489.2	222.6	157.4	14.2
西南诸河区	108	104.3	3.6	0.1	108	85.7	9.7	12.3	0.4
西北诸河区	639.5	514.1	124.4	1.0	639.5	569.4	18.4	18	33.7

中国的总用水量从1949年的1031亿 m³ 增长到2010年的6022亿 m³，年均递增率为3.4%。全国水资源开发利用率为21%，北方地区水资源开发利用率平均为50%，其中海河区、辽河区、黄河区分别为134%、87%、73%；南方地区水资源开发利用率为14%。

全国2010年水资源利用主要用水水平指标，人均用水量450m³，万元国内生产总值用水量150m³，农田实际灌溉亩均用水量421m³，城镇生活人均用水量193 l/d，农村居民人均生活用水量83 l/d，万元工业增加值用水量90m³。与世界平均水平比较，中国人均用水量低于世界平均数，万美元PPP（或GDP）用水量高于世界平均数，用水组成比例与世界水平相当。

总之，由于中国气候、地形和水循环特点差异显著，水资源和生态环境状况迥然不同，水资源问题复杂多样；水资源地区分布不均，与人口、土地等其他资源不匹配；水资源的年内分配不均，年际变化大，天然来水与用水需求过程不适应，实现水资源合理配置的难度大；中国水资源禀赋条件并不优越，水资源人均、亩均占有量低于世界平均水平，水资源可利用量有限，水资源是经济社会的重要制约因素；近年来受气候变化影响，水资源数量明显减少，供需矛盾更趋紧张；水资源基础设施建设滞后，部分地区缺水严重；中国现状用水效率和效益较低，缺水与用水浪费并存；点源污染不断加剧，非点源污染问题日渐突出，水污染加剧的态势尚未得到有效抑制；由于部分水质状况不断恶化，水体已丧失了使用功能，加剧了供需矛盾；中国水资源问题已成为经济社会持续发展和生态文明建设的关键制约因素。

随着工业化、城镇化和农业现代化快速发展，加之全球气候变化影响，水资源短缺加剧，水污染问题突出，水生态损害严重，特别是水资源短缺已经成为制约经济社会发展的重要瓶颈。数据显示，我国水资源开发利用逼近红线。全国用水总量正在逐步接近国务院确定的 2020 年用水总量控制目标，开发空间十分有限[①]。海河区、黄河区、辽河区水资源开发利用率已经远远超过国际公认的 40% 的水资源开发生态警戒线[②]，严重挤占生态流量，水环境自净能力锐减，西北内陆河流开发利用已接近甚至超出水资源承载能力。据《第一次全国水利普查公报》统计，全国水库总库容占河川径流量的 34%，兴利库容仅占 16.8%，对水资源的调控能力不强，供水保障能力较弱；全国有防洪任务的河段中已治理的只占 33%，已治理且达标的仅占 17%，中小河流治理率低。水资源过度开发引发一系列问题。

一是水环境质量差。目前，我国工业、农业和生活污染排放负荷大，全国化学需氧量排放总量为 2294.6 万吨，氨氮排放总量为 238.5 万吨，远超环境容量。全国地表水国控断面中，仍有近 1/10（9.2%）丧失水体使用功能（劣于Ⅴ类），24.6% 的重点湖泊（水库）呈富营养状态；不少流经城镇的河流沟渠黑臭。饮用水污染事件时有发生。全国 4778 个地下水水质监测点中，较差的监测点比例为 43.9%，极差的比例为 15.7%。全国 9 个重要海湾中，6 个水质为差或极差。

二是水生态受损重。湿地、海岸带、湖滨、河滨等自然生态空间不断减少，导致水源涵养能力下降。三江平原湿地面积已由新中国成立初期的 5 万 km² 减少至 0.91 万 km²，海河流域主要湿地面积减少了 83%。长江中下游的通江湖泊由 100 多个减少至洞庭湖和鄱阳湖 2 个，且持续萎缩。沿海湿

---

① 姚润萍：《我国水资源开发利用逼近红线》，新华网，2015 年 3 月 23 日，http：//news. xinhuanet. com/politics/2015 - 03/23/c_ 127607097. htm。

② 水资源开发利用率是指流域或区域用水量占水资源总量的比率，体现的是水资源开发利用的程度。国际上一般认为，对一条河流的开发利用不能超过其水资源量的 40%，即合理开发限度在 40% 以内，我国水资源开发利用率约为 21%。

地面积大幅度减少，近岸海域生物多样性降低，渔业资源衰退严重，自然岸线保有率不足35%。

三是水环境隐患多。全国近80%的化工、石化项目布设在江河沿岸、人口密集区等敏感区域；部分饮用水水源保护区内仍有违法排污、交通线路穿越等现象，对饮水安全构成潜在威胁。突发环境事件频发，1995年以来，全国共发生1.1万起突发水环境事件，仅2014年环境保护部调度处理并上报的98起重大及敏感突发环境事件中，就有60起涉及水污染，严重影响人民群众生产生活，因水环境问题引发的群体性事件呈显著上升趋势，国内外反应强烈。

从各大流域的具体情况来看，在我国的国土上，主要有七大流域，即长江流域、黄河流域、珠江流域、海河流域、淮河流域、辽河流域、松花江流域，各流域的开发利用程度和存在的问题各不相同，七大流域的情况基本可以勾勒出全国水资源开发利用情况以及面临的实际问题。

长江是第一大河，全长6300余公里，河流长度仅次于尼罗河与亚马孙河，入海水量仅次于亚马孙河与刚果河，居世界第三位。干流流经青海、西藏、四川、云南、重庆、湖北、湖南、江西、安徽、江苏、上海11个省（自治区、直辖市），流域面积达178.3万km²，约占中国陆地总面积的1/5。长江流域水资源总量丰富，但时空分布不均，上游水量较少，可利用量有限，水资源总量为9958亿m³，可利用量为2827亿m³，可利用率为28.4%。水资源开发利用程度总体不高，本区2010年总用水量为1983.1亿m³，目前长江流域水资源开发利用率仅为19.9%，低于全国平均值，且各分区之间差异较大，其中太湖水系开发利用程度最高，水资源开发利用率达82%，其次为汉江和洞庭湖水系，分别为24.8%和15.7%，岷江、沱江、嘉陵江、乌江和鄱阳湖水系的水资源开发利用率为8%~15%，金沙江的开发利用率仅为4.4%[1]。长江是中国未来用水量最大的河流，还承担着向黄河流域调水的任务。从水资源供需角度看，长江流域已建蓄、引、提、调等大、中、小型工程设施500万余座（处），但骨干调蓄工程仍显不足，水库总调节库容仅占流域水资源总量的8.4%，不能很好地对水资源进行年内、年际重

---

① 雷静、张琳、黄站峰：《长江流域水资源开发利用率初步研究》，《人民长江》2010年第2期。

新分配，以丰补枯，也不能更多地把洪水资源化，造成枯水年水资源供需矛盾突出。从水生态环境角度看，长江上游地区水土流失严重，流失面积达 56 万 km^2，年均输沙量为 5 亿吨，中下游地区水污染有加重趋势，洞庭湖、鄱阳湖等湖泊湿地面积萎缩明显，河口海水倒灌等概率增大，局部地区地下水超采，苏锡常和杭嘉湖地区已形成总面积达 1.3 万 km^2 的漏斗。[①]

黄河为中国第二大河，全长 5464km，流域面积达 79.5 万多平方公里，全流域年平均降水 400mm 左右，水资源总量 719 亿 m^3，可利用量为 396 亿 m^3，可利用率为 55.1%。在中国河流中居第八位。本区 2010 年总用水量为 392.3 亿 m^3，水资源开发利用率为 54.6%，黄河水资源开发远远高于国际公认的河流开发利用率 40% 的警戒线，水环境自净能力锐减，2012 年黄河流域劣 Ⅴ 类水质断面比例达 18%。1987 年，国务院批准了黄河可供水量分配方案，黄河率先实施了以流域为单元的取水许可总量控制管理，1999 年开始正式实施黄河水量统一调度。根据 1987 年经国务院批准的"黄河可供水量分配方案"，分配给下游地区的水量共 355 亿 m^3（来自上中游地区的水量 334 亿 m^3，约占上中游地区径流量的 60%，下游地区自产水量 21 亿 m^3）。其中，冲沙入海水量 150 亿 m^3、河道基流水量 60 亿 m^3，供黄河以北海河流域地区 20 亿 m^3（河北、天津各 10 亿 m^3）、供黄河以南淮河流域北部地区 125 亿 m^3（河南 55 亿 m^3、山东 70 亿 m^3）。缺水是黄河流域的重要特点，水文资料表明，1972～1999 年，黄河下游 22 年出现断流，尤其在 20 世纪 90 年代，几乎年年断流。最严重的 1997 年入海水量仅有 18.6 亿 m^3，下游断流长达 226 天。虽然黄河的可利用水不断减少，但黄河沿河城市对水的渴求却比以往更加强烈，"抢水"已成为黄河沿岸城市的重要主题。

珠江全长 2214km，流域面积 57.9 万 km^2（含海南岛、粤西桂南沿海诸河），水资源总量为 4737 亿 m^3，可利用量为 1235 亿 m^3，可利用率为 26.1%。珠江为我国第三大长河，流域范围地处亚热带，气候温和湿润，水资源丰富，珠江年径流量 3300 多亿 m^3，居全国江河水系的第二位，仅次于

---

① 张桂林、吴植：《王浩：长江流域水资源可持续利用须因地制宜综合开发》，新华网，2009 年 9 月 10 日，http://news.xinhuanet.com/politics/2009 - 09/10/content_ 12028075.htm。

长江，是黄河年径流量的 7 倍、淮河的 10 倍。珠江自云贵高原至南海之滨，流经云南省、贵州省、广西壮族自治区、湖南省、江西省、广东省、香港特别行政区、澳门特别行政区 8 个省份。本区域 2010 年总用水量为883.5 亿 m³，由于跨越经济发达区域与经济落后区域，珠江流域的水资源开发程度分区差异非常大，2007 年，珠江流域片水资源开发利用率平均为18.2%，其中经济发达的珠江三角洲的水资源开发利用率最高，达 83.1%，而红河水资源开发利用率则最低，只有 5.1%。[①] 珠江流域存在的主要问题是：珠江三角洲地区经济发达，径流入海口污染较为严重，工业废水直接排海，以及生活污水排放的不断增加造成珠江口海域海水富营养化，污染治理工作量大。

海河流域习惯上包括海河和滦河两大水系，海河干流长 73km，水资源总量为 370 亿 m³，可利用量为 237 亿 m³，可利用率为 64.1%。海河流域范围包括北京、天津两市和河北省大部分，山西、山东、河南、辽宁 4 省和内蒙古自治区的一部分。流域总面积 31.8 万 km²（其中海河水系 23.3 万 km²，徒骇马颊河、滦河水系 5.4 万 km²），本区 2010 年总用水量为 368.3 亿 m³，海河流域水资源开发利用率高达 134.4%，超过水资源的承载能力，远远超过国际公认的 40% 的水资源开发生态警戒线，引发一系列生态环境问题。自 20 世纪 80 年代起，海河流域地区为满足经济社会发展需要，长期超采地下水，全国 8 个大型地下水超采区有 5 个在海河流域，超采区域占全国总超采区域的 50%，造成地面沉降、海水倒灌和地表污水下渗，相关区域地下水严重污染。海河流域可以说是我国水资源过度开发的极度重灾区。

淮河位于长江、黄河之间，流域面积 27 万 km²，其中淮河水系 13万 km²，沂沭泗水系及山东半岛诸河 14 万 km²。水资源总量为 911 亿 m³，可利用量为 512 亿 m³，可利用率为 56.2%。干支流斜铺密布在河南、安徽、江苏、山东 4 省，本区 2010 年总用水量为 639.3 亿 m³，水资源开发利用率为 45.1%。淮河流域的人均水资源仅是全国人均的 18%，流域内农业用水系数仅为 0.3，工业重复用水率仅为 40%。[②] 淮河流域曾是劣 V 类污染重灾

---

① 罗仰明、张虹：《珠江三角洲水资源开发利用率超过八成》，中国新闻网，2008 年 12 月 26 日，http://www.chinanews.com/gn/news/2008/12-26/1504909.shtml。

② 曾承、陈玲玲、蒋雪艳：《淮河流域生态修复初探》，《安徽日报》2015 年 8 月 10 日，第 7 版。

区，自 2005 年以来，淮河干流水质好转，多数稳定在 Ⅲ 类，但入河排污量仍超过水域纳污能力和限制排污量。目前，淮河水资源开发利用率已超过 50%，淮河流域部分河段生态用水被挤占导致河湖有水无流或干涸萎缩，一些河道基本丧失生态基流。

辽河源于河北省，流经内蒙古自治区、吉林省、辽宁省，注入渤海，干流长 516km，流域总面积 31.4 万 km²，其中海河 22.1 万 km²，东北沿渤海诸河及鸭绿江等 9.3 万 km²，水资源总量为 498 亿 m³，可利用量为 240 亿 m³，可利用率为 48.1%，本区 2010 年总用水量为 208.9 亿 m³。水资源开发利用率达 41.9%，也是超过国际公认的水资源开发警戒线近一倍。辽河在 20 世纪 90 年代曾是污染严重的河流之一，全年水质以劣 Ⅴ 类为主，经过多年治理有所好转，但过度开发的后遗症依然存在。

松花江干流全长 939km，流域总面积约 93.5 万 km²，其中松花江 56.12 万 km²，黑龙江、乌苏里江及额尔古纳河等 37.36 万 km²，分属内蒙古、吉林和黑龙江 3 省（自治区）。区域水资源总量为 1492 亿 m³，可利用量为 660 亿 m³，可利用率为 44.3%，本区 2010 年总用水量 456.6 亿 m³，现状水资源开发利用率 30.6%，在北方河流中是较低的，但仍有一定的开发潜力。流域灾害主要为洪涝和干旱，东涝西旱。松花江流域水资源开发利用率为 32.8%，水资源总体开发利用程度较低，但随着流域沿岸地区经济的发展和生产生活水平的提高，流域污染问题越来越严重，流域在水资源的开发中需要同时兼顾水环境的保护。

第三节　水权制度建设的紧迫意义

水资源总量短缺与水资源过度开发带来的一系列问题对我国经济的可持续发展是巨大的挑战。加快建立水权制度体系、开展水资源使用权确权登记、积极推进水权交易、深化体制机制改革创新、激发节水内生动力，在新时期政府与市场功能定位的改革进程中具有十分重要的战略意义。

首先，水资源供需矛盾与权属不清有很大关系。随着我国经济社会的发展，工业化、城镇化的加速推进，水资源供需矛盾日益突出，在这个进程中，出现地区之间与行业之间相互竞水、工业用水挤占农业用水、生产用水挤占生态和环境用水等问题，与水资源权属不清有相当大的关系，水权制度的弱化和虚化造成了用水补偿没有得到落实，由科斯的外部性理论可知，产权的不明晰是水污染这种负外部性产生的重要原因，而水污染又是造成水资源短缺的直接原因。据预测，到 2030 年我国将出现用水高峰，预计用水量将达到 7000 亿 m^3 左右，水资源优化配置制度的建立迫在眉睫，要求我国必须全面推进水权制度建设，充分发挥市场机制在水资源配置中的重要作用，以经济手段鼓励节水型社会的建成。

其次，水权制度建设是我国全面深化改革的重要部分。改革开放以来，我国以产权改革为核心的经济体制改革正在向纵深推进，改革已经进入攻坚期、深水区，水资源是关系老百姓、企业、地方经济发展最重要的元素，深化水资源市场改革切实关系到人民群众的利益，关系到各个利益主体和代际的发展公平问题。水权制度作为水资源分配的重要措施，应当尽快明晰产权，建立实现水权交易的机制，最大限度地发挥水资源配置效率和效益，充分体现市场在资源优化配置中的重要作用，全面推进我国深化改革的前进步伐。

最后，全面建设节水型社会需要水权制度作为保障。党中央、国务院高度重视节约用水工作，党的十八大将建设节水型社会纳入生态文明建设战略部署。水安全问题已经上升到国家战略的高度，国务院作出了加快重大水利工程建设的部署，通过供水能力和节水能力增强化解水危机，严格落实"节水优先"方针等，都是应对水资源稀缺的必要措施。与传统的水资源行政分配管理不同，节水型社会的本质要求是建立以水权、水市场为基础的水资源管理体系，节水型社会的建设需要水权制度作为保障，以水权交易市场的建立和完善促进水权买卖双方的节水，调动社会节水积极性，提高水资源的利用效率和效益。

第 二 章
水权制度理论和国际经验[*]

第一节 水权制度理论和实践

一 水权制度的起源及变迁

水资源产权,简称为水权(Water Entitlement 或 Water Right),目前对水权的定义有多种,一般是指水资源所有权、使用权、转让权等与水资源有关的一组权利的总称。水权制度则是指划分、界定、配置、实施、保护和调节水权,确认和处理各个水权主体的责、权、利关系的规则,是从法制、体制、机制等方面对水权进行规范和保障的一系列制度的总称①。

水权制度的产生发展与水资源紧缺程度密切相关。在人类社会早期,水资源供需矛盾不存在或者并不突出,人们认为水是一种"取之不尽,用之不竭"的资源,水资源的利用采用即取即用的方式,各国法律并没有对水权作出明确的制度规定。随着社会经济的发展与人口增长,特别是进入 20世纪以来,人类社会的用水量急剧增加,水资源紧缺形势日益严重,由水资源引起的纠纷、争端和冲突不断出现,水权理论与水权制度逐步产生和发展起来,并在实践检验中不断得到优化。

从纵向发展看,水权制度大体经历了习惯水权、传统水权和现代水权三

---

* 本章作者:付实,四川省社会科学院西部大开发研究中心副秘书长、副研究员;郭时君,四川省社会科学院区域经济硕士研究生。

① 沈满洪:《论水权交易与交易成本》,《人民黄河》2004 年第 7 期。

个阶段。在习惯水权阶段，确定水权主要依据历史习惯、乡规民约、宗教教规以及部落村社的规定。在传统水权阶段，确定水权依据成文的法律，如体现在罗马法系、大陆法系和英法普通法系的民法中的传统水法。在现代水权阶段，确定水权依据的是成文的、体现现代水事关系的现代水法。从水权发展的三个阶段来看，尽管每个阶段确立水权的依据不同，但是建立明晰的水权关系是实现水资源优化配置的基础[①]。

目前，现代水权制度在世界各国水法规中都有所体现，按所有权性质可分成两大类：一是私有制水权制度，即水的所有权属于个人，水权的研究包含了水资源的所有权和使用权两个方面；二是公有水权制度，即水的所有权属于国家、州或者全民，此类水权制度下的水权转让、水权交易都是水资源使用权的转让和交易，在研究此类水权制度时更侧重于水资源使用权[②]。按初始水权的取得和分配，可进一步细分为四类：河岸权制度、优先占用权制度、行政分配水权制度、比例分配水权制度。这四类传统的初始水权分配方法都存在一定的缺陷，为了弥补初始水权分配这个缺陷，世界各国开始出现新的趋势，即在初始水权分配的基础上实行二次水权分配，实行可交易的水权制度。

（一）河岸权制度

河岸权（riparian right doctrine），又称河岸所有权、滨岸所有权、沿岸所有权，其规定水权属于沿岸的土地所有者，本质上是水权私有，并且依附于地权，当地权发生转移时，水权也随之转移。河岸权制度有五个重要原则：①只有河岸的所有权人才享有对水流的权利；②权利是对未经减损的、未经改变的水流的权利；③河岸权人享有在任何时候、以任何方式、利用任何数量的水的权利，条件是他的利用不得对其他河岸权人造成损害；④在所有河岸权人组成的群体之间，水权具有关联性，他们要承担一定的义务；无论拥有多少河岸的土地，他们的权利和义务都是相等的；⑤河岸权的转让只能通过转让河岸土地权利的方式进行。沿岸所有权制度存在一些弊端，主要是：①不能确定水量，从而不能有效鼓励进行相关投资，导致转让或者变更

---

① 杨力敏、张宇明：《对水权等基本概念的辨析》，《中国水利报》2001年5月10日。
② 水利部黄河水利委员会：《黄河水权制度转换制度构建及实践》，黄河水利出版社，2008，第61～62页。

水权方面的困难；②阻碍水从低价值用途的利用转向高价值用途的利用；③不能有效地保护环境（生态环境所需要的最低水量和水质）；④它的前提是水资源供应充足，而这一前提自 20 世纪以来已经发生重大变化，基本上是不存在的①。

河岸权制度最初源于英国的普通法（common law）和 1804 年的《拿破仑法典》，后在美国的东部地区得到发展，成为国际上现行水法的基础理论之一，目前仍在一些水资源丰富的国家和地区延续。不过，该制度是动态变化的，已经历下列三个阶段：第一阶段是绝对所有权制度，即必须拥有河岸的土地才可以从河流中引水；第二阶段是合理所有权制度，即所有和水资源相邻接的土地都有共同的用水权利；第三阶段是相关权利原则，即水权的分配应考虑水的供求状况，当供不应求时所有水岸的地主都应该减少用水以共渡难关，当供过于求时多余的水量应该供给那些非水岸的相关土地进行使用②。

河岸权在水资源丰富的地区有其自然的合理性。但是，对大多数国家或地区而言，水资源仍然是稀缺的，随着社会发展和人口的增长，非沿岸区域水需求的矛盾也日益突出，而传统的河岸权限制了非毗邻水源土地的用水需求，影响了水资源配置的效率和经济的发展，因此，大多数实行沿岸所有权的国家和地区转向了其他水权制度。

（二）优先占用权制度

优先占用权（prior appropriation right doctrine），又称优先专用权、先占权、先占优先，最早起源美国西部地区，规定：水权与地权分离，水资源成为公共资源，用户没有所有权，但承认对水的用益权。政府按申请先后次序分配水资源给各用水户。其基本原则包括：一是"时先权先"（first in time，first in right），即先占用者具有优先使用权；二是有益用途（beneficial use），即水的使用必须用于能产生效益的活动；三是不用即废（use it or lose it），即如果用水者长期废弃引水工程并且不用水（一般为 2～5 年），就会丧失继续引水或用水的权利；四是占有权可以通过特定的契约出售，而与任

---

① 李琪：《国外水资源管理体制比较》，《水利经济》1998 年第 1 期。

② 杨力敏、张宇明：《对水权等基本概念的辨析》，《中国水利报》2001 年 5 月 10 日。

何土地买卖无关。已申请获得的水权之间有高低等级之分，在缺水期间，政府优先足额保证较高级（长期）的水权专用者，然后再将余水量逐级分配给较低级（短期）的水权专用者。显然，优先权制弥补了沿岸权制的一些弊端，更适合水资源较为短缺的地区。

目前，优先占用权制度在一些国家与地区的实践中得到进一步的发展与完善。日本优先占用权制度除了有"时先权先"的主要水权分配原则以外，还补充其他一些优先原则，如堤坝用益权原则等条件优先权。美国西部地区也通过增加公共托管原则作为优先占用权制度的补充，即政府在初始分配中将一些公用事业用水如航运、渔业、生态等水权直接保留下来由政府进行管理，以确保公共用水及公共利益的维护。澳大利亚新南威尔士州进一步将水权分为高度安定水权和一般安定水权，高度安定水权是对特定的工业、家庭和长年生植物的灌溉用水提供近100%的稳定用水，而一般安定水权在缺水期间仅能获得部分供水[①]。

（三）行政分配水权制度

原始意义上的行政分配水权早就存在，但现代意义上的行政分配水权理论及其制度源于苏联的水管理理论和实践。一般认为，行政分配水权理论包括三个基本原则，一是所有权与使用权分离，即水资源归国家所有，但个人和单位可以拥有水资源的使用权；二是水资源的开发和利用必须服从国家的经济计划和发展规划；三是水资源的配置和水量的分配一般是通过行政手段进行的[②]。

行政分配水权制度与前两种水权制度有较大区别。河岸权和优先占用权基本上以私有产权制度为基础，注重水权的明确界定。而行政分配制度规定水资源归国家所有，国家通过经济计划或发展规划来分配水资源。从实践中看，在不同的历史阶段和不同的水资源条件下，上述几种水权制度对水资源管理和经济增长都曾起过积极作用，但各有利弊。例如：以私有产权为基础的水权制度虽然在水权界定方面是清晰的，但缺乏引导水资源从效率低向效率高地区转移的有效机制，难以达到全流域水资源的效率配置。而行政分配

---

①　常云昆：《黄河断流与黄河水权制度研究》，中国社会科学出版社，2001，第75页。

②　水利部黄河水利委员会：《黄河水权制度转换制度构建及实践》，黄河水利出版社，2008，第68页。

制度强调全流域的计划配水，但存在对私人和经济主体的水权难以清晰界定的问题。如果水资源严重短缺，水权界定不明确有可能导致水纠纷，如不同行业之间争水或者流域各个行政区之间的争水。除此之外，单一的行政配水管理方式也会引发水资源管理中的寻租行为，导致经济资源的浪费和腐败现象的产生[①]。

（四）比例分配水权制度

比例分配，又称平等使用原则、比例分享原则，是按照一定认可的比例和体现公平的原则，将河道或渠道里的水分配给所有相关的用水户。其在优先权的基础上，取消了地权与水权的联系，同时又取消了优先权和水权之间的高低等级之分，是智利和墨西哥在确认初始水权中运用的主要方法。例如，在墨西哥，灌区和用水者协会负责建立相应的程序在他们的管辖范围内分配多余的或短缺的水资源。多余和短缺的水资源将简单地按比例分配给所有的用水者，例如如果流量比正常低20%，那么所有水权拥有者得到的水资源也将低于20%。该方法有效地将计量水权转变成了按比例的流量权利。在智利，水权是可变的流量或水量的比例：这样的好处是水权拥有者在一定的地方保证拥有一定数量的水权份额。如果水资源充足，水的使用权表示为每单位时间的流量；如果水资源不充足，就按比例计量[②]。

（五）二次水权分配

总体而言，以上关于初次水权分配的制度在特定时期具有合理性，然而各有欠缺。河岸权使水权依附于地权，进而使沿岸与非沿岸地区之间缺乏公平性。优先占用权改善了沿岸原则的缺失，却发生优先取得水权者及高等级水权用户用水效率不高的情况，而未取得水权者及低等级水权用户仍无水可用。比例分配权制取消了优先权制中水权之间的差别以体现公平，但关系国计民生的重要取用水却难以得到重点保障。由此，二次水权分配问题逐渐成为水权制度的重要内容。二次水权分配主要有政府与市场再配置两种方式，目前建立在市场机制基础上的可交易水权制度已成为世界各国和地区研究与

① 常云昆：《黄河断流与黄河水权制度研究》，中国社会科学出版社，2001，第80页。
② 王金霞、黄季焜：《国外水权交易的经验及对中国的启示》，《农业技术经济》2002年第5期。

实践的新趋势。

可交易水权制度最早出现在美国西部的部分地区，如加州和新墨西哥州。该制度在优先占用权的基础上，逐步放松和解除对水权转移的限制，允许优先占用水权者在市场上出售富余水量，使水资源更充分地得以利用。从1978年开始，澳大利亚维多利亚、新南威尔士等各州也相继开始实施可交易水权制度。发展中国家智利和墨西哥也分别从1981年和1992年开始尝试在政府的管制下开放水权的转移与交易。可交易水权制度实质是政府监管下按市场机制交易和转让富余取用水量的权利，它是过去传统的初始水权分配的有益补充，是一种政府和市场相结合的水资源管理制度，从而可以克服在水资源使用过程中的"市场失灵"和"政府失灵"问题，因此被越来越多的国家和地区所接受。

然而，水资源具有公共物品的属性，加之其本身的复杂性，使得可交易水权制度的实施条件较为严苛，因此交易成本相对较高。为降低市场的交易成本，各国和地区不断创新多种新水权交易制度与形式。如美国科罗拉多州的水区股份（blocks of water shares）交易、加州的干旱水银行（Drought Water Bank）和干旱年选择权（the dry‐year option）等多种衍生的水权交易工具的创新。多种水权交易工具与形式的涌现，弥补了原有初次分配水权制度的不足，提高了水资源的利用率。

二　水权制度实践

（一）典型国家水权制度简介

世界各个国家水资源状况、水资源管理体制和水法规制定主体不同，所实行的水权制度和管理体制也不尽相同，如表1所示。下面进一步介绍美国、澳大利亚、日本、智利等国的水权制度。

表1　重要国家的水权制度及特点比较

国家	水权制度及特点	管理体制特点	管理机构
美国	河岸权、优先占用权、混合模式。取水许可制度。使用和转让制度各州有差异	流域综合开发利用	农业部水土保持局、地质调查局、田纳西流域管理局、州水资源局等

续表

国家	水权制度及特点	管理体制特点	管理机构
日本	水资源所有权公有。兼有优先占用权和滨岸权的某些特点。河流属公共财产,分级管理。按水的不同功能细分出多种水权。取水许可制度。用水权必须同相关的财产权一起转让	治水与兴利分开,实行多部门管理	国土交通省河川局、国土交通省国土水资源局、国土交通省都市地域整备局、农林水产省、经济产业省、劳动省、环境省
英国	除私人领地内的河流及水库水属于私有财产外,其余河流的水属公共所有。滨岸权特色较重。取水许可制度	流域统一管理	环境署(英格兰和威尔士)、国家水利局(苏格兰)、环境部供水处(北爱尔兰)
法国	地表水分为公共水域、私人水域和混合水域。私人水域属于私有,依法获得的私有水域(含私有土地上)的地表水权,可以自由使用,允许转让和继承。其余地表水的使用必须符合相关法律法规的要求,实行取水许可制度。公共水域属于国家所有,水权是公共财产。地下水依照土地所有权属于私有,并随土地所有权的转移而转移	以流域为基础的三级协商管理	国家水委员会、流域委员会、地方水委员会
以色列	水资源所有权公有。水资源属国家所有,土地所有者不拥有该土地上的水权。国家按比例分配水权、管理用水。用水不当者将失去水权	国家管理水资源	农业部、水利委员会、国家水管局、地区水管局
中国	水资源所有权公有。水资源使用权主要采用行政分配水权制度、取水许可制度,可以在一定的条件下实现水权转让即水权交易	流域统一管理	水利部、流域管理委员会、地区水务局

1. 美国

美国总面积 937 万 km^2 ，东临大西洋，西临太平洋。美国水资源具有东多西少、人均丰富的特点，多年平均降水量为 760mm。落基山脉以西为干旱和半干旱区；落基山脉以东是湿润与半湿润地区。美国水资源总量为 29702 亿 m^3 ，人均水资源量接近 9600 m^3 ，是水资源较为丰富的国家之一。

美国的水资源法律以州法规为主，呈现较大的地区差异。在美国东部各州如阿肯萨斯，由于水资源较为丰富，水权制度一般采用河岸权制度；在干旱和半干旱的美国西部各州如犹他州，用水较为紧张，采用的则是优先占用权制度；在美国某些位于太平洋沿岸附近的州如加州，其气候兼有东部和西部的特点，主要采用混合或双重水权制度。一般认为，美国主要采取以下四种水权制度：河岸权制度、优先占用权制度、混合水权制度和水资源所有权公有制度等。

在水价确定模式上，也因地区水资源条件、工程性质条件的不同而不同。如美国东部地区实行的是累退制水价制度（大水量用户水价低，小水量用户水价高），对居民的生活用水采用的是全成本定价模式，对农业灌溉用水采用的是"服务成本 + 用户承受能力"定价模式。在美国西部，一般采用的是服务成本定价模式和完全市场定价模式，定价时一般也是按单个工程定价。美国的水费中一般都包括排污费。

2. 澳大利亚

澳大利亚四面临海，其国土面积 768 万 km^2，人口 2400 多万人，水资源总量较少，约为 4400 亿 m^3。澳大利亚国土辽阔，降水量各个地区分布不均，且蒸发量大，是一个水资源比较短缺的国家。澳大利亚最早的水权制度来源于英国的习惯，实行河岸权制度。20 世纪初，联邦政府通过立法，将水权与土地所有权分离。明确水资源是公共资源，由州政府调整和分配水权，用水户水权通过州或地区政府相关机构以许可证和协议体系来规定。跨州河流水资源的使用，在联邦政府的协调下，由有关各州达成分水协议。澳大利亚各州水权制度有很大的相似性，其中以维多利亚州最为典型。维多利亚州水的所有权归州政府，水的使用权出让给具有灌溉和供水职能的管理机构、电力公司以及个人。水使用权出让过程中，由州政府委托自然资源和环境部组成调查组，调查研究及考虑对授让人申请的意见，决定批准或不予批准。

水价确定一般分为城市用水定价（"服务成本 + 用户承受能力"定价模式）和农业用水定价（用户承受能力定价模式）两种。20 世纪 80 年代以来，澳大利亚供水开始向公司化和私有化的方向发展，水价由各个供水单位确定，政府不加干预，但要在考虑供水经营单位利益和民众承受能力的基础上确定。

3. 日本

日本国土面积 37.78 万 km^2，水资源总量为 4500 亿 m^3，由于人口众多，人均水资源量只有 3323m³，尚不到全球平均水平的 1/2，可以说日本是一个水资源较为紧缺的国家。日本于 1896 年起实施的《河川法》阐明了"流水占有"的概念，明确了江河水归国家所有，规定了"惯行水权"（为处理既有水田用水的水权问题而作出的规定）、"许可水权"（江河取水、用水的权利需要得到政府行政机构的许可）。1964 年修改的《河川法》又将申请惯行水权规定为义务，而且在法律上大量将惯行水权改变为许可水权，如多数主要农业水利团体将惯行水权上交国家，再由国家将许可水权交给团体①。另外，《河川法》将日本的取水河流分为三个等级：一级河流、二级河流及准用河流。一级河流最为重要，其中特别重要区间由中央政府直接管理，称为直辖区间，其余区间由中央政府委托地方政府管理，称为指定区间；二级河流由地方政府管理；准用河流由基层政府管理。

4. 智利

智利水资源相对短缺，其水权制度经历了很大变迁。1855 年《民法》规定水属于私人所有，1967 年《宪法》（修正案）规定水资源是为公众使用的国家财产，水权不能被私人买卖。1981 年《水法》规定，水是公共资源，所有权归国家所有，政府负责初始水权分配，个人、企业根据法律获得水的使用权。水权像其他不动产一样，可以自由买卖、抵押、继承、交易和转让。智利水权有三种分类方法：一是分为长期水权和临时水权，二是分为消耗型水权和非消耗型水权，三是分为连续取水权和间断取水权②。在智利，公众获取的水权都必须在公共登记处注册，新的和未分配的水权通过拍卖的方式向公众出售。永久性的消费性水权是按照用水体积来划分的，当永久性水权不能满足所有水权拥有者时，将可利用水按比例进行配置。获取非消费性水权（例如水力发电）必须征得水权所有者的同意，非消费性用水必须保证水质并且所用水必须返回指定的地点。水权的监控、分配和实施由水管理协会负责。

（二）国外水权制度总结

1. **水权制度以一系列法律法规作为基础和保障**

目前，世界各国的水权制度均以一系列法律法规作为基础和保障，这些

---

① 水利部黄河水利委员会：《黄河水权制度转换制度构建及实践》，黄河水利出版社，2008，第 62 页。

② 水利部黄河水利委员会：《黄河水权制度转换制度构建及实践》，黄河水利出版社，2008，第 63 页。

法律对水权的界定、分配、转让或交易作了明确的规定，其中最重要的法律是水法。如墨西哥《宪法》宣布："水是国家所拥有的财产，只有得到有关联邦权力机构的授权才可以使用。"英国《水资源法》规定水归国家所有；日本的《河川法》规定河流属于公共财产；法国的《水法》规定，水是国家共同资产的一部分。有些国家的州制定的水法非常具体和详细。如美国《俄勒冈州水法》对该州水资源管理机构、水资源的所有权和使用权以及水法制定的依据都作了详细的说明。另外，该水法还分别对地表水和地下水使用权的界定、分配、转让与转换、调整和取消以及新水权的申请和费用申请都作了非常具体的规定。

2. 普遍实行水资源分级管理

水资源的"国有民用"特性决定了单级管理体系难以完成有效配水的任务，分级管理已逐渐被世界各国普遍接受，但具体形式有所不同。联邦制国家的水资源管理大体上分为联邦、州和地方三级，联邦政府充当州之间的协调与监督角色，具体的管理事宜基本以州为主进行。美国的水资源属各州所有，全国无统一的水资源管理法规，管理行为以州立法和州际协议为准绳，联邦有关部门的工作主要放在水利基础设施的建设上，同时立法组建流域协调委员会，协调制定并监督执行州级分水协议。共和制国家的水资源通常直接归国家所有，全国制定统一的水法规，中央政府或其代表机构授权地方政府对所辖区内水资源依照水法进行管理，对于跨省区水资源的管理通常由专门的流域管理委员会负责。例如，英国的泰晤士河水务局便是一个综合性流域机构，负责流域统一治理和水资源统一管理，并有权确定流域水质标准，颁发取水和排水许可证，制定流域管理规章制度，是一个拥有部分行政职能的非营利性的经济实体。

3. 普遍采用取水许可证制度

目前，水权和地权分离已成为基本趋势，世界各国对水资源普遍实行取水许可证制度。用户开发使用水资源，需要向水资源管理部门提出申请，经批准后取得取水许可证，方能按照规定取水。美国的用水户获取用水权必须填写占用水权的书面申请，并经过一定的行政程序或司法程序审批。澳大利亚 1886 年颁布了《灌溉条例》，规定水的使用权以许可证的制度被授予个人和当地政府。许可证的发放原则通常是水的用途、效益和用水合理性，而其内容大致包括水体简况，用水人的情况，水体使用方法和目的规定，所提供使用水体或部分水体的空间界限的界定，用水限额情况，用水许可证的有效期限以及对合理利用和保护水体、水源和周围环境方面的要求等。

4. 按照优先用水原则进行水权分配

各国确定用水顺序大致考虑以下原则。①公平用水原则。几乎所有国家都规定生活用水具有最高等级的优先权。②有利性优先原则。水资源必须进行有利性使用，利益较大者具有优先使用权，《西班牙水法》规定：在用水权优先等级相同的情形下，依照用水的有利性顺序进行供水。③时先权优先原则。先占有或者先申请者优先拥有用水权。④效率优先原则。日本《河川法》规定，对于两个以上相互抵触的用水申请，审批效益大者，不再考虑先提出者优先的传统做法。⑤生态用水优先原则。为了实现人与自然的和谐可持续发展，大多数国家水法都规定，正常情况下，除生活用水外的任何用水必须在生态环境可承受范围内汲取。①

5. 政府与市场共同确定水价

美国水价的制定遵循市场规律，但受政府监管，定价基本上要考虑水资源价值、供水及污水处理成本、新增供水能力投资等。水费包括供水债券、资源税、污水处理费、检测费、管线接驳费等，水价每年修订一次。法国采取了谨慎民主的对话方式及水价听证会制度，政府召集用户代表及供水单位代表，三方协商后灵活而又合理地定价。另外，法国等许多国家对污水排放也要收取一定的费用，用于建设污水处理工程，法国政府还对供水收取一定量的国家农村供水基金，用于补贴人口稀少的地区和小城镇兴建供水和污水处理工程。

（三）我国的水权制度

与世界上部分国家相同，我国水资源所有权归国家。我国的《宪法》规定了国家也即全民是自然资源的所有者，2002 年新《水法》也规定了国家是水资源的所有者，国务院代表国家行使所有权。2005 年 1 月颁布并实施了《水利部关于水权转让的若干意见》和《关于印发水权制度建设框架

---

① 裴丽萍：《水权制度初论》，《中国法学》2001 年第 2 期。

的通知》，确定了在我国可以实行二次水权分配，实行可交易水权制度。在我国，水权交易即水资源使用权的转让，目前主要为取水权的转让。水权转让不是目的，而是利用市场机制对水资源优化配置的经济手段，由于与市场行为有关，它的实施必须有配套的政策法规予以保障。水权交易制度包括水权转让资格审定、水权转让的程序及审批、水权转让的公告制度、水权转让的利益补偿机制以及水市场的监管制度等。影响范围和程度较小的商品水交易更多地由市场主体自主安排，政府进行市场秩序的监管。

　　水权交易制度体系主要包括水权转让和水市场两个方面，水权转让需要确权、计量、监督多个环节的结合。水市场是通过市场交换取得水权的机制或场所。水市场的建立需要有法律法规的保障。在我国，水市场还是新生事物，需要进一步发展和培育。水市场的发展需要相应的法律、法规和政策的支持、约束和规范。水银行机制建立后，通过水银行调蓄、流转水权是水市场建立完善的重要突破。

三　水权制度特点和趋势

（一）各国水权制度由该国国情所决定

　　从各国水权制度实践看，在不同历史时期，具体实行何种水权制度是由各国各地区的国情决定的，并呈动态发展态势。各国和各地区水权制度的建立发展是在尊重传统习惯基础上，结合该国、该地区地理、资源、气候等具体国情，并根据现实需要不断改革完善的。现实的发展需要与政府的积极推动相互结合，即水资源状况、历史传统、政府目的等多因素决定了水权制度的具体选择。比如，当水资源无限供给时，一般实行自由使用权制度；当水资源相对富余时，一般实行河岸权制度，如美国东部；当水资源相对短缺时，一般实行优先占用权制度，如美国西部；当水资源极其短缺时，一般实行比例配水权制度，如以色列；在计划经济国家，一般实行行政分配制度，如苏联；为提高水资源配置和使用效率，各国从20世纪中叶开始实行可交易水权制度，如美国加州的水银行制度等。

（二）水权制度变迁的主线是提升水资源配置的效率与公平

　　从河岸权制度发展至可交易水权制度的过程，正是水权制度随资源人口经济发展变化而不断动态演进的过程。水资源供求矛盾的加剧是水权制度发生变迁的根源，水权制度变迁的主线是提升水资源配置的效率与公平。河岸权制度将水资源的使用与沿岸土地所有权联系在一起，限制了非沿岸土地所有者的用水权利，在水资源丰富地区造成水资源浪费。优先占用权制度虽然弥补了河岸权制度的缺陷，但重点是强调水资源的有益使用和用水顺序权。行政分配水权制度将水资源的利用与计划联系在一起，在一定程度上改善了水资源的配置效率，但由于不存在水资源市场，微观层次的水资源利用效率不高。二次水权分配，实行可交易水权制度弥补了前几种水权制度的不足，其重点是在清晰界定水权的基础上，引入市场机制提高水资源的配置效率和使用效率。

（三）水资源所有权的公有化趋势

随着水资源的重要性及稀缺性日益凸显，越来越多的国家的水法已将地权和水权分离，水资源呈现公有化趋势：规定水资源归国家或州所有。目前，世界大部分国家包括英国、法国、澳大利亚等传统上实行河岸权的国家，已立法规定水资源归国家或州所有。例如，英国《水资源法》规定水资源所有权属于国家，日本的《河川法》明确江河水归国家所有，法国《水法》规定水是国家共同资产的一部分，美国西部各州水法和澳大利亚《水法》规定水资源归州所有。

此外，国家（州）在水权的管理方面占据了重要或者支配地位。各国已普遍实行水权登记和取水许可制度，对用水的优先顺序、用水者的义务、有偿用水原则等方面做了明确的规定。允许水权可以在政府合理干预的情况下进行交易，出现了可交易水权制度，在水资源所有权公有化趋势下，这种可交易水权制度更多的将是水资源使用权的交易。

（四）明确生态用水的优先性

随着水资源日趋缺乏以及环保观念和意识的不断增强，各国逐渐认识到了生态用水的重要性。目前，很多国家水法明确了生态用水的优先性，即正常情况下，除生活用水外的任何用水必须在生态环境可承受范围内汲取。如法国新水法中规定，当河流流量降低到最低生物流量以下时，只有供应饮用水才被列为首先要保护的用途。在《渔业法》和《乡村法》中规定，水利工程建设和运用管理应当保证河道里最小环境流量的低限。美国加州水法也强调了用水必须要符合受益使用原则（Beneficial Use）[1] 和保护水环境的重要性[2]。

（五）水资源管理逐渐从供给管理向需求管理转变

解决水资源供需矛盾的传统方法是修建供水工程，增加供水能力。但随着水资源稀缺程度不断提高，供水工程成本也必然提升，不仅要增加用水者的负担，还要耗费大量的资金补贴，最终还会面临无剩余水可供的境况，对环境造成难以计量的负面影响。

目前，水资源管理逐渐从供给管理向需求管理转变。需求管理的实质是鼓励节水和提高用水效率，间接解决水资源的供需矛盾。需求管理政策包括价格政策与非价格政策两方面：典型的水资源需求管理价格政策是可交易水权制度，即通过市场手段使水从低效使用向高效使用有偿转移，从而有效地提高用水效率，促进节水；而需求管理的非价格政策主要包括教育、提供节水的公共信息、发放采用节水技术的补助金等。

（六）可交易水权制度代表了水权制度的发展方向

可交易水权制度实际上是一种政府和市场相结合的水权制度，即政府首先为水权交易提供一个清晰、明确的法律制度框架，其次把如何提高水资源的使用效率和配置效率的问题交由市场去解决，同时政府履行对交易监管的职责，以避免负外部效应的发生。这种结合不仅有效避免了水资源利用中的"市场失灵"和"政府失灵"问题，而且发挥了市场和政府各自的比较优势。从目前各国实施的效果来看，水权的可交易促使水权市场的生成，使水资源从低值使用"交易"到高值使用，一定程度上确实起到了节约用水和优化水资源配置的作用。

第二节　国外水权交易和水市场

一　典型国家的水权交易

水资源的稀缺性是实行水权交易的现实基础。20 世纪 80 年代以来，在

---

[1] 符合受益使用定义的用水包括：家庭用水、公共给水、农业及工业用水、水力用水、美化景观用水、水运用水、生态保育用水及其他水生动植物保育用水等。

[2] 水利部黄河水利委员会：《黄河水权制度转换制度构建及实践》，黄河水利出版社，2008，第 64 页。

世界范围内，随着工业的发展，工业用水需求量不断增长，但由于一定区域内可用水总量是有限的，新用水户已很难通过申请获得水权，由此，水权交易和水市场应运而生，呈现方兴未艾趋势①。

水权交易分临时交易和永久交易。一些情况下，水权被长期转让，而在更多情况下，水权占有者将自己过剩的或因减少使用而节省的水资源转让，但同时保留水权。随着市场发展，永久交易和临时交易两种类型之间的区别日趋减少，而水权的租期在不断延长，租期内由买方拥有水权，期满后再转移回卖方，因此产生了水权租赁的交易方式。按照不同交易类型，水市场可分为正规水市场（主要在北美和南美）与非正规水市场（主要在南亚，通过用水户协会分配水权）、现货水交易市场（Spot Market，在巴基斯坦有21%的打井户出售地下水）、应急市场（Contingent Market）、永久性水权转让市场、水权租赁市场、地面水市场和地下水市场等不同的类型②。

目前，世界水权交易市场主要集中在美洲、大洋洲和亚洲等地，其中以美国、澳大利亚、智利、墨西哥以及南亚一些国家最有代表性。这些国家水权交易的共同特点是在水资源管理上分权，权力向下转移，重视环保和对交易第三方的保护，但又各有特点。美国水权制度基本理论比较完备，水权制度创设最早，水权交易起步最早，其特点是各州以各自不同的形式进行发展，水权交易依据完善的法律体系，由公正的水权咨询服务公司作为中介。但美国没有建立国家级水权交易制度，水权交易主要集中在西部各州，加利福尼亚等州的水银行富有特色。发展中国家智利和墨西哥已建立全国性的水交易市场。与美国相似，澳大利亚的水管理以州为核心，南澳大利亚的墨累—达令流域（Murray - Darling Basin）水权交易较具代表性。目前，澳大利亚的水权交易相当普遍，已成为世界上水权交易和水市场的典范。

（一）美国

美国是世界上市场经济最发达的国家，水权制度创设最早，也最为完

---

① 水利部黄河水利委员会：《黄河水权制度转换制度构建及实践》，黄河水利出版社，2008，第64页。

② 水利部黄河水利委员会：《黄河水权制度转换制度构建及实践》，黄河水利出版社，2008，第64页。

善发达，世界最早的可交易水权制度于 20 世纪 80 年代出现在美国。目前，美国水权交易主要集中在西部各州，以加利福尼亚水银行最富有特色。美国加利福尼亚州从 1991 年起经历了 5 年干旱，为消除旱灾带来的负面影响，州政府发起建设了水银行。水银行本质上是一种水权交易中介组织，其主要负责购买出售水资源的用户的水，然后将收购来的水按用水优先权卖给急需用水的用户。这些水的来源包括农地休耕后的节约用水、使用地下水而节约的地表水、水库调水等。水银行的主要作用是简化了水权交易程序，促进水权便捷交易，更合理地对水资源进行了配置，并给交易双方带来了较好的经济效益，因此，这种水权交易形式逐步在美国推广开来。

另外，在美国的西部还成立了灌溉公司，公司股份是以水权作为表现形式。灌溉农户通过加入灌溉协会或灌溉公司，并按分配水权依法取得水权或在流域上游取得蓄水权。在灌溉期，水库管理单位把当年入库的水量按水权分配，给拥有水权的农户输放一定水量，并用输放水量计算库存各用水户的蓄水量。现在，美国还出现了网上水权交易，即水权的买卖双方到水权市场网站进行登记，而后在网上完成水权交易[①]。

在美国，用水主体间的水权转让与交易主要是通过水权市场来实现的，并辅以行政手段加以引导。水市场中的绝大部分水交易是从农村转向城市。据统计，在得克萨斯州，99% 的水交易是从农业用水转变为非农业用水。该州里格兰市 1990 年确立的水权中，有 45% 自 1970 年起已经被买走[②]。

(二) 澳大利亚

随着水资源供需矛盾的进一步突出，澳大利亚从 1983 年开始，新用水户已很难通过申请获得水权，于是便开始水权转让实践。1983 年，新南威尔士州和南澳大利亚州首次进行水权交易，这是澳大利亚的第一次水权交易。1983 ~ 1984 年度新南威尔士州完成 4 起临时水权交易，交易量为

---

① 水利部黄河水利委员会：《黄河水权制度转换制度构建及实践》，黄河水利出版社，2008，第 67 页。

② 黄锡生、邓禾：《澳美水权制度的启示》，《2003 年中国法学会环境资源法学研究会年会论文集》（学会内部资料）。

257 万 m³。1989 年出现首次永久性水权交易，1989～1990 年度永久性水权交易为 5 起，交易量为 270 万 m³。目前，水权交易在澳大利亚相当普遍，1997～1998 年度，仅新南威尔士州就完成 1980 起临时水权交易，总交易量达 5.07 亿 m³，其中跨流域水权交易 133 起，交易量为 6278 万 m³；完成永久性水权交易 125 起，交易量为 4760 万 m³。澳大利亚水权交易的典型案例要数南澳大利亚的墨累—达令流域，每年因水权转让而产生的经济效益可达 4000 万澳元[①]。

澳大利亚水权交易方式可分为私下交易、通过经纪人交易和通过交易所交易三种。水权转换的价格完全由市场决定，政府不进行干涉；转让人可以采取拍卖、招标或其他认为合适的方式进行。澳大利亚州际交易必须得到两个州水权管理部门的批准，交易的限制条件包括保护环境和保证其他取水者受到的影响最小。流域委员会还会根据交易情况调整各州的水分配封顶线。澳大利亚州政府在水交易中起着非常重要的作用，包括提供基本的法律和法规框架、建立有效的产权和水权制度、保证水交易不会对第三方产生负面影响；建立用水和环境影响的科学与技术标准，规定环境流量；规范私营代理机构的权限[②]。

(三) 智利

智利是两个建立国家级正规水权转让市场的国家之一。智利 1981 年新颁布的水法极大地推进了水权交易，当某地区水量指标分配完毕后，新的用水户要取得水权，需要进入市场，向其他拥有水权的公司和农户购买。智利水权交易信息比较畅通，交易形式既有量小、时限短的用水户之间的租借和短期交易，也有不同用户之间的永久性交易。水权交易的价格由双方协商，水权交易不需要政府水资源管理部门的批准。智利成立了国家水董事会（DGA）负责水市场的运作，在各个地区由用水户协会具体负责实施。在智利的缺水地区，水市场已经取得较大收益，如该国的利玛理地区，水交易的平均收益是 2.47 美元/立方米，交易成本

---

① 黄锡生：《水权制度研究》，科学出版社，2005，第 96 页。
② 水利部黄河水利委员会：《黄河水权制度转换制度构建及实践》，黄河水利出版社，2008，第 65 页。

是 0.069 美元/立方米①。

总结起来，智利水权交易有这样几个特点。

一是水权有法律保障。1981 年水法对智利水权市场建设起了推动作用，为水权交易扫清了法律上的障碍。用水户一旦被授予水权，水权就受民法或私法保护和管理，而不受制于公共或行政管理了；水权交易纠纷由地方法院裁决，而不是像过去那样通过管理机构仲裁。

二是水权交易服务机构健全。1981 年成立水权服务机构，即国家水董事会（DGA）。DGA 的主要职责是为水权制度建设服务，提供技术服务和管理服务，收集水文信息，检查大型水利工程如水坝、运河等，负责水权登记，组织研究规划和政策服务等；DGA 负责审批授予水权，如果水资源不够分配，DGA 就必须进行拍卖，把水权售给出价最高者。另外，各个地区的用水户协会在促进市场重新配水中起到重要作用，特别是在交易活跃的 Limari 流域和跨部门交易比较多的 Elpui 流域。

三是水权不仅可以买卖，而且可以作为抵押品和附属担保品。也就是说，智利不仅存在水权出让和转让市场，而且存在水权金融市场。用户个人拥有的水权可作为抵押标的物进行抵押，从有关金融机构获得抵押贷款用于水利建设。

（四）墨西哥

墨西哥是另外一个建立国家级正规水权交易市场的国家。墨西哥 1992 年制定了水资源分散管理和允许水权人转让水权的新水法，确定用市场机制和经济手段配置和管理水资源。墨西哥水权交易有以下特点：一是水资源政策清楚地定义了水权的特征及实施水权转让的条件和规则，较好地解决了水文、水利实施、法规体系和政治制度之间的复杂关系，使墨西哥的水权转让能够在相对简单的灌溉技术条件下发育起来；二是比例水权方法在公平地分配短缺水资源和促进水权市场发育方面显示了它的优势，比例水权比优先水权更灵活，在水资源短缺的情况下比优先水权分配得更公平，比例水权用水者在满足了一定水需求的情况下，一定会拥有一些多余的水权，比例水权的

---

① 水利部黄河水利委员会：《黄河水权制度转换制度构建及实践》，黄河水利出版社，2008，第 64 ~ 65 页。

同质性也使得水权市场的操作更容易；三是有效地保护了水环境，消除对第三方的影响，由于水权转让可能给第三方和环境造成负面影响，墨西哥采用法规的办法对环境予以了保护；四是和智利一样，墨西哥强大的用水者协会在水资源分配中发挥了重要的作用。

（五） 其他国家

其他一些国家，特别是南亚、东南亚一些国家，如印度、巴基斯坦，它们大多数有非正式水权市场，或者采取临时水权交易，进行小额零星水权交易。在这些国家，一些小农户没有能力支付必要的抽水设施建设费用，临时水权市场为解决这些小农户的用水需要起到了重要的作用。这种类型的水权市场也比较容易管理，一般来说，这些水权交易不涉及水权的永久转移，卖方一直拥有水权。此外，西班牙、以色列、菲律宾、斯里兰卡、印度尼西亚和新西兰等国家也引入了水权交易，由于各国政治、经济和文化等的不同，水权交易也具有不同的特色[①]。

二 国外水权交易制度总结

（一） 水权交易的规则[②]

无论是临时交易还是永久交易或者是租赁，水市场都需要一定的市场规则约束和规范交易行为。西方国家采用政府的政策法规与买卖双方合同相结合的方法来实现水市场交易，在水法规中都对水权交易程序和买卖合同中的有关内容作出了详尽的规定，水权交易必须考虑社会、经济和环境的要求。

第一，水权交易必须以河流的生态可持续性和对其他用户的影响最小为原则，生态环境用水必须得到保证，同时供水系统的供水能力和不同灌区的盐碱化程度控制标准是进行水交易的约束条件。

第二，水权交易必须有信息透明的水交易市场，尤其是价格的公开，为买卖双方或潜在的买卖双方提供可能的水权交易的价格和买卖计划。目前，西方国家利用互联网提供信息，并在网上进行交易。

---

① 傅春、胡振鹏：《国内外水权研究的若干进展》，《中国水利》2000 年第 6 期。

② 此部分引自水利部黄河水利委员会《黄河水权制度转换制度构建及实践》，黄河水利出版社，2008，第 65~66 页。

第三，水权交易由买卖双方在谈判基础上签订合同，水权交易既可以在个体之间进行，也可以在企业之间或企业与个体之间进行，还可以在不同行业和不同地区之间进行，但是交易的费用必须符合有关的法律规定。

第四，水权转让和交易由市场决定，政府一般不进行干预，转让可采取任何合适的方式进行，但转让人必须事先向水管理机构提出申请，并附相应的评价报告，由专门的咨询机构做出综合评价，在媒体上发布水权永久转让的信息，最终由水管理机构重新向买方颁发取水许可证，同时取消卖方的取水许可证。

（二）水权交易的模式

国际上现有的水权交易模式大致可分为四种：行政模式、明码标价模式、议价模式和拍卖模式[①]。水权交易的行政模式是水权交易双方协商后，将水权交易有关资料交付政府或水行政主管部门，经政府或水行政主管部门批准后才可以进行交易的一种模式。行政模式通常出现在水权交易制度不健全的时期。行政模式交易成本较高、不够灵活，政府或水行政主管部门对水权交易信息的反应迟缓，批复水权交易的时间较长，因而效率比较低。

水权交易的明码标价模式是确定一个或者多个固定价格，水权按照确定的价格成交。美国加州水银行就是采取这种方式。明码标价模式的优点在于价格固定，为水权交易利益主体降低了交易成本，但是，它的缺点在于固定的价格无法反映市场供需变化。明码标价模式通常适用于完全信息下的市场交易，而且买方和卖方的数量都很多。事实上，经济环境中存在的交易，大多是在不对称信息下完成的，水权交易实质上也是在不对称信息下完成的交易。

议价模式指水权利益主体通过谈判或协商，就水权价格以及其他交易条件达成一致协议的一种水权交易组织形式。智利《水法》规定，用水户的水权可以通过自由谈判的价格销售给任何人，不管他们出于何种目的。水权的议价模式最大优势就在于简单灵活，既能体现水权卖方的意志，又能满足

---

① 陈洁：《水权期权交易的理论、方法与应用》，博士学位论文，河海大学，2008，第33~34页。

水权买方的要求。其缺点在于用于发现价格的交易成本较高，特别是在水权交易很少发生的情况下。

拍卖模式指水权的卖方在一个指定的场所对他所持有的水权进行拍卖，将水权卖给出价最高的买方。智利1981年的《水法》规定，国家免费授予现有用水户以水权，对于用水户新的水权申请，国家采用水权拍卖模式授予水权。水权的拍卖模式有利于水权的卖方获得最大收益，有利于实现水权的最大价值。但在现实中水权的拍卖模式也存在许多缺陷，其中最主要的是非完全竞争问题。拍卖交易以存在大量独立买方为前提条件，而对某些水权而言，拍卖交易中的水权买方之间存在密切关系，串拍的可能性较大；而且拍卖对交易成本的节约也是建立在大宗水权交易的基础上，对小数量水权交易来说，存在增加额外交易成本的可能。

上述四种水权交易模式各有优缺点。总的来说，水权交易的行政模式是水权交易制度不健全时期的产物，会逐步被后三种市场交易模式所取代。而水权交易的明码标价模式、议价模式和拍卖模式之间是相互补充的关系，它们适用于不同类型的水权利益主体之间的交易，而水权交易成本决定了哪种交易模式更具有优势。

（三）水权转换的价格、期限和范围

一般而言，国家主要通过水权交易登记的制度来管理水权交易，而很少直接干涉水权交易的价格。水权价格主要根据市场行情、交易带来的潜在收益及当地的具体特点，在集中竞价中由买卖双方自己报价，根据时间优先、价格优先的原则协商确定。为避免在水权转让过程中形成价格垄断和出现牟取暴利的倾向，各国政府都不同程度地对水权价格进行管制和确认，或确定水权转让的指导价格和允许浮动的范围，并对水权价格进行必要的评估，区别仅在于政府在定价方面的具体职能和权限范围[①]。

国外对水权转换的期限没有明确的规定，一般是按照转换双方的意愿来决定。可以是短期转换，如在智利最频繁发生的是相邻农户之间的水租借，水量较小，时间也比较短，有时甚至是几个小时；澳大利亚常常进行灌溉期

---

① 张仁田、陈守伦、童利忠：《水权分配与水市场中的水权交易体制》，《华北水电水利学院学报》2002年第6期。

之间的水权交易。也可以是长期转换，例如在水权私有制的国家进行的永久性交易①。

澳大利亚水权交易规定，核心环境配水以及为保证生态系统健康和水质的保留用水不得交易。一些家庭人畜用水、城镇供水以及多数地下水不可交易。地表水水权允许在流域内、流域间、州内及跨州交易，地下水权的交易一般只能在共同的含水层内进行。国外水权交易还出现了跨国交易的形式，例如新加坡 85% 的水都是从马来西亚购买的，期限是 60 年。新加坡从马来西亚买来原水再制成水产品，卖回到马来西亚，这被认为是国际上最典型的水权交易的例子②。

（四）政府的主导作用和中介机构的服务作用

各国水权市场的一个显著的共同点是政府和法律起着主导作用，政府或水中介机构参与成为水权交易主要途径。日本《河川法》不允许私下的水权销售，要求转让的水权必须先返还给管理者，准备接受水权的用户再通过申请获得该水权。在澳大利亚，州政府在水权交易中起着非常重要的作用，包括建立水权交易制度、对水权交易进行有效监管以维护公众和环境利益、规范和监管水权交易中介代理机构等。

中介机构也发挥重要的服务作用。在智利，水总董事会（DGA）负责水市场的运作，用水者协会负责监督水资源的分配和交易，提供协商的场所并解决水事冲突，部分地扮演了政府的角色。在美国，几乎所有的水权交易都要通过水权咨询服务公司，咨询公司提供各种记录档案和其他必需的证明材料，为委托人提供专家证词、材料鉴定、水价评估、代理诉讼等方面的服务。

第三节 国际经验借鉴和启示

世界各国水权制度及水权交易实践对我国水权制度建设有以下借鉴和启示。

---

① 水利部黄河水利委员会：《黄河水权制度转换制度构建及实践》，黄河水利出版社，2008，第66~67页。

② 水利部黄河水利委员会：《黄河水权制度转换制度构建及实践》，黄河水利出版社，2008，第67页。

一　高度重视水资源管理和保护

以色列是一个严重缺水的国度，其半数以上的国土为干旱和沙漠地区，因此水成为一种战略资源被严格管理和控制。以色列在其建国之初，水资源就被确立为国有资源，归政府所有和控制。1959 年颁布实施的《水法》阐明：以色列的水资源是公共财产，由国家控制，用于满足公民的需要和国家的发展。一个人拥有土地的产权，但并不拥有位于其土地上或通过其土地境内的水资源的权利。《水法》规定：实施工农业和民用水配额制，限制无节制用水。将可转让和不可转让的水权配额交给消费者开发利用，以达到水资源的有效利用。管理机构方面，以色列还先后成立了国家水利管理委员会和"部长间委员会"负责水资源的管理、开发和利用。水资源保护方面，以色列《水法》规定：禁止水污染，否则要被罚款或被判刑。发生污染事件后，水务委员有权采取各种措施制止污染，可以要求被告停止污染活动并限期改正。水务委员可以在水源地附近设立保护区。一旦水务委员确定了保护区，没有水务委员批准，任何在保护区的活动、建筑都是被禁止的。

我国水资源总量丰富，居世界第六位，长期以来国人并没有认识到用水的紧缺性，水污染、水浪费现象大量存在，甚至是发生在一些严重缺水的北方地区。正如一些专家指出的，黄河的断流有气候变化原因，但沿河区域的无节制用水以及严重的水污染也是重要原因[1]。我国可以学习以色列经验，高度重视水资源管理和保护，严格立法，建立最严格的水权制度和水资源管理制度，打造节水防污型社会，才能长期有效地解决我国的用水问题。

二　因地、因时制宜地建立水权明晰的水权制度

美国水权制度主要特征是水权明晰和因地制宜。在美国东部地区如阿肯色州等，水资源较为丰富，采用的是河岸所有权制度；在美国西部如犹他州等，干旱缺水，采用的则是优先占用权制度；美国加州则实行河岸所有权与优先占用权并存的混合水权制度；此外还有公共水权制度，即用于航运、渔

---

① 李雪松：《中国水资源制度研究》，武汉大学出版社，2006，第 72 页。

业、商业、科学研究以及为满足生态和环境要求对地表水的使用权。从制度上看，无论是河岸使用权制度还是优先占用权制度，都通过合理明晰界定水权，明确了水资源所有者和使用者对水资源的各种权利、义务，从而使国家、地方和用水户之间的责、权、利相互区隔又互为协调。

我国当前的水权制度规定水资源归国家所有，在管理上为政府行政计划、统一调度，表现为三个特点：一是所有权和使用权分离，即水资源归国家所有，但个人和单位可以拥有水资源的使用权；二是水资源的配置和水量分配一般通过行政手段完成；三是水资源的开发和利用是在国家统一规划和部署下完成的。[1] 由于沿袭了计划经济管理体制，我国目前水权制度中水的使用权、配置权和收益权比较模糊，水资源所有权与经营权不分，中央与地方以及各种利益主体的经济关系缺乏明确的界定，水权界定模糊且又不允许转让，种种问题导致了我国水资源的低效利用和配置。[2] 因此，在国家对水资源拥有所有权的前提下，对现有水权制度进行改革完善，逐步建立起以产权明晰、政资分开、权责明确、流转顺畅为目标，以水权许可和登记、水权有偿获得、可交易水权为核心内容的现代水权制度。当前水权制度改革的重点是明晰和合理配置水权以及加快建立水权交易制度，具体做法包括加快水权的确权和确权登记，逐步放开使用经营权，选择部分重要流域进行试点，进行水权交易等。

另外，我国国土面积较大，是一个水资源缺乏的国家，人均水资源占有量只有 2200m^3，不到美国的 1/4，而且水资源量南多北少，时间、空间分布极不均匀。因此，我国可根据区域、流域的水资源的供给和需求因时制宜、因地制宜，在全国性水权制度的基础上，建立符合区域和流域特点的区域性、流域性的水权制度，合理地开发水资源，以实现经济社会的可持续发展。

三　探索建立符合中国国情的水权分配机制

水权初次分配和再分配是水权制度的重要内容。目前，世界上大多数国家，特别是一些西方国家按水权优先权对水资源进行初次配置，以水权交易

---

[1]　水利部黄河水利委员会：《黄河水权制度转换制度构建及实践》，黄河水利出版社，2008，第68页。

[2]　李雪松：《中国水资源制度研究》，武汉大学出版社，2006，第73页。

对水资源进行再分配。首先，从用水优先权来看，几乎都规定家庭用水优先于农业和其他用水，但实际上一般根据申请时间的先后被授予相应的优先权。当水资源不能满足所有需求时，水权等级低的用户必须服从于水权等级高的用户的用水需求。在用水等级相同的情况下，则要考虑用水的效益，能够产生更大效益的用水户具有优先权。其次，在进行水权再次分配时，则在市场机制和政府监管下，通过水权交易市场实现用水者之间的水权转让与交易，以使水资源能够得到最优化的配置。

我国水权分配长期沿袭的是行政管制分配模式，政府对水资源进行无偿或低价供给，造成了水资源价格严重扭曲，导致"市场失灵"和"政府失效"，致使用水粗放增长，浪费严重，既缺乏效率又不公平。[1] 在这种情况下，应当借鉴国外的先进做法，探索建立符合中国国情的水权初始分配和再分配机制。

在水权初次分配方面，首先，要建立水资源的宏观控制体系和定额管理指标体系。前者从源头上控制总用水量，按照分配水量不能超过水资源与生态环境的承载能力原则来分配水资源的使用权，明确各地区、各行业、各部门乃至各企业、各灌区各自可以使用的水资源量。定额管理指标体系用来规定社会的每一项产品或工作的具体用水量要求。其次，按水权优先权对水权进行分配。《中华人民共和国水法》中规定了城乡居民生活用水的优先性，对其他水权的优先顺序未明确规定。一是在优先考虑生活、公共以及生态用水需求的基础上，对其他经济用水优先顺序采取多样化设置。二是以保障社会稳定和粮食安全为原则。作为一个发展中国家，在任何时候，保护粮食安全和社会稳定都是水资源配置中需要优先考虑的。三是对于实施优先权的流域可因地制宜确定时间优先、地域优先、现状优先的原则。最后，推进水权协商分配试点。在一些条件成熟的区域，即在用水户相对比较集中、有一定的组织协会基础、水资源存在稀缺的一定区域里面，逐步培育和建立用水协会，由行政主管机构授权，民主协商分配初始水权，同时政府实施有效监管。[2]

在水权再分配方面，2006 年的《取水许可和水资源费征收管理条例》

①　李雪松：《中国水资源制度研究》，武汉大学出版社，2006，第 73 页。

②　水利部黄河水利委员会：《黄河水权制度转换制度构建及实践》，黄河水利出版社，2008，第 69 页。

首次允许水资源进行有条件的交易。2013 年，党的十八届三中全会报告中明确提出"推行水权交易制度"。首先，要进一步建立和完善水权交易法规体系、水权交易管理体系、水权交易市场体系等。其次，先在水资源供需困难的流域如黄河中上游进行试点，设立水权交易中心或交易市场，水权交易中心允许用户通过市场进行水权买卖，政府对其实施宏观上的监督管理，然后再逐步向其他流域推广。

四　进一步完善我国的水法律体系

水法律体系是有效实施水资源管理的根本手段。目前，世界各国都非常重视水的立法工作，许多国家把有关水的开发、利用、管理、保护或集中规定在一个法内，或针对各种问题分别制定若干单行法律。另外，国外水资源管理机构的设置和职权的授予也多以立法为根据。如美国田纳西流域管理局是根据 1933 年美国国会关于开发田纳西流域的法案要求成立的；英国水务局是根据 1973 年英国《水法》要求成立的。而在第二次世界大战以后，随着经济的发展和人口的增长，以及水资源开发利用规模的不断扩大，水资源的开发与利用越来越成为关系社会经济发展的大事，传统水法显然不能适应客观发展的需要。因此，在国际上逐渐形成适应现代社会需要的现代水法。现代水法强调扩大水的公有制，强化水资源统一综合管理，实现水权管理和水资源的有偿使用，促进计划用水与节约用水，遏制水的浪费现象。目前，依法治水、依法管水已成为各国水管理体制改革的重要方向。

2002 年 10 月开始施行的新《水法》是我国水法律体系的基础，但与先进国家相比，我国有关水资源管理和保护方面的配套性法律法规还不健全，实践操作性还不强，满足不了经济社会快速发展的要求。当前要进一步建立和完善合理、可操作性强的配套性水法律体系，尤其是关于水资源费的征收、管理和使用的配套性法律法规，关于水权界定、分配的配套性法律法规，关于水权转换、水市场和水权交易转让的配套性法律法规，关于水权的调整、续期和终止的配套性法律法规等。

五　保障水资源附近用水户的优先使用权

英国是最早采用滨岸权的国家。无论是对地表水还是地下水，使用水的权利都归地表水岸边的土地占有者所有，或归地下含水层的土地占有者所有。但汲取的水量不超过 1000 加仑，或是汲取使用水累计抽水重不超过 1000 加仑，且只用于土地占有者的家庭使用，或提取地表水用于农业甚至绿化，则不需要事前取得许可证。当土地占有者需要享有使用水的权利时，也可通过许可证的沿用、转让而获得。不论要不要许可证，提取水的权利都可以由转让或继承而获得。

在我国，引入市场机制、建立水权制度是一个巨大的工程。在建立水权制度解决用水矛盾时，应该注意保护用水户的"临水权"，即水资源附近的用水户有优先使用权。水权转让的主动方掌握在拥有"临水权"的用户手中，这样，转让一方为了获得更多水权转让的收益，就会尽量节约用水，留出节余用于出售；受让一方为了尽量减少购买水资源使用权的成本，也必然会努力提高水资源的利用效率。

六　重视环境生态用水

随着环保观念的不断增强，各国逐渐认识到了生态保护的重要性，在水权制度设计中都十分注意保留生态用水的份额。例如，环境用水在澳大利亚得到了高度重视，环境是合法的用水户。水分配过程中，每个流域经测试后先评估确定需要多少环境生态用水，在环境生态用水得到保证的前提下，再确定可供消费的水量。除了某些特殊或紧急情况，环境用水都具有优先权。消耗性用水要以保证生态可持续发展为前提，同时只有在环境用水与其他用水之间确定分配关系后，才能引入水交易。同样美国、法国、智利的水法也强调了保护水环境平衡的重要性。

我国法律法规虽然也规定了环境生态用水，如我国现行《水法》第四条规定，"开发、利用、节约、保护水资源和防治水害，应当全面规划、统筹兼顾、标本兼治、综合利用、讲求效益，发挥水资源的多种功能，协调好生活、生产经营和生态环境用水"，但这种"协调用水"在实际生活中导致大多数地区将有限的水资源优先分配给能产生更多经济效益的工业和其他行业。在现实的水权优先管理中，生态用水难以像工业、农业、发电等用水户那样建立较为完善的用水计划制度，导致生态用水往往置于各用水户的末端，用水需要难以保障。面对我国生态用水管理薄弱的现实，应强化生态用水配套法律体系建设，使生态用水具有稳定保障。在法律上明确生态用水的地位和优先性，规定保障生态用水的原则、要求、方法和措施；在实践操作中配套一系列政策措施和操作办法，严格保障环境生态用水。

七 推动公众广泛参与

世界银行 1993 年 9 月颁布新的水政策强调两点：一是将水视为经济物品；二是供水管理进一步分权，对定价和财务自主实体更加重视，使用水户更多地参与管理。[①] 水资源管理中的公众参与增强了水资源管理和分配的参与意识，促进了水资源分配的公平性。例如，澳大利亚政府水权管理的一些部门为给公众参与提供平台，往往设立一些民间机构，如社区咨询委员会、农民联合会、民间团体等。澳大利亚政府还推行一些如"水的共享计划"、"节水行动计划"等水权管理活动，吸引公众主动参与到水管理和水节约的具体活动中，以提高公众的参与意识和节水意识。

我国现在的水权分配和交易主要通过行政手段，不同层次的用水户均处于被动接受地位，缺乏广泛的社会参与。水资源牵涉各方用水主体的利益，因此建立广泛的社会参与机制是保障水资源配置公平性的重要条件。目前，国内学者也提出了不同的社会参与模式，如政治民主协商制度、水资源俱乐部配置模式等。在实践中，部分地区也进行了相关尝试。如甘肃张掖下辖灌区成立农民用水者协会，直接决策基层水资源配置，并参与到水行政主管部门的分水配置过程中[②]。这些模式和尝试值得政府鼓励和支持，有效果的还可以向其他地区推广。

---

① World Bank. 1993. *Water Resources Management：A World Bank Policy Paper*，Washington D. C.
② 水利部黄河水利委员会：《黄河水权制度转换制度构建及实践》，黄河水利出版社，2008，第 71 页。

第 三 章
中国水权改革及水权制度建设进程*

　　我国水权制度从实践探索到制度建设已经经历了相当长一个阶段（见图1）。1984 年开始起草、1988 年第六届全国人大常委会第二十三次会议上获得通过的《水法》，标志着我国水资源的整治和管理进入了有法可依的时代。最早的水权分配方案是 1987 年制定的《黄河干流水量分配方案》（即"八七分水"方案）。2000 年东阳义乌进行的水资源使用权交易实现了地方层面的水权交易。2003 年，宁夏回族自治区和内蒙古自治区在水利部、黄河水利委员会的指导下，实施了大规模、跨行业的"投资节水，转换水权"；2004 年 5 月，水利部特别下发了《水利部关于内蒙古宁夏黄河干流水权转换试点工作的指导意见》，给予积极引导和规范。2005 年水利部颁布了《关于水权转让的若干意见》、《关于印发水权制度建设框架的通知》，将国家水权制度建设作为深化经济体制改革的重点内容，多次列入年度深化经济体制改革工作意见中。2006年《国民经济和社会发展第十一个五年规划纲要》提出"建立国家初始水权分配制度和水权转让制度"。2011 年中央一号文件提出"建立和完善国家水权制度，充分运用市场机制优化配置水资源"。2012 年国务院三号文件提出实施最严格的水资源管理制度，"建立健全水权制度，积极培育水市场，鼓励开展水权交易，运用市场机制合理配置水资源"。2013 年，国办发二号文件贯彻落实最严格水资源管理制度，将"三条红线"考核指标分解到各个省区。2014 年，全国 7省区开始水权试点，我国水资源管理制度和水权制度建设进入一个崭新的时代。

---

　　* 本章作者：林睿，中国社会科学院博士研究生；郭时君，四川省社会科学院硕士研究生；刘世庆，四川省社会科学院西部大开发研究中心秘书长、研究员；巨栋，四川省社会科学院区域经济硕士研究生。

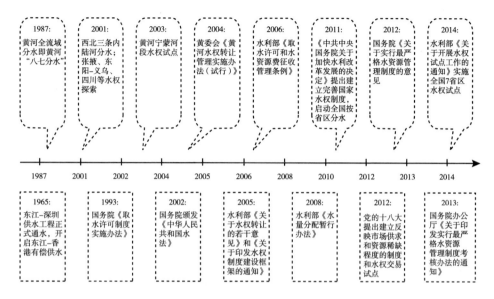

图1　中国水权改革与水权制度建设进程

第一节　中国水权改革的实践探索

一　1987年黄河"八七分水"方案

黄河总体上是资源性缺水的河流，黄河的径流量仅为全国河川径流量的2%。黄河兰州以上产水占62%，黄河上中游的兰州至三门峡河段，缺水尤为严重，人均水资源量仅为全国平均量的1/8，而从经济社会发展的需要看，上游用水少，中下游用水多。但黄河承担着全国15%的耕地面积、12%的人口和50多座大中城市的供水任务，这就造成了黄河水权分配的供需矛盾。为了解决这个矛盾，1987年国家对黄河流域的水资源根据各省用水情况制订了一个分水方案，叫"八七分水"方案①。"八七分水"方案是以1980年黄河沿岸各省区实际用水量为基础，综合考虑省

---

① 《国务院办公厅转发国家计委和水电部关于黄河可供水量分配方案报告的通知》（国办发〔1987〕61号）。

（区、市）的灌溉发展规模、工业和城市用水增长以及大中型水利工程兴建的可能性，黄河流域总引用水量比 1980 年增加 40% 以上的原则来划分的。其中：山西省因能源基地发展的需要，增加用水量 50% 以上；宁夏、内蒙古当时农业用水较多（考虑到该地区有效利用率不高，发展方向应是在节水中求发展），增加用水量 10% 左右；河北省、天津市虽不在黄河沿岸，但考虑从黄河引水接济，分配用水量 20 亿 m³。其他沿黄各省（区）一般增加用水量 30% ~ 40%（见表 1）。确定分水后剩余的 210 亿 m³ 水，留作输沙用水。

表 1　黄河可供水量分配方案

单位：亿 m³

地区	青海	四川	甘肃	宁夏	内蒙古	陕西	山西	河南	山东	河北	天津	合计
年耗水量	14.1	0.4	30.4	40.0	58.6	38.0	43.1	55.4	70.0	20.0		370

　　"八七分水"方案是对黄河初始水权的一个重要分配，分配的水量即国家赋予各省的水权。同时，规定水权可以在各省区内有偿置换。这是中国初始水权分配的第一个正式方案。从这个分配方案来看，分配的思想实际上是优先使用权，即当时经济社会发展快的省份分水比例大些，发展慢的省份分水比例小些。分配方案同时还指出"上述水量分配方案，是按黄河正常年份水量制订的，今后还需要根据不同的水情逐年作出合理的调度安排"。但事实上，到 2015 年，黄河也没有再形成新的完整的分水方案，近 30 年的发展与变迁，经济格局已经发生了沧海桑田的变化，当时的水权分配方案理应进行调整。特别是南水北调东线、中线工程通水后，已有上游地区呼吁将分配给天津和河北的 20 亿 m³ 的黄河水重新分配给上游地区使用，但是"分水就是分钱"的利益格局阻碍了分水方案的调整，而当时的水权分配原则（占用优先权）是否继续适用还需统筹考虑，分水方案不能只考虑经济用水，上游地区生态用水、河岸优先权等因素也需要统筹考虑。

　　"八七分水"方案为水权流转制度建立提供了依据，真正推动了我国水权制度的发展。笔者在调查中了解到，2003 年以来水利部在黄河流域宁蒙河段进行水权置换试点，取得了积极成效，本节第五点进行详述。内蒙古鄂尔多斯市风大沙多，干旱少雨，属资源性、工程性和结构性缺水并存的地区，同时又是我国煤炭、天然气的重要开采基地。据我们了解，鄂尔多斯已探明的煤炭、天然气储量约为全国的 1/6 和 1/3。为了进行工业建设和改造农田灌溉，2003 年内蒙古自治区决定把黄河干流水权分 7 亿 m³ 给鄂尔多斯，其中用于工业项目 40 项，由用户与黄河南岸鄂尔多斯灌区管理局签订黄河干流取水权转让协议，一期工程每立方米转让均价为 5.4 元，期限为 25 年。水权转让收益用于农田灌溉水渠的改造，喷灌、滴灌及其他现代灌溉设施的建设，改大水漫灌为节水灌溉。目前一期工程已经建成，二期即将完工。现在鄂尔多斯的水还远不够用（炼 1 吨油需 6 吨水），正在与宁夏回族自治区洽谈水权置换事宜。从这里看出：在水资源优化配置中，解决水权问题、水权置换（交易）问题、水市场问题、水价问题，比建一个工程意义要大得多。

不仅如此，水权交易平台伴随水权转换的需要应运而生。为了突破跨行政区水权转换的障碍，内蒙古自治区水利部门创立了水权交易机构——内蒙古自治区水权收储转让中心，形成"水银行"，促进内蒙古农业用水指标大户巴彦淖尔市和工业用水大户鄂尔多斯市实现水权交易。水权市场的所有发展都建立在初始水权明晰的基础之上，从这个角度来看，"八七分水"方案可谓中国水权制度建设的基石。

二　2001 年西北三条内陆河实施全流域分水和全流域治理

继黄河"八七分水"后，2000 年前后我国西北三条内陆河（塔里木河、石羊河、黑河）为遏制断流恢复生态，也启动了全流域分水和全流域治理工程，国家采取了一系列措施，经过全流域人民十多年的努力，流域治理取得了重大成效。

塔里木河是中国第一大内陆河，全长 2179km，由叶尔羌河、和田河、阿克苏河等汇合而成，河水流动很不稳定，经常改道，迁徙无定，被称为"无缰的野马"。塔里木河流域土地沙漠化十分严重，根据 1959 年和 1983 年航拍资料统计分析，24 年间塔里木河干流区沙漠化土地面积上升了 15.6%。下游土地沙漠化最为严重，24 年间沙漠化土地上升了 22.05%，特别是 1972

年以来，大西海子以下长期处于断流状态，土地沙漠化以惊人的速度发展。土地沙漠化导致气温上升，旱情加重，大风、沙尘暴日数增加，植被衰败，交通道路、农田及村庄被埋没，严重威胁绿洲生存和发展。1959～2000年，叶尔羌河发生过15次较大规模的冰川洪水，阿克苏河支流库玛拉克河发生37次突发性冰川洪水，甚至一年数次。1999年，和田、喀什、克州、阿克苏、巴州五地州遭受严重洪灾，受灾人口达50万人，受灾农田85万亩，造成直接经济损失17.3亿元；2000年和田、喀什、克州、阿克苏、巴州发生严重旱情，作物受旱面积达249万亩，有6.8万人和38.9万头牲畜出现饮水困难，旱灾损失达5.5亿元。随着国家西部大开发战略的实施，塔里木河流域的生态环境问题受到党中央的关注和重视。全国政协副主席钱正英和国务院有关部委领导以及专家多次对塔里木河流域生态环境进行现场视察。2000年9月，原国务院总理朱镕基视察新疆时，要求用5～10年时间使塔河生态环境建设取得突破性进展。根据这一指示精神，新疆维吾尔自治区在水利部、黄委会的帮助下，用了近半年时间，编制完成了《塔里木河流域水资源和生态环境问题及其对策》。2001年2月，国务院第95次总理办公会议通过了《塔里木河流域短期综合治理方案》，同时提出要加大投资力度，加快建设步伐。2001年3月，新疆维吾尔自治区、水利部在此基础上编制了《塔里木河流域近期综合治理规划报告》，2001年6月27日，国务院以国函〔2001〕74号文正式批复了此规划报告。2001年11月，从530km以外的博斯腾湖调来的水流，经过断流30年的塔里木河下游河道，流进干涸的台特马湖。随着塔河治理工程干流44座生态闸的建成，有的放矢地向沿河林区输水，塔里木河的"绿色走廊"逐步恢复。

黑河是我国仅次于塔里木河的第二大内陆河，干流全长928km，融雪水自祁连山奔流而出，流经富饶的河西走廊，注入内蒙古东、西居延海，形成3万多平方公里的冲积三角洲，又造就了美丽的居延绿洲和灿烂的居延文化，全流域涉及青海祁连，甘肃肃南、山丹、民乐、张掖、临泽、高台、酒泉、嘉峪关、金塔，以及内蒙古额济纳旗，上下游依赖程度极高。20世纪五六十年代，黑河开始持续干旱，加之过度开荒造田和截流灌溉，50年代开始出现断流且持续时间不断延长，50年代断流约100天，1999年断流近200天，绿洲和湖面萎缩，沙尘暴肆虐，全流域生态持续恶化。2001年，国务院批复《黑河流域近期治理规划》和《塔里木河流域近期综合治理规划》，黑河和同样面临断流困境的塔里木河同时开始治理，全流域全面实施"全线闭口、集中下泄"跨省区分水方案，为确保黑河调水和增泄治理，2000 年在黑河水量最丰沛且经济发展和耗水最大的中游大市张掖，启动全国第一个节水试点、水权试点和水价改革，经过十多年综合治理，著名的"黑河调水"顺利实现预期目标，每年黑河干流来水的 60% 集中下泄到东居延海，下游额济纳旗生态显著改善，胡杨林起死回生，天然绿洲萎缩和生态退化的趋势得到有效遏制，黑河生态环境恢复到 20 世纪 80 年代水平。

石羊河是河西走廊三大内陆河之一，是沙漠绿洲河西粮仓千百年赖以生存的依托，但伴随工业化、城镇化、现代化的快速进程，石羊河流域过度开发不堪重负，生态环境严重恶化，上游冰川萎缩雪线上移，下游民勤绿洲遭遇沙漠吞噬日渐萎缩，由于上中游用水量增加，进入民勤的地表水量由 20 世纪 50 年代的 5.9 亿 m³ 减少到 2005 年的不足 1.0 亿 m³，甚至出现数十年断流，流域整体功能下降，已到不可持续发展的程度。时任国务院总理温家宝先后十三次明确指示"决不能让民勤成为第二个罗布泊"。因此，2001 年成立了甘肃省水利厅石羊河流域管理局，实行流域水资源的统一调度管理。2007 年国务院批复《甘肃省石羊河流域重点治理规划》，拉开石羊河流域重点治理大幕，遏止断流是最重要的目标之一，在占全流域用水 80% 的武威率先推进农业节水、水权试点、水价改革等一系列措施，经过八年努力，下游干涸 51 年之久的青土湖得以重现，民勤县水量供需情况大幅改善，石羊河流域逐步恢复昔日风貌。①

三　2001 年地方层面的水权交易探索

西北三条内陆河治理的同时，我国陆续在甘肃、浙江、山西、四川、辽宁等地区进行水权交易试点。② 浙江东阳—义乌是我国早期水权交易的典型，2001 年 2 月浙江义乌市出资 2 亿元向东阳市买下 5000 万 m³ 水资源永久性使用权，一般认为这是国内首例水权转让实例。漳河上游山西、河南、河

---

① 关于黑河和石羊河的典型案例的详细情况参见本书第十一章和第十二章。
② 马晓强、韩锦绵：《我国水权制度 60 年：变迁、启示与展望》，《生态经济》2009 年第 12 期。

北水权交易是我国早期跨省水权交易的尝试，2001 年 5 月，漳河上游水库以 0.025 元/m³ 的价格向下游河南、河北有偿供水 5000 万 m³，是我国较早的水权交易探索。[①]

案例：浙江省东阳—义乌水权转让

浙江省东阳和义乌两市毗邻，位于浙江省中部盆地。两市同属于钱塘江流域，处于钱塘江重要支流金华江上游。改革开放前，两市经济发展在浙江省处于下游水平。改革开放后，市场机制发育早，民营经济发展快，区域经济特色明显，东阳的建筑业和义乌的中国小商品城均驰名中外，经济发展水平名列全省领先地位，均属全国百强县。

东阳全市总面积 1739km²，人口 79 万，耕地 25004 公顷。境内最大河流——钱塘江的三大源流之一的东阳江全长 57km，多年平均径流量达到 8.74 亿 m³。除东阳江外，还有南江及其他丰水溪流，水资源总量 16.08 亿 m³，人均水资源 2126m³，略高于浙江省的平均水平。东阳市作为一个县级市，拥有横锦水库和南江水库两座大型水库，在浙江省是少有的。

义乌全市总面积 1103km²，人口 67 万，耕地 22912hm²。多年平均水资源总量 7.19 亿 m³，人均水资源 1130m³，远低于浙江省 2100m³ 和全国 2200m³ 的水平，更低于全世界平均水平。义乌市是一个缺水型城市。2000 年义乌市的人均 GDP 已经高达 17945 元，即将进入现代化的门槛。但水资源不足成为义乌市经济社会发展的瓶颈。

由于干旱，义乌市曾经几度出现"水危机"。每次出现"水危机"时都自然想到东阳。例如，在 1995 年和 1996 年，在上级政府的协调下，东阳市两次向义乌市提供 200 多万 m³ 的水。但是单纯依靠行政协调的手段，往往只能解决临时性问题。对处于城市化迅速推进中的义乌市而言，不能采取临时抱佛脚的策略，而必须寻求长久之计。

实际上，早在 20 世纪八九十年代，就有人提议到东阳引水。东阳市先是提出，由东阳市出资直接铺水管到义乌，向义乌市提供商品水。在遭到义

[①]　王亚华：《水权解释》，上海人民出版社，2005，第 296 页。

乌市否决后，又提出要规定年限。但义乌市的态度很坚决，"其他都好商量，就是'永久性'不能商量"。按照经济学语言，两者分歧的焦点在于：东阳市只同意卖商品水而不同意卖水权，义乌市只愿意买水权而不愿意买商品水。分歧的实质在于如何掌握用水主动权。

在水权理论的指导下，东阳、义乌双方都豁然开朗，终于在 2000 年 11 月 24 日在东阳市举行了水权转让协议签字仪式。水权交易协议的核心内容是义乌市一次性出资 2 亿元购买东阳横锦水库每年 4999.9 万 m³ 水的永久性使用权。转让用水权后水库原所有权不变，水库运行、工程维护仍由东阳市负责，义乌市按实际用水量 0.1 元/m³ 的价格支付费用，而从横锦水库到义乌的饮水管道工程由义乌市投资建设。①

案例：漳河上游山西、河南、河北跨省水权交易

漳河上游流经晋、冀、豫三省交界地区，自 20 世纪 50 年代以来，两岸群众就因争水和争滩地等问题发生纠纷。2001 年漳河上游管理局调整思路，以水权理论为指导，提出跨省有偿调水。漳河上游管理局经过协调，4～5 月，从山西省漳泽水库给河南省安阳县跃进渠灌区调水 1500 万 m³，进行了跨省调水的初步尝试。6 月，从上游的 5 座大、中型水库调水 3000 万 m³ 分配给河南省红旗渠、跃进渠两个灌区及两省沿河村庄。2002 年春灌期间，又向河南省红旗渠、跃进渠灌区调水 3000 万 m³。

漳河上游的三次跨省调水取得了显著的社会经济效益。有效缓解了上下游的用水矛盾，预防了水事纠纷，促进了地区团结，维护了社会稳定。三次调水灌溉耕地 3.33 万 hm²，解决了数十万人畜的用水困难，使农业增收 5000 余万元、山西的水管单位增收 140 余万元、沿河电站增收 120 余万元，实现了多赢。

漳河上游调水是我国跨省水权交易的初次尝试，对我国水权水市场的建立进行了有益的探索。②

---

① 本案例引自沈满洪《水权交易与政府创新——以东阳义乌水权交易案为例》，《管理世界》2005 年第 6 期。

② 杨士坤、牛富：《实践水权水市场理论，积极探索解决漳河水事纠纷的新途径》，《海河水利》2004 年第 2 期。

四 2002 年节水型社会试点和农户水权改革

2002 年初，水利部正式将甘肃省张掖市确定为全国第一个农村节水型社会试点地区。黑河流域和石羊河流域也出台了相关政策鼓励水权转让，张掖实现农户间的水票交易，武威、金昌也积极探索了水权转让。2011 年，《关于深入实施西部大开发实践的若干意见》明确了在甘肃、宁夏、贵州开展水权交易试点工作。[①]

农户水权转让模式其实是"水票转让"模式，是指甘肃武威市（石羊河流域）、张掖市（黑河流域）农民水票转让实践。两市农业灌溉用水比重达到80%～90%，黑河和石羊河中游的过度用水使下游常常断流。为了遏制黑河和石羊河流域生态恶化趋势，国家分别于 2001 年和 2007 年启动了黑河和石羊河流域治理。同时，将黑河中游的张掖市作为我国第一个节水型社会建设试点。张掖市则选择拥有近 10 万人口和 30 多万亩耕地的梨园河灌区作为主要试点区域，在临泽县梨园河灌区和民乐县洪水河灌区试行水票交易制度。在试点中，张掖市把用水制度改革作为重点突破口，以此带动节水型社会建设全面展开。张掖制定了水资源管理、水费计收、水权交易、水利工程管理等一系列完备的制度，核定人畜用水以及每亩地用水定额，再根据每户人畜量和承包地面积将水权分到户。这样就初步形成了"总量控制，定额管理，以水定地，配水到户，公众参与，水量交易，水票运转，城乡一体"的节水型社会运行机制。武威市也是先从管水做起，2008 年开始水权水价制度改革，先定总量，后定生活用水、农业用水、工业用水、生态用水的比例，再将农业用水层层分配到户，颁发水权证书，组建农民用水者协会，农户凭水权证到用水者协会购买水票浇地，并通过"以水定电、以电控水"管理地下水，村民使用所购水票上的电量指标通过安装地下水智能化计量控制设备的机井获取地下水。[②] 从目前我国的水权转让实践来看，主要有农业向工业转让、区域间转让、农民间转让、政府向企业有偿转让几种类型（见表 2）。

---

① 张瑞美、尹明万、张献锋、闫莉：《我国水权流转情况跟踪调查》，《水利经济》2014 年第 1 期。

② 朱珍华：《论我国水权转让的性质》，《吉首大学学报》（社会科学版）2014 年第 9 期。

表 2　我国水权转让的几种类型

水权转让类型	试点区域	交易主体	交易对象与期限	水权转让内容	转让价格	交易特点
农业向工业企业转让水权	内蒙古和宁夏	灌区管理局与工业企业	农业取水权,一般为 25 年	工业企业投资灌区节约改造,将灌区节约下来的用水指标转让给工业企业,变更行业取水权	内蒙古 30 个项目平均价格为 8.39 元/m³;宁夏 9 个项目平均水价为 4.61 元/m³	(1)跨行业水权交易;(2)政府主导,流域机构及黄委会和自治区政府支持并制定规划,组织实施
区域间水库向城市转让水权	浙江东阳市和义乌市	东阳市与义乌市	横锦水库每年 5000 万 m³ 的水量永久使用权	义乌市一次性出资 2 亿元购买水库的水资源使用权,并按当年实际供水量支付 0.1 元/m³ 的综合管理费,承担横锦水库引水工程 2.79 亿元的工程投资	水权购买费及引水工程费共计 9.58 元/m³	(1)跨地区水库水权向城市转移;(2)政府部门出面磋商;(3)永久性转让水资源使用权
农民间水票交易	甘肃张掖市临泽县和民乐县	水票持有者和购买者	节余水量一般为年内临时用水权	水票转让,政府限定价格上限	农业用水价格不超过基础水价的 3 倍,工业用水价格不超过基础水价的 10 倍	(1)平等主体间的水票交易;(2)临时性转让水资源使用权
政府向企业有偿出让水权	新疆吐鲁番地区	政府与企业	新增或置换出的水权,一般为 20 年	通过建设水库、灌区改造、节水工程等方式,解决企业新增用水问题	置换水权工业企业不低于 10 元/m³、石油工业不低于 20 元/m³	政府引导、双方协商,以公开拍卖等形式进行水权转换

资料来源:李晶《我国水权制度建设进展与研判》,《水利发展研究》2004 年第 1 期。

五　2003 年黄河水权转换试点

内蒙古自治区和宁夏回族自治区沿黄地区水资源短缺,用水结构并不适应经济和社会发展要求,2003 年其工业用水仅占总用水量的 3% 左右，远低于全国 20% 的平均水平；而农业用水比例高达 95% 以上，灌区工程老化失修，用水效率低下，农业灌溉节水潜力较大。两区的水权转换试点就是在这样的背景下开展的。2003 年开始，宁夏、内蒙古分别开展黄河水权转换工作试点，截至 2012 年底两自治区水权交易项目合计已达到 39 个。

内蒙古、宁夏的水权转换是通过"农业综合节水—水权有偿转换—工业高效用水"的创新用水模式实现的，由工业建设项目出资，建设引黄灌区节水改造工程，减少输水过程中的损失，而灌区节约下来的部分水量则可以通过水权收储转让中心以一定的价格流转给投资的企业。内蒙古灌区用水占到全区的 80%，由于之前多是粗放式的大水漫灌，所以在修建节水设施以后，节水潜力巨大。这个制度既保证了自治区用水总量的稳定，又大幅提高了用水效益，引导水向更高附加值的产业流动。这是行业间水权转换的典型案例。

2004 年黄河水利委员会出台了《黄河水权转换管理实施办法（试行）》，并于 2009 年修订。该办法明确了转换对象、范围、转换原则、审批权限与程序、转换期限与费用、技术文件编制要求等内容。宁夏回族自治区出台了《黄河水权转换实施意见》、《水权转换实施细则》、《水权转换资金使用管理办法》、《宁夏回族自治区节约用水条例》、《宁夏实施〈水法〉办法》等，明确了转换双方的责、权、利。内蒙古自治区出台了《内蒙古自治区农业节水灌溉条例》和《内蒙古自治区实施〈水法〉办法》、《关于黄河干流水权转换实施意见（试行）》，明确规定了转换条件、审批程序和价格等。此外，张掖市《节约用水管理办法》、酒泉市《关于深化水权制度改革推行差别水价的指导意见》、宝鸡市《水权转换管理暂行办法》、榆林市《水权转换管理办法》、泸州市《取水权转让管理办法（试行）》也都做了相关规定。①

2004 年 5 月，水利部出台《关于内蒙古宁夏黄河干流水权转换试点工作的指导意见》，在肯定 2003 年宁夏、内蒙古灌区取得成效的基础上，对进一步引导、规范和推进水权转换工作做出了指导，对指导思想和基本原则，

---

① 张瑞美、尹明万、张献锋、闫莉：《我国水权流转情况跟踪调查》，《水利经济》2014 年第 1 期。

水权转换的界定、范围和条件，水权转换的期限与价格，水权转换的程序，组织实施与监督管理五个方面做了细化。

从内蒙古、宁夏的水权转换试点来看，内蒙古 30 个项目平均 8.39 元/m³，宁夏 9 个项目平均 4.61 元/m³，资金效益比较明显，2003～2011 年，通过水权转换项目，宁夏水利厅共筹集节水资金 4.9 亿元，用于砌护引黄灌区干渠 86km、支斗渠 182km、配套渠系建筑物 2700 座并建成 1.53 万亩节水示范区，这些工程给宁夏每年新增节约水量 7000 万 m³，是一项既有经济效益又利国利民的工程。该试点带有明显的政府主导色彩，流域机构和当地政府支持并制定规划，组织实施，监督管理。

2007 年，宁夏颁布《宁夏回族自治区节约用水条例》，明确规定新上工业项目没有取水指标的，必须进行水权转换，从农业节水中等量置换出用水指标，这意味着水权转换在宁夏已经纳入法制化轨道。[①]

六　2012 年实行最严格的水资源管理制度

2012 年 1 月，国务院发布《关于实行最严格水资源管理制度的意见》，明确提出水资源开发利用控制、用水效率控制和水功能区限制纳污"三条红线"的主要目标，推动经济社会发展与水资源水环境承载能力相适应。这是继 2011 年中央 1 号文件和中央水利工作会议明确要求实行最严格水资源管理制度以来，国务院对实行该制度作出的全面部署和具体安排。

最严格水资源管理制度实行"五个坚持"的基本原则。一是坚持以人为本，着力解决人民群众最关心、最直接、最现实的水资源问题，保障饮水安全、供水安全和生态安全。二是坚持人水和谐，尊重自然规律和经济社会发展规律，处理好水资源开发与保护关系，以水定需、量水而行、因水制宜。三是坚持统筹兼顾，协调好生活、生产和生态用水，协调好上下游、左右岸、干支流、地表水和地下水关系。四是坚持改革创新，完善水资源管理体制和机制，改进管理方式和方法。五是坚持因地制宜，实行分类指导，注重制度实施的可行性和有效性。

---

① 李晶：《我国水权制度建设进展与研判》，《水利发展研究》2004 年第 1 期。

　　针对水资源过度开发、粗放利用、水污染严重三个方面的突出问题，确立水资源管理"三条红线"，主要是严格控制用水总量过快增长，着力提高用水效率，严格控制入河湖排污总量。考虑到 2030 年是我国用水高峰，按照保障合理用水需求、强化节水、适度从紧控制的原则，该意见将国务院批复的《全国水资源综合规划（2010—2030）》提出的 2030 年水资源管理目标作为"三条红线"控制指标，即到 2030 年全国用水总量控制在 7000 亿 m³ 以内；用水效率达到或接近世界先进水平，万元工业增加值用水量降低到 40m³ 以下，农田灌溉水有效利用系数提高到 0.6 以上；主要污染物入河湖总量控制在水功能区纳污能力范围之内，水功能区水质达标率提高到 95% 以上。除了这"三条红线"，还实施用水总量控制、用水效率控制、水功能区限制纳污及水资源管理责任和考核"四项制度"。

　　为了落实 2012 年国务院三号文件《关于实行最严格水资源管理制度的意见》，2013 年 1 月 6 日，国务院办公厅印发《实行最严格水资源管理制度考核办法》，将用水总量、用水效率和水质达标率三大水资源红线管理指标分配到各省级行政区，详见表 3、表 4、表 5，这在全国属首次，7000 亿 m³ 水权的划分实际上完成了全国各省初始水权的分配。该办法也规定了对各省区的具体考核办法，年度或者期末考核不合格，要进行限期整改，对整改不到位的，由监察机关依法依纪追究该地区有关责任人的责任。这体现了中央对水资源管理的重视程度越来越高。

　　2014 年是进行最严格水资源管理制度考核的第一年，但是成效非常明显。从用水总量看，全国用水总量为 6183 亿 m³，在控制目标内；从用水效率看，万元工业增加值用水量为 67m³，比 2010 年下降了 24.4%，农田灌溉水有效利用系数达到 0.523，水功能区达标率为 63%，完成了年度考核控制目标。[①] 此项制度的落实和成效，印证了政府在水资源管理中的主导地位不可动摇。

---

　　① 林晖、于文静：《最严格水资源管理制度考核将覆盖全国 31 个省份》，新华网，2015 年 3 月 31 日，http://news.xinhuanet.com/2015-03/31/c_1114824862.htm。

表3 各省（自治区、直辖市）用水总量控制目标

单位：亿 m^3

地区＼年份	2015	2020	2030
北 京	40	46.58	51.56
天 津	27.5	38	42.2
河 北	217.8	221	246
山 西	76.4	93	99
内蒙古	199	211.57	236.25
辽 宁	158	160.6	164.58
吉 林	141.55	165.49	178.35
黑龙江	353	353.34	370.05
上 海	122.07	129.35	133.52
江 苏	508	524.15	527.68
浙 江	229.49	244.4	254.67
安 徽	273.45	270.84	276.75
福 建	215	223	233
江 西	250	260	264.63
山 东	250.6	276.59	301.84
河 南	260	282.15	302.78
湖 北	315.51	365.91	368.91
湖 南	344	359.75	359.77
广 东	457.61	456.04	450.18
广 西	304	309	314
海 南	49.4	50.3	56
重 庆	94.06	97.13	105.58
四 川	273.14	321.64	339.43
贵 州	117.35	134.39	143.33
云 南	184.88	214.63	226.82
西 藏	35.79	36.89	39.77
陕 西	102	112.92	125.51
甘 肃	124.8	114.15	125.63
青 海	37	37.95	47.54
宁 夏	73	73.27	87.93
新 疆	515.6	515.97	526.74
全 国	6350	6700	7000

表4 各省（自治区、直辖市）用水效率控制目标

单位：%

地 区	2015 年	
	万元工业增加值用水量比 2010 年下降比例	农田灌溉水有效利用系数
北 京	25	0.71
天 津	25	0.664
河 北	27	0.667
山 西	27	0.524
内蒙古	27	0.501
辽 宁	27	0.587
吉 林	30	0.55
黑龙江	35	0.588
上 海	30	0.734
江 苏	30	0.58
浙 江	27	0.581
安 徽	35	0.515
福 建	35	0.53
江 西	35	0.477
山 东	25	0.63
河 南	35	0.6
湖 北	35	0.496
湖 南	35	0.49
广 东	30	0.474
广 西	33	0.45
海 南	35	0.562
重 庆	33	0.478
四 川	33	0.45
贵 州	35	0.446
云 南	30	0.445
西 藏	30	0.414
陕 西	25	0.55
甘 肃	30	0.54
青 海	25	0.489
宁 夏	27	0.48
新 疆	25	0.52
全 国	30	0.53

表5　各省（自治区、直辖市）重要江河湖泊水功能区水质达标率控制目标

单位：%

地区 \ 年份	2015	2020	2030
北　京	50	77	95
天　津	27	61	95
河　北	55	75	95
山　西	53	73	95
内蒙古	52	71	95
辽　宁	50	78	95
吉　林	41	69	95
黑龙江	38	70	95
上　海	53	78	95
江　苏	62	82	95
浙　江	62	78	95
安　徽	71	80	95
福　建	81	86	95
江　西	88	91	95
山　东	59	78	95
河　南	56	75	95
湖　北	78	85	95
湖　南	85	91	95
广　东	68	83	95
广　西	86	90	95
海　南	89	95	95
重　庆	78	85	95
四　川	77	83	95
贵　州	77	85	95
云　南	75	87	95
西　藏	90	95	95
陕　西	69	82	95
甘　肃	65	82	95
青　海	74	88	95
宁　夏	62	79	95
新　疆	85	90	95
全　国	60	80	95

七 2014 年水利部七省水权试点

2014 年 7 月，水利部印发了《水利部关于开展水权试点工作的通知》，推进国家水权制度建设，提出在宁夏、江西、湖北、内蒙古、河南、甘肃和广东 7 个省区开展水权试点，试点内容包括水资源使用权确权登记、水权交易流转和开展水权制度建设三项内容，试点时间为 2～3 年。在 27 个省 80 个县开展了农业水价综合改革试点，创新农村水利发展机制，在 100 个县开展农田水利设施产权制度改革试点。七省水权试点力求在水资源使用权确权登记、水权交易流转等方面取得突破，通过市场机制促进水资源合理调配。

试点的第一项内容是水资源使用权确权登记，水资源使用权确权登记是水权交易流转的前提，但由于水资源具有流动性、不确定性的特点，水资源使用权的确权登记比较困难，进程必然缓慢。试点要求探索水资源使用权确权登记的主体、对象、条件、程序等方式方法。完善取水许可制度，对已经发证的取水许可进行规范，确认取用水户的水资源使用权；对农村集体经济组织的水塘和修建管理的水库中的水资源使用权进行确权登记；将水资源使用、收益的权利落实到取用水户。在 7 个试点省份中，宁夏、江西和湖北三省区试点的主要内容则是水资源使用权确权登记，其中，宁夏按照区域用水总量控制指标，开展引黄灌区农业用水以及当地地表水、地下水等的用水指标分解；在用水指标分解的基础上探索采取多种形式确权登记；建立确权登记数据库；江西水权试点的任务重点是选择工作基础好、积极性高、条件相对成熟的市县，分类推进取用水户水资源使用确权登记；对已发证的取水许可进行规范，对取水用户进行水资源使用权确权登记；结合小型水利工程确权、农村土地确权等相关工作，采用多种形式和途径对取用水户进行水权登记，对农村集体经济组织的水塘和修建管理的水库中的水资源使用权进行确权登记；湖北试点的重点是，在宜都市开展农村集体经济组织的水塘和修建管理的水库中的水资源使用权确权登记。摸底调查农村集体经济的水塘和修建管理的水库中水资源量以及水资源开发利用现状；对已经完成农村小型水利设施产权改革的水库、水塘等，进行水资源使用权确权登记。

试点的第二项内容为开展水权交易流转，因地制宜地探索地区间、流域

间、流域上下游间、行业间、用水户间等多种形式的水权交易流转方式；积极培育水市场，建立健全水权交易平台。在 7 个试点中，内蒙古、河南、甘肃和广东四个省区将开展水权交易。其中，内蒙古重点开展巴盟与鄂尔多斯等区域之间的跨区水权交易；河南重点开展省内位于不同流域的行政区之间的水权交易，包括年度水量交易，以及一定期限内的水量交易；甘肃统筹考虑疏勒河流域上下游间和生态用水需求，以张掖水票制度为经验，开展灌区内农户间、农民用水户协会间、农业与工业间等不同形式的水权交易；广东则以已有的广东省产权交易集团为依托，组建省级水权交易平台，合理制定水权交易规则和流程，重点引导鼓励东江流域上下游区域与区域之间开展水权交易。

试点的最后一项内容是水权制度建设。该通知要求试点地区出台水资源使用权确权登记、水权交易流转等方面的制度办法，明确水资源使用权确权登记的方式方法、规则和流程，建立水权交易流转的价格形成机制、交易程序、交易规则，明确确权登记与交易流转的监控主体、对象与监管内容等，保障水权工作健康有序运行。[①]

至此，我国已对宁夏等 7 个省区开展水资源使用权登记和水权交易试点。水权交易引入市场机制将是我国水权制度建设下一步的工作重点，而如何将政府作用和市场作用有效结合以及怎样使两者的边界更加清晰将是此项工作的难点所在。

八　全国流域分水状况

从前述内容可知，我国水资源管理制度和水权制度起步较晚，仍在探索之中，但是，事实上，我国的各大流域水量已经分完。黄河流域的基础水量已在"八七分水"方案中确定，增量水量的分配还未确定；从 21 世纪初的黑河、石羊河、塔里木河分水，到今天全国所有区域完成分水，实行最严格的"三条红线"制度，全国各大流域基本完成初始水权分配。2010 年，水利部批复了《全国主要江河流域水量分配方案制订任务书（2010）》，明确了第一批

① 王尔德、李诗韵：《七省区启动水权试点》，东风财富网，2014 年 7 月 23 日，http：//finance. eastmoney. com/news/1350，20140723403857639. html。

启动水量分配工作的 25 条河流名录和有关工作要求，水利部 2011 年编制了《水量分配工作方案》，全国范围的江河水量分配工作全面启动，2013 年第一批 25 条河流的水量分配方案基本编制完成，并启动了第二批河流水量分配方案编制工作。2011 年水利部组织编写了《江河流域水量分配方案制订技术大纲》，研究提出了水量分配技术大纲，初步确定了江河水量分配的基本技术路线。北方地区由于干旱缺水，对水权的敏感度较高，水资源就是利益，水权分配要调整，难度极大；南方地区由于水量较为充沛，部分行政区对水权分配并不重视，以为水量充裕，水量指标不重要，随着经济发展对水量需求的增加，未来各地区、各行业之间对水权的争夺可能会更加激烈。

九 东江向香港供水：我国最早的水权交易实例

特别值得提及的是，早在 20 世纪 60 年代，中国已有水权交易实例发生，这就是东江向香港供水。东江是珠江水系的重要组成部分，发源于江西省寻乌县桠髻钵山，河道全长 562km，干流流经广东省河源、惠州、东莞、广州等市，在东莞石龙经东江河网区汇入狮子洋，东江流域水资源充沛、降雨量大，平均年径流深 950.4mm，平均年径流量 237.9 亿 m^3，年最大取水量为 95.64 亿 m^3，其中 11 亿 m^3 直供香港，被称为 "生命水、政治水、经济水"[1]。东江向香港供水的历史可追溯至 20 世纪 60 年代。1962 年秋至 1963 年初夏，香港发生严重水荒，港英政府开始实施严格 "制水"，每天分时分地供水，导致香港群众上街抢水的混乱场面。为减轻水荒，港英政府只好向广东省政府求助，派出巨轮到珠江口的深圳水库装运淡水，并着手研究从东江引水补给香港，后经周恩来总理批示，决定修建东江—深圳工程，广东省政府与港英当局签订《关于从东江取水给香港、九龙的协议》，于 1965 年正式向香港输水，每年供水量 6820 万 m^3，每立方米水价格为 0.1 元（可看作水权价格和水资源费之和），这成为东江水权交易的最初案例[2]。50 年来香港水量需求不断提升，东深供水工程经历了 3 次扩建、1 次改造，如今已累计向香港输水 223.48 亿 m^3，相当于半个多三峡水库库容。供水办法也不断调整，从 2006 年

---

[1] 参见本书第十章。
[2] 孙翠萍：《周恩来与东深工程》，《中华魂》2012 年第 18 期。

开始，广东与香港每三年签订一次供水协议，供水量和水价都在协议中明确，供水上限为 8.2 亿 m³。最新协议显示，未来 3 年香港将支付 134 亿元用于向东江购水，平均每立方米价格约为 5.45 元，价格较上一份协议上调近两成，东江水权费用和水资源价格已连续 10 年保持上升趋势。①

第二节　中国水权改革的制度建设

　　水权制度体系包含水资源所有权、使用权、转让权等方面的制度安排，是对水资源产权所有、配置、管理、保护等方面的制度安排的总称。新制度经济学创始人诺斯教授认为制度分为三种类型：正式规则、非正式规则以及这些规则的执行机制，三个部分构成完整的制度内涵，是一个不可分割的整体。我国在相当长的一段时间内，具有正式规则性质的水权制度几乎是空白的，但存在一些非正式规则的制度内容。我国的全国范围内的水权制度的正式规则始于《中华人民共和国水法》，但在此之前，已有部分水权制度的探索，1949 年 11 月水利部提出"所有河流湖泊均为国家资源，为人民公有，应由水利部及各级水利行政机关统一管理。不论人民团体或政府机构举办任何水利事业，均须先行向水利机关申请取得水权——水之使用权和受益权"。这其实是后来我国水资源所有权归国家所有的制度雏形。改革开放以后，各个地方开始形成一些区域性的水权制度条例，特别是在北方黄河流域出现了突破性的正式制度安排，如 1987 年黄河全流域配水制度《黄河可供水量分配方案》，即著名的"八七分水"方案，山西省在 1982 年的水利法规中确定了取水许可制度，1985 年国家出台了《水利工程水费核订、计收和管理办法》等，这一时期，正式水权制度逐渐开始明确，而非正式水权制度依然占据主导地位。② 2011 年中央一号文《中共中央国务院关于加快水利改革发展的决定》（中发〔2011〕1 号）提出建立和完善国家水权制度，并相续作出部署，建设"三条红线"制度，全面开始了全国江河流域水量分配和用水总量控制指标分解工作，即通常所说的全国省区市分水和全国主要流域分水。2012

---

① 邝伟轩：《东江水供应确保港够食水》，《香港商报》2015 年 3 月 4 日。

② 马晓强、韩锦绵：《我国水权制度 60 年：变迁、启示与展望》，《生态经济》2009 年第 12 期。

年国发三号文《国务院关于实行最严格水资源管理制度的意见》（国发〔2012〕3号）进一步对"三条红线"制度建设进行部署和落实，全国31个省区市分水于这一年完成，2013年纳入考核。2013年国办发二号文《国务院办公厅关于印发实行最严格水资源管理制度考核办法的通知》（国办发〔2013〕2号）对各省（自治区、直辖市）用水总量控制目标、用水效率控制目标、重要江河湖泊水功能区水质达标率控制目标，即"三条红线"的量化指标，进行最严格的考核和奖惩。

一 《中华人民共和国水法》诞生

1984年开始起草、1988年第六届全国人大常委会第二十三次会议上获得通过的《中华人民共和国水法》（以下简称《水法》）是全国范围内第一个真正意义的正式的水权制度文件，它标志着我国水资源的整治和管理进入了有法可依的时代。中华人民共和国第九届全国人民代表大会常务委员会第二十九次会议于2002年8月29日对其进行修订，自2002年10月1日起施行，修订后的《水法》将水资源流域管理纳入法制轨道，有利于流域内水资源的统一规划、统一协调与合理配置，还在用水顺序权方面将生态用水放在了与工农业生产用水同等重要的位置。目前，我们所述的《水法》通常是指2002年8月修订版（中华人民共和国主席令第74号）。

我国《水法》最核心的思想就是"水资源国有"，即水资源的所有权归国家所有，包括地表水和地下水。《水法》第三条明确规定："水资源属于国家所有。水资源的所有权由国务院代表国家行使。农村集体经济组织的水塘和由农村集体经济组织修建管理的水库中的水，归各该农村集体经济组织使用。"同时，《水法》还明确了取水许可制度和有偿使用制度，第七条规定："国家对水资源依法实行取水许可制度和有偿使用制度。但是，农村集体经济组织及其成员使用本集体经济组织的水塘、水库中的水除外。国务院水行政主管部门负责全国取水许可制度和水资源有偿使用制度的组织实施。"第四十八条规定："直接从江河、湖泊或者地下取用水资源的单位和个人，应当按照国家取水许可制度和水资源有偿使用制度的规定，向水行政主管部门或者流域管理机构申请领取取水许可证，并缴纳水资源费，取得取水权。但是，家庭生活和零星散养、圈养畜禽饮用等少量取水的除外。"

二 《取水许可制度实施办法》颁布

1993 年，为加强水资源管理、节约用水、促进水资源合理开发利用，根据《中华人民共和国水法》，国务院发布《取水许可制度实施办法》（中华人民共和国国务院令第 119 号），它与《水法》一起成为我国现行水权管理体制的基础法律框架。

《取水许可制度实施办法》规定，除了家庭生活、牲畜饮水取水等小量取水和抗旱应急等特殊情况外，一切取水单位和个人都要申请取水许可证，并依照规定取水。该办法第十条规定："新建、改建、扩建的建设项目，需要申请或者重新申请取水许可的，建设单位应当在报送建设项目设计任务书前，向县级以上人民政府水行政主管部门提出取水许可预申请；需要取用城市规划区内地下水的，在向水行政主管部门提出取水许可预申请前，须经城市建设行政主管部门审核同意并签署意见。"因此，项目建设必须取得取水许可证方能开工。由于主管部门从权属和程序上都严格控制取水权，这个实施办法一度对我国水权市场的建设形成了约束。

《水法》和《取水许可制度实施办法》（2006 年由《取水许可和水资源费征收管理条例》代替）成为我国水权制度建设的两大基石，以后出台的所有国家层面的水权制度，基本都是以这两个文件为依据而制定的。

三 水权制度框架与水权转让正式制度形成

2004 年，黄河水利委员会出台《黄河水权转让管理实施办法（试行）》（黄水调〔2004〕18 号），规定了水权转换审批权限和程序、技术文件的编制、水权转换期限与费用、组织实施与监督管理等，这个正式的地方性水权转让制度为全国范围内的水权转让制度的出台奠定了基础，为我国水权转让与交易开创了制度先河[①]。

2005 年 1 月 11 日，水利部同时颁布了《关于水权转让的若干意见》

[①] 2004 年《黄河水权转让管理实施办法（试行）》的出台在国家水权转让和水权制度建设框架文件之前，故我们称其开创了水权转让制度的先河。2009 年黄委会修订印发了《黄河水权转让管理实施办法》，以更加翔实、细致、严谨的条款规范了黄河流域水权转让行为，这份正式文件是在国家层面的水权转让和制度框架文件、取水许可和水资源费征收条例之后。

（水政法〔2005〕11 号）与《关于印发水权制度建设框架的通知》（水政法〔2005〕12 号），为我国水权制度的建设做出了系统的定义和规范，特别是对水权转让制度和水权交易、水市场做了明文规定，成为我国水权制度建设的里程碑。其中，《关于水权转让的若干意见》对水权转让（该文件规定"水权转让"指的是水资源使用权转让）的基本原则、限制范围、转让费、转让年限、监督管理等多个方面做出了明确的规定，这是我国全国范围内的第一份正式的水权转让制度文件，规范水权转让行为，为水市场的建立打通了制度中的关键一环，推动了水资源使用权的合理流转，促进了水资源的优化配置、高效利用、节约和保护。《水权制度建设框架》则是开展水权制度建设的指导性文件，该框架提出水权制度是现代水管理的基本制度，涉及水资源管理和开发利用的方方面面，并对水权制度的定义和内涵做出了明确规定。"水权制度是界定、配置、调整、保护和行使水权，明确政府之间、政府和用水户之间以及用水户之间的权、责、利关系的规则，是从法制、体制、机制等方面对水权进行规范和保障的一系列制度的总称。""水权制度体系由水资源所有权制度、水资源使用权制度、水权流转制度三部分内容组成。"该框架提出，水资源所有权归国家所有，这是由《水法》规定的，水资源所有权制度建设包括水资源统一管理制度、全国水资源规划制度、流域水资源分配的协商机制、区域用水矛盾的协调仲裁机制、水资源价值核算制度、跨流域调水项目的论证和管理制度、水资源管理体制七个方面内容；水资源使用权制度包含水权分配、取水管理（文件中提出要修订 1993 年颁布的《取水许可制度实施办法》）、水资源和水环境保护、权利保护；水权流转制度（文件规定"水权流转即水资源使用权的流转，当前主要为取水权的流转"）包括水权转让资格审定、水权转让的程序及审批、水权转让的公告制度、水权转让的利益补偿机制以及水市场的监管制度等。

四　初始水权分配制度进一步完善

1987 年 9 月 11 日，国务院办公厅转发了《国家计委和水电部〈关于黄河可供水量分配方案报告的通知〉》，以国办发〔1987〕61 号文通知各省（自治区、直辖市）南水北调工程生效前黄河可供水量的分配方案。这是地方性、区域性初始水权的分配制度的探索。

国家层面水权制度框架出台之后，我国水权建设的制度体系开始逐步完善。国家开始将水权制度建设作为深化经济体制改革的重点内容，多次列入深化经济体制改革的工作意见中，2006 年《国民经济和社会发展第十一个五年规划纲要》提出加强水资源管理，"完善取水许可和水资源有偿使用制度，实行用水总量控制与定额管理相结合的制度，健全流域管理与区域管理相结合的水资源管理体制，建立国家初始水权分配制度和水权转让制度"。由此，初始水权分配和水权转让制度被纳入经济社会建设的内容范畴。

按照水权制度框架的定义，水权制度包含水资源所有权制度、水资源使用权制度、水资源转让制度三个基本要素，在《水法》明确了水资源所有权制度、《水权转让的若干意见》明确了水资源转让制度的情况下，初始水权的分配（水资源使用权的分配）成为我国水权制度框架建设的短板，因此，国家开始对初始水权的分配做出了更加详细的制度规定。

2006 年 1 月 24 日国务院第 123 次常务会议通过了《取水许可和水资源费征收管理条例》（中华人民共和国国务院令第 460 号），于 2006 年 4 月 15 日起施行，同时 1993 年颁布的《取水许可制度实施办法》废止。与 1993 年的取水许可制度相比，该条例更加规范了取水许可的范围和程序，并且增加了取水许可的同时征收水资源费的规定，明确了水资源的有偿使用性。

2006 年 4 月水利部部长会议审议通过、2008 年 2 月正式实施的《水量分配暂行办法》（中华人民共和国水利部令第 32 号）规定，"水量分配是对水资源可利用总量或者可分配的水量向行政区域进行逐级分配，确定行政区域生活、生产可消耗的水量份额或者取用水水量份额"，"水资源可利用总量包括地表水资源可利用量和地下水资源可开采量，扣除两者的重复量"。"可分配的水量是指在水资源开发利用程度已经很高或者水资源丰富的流域和行政区域或者水流条件复杂的河网地区以及其他不适合以水资源可利用总量进行水量分配的流域和行政区域，按照方便管理、利于操作和水资源节约与保护、供需协调的原则，统筹考虑生活、生产和生态与环境用水，确定的用于分配的水量。"《取水许可和水资源费征收管理条例》和《水量分配暂行办法》在我国初始水权（水资源使用权）分配的关键环节上完善了法律制度，标志着我国国家层面的初始水权分配制度更加完善，对我国水权建设的市场化改革起到了重要的推动作用。

五　水权制度不断完善，水资源管理制度更加严格

从"十一五"时期国家开始重视水权改革的制度建设开始，"十二五"时期，我国的水权制度开始更加完善，不仅国家层面出台了更加完善的水权相关制度文件，各省市也纷纷出台水权制度的相关管理意见和实施办法等，整个国家对水权制度建设的重视程度迈上了新高度。

2011 年中央一号文件《中共中央国务院关于加快水利改革发展的决定》（中发〔2011〕1 号）明确提出："水是生命之源、生产之要、生态之基。兴水利、除水害，事关人类生存、经济发展、社会进步，历来是治国安邦的大事。""建立和完善国家水权制度，充分运用市场机制优化配置水资源。"提出"建立水利投入稳定增长机制"和"实行最严格的水资源管理制度"，建立用水总量控制、用水效率控制、水功能区限制纳污、水资源管理责任和考核等制度。

2012 年 1 月国务院三号文件《国务院关于实行最严格水资源管理制度的意见》（国发〔2012〕3 号），是对《中共中央国务院关于加快水利改革发展的决定》的贯彻落实，提出实施最严格的水资源管理制度，更加详细地规定了"加强水资源开发利用控制红线管理，严格实行用水总量控制"；"加强用水效率控制红线管理，全面推进节水型社会建设"；"加强水功能区限制纳污红线管理，严格控制入河湖排污总量"，对取水许可、水资源有偿使用、用水生态补偿机制等方面做出了规定，我国水市场有了更加规范的制度。

2012 年 11 月党的十八大提出推进生态文明建设，"建立反映市场供求和资源稀缺程度、体现生态价值和代际补偿的资源有偿使用制度和生态补偿制度。积极开展节能量、碳排放权、排污权、水权交易试点"。

2013 年 1 月国办发《国务院办公厅关于印发实行最严格水资源管理制度考核办法的通知》（国办发〔2013〕2 号）贯彻落实最严格水资源管理制度，将"三条红线"考核指标分解到各个省区，推动建立覆盖省市县三级的用水总量控制指标体系。同年 11 月党的十八届三中全会《中共中央关于

全面深化改革若干重大问题的决定》提出，完善产权等基本经济制度，"健全自然资源资产产权制度和用途管制制度。对水流、森林、山岭、草原、荒地、滩涂等自然生态空间进行统一确权登记，形成归属清晰、权责明确、监管有效的自然资源资产产权制度"。完善主要由市场决定价格的机制，"推进水、石油、天然气、电力、交通、电信等领域价格改革，放开竞争性环节价格"。水资源的产权制度完善和水价改革有了更加明确的规定，有力助推我国水市场的建立和完善。

2014 年 6 月水利部印发《关于开展水权试点工作的通知》，明确提出在河南、宁夏、江西、湖北、内蒙古、甘肃、广东 7 省区组织开展水权试点工作，提出力争用 2～3 年时间，在水资源使用权确权登记、水权交易流转等方面取得突破，为全国层面推进水权制度建设提供经验借鉴，我国的水权改革在制度建设上不断深入（见表 6）。

表 6　中国水权改革实践探索与制度建设一览

时间	名称及内容
1965 年 3 月	1963 年周恩来总理批复建设东江 – 深圳供水工程,1964 年 4 月 22 日,广东地方政府与港英当局签订《关于从东江取水给香港、九龙的协议》明确供水量和水价,1965 年 3 月 1 日该工程正式通水,开启东江 – 香港有偿供水
1987 年 9 月	著名的黄河"八七分水":1987 年 9 月 11 日,国务院办公厅转发了《国家计委和水电部〈关于黄河可供水量分配方案报告的通知〉》,以国办发〔1987〕61 号文通知各省(市、区)作为南水北调工程生效前黄河可供水量的分配方案。这是地方性、区域性初始水权的分配制度的探索
1993 年 6 月	《取水许可制度实施办法》(中华人民共和国国务院令 第 119 号)除家庭生活、牲畜饮水取水等小量取水和抗旱应急等特殊情况外,一切取水单位和个人,都要申请取水许可证
2001 年 8 月	国务院批复《黑河流域近期治理规划》和《塔里木河流域近期综合治理规划》,对黑河和塔里木河同时开始治理
2002 年 8 月	国务院颁布《中华人民共和国水法》(主席令第 74 号),明确规定"国家对水资源依法实行取水许可制度和有偿使用制度"
2004 年 6 月	《黄河水权转让管理实施办法(试行)》,规定了水权转换审批权限和程序、技术文件的编制、水权转换期限与费用、组织实施与监督管理等。这是正式的地方性水权转让制度文件,为全国范围内的水权转让制度的出台奠定了基础,开创水权转让制度建设的先河

时间	名称及内容
2005 年 1 月	水利部颁布《关于水权转让的若干意见》(水政法〔2005〕11 号)、《关于印发水权制度建设框架的通知》(水政法〔2005〕12 号),为我国水权制度的建设做出了系统的定义和规范,特别是对水权转让制度和水权交易、水市场制度框架做出了明文规定,成为我国水权制度建设的重要里程碑
2006 年 2 月	废止《取水许可制度实施办法》,颁布《取水许可和水资源费征收管理条例》。新条例规范了取水许可的范围和程序,增加了征收水资源费的相关规定,明确了水资源的有偿使用性
2008 年 2 月	水利部颁布《水量分配暂行办法》(水利部令第 32 号)等,细化了取水许可、水资源有偿、水量分配等制度,全国各地开始开展水权置换、水权转让、水权收储等多种形式的探索。与《取水许可和水资源费征收管理条例》一起,在我国初始水权(水资源使用权)分配的关键环节上完善了法律制度
2011 年 1 月	《中共中央国务院关于加快水利改革发展的决定》(中发〔2011〕1 号)明确提出,"建立和完善国家水权制度,充分运用市场机制优化配置水资源"
2012 年 1 月	《国务院关于实行最严格水资源管理制度的意见》(国发〔2012〕3 号),提出实施最严格的水资源管理制度,对取水许可、水资源有偿使用、用水生态补偿机制等方面做出了规定,我国水市场有了更加规范的制度
2012 年 11 月	党的十八大提出"建立反映市场供求和资源稀缺程度、体现生态价值和代际补偿的资源有偿使用制度和生态补偿制度。积极开展节能量、碳排放权、排污权、水权交易试点"
2013 年 1 月	《国务院办公厅关于印发实行最严格水资源管理制度考核办法的通知》(国办发〔2013〕2 号)贯彻落实最严格水资源管理制度,将"三条红线"考核指标分解到各个省区,推动建立覆盖省市县三级的用水总量控制指标体系
2013 年 11 月	党的十八届三中全会《中共中央关于全面深化改革若干重大问题的决定》提出,"健全自然资源资产产权制度和用途管制制度。对水流、森林、山岭、草原、荒地、滩涂等自然生态空间进行统一确权登记,形成归属清晰、权责明确、监管有效的自然资源资产产权制度"
2014 年 6 月	水利部印发《关于开展水权试点工作的通知》,明确提出在河南、宁夏、江西、湖北、内蒙古、甘肃、广东 7 省区组织开展水权试点工作

第 四 章
中国水权制度的特点[*]

中国水权制度建设与世界上许多国家不同，由于源起于计划经济体制、农业占大头的传统社会、工业化城市化快速发展阶段，实行社会主义市场经济制度，中国水权改革和制度建设的主要特点是坚持水资源国有和集体所有的公有制度，实行以政府主导、总量控制、先占优先、区域协调为主的管理制度，并通过试点等渐进式改革，加快市场化进程，发挥市场机制优化水资源配置的作用。中国水权改革和水权制度建设已取得长足发展，但仍处于探索阶段，面临许多挑战，改革任务还十分艰巨，需要努力、创新和智慧。

第一节　中国水权交易模式探索

针对我国水资源管理体制和不同区域、不同行业特点，水权试点区域积极探索行业间水权交易、用水户间水权交易、集体水权交易、跨区域水权交易、跨流域水权交易、上下游间水权交易，创造了许多具有中国特色的水权交易模式①。

---

* 本章作者：刘世庆，四川省社会科学院西部开发研究中心秘书长、研究员；郭时君，四川省社会科学院区域经济硕士研究生；林睿，中国社会科学院博士研究生；巨栋，四川省社会科学院区域经济硕士研究生。

① 国内外学者从水权交易主体、时间、权限、场所、区域等方面将水权交易类型概括为长期交易、短期交易、永久性交易、临时性交易、部分性水权交易、全部性水权交易、私人交易、水经纪人交易、水交易所交易、点对点水权交易、点对面水权交易、跨流域水权交易、跨行政区水权交易、同地取水交易、异地取水交易、一级市场交易、二级市场交易等。

一 行业间水权交易

行业间水权交易是在不突破行政区水量总量指标的前提下，行政区内不同行业之间的水权交易，因我国处于工业化、城镇化高速发展阶段，行业间水权交易一般是农业用水向工业和城镇用水转换。黄河宁蒙河段水权交易试点中又称其为水权置换或水权转换。如前面各章所述，黄河宁蒙河段行业间水权转换试点的做法是：工业部门出资金改善农用水渠漏水、渗水状况，从而实现节水，并经水主管部门监控检查验收后，确认可交易水量，然后交易双方进行交易，转让时间一般在 20 年以上，其中鄂尔多斯节水工程水权转换案例和宁东能源化工基地水权转换案例较为典型，两地开展"农业综合节水—水权有偿转换—工业高效用水"模式的水权转换试点，将农业节约水量有偿转让给工业，实现了水往"高"处流，走出了一条农业节水支持工业发展、工业发展反哺农业的发展之路[1]。

行业间水权交易是我国水权交易中最普遍的交易方式，其原因是：我国水量管理实行总量管制制度（而不是行业管制制度），也就是说，各行政区不能突破以"三条红线"为依据层层分解的总量指标，但在不突破总量指标的前提下，可以在不同行业之间转换。加之近几十年我国高速工业化、城镇化进程中农业比重下降，以及农业现代化和节水设施的使用，农业用水有大幅降低。

二 用水户间水权交易

用水户之间的水权交易目前主要发生在农户之间，一般为当年某轮灌溉需水时发生的短期交易。甘肃张掖和武威农户水权交易非常活跃。农户间水权交易的前提条件是：初始水权已明晰到户，有计量监测条件，有出让方和需求方，有交易平台，具体做法大同小异。以武威为例：遵循"总量控制，定额管理，逐级分配"的原则将水权明晰到户，武威将全市地下水使用权分配到各县区、各行业，逐级分解到用水户。任何人需要用水，都必须按照"先确权、再计划，先申请、再分配，先购卡、再配水"的标准程序进行。

---

① 周志翔：《宁夏水权转换成效明显》，《银川晚报》2015 年 8 月 12 日。

在总量不变的前提下，用水户节约的水权可加价交易，也可由水管单位集中按基本水价的 120% 回购水权。[①] 农户水权交易还要防止价格恶炒，武威市为防止价格恶炒，出台政策规定"水权交易价由交易双方参照政府价格部门核定的基本水价协商确定，但不得超过基本水价的 3 倍"。据调研，农户水权交易的活跃程度还与气候有关，近几年武威等地降雨增多且风调雨顺，特别是 7～9 月农灌时甚至多次出现强降水，农户需水意愿下降，这是一件让人非常高兴的事。

三　跨区域水权交易

跨区域水权交易较为典型的案例发生在内蒙古自治区鄂尔多斯市和巴彦淖尔市。鄂尔多斯市"八七分水"指标仅 7 亿 m³，通过行业间的水权转换，农业用水指标 6.087 亿 m³ 将有近 2.3 亿 m³ 转为工业用水，已无潜力可挖，在无法突破总量指标且无农业用水指标可利用的前提下，鄂尔多斯急需发展的大量工业项目只能寻求市外水源，在自治区协调下，农业用水大户巴彦淖尔市成为可交易对象。巴彦淖尔市"八七分水"指标有 40 亿 m³，农牧业用水占比 77%，达到 30.8 亿 m³，节约农业用水向工业转换的余地较大。2014年，水利部批准内蒙古为水权试点，重点开展巴彦淖尔、鄂尔多斯等盟市间的水权交易。具体做法：第一，鄂尔多斯市需要建设和购水的项目通过自治区和鄂尔多斯市等各级政府和部门的相关论证，确认购水项目的科学性、合理性、必要性和优先顺序，确认购水企业资格。第二，内蒙古自治区水利厅设立"水权收储转让中心"，收储巴彦淖尔市改善水渠从而节水并经水主管部门监测计量验收确认后的可交易水。第三，鄂尔多斯市拟购水项目向自治区水权收储转让中心交纳巴彦淖尔市改善水渠所用投资，获得水权。目前，巴彦淖尔市正通过跨盟市水权交易转让用水权 1.2 亿 m³，转让期 25 年[②]。

需要指出的是，由于水量总量控制指标是以省域为主体的，而且省域主

---

① 汪开宏：《石羊河流域凉州区水权制度改革的思考》，《中国农村水利水电》2010 年第 9 期。

② 《内蒙古自治区人民政府关于批转自治区盟市间黄河干流水权转让试点实施意见（试行）的通知》（内政发〔2014〕9 号），内蒙古自治区政府网，2014 年 1 月 20 日，http://www.xjslt.gov.cn/ggzl/jnzf-2.html。

体利益强大，目前跨区域水权交易还只是局限在省域范围内，很难突破省域界线。

四　跨流域水权交易

河南是水利部 2014 年水权交易试点省，试点内容是跨流域水权交易。河南境内涉及长江、黄河、淮河、海河四大水系，南水北调中线 730 公里纵贯河南，又给河南带来一条清澈甘甜的大河，水质达到地表水二类标准，渠首流量保持在每秒 60 ~ 100m³，且有扩大余地，河南具备跨流域水权交易的最好条件。与此同时，河南水资源分布不平衡问题十分严峻，跨流域水权交易的必要性突出。如郑州新密市，远离四大河流，地下水位急剧下降失去传统水源，又无中线调水指标。为此，省水主管部门积极促进新密市与近期有水权节余的平顶山市合作，达成我国首例跨流域水权交易，每年转让 2200m³，连续转让 20 年，每三年协商一次协议细节如水价等，首次转让价格是每立方米综合水价和交易收益为 0.87 元。两市通过跨流域水量交易，既盘活了平顶山市的水资源存量，也解决了新密市的水资源短缺①。关于河南跨流域水权交易试点做法是不是水权交易，存在一些争议，河南认为是水量交易而不是水权交易。我国正在大力推进水系互联工程，跨流域水权交易具有广阔前景。

河南省跨流域水权交易试点的经验，可以而且应该推广到南水北调东线和中线省份，扩大到黄河上中下游之间，比如：黄河宁蒙河段与山东、河南等实现交易，在不减少山东和河南省水量总指标的前提下，通过水权交易方式，把黄河"八七分水"指标转换一部分给宁蒙河段。山东和河南通过南水北调中线和东线增加了长江水，跨流域水权交易对于山东、河南、宁蒙河段，都是增量改革，是不损害任何一方利益的帕累托最优的改革进程。

五　上下游间水权交易

上下游关系是流域最重要、最棘手的问题。20 世纪 90 年代开始的西北三条内陆河全流域统筹水量分配和全流域治理、著名的黄河"八七分水"、

---

① 米方杰：《新密向平顶山买水"解渴"》，《东方今报》2015 年 11 月 27 日。

从初始水量分配到水权转让，上下游关系和全流域治理取得突破。2014 年水利部全国 7 省区水权试点，进一步加快推进上下游水权交易，部署在广东省开展东江流域上下游水权交易试点。广东省已初步明确，东江上游惠州市与下游广州市之间进行上下游水权交易试点，大力探索水权交易制度建设。试点方面，惠州农业用水占全市用水量的 60% 左右，用水效率较低而水质良好，在确保农业用水权益的前提下，通过有序开展农业节水工程及续建配套，规划节水改造一批中型灌区，总设计灌溉面积约 85 万亩，预计年节约水量 1.45 亿 m^3，节约水量与广州旺隆电厂和中电荔新电厂进行交易，解决其新增项目用水需求不足问题。交易制度探索方面：一是以广东省产权交易集团为依托，为试点期的水权交易活动提供服务，初步建立水权交易规则和流程；二是以广东省省级取水户监管系统和广东省水资源监控能力建设项目为依托，建立水权交易信息化管理体系；三是制定《广东省水权交易管理试行办法》等规范性文件，研究制定水权交易论证技术要求，建立政府主管、交易机构协调配合和社会组织参与的监督管理体系。[①]

上下游水权交易涉及利益众多，协调难度较大，政策突破较难，困扰多年的东江流域源头河源市也在试图突围，其中一个项目是由河源新丰江水库向广（州）佛（山）都市圈输送"直饮水"，为东江下游居民提供稳定优质的饮用水源保障，促进河源资源优势转化为经济优势。项目自 2007 年开始论证，经过近十年的努力，前期工作已基本完成，河源与首期供水城市广州已达成项目合作协议。我们认为，从河南看到的南水北调中线工程效果看，这不失为一个好办法。

六　集体水权交易

集体水权交易是全国 7 省区试点内容之一，部署江西省和湖北省开展这项工作。其中江西省做法比较突出，主要内容是：出台《江西省水权试点方案》，在新干、高安、东乡三个县（市）试点，在试点地区对取水许可管理的取用水户、国有水库和国有灌区供水范围内的农业用水户、农村集体经

---

① 水利部水资源司、水利部政策法规司、水利部发展研究中心：《水利部水权试点工作方案》，2014 年 5 月，http：//www.gsslh.cn/lydt/lyjs/zt/jcbs/201504/8349.html。

济组织及其成员进行分类确权登记并建立相关制度办法。新干县重点加强取水许可管理，对取用水户的取水权进行确权登记；对国有灌区供水范围内的农业用水户进行水资源使用权确权登记；选取界埠镇，结合小型水利工程产权改革，对农村集体经济组织的水塘和修建管理的水库中的水资源使用权进行确权登记；高安市重点选取石脑镇及祥符镇，结合小型水利工程产权改革，对农村集体经济组织的水塘和修建管理的水库中的水资源使用权进行确权登记；东乡县重点选取 2 ~ 3 个国有水库，对水库管理单位取水许可进行规范，对水库供水范围内的取用水户开展水资源使用权确权登记。经过确权登记的取用水户，能够做到归属清晰、权责明确、监管有效。通过试点探索形成可推广、可复制的水资源使用权确权登记经验，逐步在江西省范围内予以推广①。

第二节　操作程序及关键环节

水权交易涉及五个必备环节。第一，必须要有明晰的水权，其中明晰到户尤其重要。第二，必须有计量和监测条件。第三，要形成双方交易的水权转让费用及相关规则体系。第四，需要交易平台。第五，需要制度保障。②我国水权交易的具体操作程序和关键环节如下。

一　初始水权分配与可转让（交易）水权

初始水权分配是水权制度建设的首要基础。我国初始水权分配的起点是水量分配，主导权是国家，依据是"三条红线"，分配原则是以现状为主，兼顾发展，基本属于先占者优先的水权类型。国家层面进行的水量分配在最初并未明确是初始水权，只是以"总量限额"的方式明确流域沿岸各行政

---

① 彭巍、徐明：《江西今年将开展水权改革试点》，《新法制报》2015 年 1 月 20 日。

② 水利部水资源司管理处处长齐兵强认为，推动水权交易流转的规范有序，必须具备以下基础性条件：一是有明晰的初始水权。主要是明晰取用水户的取水权和农村集体经济组织水的使用权。二是有相应的水权交易平台。三是有相对规范化的水权交易规则体系。四是有计量、监测等技术支撑手段。五是有较为完善的用途管制制度和水市场监管制度等。参见《水权交易需要 5 个基础性条件》，《21 世纪经济报道》2014 年 7 月 29 日。

区的可取水量，这部分"可取水量"能否进行交易需要国家层面的许可。我国实行的"三条红线"管理及以其为依据的全国初始水量分配，类似澳大利亚1997年开始实行的取水量"封顶"政策，新用水户只能通过已有水权转让和交易获得新增用水许可。

初始水权分配包括四个层次：一是国家分配到省（与流域结合）。我国从1987年黄河分水、2001年西北三条内陆河分水到2012年确定"三条红线"、2013年将全国2030年用水总量7000亿 m^3 分解到各省、区、市，全国以行政区为单元的分水已全部完成。全国主要河流分水基本完成，流域分水与行政区分水相互协调但不完全相等。二是省级行政区内层层分解到市、县、乡镇，全国已基本完成。三是分配到灌区。四是明晰到农户。后两项工作不仅试点区域在大力推进，全国也在大力推进。

水权的期限也是水权的一项要素。国内部分学者提出，我国目前取水许可证有效期限一般为5年、最长不超过10年的规定总体上较短，而且未能根据不同用水需求进行区别规定。一方面，目前5~10年的规定从某种意义上可以理解为无期限的规定，因为，期限届满前，取水权人可以申请延期，经审批机关批准将得到延期，这样可以一直延长下去。另一方面，期限不稳定。审批机关可以根据计划用水制度对取水量进行核减。因此应加强对取水许可证有效期限的论证，针对不同类别的取水权规定更加符合实际的水权期限。[1]

从理论上讲，只要用水户取得初始水权、取得地方水行政主管部门或者流域管理机构颁发的取水许可证，并按照相关规定及时足额缴纳水资源费，该用水户就取得了用水权，也就可以出让自己的水权，成为水权转让的出让方，享受水权交易的收益。但是，在水权交易即水权转让的过程中，还有一个重要的概念——"可转让水权"。可转让水权，顾名思义，即在一定的条件下被允许转换的水权。在我国，初始水权并不等于可转让（交易）水权。

以黄河流域为例，黄河流域的"可转让水权"是指通过节水措施，节约下来的可以转让给其他用水户的那部分水量。可转让水权要符合以下几点

---

[1]　李晶：《我国水权制度建设进展与研判》，《水利发展研究》2014年第1期。

要求：一是已经超过黄河省级耗水权指标的省（区），节约水量不能全部用于水权转换，要考虑偿还超用的省级耗水水权指标；二是节约的水量必须稳定可靠，能够满足水权转换期（通常在 25 年内）持续生产转换水量所必须的节水量的要求；三是生活用水和生态用水、环境用水不得转让；四是要充分保护农民的合法用水利益，任何违背农民意愿的水权用途变更都要严禁；五是可转换水量确定应充分考虑水权出让区域的生态环境用水要求，避免因水权转换对水权出让区域的生态环境造成不利影响。不仅如此，对水权转让的受让方而言，还需具备三个基本条件：一是需转换的水量符合国家的产业政策，符合省级以上发展改革委员会的核准意见中的用水需求和用水总量控制意见；二是需转换水量符合节水减污的政策要求，禁止向高耗水、重污染行业转换水量；三是水权转换必须在政府的宏观调控下进行，严禁企业以任何行为占有可转换水量，待价而沽。[①]

按照现有法规，我国可转让（交易）水权应当限定在取水权中通过节水措施节约的水量部分。因此，对于可转让（交易）水权的界定，仍然存在一些争议，例如取水权中不属于节约的水量能否交易、通过交易取得的水权能否再交易、水库富余库容能否用于交易、农村集体经济组织水使用权能否交易等并没有明确的规定。[②] 在未来水权制度的建设中，可转让水权的范围应当逐步明晰。

二　确权登记颁证

水资源使用权要进入水市场进行交易，前提是要有明晰的产权界定，这是合法可交易的前置条件。确权登记颁证是水权制度建设的基础环节，是明确权益人、实现交易行为、鼓励节水、避免纠纷的重要手段。进入交易市场的水权必须先进行确权登记。颁证主要有两种类型：一是灌区和用水大户如水厂，确权颁证的表现形式是取水许可证。二是个人和集体，以农村和农户为主，结合耕种面积确认（即核定用水户灌水面积）和农作物品种定额，经过深入调查、反复讨论、公示确认、分发证书等程序完成确权登记颁证。

---

① 水利部黄河水利委员会编《黄河水权制度转换制度构建及实践》，黄河水利出版社，2008，第 84 页。

② 李晶：《我国水权制度建设进展与研判》，《水利发展研究》2014 年第 1 期。

水权试点省份的井灌区、杨黄灌区、工程灌区，均建立了农户水权明晰到户制度。甘肃张掖（2003）、甘肃武威（2007）、宁夏盐池（2014）是比较典型的案例，其中宁夏是2014年水利部"水资源使用权确权登记"试点，盐池县是宁夏确定的水权确权试点重要地区①。

三 取水计量与监测

进入水权交易市场的水权必须可计量、可监测，这是水权交易的基本技术保障，水权交易必须是"可交易水权"，只有经过计量、监测，并经过有关主管部门审批的水权，才具有可交易资格。国内灌区一般在渠首安装雷达水位计，获得灌区实时水位信息，再由水位流量关系得出流量和引用水量等数据。在农村，河水灌区实行斗口量水堰计量，井水灌区实行井口智能化控制计量，城市实行水表计量②。还有学者认为水权要进入交易市场必须具备水权明晰、计量准确、价值可估三个条件③。

四 优先级别与水权交易费用和期限

2000年，水利部部长汪恕诚在中国水利年会发表讲话《水权和水市场——谈实现水资源优化配置的经济手段》，对我国水权分配、水权定价和水市场的"准市场"做出定义。我国水权分配原则中的优先级别为：首先保证人的基本生活用水，每个人都享有同等的基本生活用水权利；其次是优先权因素，分为水源地优先原则、粮食安全优先原则、用水效益优先原则、投资能力优先原则、用水现状优先原则五项；最后，优先权的变化，在粮食紧张与相对充裕不同时期对农业用水的分配可相对变化，同时考虑生态和社会稳定等因素变化优先权。水权的交易费用，水价的构成从理论上来说包括三个部分：第一个部分是水资源费或水权费，即资源水价；第二个部分是生产成本和产权收益，即工程水价；第三个部分是水污染处理费，即环境水

---

① 裴云云：《我区水资源使用权改革全面启动》，《宁夏日报》2015年8月18日。

② 黄本胜、芦妍婷、洪昌红、邱静：《广东省水权交易制度建设及试点若干问题探讨》，《水利发展研究》2014年第10期。

③ 黄本胜、洪昌红、邱静、芦妍婷、赵璧奎：《广东省水权交易制度研究与设计》，《中国水利》2014年第20期。

价。也就是说，从理论上讲，水价有三个组成部分，即资源水价、工程水价和环境水价。在实际操作中，我国的水权交易费用通常有政府指导、双方协商和其他方式，浙江东阳—义乌水权转换费用采用的是双方协商方式进行定价，张掖市的水权交易费用更多体现政府指导定价方式，黄河水权转让的费用则主要包括五个部分，即节水工程建设费用、节水工程和量水设施的运行维护费用、节水工程的更新改造费用、因提高供水保证率而增加耗水量的补偿、必要的经济利益补偿和生产补偿。水权交易中也并非所有水权都可用以交易，例如黄河灌区对水权交易的范围规定为：社会公益用水、产业结构调整用水、地方政策优惠奖励的水以及因特殊情况出现的超指标用水不得交易。① 我国水市场并非完全意义上的市场，而是一个"准市场"，其原因有四：一是水资源交换受时空等条件的限制；二是多种水功能中只有能发挥经济效益的部分（比如供水、水电等）才能进入市场；三是资源水价不可能完全由市场竞争来决定；四是水资源的开发利用和经济社会发展紧密相连，不同地区、不同用户之间的差别很大，难以完全进行公平自由竞争②。

水权转让并非无限期，水权转让的期限也是水权制度体系建设的重要一项。从国外经验来看，新加坡85%的水从马来西亚购买，期限是60年。在我国，2000年浙江东阳—义乌水权交易探索中，水权转让的期限是永久性的，浙江省义乌市一次性出资2亿元，向东阳市买断了每年5000万 m³ 水资源的永久使用权。随着水权转让实践的不断加强，我们对水权转让的期限有了更深的理解，水权转让期限既不能太长也不能太短，期限太长会因水利工程用途等各方面的变化而出现不确定性的因素，期限太短又不利于节水，导致用水户缺乏安全感。我国黄河跨地区水权转换的期限规定为25年。

五 水权交易平台

西方国家水权交易平台较多的是"水银行"。我国水权交易平台建设主要有两种模式：一是水利系统自己独立新设水权交易平台，这是普遍形式，

---

① 参见水利部黄河水利委员会编《黄河水权转换制度构建及实践》，黄河水利出版社，2008，第74~75页。

② 汪恕诚：《水权和水市场——谈实现水资源优化配置的经济手段》，《中国水利》2000年第11期。

一般叫水权交易中心，内蒙古自治区叫"自治区水权收储转让中心"。内蒙古自治区是 2013 年水利部水权交易试点省区，试点任务之一是建立水权交易平台。内蒙古自治区水权收储转让中心的功能是收储和转让盟市、行业和企业尚未利用的水权，以及节水产生的水权，投资农业节水灌溉置换出的水权，新开发水源水权，再生水水权和国家、流域管理机构赋予的其他水权。二是利用已经存在并运行的产权交易平台（如广东省）、能源环境交易平台（如陕西省宝鸡市）等增设水权交易功能。我国水权交易平台从中央到基层拟建和已建有三个层次：一是国家层面，水利部正在筹建全国统一的水权交易平台，清华大学准备利用互联网设立全国的交易平台。二是省级层面，内蒙古、宁夏、广东、河南、陕西等许多省区都纷纷建立了水权交易平台。三是基层，甘肃疏勒河流域、张掖和武威等，已在县乡建有规范的交易平台。以甘肃武威"石羊河流域水权交易系统"为例，该系统由清华大学开发，甘肃省水利厅石羊河流域管理局负责运行管理，每周定期交易一次。具体流程是：水权持有者登录该网站，提交买水或卖水申请，经石羊河流域管理局审核通过后，进入该交易系统，该系统根据用户提出的买水卖水价格和水量，进行交易撮合和买卖匹配，完成水权交易，买水者向石羊河流域管理局支付买水资金，石羊河流域管理局将买水资金收齐后统一支付给卖水者，并变更买卖双方的取水许可或年度配水量。这些情况均在网页上清晰登载，农户在家里随时可以看到。[1] 武威和张掖等许多基层，过去实行水票，现在已经升级为刷卡，井口、管理站等配备有相关电子，持有人刷卡实现用水和交易。我们在甘肃张掖洪水河灌区考察时看到，该灌区根据修建水库时农户的投工和投资计算现在的可用水量和水权，实际上与美国西部水银行做法类似。

六　法律法规等制度保障

我国已颁布《中华人民共和国水法》《取水许可和水资源费征收管理条例》等一系列相关法律法规，水利部先后出台《水利部关于水权转让的若干意见》《水利部关于开展水权试点工作的通知》等若干政策文件，保障并

---

[1]　参见石羊河流域水权交易系统，http：//www. water – trading. net/sys/login_ index. action）。

引导水权工作实施。在水权交易过程中，政府也起到了全程监控和协调作用。水权交易参与各方在交易前，用水户或用水企业必须先向相应水主管部门提起水权转让申请，提交项目水资源规划论证报告和水权转让可行性报告，如有节水工程建设还需提交项目可研报告（用水户间交易不需要提交）。交易时，参与各方需签订水权交易合同书，并在水主管部门备案。在获得水权后用水户或用水企业还需按照向水行政主管部门或者流域管理机构申请领取取水许可证，并缴纳水资源费，才能获得取水权。①

但关于水权的界定，目前我国的法律仍不够清晰。《宪法》《水法》和《物权法》等法律虽然明确了水资源所有权和取水权，但对水资源占有、使用、收益、处置等权利缺乏具体规定。有关法律法规仅对取水权转让作出原则规定，且限定于节约的水资源。对跨行政区域的水权或者水量交易，法律上还没有通用的规定。水权交易的主体、范围、价格、期限等要素也尚未明确。随着水资源管理逐步走向精细化和法制化，对水权制度体系建立的诉求越来越强烈，必须要从概念上进行明确，从法制上做出规定，才能有效推进水权制度建设。

七　水权转让操作程序

水权转让的具体操作程序，根据水利部、黄委及地方政府规定，试点区域一般采取以下流程。② ①项目选择、论证。先根据水权优先排序和当地情况，筛选和论证需水项目并排序。然后根据分级管理原则审查需水项目并排序。②交易双方提出申请。在某些交易情况中，如即时交易，交易双方直接向有关部门提出交易申请，不需要经过第一个程序。③项目审批。按分级管理原则由水利部（派出机构）或省政府批准。一般由省级政府初审，水利部派出机构最终审核同意。④签订协议。省级政府主持双方签订转让协议，制订实施方案。⑤受让方（企业）缴纳资金，一般是分阶段缴纳，先缴纳项目准备金，如果之后出现毁约情况，则按合同处理。⑥方案审批。上述条

---

① 《内蒙古自治区人民政府关于批转自治区盟市间黄河干流水权转让试点实施意见（试行）》，2014年1月。

② 水利部黄河水利委员会编《黄河水权转换制度构建及实践》，黄河水利出版社，2008，第149~163页。

件具备后，该项目经水利部及派出机构（以及所有涉及部门）审批同意，即可进入实施阶段。⑦项目实施。一般由省级政府组织项目实施。现在一般为节水项目。⑧监测、验收、颁证。水利部及派出机构和省级政府共同组织项目竣工验收；水利部及派出机构对项目进行监测，确认可转让水权并颁证，转让最终生效。针对一些项目中途中止或获得水权后无法继续使用的情况，一些地方还提出建立闲置水权制度等办法。

第三节　我国水权制度特点

中国水权制度有五大特点：一是水资源所有权实行国家所有；二是使用权实行行政分配权和先占者优先权（简称"先占权"）制度；三是以行政区为单元的总量控制管理；四是行政分配管理与水权可交易制度并存；五是政府发挥主导作用并充分发挥市场机制优化水资源配置的作用。

一　所有权

水权包括所有权和使用权。现代水权制度按所有权性质划分为两类：一类是私有水权制度，即水的所有权属于个人所有；另一类是公有水权制度，即水的所有权属于国家、州或全民所有①。所有权是水权的根本。我国实行水资源国有和集体所有的公有制度。

我国《水法》第三条规定："水资源属于国家所有。水资源的所有权由国务院代表国家行使。农村集体经济组织的水塘和由农村集体经济组织修建管理的水库中的水，归该农村集体经济组织使用。"第四十八条规定："直接从江河、湖泊或者地下取用水资源的单位和个人，应当按照国家取水许可制度和水资源有偿使用制度的规定，向水行政主管部门或者流域管理机构申请领取取水许可证，并缴纳水资源费，取得取水权。"②《水法》确立了国家对水资源的所有权的主体地位，确立了我国水资源所有权为国家所有和农村集体所有的公有性质。

---

① 王浩等：《关于我国水权制度建设若干问题的思考》，《中国水利》2006年第1期。
② 2002年8月颁布《中华人民共和国水法》（主席令第74号），摘自中华人民共和国中央人民政府网。

我国《水法》明确赋予国家在水资源规划，水资源开发利用，水资源、水域和水工程的保护，水资源配置和节约使用，水事纠纷处理与执法监督检查，法律责任等领域，全方位行驶管理的主体地位，第十二条规定："国务院水行政主管部门负责全国水资源的统一管理和监督工作。"第十四条规定："国家制定全国水资源战略规划。"第四十四条规定："国家发展计划主管部门和国务院水行政主管部门负责全国水资源的宏观调配。"① 所有权、宏观管理权、初始配置权等方面的规定是我国水权公有制度的具体落实和体现，也有学者据此认为我国水权是公共水权②。但国际上一般认为公共水权指：由于水具有公共物品属性，因此，生态环境用水、科学研究用水、航运和渔业用水等外部性、公共性、公共利益突出的用水应由政府从公共利益出发给予保障和无偿取得，政府在初始水权分配中，应保留一部分公共水权给这些领域，以确保公共用水和公共利益。公共水权在世界各国水权制度中的地位越来越突出。

我国《水法》规定我国实行国家所有和分级的管理体制、流域管理与区域管理结合的体制、总量控制和定额管理结合的体制。第十二条规定："国家对水资源实行流域管理与行政区域管理相结合的管理体制。国务院水行政主管部门负责全国水资源的统一管理和监督工作。国务院水行政主管部门在国家确定的重要江河、湖泊设立的流域管理机构（以下简称流域管理机构），在所管辖的范围内行使法律、行政法规规定的和国务院水行政主管部门授予的水资源管理和监督职责。县级以上地方人民政府水行政主管部门按照规定的权限，负责本行政区域内水资源的统一管理和监督工作。"第四十七条规定："国家对用水实行总量控制和定额管理相结合的制度。"

二　使用权

使用权是水权制度操作层面和研究层面最有意义的层面。我国水权改革实质上讨论的基本上是使用权问题。

---

① 2002 年 8 月颁布《中华人民共和国水法》（主席令第 74 号），摘自中华人民共和国中央人民政府网。

② 李阳、赵中极：《我国公共水权制度及其发展趋势探讨》，《中国水运》2007 年第 10 期。

按水权（这里指"水资源使用权"）的取得和分配，一般细分为五类：河岸权、先占权、行政分配权、比例分配权、可交易水权。①河岸权（riparian water right），又称河岸所有权、滨岸所有权、沿岸所有权。规定水权使用权属于沿岸的土地所有者，并且依附于地权，当地权发生转移时，水权也随之转移。对大多数国家或地区而言，随着社会发展和人口的增长，非沿岸区域水需求的矛盾也日益迫切，而传统的河岸权限制了非毗邻水源土地的用水需求，影响了水资源配置的效率和经济的发展，大多数实行河岸权的国家和地区转向了其他水权制度。②先占优先权（Priority water right），简称"先占权"，又称优先占用权（简称"优先权"）、优先专用权、先用优先权（简称"先用权"），即先占者优先拥有该水权（使用权）。也就是说，最先利用该水域的使用者拥有该使用权，有的国家规定如果连续一段时间不用者，其水权自动放弃，一般在水资源短缺的国家和地区实施。也有国家将上述两种制度交叉使用，称为"混合水权"（Mixed water right）。③行政分配权（Administrative allocation water right）。行政分配水权包括三方面内容，一是所有权与使用权分离，即水资源属于国家所有，但个人和单位可以拥有水资源的使用权；二是水资源的开发和利用必须服从国家的经济计划和发展规划；三是水资源的配置和水量的分配特别是初始水权，一般通过行政手段进行。④比例分配权（Proportional allocation water right），又称平等使用权，是按照一定认可的比例和体现公平的原则，将河道或渠道里的水分配给所有相关的用水户。其在先占权即先占者优先的基础上，取消了地权与水权的联系，同时又取消了优先权水权之间的高低等级之分，是智利和墨西哥在确认初始水权中运用的主要方法。⑤可交易水权（tradable water rights）。"可交易水权"指在该国水权制度中水权可以交易（对应的是水权不可交易的制度），这个术语翻译为"水权可交易"或许更加贴切。水权可以交易在现代已成为各国水权制度的发展趋势。可交易水权在我国水权改革中还特指经过有关水部门监测、认定、审批后的水量和水权，有的省市还规定生活用水不可交易。

我国初始水权分配（初始水量分配）由国家主导，是行政分配权制度；而且，水量分配的原则是"现状为主、兼顾发展"，这事实上是保护既得利益的先占者优先拥有水权的"先占者优先权"（先占权）制度。初始水权是使用权的关键内容，一般由国家主导分配和无偿分配，但有地方（如广东）学者提出初始水权可以适当采取竞争性配置的制度。

三 总量管控而非行业管控制度

我国水权制度的又一个特点是总量管控制度（而不是行业管控制度），国家对省级行政区的水量管理设定总量指标并严格管控不得突破（"三条红线"之一），并未规定不能突破行业指标。省级政府采取同样制度在省域内层层分解国家分配的总量指标，也未规定不能突破行业指标。也就是说，各行政区可在不突破总量指标的前提下，允许行业之间进行水权转换，比如，新增工业用水通过减少农业用水获得。这个制度为各行政区增加发展用水留下较大余地，而且有利于激励水资源向高效率使用行业配置。农业节水转向工业和城镇配置因而成为水权试点最普遍的水权交易模式。有的地方如广东省，过去曾实行总量管控与行业管控并存的制度，对省内各市县同时下达总量指标和行业指标，均不得突破，也就是说，新增工业用水一般不能通过减少农业用水来转换，水权试点后也实行与全国相同的制度，即总量控制制度，工业新增用水指标可以通过农业节水获得，其目的是激励农业节水，广东农业用水占一半左右，且用水效率较低，节水潜力很大，农业用水转让给工业用水潜力明显。当然，农业用水转换给工业用水的前提是：不能损害农业的必要需水。

四 水权制度与水量控制并存

水权交易动力因水情不同而有差异，一般来说，缺水区域有较强动力，导致水权模式也有差异，缺水区域对水权拥有更强烈的先占控制愿望。美国西海岸水资源紧缺，保护先开发先使用者既得利益的"先占权"成为主要模式，而丰水的东海岸则以"河岸权"为主。

我国所有区域都必须实行"三条红线"规定的总量控制制度，但各地对于水权交易制度喜好则有差异。缺水地区特别是北方、黄河流域、西北三条内陆河流域，推进水权改革的动力较强，因为有偿方式是获得水权的较好通道，但在丰水区域如南方，额外花钱去获取水权的动力不强，因此，丰水地区水资源管理更注重"三条红线"分配水量控制制度。其实，这种现象在近几年西北地区雨水较多时也可看到，风调雨顺时农户水权交易愿望减弱。

我国区域差异大，水权制度必须因地制宜，水量管制也是水权制度的组成部分，我国现在甚至在很长一段时间内，将是水量控制与水权交易并存的水权制度。当然，水权水市场发展势在必行，是大趋势，但在我国将是一个渐进式的改革进程，多种制度并存符合中国水情。

五　政府主导并发挥市场优化资源配置的作用

我国水权制度的又一个特点是，行政权力特别是中央政府在水资源管理和水权制度中具有极强力量。第一，根据《水法》赋予的权力，中央政府实施省级行政区初始水权分配和调整，实践中的体现是：执行省级行政区域初始水量分配的流域委员会是中央政府或其派出机构（而不是流域各省市联合机构或协商机构），分配结果以国务院名义颁发。各省区内的情况与此相同，执行省区内各市县水量分配的机构是省政府。第二，《水法》赋予国家水资源管理的主导权，实践中的体现是：以中央直接管理为主要特征的水资源和水权制度，省级政府权力较小，不存在一些国家实施的水资源管理分权制度和协商制度。第三，市场配置资源的作用逐步加强，但总体看，市场配置资源的作用还主要是作为提高水资源使用效率的手段被重视，优化资源配置的基础作用还有待突破。第四，如前所述，初始水权分配及调整是水权制度的重要基础，我国实行国家主导初始水权分配和调整的制度表明，我国水权制度还具有行政分配水权的属性，是行政分配水权与市场交易水权相结合的水权制度。这种制度安排的优势是，既发挥国家在公共利益、重大事项、区域协调的主导作用，又发挥市场机制激励高效用水优化配置的作用，避免纯行政或纯市场制度下发生"政府失灵"或"市场失灵"的问题。水资源具有公共性、外部性、相邻性、战略性等特点，需要国家行政干预，另外，我国水权制度改革脱胎于计划经济体制，还需更加注意避免过度行政干预的弊端，促进市场在资源配置中发挥作用。

综上所述，我国水权改革和水权制度建设经过十来年的努力，取得长足进步，但还只是刚刚起步阶段，还面临许多挑战。

第 五 章
中国水权制度建设方向和任务[*]

第一节 我国水权制度建设的
基础和原则

水权制度形成的前提在于水资源的不可替代性和稀缺性。日益尖锐的水资源供需矛盾是我国水权制度建设的动因。水权问题的实质是产权问题。科斯定理表明，建立清晰的水资源产权制度、不断降低交易成本是提高社会经济效率和社会福利的关键所在。这种水资源的产权制度应该具体而明确，初始设置尤其重要，应最大限度地减少交易成本，然后通过水权可交易制度改进，以水权交易和水市场作为进一步优化配置的手段，最终实现帕累托最优状态的目标[①]。但水权又不是普通的物权问题，它既是私权，也是公权，水资源的特殊公共属性决定了水资源公有的合理性，我国采取的水资源所有权公有制和使用权明晰到户到人到企业，正是对水权同时具备公权和私权性质的最好诠释。

水权制度建设的基础是各国社会经济制度和资源状况。我国实行以公有制为根本原则的社会主义市场经济，是水权制度建设的最重要基础。基于水

---

* 本章作者：林凌，四川省社会科学院学术顾问、研究员；刘世庆，四川省社会科学院西部大开发研究中心秘书长、研究员；巨栋，四川省社会科学院区域经济硕士研究生；郭时君，四川省社会科学院区域经济硕士研究生；付实，四川省社会科学院西部大开发研究中心副秘书长、副研究员；邵平桢，四川省社会科学院西部大开发研究中心副秘书长、副研究员。

① 闫祥鹏、徐玉昌、李谢辉：《水权制度的反思与重构——基于黄河流域水资源利用现状的分析》，《人民黄河》2012 年第 10 期。

资源的稀缺性和资源优化配置效率优先原则，水资源应当成为像煤、石油一样可定价的商品；基于用水应当是全人类可以共享的基本人权，水资源成为不可完全私有的特殊商品。水权的本质是物权。水资源使用权是派生于水资源所有权又区别于水资源所有权的一种独立的物权，是对水资源的使用获益权。水资源使用权从所有权中离出来正是为了配置资源，实现物尽其用，以保障非所有人的生存发展利益[①]。我国的水权制度建设应当牢牢把握公有水权（水资源所有权公有）和水权可交易（使用权可交易）的两大基本原则和发展趋势。

我国水权制度建设的基本原则首先是坚持水资源国有（公有）。从国际水权制度理论和实践看，明晰水权是水资源有效配置的基础。水权越是界定清楚明晰，水权相关方作出关于水资源使用和交易的决定就越明智和理性。我国《宪法》第6条规定，"中华人民共和国社会主义经济制度的基础是生产资料的社会主义公有制"；第9条规定，"矿藏、水流、森林、山岭、草原、荒地、滩涂等自然资源，都属于国家所有，即全民所有"。《中华人民共和国水法》第三条规定，"水资源属于国家所有。水资源的所有权由国务院代表国家行使。农村集体经济组织的水塘和由农村集体经济组织修建管理的水库中的水，归各该农村集体经济组织使用"。水资源为国家所有是我国水资源权属法律制度的基础和核心，水权制度建设必须遵循和维护这一基本原则。我国水权制度建设的另一个基本原则是发挥市场优化资源配置的作用。我国水利部《关于水权转让的若干意见》、《关于开展水权试点工作的通知》提出："水是基础性的自然资源和战略性的经济资源"，"充分发挥市场机制对资源配置的基础性作用，促进水资源的合理配置"。"在内蒙古、河南、甘肃、广东等省区重点探索跨盟市、跨流域、行业和用水户间、流域上下游等多种形式的水权交易流转模式。"我国实行以公有制为主体、多种所有制经济共同发展的基本经济制度，应当在坚持公有制基础上，充分发挥市场机制的作用，实现水资源的优化配置。

[①]　贾科华：《水权制度建设难以一蹴而就——专访中国工程院院士、中国水科院水资源所所长王浩》，《中国能源报》2014年9月22日。

第二节 我国水权制度建设的方向和目标

我国水权制度建设作为现代水资源优化管理的一种手段，其最终目标是促进水资源高效、公平、可持续利用。建立健全水权制度，公平和效率既是出发点，也是归属。

促进水资源高效利用是经济社会发展的本质要求。水资源开发利用应产生最大经济效益、社会效益、生态效益，水权必须有偿获得，并通过流转，优化水资源配置，提高水资源的效用。我国水资源总量大、人均少、时空分布不均，必须通过工程技术或管理机制等手段，调整水资源的时空分布，实现水资源效用最大化。一是从经济效益低的区域向高的区域转移，我国黄河几字湾地区能源储备丰富，开发潜力巨大，但用水指标紧张，通过水权制度将其他地区用水指标向该区域转移就提高了水资源的边际效益。二是从低附加值产业向高附加值产业转移，现阶段我国一般是农业节水，向工业转移水指标，同时调整农业种植结构，提高经济效益。

保障水资源公平利用是人类社会发展的永恒追求。这里的公平不是水资源分配的绝对平均，而是用水户拥有公平获取水资源的权利。特别要协调好上下游、左右岸、跨流域、集体与个人等不同主体的利益公平，处理好初始水权配置的公平。在水权配置过程中，应充分考虑不同地区、不同人群生存和发展的平等用水权，充分考虑经济社会和生态环境的用水需求，合理确定行业用水定额、用水优先次序、紧急状态下的用水保障措施和保障次序。流域内的开发利用活动会使不同部分的成员获益或受损，必须给予受损社会成员相应利益补偿以保证公平。我国水资源时空分布不均，跨区域、跨流域调水有必要性和合理性，但还需考虑调出区域的利益和生态不受影响或最大限度降低影响，促进全流域水资源公平配置。

实现水资源可持续利用（sustainable water resources utilization）是人类社会经济和生存环境永续发展的根本保障。可持续发展理念产生于20世纪80年代，最初为应对环境与发展的矛盾而提出，后逐步扩大到可再生自然资源领域。基本思想是在自然资源开发中要注意因开发导致的不利于环境的副作用与预期取得的社会效益的平衡。为保持这种平衡，水资源可持续利用强调在水资源开发与利用中，必须保护水源地和土地生产力，保护生物多样性不受干扰和生态系统平衡发展，不过度开发使用和污染可更新的淡水资源，不能损害地球上的生命支持系统和生态系统，保证为社会和经济可持续发展合理供应所需的水资源，满足各行各业用水要求并持续供水。水资源可持续利用是高效和公平的内在统一。可持续发展要求将水量和水质统一纳入水权的规范之中，同时还要考虑代际水资源分配的平衡和生态要求。水权是涉水权利和义务的统一，应将水资源承载力和水环境承载力作为水权配置的约束条件，利用流转机制促进水资源的优化配置和高效利用。未来中国将更加注重绿色发展，坚持节约资源和保护环境的基本国策。应在考虑到代际公平的情况下，尽可能扩大水资源开发利用效率，特别是在持续利用过程中，注意防止由于当前利用水资源产生的效益对整个过程的效益贡献过大而导致水资源利用的短期化行为。[①]

目前，我国建立水权制度必须要处理好三个方面的关系。一是政府作用与市场机制的关系。水权水市场建设要坚持政府和市场"两手发力"。二是注重效率与保障公平的关系。建设水权水市场，既要鼓励通过水权交易，推动水资源依据市场规则、市场价格和市场竞争，实现效益最大化和效率最优化；又要切实加强用途管制和水市场监管，保障公益性用水需求和取用水户的合法权益，决不能以水权交易之名套取用水指标，更不能变相挤占农业、生态用水。三是顶层设计与实践探索的关系。既要实践探索和试点先行，有针对性地开展多种类型的水资源确权登记和交易试点，更要推动水权市场的顶层设计，形成自上而下的水权交易规则体系，推动确权登记、水权交易、用途管制、水市场监管等多个方面的制度体系建设[②]。此外，有学者提出应建立基于"真实节水"理念的水权转让制度，通过真实耗水指标来控制区域水权转让的实施。[③]

---

① 李雪松：《论水资源可持续利用的公平与效率》，《生态经济》2001 年第 12 期。
② 孙春芳：《水利部部署水权市场建设》，《21 世纪经济报道》2014 年 6 月 24 日。
③ 参见《黄河流域跨地市水权转让关键问题研究》，http：//wenku. baidu. com/link？url = CEC6uzAwRqY1fzt8WfPTYLIvd0E2ZuRZ _ K14CQkE _ Uke0XxCck18BfCsI2HkhHXBqdTtEb 8h5Jo9 mRPqLCYtFKfDMbTuLK05c1ZMmsx7j9i。

第三节　我国水权制度建设的任务和举措

一　完善水权法律体系建设

长期以来国人对水资源认识不充分，水污染、水浪费现象大量存在，甚至出现在一些严重缺水的北方地区。正如一些专家指出，黄河的断流有气候变化原因，但沿河区域的无节制用水以及严重的水污染也是重要原因[①]，现在这种状况正在得到改善。学习国际经验、高度重视水资源管理和保护、坚决落实最严格的水资源管理制度、加快完善一整套的水权法律体系、建设节水防污型社会是我国水权制度建设的当务之急。

2002年10月开始施行的新《水法》是我国水法律体系的基础，但与国外比较，相关配套法律法规还不健全，实践意义不足，特别是针对水权制度尚无专门法律规定，水权制度建设实施无章可循。需要进一步建立和完善合理、可操作性强的配套水法律体系，完善水资源论证制度、取水权转让的具体办法，尤其是关于水资源费的征收、管理和使用的配套法律法规，关于水权界定、分配的配套法律法规，关于水权转换、水市场和水权交易转让、水权保护制度、水资源用途管制制度等配套法律法规，关于水权的调整、续期和终止的配套法律法规等。

二　政府市场两手发力

水权制度建设要坚持政府和市场"两手发力"。政府应在用水总量控制、水量分配、水资源确权登记、用途管制、水市场培育与监管等方面更好地发挥作用。在权属明晰之后，要充分发挥市场机制作用，依靠经济手段激励用水户节约用水，促进水权合理流转，提高水资源利用效率和效益。[②] 我国现在的水权分配和交易主要是政府主导，各级用水户均处于被动接受地位，缺乏广泛的社会参与。水资源牵涉各方用水主体的利益，因此，建立广

[①]　李雪松：《中国水资源制度研究》，博士学位论文，武汉大学，2006。
[②]　孙春芳：《水利部署水权市场建设》，《21世纪经济报道》2014年6月24日。

泛的社会参与机制、突出市场配置功能是保障水资源配置公平性的重要条件。目前，国内学者也提出了不同的社会主体参与模式，如政治民主协商制度、水资源俱乐部配置模式等。在实践中，部分地区也进行了相关尝试。如甘肃石羊河流域、黑河流域所属灌区成立了农民用水者协会，直接决策基层水资源配置，并与政府配水机制协调，形成统一的管理体系。这些模式和尝试值得政府鼓励和支持，有效果的还可以向其他地区推广。

三 妥善协调各方利益

水权交易涉及主体多，利益关系复杂，需要强有力的协调机制。对于跨流域水权交易和水量分配，应由国家水利部协调，以法律法规或政府文件等形式直接明确跨流域水事关系的协调处理办法。流域上下游间水权交易由相应流域机构协调，行业间水权交易由相应省市人民政府及其水利部门进行协调，用水户之间水权交易由用水户协会协调。水权确权登记由省市区县各级政府及相关基层组织协调。

据调研，在节水工程建设中，由于衬砌后的渠道下渗水量减少，出现了渠道旁生态环境退化的现象，灌区生态效益有所下降。但这一点在相关法规制度中却很少涉及，仅有少部分的基本规定，如我国现行《水法》第四条规定，"开发、利用、节约、保护水资源和防治水害，应当全面规划、统筹兼顾、标本兼治、综合利用、讲求效益，发挥水资源的多种功能，协调好生活、生产经营和生态环境用水"。在现实的水权管理中，生态用水一般很少考虑，即使考虑也难以像工业、农业、发电等那样建立用水计划制度。考虑到我国水权制度建设的复杂性和特殊性，生态、经济、社会等各种效益难以兼顾。因此在水权制度建设和相关水利改革中，应首先在不损害参与方与第三方利益的情况下进行增量改革，实现帕累托改进，以后逐渐明确生态用水的法律地位和优先性，在实践操作中配套一系列政策措施和操作办法。

四 加强各类制度规则配套

农业水价改革、水利投融资机制以及水资源管理体制改革等手段与水权制度建设相辅相成、密不可分，统筹推进我国水资源走向优化配置的时代。2015年5月，水利部印发了《水利部深化水利改革领导小组2015年工作要点》，明确了十大水利改革领域的 42 项改革任务，着力推进水利重要领域和关键环节改革，力求在水权制度建设、农业水价综合改革、水利投融资机制创新、水利建设与管理体制和河湖管护体制机制改革等方面取得一批重要改革成果①。据调研，甘肃张掖、武威等较早开展水权工作的地区，在建立了一套可行的水权制度和实施方案后，已开始推行水价综合改革等其他制度，走向水资源管理的新阶段。相比水权交易，水价改革利用经济杠杆撬动用水户节水积极性，对不同用水户、不同功能、不同时间的用水实行不同水价，并根据用量实行累进加价，节水更加直接高效。内蒙古自治区已编制建立《内蒙古自治区闲置取用水指标处置实施办法》，对于在水权交易中由于水权价格过高、企业运营不良导致已分配的项目水权没有得到合理利用的情况，这部分水指标将被收回并重新配置，实现水权的二次分配，将水指标配向条件更好、效益更高的项目，不仅有利于推动企业高效节水，更促进了地方经济社会的发展。

五　推进水利工程建设

我国水权制度建设还必须以相应的工程措施为前提和依托，才能保障水权交易、水量分配真正落实见效，包括节水工程、蓄水工程、监测计量、水系联网、智慧水利建设等。节水工程主要包括渠道衬砌田间改造，即用石料或砖、水泥板或复合材料等，砌渠道底及边坡，防渗水防垮塌；实施畦田改造、安装喷灌滴管高效节水设施及配套。蓄水工程主要指兴建调蓄水库和渠系配套，以及拦河坝、塘坝等，这是水能够被人类利用、水量能够真正实现分配可控的条件。黄河能够对 500 多亿立方米水实现几乎全部分配利用，很大程度上得益于经过多年建设起的庞大的蓄水工程。相反，我国还有很多地方如南方丰水区，蓄水工程欠账多，不仅影响水资源利用，而且制约水量分配。监测计量指采用智能水表、电磁流量计、超声波流量计等各种智能计量仪表，结合计算机、网络通信和传感器三项技术，实现对取水用户实施水量自动监控的措施。水系联网是通过工程手段建设水系连通及供用水通道系统，形成水量跨流域调度流通的物理水网。智慧水利主要指基于监测水循环

① 《水利部明确十大水利改革领域 42 项改革任务》，证券时报网，http：//news. xinhuanet. com/finance/2015 - 05/08/c_ 127778746. htm。

状态和用水过程的实时在线的前端传感器，实现"实时感知"；基于水信息实时采集传输，保障"水信互联"。[1]

六　建设分区域水权制度

我国国土面积大，水资源情况差异大，水权制度建设应根据区域、流域的不同情况，因时制宜、因地制宜，在全国性统一的水权制度基础上，建立合理的区域性和流域性的水权制度，突出各个区域水权制度建设的重点任务，合理开发水资源，实现经济社会的可持续发展。

黄河、淮河、海河流域等贫水地区，水资源匮乏但能源储备丰富，水量供需矛盾大，应借鉴宁蒙河段水权转让经验，大力推进工程节水措施，将农业节约水量向工业转换，实现水资源优化配置。长江流域经济社会发展程度高、水资源相对丰富，但缺乏水量调蓄措施，特别是上游的四川等省份，应加强蓄水工程建设，大力兴建调节和反调节水库，汛期抽调洪水、弃水进入水库保存，枯水期补充生产生活水量，保障水量分配可调度、水权交易可控制。珠江流域等丰水地区，水资源丰富但局部水质性缺水问题严重，应在坚持总量管理的同时，加强水量监测计量设施配套，大力实施截污减排和水质改善工程，解决水质性缺水问题，增加实际可交易水量。西北内陆河流域，农业用水已基本完成智能化监测计量改造，但缺乏统一的信息交流平台和水权交易，应积极推进水量信息联网、管理制度接轨，实现"智能水利"。河南等跨流域省区，人口众多、水系发达，要实施跨流域水权交易，强力推进水系联网工程，促进水量高效流通。

第四节　我国水权制度建设的布局和体系

一　配置体系

水权制度的一般流程是：总量控制—水量分配—水权确认—水权交易—

---

[1] 王忠静、王光谦、王建华、王浩：《基于水联网及智慧水利提高水资源效能》，《水利水电技术》2013 年第 1 期。

水市场监管（包括权利保护）。配置体系包括总量控制、水量分配和水权确认等内容，是水权制度建设的基本前提，其重点在于如何配置初始水权。要建立两套指标，即水资源的宏观控制指标和微观定额体系。根据全国、各流域和各行政区域的水资源量和可利用量确定宏观控制指标，再由省市县逐级进行水量分配，制定分行业、分地区的万元国内生产总值用水定额指标体系。建立微观定额体系必须以各行业用水定额为主要依据核算用水总量，充分考虑区域水资源量以及区域经济发展和生态环境，制定各行政区域的行业生产用水和生活用水定额，同时积极稳妥地推进水资源使用权确权登记到户。[①] 在未来应当建立起国家、流域、区域、用水户四个层面的水权配置体系，明确各层主体的权利内涵和责任义务，建立合理的动态调整机制，夯实我国水权制度建设的基础。

二　交易体系

交易体系是水权制度建设的关键环节，要根据实际需求，鼓励和引导政区间、用水户间、行业间、流域内外开展水权交易，探索多种形式的水权流转方式，其重点在于培育规范高效的水市场。借鉴土地交易、林权交易、排污权交易等平台建设经验，研究建立国家、流域、区域等层面的水权交易平台，开展水权鉴定、水权买卖、信息发布、业务咨询等综合服务，促进水权交易公开、公正、规范开展[②]。交易体系的建设应当明确可交易水权的界定、水权交易主体、水权交易期限、水权交易价格、水权交易规则、水市场建设等相关要素的方方面面，这对我国的水权制度建设而言，可以说是任重道远。

三　监测体系

监管体系是水权制度建设的重要保障。监管对象主要包括水权市场准入、交易价格、交易用途、可转让水权的测算等。其重点在于按照水资源规划、水功能区划等划分农业、工业、服务业、生活、生态等用水类型，分类

---

① 《关于印发水权制度建设框架的通知》（水利部文件水政法〔2005〕12 号），2005 年 1 月 11 日。
② 孙春芳：《水利部部署水权市场建设》，《21 世纪经济报道》2014 年 6 月 24 日。

实行严格水资源管理。注意建立水权利益诉求、纠纷调处和损害赔偿机制，维护水市场良好秩序。同时，从最严格的水资源管理体系中的技术监测方面来看，还应当加强区域间的重要控制断面、水功能区和地下水的水质水量监测能力建设，完善取水、排水、入河湖排污口计量监控设施，加快建立中央、流域和地方水资源监控管理平台，为加强水权水市场监管提供技术支撑。

四　政策体系

政策体系是水权制度建设的法律基础。一是制定法规。对水权制度主体进行明确界定，制定水资源使用、交易相关的科学与技术标准。二是提供服务。政府提供强有力的监测和惩罚制度，通过建立统一的水权交易所等促进价格公开和市场信息的传播。三是规范市场。明确水权市场参与者的权限，承认水交易的自由限度，制定消除水权交易外部性影响的措施和办法。[①]

表1　我国水权制度四大体系建设

	主要内容	重点任务	目标方向	具体措施
配置体系	1. 水资源的宏观控制指标，即水资源管理"三条红线"：开发利用控制红线、用水效率控制红线、水功能区限制纳污红线 2. 水资源的微观定额体系，即分产业、分用途的水资源使用定额	1. 全面完成全国各流域和基层行政单位的水量分配 2. 大力推进灌区水权细化配置，明确到各级渠系 3. 大力推进水权确权到户	水权公平配置，建立动态调整机制	1.《实行最严格水资源管理制度考核办法》 2.《关于实行最严格水资源管理制度的意见》
交易体系	1. 行业间水权交易体系 2. 政区间水权交易体系 3. 农户间水权交易体系 4. 流域间水权交易体系 5. 上下游水权交易体系	1. 建立规范高效的水权交易平台 2. 建立水权定价机制和交易期限确定办法 3. 明确交易主体、可交易水权、水市场等要素	建成规范高效的水权交易市场	1. 借鉴产权交易平台建设经验，依托水行政主管部门建立区域性和全国性的水权交易平台 2. 开展水权鉴定、水权买卖、信息发布、业务咨询等综合服务

① 王赫：《我国水权制度完善的法律思考》，《甘肃政法学院学报》2007年第2期。

	主要内容	重点任务	目标方向	具体措施
监测体系	1. 水量使用的计量监测体系 2. 水权交易的监管体系：市场准入、交易价格和期限、交易用途	1. 按照水资源规划、水功能区划等划分分类实行严格水资源管理 2. 建立水权利益诉求、纠纷调处和损害赔偿机制	维护水权水市场公正、公平的良好秩序	1. 大力推进水文水利监测系统建设 2. 加强水利监测的科技研发 3. 建立统一的水资源监测管理平台
政策体系	1. 法律法规 2. 技术标准 3. 管理办法 4. 实施方案	1. 完善水权界定、分配的配套性法律法规建设 2. 完善水资源费的征收、管理和使用的配套性法律法规、管理办法、实施方案等 3. 完善水权转换、水市场和水权交易转让的配套性法律法规、管理办法、实施方案等 4. 完善水权的调整、续期和终止的配套性法律法规等	建立完善的水权交易政策法规体系	1. 制定出台专门的水权制度法律法规 2. 制定水资源使用、交易、监管相关的科学与技术标准 3. 提供强有力的监测和惩罚制度 4. 制定消除水权交易外部性影响的措施和办法

第二篇　中国实践

第 六 章

行业间转换模式：内蒙古鄂尔多斯考察[*]

在中国的版图上，有一个城市，东、西、北三面被黄河包围，这个城市位于黄河"几"字湾内，它叫作"鄂尔多斯"。但是，就是这个被黄河紧紧拥抱的城市，却因为缺水经济发展受到严重影响，工业项目因缺水指标而搁置，鄂尔多斯的黄河水权转让就是在这样的背景下展开的。

第一节 黄河三面包围的城市：鄂尔多斯

一 鄂尔多斯的地理位置与人口状况

鄂尔多斯市位于内蒙古自治区西南部，地处鄂尔多斯高原腹地。西北东三面为黄河环绕，南临古长城，毗邻晋陕宁三省区。鄂尔多斯市辖七旗一区，市辖区为东胜区，七旗分别为达拉特旗、准格尔旗、鄂托克前旗、鄂托克旗、杭锦旗、乌审旗、伊金霍洛旗。"鄂尔多斯"为蒙古语，意为"众多的宫殿"。东部、北部和西部分别与呼和浩特市、山西省忻州市，包头市、巴彦淖尔市，宁夏回族自治区、阿拉善盟隔河相望；南部与陕西省榆林市接壤。地理坐标为北纬 $37°35'24'' \sim 40°51'40''$，东经 $106°42'40'' \sim 111°27'20''$。东西长约 400 公里，南北宽约 340 公里，总面积 86752 平方公里，总人口 200 万人，其中蒙古族 16.8 万人。

鄂尔多斯市自然地理环境的显著特点是起伏不平，西北高东南低，地形

---

* 本章作者：郭时君，四川省社会科学院区域经济硕士研究生。

复杂，东北西三面被黄河环绕，南与黄土高原相连。地貌类型多样，既有芳草如茵的美丽草原，又有开阔坦荡的波状高原，还有广袤无垠的干旱沙地和沙漠；鄂尔多斯市境内五大类型地貌，平原约占总土地面积的 4.33%，丘陵山区约占总土地面积的 18.91%，波状高原约占总土地面积的 28.81%，毛乌素沙地约占总土地面积的 28.78%，库布其沙漠约占总土地面积的 19.17%，干旱缺水的沙地和沙漠面积占据了全市总面积的 47.95%，也就是说鄂尔多斯近一半的土地被风沙覆盖。

二 鄂尔多斯的水资源情况

鄂尔多斯属于典型的温带大陆性气候，风大沙多，干旱少雨，属资源型、工程性和结构性缺水并存的地区。全市地表水可利用量 1.66 亿 m^3，地下水可开采量 12.22 亿 m^3，扣除地表水和地下水重复计算量 0.71m^3，本地水资源可利用总量为 13.17 亿 m^3，黄河是鄂尔多斯市唯——一条过境河流，流经长度 728km，按照"八七分水"方案内蒙古自治区分配给鄂尔多斯黄河水权 7 亿 m^3，因此，全市水资源可利用总量为 20.17m^3。水资源人均占有量1008m^3/年，与全球淡水资源的人均占有量10000m^3/年、全国人均水资源占有量2240m^3/年相比，仅占全球人均水资源占有量的 1/10、不到全国人均水资源占有量的 1/2，按照国际通行惯例，鄂尔多斯基本属于严重缺水地区[①]。

三 鄂尔多斯的经济发展与产业现状

鄂尔多斯境内自然资源富集，地下有储量丰厚的能源矿产资源，目前，已经发现的具有工业开采价值的重要矿产资源有 12 类 35 种。其中，已探明煤炭储量 1496 亿多吨，约占全国总储量的 1/6。如果计算到地下 1500 米处，总储量近 1 万亿吨。在全市 87000 多平方公里土地上，70% 的地表下埋藏着煤。石油、天然气主要位于鄂尔多斯中西部。全国最大的世界级整装气田——苏里格气田位于境内杭锦旗北部，地质勘探部门已经发现 20 多处油

[①] 国际上一般认为，人均小于 3000m^3/年为轻度缺水，小于 2000m^3/年则为中度缺水，小于 1000m^3/年为严重缺水，小于 500m^3/年为极度缺水。

气田，鄂托克旗境内现已探明油气储量 11 亿 m^3，在乌审旗南部也发现了油气田，全市天然气探明储量 8000 多亿 m^3，占全国的 1/3。油岩页主要分布于鄂尔多斯中部的东胜区、准格尔旗、伊金霍洛旗境内。目前的探明储量为 3.7 亿多吨。其中工业储量 66 万吨，储藏厚度一般为 3 ~ 5m，含油率 1.5% ~ 10.4%。鄂尔多斯还有品种齐全、蕴藏丰富的化工资源，主要有天然碱、芒硝、食盐、硫黄、泥炭等，还有伴生物钾盐、镁盐、磷矿等，这些都为鄂尔多斯工业开采和产业发展奠定了基础[①]。

在农业主导的时期，鄂尔多斯曾是贫穷落后地区。随着西部大开发、国家能源战略西移等一系列重大战略的实行，作为国家重要的能源化工基地，鄂尔多斯市依托丰富的资源，着力构建"大煤炭、大煤电、大化工、大循环"四大产业，一大批煤电、煤化工项目纷纷落户鄂尔多斯，在这些工业项目的带动下，鄂尔多斯经济迅猛发展，城市化进程快速推进，经济社会发展取得重大进步。地区生产总值由 2005 年的 594.8 亿元增加到 2014 年的 4162.2 亿元，位居全国地级城市第 20 位（加上 15 个副省级城市列第 34 位），年均增长 17.9%；固定资产投资由 404 亿元增加到 3422.5 亿元，居全国地级城市第 16 位，年均增长 26.8%。与此同时，伴随着固定资产投资的不断增加，工业项目对水资源的需求急剧增加，供需矛盾日益突出，水资源匮乏成为制约鄂尔多斯经济社会发展的主要瓶颈，大量的工业项目因为缺乏水指标而搁置，鄂尔多斯逐步探索跨行业与跨地区的水权转让模式。

第二节 鄂尔多斯水权转让的实践探索[②]

一 鄂尔多斯初始水权情况

奠定鄂尔多斯初始水权的重要文件是 1987 年国务院制定的黄河"八七分水"方案。"八七分水"方案是以 1980 年黄河沿岸各省区实际用水量为基础，综合考虑省（区、市）的灌溉发展规模，工业和城市用水增长以及

[①] 自然资源介绍部分引自鄂尔多斯政府网站，http://www.ordos.gov.cn/zjordos/sqgk/。

[②] 本节内容由鄂尔多斯水务局提供，参见杨波、张迎春、杨晓东《鄂尔多斯市黄河水权转换工作成效和经验》，《内蒙古水利》2014 年第 1 期。

大中型水利工程兴建的可能性，黄河流域总引用水量比 1980 年增加 40% 以上的原则确定的。在 20 世纪 80 年代，工业项目非常少、农业灌溉为主要用水量的时期，"八七分水"方案对内蒙古自治区的分水量其实是比较高的，在"八七分水"方案总共 370 亿 m³ 的分配中，内蒙古自治区分水 58.6 亿 m³，是参加当次分水方案的 11 个省区中分水最多的，占方案分水总量的 15.8%。但是，分水方案中的绝大部分水量为灌溉用水指标，而非工业用水指标。内蒙古自治区将 58.6 亿 m³ 中的 7 亿 m³ 分配给鄂尔多斯市，其中，工业初始水权 0.913 亿 m³，其余 6.087 亿 m³ 为农灌用水指标，工业用水指标仅占全市总用水指标 1.30%。随着工业经济的快速发展，用水指标成为工业项目落地的最大禁锢，鄂尔多斯市开始探索如何将农业水指标转换为工业水指标的方案，由此开始进行了两期水权转换工程。

二　鄂尔多斯水权转换工程

为了进行工业建设和改造农田灌溉，鄂尔多斯水权转换在内蒙古沿黄地区开辟了一条解决工业项目用水短缺、调整工农业用水结构、促进工农业协调发展的有效途径。2004 年按照水利部《关于内蒙古宁夏黄河干流水权转换试点工作的指导意见》，在水利部、黄河水利委员会的指导和支持下，内蒙古自治区编制了《内蒙古自治区黄河水权转换总体规划报告》，2005 年 4 月黄河水利委员会对规划进行了批复。按黄河水利委员会的部署，2005 年首先在鄂尔多斯南岸自流灌区开展了水权转换试点工程建设，工程投资 7.02 亿元，至 2007 年底全面完成水权转换试点工程一期工程建设任务。2008 年在灌区中的自流灌区试点工程建设取得显著成效的基础上编制了《鄂尔多斯市引黄灌区水权转换暨现代农业高效节水工程规划》（即"二期规划"）并得到了黄委会的批复，2009 年完成了《鄂尔多斯市引黄灌区水权转换暨现代农业高效节水工程可行性研究报告》并得到了黄委会的批复，2010 年二期工程开工建设，工程投资 16.97 亿元（调整方案后）。

鄂尔多斯两期水权转让工程共计可转让 2.296 亿 m³ 水指标，已配置 40 个重点工业项目，其中一期指标配置 24 个项目，二期指标配置 16 个项目。目前，一期水权转让工程已实施完毕，转让水量 1.3 亿 m³，二期工程正在建设中，拟转让水量 0.996 亿 m³。两期工程全部实施后，鄂尔多斯黄河水的水权指标将由工业初始水权 0.913 亿 m^3、农灌初始水权 6.087 亿 m^3 改变为工业水权 3.209 亿 m^3、农业水权 3.791 亿 m^3。水权转让收益用于农田灌溉水渠的改造，喷灌、滴灌及其他现代灌溉设施的建设，改大水漫灌为节水灌溉。鄂尔多斯的一期、二期水权转换工程是行业间水权转换的典型案例。

（一）一期水权转让工程

鄂尔多斯水权转让一期工程于 2005 年开工建设，主要在黄河南岸自流灌区，按照"点对点"的渠系节水改造——水权转换工程规划设计和建设，2008 年完工，完成投资 7.02 亿元，完成了南岸灌区 32 万亩农田的节水改造，衬砌各级渠道 1402km，配套各类渠系建筑物 51125 座。工程于 2010 年 1 月通过了内蒙古自治区水利厅的竣工验收，2011 年 9 月通过黄委会的核验。截至 2007 年底全部完成了自流灌区总干渠及昌汉白、牧业、巴拉亥、建设灌域所属的分干渠、支渠、斗渠及部分农渠衬砌和建筑物配套建设，衬砌总干渠 133.124km、分干渠 32.46km、支渠 217.60km、斗渠 296.112km、农渠 722.925km、毛渠 24.72km（万亩示范区），配套各类建筑物 51001 座。实际完成工程建设内容详见表 1[①]。

表 1 鄂尔多斯黄河南岸灌区水权转让一期工程初步设计与实际完成情况对比

序号	项目名称	灌域名称	渠道名称	项目	初步设计	实际完成	建筑物（座）		节水量（万 m^3）	转换水量（万 m^3）
							初设	实施		
1	内蒙古亿利公司一期工程 PVC 项目水权转让初步设计	杭锦旗南岸灌区	干渠	数量（条）	1	1	3	3	913.92	822.53
				长度（km）	17.677	17.677				
2	内蒙古蒙达发电四期扩建工程项目水权转让初步设计	杭锦旗南岸灌区	干渠	数量（条）	1	1	3	10	2277.38	2042.69
				长度（km）	45	45				
3	内蒙古鄂尔多斯市鄂绒硅电联产项目水权转让初步设计	杭锦旗南岸灌区	干渠	数量（条）	1	1	17	16	2188.90	1878.25
				长度（km）	42.117	42.117				

---

① 本表引自内蒙古自治区水利水电勘测设计研究院《内蒙古鄂尔多斯市引黄灌区水权细化方案》。

续表

序号	项目名称	灌域名称	渠道名称	项目	初步设计	实际完成	建筑物(座)初设	建筑物(座)实施	节水量(万 m³)	转换水量(万 m³)
4	内蒙古准大发电大饭铺电厂新建项目水权转让初步设计(大饭铺电厂)	建设灌域	支渠	数量(条)	2	2	1532	1532	279.50	221.00
				长度(km)	8.14	8.14				
			斗渠	数量(条)	7	7				
				长度(km)	11.35	11.35				
			农渠	数量(条)	9	9				
				长度(km)	5.72	5.72				
			毛渠	数量(条)	105					
				长度(km)	55	24.72				
5	内蒙古亿利集团水权转让项目节水改造工程初步设计(亿利二期)	建设灌域	支渠	数量(条)	8	8	945	1172	980.77	882.47
				长度(km)	46.883	46.883				
			斗渠	数量(条)	22	22				
				长度(km)	27.305	26.396				
			农渠	数量(条)	101					
				长度(km)	13.346	6.571				
6	新奥集团甲醇、二甲醚项目水权转让内蒙古黄河南岸灌区节水改造工程初步设计(新奥煤化工)	建设灌域	分干渠	数量(条)	1	1	481	741	717.30	648.80
				长度(km)	12.66	12.66				
			支渠	数量(条)	2	2				
				长度(km)	7.971	7.971				
			斗渠	数量(条)	12					
				长度(km)	19.089	20.559				
			农渠	数量(条)	36					
				长度(km)	21.14	2.5				
7	内蒙古华能魏家峁4×600MW 煤电联营工程水权转让黄河南岸灌区节水改建设灌域造工程初步设计(华能魏家峁)	建设灌域	干渠	数量(条)	1	1	463	460	1350.87	1250.00
				长度(km)	21.00	21.00				
			支渠	数量(条)	3	3				
				长度(km)	14.04	14.04				
			斗渠	数量(条)	11	11				
				长度(km)	16.43	16.43				
			农渠	数量(条)	38	38				
				长度(km)	24.2	24.2				

续表

序号	项目名称	灌域名称	渠道名称	项目	初步设计	实际完成	建筑物（座）		节水量（万 m³）	转换水量（万 m³）
							初设	实施		
8	鄂尔多斯市水权转换 2007 年实施项目（昌汉白灌域，牧业、巴拉亥灌域，建设灌域）初步设计	昌汉白灌域	干渠	数量（条）	1	1	渠系建筑物：4351 田口闸：22246	渠系建筑物：5835 田口闸：41232	5396.02	5252.20
				长度（km）	7.33	7.33				
			支渠	数量（条）	1	1				
				长度（km）	0.5	3.736				
			斗渠	数量（条）	4					
				长度（km）	31.14	28.037				
			农渠	数量（条）	62	16.681				
				长度（km）	16.681	16.681				
		牧业灌域	分干渠	数量（条）	1	1				
				长度（km）	19.80	19.80				
			支渠	数量（条）	5	4				
				长度（km）	31.6	29.796				
			斗渠	数量（条）	40					
				长度（km）	39.89	20.531				
			农渠	数量（条）	275					
				长度（km）	106.62	64.026				
		巴拉亥灌域	支渠	数量（条）	5					
				长度（km）	56.092	65.725				
			斗渠	数量（条）	28					
				长度（km）	52.77	59.715				
			农渠	数量（条）	356					
				长度（km）	183.76	171.584				
		建设灌域	支渠	数量（条）	9	9				
				长度（km）	42.228	41.309				
			斗渠	数量（条）	83					
				长度（km）	105.755	113.094				
			农渠	数量（条）	593					
				长度（km）	400.59	431.643				
	一期合计		干渠	长度（km）	133.124	133.124	30041	51001	14104.66	12997.94
			分干渠	长度（km）	32.460	32.460				
			支渠	长度（km）	207.454	217.600				
			斗渠	长度（km）	303.729	296.112				
			农渠	长度（km）	772.057	722.925				
			毛渠	长度（km）	55.000	24.720				

　　一期水权转让工程建设初期，共有达电四期、鄂绒硅电、亿利化工、魏家峁电厂、大饭铺电厂、新奥化工 6 个项目（水指标共 7748 万 m³）的节水工程按点对点实施，单方水直接转让费用 4.3 ~ 6.76 元。从 2007 年开始，将剩余 5252 万 m³ 指标由鄂尔多斯市人民政府统一出资实施水权转让，单方水直接转让费用为 6.18 元，一期工程单方水转让平均价格为 5.4 元。

（二）二期水权转让工程

　　一期水权转换工程实施以后，鄂尔多斯工业水仍然短缺，2009 年开工建设二期工程，规划总投资 16.97 亿元，由三部分组成，其中二期用水企业投资 9.94 亿元，市财政补贴 5.02 亿元，一期工程水指标调整后按二期标准收费增加资金 2.01 亿元。二期工程单方水转让价格为 17.04 元。规划节水改造面积 94.2 万亩，主要建设内容是将南岸灌区原有 33 座扬水泵站整合为 11 座，新建 9 座二、三级固定泵站；衬砌各级渠道 1330 公里，新建渠系建筑物 7538 座；渠灌改喷灌 13.03 万亩；渠灌改滴灌 18.32 万亩；实施畦田改造 45.28 万亩；将灌区的粮经草比例由 2009 年的 64∶26∶10 调整为 40∶30∶30；对灌区进行信息化配套建设。截至目前，已完成投资 11.44 亿元，完成全部建设任务的 70%，已完成工程可转换水量 6023 万 m³，工程计划 2015 年底完工。二期工程初步设计与实际建设内容详见表 2[①]。

表 2　鄂尔多斯黄河南岸灌区水权转让二期工程初步设计与实际完成情况对比

序号	项目名称	灌域名称	渠道名称	项目		初步设计	实际完成	建筑物（座）	
								初设	实施
1	鄂尔多斯市引黄灌区水权转换暨现代农业高效节水工程 2009 年实施项目初步设计	杭锦旗独贵杭锦灌域	干渠	数量（条）		1		1324	
				长度（km）		47.329			
			支渠	数量（条）		23			
				长度（km）		61.93			
			斗渠	数量（条）		101			
				长度（km）		127			
		达拉特旗中和	干渠	数量（条）		1			
				长度（km）		10.4			

---

　　① 本表引自内蒙古自治区水利水电勘测设计研究院《内蒙古鄂尔多斯市引黄灌区水权细化方案》。

续表

序号	项目名称	灌域名称	渠道名称	项目		初步设计	实际完成	建筑物（座）	
								初设	实施
1	鄂尔多斯市引黄灌区水权转换暨现代农业高效节水工程2009年实施项目初步设计	西灌域	支渠	数量（条）		13		709	
				长度（km）		34.45			
			斗渠	数量（条）		50			
				长度（km）		40.66			
		达拉特旗吉格斯太灌域	干渠	数量（条）		1		105	
				长度（km）		5.08			
			支渠	数量（条）		5			
				长度（km）		11.658			
			斗渠	数量（条）		25			
				长度（km）		25.81			
2	鄂尔多斯市引黄灌区水权转换暨现代农业高效节水工程2010年实施项目初步设计	达拉特旗恩格贝灌域	干渠	数量（条）		1		195	
				长度（km）		8.87			
			支渠	数量（条）		2			
				长度（km）		3.6			
			斗渠	数量（条）		13			
				长度（km）		10.4			
		达拉特旗昭君坟灌域	干渠	数量（条）		1		1077	
				长度（km）		2.467			
			分干渠	数量（条）		2			
				长度（km）		8.048			
			支渠	数量（条）		11			
				长度（km）		36.291			
			斗渠	数量（条）		83			
				长度（km）		103.041			
3	鄂尔多斯市引黄灌区水权转换暨现代农业高效节水工程2011年实施项目初步设计	达拉特旗树林召灌域	干渠	数量（条）		3		6320	
				长度（km）		24.46			
			支渠	数量（条）		24			
				长度（km）		80.64			
			斗渠	数量（条）		138			
				长度（km）		152.52			
4		达拉特旗展旦召灌域	干渠	数量（条）		3		544	
				长度（km）		4.76			
			支渠	数量（条）		6			
				长度（km）		10.96			

序号	项目名称	灌域名称	渠道名称	项目	初步设计	实际完成	建筑物（座）	
							初设	实施
4	鄂尔多斯市引黄灌区水权转换暨现代农业高效节水工程2012年实施项目初步设计		斗渠	数量（条）	35			
				长度（km）	35.67			
		达拉特旗树林召灌域（东海心）	干渠	数量（条）	1		223	
				长度（km）	3.62			
			支渠	数量（条）	4			
				长度（km）	11.19			
			斗渠	数量（条）	9			
				长度（km）	6.76			
		达拉特旗王爱召灌域	干渠	数量（条）	2		33	
				长度（km）	4.06			
			支渠	数量（条）	0			
				长度（km）	0			
			斗渠	数量（条）	1			
				长度（km）	0.68			
	合计		干渠	数量（条）	14		10530	
				长度（km）	111.046			
			分干渠	数量（条）	2			
				长度（km）	8.048			
			支渠	数量（条）	88			
				长度（km）	250.719			
			斗渠	数量（条）	455			
				长度（km）	502.541			
			合计	数量（条）	559			
				长度（km）	872.354			
5		杭锦旗昌汉白灌域	畦田改造	面积（万亩）	0.3			
		杭锦旗巴拉亥灌域	畦田改造	面积（万亩）	3.52			
		杭锦旗建设灌域	畦田改造	面积（万亩）	14.6316			
		杭锦旗独贵杭锦灌域	畦田改造	面积（万亩）	7.1896			
		小计		面积（万亩）	25.6412			

续表

序号	项目名称	灌域名称	渠道名称	项目	初步设计	实际完成	建筑物（座）	
							初设	实施
5	鄂尔多斯市引黄灌区水权转换暨现代农业高效节水2012年实施项目（三）初步设计报告（杭锦旗、达拉特旗畦田改造工程）	达拉特旗中和西灌域	畦田改造	面积（万亩）	2.764			
		达拉特旗恩格贝灌域	畦田改造	面积（万亩）	0.6973			
		达拉特旗昭君坟灌域	畦田改造	面积（万亩）	3.7435			
		达拉特旗展旦召灌域	畦田改造	面积（万亩）	2.349			
		达拉特旗树林召灌域	畦田改造	面积（万亩）	8.62			
		达拉特旗王爱召灌域	畦田改造	面积（万亩）	1.2827			
		达拉特旗吉格斯太灌域		面积（万亩）	0.18			
		小计		面积（万亩）	19.6365			
		合计		面积（万亩）	45.2777			

三　鄂尔多斯水权转让实施程序

鄂尔多斯市水权转让的程序按照黄委会《黄河水权转让管理实施办法》和《黄河取水许可管理实施细则》中相关规定执行，具体分为六步。

第一，受让方资格审定。根据企业提交用水申请情况，在符合国家产业政策及地区产业布局的项目中，择优选取作为受让主体。

第二，水权转让审批程序。受让主体经各级水行政主管部门逐级办理用水意见，并开展水权转让工程可研和水资源论证报告编制工作，最终由黄委会审批。

第三，待建设项目节水工程可研和水资源论证经过黄委会批复后，用水企业与黄河南岸鄂尔多斯灌区管理局签订黄河干流取水权转让协议，协议转让期限为自节水工程竣工验收之日起25年，工程运行维护费用按工程直接建设费用的 2% 收取，每 5 年收取一次。

第四，节水工程通过竣工验收和核验，企业方可办理相关取水许可手续，水权转让交易完成。

第五，水权转让对第三方的影响及补偿措施。黄河南岸灌区水权转让以后，杭锦旗黄河灌溉管理局每年水费收入减少 600 多万元，导致一部分职工工资不能按时足额发放，单位无法正常运转，灌区工程维修养护无法保障，灌区管理单位的节水积极性不高。针对这一情况，鄂尔多斯制订了灌区管理体制改革方案，在沿黄灌区推行"收支两条线"管理制度，水费按自治区核定水价标准足额上缴财政，管理单位运行管理经费纳入市旗两级财政预算管理。

第六，取、退水监测评价与监督。一期工程委托鄂尔多斯市水文勘测局对灌区的实际用水量、地下水位变化等情况进行了测试、分析和评价，一期工程实测节水量为 1.53 亿 m^3，大于转换水量的 1.3 亿 m^3 和可研节水量的 1.41 亿 m^3。二期工程委托内蒙古水利科学研究院进行节水效果的监测，主要监测内容有渠道水、渠系水改造前后有效利用系数及工程节水量的测定，渠灌改喷灌、渠灌改滴灌、田间节水工程节水效果的监测，种植结构调整前后节水效果的分析。随着节水改造工程的建设，同步建设灌区信息化监测系统，目前已经建设完成 42 万亩自流灌区的取、退水自动化监控系统，灌区管理单位能够实时监测灌区用水量。二期节水改造工程建成后，将同步建设 48 万亩扬水灌区的自动化监控系统，同时将信息系统接入内蒙古水利厅和黄委会监控系统，接受上级部门的监督。

四　水权转让工程的主要特征

鄂尔多斯水权转让工程的主要保障措施主要有四个方面的特征。

一是政府主导，市场运行。鄂尔多斯的水权转让是由市政府、自治区政府和黄委会层层引导，制订相关方案和措施进行的，鄂尔多斯市专门成立了以市长为组长、各相关部门和旗区负责人为成员的水权转换工作领导小组，负责协调和推进水权转换工作，以强有力的行政措施着力解决工程实施中的矛盾和问题。进行节水改造、实施水权转让工程，由于工程涉及面广、有效施工期短，还要对分散经营的农田进行适度整合，施工与灌溉的矛盾、群众之间的利益纠纷比较突出。为此，鄂尔多斯市、旗两级政府组织专门力量，充分调动和发挥乡、村两级基层组织的作用，协调水利、农业、林业、国土、电力等多个部门，进村入户开展工作、化解矛盾、调处纠纷，保证了工程的顺利实施。同时，政府投入一定的资金进行工程建设，由于二期工程投资偏高，市财政配套 5.02 亿元补贴水权转让费用。政府出台了相关奖励政策和管理办法，提高工程效率，制定了《鄂尔多斯市二期水权转换工程实施管理办法》，建立了南岸灌区节水补贴奖励机制，对实施喷灌、滴灌、畦田改造的农田进行节水奖励，滴灌每亩每年奖励 25 元、喷灌每亩每年奖励 15 元、畦田改造每亩每年奖励 8 元、滴灌带更新每亩每年补助 80 元。所需资金由用水企业所在旗区政府承担。

二是注重实践，灵活调整。鄂尔多斯一期水权转换工程初期，采用的是点对点实施办法，即每个用水企业对应一部分节水工程，由于工程位置、内容及难易程度不同，节水效果和单方水转让费用也不同。从一期工程后期开始到二期工程，鄂尔多斯采取点对面实施，即用水企业只负责缴纳水权转让费用，节水工程由市水权转换工程建设管理处统一规划，分年度实施。对各用水企业来说，单方水转让费用是相等的，鄂尔多斯在实践操作中由点对点实施转变为点对面实施。对于所配置水指标跟踪管理也是如此，及时调整闲置水指标。在一期工程中，有部分企业取得了用水指标，但项目迟迟没有进展，还有部分企业取得用水指标大，而实际用水量小，导致部分水指标闲置。一期工程配置 1.3 亿 m^3 水指标，有 4692 万 m^3 一直闲置未用，鄂尔多斯及时进行调整，加强用水项目审查，选择前期工作进展顺利、近期就能开工的项目，重新配置了 10 个工业项目。

三是重视主体作用，提高农民节水意识。鄂尔多斯水权转换工程的实施，促进了灌区管理体制改革，在南岸灌区实行收支两条线制度，水费上缴财政，灌区管理单位的运行经费及人员工资由财政负担，提高了他们的节水积极性；对于农牧民一方面提高水价，利用水价杠杆提高节水效率，另一方面进行节水补贴，提高农民的节水意识，考虑农牧民进行节水改造的实际利益，鄂尔多斯市政府制定出台了南岸灌区节水补贴奖励制度，有效调动了农牧民支持节水改造的积极性，也推动了水权转让工程的顺利实施。

　　四是科学监测，保障运行。鄂尔多斯在工程实施的同时，委托内蒙古自治区水利科学研究院进行南岸灌区水权转换节水效果的监测，对工程实施后的各种节水措施、节水效果进行监测。委托黄河水利科学研究院进行鄂尔多斯南岸灌区高效节水关键技术研究，研究喷、滴灌对黄河水及南岸灌区土壤的适应性，确保工程发挥效果。在南岸灌区配套建设信息化管理系统，提高灌区管理水平，实行远程自动化配水，精细调配每一方水。及时维修养护，确保工程永续利用，对在运行过程中出现的破损工程必须及时进行维修，确保实现节水效果。

五　鄂尔多斯水权转让工程的主要成效

　　节水改造工程建成后，鄂尔多斯建立了职能清晰、权责明确的工程管理和维护体系，斗口以上渠道及水利工程建筑物由灌区管理单位管理维护，斗口以下渠道及渠系建筑物由农民用水者协会管护，工程运行状况良好。鄂尔多斯实施节水改造与水权转让工程取得的主要成效有以下几个方面。

　　一是提高了水资源利用效率和效益，在提高农业灌溉水平的同时为工业项目提供了生产用水，促进了区域经济快速发展。工程实施后，渠系水利用系数由 0.348 提高到 0.636，灌溉水利用系数由 0.24 提高到 0.54，土壤次生盐碱化情况明显好转，农牧民在减少水费支出的同时取得了明显的增产效果。灌区引黄水量由工程实施前的年平均 5.46 亿 m^3 减少为 2014 年的年平均 3.23 亿 m^3。两期水权转让工程共可转让水指标近 2.3 亿 m^3，支持了地方 40 个工业项目的用水需求。初步探索了工业反哺农业、工农业协调发展的路子，也为"水权水市场理论"提供了成功的实践。

　　二是推动了灌区管理体制改革，提高了灌区管理水平。工程实施以后，传统的"以水养人"的管理模式严重不适应新的发展要求，因此，鄂尔多斯依托灌区节水改造和水权转让工程，对灌区管理体制进行改革，在杭锦旗沿黄灌区推行"收支两条线"管理制度，水费按自治区核定水价标准足额上缴财政，管理单位运行管理经费纳入市旗两级财政预算管理。同时，按照"减少人员、加强培训、竞争上岗、妥善分流安置"的要求，组建了适应科学化、现代化管理的灌区管理队伍。

　　三是加快了土地流转整合速度，提高了规模化、集约化经营水平。节水改造和水权转让工程的实施，要求对土地进行适度的整合和规模化经营。因此，鄂尔多斯市进一步加快了土地流转整合步伐，鼓励企业或种植大户通过承包租赁等方式对土地进行规模化、集约化经营。在有条件的地方，推进农业合作社，通过农民互助合作的模式，把几家几户的土地集中起来，实现小范围的集中经营。灌溉方式的改变直接带动了灌区种植模式和经营方式的变革，加快了土地流转整合步伐，提高了规模化、集约化经营水平，为建设现代化的灌区奠定了基础。

四是促进了水权制度和农业水价综合改革试点工作，反映水资源稀缺性的管理制度和价格机制正在形成。明晰水权、实现精细化管理是实现节水目标的必然要求和重要保障。为此，鄂尔多斯市正在委托内蒙古水利水电勘测设计院编制南岸灌区水权细化方案，通过设计灌区灌溉制度，确定渠道、田间、灌溉水利用系数，核定各旗区、各灌域、斗渠以上各渠口的配水量，并配置相应的监测断面以精准控制水量，最终将水权细化到每个农户。为解决灌区执行水价多年来一直低于成本水价运行的问题，鄂尔多斯市在杭锦灌域开展了农业水价综合改革试点工作。将水权细化到斗口以下的农民用水户协会，供水价格实行终端水价 0.151 元/m³，其中国管水价为 0.127 元/m³、末级渠系供水价格 0.024 元/m³，对灌溉用水实行总量控制、定额管理，对超量用水实行累进加价，对节约用水给予奖励。适应节水改造新要求的水权、水价新机制正在形成。

六　鄂尔多斯与巴彦淖尔跨行政区水权转让试点

2014 年 6 月，水利部印发《关于开展水权试点工作的通知》（水资源〔2014〕222 号），将内蒙古自治区列为全国水权试点的七个省区之一，重点开展跨盟市水权交易。内蒙古自治区随后编制了《内蒙古自治区水权试点方案》，对巴彦淖尔市、鄂尔多斯市、阿拉善盟 3 个盟市制订了跨区水权转让试点方案。鄂尔多斯与巴彦淖尔的跨行政区水权转让试点就此形成。

（一）鄂尔多斯市与巴彦淖尔市水权转让的基本情况

巴彦淖尔市是内蒙古自治区西部的一个新兴城市，"巴彦淖尔"系蒙古语，意为"富饶的湖泊"，位于举世闻名的河套平原和乌拉特草原上，东接包头市，西邻阿拉善盟，南隔黄河与鄂尔多斯市相望，北与蒙古国接壤，交通便利，通信便捷，气候干燥，气温偏低，自然资源丰富，被誉为"塞上江南、黄河明珠、北方新城、西部热土"。全市有耕地面积 40 万 hm²，主要集中在南部的河套平原，是亚洲最大的一首制自流引水灌区。

巴彦淖尔市水资源相对丰富，黄河自东向西横贯全区，流经磴口县、杭锦后旗、临河区、五原县、乌拉特前旗，境内全长 345km。多年平均过境水流量为 315 亿 m³。河套灌区建有以三盛公黄河水利枢纽工程（包括引水总干渠）为主体的完整的引黄灌溉系统和以总排干沟及红圪卜扬水站为骨干的排水系统，引黄灌溉面积达 57.4 万 hm²。境内湖泊资源较为丰富，有大小湖泊 300 多个，面积约 4.7 万 hm²，多数分布于河套灌区，面积在 100hm²以上的湖泊就有 10 个，其中位于后套平原东端的乌梁素海面积 3 万 hm²，平均水深 0.7 米，最大深度 2.5 米，蓄水量 20993 万 m³。按照国务院"八七分水"方案，内蒙古自治区将 58.6 亿 m³ 黄河水权中的 40 亿 m³ 分配给巴彦淖尔，2012 年巴彦淖尔的总供水量为 46.86 亿 m³。巴彦淖尔与鄂尔多斯一样，地区用水以农业为主，灌溉用水占引黄水量的 90% 以上，而河套灌区用水方式较为粗放，灌溉用水浪费较为严重，渗漏损失大，用水效率低，灌区用水利用系数不足 0.4，节水空间较大。

在水利部和黄河水利委员会的支持下，内蒙古自治区积极探索推动盟市间的水权转让工作。2013 年 6 月，内蒙古自治区政府决定，由内蒙古水务投资集团牵头组建水权收储转让中心，作为自治区水权收储转让的交易平台，推进自治区境内盟市间水权转让工作。2014 年 1 月内蒙古自治区人民政府批转了《内蒙古自治区盟市间黄河干流水权转让试点实施意见》，巴彦淖尔印发了《关于促进河套灌区农业节水实施意见》，以农业节水的方式将多余的水权转让给其他地区。2014 年 4 月，黄河水利委员会印发了《关于内蒙古黄河干流水权盟市间转让河套灌区沈乌灌域试点工程可行性研究报告的批复》，明确同意通过开展节水工程改造，实现巴彦淖尔节约水量 2.3489 亿 m³、可转让水量 1.2 亿 m³ 的目标，可转让水量分别用于鄂尔多斯市和阿拉善盟。

（二）鄂尔多斯市与巴彦淖尔市水权转让程序

巴彦淖尔与鄂尔多斯之间的水权转让程序包括取得节水工程设计批复、配置可转让水权指标、形成水权转让交易三个阶段。

首先，巴彦淖尔取得节水试点工程可行性研究报告的批复。按照《黄河水利委员会关于内蒙古黄河干流水权盟市间转让河套灌区沈乌灌域试点工程可行性研究报告的批复》，巴彦淖尔河套灌区沈乌灌域在内蒙古自治区的组织下，准备开展灌区节水改造工程建设，通过采取渠道防渗衬砌、畦田改造及畦灌改地下水滴灌等措施，实现灌区节约水量 2.3489 亿 m^3、减超后可转让水量 1.2 亿 m^3 的目标。

其次，配置可转让水权指标。值得一提的是，在巴彦淖尔与鄂尔多斯跨区水权转让的方案中，巴彦淖尔并不直接与鄂尔多斯确定转让方案，而是由内蒙古自治区统一来配置用水指标。对于巴彦淖尔形成的 1.2 亿 m^3 可转让水权指标，内蒙古自治区将其分配给鄂尔多斯市和阿拉善盟，受让区鄂尔多斯则根据地方经济发展和产业规划，提出工业项目用水指标配水方案，报内蒙古自治区审批，并进一步报黄河水利委员会备案，而自治区对水指标的配置则由水权收储转让中心来运营。

最后，达成跨区水权转让交易。依托内蒙古自治区水权收储转让中心的平台，巴彦淖尔市水务局与鄂尔多斯市取用水工业企业、内蒙古自治区水权收储转让中心三方共同签订水权转让合同，转让巴彦淖尔河套灌区沈乌灌域节约出来的用水指标给鄂尔多斯（或阿拉善盟），用于取用水企业的项目建设用水指标。鄂尔多斯取用水企业签订水权转让合同后，支付巴彦淖尔节水工程建设资金，开展项目水资源论证等前期工作，并依规办理取水许可申请。内蒙古自治区水权收储转让中心负责项目前期工作、资金管理和工程建设监督管理，协调水权转让相关事宜。

（三）鄂尔多斯市与巴彦淖尔市水权转让试点的主要特征

内蒙古自治区的巴彦淖尔与鄂尔多斯之间的跨区水权转让试点，对新时期北方缺水地区的用水指标问题的解决有很大的借鉴意义，具体来看，该试点具有以下三个主要特征。

第一，带有强烈的行政主导色彩。在整个水权转让试点过程中，市场主体（即企业和农户）参与度非常低，整个试点工程，从最初的试点方案设计到用水指标的配置，再到最后水权出让方、受让方企业、第三方交易平台签订合同的过程中，政府一直起到主导作用，取用水企业只是向政府申报取水需求和在签订交易合同时出现，而水权出让方巴彦淖尔的市场主体（即农民）在整个过程中基本不参与。内蒙古自治区政府承担了试点方案工程可行性的设计、节水改造工程的设计和建设、用水计量和实时监测等所有工作。

第二，水权转让完全依托第三方交易平台。在调研中，我们非常惊奇地发现，在鄂尔多斯与巴彦淖尔水权转让试点中，鄂尔多斯与巴彦淖尔不直接产生联系，所有的工作都由内蒙古自治区建立的水权交易平台——水权收储转让中心来执行。巴彦淖尔作为水权出让方，将节约出来的水指标"卖"给水权收储转让中心，水权的受用方鄂尔多斯或阿拉善盟则向内蒙古自治区提出用水申请，水权收储转让中心根据申请情况和经济发展等因素综合考虑，"分配"给鄂尔多斯或阿拉善盟用水指标，其中还有一点非常重要，"出现批复的取水许可水量与转让合同书水指标不一致、因国家政策调整建设项目无法正常实施等情形的，其闲置的水指标由内蒙古自治区水权收储转让中心按照有关规定收储和交易"，也就是说，水权收储转让中心可以处置剩余的水指标，由此可知，内蒙古水权收储转让中心已经具备了国际上通行的"水银行"的功能，它不仅拥有促成水权"存款"方巴彦淖尔和水权"贷款"方鄂尔多斯或阿拉善盟交易的功能，还拥有储存水权交易"余额"的功能。虽然内蒙古自治区的跨行政区水权转让方案带有强烈的政府主导色彩，但是，因为"水银行"的出现，水权转让不是双方直接交易，而是通过第三方间接交易，这对于我国水权制度的建设有着非常重大的意义。

第三，水权转让试点相当规范。内蒙古自治区的跨行政区水权转让试点工程，从上而下都有相应的文件作为规范，水利部有《关于开展水权试点工作的通知》，对试点的 7 省区有明确的要求，内蒙古重点就是开展跨行政区的水权转让工作，黄委会有《关于内蒙古黄河干流水权盟市间转让河套灌区沈乌灌城试点工程可行性研究报告的批复》，自治区有《内蒙古自治区盟市间黄河干流水权转让试点实施意见》，巴彦淖尔有《关于促进河套灌区农业节水实施意见》，从中央到地方都有相应的文件规范，此次试点绝非偶然而为。在整个水权试点的工作中，内蒙古自治区统一管理，水权收储转让中心对规范交易申请和受理、交易主体合规性审查、交易协商与签约、转让资金和交易手续费结算、争议调解、节水工程建设监管和实时监测等方方面面都有规范的管理，确保试点的顺利进行。

第三节　鄂尔多斯水权制度建设展望

鄂尔多斯行政区内的一、二期黄河水权转让工程和巴彦淖尔跨行政区水权转让工程，顶格估算，工程全部建成以后，由农业灌溉用水向工业用水转让水指标将达到3.209亿 m³，巴彦淖尔的跨区水权转让不到1.2亿 m³（顶格估算，巴彦淖尔节约的全部转让给鄂尔多斯也就1.2亿 m³ 水，实际上还有部分水权是转让给阿拉善盟的），届时鄂尔多斯的引黄水权指标可达到4.4亿 m³ 左右。而且，鄂尔多斯通过两期的水权转让工程，农业节水潜力已经基本达到极限，本市内已经没有水权指标可以转让，巴彦淖尔也将不再具有节水潜力，在内蒙古自治区内跨区调水已无可能，鄂尔多斯在内蒙古自治区的分水方案中，引黄用水4.4亿 m³ 已经是极限。但是，鄂尔多斯的经济在发展，工业项目仍有大量的缺水指标，需要通过多种方式的水权交易来延续发展，探索水权制度改革对鄂尔多斯的长远发展意义重大。

一　改革初始水权分配

水权是指水的所有权和各种用水权利的总称。我国的《水法》规定，水资源属于国家所有，因此，在我国，初始水权一般是指除了所有权以外的其他用水权利，如使用权和收益权等。鄂尔多斯属于黄河流域，水利部黄河水利委员会对于初始水权的定义和分配原则有相应的讨论，认为：初始水权是在第一次分配时所取得的水资源使用权，即国家及其授权部门通过法定程序实施水量分配和取水许可制度，为某个地区或部门、用水户分配的水资源使用权。初始水权的分配原则应当遵从：一是充分保障现有合法取水人用水权益，尊重以前水行政主管部门和流域管理机构对取水许可的审批，尊重现状用水；二是考虑未来经济社会可持续发展用水需求的原则；三是生活用水优先原则；四是公平、公正、公开原则；五是效率原则，促进水资源的高效利用；六是统筹考虑干、支流和兼顾地下水开发利用的原则；七是民主协商原则；八是水资源可持续利用原则，要考虑必需的生态用水和河道输沙用水量，并预留必要的政府预留水量。①

从国际通行惯例来看，初始水权的分配主要有以下几种原则：①河岸权，规定流域水权属于沿岸土地所有者，水权私有且依附于地权主要在美国东部地区、加拿大、澳大利亚等地实施；②先占权，规定水权与地区分离，水资源公共所有，按"时先权先""有益有途"和"不用即废"等法则和一定先后次序分配给用户水，最早起源美国西部地区；③比例分享原则又称平等使用原则，水资源按一定比例分配给所有用水者，主要在墨西哥、智利实施；④公共水权制，水资源公共所有，统一规划部署，以行政手段分配，在苏联、印度等地实施；⑤可交易水权制度，允许水权拥有者在水权交易市场上出售多余水权，主要在澳大利亚、美国、智利、墨西哥等地实施。

黄河是鄂尔多斯唯一的过境河流，黄河水权的分配为鄂尔多斯的初始水权奠定了基础，"八七分水"方案决定了内蒙古自治区的初始水权，自治区的分配决定了鄂尔多斯的初始水权。但是，"八七分水"方案是以1980年黄河沿岸各省区实际用水量为基础，综合考虑省（区、市）的灌溉发展规模、工业和城市用水增长以及大中型水利工程兴建的可能性，黄河流域总引用水量比1980年增加40%以上的原则下来划分的。那么，"八七分水"方案的分配原则中"先占权"思想较重，即以1980年经济发展的规模分配，当时经济社会发展快的省份分水比例大些，发展慢的省份分水比例小些。分配方案同时还指出"上述水量分配方案是按黄河正常年份水量制订的，今后还需要根据不同的水情逐年作出合理的调度安排"。但事实上，到2015年，黄河也没有再形成新的完整的分水方案，近30年的发展与变迁，经济格局已经发生了沧海桑田的变化，当时的水权分配方案理应进行调整。特别是南水北调东线、中线工程通水后，当时分配给天津和河北的指标20亿 m³的黄河水理应重新分配给上游地区使用。当时的初始水权分配原则"先占权"不应单一考虑，在"八七分水"增量调整分配的过程中，应该考虑黄河上游地区的"河岸权"和未来经济发展需要，众所周知，黄河60%以上

---

① 水利部黄河水利委员会编《黄河水权制度转换制度构建及实践》，黄河水利出版社，2008，第81~82页。

的水量产生于上游地区，按照公平性的原则，黄河上游地区理应享有更多的河岸权分水指标，完善黄河流域的初始水权分配对鄂尔多斯的发展具有重要意义。

二 健全水权交易制度

我国的水权制度包含水资源所有权制度、水资源使用权制度、水权流转制度三部分内容。在这三部分内容中，水资源所有权归国有，已经非常明确；水资源使用权制度，首先落脚于初始水权，这一点在鄂尔多斯受制于黄河水权的总体分配；水权流转制度，也叫作水权转让制度，成为制约鄂尔多斯水权制度发展的又一重要因素。

水权流转即水资源使用权的流转，目前主要为取水权的流转。水权流转不是目的，而是利用市场机制对水资源优化配置的经济手段，由于与市场行为有关，它的实施必须有配套的政策法规予以保障。水权流转制度包括水权转让资格审定、水权转让的程序及审批、水权转让的公告制度、水权转让的利益补偿机制以及水市场的监管制度等。影响范围和程度较小的商品水交易更多地由市场主体自主安排，政府进行市场秩序的监管。

从理论上讲，只要用水户取得初始水权，取得地方水行政主管部门或者流域管理机构颁发的取水许可证，并按照相关规定及时足额缴纳水资源费，那么，该用水户就取得了用水权，也就可以出让自己的水权，成为水权转让的出让方，享受水权交易的收益。但是，在水权交易即水权转让的过程中，还有一个重要的概念——"可转让水权"，即在一定的条件下被允许转换的水权。而且，在水权交易的过程中，还有一个关键的环节——审批权限和程序。

按照黄河水权转让的相关规定，黄河流域的"可转让水权"是指通过节水措施，节约下来的可以转让给其他用水户的那部分水量。可转让水权要具备几点要求：一是已经超过黄河省级耗水权指标的省（区），节约水量不能全部用于水权转换，要考虑偿还超用的省级耗水水权指标；二是节约的水量必须稳定可靠，能够满足水权转换期，通常在25年内，持续生产转换水量所需的节水量；三是生活用水和生态用水、环境用水不得转让；四是要充分保护农民的合法用水利益，任何违背农民意愿的水权用途变更都要严禁；五是可转换水量确定应充分考虑水权出让区域的生态环境用水要求，避免因水权转换对水权出让区域的生态环境造成不利影响①。由此可见，可转换水权的取得，是非常难的，鄂尔多斯想要取得更多的其他地区的出让水权，难度非常大。

不仅如此，黄河流域在审批权限和程序方面，更加严格。② 第一，提出水权转换的申请。水权转换的双方共同提出申请，并提交取水许可证复印件、水权转换双方签订的水权转换协议、建设项目水资源论证报告书、黄河水权转换可行性研究报告、拥有初始水权的一方还要出具水权转换承诺意见、其他相关文件和资料。第二，水权转换申请受理。水权转换申请由所在省（区）水利厅受理，提出初审意见，行文报黄委。第三，水权转换的审查和批复。黄委组织有关部门和专家对省（区）报送的建设项目水权转换可行性研究报告和水资源论证报告书进行审查，出具审查意见，审查通过的出具正式行文批复。第四，受让水权的项目业主单位向具有管理权限的黄委或地方水行政主管部门提出取水许可申请。第五，根据黄委批复意见和已审批的取水许可申请，受让水权的项目业主单位向具有管理权限的发展计划主管部门报请项目核准和审批，签订水权转换协议书，制订水权转换实施方案。第六，组织开展节水工程建设。第七，节水工程验收和核验。

从上述行文可知，取得"可转让水权"并顺利通过水权转换审批程序是一件非常困难的事情。但是，鄂尔多斯市内跨行业水权转换工程以及与巴彦淖尔成功开展的跨区水权转换工程，已经表明内蒙古自治区的水权交易市场取得了巨大的成效，令人欣喜。然而，如前文所述，鄂尔多斯本市内，以及内蒙古自治区内，在现行的初始水权分配制度下已经没有节水的空间，已经不具有可利用的"可转让水权"。在我们的调研中，鄂尔多斯水务局的有关领导和专家，对此非常重视，也提出了一些新的思路，例如，跨省调水。但笔者在研究中总结，由于我国水权制度的建设并不完善，特别是在水权转换和水市场的建设方面，仍在刚刚起步建设的探索中，目前黄河流域的跨行

---

① 水利部黄河水利委员会编《黄河水权制度转换制度构建及实践》，黄河水利出版社，2008，第84页。

② 水利部黄河水利委员会编《黄河水权制度转换制度构建及实践》，黄河水利出版社，2008，第88页。

政区调水仅局限于省内调配，也就是说，黄河流域是不可跨省开展水权转换交易的，黄河上游的内蒙古自治区并不能与下游的河南省、山东省开展水权交易。不过，我们仍然呼吁，积极推动跨省水权转换试点工作，特别是在南水北调中线工程和东线工程竣工以后，黄河下游的山东、河南等省市是可以用长江水的指标来代替黄河取水指标的，只是由于南水北调工程巨大，调水工程建设成本极高，长江水的取水费用 0.4 元/m³ 远远高于黄河水 0.02 元/m³ 的价格，故而黄河下游地区并不愿意使用长江水。但是，黄河上游的地区却表示，愿意以长江水的价格甚至更高的价格与下游地区交换黄河用水指标，从而实现跨省的水权交易。我们认为，应该尽快建立完善的跨省水权转换交易制度，通过跨省水指标的交换，使黄河上游地区也能享受"南水北调"的长江水的福利。

三　完善政策与保障措施

一方面，要进一步完善我国水权转让相关政策、法律法规。在赋予单位、公民个人水资源使用权的前提下，允许依法取得的水资源使用权的买卖、出租、抵押等合法形式的转让，并具体规定水权转让的原则、范围、条件等内容。同时，对进入水资源市场的主体资格、市场交易的规则、交易的对象、交易风险的负担等内容也应做出规定，以实现对水资源的优化配置。

另一方面，要进一步提高全社会节水的积极性。农业灌区方面，要进一步确权到户，积极借鉴甘肃张掖、武威等相关经验，将初始水权分配到户，让农户享受到水权转让的实际收益，主动提高节水意识，积极探索与灌区、用水协会、农户直接进行交易的多种方式农业水权流转制度，使农户直接受益，提高农民参与水权交易的积极性。同时，完善沿黄灌区节水补贴奖励机制，将补贴范围由水权转让项目区逐步扩展到其他喷灌、滴灌节水工程灌区。工业企业方面，重点探索并提出工业节水交易的可行性，提高企业投资节水的积极性。建立健全节约用水和再生水利用激励机制，在工业项目的审批中，优先考虑耗水量较小的项目和水资源重复利用率较高、污染较小的项目，鼓励工业企业使用循环再生水，提高再生水使用率，并做好相关的督促和监测工作。

第 七 章
跨区域转让模式：内蒙古巴彦淖尔考察[*]

巴彦淖尔是我国三大灌区之一的河套灌区的主要区域，拥有发达的灌溉文明。河套灌区是黄河中游的特大型灌区，是亚洲最大一首制自流引水灌区，是我国设计灌溉面积最大的灌区，也是国家和内蒙古自治区重要的商品粮、油生产基地。2003 年，水利部确定内蒙古自治区为全国第一个黄河干流水权转让试点，开展盟市内水权转让工作。2014 年，水利部再次确定内蒙古自治区为国家级水权试点地区，重点探索推进跨盟市水权转让试点工作，巴彦淖尔市率先开展灌区水权综合改革，推进跨盟市水权转让，将 1.2 亿 m^3 水权指标分配给鄂尔多斯市，在我国水权制度建设史上描下了浓重一笔。

第一节　基本情况

一　内蒙古自治区概况

内蒙古自治区位于中华人民共和国北部边疆，首府呼和浩特，北与蒙古和俄罗斯接壤，横跨东北、华北、西北地区，接邻八个省区，是中国邻省最多的省级行政区之一。

（一）自然地理
内蒙古自治区地域辽阔，横跨东北、华北、西北地区，资源储量丰

---

[*] 本章作者：巨栋，四川省社会科学院区域经济硕士研究生。

富，有"东林西矿、南农北牧"之称，草原、森林和人均耕地面积居全中国第一，稀土金属储量居世界首位，同时也是中国最大的草原牧区。该区域地层发育齐全，岩浆活动频繁，成矿条件好，矿产资源丰富。全区地貌以蒙古高原为主体，具有复杂多样的形态。除东南部外，基本是高原，占总土地面积的50%左右，由呼伦贝尔高原、锡林郭勒高原、巴彦淖尔—阿拉善及鄂尔多斯等高原组成，平均海拔1000米左右，海拔最高点贺兰山主峰3556米。以北纬42°为界，可分为两个Ⅰ级大地构造单元，42°线以北为天山—内蒙古—兴安地槽区，以南为华北地台区。中、新生代时受太平洋板块向西俯冲的影响，内蒙古东部地区形成北北东向的构造火山岩带，即新华夏系第三隆起带。内蒙古存在着两个全国著名的Ⅱ级成矿带就在这两大Ⅰ级构造单元接触部轴和新华夏系第三隆起带上。前者为华北地台北缘金、铜多金属Ⅱ级成矿带，后者为大兴安岭Ⅱ级铜多金属成矿带。

（二）水资源

内蒙古水资源丰富，全区地表水资源为406.60亿m^3，除黄河过境水外，境内自产水源为371亿m^3，占中国总水量的1.67%。地下水资源为139.35亿m^3，占中国地下水资源的2.9%。扣除重复水量，全区水资源总量为545.95亿m^3。年人均占有水量2370m^3，耕地每公顷平均占有水量1万m^3，平均产水模数为4.41万m^3/km^2。

全区平均地表水年径流量约291亿m^3，占河川径流总量的78%；多年平均径流量为80亿m^3，占河川径流总量的22%。由于河川径流受大气降水及下垫面因素的影响，年径流量地区分布不均，水资源也不平衡，局部地区水量富而有余，而大部分地区干旱缺水。同时，河川径流年内分布不均，年际变化比较大。年降水集中在6~8月，汛期径流量占全区径流量的60%~80%。历年间径流量大小不匀，相差很大。年径流量最大与最小的比值，东部林区各河流为4~12、中部各河流为6~22、西部地区各河流高达26以上。此外，从区外流入自治区境内的河川径流量有330.6亿m^3，其中黄河入境的平均年径流量315亿m^3，额济纳河8.4亿m^3。

全区地下水平均资源量为254亿m^3。山丘区地下水平均年资源量为113

亿 m^3，占全区地下水资源量44%。其中河川径流量为80亿 m^3，占山丘区地下水资源量的71%。平原区地下水平均年资源量为172亿 m^3，扣除与山丘区地下水资源量的重复计算后为141亿 m^3，占全区地下水资源量的56%。自治区地下水资源的分布受大气降水、下垫面条件和人类活动的影响，具有平原多、山丘区少和内陆河流域更少的特点。自治区平原区扣除与山丘区地下水资源量间的重复计算后的地下水资源模数，一般在5.9万~6.5万 m^3/km^2，为山丘区地下水平均水资源模数的2.2~2.7倍。内陆河流域地下水资源模数为1.1万 m^3/km^2，因而地下水资源十分贫乏，只是在内陆闭合盆地的平原或沟谷洼地，地下水才比较富集。

内蒙古全区水资源短缺，在地区、时程的分布上很不均匀。用水结构不合理，农牧业用水占77%，工业用水仅占12%。水资源与人口和耕地分布不相适应，90%以上水资源集中在东部地区，近70%的工业项目集中在中西部。东部地区黑龙江流域土地面积占全区的27%，耕地面积占全区的20%，人口占全区的18%，而水资源总量占全区的67%，人均占有水资源量为全区均值的3.6倍。中西部地区的西辽河、海滦河、黄河3个流域总面积占全区的26%，耕地占全区的30%，人口占全区的66%，但水资源仅占全区的24%。

（三）经济社会

内蒙古是中国经济发展最快的省（区、市）之一。人均GDP超过中国大陆平均水平。边境口岸众多，与京津冀、东北、西北经济技术合作关系密切，是京津冀协同发展辐射区。2014年，内蒙古实现生产总值17769.6亿元。其中，第一产业增加值1627.2亿元；第二产业增加值9219.8亿元；第三产业增加值6922.6亿元。人均生产总值达到71044元，按年均汇率计算折合为11565美元。全年完成公共财政预算收入1843.2亿元，公共财政预算支出3884.2亿元。全年全社会固定资产投资总额12074.2亿元。全年全体居民人均可支配收入20559元，城镇常住居民人均可支配收入28350元；农村牧区常住居民人均可支配收入9976元。

2014年，全区工业增加值达到8004.4亿元，同比增长9.5%。其中，规模以上工业企业增加值增长10%。规模以上工业企业实现主营业务收入 19064 亿元，实现利润 1294.4 亿元。全年规模以上工业企业产品销售率 96.9%，产成品库存额 635.7 亿元。在规模以上工业企业中，国有及国有控股企业增加值增长 3.7%，集体企业增加值增速下降 2.8 个百分点，股份制企业增加值增长 10.6%，外商及港澳台投资企业增加值增长 4.9%，其他经济类型企业增加值增长 27.1%。在规模以上工业企业中，轻工业增加值增长 10.6%，重工业增加值增长 9.8%。主要工业产品有原煤、焦炭、天然气、钢材等。其中，原煤产量达 99391.3 万吨，同比增长 0.3%；焦炭产量 3445.9 万吨，同比增长 8.4%；天然气产量 281.1 亿 m^3，同比增长 3.9%；发电量达到 3857.8 亿千瓦时，同比增长 8.2%，其中，风力发电量 386.2 亿千瓦时，同比增长 3.6%；钢材产量为 1763.2 万吨，同比增长 5.7%；载货汽车为 11996 辆，同比下降 18.3%。

2014 年，内蒙古农作物总播种面积 735.6 万 hm^2。其中，粮食作物播种面积 565.1 万 hm^2。粮食总产量达 2753 万吨，油料产量 170.3 万吨，甜菜产量 160.2 万吨，蔬菜产量 1472.7 万吨，水果（含果用瓜）产量 322.3 万吨。全区牲畜存栏头数达 12915.8 万头（只），牲畜总增头数 7349.9 万头（只）。全年肉类总产量 252.3 万吨。其中，猪肉产量达到 73.3 万吨，牛肉产量达到 54.5 万吨，羊肉产量达到 93.3 万吨。牛奶产量 788 万吨，禽蛋产量 53.5 万吨。[①]

二　河套灌区情况

河套灌区位于巴彦淖尔南部，包含保尔陶勒盖、后套、三湖河三个灌域。黄河年均过境水量 280 亿 m^3，水量充沛，取水条件好，利用黄河灌溉发展农业历史悠久。新中国成立以来，河套灌区先后掀起了 4 次大规模的建设、改造、扩建和配套，设计灌溉面积超过 73 万 hm^2，现已成为我国三大灌区之一，国家重要的商品粮、油基地。

（一）自然地理

河套灌区位于黄河宁蒙河段北岸"几"字湾上，从阴山南麓至黄河北

---

① 内蒙古自治区人民政府，http://www.nmg.gov.cn/quq/。

岸这片东西长约 400 公里的狭长地带，就是著名的河套平原，这里也是著名的全国特大型灌区和亚洲最大一首制自流引水灌区。灌区东西长 250 公里，南北宽 50 余公里，总土地面积 1784 万亩，包括巴彦淖尔市七个旗（县、区），阿拉善盟、鄂尔多斯市、包头市的一部分。这里夏季高温干旱、冬季严寒少雪，年降雨量仅 100～250mm，蒸发量高达 2400mm 左右，无霜期短、封冻期长，是典型的温带大陆性气候，属于没有灌溉便没有农业的地区。黄河流经灌区南部边缘 345 公里，灌区引黄灌溉条件便利，年均引黄用水量约 48 亿 m^3 左右，灌区是黄河冲积平原，地势平坦，土质深厚，耕作性能良好，自古就有"天下黄河、唯富一套"之美誉，现已成为国家重要的商品粮、油基地。

（二）灌溉情况

河套灌区是我国著名的古老灌区之一，引黄灌溉已有两千多年的历史，始于秦汉，兴于清末，直至民国时期逐步形成十大干渠。从新中国成立至 20 世纪 90 年代，大致经历了引水工程建设、排水工程畅通、世行项目配套三次大规模水利建设阶段，先后兴建黄河三盛公枢纽工程，开挖输水总干渠，疏通总排干沟，建成红圪卜扬水站，完成 315 万亩农田配套，形成比较完善的灌排配套工程体系。灌区年引黄水量约 48 亿 m^3，占黄河过境水量的 1/7。现有土地 1.16 万 km^2，设计灌溉面积 73.7 万 hm^2，1987 年实灌面积 48.37 万 hm^2。总干渠 1 条，干渠 13 条，分干渠 48 条，支渠 372 条，斗、农、毛渠 8.6 万多条。排水系统有总排干沟 1 条，干沟 12 条，分干沟 59 条，支、斗、农、毛沟 1.7 万多条，拥有各级灌排渠道 6.4 万公里，各类建筑物 18.35 万座。[①]

（三）经济社会

河套地区涉及巴彦淖尔、鄂尔多斯、阿拉善、包头四盟市，新中国成立以来，随着该地区各种矿产资源勘探开发进程的加快，区域经济社会也取得飞速发展，各项指标名列自治区前茅。

[①] 河套灌区管理总局：《百舸争流铸伟业，乘风破浪谱新篇——走进河套灌区感受魅力巴彦淖尔水利》，内蒙古河套灌区管理总局、内蒙古巴彦淖尔市水务局网，2013 年 5 月 2 日。

表1 河套灌区各盟市经济发展情况（2014年）

地区	常住人口（万人）	GDP（亿元）	人均GDP（万元）	财政收入（亿元）	三次产业结构	固定资产投资（亿元）	城镇居民可支配收入(元)	农民人均纯收入（元）
巴彦淖尔	169.9	867.5	5.2	62	19:55:26	941.2	22618	12481
鄂尔多斯	203.5	4162.2	20.5	430.1	2:59:39	3422.5	34983	13439
包头	279.9	3636.3	13.1	234.3	3:49:48	3440.6	35506	12713
阿拉善	24.09	456.03	19.0	39.39	3:80:17	377.19	29919	14477
内蒙古自治区	2504.8	17769.5	7.1	1843.2	9:52:39	12074.2	28350	9976

注：表中数据摘自内蒙古及各市2014年国民经济和社会发展统计公报。

由表1可知，河套灌区经济实力雄厚，多项指标超出内蒙古平均水平，特别是鄂尔多斯市、包头市，各项指标表现突出，人均GDP和居民收入已达到发达地区水平。但区域发展不平衡，巴彦淖尔经济水平远落后于鄂尔多斯和包头，甚至不及内蒙古平均水平，特别是在财政收入、人均GDP等指标上差距较大。

三 巴彦淖尔情况

巴彦淖尔是内蒙古自治区西部的一个新兴城市，位于举世闻名的河套平原和乌拉特草原上，灿烂的河套文化和多彩的草原文明诠释其历史的厚重。该市交通便利，通信便捷，气候干燥，气温偏低，自然资源丰富，旅游资源独具特色，是中国恐龙的故乡，被誉为"塞上江南、黄河明珠、北方新城、西部热土"。

（一）自然地理

巴彦淖尔市位于内蒙古自治区西部，北依阴山与蒙古国接壤，南临黄河与鄂尔多斯市隔河相望，东连草原钢城包头市，西邻阿拉善盟与乌兰布和沙漠相接。全市属温带大陆性气候，一年四季分明，天空晴朗，多见蓝天白云，雨雪集中，日照充足。春季气温日较差大。夏季水气充沛，降水集中，雨热同步，是作物生长的旺盛季节。秋季天气晴朗，温和凉爽。冬季降雪甚微。冬季1月平均气温为-10℃，夏季7月平均气温为23℃，日照时数为

3100～3300 小时。

全市总土地面积 6594252.5hm²，人均占有土地 3.91hm²，是全国人均占有土地的 4.4 倍，耕地 598995.4hm²，人均耕地 0.35hm²，是全国人均耕地的 3.5 倍。土地资源分布不平衡，90% 以上的农田、林地、水域分布在河套平原，95% 的牧草地集中在北部高平原，形成南北土地利用上的明显差异。矿产资源比较丰富，地质构造复杂，成矿条件多样。目前，已探明的矿产资源达 300 多处 63 个品种，经地质工作探明储量 45 种。其中硫、锌、铅、沸石、膨润土、银、镉、锂、镓、熔剂、硅石、白云石、云母、蓝晶石探明储量居全区首位。铜、镍、钴、铁、锰、铬、磷探明储量居全区第二位。到 1997 年发现探明各类矿产地 448 处。其中，大型矿床 38 处、中型矿床 48 处、小型矿床 101 处、各类矿点 261 处。矿床成因类型较齐全，有沉积型、变质型、岩浆型、热液型、矽卡岩型、伟晶岩型、风化型 7 种类型。

（二）水资源

巴彦淖尔市水资源丰富，黄河自东向西横贯全区，流经磴口县、杭锦后旗、临河区、五原县、乌拉特前旗，境内全长 345km，多年平均过境水流量为 315 亿 m³，拥有 40 亿 m³ 黄河水指标。区内建有以三盛公黄河水利枢纽工程（包括引水总干渠）为主体的完整的引黄灌溉系统和以总排干沟及红圪卜扬水站为骨干的排水系统，引黄灌溉面积达 57.4 万 hm²。境内湖泊资源较为丰富，有大小湖泊 300 多个，面积约 4.7 万 hm²，多数分布于河套灌区，面积在 100hm² 以上的湖泊就有 10 个，其中位于后套平原东端的乌梁素海面积 3 万 hm²，平均水深 0.7 米，最大深度 2.5 米，蓄水量 20993 万 m³。以盛产黄河鲤鱼和芦苇著称。

（三）经济社会

巴彦淖尔总面积 6.5 万平方公里，辖四旗、二县、一区，聚居着蒙古、汉、回、满、达斡尔等 40 多个民族，总人口 166.99 万人。2014 年全市生产总值完成 867.5 亿元，同比增长 8%；固定资产投资完成 941.2 亿元，同比增长 17.2%；公共财政预算收入完成 62 亿元，同比增长 7%；社会消费品零售总额完成 212.4 亿元，同比增长 11.5%。粮食总产量达到 66.7 亿斤，新增设施农业 4.59 万亩，总面积达到 20.5 万亩。

交通方面，巴彦淖尔市处于以京津为龙头的呼（市）—包（头）—银（川）—兰（州）经济带上，是国家西部大开发的重点区域，交通便利，通信发达，包兰铁路、京藏高速公路、110 国道横贯全境，飞机场正式投入运营。在国家综合交通网中长期发展规划中，临河是"一横一纵"的交汇点，未来的巴彦淖尔将是华北沟通大西北、贯通大西南、连接蒙古国的重要交通枢纽。

农业方面，巴彦淖尔是传统的农牧业大市，2014 年粮食总产量达到 66.7 亿斤，新增设施农业 4.59 万亩，总面积达到 20.5 万亩。牧业年度羊饲养量首次突破 2000 万只，其中出栏 1090 万只，居全区第一。成功承办全国首届肉羊产业大会，被中国畜牧业协会授予"中国肉羊（巴美）之乡"称号。有机奶产量达到 17.5 万吨，占全国一半以上，是蒙牛乳业优质奶源地。[①]

第二节　内蒙古跨区域水权
转让的必要性

内蒙古自治区黄河流域煤炭等矿产资源富集，经济发展较快，GDP 占全区的 65%，在自治区经济社会发展中占有重要的地位。该区水资源可利用量约 89 亿 m^3，其中黄河分水 58.6 亿 m^3，但由于黄河分水受"丰增枯减"原则制约，年度干流分水仅达到 50 亿 m^3 左右，难以满足地区生产生活用水需求。特别是鄂尔多斯市、包头市、阿拉善盟等地区水资源匮乏，同时矿产资源富集，水资源需求旺盛，正在打造国家清洁能源基地、国家现代煤化工示范基地，一大批工业项目因缺少用水指标而无法上马，水资源问题已成为制约区域经济社会发展的主要瓶颈。2011 年该区域取水总量已达到 88 亿 m^3，水资源已无进一步开发潜力，另外，鄂尔多斯、阿拉善已完成盟市内水权转让，更没有筹措水指标的其他途径，迫切需要开展跨地区水权转让。

一　黄河南岸灌区经济社会发展迅速

内蒙古黄河南岸灌区主要是鄂尔多斯市。该市是改革开放 30 年来的 18个典型地区之一，也是内蒙古的经济新兴城市、呼包鄂城市群的中心城市、

---

① 巴彦淖尔市人民政府，http：//www.bynr.gov.cn/sqgk/。

国家重要的能源基地、全国最具创新力城市、全国首批资源综合利用"双百工程"示范基地，位列中国城市综合实力50强。鄂尔多斯市以其煤炭储量和煤化工业闻名全国，近年来该地区迅速发展煤制油、煤制气、煤液化等项目，正逐渐转型成为国家清洁能源输出主力基地。但此类清洁能源项目均是高耗水工程，受地区用水指标限制，一时间地区水资源需求难以满足。当地政府率先开展黄河水权转让，已将农业用水指标向工业转让1.3亿 m^3，解决了部分企业用水问题，但仍有百余个高附加值项目翘首以待。

（一）鄂尔多斯的基本情况

鄂尔多斯位于内蒙古自治区西南部，市辖七旗一区，西北东三面被黄河环绕，南临古长城，毗邻晋陕宁三省区。东部、北部和西部分别与呼和浩特市、山西省忻州市，包头市、巴彦淖尔市，宁夏回族自治区、阿拉善盟隔河相望；南部与陕西省榆林市接壤。总面积86752km²。市域北部是黄河冲积平原，总面积约5000km²，占鄂尔多斯市总土地面积的6%，分布于杭锦旗、达拉特旗、准格尔旗沿黄河23个乡、镇、苏木内，成因和地质构造与整个河套平原相同，同属沉降型的窄长地堑盆地。现代地貌主要是由洪积和黄河挟带的泥沙带的泥沙等物沉积而成。海拔1000～1100米，地势平坦，水热条件极好。该地区土壤类型可分为草甸土、沼泽土、盐碱土、风沙土四个类型，其中以草甸土为主，草甸土是该区中质地与生产性能良好的土壤，是培养稳产高产农田的基础土壤。整个黄河冲积平原区，土壤中有机质的含量在1%左右，全氮含量0.05%，速效磷含量12个PPM，速效钾228个PPM。该区耕地面积达到130万亩，其中有保证灌溉面积80多万亩，1989年粮食产量达2亿公斤。这一地区的开发前景相当乐观，潜力很大。

经济社会方面，2014年全市地区生产总值突破4000亿元，达到4162.2亿元，同比增长8%；规模以上工业增加值突破2000亿元，达到2058.8亿元，同比增长11.1%；固定资产投资突破3000亿元，达到3422.5亿元，同比增长15.8%；公共财政预算收入完成430.1亿元，同比下降2.3%；社会消费品零售总额完成610亿元，同比增长10.1%。规模以上工业企业实现主营业务收入4277亿元、利润608亿元、税金353亿元，均居全区第一位。工业用电量、公路货运量和铁路货运量分别增长12.9%、27.5%和12%。

自然资源方面，鄂尔多斯以其丰富的矿产资源闻名全国，特别是煤炭最为突出。全市已探明煤炭储量 1496 亿多吨，约占全国总储量的 1/6。如果计算到地下 1500 米处，总储量近 1 万亿吨。在全市 87000 多平方公里的土地上，70% 的地表下埋藏着煤。按地域位置，全市可划分为东西南北四大煤田。东部即准格尔煤田，西部即桌子山煤田，南部即东胜煤田，北部即乌兰格尔煤田。鄂尔多斯的煤炭资源不仅储量大、分布面积广，而且煤质品种齐全，有褐煤、长焰煤、不黏结煤、弱黏结煤、气煤、肥煤、焦煤，而且大多埋藏浅，垂直厚度深，易开采。目前，四大煤田，除乌兰格尔煤田外，其余均在开采之中。近年来，在鄂尔多斯中西部的乌兰格尔一带即杭锦旗北部，地质勘探部门已经发现 20 多处油气田，鄂托克旗境内现已探明油气储量 11 亿 m^3，在乌审旗南部也发现了油气田，石油、天然气这两种资源正在加速勘探开发之中。[①]

近年来鄂尔多斯市煤化工业快速发展，煤制油、煤制气、煤液化等项目不断投产见效，对水资源需求激增，特别是煤制油项目需水量巨大。煤制油技术契合我国富煤贫油的能源格局，可有效增加我国战略能源储备，但"高耗水、高排放、高污染"的特性使其颇具争议。2008 年以前，国际油价一路走高，煤制油项目被寄予厚望，但随之而来的是巨大的投资风险、技术尚不完善等"制动"因素，有关部门紧急出文指出不能"全面铺开"。近两年，以神华集团为首的多个煤制油项目好不容易实现量产，油价却开始不断低走，大量煤制油企业难以收回成本。中国神华煤制油化工有限公司是煤制油行业领军企业，承担国家技术突破的重任，鄂尔多斯煤制油分公司是其煤制油技术突破的主战场，是世界领先的现代化大型煤炭直接液化工业化生产企业。神华鄂尔多斯煤制油项目是国家重大能源战略工程项目、百万吨级煤直接液化关键技术及示范项目。2002 年项目获批时预计产量为 108 万吨/年，总建设规模为年产油品 500 万吨。初期该企业水指标严重不足，生产用水全部来自地下水，单吨油耗水设计值为 10 吨，年耗水量超过 1100 万 m^3。地下水超采问题暴露后，通过污水处理、循环利用，项目用水已逐步降至 5.8 吨，尽管预期需水量有所下降，但仍难达到设计年产量。这两年，该企业利用当地煤矿较多的特点，将采煤过程产生的矿井疏干水收集起来，净化后作为生产用水。2015 年 8 月，已实现了对地下水的完全替代。

[①]　鄂尔多斯市人民政府，http：//www.ordos.gov.cn/zjordos/。

（二）盟市内水权转让情况

鄂尔多斯水资源匮乏，属典型的温带大陆性气候，风大沙多，干旱少雨，资源性、工程性和结构性缺水并存。全市地表水可利用量 1.66 亿 m^3，地下水可开采量 12.22 亿 m^3，扣除地表水和地下水重复计算量 0.71 亿 m^3，本地水资源可利用总量为 13.17 亿 m^3，黄河是鄂尔多斯市唯一一条过境河流，流经长度 728 公里，自治区分配鄂尔多斯黄河水权 7 亿 m^3，全市水资源可利用总量为 20.17 亿 m^3。水资源人均占有量 1008m^3，远低于全国、全区平均水平。根据国务院"八七分水"方案，分配给内蒙古自治区黄河干流水权 58.6 亿 m^3，自治区分配给鄂尔多斯 7 亿 m^3，其中，工业初始水权 0.913 亿 m^3，其余 6.087 亿 m^3 为农灌用水指标。近年来，随煤炭石油等能源不断勘探开发，鄂尔多斯经济飞速发展，对水的需求也日益增大。在黄河"八七分水"方案难以调整的情况下，鄂尔多斯开展市域内的水权转让工程寻求"水瓶颈"的突破。

鄂尔多斯市域内水权转让项目（1.30 亿 m^3）可以划分为两个阶段。第一，"点对点"阶段，一个企业对应一个地块或渠道搞节水工程。最初，黄委会批复该市达电四期、鄂绒电厂、亿利 PVC 项目、准旗大饭铺电厂（一期）、魏家峁电厂、新奥化工等 6 个项目，转换水量为 0.7748 亿 m^3，总投资为 4.05 亿元。2006 年底这 6 个项目灌区节水改造工程全部完成，共衬砌鄂尔多斯市黄河南岸灌区 126 公里总干渠，衬砌改造 1 万亩农田的干支斗农毛渠道。鄂绒电厂节水改造工程和取水工程分别于 2007 年和 2006 年通过验收和核验。第二，"点对面"阶段水权转换工作，统一搞节水工程，再根据企业转换水量，虚拟划分该水量所对应的地块或渠道。各项目分别实施容易造成各项目水权转换价格差异过大，也不利于各节水项目的衔接。在总结第一阶段 6 家工程实施经验的基础上，鄂尔多斯市政府提出统一组织节水工程的建设，从过去的"点对点"方式改为"点对面"方式，2007 年鄂尔多斯市水利局组织编制了该市 0.5252 亿 m^3 指标的水权转换可研，并由黄委会批复实施。2007 年底，项目节水工程实施完毕，共完成投资 3.15 亿元，衬砌总干渠 7.33 公里、分干渠 19.8 公里、支渠 137.52 公里、农渠 708 公里及配套建筑物等，单方水工程造价约为 6.01 元。[①]

---

① 张慧玲：《走出水资源制约的瓶颈》，《内蒙古日报》2015 年 2 月 4 日，第 9 版。

鄂尔多斯市水权转让一期节水改造工程已经完成，累计完成投资 6.9 亿元，转让水量 1.3 亿 m³，目前工程已经通过竣工验收和黄委会组织的取水工程核验，一期调整指标也获得黄委会批复同意，现已有 27 个项目取得水行政主管部门水资源论证批复文件。此外，其他盟市也开展了市域内的水权转换工程。包头市近期转让指标 0.68 亿 m³ 分配给 7 个项目，部分项目水权转让灌区节水改造工程已经开工建设。巴彦淖尔市转让指标分配 0.20 亿 m³，水权转让灌区节水改造工程已经完成并验收，具备核验条件。阿拉善盟转让指标分配给 3 个项目，相应转让水量为 0.03 亿 m³，水权转让灌区节水改造工程已经完工并验收，具备核验条件。乌海市转让指标分配给 2 个项目，节水改造工程已经开工建设。

二 自治区水权工作基础扎实

（一）政策基础

为了进一步调整内蒙古自治区黄河流域用水结构，自治区人民政府早在 2006 年就下发了《关于进一步调整黄河用水结构有关事宜的通知》，拟从河套灌区调整 3.6 亿 m³ 引黄水量，用于沿黄 5 盟市工业发展的后备水源，此引黄指标需通过水权转换方式取得。党的十八大报告提出"积极开展水权交易试点"，国务院《关于进一步促进内蒙古经济社会又好又快发展的若干意见》明确提出，"加快水权转换和交易制度建设，在内蒙古开展跨行政区域水权交易试点"，拉开了内蒙古水权转让工作大幕。后内蒙古自治区人民政府批转了《内蒙古自治区盟市间黄河干流水权转让试点实施意见》，明确盟市间水权转让的原则、总体目标、实施主体、责任分工以及资金管理等。巴彦淖尔市人民政府印发了《关于促进河套灌区农业节水的实施意见》，积极支持盟市间水权转让工作。2014 年 4 月，黄委会对《内蒙古黄河干流水权盟市间转让河套灌区沈乌灌域试点工程可行性研究报告》进行了批复，正式启动第二轮水权转让工作。通过企业投资河套灌区节水改造工程，整合大型灌区节水改造项目，争取 2020 年前完成河套灌区节水改造工程建设，预计节水量 10 亿 m³ 左右，扣除超指标用水量后可转让水量为 5.6 亿 m³，排除其他因素试点转让 3.6 亿 m³，其余指标 2 亿 m³ 作为储备指标视前期转让指标实施情况而定，3.6 亿 m³ 转让指标分三期实施，实施期为 2013 ~ 2017 年。

（二）管理基础

长期以来，内蒙古自治区党委、政府高度重视水权制度建设，2003 年就成立了以分管副主席为组长的自治区水权转让试点工作领导小组，并在鄂尔多斯市、包头市等沿黄地区开展盟市内水权转让试点。截至 2013 年 6 月，自治区水利厅共受理盟市内水权转换项目 41 个、计划转换水量 3.32 亿 m^3，解决了 40 多个工业项目的用水问题，为沿黄灌区筹措了 30 多亿元节水改造资金。在 2003 年水权转让试点工作实施以前，内蒙古年平均引黄水量为 61 亿 m^3，超出同期分水指标 17 亿 m^3。2003 年以后通过水权转让在内的灌区节水改造工程逐步实施，同时自治区采取了严格的水资源管理措施，引黄水量逐年下降。据统计，近 10 年来年平均超分水指标 8.5 亿 m^3，超出约 17%；近 6 年年平均超水约 2.6 亿 m^3，超出 5.20%；近 3 年年平均超水约 2 亿 m^3，超出 4%。2013 年 6 月至 2014 年 6 月，水利部分配内蒙古引黄水量 50.36 亿 m^3，全区黄河流域全年耗水 48.92 亿 m^3，未超过年度分水计划指标。

（三）平台基础

2013 年 12 月 17 日，内蒙古成立自治区水权收储中心，该中心设在内蒙古水务投资公司，其主要职责是：盟市间水权收储转让，行业、企业节余水权的收储转让，投资实施节水项目并对节约的水权收储转让，新开发水权的收储转让等。目前由其具体承担盟市间水权转让业主工作。水利部水权转让试点启动会后，内蒙古水利厅积极按照水利部的部署开展了试点的相关工作，已经委托水利部发展研究中心和内蒙古水资源管理中心开展内蒙古试点方案的编制工作，一旦中心建设完善，内蒙古水权交易将正式进入制度化、规范化运营阶段，可望为其他地区水权工作提供典型示范，一个广泛性的水资源高效利用的局面会逐步建立。

三　各地区水指标调整空间不足

1987 年 9 月 11 日，国务院办公厅转发了国家计委和水电部《关于黄河可供水量分配方案报告的通知》，将黄河水量分配给沿线各个省份，并指出"希望各有关省、自治区、直辖市从全局出发，大力推行节水措施，以黄河可供水量分配方案为依据，制定各自的用水规划，并把这项规划与各地的国民经济发展计划紧密联系起来，以取得更好的综合经济效益"①。这是我国首次由中央政府批准的黄河可供水量分配方案。

《关于黄河可供水量分配方案的报告》（以下简称《报告》）是基于黄河地表水资源量 580 亿 m³、可供分配水量 370 亿 m³、输沙水量 210 亿 m³ 调整并提出的在南水北调工程生效前黄河可供水量分配方案（见表 2）。

表 2　黄河"八七分水"方案

单位：亿 m³

地区	青海	四川	甘肃	宁夏	内蒙古	陕西	山西	河南	山东	河北、天津	合计
年耗水量	14.1	0.4	30.4	40.0	58.6	38.0	43.1	55.4	70.0	20.0	370

该方案水量分配的主要思想是"现状为主，兼顾未来"，即综合考虑各省经济发展现状所需水量和取水条件允许取水量，制定各省水量分配指标。具体在《报告》中有如下描述："以一九八〇年实际用水量为基础，认真研究了有关省（区、市）的灌溉发展规模、工业和城市用水增长以及大中型水利工程兴建的可能性，黄河流域总引用水量比一九八〇年增加 40% 以上。其中：山西省因能源基地发展的需要，增加用水量 50% 以上；宁夏、内蒙古自治区当前农业用水较多（但有效利用率不高，今后主要应在节水中求发展）增加用水量 10% 左右；河北省、天津市今后一个时期需从黄河引水接济，分配用水量二十亿立方米。其他沿黄各省（区）一般增加用水量约 30% ~ 40%。"②

虽然当时《报告》已经分析了黄河水资源承载能力，统筹考虑各省区生活、生产用水，但生态环境用水等并没有涉及，同时受政治、科技水平等局限不可能分配得完美。最关键的是，"八七分水"方案距今已经近 30 年，各省区水资源供需局面早已变化，分水指标作为初始水权的雏形已经代表着各省区的生存权和发展权，关系一方经济社会进步和百姓生活改善的空间大小，其权利争夺激烈远超《报告》产生时的局面。比如，当时山西省能源

---

①　《国务院办公厅转发国家计委和水电部关于黄河可供水量分配方案报告的通知》（国办发〔1987〕61 号），http://www.gov.cn/zhengce/content/2011-03/30/content_3138.htm。

②　《国务院办公厅转发国家计委和水电部关于黄河可供水量分配方案报告的通知》（国办发〔1987〕61 号），http://www.gov.cn/zhengce/content/2011-03/30/content_3138.htm。

发展估计需求相当大，文件称"以山西为中心的能源基地大部分位于黄河流域，工农业需水量较大，水资源的供需矛盾更加突出"。但未考虑山西取水条件相对恶劣、山高水低、提水成本高、长期超采地下水等问题，导致当时实际只用到 20 亿 m^3 左右，不及其分配指标的 1/3。地下水超采超用还导致该区域地下水位下降和水污染严重引发的生态环境问题。即使山西未来规范地下水使用，但随着其煤炭等矿产储量迅速减少，其用水量也很难达到分配指标。宁蒙河段的鄂尔多斯、银川等地市沿黄取水条件好，煤炭石油天然气等能源储量大，现已成为国家新兴的能源基地，但受"八七分水"方案限制，设计建设规模和产量规模迟迟难以达到，众多优质项目无法落地投产。

第三节　内蒙古跨区域水权转让的具体做法

水权转让试点工程是落实最严格水资源管理制度、破解经济社会发展面临的水资源瓶颈问题的主要手段，也是进一步优化配置黄河水资源、实现内蒙古自治区乃至全国水资源管理体制改革的重要突破。内蒙古跨盟市水权转让工程更是此次全国水权转让试点的先行军，其中最为著名的是巴彦淖尔市水权转让试点工程，该工程主要在巴彦淖尔市与鄂尔多斯市、阿拉善盟之间进行，计划 2014 年 7 月至 2017 年 11 月，通过 3 年努力，完成巴彦淖尔市河套灌区沈乌灌域一期项目节水 2.3489 亿 m^3，向鄂尔多斯市、阿拉善盟转让1.2 亿 m^3 水。其具体实践包括三个阶段：水权出让、水权收储、水权受让；涉及三个主体：节水方、平台方、受水方。现从三个主体入手，分析该区水权转让的具体情况。内蒙古跨盟市水权转让是落实最严格水资源管理制度的重要内容，可为自治区经济社会可持续发展提供水资源支撑和保障。同时，内蒙古在盟市内水权转让实施过程中积累了丰富的经验，沿黄各地工业对水资源旺盛的需求也都为盟市间水权转让的实施提供了保障。

一　水权出让方巴彦淖尔推进节水工程建设

（一）节水工程建设政策依据

近年来，在水利部指导和黄河水利委员会支持下，内蒙古积极探索推动盟市间水权转让，取得了阶段性进展。2014 年 1 月内蒙古自治区人民政府批转了《内蒙古自治区盟市间黄河干流水权转让试点实施意见》，巴彦淖尔市人民政府印发了《关于促进河套灌区农业节水实施意见》，积极支持盟市间水权转让工作。2014 年 4 月，黄河水利委员会印发《关于内蒙古黄河干流水权盟市间转让河套灌区沈乌灌域试点工程可行性研究报告的批复》（黄水调〔2014〕147 号），明确同意通过开展节水工程改造实现节水目标。2014 年 12 月水利部、内蒙古自治区人民政府印发了《关于内蒙古自治区水权试点方案的批复》（水资源〔2014〕439 号），对内蒙古开展跨盟市水权转让工作给予批复，重点在内蒙古自治区开展跨盟市水权交易，为全国层面推进水权制度建设提供有益借鉴和示范。

（二）区域节水潜力简析

巴彦淖尔市水资源丰富，黄河自东向西横贯全区，经济社会以农业为主，在"八七分水"方案中分得了 40 亿 m^3 水权，占全区总数的 78%。随着自治区经济社会的发展和京津冀地区对清洁能源需求的增加，沿黄工业项目需水大幅度增加，据统计，仅鄂尔多斯市目前因无水指标而无法开展前期工作的项目就有 300 余个，需水达 5 亿 m^3 左右。通过近些年盟市内水权转换试点工作，除河套以外其他灌区的节水潜力已经不大。河套灌区引黄用水量占全区引黄总量的 80%，其灌溉水利用系数不足 0.40，用水浪费严重，节水潜力估计在 10 亿 m^3 左右。[①]

（三）管理组织机构调整

巴彦淖尔市水权转让试点工程由内蒙古自治区水权收储转让中心负责建设，水权收储转让中心为实施的管理主体，在水利厅的指导下负责项目前期工作、资金筹措和监督管理等，并授权巴彦淖尔市黄河水权收储转让工程建设管理处负责工程建设，履行项目业主的相关职责。建设管理处由河灌总局党委书记任处长，河灌总局副局长、总工及巴彦淖尔市水务局副局长任副处长，组建成一支技术专业素质过硬的干部队伍。工程建设管理处下设工程建设管理组、工程建设监督检查组、工程财务管理组、水权执行与监督组、施工现场管理组、施工保障组六个工作组，

---

① 张慧玲：《走出水资源制约的瓶颈》，《内蒙古日报》2015 年 2 月 4 日，第 9 版。

分别负责工程建设管理、工程建设和监督检查、工程财务管理和水权执行与监督。

（四）节水工程建设思路

巴彦淖尔市是传统农业大市，灌溉用水占引黄水量的90%，此次节水工程的重点也在农业灌溉方面。沈乌灌域是内蒙古河套灌区内五个灌域之一，也是一个独立的引黄灌区，有单独办理的取水许可证，灌域由黄河三盛公水利框纽上游单独的沈乌引水口引水，是乌兰布和灌域的主要灌溉区域，总灌溉面积87.68万亩，现状引黄水量53993万 m^3。灌域内现状包括沈乌引水渠在内斗渠以上的渠道共有745条，总长度1481.35公里，大部分为土渠。主要是通过渠系防渗改造、田间灌溉设施改造等方式实现节水。

（五）节水工程实施方案

巴彦淖尔市河套灌区沈乌灌域水权转一期试点项目位于河套灌区沈乌灌域磴口县境内，对沈乌灌域现有87.166万亩灌域范围的灌溉工程实施节水改造。沈乌灌域是内蒙古河套灌区五大灌域之一，具有独立引水口，空流渠段长，渗漏损失大，用水效率低，便于计量，所以选择该灌域作为试点灌区在技术上是可行的。沈乌灌域总灌溉面积87.166万亩，分南北两片，分别由一干渠和东风分干渠控制。南片一干渠域控制灌溉面积62.642万亩，一干渠下设建设一、二、三、四4条分干渠；北片东风分干渠控制灌溉面积24.524万亩。首个试点工程是建设二分干系统的渠系工程，属于第一批实施项目三个系统中一个系统的渠系工程，该工程包括建设二分干渠及其下级渠道的渠系工程。改造内容主要有：①对灌域控制范围斗以上渠道进行防渗衬砌及建筑物配套；②对田间灌水系统实施畦田改造田间配套建设；③对部分现状畦灌面积进行高效节水、灌水技术改造，建设滴灌系统；④对灌溉运行管理设施、检测设施进行配套建设。①

（六）节水工程进展情况

水权试点工程共分三批组织实施，第一批工程建设任务：对一干渠上

---

① 内蒙古自治区水利厅：《内蒙古黄河干流水权盟市间转让河套灌区沈乌灌域试点工程进展顺利》，2015 年 1 月 4 日，http：//www.nmgslw.gov.cn/info/infoView.jsp? idcontent = 24008。

段 30.299 公里渠段进行渠道防渗衬砌，同时改建该渠段下级渠道进水闸 54 座，批复总投资 1.31 亿元，已于 2014 年完工；第二批工程建设任务：对沈乌灌域一干上段支渠及以下骨干渠道，建设一分干、建设二分干三个系统的斗以上渠道进行防渗衬砌改造及建筑物配套，防渗衬砌渠道总长度 415 公里，新建渠系建筑物总计 4240 座，工程控制灌域面积 26.106 万亩，总投资 4.005 亿元；第三批工程建设任务：对沈乌灌域一干下端、建设三分干、建设四分干、东风分干四个系统的斗以上渠道进行防渗衬砌改造及建筑物配套，防渗衬砌驱动总长度 611 公里，新建区西建筑物总计 6715 座，总投资 7.55 亿元，目前已完成初步设计审查；田间工程的建设内容为：对部分现状 67.399 万亩的灌域面积进行田间工程配套、畦灌建设、土地平整和高效节水改造。截至目前，工程已经完成建设投资 2.2 亿元。完成模袋砼衬砌长度 30 公里，完成比例 66%；衬砌渠道 120 公里，完成比例 30%。

二 水权收储方内蒙古水利厅加强顶层设计引导

内蒙古自治区政府主要从以下三个方面推进水权建设。一是完善自治区水权收储转让中心。在内蒙古水务投资集团牵头组建的水权收储转让中心基础上，进一步完善组织机构设置，明确职责，规范运作。二是探索交易运作机制和方式。建立水权交易发布、协商、价格形成、费用支付、交易监管、风险防控、纠纷调解等机制，保障水权交易公开公正和规范有序。三是探索开展多层次、多形式的水权交易。根据实际需求，探索在盟市、旗县等地区以及灌区管理单位、农民用水者协会等组织开展不同层次和多种形式的水权交易。地方可在辖区范围内因地制宜地开展水权转让工作。

（一）完善相关规章制度

在水利部《关于内蒙古宁夏黄河干流水权转换试点工作的指导意见》、黄委会《黄河水权转换管理实施办法》、自治区人民政府批转了水利厅《关于黄河干流水权转换实施意见》和《自治区水权转换节水改造建设资金管理办法》后，地方也出台了相应的文件等。这些文件的出台，是对国家和自治区有关规定的细化和补充，丰富和完善了水权转换规章制度，使其更具有可操作性，使水权转换工作有法可依、有章可循。

（二）合理设置领导组织机构

为切实加强对水权转换工作的领导，成立了自治区、盟市、旗县三级水权转换领导工作机构。各级政府由分管领导负总责，水利厅厅长挂帅水权转换领导小组，并下设办公室，具体承担水权转换的日常工作。各盟市也成立了以市长为组长，分管计划、工业、水利的三位副市长为副组长的水权转换工作领导小组，同时成立了节水工程施工指挥部，这些领导机构的成立为搞好水权转换提供了组织保障。

（三）明确细化初始水权

鄂尔多斯市、巴彦淖尔市根据自治区对各盟市黄河水权细化成果，结合水权转换后灌区引黄指标情况，对灌区水权进一步细化，将水量分配给各斗口用水者协会并细化到各用水户。指标的细化有利于各用户清楚其可用水量，并根据水量合理确定其种植规模和种植结构。

（四）转变工程前期和建设管理模式

2006 年以前，鄂尔多斯市水权转换是以"点对点"方式展开的，即一个工业项目的水权转换对应一定规模的节水改造工程，各项目各自开展前期工作和灌区节水改造工程建设。在具体实施过程中，由于各项目前期工作进展不一，其余列入规划的部分项目，由于受到国家产业政策调整的影响，前期工作推进难度较大。而未列入规划的部分项目，符合国家调整后的产业政策，反而有了实质性进展。另外，各项目分别实施容易造成项目间水权转换价格差异过大，分别实施也不利于各节水项目的衔接。在总结经验的基础上，鄂尔多斯市政府提出统一组织节水工程的建设，由过去的"点对点"方式改为"点对面"方式，即由当地政府统一组织进行前期工作和工程建设，统一水权转换单方水价，综合考虑项目的核准进度，资金到位情况与项目需水、节水工程节水量，虚拟划分企业水权转换所对应的地块或渠道。

（五）将市场机制引入水资源配置和交易

目前，内蒙古取用水指标的配置和交易主要是以政府为主导的，市场在资源配置中仍处于从属地位。经 2013 年内蒙古第 9 次主席办公会同意，2014 年 1 月成立内蒙古自治区水权收储转让中心有限公司（简称水权收储转让中心），主要职责是盟市间水权收储转让，行业、企业节余水权的收储转让，投资实施节水项目并对节约的水权收储转让，新开发水权的收储转让，水权收储转让项目咨询、评估和建设，国家和流域机构赋予的其他水权收储转让。依托这一交易平台，通过市场手段优化配置水资源，充分发挥市场在资源配置中的决定性作用，提高水资源在经济结构调整中的基础性地位，促进水权向高效率、高效益行业和企业自由流转，促进产业升级和经济结构调整，以水资源的可持续利用支撑区域经济社会的可持续发展。

（六）明确水权交易价格和期限

水权转换的期限要与国家和地方的国民经济社会发展现状、规划等相适应，综合考虑节水工程设施的使用年限和受水工程设施的运行年限，兼顾水权转让双方利益，水权转换期限原则上不超过 25 年。水权转换期内，水权转换任何一方出现法人主体资格的变更或终止，都应按照有关法律法规的规定办理相应的变更手续。水权转让期满，受让方需继续取水的，应重新办理水权转让手续；受让方不再取水的，水权返还出让方，并办理相应的取水许可手续。

水权转换费用的确定应体现水价形成机制，按照市场经济规律，实现转换双方发展多赢目标。在水权转换初始阶段，通过工程措施节水的转换费用包括：①节水工程建设费用。按照水利部先行的灌区节水工程规范计算，包括直接费用和间接费用。该费用在节水工程竣工前按计划付清。②节水工程的运行维护费。按照水利部混凝土预制铺砌工程的相关规定，在转换期限内每年按节水工程造价的 2% 计算。此项费用由受让方分年度支付到盟市水权转换项目办专用账户。③节水工程的更新改造费用。是指当节水工程的设计使用期限短于水权转换期限时所必须增加的费用。

另外，节水工程建设资金由自治区水权转换项目办实施专户管理，按施工程进度分期拨付到项目法人；节水工程的运行维护费，由灌区管理单位提出年度使用计划，经盟市水权转换项目办批准，报自治区备案后支付，当年节余可转下年度使用。①

---

① 内蒙古人民政府：《内蒙古自治区人民政府关于批转自治区盟市间黄河干流水权转让试点实施意见（试行）的通知》，2014 年 1 月，http://www.1633.com/policy/html/neimenggu/renminzhengfu/2014/0516/8624427.html。

三　水权受让方鄂尔多斯严格水资源管理利用

按照黄委会《黄河水权转让管理实施办法和》和《黄河取水许可管理实施细则》中相关规定，鄂尔多斯开展了市域内的水权转让两期工程，一期工程已竣工见效，二期工程正在进行。同时，为推动跨盟市水权交易，促进更多项目落地投产，当地政府积极配合自治区政府和巴彦淖尔采取了多项有力措施，加快完善水权建设进程（见图1）。

签订转让合同	按照企业投资、农业节水、有偿转让的原则，在巴彦淖尔市与鄂尔多斯市、阿拉善盟之间开展盟市间水权转让。依托自治区水权转让平台，由内蒙古河套灌区管理总局（巴彦淖尔市水务局）、鄂尔多斯市或阿拉善盟取用水工业企业、内蒙古自治区水权收储中心三方签订转让合同，转让河套灌区沈乌灌域节约的用水指标
办理取水许可	取用水企业签订水权转让合同后，按合同约定支付节水工程建设资金，依法开展建设项目水资源论证等前期工作，并按规定办理取水许可申请手续。内蒙古河套灌区管理总局（巴彦淖尔市水务局）按照批复的水权转让节水项目初步设计审查节水工程建设，负责节水工程的运行管理，内蒙古自治区水权收储中心作为项目实施管理主体，负责项目前期工作、资金管理和工程建设监督管理，并协调水权转让相关事宜。节水工程核验后，依法办理取水许可证变更手续
配置水量指标	对于灌区节约的1.2亿m³可转让水权指标，由自治区人民政府根据自治区发展需求向鄂尔多斯市和阿拉善盟配置。受让地区政府结合自治区和地区经济发展规划及产业布局，提出工业项目具体配水方案，经自治区水利厅审查后，报自治区人民政府批准，报送黄河水利委员会备案。出现批复的取水许可水量与转让合同书水指标不一致、因国家政策调整建设项目无法正常实施等情形的，其闲置的水指标由内蒙古自治区水权收储转让中心按照有关规定收储和交易

图1　鄂尔多斯严格水资源管理利用情况

资料来源：杨佐坤《水权改革实现了水资源的优化配置和高效利用》，《内蒙古日报》2015年3月16日。

四　水权转让具体流程梳理

综合水权转让中三方的具体实践，现将内蒙古巴彦淖尔水权交易流程和主要环节梳理如图2所示。

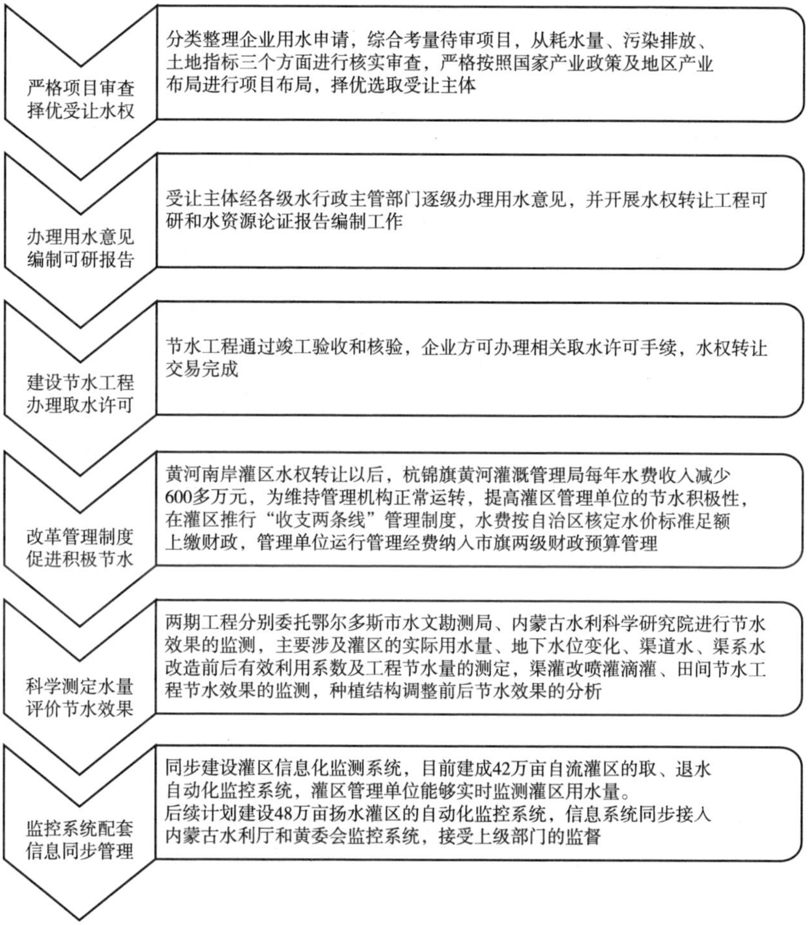

严格项目审查择优受让水权	分类整理企业用水申请，综合考量待审项目，从耗水量、污染排放、土地指标三个方面进行核实审查，严格按照国家产业政策及地区产业布局进行项目布局，择优选取受让主体
办理用水意见编制可研报告	受让主体经各级水行政主管部门逐级办理用水意见，并开展水权转让工程可研和水资源论证报告编制工作
建设节水工程办理取水许可	节水工程通过竣工验收和核验，企业方可办理相关取水许可手续，水权转让交易完成
改革管理制度促进积极节水	黄河南岸灌区水权转让以后，杭锦旗黄河灌溉管理局每年水费收入减少600多万元，为维持管理机构正常运转，提高灌区管理单位的节水积极性，在灌区推行"收支两条线"管理制度，水费按自治区核定水价标准足额上缴财政，管理单位运行管理经费纳入市旗两级财政预算管理
科学测定水量评价节水效果	两期工程分别委托鄂尔多斯市水文勘测局、内蒙古水利科学研究院进行节水效果的监测，主要涉及灌区的实际用水量、地下水位变化、渠道水、渠系水改造前后有效利用系数及工程节水量的测定，渠灌改喷灌滴灌、田间节水工程节水效果的监测，种植结构调整前后节水效果的分析
监控系统配套信息同步管理	同步建设灌区信息化监测系统，目前建成42万亩自流灌区的取、退水自动化监控系统，灌区管理单位能够实时监测灌区用水量。后续计划建设48万亩扬水灌区的自动化监控系统，信息系统同步接入内蒙古水利厅和黄委会监控系统，接受上级部门的监督

图 2　内蒙古巴彦淖尔水权交易流程

资料来源：杨波、张迎春、杨晓东《鄂尔多斯市黄河水权转让工作成效分析》，《内蒙古水利》2014 年第 1 期。

五　水权转让各方职责分工

水权转让是一项复杂的系统性工程，涉及单位众多，责任关系交错，必须明确工作职责，建立健全部门协作机制，加强组织领导，严格管理制度，以实现部门和企业通力协作、密切配合、联动实施，形成合力（见图3）。

内蒙古水利厅	试点方案的编制和报批工作；具体联系试点成员单位召开协调推进会；对试点任务完成情况进行实时跟进；拟订水权试点方案、水权转让管理办法、闲置取用水指标处理实施办法、水权收储转让项目资金管理办法等文件组织实施；开展试点阶段性总结和自评估等相关工作
水权收储转让中心	内蒙古自治区水权收储转让中心作为项目实施管理主体，负责项目前期工作、资金管理和工程建设、监督管理，并协调水权转让相关事宜。节水工程核验后，依法办理取水许可证变更手续
内蒙古发展和改革委	自治区发展和改革委员会负责农业水价审批，指导建立水权转让定价机制。财政厅负责水权转让资金的监督管理。经济和信息化委员会对水权转让企业准入条件进行审核。农牧业厅指导灌区农业生产、种植结构调整。法制办负责对水权转让相关制度规章进行合规性审查，指导开展制度体系建设
河套灌区管理总局	内蒙古河套灌区管理总局（巴彦淖尔市水务局）主要负责沈乌灌域节水改造工程实施，节水工程运行维护、更新改造、计量监测、节水工程建设费、运行维护费、更新改造费的使用与管理等工作
鄂尔多斯和阿拉善	鄂尔多斯市、阿拉善盟主要负责按照国家产业政策和自治区水资源配置方案，将水指标配置到企业，监督企业履行水权转让合同

图3 内蒙古巴彦淖尔水权交易职责分工

第四节 内蒙古跨区域水权转让模式经验总结

一 内蒙古模式是我国水权交易的典范

内蒙古跨区水权交易模式的交易规模大、经济效益高、节水成效好，为其他地区积累了宝贵经验并树立了典型。交易规模上，巴彦淖尔沈乌灌域节水工程一期规划节水总量达 2.3489 亿 m^3，可交易量达 1.3 亿 m^3，是国内最大的交易规模。经济效益上，把水资源从农业转换到工业，本身就是低附加值产业向高附加值产业的进步，据测算，巴彦淖尔农业单方水效益大概在 3 元左右，鄂尔多斯工业单方水效益超过 125 元，效益提高约 41 倍，为全自治区经济社会持续发展提供了可靠保障。节水成效上，经过节水工程建设，河套灌区年引黄河水量由 20 世纪 90 年代的 52 亿 m^3 降至 2014 年的 48

亿 m³，年节水近 4 亿 m³，其中大型灌区续建配套与节水改造、中低产田改造、土地整理、农业综合开发等重点项目建设年均节水 1.5 亿 m³；压缩高耗水作物种植面积，大力推广区域化种植和集中连片种植，高耗水作物种植面积由过去的 60% 压缩到目前的 40%，亩均用水量由 667m³ 下降到 552m³，年均节水 1 亿多立方米。2015 年灌区节水改造投资规模达到 6.5 亿元，节水规模预计超过 3 亿 m³。

内蒙古模式中，水权明晰、水量需求旺盛、节水潜力可观是其必备要件。在黄河"八七分水"方案中内蒙古自治区分得 58.6 亿 m³ 黄河年耗水量，自治区随即将指标向下分解，作为各盟市的初始水权，各盟市继续分解到各旗、乡镇（见表 3）。

表 3　内蒙古黄河初始水权分配方案

单位：亿 m³

地区	呼和浩特	鄂尔多斯	巴彦淖尔	阿拉善	包头	乌海	合计
年耗水量	5.1	7.0	40	0.5	5.5	0.5	58.6

首先，由于我国水资源是以行政手段逐级分配，将取水指标作为初始水权，因此"年耗水量"就成为无偿获得的初始水权。初始水权作为各市的发展资源储备拥有较高的经济价值，因而受到地方政府的重视，从意识和政治上提供了水权转让的基础保障。其次，黄河水量较 1987 年分水时已经有了很大改变，多年来水不足分配量，加之内蒙古沿黄地区能源被逐渐勘探出来，各地市面对巨大经济效益的能源储备却难破"水瓶颈"制约，对水量需求之旺盛已是前所未有，这形成了水权交易的根本动力。最后，我国农业经过 30 年的产业发展和技术更迭，农业节水技术和监测手段已有了质的提升，生产生活用水也有了新的思路。巴彦淖尔作为农业大市灌溉系数仅有 0.40，拥有巨大节水潜力，这就给水权转让提供了可行性。

二　政府市场两手发力，实现水资源优化配置

盟市间水权转让是水权转让工作的拓展和深化，涉及多个利益主体，

必须以自治区政府为主导，相关部门必须相互配合才能推动其有序高效开展。水利厅需要强力推动，巴彦淖尔市负责具体的工程实施，旗县负责田间工程，水权收储转让中心负责水指标的收储和交易。下一步可探索灌区水指标分配到户、秋浇灌溉制度改革等模式，推进水权转让工作更好实施。

同时必须引入市场机制，科学制定水权价格，分批收取水权费用。用市场机制来配置水权，实行严格的项目审批，参照国家和地方产业政策及布局导向，核实待审企业资质，分析其水资源论证规划，促进各企业安装节水设施和循环利用系统。用经济杠杆推动节水，实行定额内用水优惠、超指标用水累进加价制度，逐步建立阶梯式水价，以价格撬动农业节水积极性。用分批收取水权费来保障工程效益，水权转让三方合同签订3个月内只需缴纳总价款的50%，竣工验收后方全部付清，这样一来可以减轻用水企业负担，二来可以促进节水工程建设保质保量。

三　系统推进节水工程建设，提高农业用水效率

节水工程建设涉及部门多，操作环节复杂，而且工程对生态环境存在潜在危害，必须因地制宜、实事求是才能取得规划效果。在沈乌灌域的建设中，渠道衬砌工程是节水的主要环节，其中防渗衬砌总干分干渠415公里，有总向分层层推进。另有节制分水闸、节制闸、支渠进水闸、干斗渠进水闸、斗渠、农渠、毛渠进水闸等建筑物工程配套4240座；其他保障性工程如生产桥、涵洞、测流桥等500余座。沈乌灌域灌溉渠系几乎全是明渠，没有较好的取水控制手段，更缺乏各个干支斗农毛渠的智能化计量设施，田间节水空间不大。此次节水工程避开各级细分渠系的直接控制管理，重点放在主干渠道衬砌，通过减少渠道内的渗透量使单方水的灌溉面积扩大，使渠首放水量相应减少实现节水。

四　搭建水权交易平台，保障收储转让规范高效

内蒙古自治区水权交易平台是自治区水权收储转让中心有限公司。它是自治区水利厅下属内蒙古水务投资集团的子公司，主要负责盟市间水权收储转让，行业、企业节余水权的收储转让，投资实施节水项目并对节约的水权

收储转让，新开发水权的收储转让，水权收储转让项目咨询、评估和建设，国家和流域机构赋予的其他水权收储转让等。下一步，内蒙古自治区水利厅还将探索出台《内蒙古水权收储转让管理办法》，进一步规范化管理，促进水权交易高效透明。同时，还将继续探索建立多层次、多形式的水权交易平台和影响评价与利益补偿机制，实现水权收储转让中心真正企业化运营。再可配合自治区政府加快探索开展灌区水资源使用权确权登记，开展农业水价综合改革，改革河套灌区灌溉制度等。

五 编制闲置水权管理办法，推进水指标二次分配

在水权制度建设快速推进的过程中，出现了由于水权价格过高、企业运营不良导致已分配的项目水权没有得到合理利用的情况，自治区决定将这部分水指标收回并重新配置，闲置水权管理办法应运而生。《内蒙古自治区闲置取用水指标处置实施办法》中明确规定，建设项目要获得闲置水指标需符合下列条件：第一，项目应符合区域、产业相关规划及准入条件；第二，用水定额必须满足《内蒙古自治区行业用水定额标准》和国家清洁生产相关标准要求；第三，无水配方必须满足水功能区管理的相关要求；第四，符合国家和自治区用水政策及其他要求。闲置水权的收储转让是水权交易的深化和完善，通过后期监督和跟踪，实现水权的二次分配，将水指标配向条件更好、效益更高的项目，不仅有利于推动企业高效节水，更促进了地方经济社会的发展。①

第五节 问题与思考

一 存在的问题

（一）上位法规不足

2002 年修订出台的《水法》中明确水资源全部归国家所有，确立了水

---

① 内蒙古自治区：《水利厅内蒙古自治区闲置取用水指标处置实施办法》，2014 年 12 月 21 日，http://www.als.gov.cn/jjkfq/zwgk/1_86878/default.shtml。

资源规划制度、分配制度、统一调度制度和保护制度等，法律上首次确立了取水权及其成立要件。此外再无任何水权交易的顶层设计，更无相关法律法规体系适用。地方水权建设属于摸着石头过河，交易没有可行办法，监管没有可靠依据。现有法律、政策和制度的不健全，在一定程度上影响了水权转让工作进程，应当尽快制定和完善相关政策。

（二）节水潜力有限

内蒙古水权转让的前提是保障农业生产不受影响，包括不缩小原有农业生产规模，不降低原有粮食产量等。随着节水工程加快实施，农业节水将达到极限，可交易水量将越来越少。况且其节水 2.35 亿 m^3 全部来自灌溉渠道衬砌，田间节水尚不具备条件。可预见在全部渠道衬砌完成，节水规模将有明显下降。此外，调研中发现渠道衬砌可能造成渠系周边生态破坏、灌区收入下降等问题，尚需进一步探讨和研究。

（三）水权费用较高

此次巴彦淖尔节水工程建设形成的水权费用是 1.03 元/m^3·a，加上工业用水资源费为 0.4 元/m^3，工业用水成本达到 1.43 元/m^3，较水权转让前翻了三倍多。另外，水权费用虽然已经分批收取，但由于是按 25 年水权价格计算，每批价款数额仍然较大，对企业运营提出挑战。

（四）市场力量薄弱

虽然水权交易是市场机制的产物，但目前政府在水权转让中依旧占据主导地位，市场发育不完善是客观事实。实际操作中政府为了让高效益的项目落地投产，会用财政补贴大部分企业水权费用，将来可能发展成为以水指标作为竞争筹码吸引投资的局面，水权收储转让更多的是各地方政府话语权的博弈和地方财力的比拼。特别是在内蒙古模式中，水权未确权到户，农民没有节水积极性，水价等经济杠杆更难发挥作用。

二　几点思考

（一）初始水权至关重要

《水法》规定水资源属于国家所有，政府拥有对水资源的配置权力，取用水户通过水权转让的方式获得了期限内水资源的使用权，所有权与使用权的分离是水权转让的特点也是基础。鄂尔多斯能源储备如在 1987 年前就得以勘探，内蒙古可能不会有今天如此规模的水权转让。初始水权作为唯一无偿取得的水权是一笔巨大财富，拥有不可估量的潜在价值，现在调整初始水权几乎没有可能。水量缺乏、能源富集的省份，此次南水北调中线西线工程成为一次良好的契机，内蒙古应当联合宁夏、甘肃等省份争取利用南水北调中线东线增加了流域内用水指标，进行水量的增量调整，化解"水瓶颈"制约。

2012年1月和2013年1月，国务院先后发布《关于实行最严格水资源管理制度的意见》和《实行最严格水资源管理制度考核办法》，确立水资源开发利用控制、用水效率控制和水功能区限制纳污"三条红线"，并规定各省区的水资源使用上限，从制度上推动经济社会发展与水资源水环境承载能力相适应。这相当于在全国范围内分配了初始水权，各省已经启动相关工作继续分解水指标到基层行政单位。参照黄河1987年分水至今流域内发展进程，特别是今天内蒙古水权交易推行情况，可预见在若干年后初始水权作为唯一无偿取得的水权将引起更加广泛和深刻的讨论。

（二）水权细化势在必行

农业用水主体是广大农民，节水的潜力也当在于农户。为激发农民节水积极性，内蒙古自治区应当大力推进水权细化工作，进一步完善取水许可制度，对已经纳入取水许可管理的，要强化计划用水和定额管理，科学核定许可水量，确认取用水户使用权；对许可过期和无证取水的，要按要求和程序重新申办登记；按照《水法》和《取水许可和水资源费征收管理条例》，对农村集体经济组织及其成员使用本集体经济组织的水塘、水库中的水没有办理取水许可证的，可结合小型水利工程产权制度改革，在开展调查统计的基础上，科学制订方案，逐步实现确权发证。[①]

（三）节水意识亟须提高

水权制度建设与实行最严格水资源管理均是直接的水量控制手段，水权转让是水资源管理的深化和改革，两者是相辅相成的，其根本目的

---

① 王尔德：《水权交易需要 5 个基础性条件》，《21 世纪经济报道》2014 年 7 月 29 日。

都在于促进贫水地区的节水。据调研，流域内仍有部分地区采用大水漫灌等方式进行传统农业耕种，灌溉系数甚至不及 0.4。水权工作的深化和广化需要大力加强宣传工作，切实提高用水户的节水意识；同时考虑适当提高水价，倒逼用水户节水，走集约化、循环式发展道路，实现建设节水型社会目标。

第 八 章

跨流域水权交易探索：河南
新密市与平顶山市试点[*]

河南省是全国重要的人口大省、农业大省、经济大省和新兴工业大省。随着国家中部崛起战略和粮食生产核心区、中原经济区、郑州航空港经济综合实验区四大国家战略的深入实施，城镇化、工业化和农业现代化的加速发展，河南省用水需求进入区域水资源供需失衡的状态，水资源的紧缺已成为制约不少地方经济和社会发展的瓶颈。南水北调中线工程建成通水后，连通了省内 11 个省辖市和 34 个县（市、区），跨越长江、淮河、黄河、海河四大流域，为开展区域间水量交易带来了机遇。2014 年，河南省成为水利部确定的全国 7 个水权试点省份之一，试点任务是跨流域水量交易。水量交易不仅有利于河南水资源的节约和保护，也能在很大程度上扭转区域水资源开发上的不利局面。

第一节　基本情况

一　河南省水资源情况

河南省是全国唯一地跨黄河、淮河、长江、海河四大流域的省份，是全国的人口大省、农业大省和经济大省，也是一个水资源严重短缺的省份。全

---

* 本章作者：河南省水利厅杨大勇、郭贵明、王鸣镝、杨向明。

省多年平均水资源总量为 403.53 亿 m^3，人均水资源量约 $400m^3$，不足全国平均水平的 1/5，不足世界平均水平的 1/20。而且由于全省地处亚热带向暖温带、山区向平原两个过渡地带，受季风影响，降雨时空分布很不均匀。全省多年平均降水量 771 毫米，从南到北由 1400 毫米递减到 600 毫米；年际、年内变化很大，丰枯年相差 2 ~ 4 倍，全年降水量的 50% ~ 75% 集中在 6 ~ 9 月，而且往往集中在几次暴雨。按国际公认的人均 $500m^3$ 为严重缺水边缘标准，河南省属于严重缺水省份。特别是处于中原经济区核心区的郑州、洛阳、开封、新乡、焦作、许昌等市，水资源量仅占全省总量的 21%，人均水资源量仅有 $260m^3$。近年来，水利改革发展得到了党中央、国务院和各级党委政府的高度重视，水利资金投入的数量前所未有。在新的形势下，河南省各地组织开展了大规模的水利工程建设，为全省经济社会高速发展特别是粮食连年增产、高产提供了坚实的水资源保障与支撑能力，但随着国家中部崛起战略和粮食生产核心区、中原经济区、郑州航空港经济综合实验区四大国家战略的深入实施，以及城镇化、工业化和农业现代化的加速发展，有限的水资源与巨大的用水需求矛盾日益突出，水资源已经成为制约经济社会持续发展的重要瓶颈。

从供水保障情况来看，目前，全省总供水能力已达到了 298.84 亿 m^3，多年平均总用水量 216 亿 m^3，现状生产生活用水基本得到了满足，但大部分城市挤占农业用水或超采地下水，生态用水大部分不能满足。据分析，全省现状缺水约 64 亿 m^3。根据全省总体发展规划、经济和社会发展战略布局及城镇化发展水平，考虑到工农业节水措施，到 2020 年全省平均多年总需水量 322.49 亿 m^3，缺水 39.76 亿 m^3，2030 年多年平均需水量 339.60 亿 m^3，缺水量 34.7 亿 m^3。就全省来看，缺水主要集中在安阳、濮阳、济源、开封、商丘、驻马店等市，其规划水平年多年平均缺水率都在 10% 以上。从南水北调中线工程河南省受水区用水需求来看，郑州、安阳、鹤壁、新乡、焦作、濮阳、许昌、漯河、周口均存在不同程度的水资源缺口。局部地区为保障供水需求，过度开发水资源，已经接近或者突破水资源可以支撑的限度。如何通过市场交易实现水权流转，形成政府宏观调控和市场高效配置相结合的水市场，更加科学合理地配置水资源，进而推进节约用水、提高用水效率已经成为当务之急。

二　南水北调中线工程情况

南水北调中线工程是缓解我国北方水资源严重短缺局面的重大战略性基础设施，从河南南阳市陶岔渠首到北京市中线工程全长 1277 公里（河南境内 731 公里），主要向河南、河北、北京、天津四省市的 19 座大中城市和 100 多个县区提供生活、工业用水，兼顾生态环境和农业用水。按照规划，南水北调一期工程多年平均调水 95 亿 m³，其中，河南省受水 37.7 亿 m³、河北省 34.7 亿 m³、北京市 12.4 亿 m³、天津市 10.2 亿 m³。在河南省受水区内，主要是通过 40 个口门，向 11 个省辖市 43 座城市 48 个受水目标供水，供水范围包括南阳、平顶山、漯河、周口、许昌、郑州、焦作、新乡、鹤壁、安阳、濮阳等 11 个省辖市、7 个县级市和 27 个县城。

经过 10 多年的建设，南水北调中线工程已于 2014 年 12 月正式通水。由于沿线区域经济社会发展不平衡，南水北调配套工程的水厂全面建成还需一段时间，由于地下水压采分阶段实施等原因，部分市县在中线工程运行初期还有转让水量指标的空间。同时，南水北调沿线部分市县因经济社会发展较快，水资源日益紧缺，如北京市和河南的郑州市、开封市、郑州航空港经济综合实验区等地水资源缺口较大，新的用水需求较强。

为缓解水资源供需矛盾，充分发挥南水北调工程的综合效益，从 2013 年 11 月开始，河南省水利厅邀请水利部发展研究中心，共同组织开展了南水北调水权交易制度研究。2014 年 7 月水利部组织召开全国水权试点工作启动会后，在前期研究和补充调研基础上，河南省对水权试点又进行了进一步的研究探讨，并编制了《河南省水权试点方案》。

三　河南省南水北调受水区情况

河南省南水北调受水区位于全省经济社会发展核心区域，但区域内人均水资源量仅有 260m³，各城市缺水总量 30.4 亿 m³。以郑州市为例，2013 年郑州市常住人口 919 万人，为了经济社会和城市发展，多年超引黄河水和超采中深层地下水。到 2020 年全市人口计划达到 1500 万人，其中，主城区和航空港区总人口将达到 800 万人，总需水量 13 亿 m³，承接南水北调分配水量后，中长期仍有用水缺口 6 亿 m³。为解决用水缺口问题，2014 年 10 月郑州市已提出了超用 3.5 亿 m³ 南水北调水的用水计划。

由于地表水资源匮乏，河南省南水北调受水区部分市县长期超采地下水，开采井共 44.5 万眼，开采量 49.6 亿 m³，超采量 6.54 亿 m³，其中，浅层地下水超采 4.53 亿 m³，深层承压水超采 2.0 亿 m³，主要分布在许昌、漯河、周口、郑州、鹤壁、濮阳等地。南水北调通水后，通过对当地水资源和外调水的合理配置，逐步替代超采的地下水。按照国务院批复的《南水北调东中线一期工程受水区地下水压采总体方案》，到 2020 年压减地下水超采量 2.37 亿 m³，到 2025 年压减超采量 5.44 亿 m³。

四　新密市水资源情况

郑州市所辖的新密市位于嵩山东麓浅山丘陵地带，距省会郑州 30 公里，辖区面积 1001 平方公里，人口 80 万人，辖 13 个乡镇、4 个街道办事处、1 个风景区管委会、303 个行政村、47 个居委会，是河南省扩权县（市）、对外开放重点县（市）和加快城镇化进程重点县（市）。中心城区规划面积 33 平方公里，建成区面积 24 平方公里，常住人口 23 万人。全市人口 83 万人，地表水十分缺乏。近几年来，由于降雨量偏少持续干旱和长期使用地下水，地下水位持续下降，年均降幅在 4~6 米，静水位已下降至地下 160 米以下。水源危机导致居民生活用水频频告急，成为影响城乡群众正常生活秩序和社会安全稳定的重大民生问题。2014 年 7 月，新密市政府向河南省水利厅提出每年调剂 3140 万 m³ 的南水北调水解决水源不足问题。

新密市的水资源紧缺情况，主要体现在以下几个方面。

一是城市居民用水发生危机。由于持续干旱少雨，作为城区唯一地表水源地的李湾水库水位已降至死库容以下，2014 年 3 月已停止向城区供水。因地下水位持续下降，城区 13 眼饮用水源井多半水量不足，当时已经干枯 4 眼，另外还有 4 眼供水井也接近干枯边缘，面临着报废的危险。2014 年 5 月初，供水水源的严重不足和供水能力的锐减，导致 1/3 的城区约 10 万居民大面积断水。目前，由于供水量有缺口，高层楼房住户仍存在无水现象。

二是农村部分地区群众饮水困难。在新密市广大农村，作为农村饮水安全工程主要水源的机井、山泉和水库，因干旱已有部分出现干枯、断流或水量严重不足，10 多处农村集中供水工程不能正常发挥效益，3 万多群众饮水困难，随着供水时间的延续，饮水困难人数不断增加。已经建成的安全饮水工程，由于水源日益枯竭，面临报废的可能。

三是中长期用水无保障。多年来，新密市年均地下水已经处于严重超采状态，进一步利用的潜力非常有限，一旦发生严重干旱、水源意外事故等情况，新密城区 23 万居民生产生活用水将受到严重威胁。按照新密市发展规划，到 2030 年新密市城区人口将达到 40 万人，新密新城（含新密市产业集聚区）人口将达到 10 万人，同时，按照新型城镇化发展规划，未来全市 303 个行政村中的 71 个将并入 14 个城市社区，83 个并入 19 个镇区社区，149 个合并到 56 个农村社区，加之工农业生产等因素对水资源的需求，全市到 2020 年缺口水量为每年 6130.6 万 m^3，2030 年缺口水量达每年 6656.4 万 m^3。

第二节　跨流域水量交易的条件和背景

一　跨流域水量交易的可行性

（一）国家政策

近年来，党中央、国务院多次对水资源有偿使用和建立健全水权制度、开展水权试点作出决策部署。2002 年 8 月颁布的《中华人民共和国水法》（主席令第 74 号）明确规定，"国家对水资源依法实行取水许可和有偿使用制度"。2010 年 12 月，《中共中央国务院关于加快水利改革发展的决定》（中发〔2011〕1 号）明确提出，"建立和完善国家水权制度，充分运用市场机制优化配置水资源"。2012 年 1 月，《国务院关于实行最严格水资源管理制度的意见》（国发〔2012〕3 号）提出，"建立健全水权制度，积极培育水市场，鼓励开展水权交易，运用市场机制合理配置水资源"。2012 年 11 月，党的十八大提出要"建立反映市场供求和资源稀缺程度、体现生态价值和代际补偿的资源有偿使用制度和生态补偿制度。积极开展节能量、碳排放权、排污权、水权交易试点"。2013 年 11 月，党的十八届三中全会作出的《中共中央关于全面深化改革若干重大问题的决定》提出,"健全自然资源资产产权制度和用途管制制度。对水流、森林、山岭、草原、荒地、滩涂等自然生态空间进行统一确权登记,形成归属清晰、权责明确、监管有效的自然资源资产产权制度"。与此同时,针对河南的实际情况,2011 年 9 月,《国务院关于支持河南省加快建设中原经济区的指导意见》(国发〔2011〕32 号)指出,要"建立和完善水权制度,研究设立黄河及南水北调中线工程沿线水权交易中心,推进水资源节约利用"。2012 年 11 月,国务院以国函〔2012〕194 号批复《中原经济区规划(2012—2020 年)》,此规划指出,要"研究开展黄河及南水北调中线工程沿线水权交易"。这些决策部署和规范性文件,明确了开展水权试点的工作方向。

2014 年 6 月水利部印发《关于开展水权试点工作的通知》,明确提出在河南、宁夏、江西、湖北、内蒙古、甘肃、广东 7 省区组织开展水权试点工作。2014 年 7 ~ 10 月,河南省水利厅组织开展了水权试点各项前期准备工作,完成了《河南省水权试点方案》编制和相关配套政策拟定工作,2014 年 12 月水利部和河南省政府联合批复了《河南省水权试点方案》,2015 年 1 月水权试点工作开始进入实施阶段。

(二) 实践探索

改革开放以来,我国在水权制度建设方面进行了积极探索,1995 年水利部、财政部、国家计委印发的《占用农业灌溉水源、灌排工程设施补偿办法》(水政资〔1995〕457 号)、2006 年国家颁布的《取水许可和水资源征收管理条例》(国务院令第 460 号)、2008 年水利部颁布的《水量分配暂行办法》(水利部令第 32 号)等细化了取水许可、水资源有偿、水量分配等制度,河南和全国各地也开展了水权置换、水权转让、水权收储等多种形式的探索。在国际上,澳大利亚、美国、智利、墨西哥、巴西和日本等许多国家水权交易已开展多年,并已形成了较为完备的水权交易法律制度。

(三) 实际需求

淡水是所有生命赖以生存的物质,是人类社会生活的基础,是世界性稀缺资源。人口增长、经济发展、水质污染导致的水质性、水源性水资源紧缺,以及水资源的多重用途和地区之间、行业之间、用户之间的竞争,使发挥市场机制配置水资源成为必然选择。尤其是对水源性水资源严重短缺的河南省来说，通过水权交易合理配置水资源、利用价格杠杆促进水资源的节约利用显得更为重要。

河南是一个水资源严重短缺的省份，新中国成立以来特别是近年来，全省各级党委、政府高度重视水利工作，在水资源配置、开发、利用、节约、保护和管理等方面取得了显著成效，为促进全省经济社会发展提供了有力支撑，但人多水少、水资源时空分布不均的基本省情水情依然没有改变。特别是随着工业化、城镇化、农业现代化的快速发展和全球气候变化影响的加大，水资源短缺、水生态环境恶化等问题日益突出。如果不采取有效的配置措施改变这种状况，长此下去，水资源难以承载，水环境难以承受，经济发展难以为继。因此，选择一个条件具备、成功性高的区域进行水权试点势在必行。

（四）有利条件

河南是全国唯一地跨长江、淮河、黄河、海河的省份，面对严峻的水资源形势，规模空前的特大型调水工程——南水北调中线工程的建设及运行，将河南、河北、北京、天津四省市及河南省内 11 个省辖市，以及省内四大流域连通起来，为开展跨区域、跨流域的水量交易，破解水资源短缺难题带来了重大机遇。

第一，有法规基础。2002 年 8 月颁布的《中华人民共和国水法》（第 74 号主席令）规定，水资源归国家所有；对直接从江河、湖泊或者地下取用水资源的单位和个人，通过申请领取取水许可证、缴纳水资源费，取得取水权。2014 年 2 月颁布的《南水北调工程供用水管理条例》（第 647 号国务院令）明确规定，受水区各省（市）可转让年度计划分配水量。

第二，有水量指标。国务院已经明确分配河南南水北调中线工程一期水量指标 37.69 亿 m³，河南已经将水量指标分配到 11 个省辖市、43 座城市。

第三，有管控举措。南水北调工程实行统一管理、统一调度，通过 42 个口门向河南各供水目标供水，口门水闸、水量监测、调度计划管控严格，职责明确。

第四，有交易空间。南水北调中线工程建成通水，相当于增加了河南年均水资源总量的 9.3%，但南水北调配套水厂全面建成还需一段时间，加上当地水和外调水优化配置、经济结构调整等原因，部分市县在一定期限内也有转让水量指标的空间。同时，南水北调沿线各市县用水需求不平衡，部分市县提出了调整或购买南水北调水的需求。

第五，有组织保障。河南省委、省政府已将水权试点作为全面深化改革的一项重点任务，明确由省委全面深化改革领导小组经济体制改革专项小组负责、第21专题小组组织实施、省水利厅牵头负责。省水利厅成立了厅主要领导担任组长、水政水资源处具体负责的水权试点工作小组，为水量交易工作提供了组织和人员保障。

2014年12月，河南省跨流域水量交易工作已获得水利部和省政府的批准。在南水北调受水区内开展水量交易，把握较大，成功率较高。通过试点，不仅能够探索不同流域之间的水量转让，也可探索跨地市、跨省区之间的水量转让，为建立健全水权交易制度起到示范带动作用。

二　跨流域水量交易的必要性

（一）缓解不同区域间水资源供需矛盾的迫切需要

总体上看，河南中南部部分地区水量较多，许昌、郑州、开封及豫北、豫东其他地区水量较少，水资源供需矛盾较为突出。在全省用水总量、分水指标已经确定的情况下，通过行政手段对各地水资源进行调节的难度日益增加。开展区域间水量交易，能够有效缓解区域间水资源供需矛盾，促进不同区域社会经济共同协调发展。

（二）利用市场机制促进节约用水的有效手段

水资源是基础性的自然资源和战略性的经济资源，水资源的合理配置既需要政府调控以保障公平，也需要市场调节以提高效率。开展水量交易，对转让方而言，转让节余水量可以通过市场带来经济效益，可促进建立节约用水的激励机制；由于水资源是有偿取得，受让方必然对用水精打细算，在节约用水的同时，还可以促进建立水资源要素对经济发展方式转变的"倒逼机制"，推动产业结构、生产方式、消费模式的改变。

（三）充分发挥南水北调中线工程综合效益的内在要求

南水北调工程投入巨大，开展区域间水量交易可以最大限度地提高供水规模，减少工程闲置率，更好地发挥工程的供水效益。缺水地区通过水量交易进一步置换出超采的地下水、挤占的农业用水和牺牲的环境用水，更好地发挥工程的社会效益和生态效益。

第三节　跨流域水量交易的思路和做法

总体思路是贯彻党的十八大、十八届三中全会精神，按照"使市场在资源配置中起决定性作用和更好发挥政府作用"的要求，以实行最严格水资源管理制度为基础，以南水北调中线工程沿线区域水量交易为突破口，逐步开展处于不同流域的区域间水量交易，建立健全水量交易规则体系，提高水资源利用效益和效率，保障经济社会可持续发展，为河南乃至全国层面推进水权制度建设提供经验借鉴和示范。

把握四点基本原则。一是总量控制，统筹配置。严格按照各地用水总量、南水北调水量分配指标，优化用水结构，统筹配置当地地表水、地下水、外调水等多种水源，协调好区域与区域之间，以及生活、生产、生态等的用水关系。二是政府调控，市场运作。既要加强政府监督管理，强化节约用水，提高用水效率；又要发挥市场机制，建立健全水量交易程序、交易规则，以价格杠杆优化水资源配置。三是严格监管，合理流转。既要严格区域用水总量控制和地下水压采，防范"边超采边交易"现象；也要结合各地配套水厂工程建设进度和用水需求，促进节余水量的合理流转。四是平等协商，公开公正。水量交易在省级交易平台上统一进行，交易主体处于平等地位，依据交易规则协商确定交易水量、交易价格、履约方式，实现公开交易、公平竞争、公正操作。

一　试点范围及时期

试点范围：南水北调中线工程受水区及沿线相关市县。试点期为3年。

二　试点目标

通过2~3年的努力，基本建立南水北调水权交易规则体系，完成河南省水权交易中心组建，初步构建统一、开放、透明、高效的省级水权交易平台，利用该交易平台促成若干宗水权交易实例，为探索更大范围的水权水市场建设提供支撑和经验借鉴。

三　主要内容

（一）　明确南水北调水量指标

以南水北调工程总体规划为基本依据，结合河南省原南水北调水量指标分配情况，以省政府文件形式明确各省辖市、省直管县（市）的水量指标，作为南水北调水量调度和开展水权交易的依据。

（二）　开展水量交易平台建设

（1）组建河南省水量交易平台。组建河南省水量交易管理机构，作为全省集中统一的水量交易服务机构，负责为南水北调水量交易和其他水量交易提供场所以及信息咨询、协议签订、资金结算、争议处理等服务，并为有关行政主管部门进场监管与督导提供条件和服务。在管理机构成立前，由省水利厅水政水资源处具体负责。

（2）建立水量交易信息系统。依托国家水权交易机构，开展河南省水量交易信息系统建设，配备相应的硬件和软件，提供信息采集与发布、电子交易、信息查询等服务。

（三）　开展水量交易制度建设

（1）制定出台《河南省南水北调水量转让管理办法》，对南水北调水量转让的范围、类型、主体、程序、监管、交易资金管理以及水权交易机构的职责等进行规范，为水权交易提供基本依据。

（2）制定出台《河南省水量交易资金管理和使用办法》，对交易资金管理和交易收益使用进行规范。

（3）制定出台《河南省水量交易规则》，对转让申请、受理、登记、信息发布以及交易签约、资金结算、交易保证金、争议调解等进行规范。

（4）探索建立水量交易风险防控机制，对水量交易可能存在的风险进行分析，制定不同类别的风险防控机制，明确风险源识别、预警与应对等对策措施。

（5）推动出台《河南省南水北调中线工程供用水管理办法》，对南水北调工程的水量调度、水质保障、用水管理、工程设施管理和保护等进行规范，为水量交易提供制度支持。

（四）开展区域间水量交易

县级以上地方人民政府可以授权水利部门或者有关单位转让、受让年度水量；也可以根据经批准的水量分配指标，转让、受让短期或中期的水量。鼓励交易双方加大节水力度，提高用水效率，积极探索开展较长期限的水量转让。

河南省水行政主管部门负责对水量交易进行严格监管，交易双方所在区域上一年度最严格水资源制度考核不合格、地下水开采超过总量控制指标或者地下水压采量未达到地下水压采目标的，不得进行水量转让。

第四节　思考与展望

一　面临的问题与思考

目前，河南水权试点工作正在按计划逐步推进，但在实际工作中还存在一些问题，需要进一步探讨。

一是水资源确权问题。南水北调工程建设资金由国家投资、银行贷款和地方缴纳基金三部分组成。在建设期间，河南已将水量指标分配到各市县，并根据各市县水量指标确定缴纳南水北调建设基金的比例，基金从各地征缴的水资源费中提取，由各市县政府负责上缴到省财政，水资源费不足的直接由地方财政资金抵顶，总计需缴纳中线工程建设基金59.97亿元、财政资金29.96亿元。因此，在水权试点期间，河南把各地取得的水量指标视为有偿取得了水资源使用权，将各地政府作为交易主体，委托水利部门进行交易。但从长期来看，水量交易的前提是具有明晰的水权，国家作为水资源的所有者，是水权分配的主体，地方政府和部门本身不是水资源的使用者，是水量交易的监督管理者。水资源产权制度建设的主要目标是将水资源使用、收益的权利落实到取用水户。因此，要形成比较规范的水市场，在流域之间、用水户之间交易水量，需要研究解决初始水权如何确定、确定给谁的问题。

二是取水许可问题。南水北调中线工程直接从丹江口水库取用水资源，沿线各取用水单位从南水北调中线工程取用水资源。以政府文件形式明确各市县用水总量和南水北调水量指标，可以实现区域间的水量交易，但用水户之间的水量交易需解决取水许可与确权问题。获得取水许可证是否等同于取得了水量交易资格、其他水源的用水户取水许可与确权登记的衔接问题，都需要研究解决。

三是交易价格问题。在水权试点期间，水市场的形成离不开政府引导和培育。南水北调水量交易的有利条件是国家发改委和省发改委明确了南水北调综合水价，为水量交易提供了定价基础。河南省让交易双方结合综合水价协商交易价格，并提出了交易价格指导意见。在其他区域、流域之间开展水量交易，协商水量交易定价方面的机制和规范，是否需要确定政府指导价、指导价如何确定等。

二　前景展望

目前，我国实行了最严格水资源管理制度，明确了全国各地 2015 年度、2020 年度、2030 年度三个阶段的用水控制总量。在区域用水总量水量已经明确、部分区域水资源量严重不足的前提下，水量交易是对水资源进行再优化、再配置的重要举措，而水量交易只有依托河流、湖泊及引、调、提水利工程才能实现。

河南省地跨四大流域，南水北调中线工程贯通南北，黄河、淮河干流以及长江、海河支流纵横东西，在河南境内构建了南北调配、东西互济的中原水网，中原地区水资源配置战略枢纽已基本形成，实现跨流域、跨区域水量交易具有突出的区位优势和水网优势。近期内，河南省借助南水北调工程可以实现受水区各市县之间的水量交易。中远期来看，根据各地水资源条件，逐步加大流域之间的水利连通工程建设力度，可在全省范围内探索开展流域之间、区域之间水量交易。在进一步总结经验和建立水权制度的基础上，也可尝试开展不同省区之间的水量交易，在更大的范围内调剂水资源余缺，盘活水资源存量。

第 九 章

水库灌区水资源管理与水权探索：
渭河流域陕西宝鸡考察[*]

2010 年，陕西省宝鸡市学习和借鉴国内水权制度建设经验，结合宝鸡实际，在全市节水型社会建设工作中，把实施水权转换作为一项重要内容由点到面地逐步开展起来。首先，制定了全省首部涉及水权转换制度的规范性文件《宝鸡市水权转换管理暂行办法》，规定了水权转换的原则、初始水权确定、转换程序和法律责任等问题，市人民政府于 7 月 14 日以第 66 号市长令颁布实施。这是全市水权制度改革的里程碑，开启了建立水市场、实现水资源可持续利用的序幕。其次，市政府确定将冯家山水库、段家峡水库、白荻沟水库、鸡峰山水库四个不同类型的灌区作为水权转换的试点单位，它们的管理办法也分别由市水利局和所在县区政府颁布实施。为了贯彻执行《宝鸡市水权转换管理暂行办法》，市政府在 9 月 14 日举办了以"水权与水市场"为主题的第四届"宝鸡水论坛"，邀请水利部政策法规司原司长高而坤和黄委会姚杰宝博士两位专家对全市干部作了关于水权与水市场发展的学术报告。全市水权转换和水权市场建设工作逐步展开。

第一节　基本情况

宝鸡市位于渭河中游陕西省关中西部，东与西安市、杨凌区、咸阳市接

---

* 本章作者：樊维翰，宝鸡市老科协水利专业委员会主任，原宝鸡市水利局总工程师、教授级高级工程师。

壤，南与汉中市相连，西、北与甘肃省天水市和平凉市毗邻。地处东经106°18′21″~108°03′14″、北纬33°34′50″~35°06′16″。东西长156.6公里，南北宽160.6公里，总面积18131平方公里。

一　地形地貌

宝鸡市南、西、北三面环山，地跨黄河、长江两大流域，属暖温带半湿润气候区，四季分明，雨量适中。全市地形地貌复杂，山地、丘陵、河谷、平原皆有，大致是"六山一水三分田"，山地丘陵面积14632平方公里，占总面积的80.7%；平原区面积3499平方公里，占总面积的19.3%。在大地构造单元上处于秦岭褶皱带、鄂尔多斯台向斜和渭河地堑交接带。渭河以南属秦岭山地，渭河及其沿岸为渭河平原；渭河以北为黄土台塬。市境南、西、北三面环山，中部为西窄东宽、向东逐渐敞开的渭河"八百里秦川"。"八百里秦川"是人们对渭河两岸一片富饶土地的美称，实际上指的就是渭河平原。渭河自西向东横贯全境，从宝鸡峡起形成渭河冲积平原，地势较平坦，海拔438~600米。南北两岸均呈不对称的阶梯状，逐渐增高，由一、二级河床冲积阶地过渡到高出河面200~500米的黄土台塬，其大致状况是：渭北黄土台塬由二级阶地的后缘直到北山南麓，东西连续延伸，广袤辽阔。黄土层厚度十多米到百余米。一般海拔660~950米。因受渭河支流的长期切刈，深谷巨壑不断加深和延长。渭河南黄土台塬，受秦岭洪积扇的分隔，断续分布。塬面的平展程度不一，面积大者较为平坦，面积小的大多凹凸不平，呈阶梯或倾斜的盾状，由秦岭北麓向渭河缓倾。全市最高点是秦岭主峰太白山，最低点是扶风县揉谷乡法禧村渭河出境处，海拔438米，高低相差3329.2米。

二　森林植被

宝鸡市森林资源丰富，野生动植物种类繁多，集中分布在秦岭和关山林区，渭北千山丘陵区分布较少。复杂的地貌条件和多样的气候类型为各种生物种群及生态系统类型的形成与发展提供了优越的自然条件。不仅垂直分布明显，而且还有动植物区系成分复杂、起源古老、南北方过渡性强烈等特点，从而使宝鸡市成为陕西省生态系统多样性和生物多样性最为丰富的地区之一。全市生态系统主要包括森林、草原、湿地和农田四种类型，森林是最重要的陆地生态系统，也是全市最主要的生态系统类型。全市有林业用地111.52万公顷，占总土地面积的61.4%，森林面积88.19万公顷，其中天然林45.05万公顷。全市天然林主要分布在秦岭山地和关山山地，秦岭林区和关山林区同属陕西省五大林区，其中有林地71.6万公顷，森林覆盖率达到48.6%。据宝鸡市林业部门统计，构成全市天然林的野生高等植物（种子植物）多达1500余种，其中乔木300多种、灌木400多种、草本700多种；属国家重点保护的野生植物14种，其中Ⅰ级5种、Ⅱ级9种；属省重点保护的野生植物24种。

三 气候特征

宝鸡市属暖温带半湿润气候区，全年的气候变化受制于季风环流，冷暖干湿四季分明。冬季天气干冷少雪，夏季炎热干燥和温热多雨交替出现，夏季升温迅速而且气候多变，秋季降温快，多连阴雨。光、热资源较丰，年日照时数1860~2250小时；年平均气温7.6℃~12.9℃，最冷的元月，平均气温-0.8℃~-4.7℃，最热的7月，平均温度19℃~26℃；年极端最低气温-25.5℃，出现在1975年12月15日的太白县，年极端最高气温42.7℃，出现在1966年6月19日的扶风县。川原地区多年平均无霜期209~220天。全市多年平均降水量692毫米，受季风和地形地貌影响，降雨时空分布不均，地域差异较大。冬季降水量仅占全年降水量的3%以下，而7~9月降水量占全年的51%~60%；降水量地域分布上是秦岭山区降水量较多，其变化范围在600~900毫米。年平均降水量最多的太白县，降水量为862.2毫米，降水中心在太白山，年降水达900毫米以上。降水量最少的扶风县，年降水603.1毫米。全市年平均相对湿度为68%~72%，平均水面蒸发量为829.3毫米，干旱指数1.16，气候偏于干旱。年最多风向为东风，大风主要出现在春夏两季，最大风速超过40米/秒。

四 经济社会

宝鸡故称陈仓，据《三秦记》记载，陈仓以古陈仓（今鸡峰山）得名。宝鸡之名始自唐肃宗至德二年，沿用至今。截至2013年，全市辖3区9县和 1 个国家级高新技术开发区，总人口 374.46 万人。全市有 102 个镇 35 个乡、1729 个村民委员会、12 个街道办事处和 162 个居民委员会。全市辖金台、渭滨、陈仓和高新技术开发区四个区，凤翔、岐山、扶风、眉县、千阳、陇县、麟游、凤县和太白九县。市区规划面积 555.0 平方公里，建成区面积 71.35 平方公里。

宝鸡市是西北工业重镇、关中—天水经济区副中心城市。工业主导产品有装备制造、能源化工、钛材产业、高新技术、农产品加工和香烟酒类等。2013 年，全市生产总值 1545.91 亿元，财政收入 171.65 亿元。年末共有规模以上工业企业 506 户，其中大中型企业 102 户。城区居民人均可支配收入28509 元，农民人均纯收入 8376 元。

宝鸡市地处陕、甘、宁、川四省（区）接合部，处于西安、兰州、银川、成都四个省会城市的中心位置；陇海、宝成、宝中三条铁路于此交会。宝鸡是新欧亚大陆桥上东西贯通陇海、北连包兰、南接成昆诸线的全方位铁路交通枢纽。连霍高速公路穿境而过，西宝高速公路、川陕公路、310 国道、宝平公路等多条公路网四通八达。2013 年，全市公路总里程达到 14816.9 公里，公路网密度每百平方公里 81.7 公里，以干线公路为骨架，以县乡公路为脉络，以关中公路环线为连接的"三横五纵一环"公路网络已经形成。宝鸡是西部大开发东承西启的重要支点，是区域性物流商贸中心。

宝鸡是炎帝的故里，是姜炎文化的发祥地，人文荟萃、物华天宝，旅游资源十分丰富。截至 2013 年，全市已有 3 个 4A 级景区（法门寺、太白山、周公庙）、13 个 3A 级景区（嘉陵江源头、钓鱼台、凤翔东湖、关山草原、红河谷、灵官峡、野河山、青峰山、大唐秦王陵、龙门洞、五丈原、古大散关、天台山）及炎帝陵、九成宫、秦公一号大墓等 6 处景区对外开放，2013 年共接待国内外游客 2569 万人，旅游综合收入突破190 亿元。

改革开放以来，宝鸡市的经济社会快速稳定发展，城市面貌发生日新月异的变化，先后荣获全国百强城市、国家园林城市、国家环保模范城市、国家卫生城市、国家节水型城市、全国双拥模范城市、中国优秀旅游城市和新中国 60 个城市发展代表等 32 项荣誉。

五　江河水系

宝鸡市以秦岭山脊为界分属于黄河和长江两大流域，秦岭以南为长江流域，面积5104.0平方公里，占全市总面积的28.2%；秦岭以北为黄河流域，面积13027.0平方公里，占全市总面积的71.8%。宝鸡市境内有流域面积在10平方公里以上的大小河流335条，其中黄河流域244条、长江流域91条。黄河流域有黄河一级支流渭河和若干支流，以及东北部泾河水系的达溪河支流。长江流域有长江一级支流嘉陵江、汉江及其支流。

第二节　水资源及其管理情况

一　资源总量

全市多年平均地表水资源量323412万立方米，地下水天然资源量144605万立方米，两者的重复计算量108734万立方米。宝鸡市水资源总量359283万立方米，其中，黄河流域23.6亿立方米，占65.7%；长江流域12.3亿立方米，占34.2%（见表1）。

表1　宝鸡市各县区水资源总量

单位：万立方米，平方公里

行政区	计算面积	地表水资源量	地下水资源量	重复计算量	水资源总量
渭滨区	739	28154	9203	9203	28154
金台区	228	1717	4481	4481	1717
陈仓区	2607	39494	20263	12710	47047
凤翔县	1179	6070	10946	2963	14054
岐山县	855	6266	10514	1678	15102
扶风县	710	3072	9344	328	12088
眉　县	863	24736	17630	4755	37611
陇　县	2418	35180	12107	12107	35180
千阳县	959	8104	7534	7534	8104

行政区	计算面积	地表水资源量	地下水资源量	重复计算量	水资源总量
麟游县	1606	10550	6593	6593	10550
凤　县	3187	69689	22586	22586	69689
太白县	2780	90380	13404	23796	79987
合　计	18131	323412	144605	108734	359283

注：宝鸡市地表水平均开发利用率达 15.4%，地下水平均开发利用率达 26.63%，全市水资源开发利用程度达 24.58%。

二　供水用水

全市的水资源在 21 世纪前主要用于农田灌溉（包括水产养殖）、工业生产和城乡人民生活三大部分。进入 21 世纪以后，除了上述三项用途外，还要保证生态环境良性发展。截至 2014 年统计，全市多年平均用水总量在 7.0 亿立方米左右。

三　水资源现状

宝鸡市多年平均水资源量为 35.93 亿立方米，人均水资源量 990 立方米，亩均水资源量 740 立方米，均低于陕西省平均水平，不到全国平均水平的一半。受地形地貌影响，水资源分布不均，呈南丰北枯之势。其中，长江流域 12.33 亿立方米，占 33.20%；黄河流域 24.76 亿立方米，占 66.8%。年内分配不均，降雨量多集中在 7～9 月，占年降水量的 50%～60%，其中 9 月份约占全年降水量的 28%；冬季降水偏少，12 月到次年 2 月降水量仅占全年降水量的 3%。全市水资源存在的问题有以下几个方面。

第一，重点区域水资源供需矛盾尖锐。随着城市建设的加速和工业的快速发展，全市逐渐出现了水资源紧缺的窘境。经济的快速增长、工业规模的扩大将推动水资源需求的增长，城市公共用水和服务业用水需求也在不断增加，从而使全市用水需求的不断增长。水资源的供需矛盾将随着经济社会的进一步发展而愈显突出，水资源紧缺将成为制约全市城市和社会经济发展的重要因素。据测算，在现有供水条件下，宝鸡全市 2011 年、2015 年、2020 年水资源供需缺口分别为 264 亿立方米、3.38 亿立方米和

4.65 亿立方米。

第二，用水浪费和效率低问题比较突出。全市用水浪费与效率低问题比较突出，居民节水意识不强，工农业用水都存在着较大的节水潜能。农业灌溉用水有效利用系数仅为 0.5，而发达国家为 0.7 ~ 0.8；工业水重复利用率较低，节水措施还需进一步加强；城市供水管网漏损率平均为 14.6%。同时，污水处理和回用、雨水回用等非常规水利用也处于较低的水平。

第三，地下水开发利用潜力不大。地下水是宝鸡市重要的用水水源，开发利用程度较高，可开发利用潜力不大。中水、雨水等非常规水源利用程度较低。为满足进一步发展的需求，应该优化配置地表水资源，开发污水再生水利用工程、集雨工程等非传统水源，减少地下水资源的开采。

第四，水生态环境问题严重。河道水资源的大规模开发利用导致了下游侧向流入量和河水入渗量大为减少，潜水位下降，给下游的植被、土地带来影响。水土流失使水源得不到很好的涵养，雨季极易形成地表径流流走，同时又削减地力，加剧了干旱的发生，导致生态失衡。

四　水资源管理

水资源是经济社会发展的基础性自然资源和战略性经济资源，水资源管理是全市水利管理重要的基础工作。

（一）普查规划

从 20 世纪 80 年代以来，宝鸡对全市的水资源进行过多次普查规划，对指导当时的水利工作发挥了重要作用，先后制定的规划有《陕西省宝鸡市水利区划》、《宝鸡市水资源开发利用现状调查评价报告》、《宝鸡市水资源调查评价报告》和《宝鸡市水资源开发利用规划》。在开展以上普查规划的同时，全市还先后编制了一批水资源开发利用的局部和时段规划。

（二）取水许可

遵照国务院、水利部和陕西省人民政府相继颁布的取水许可的法规、规章，宝鸡市从 1994 年起，逐步开展了取水许可管理工作。对已完成的取水工程，由市、县两级水资源管理机构对取水相对人统一颁发《中华人民共和国取水许可证》。截至 2008 年，全市完成了 580 个取水单位取水许可证的换证工作（不含农用井取水许可），全市许可总水量 8.54 亿立方米，其中地表水 7.59 亿立方米、地下水 0.59 亿立方米。对已颁发的取水许可证，按规定每两年审验一次，对变化的取水情况及时进行调整。

（三）节约用水

一是编制下达用水计划。从 1990 年到 2010 年的 20 年间，全市工农业生产和人民生活用水年均总量在 7.0 亿立方米左右，最多的是 2000 年（干旱年），用水量达 9.85 亿立方米；最少的是 1990 年，用水量为 5.04 亿立方米。市、县两级水资源管理机构按照从下到上、再从上到下的原则，向各用水单位（主要是工业企业）编制下达用水计划，年终时对各用水单位用水情况进行考核，工业企业单位大多数按计划用水，年均节水在 300 万立方米左右，唯城镇生活用水计划有所提高。二是推广节水新技术、新工艺和新设备。三是开展工业企业水平衡测试试点工作。水平衡测试是通过测试企业各用水系统水的输入量与用水量、排出量，进行平衡分析，确定行业的用水水平，或同行业不同机械设备、不同工艺水平和管理水平的企业单位产品用水量，进行合理化分析，挖掘节水潜力，降低企业耗能，提高水的利用效率。1999 年，宝鸡市水资源管理处遵照省、市的安排，经过充分的人员和技术准备，选定宝鸡桥梁工厂、陕西省红旗化工厂和陕西宝鸡毅武食品公司三家企业，开展了水平衡测试试点工作，取得了很好的节水效果。

第三节　水权转换探索

宝鸡市把水权制度建设作为优化全市水资源配置的重要举措，当作实行最严格的水资源管理制度的重要抓手，以创新精神大胆实践。2010 年 7 月，宝鸡市政府在陕西省率先出台了《宝鸡市水权转换管理暂行办法》，市水利部门制定了《宝鸡市水权转换实施细则》、《冯家山水库水权转换实施办法》等，在水权转换过程中做了很多尝试。

一　初始水权确定的原则和具体操作办法

做好初始水权的分配是水权转换的关键。初始水权分配的原则为：一是按照生活用水、发展用水、生态用水和确保用水、基本情景用水、高情景用水界定位序用水；二是公平优先、兼顾效率，保证人的安全饮水、粮食安全和基本生态用水，在此基础上再考虑向高效益、高附加值产业用水；三是尊重用水现状，同时考虑历史用水习惯和社会经济未来发展情况；四是经批准的水利工程受益区、供水工程供水区内的所有受益户、自然河流流域内的居民用水优先；五是当缺水时，所有同类型用水单位和个人，以同比例削减用水量；六是政府留有余地。在具体确定初始水权上，一是算清水账，摸清底数；二是按以上原则进行需求分析；三是与流域内用水单位进行民主协商；四是编制初始水权分配方案；五是上报有关方面审核批准。

二　明晰水权转换的范围

水权是指在水资源归国家所有的前提下，用水单位或个人获得的水使用权。水权转换是指拥有初始水权的单位或个人向其他用水人让渡水使用权的一种行为。宝鸡市对水权转换的范围进行了规范，提出任何单位和个人依法取得的水使用权受法律保护，并可依法进行转换。水权转换出让方必须是拥有初始水权并在一定期限内有节余水量，或者通过工程节水措施取得节余水量的用水单位或个人。水权转换应按有关规定，在水权转换一级市场进行，这便是初始水权所有者和用水户之间的初次水权交易。这些规范措施为水权转换的顺利有序进行奠定了基础。水权转换要兼顾转换双方的利益，综合考虑节水主体工程使用年限和受让方主体工程更新改造的年限，以及区域内水资源配置的变化，水权转换最长年限为 25 年，但不得超过出让方取水许可年限。

三　水权转换操作中的制度规范

水权转换涉及的方面比较多，规范实际工作中的操作行为至关重要。按宝鸡市水权转换的实际，应从以下几个方面规范工作程序：一是编制水权转换可行性研究报告。二是水权转换双方签订水权转换协议，并报经上级水行政主管部门审批。三是合理确定转换费用。水权转换费用包括治水成本和合理收益。通过工程节水措施转让水权的，转换费用包括节水工程建设费用、节水工程和量水设施的运行维护费用（岁修及日常维护费用）、节水工程的更新改造费用（当节水工程的设计使用期限短于水权转让期限时所增加的费用）、因提高供水保证率而增加耗水量的补偿和必要的经济利益补偿和生态补偿等。四是水权转换节水工程的验收。

四　加快宝鸡水权制度建设步伐的几个问题

一是牢固树立水是商品的意识。长期以来，人们普遍认为水是取之不尽、用之不竭的，而且可以无偿使用，导致水资源节约保护不够，浪费严重。推进水权转换就必须在全社会树立水是稀缺战略资源和有偿使用水资源的意识，树立水的商品意识。从思想观念上、社会生活习惯上真正确立水是商品的意识，解决水资源利用方式粗放、用水效率低下、不计用水成本等突出问题，为实施水权转换奠定思想和舆论基础。二是坚持以市场为基础配置水资源。水具有商品的属性，过去，平调农业用水支持其他产业，既不补偿资金，又不配置农业节水设施，造成了用水上某一方面对其他产业用水的剥夺。实行水权制度、进行水权转换，就要树立水使用权受法律保护的观念，不再无偿占用具有水权者的用水权。政府在制定规划、招商引资中不能再把无偿使用其他产业用水当作优惠待遇，而要按市场机制，按水权制度进行有偿转换，用转换资金补偿出让方的损失，实现出让方、受让方的双赢。三是做好初始水权分配。确定初始水权是水权转换的基础和关键，要按照初始水权具有原生态性和最初拥有性的原则，逐步将全市行政区域内干、支流和水库的初始水权细化到以乡镇、自然村、用水户为单元的农民和国民经济其他行业的用水户，并明确其责任、权利、义务，让水权拥有者既拥有水资源使用权利，也承担相应的义务和责任。

五　开展水权转换试点

水权制度改革是一个开创性的事物，具有前瞻性。为了确保水权改革工作的顺利实施，确立试点，取得经验很有必要。宝鸡市将冯家山、段家峡、白荻沟和鸡峰山四个不同类型、不同产权的水库灌区作为全市水权转换的试点，以总结经验，为全市水权转换提供借鉴。逐步建立水市场。根据现有法律和制度，在探索中研究和创新，逐步探索建立宝鸡水市场，把水权交易转换规范运行提高到一个新水平。

第四节　冯家山水库水权转换实践

一　基本情况

冯家山水库是以农业灌溉和城市、工业供水为主，兼作防洪、发电、养殖等综合利用的大（Ⅱ）型水利工程。工程于1970年动工兴建，1974年下闸蓄水，1982年竣工验收正式投入使用，2007年除险加固工程竣工验收。水库总库容4.27亿立方米，有效库容2.86亿立方米。灌区设施灌溉面积136万亩，现有有效灌溉面积124万亩。灌区涉及宝鸡市陈仓、金台、凤翔、岐山、扶风、眉县和咸阳市乾县、永寿8县（区）38个乡（镇）。灌区共有干渠四条，总长119.8公里；支渠100条，长542.7公里；斗、分渠9709条，总长4184公里；设施5000亩以上抽水站22处56站，总装机容量3.6万千瓦。

冯家山水库建库35年（1974～2009年）来，年平均来水量为3.55亿立方米，1974～1984年年平均来水量4.61亿立方米，而近十年来由于气候变化及千河流域对水资源的开发利用，年平均来水量仅2.34亿立方米，比建库蓄水后前十年来水量年均减少了49.2%，水库来水量减少趋势十分明显，冯家山水库可利用水资源已十分紧缺。

冯家山水库工程自投运以来，对改善灌区农业生产条件、促进灌区粮油稳产高产和农村经济的发展发挥了巨大的作用。但水库及灌区的干、支渠骨干工程历经30多年的运行，普遍存在设施不配套、渠道防渗效果差、老化失修严重等问题，工程整体运行能力日渐衰退，骨干工程输水损失严重，亟须进行改造。特别是灌区斗渠以下田间工程管理维护资金缺乏，近年来田间工程投入不足、老化失修和人为破坏严重等导致完好率低（仅40%），灌溉水利用系数只有0.50。加之灌水技术落后，灌区群众至今仍沿用过去大水漫灌的习惯，水资源浪费严重。这样就形成了一方面水量损失和浪费严重，另一方面新上马的工业项目因水资源得不到保障而困难重重的局面（见表2）。

表 2　冯家山水库平水年二级水权量分配

单位：万立方米

水权项目	水权单位	水权量	备　注
城市生活	宝鸡市自来水公司	3000	—
农业灌溉	陈仓区	1500	含高新区农灌水权
	金台区	460	—
	凤翔县	1400	—
	岐山县	3600	—
	扶风县	4100	—
	眉　县	50	—
	乾　县	40	—
	永　寿	50	—
	小　计	11200	—
工业用水	陕西省宝鸡第二发电有限责任公司	1400	按宝市水计〔1992〕117 号文件规定缴纳费用后取得二级水权
生态用水	—	3150	河道生态
水库调度	—	1250	库区蒸发
	—	2000	应急机动
	小　计	3250	—
合计	—	22000	—

二　水权转换的必要性

宝鸡是一个水资源短缺的城市，水资源总量仅 35.29 亿立方米，人均水资源量 990 立方米，亩均水资源量 740 立方米，均低于全省平均水平，不及全国人均水资源量的一半，属于资源型缺水和工程性缺水地区，水资源短缺已成为制约区域经济社会持续发展的瓶颈。同时，随着经济社会的快速发展，宝鸡市对水资源的需求将进一步加大，城乡居民饮用水对水质和水量的要求将进一步提高，工业规模扩大也将推动水资源需求的增长，城市公共用水和服务业用水需求量也将激增。解决日益严重的缺水问题已成为我们的燃眉之急。

近年来，冯家山水库每年向灌区供水 1.0 亿~1.6 亿立方米，向宝鸡城市供水 2600 万立方米，向宝鸡二电厂供水 1300 万立方米，生态用水 3500 万立方米，每年总计供水 1.74 亿~1.6 亿立方米，水库的供水量和实际可调蓄水资源量基本相当，也就是说水库水资源仅能基本满足现状用水。但从发展前景看，即将开工建设的甲醇项目年需供水量 1200 万立方米，宝鸡二电厂二期、三期工程每年需供水量 800 万立方米，正在规划之中的蟠龙塬供水工程年需供水 3500 万立方米，宝鸡市城市关闭自备井将再增加 300 万~500 万立方米供水，合计近期将增加用水量约 6000 万立方米。从长远看，意向中的"煤变油"项目，规划年需要 7000 万立方米用水量。当然，若水资源许可，也将会上马其他的一些工业项目。另外，随着宝鸡市百万人口大城市建设和小城镇建设步伐的加快，城乡生活用水量的需求也将大幅度增加，灌区内城乡生活用水也有增加的意向。

根据水权转换的有关理论，对水资源的需求一旦达到导致人们相互对抗的程度，产权的界定便不可避免。初始水权确定后，新增用水需求问题主要通过水权交易市场进行用水权的有偿转让来解决。众所周知，冯家山水库是20 世纪 70 年代采取国家补助、灌区群众投劳的办法修建的，工程设计的初衷是专为灌区农业灌溉服务。简单地说，在当时的农业种植结构和灌溉技术水平条件下，工程规模需要与灌区农业灌溉相配套。在引入水权概念之前，冯家山水库虽然支持了非农业项目的建设，却在简单地、不合理地减少了农业灌溉用水，降低了农业灌溉的保证率，给灌区粮食生产安全埋下了隐患，这种通过牺牲农业生产利益而保城市工业发展的办法是不可取的。

在水权转换中，水权受方单位通过出资对农业灌溉设施进行补偿和改造，从而取得水的使用权。用补偿资金进行灌区工程改造，推广先进灌水技术，使节约的水量去支持新建项目。这种办法实际上是在大力支持城市和工业发展的同时，最大限度地保护灌区农民的合法权益，保证灌区的粮食生产安全。根据冯家山水库管理局水利发展规划，冯家山水库管理局计划投资5.65 亿元对灌区干支渠和大型泵站及建筑物进行更新改造。这些项目的顺利完成，需要在争取国家投资的同时，由地方政府筹集一定比例的配套资金才能实现。因而，实施水权转换就是筹措资金的重要途径。

通过水权转换筹集节水改造资金是某些外省、市灌区的成功经验。工业与农业之间的水权转换使用水者在水权的转换中受益，水权转让的公平性、水资源供给的灵活性、水资源配置和使用效率的提高得到实现。因此，冯家山水库灌区实现可持续发展，水权转换是必然选择。

三 水权分配及水权转换的基本思路

第一，冯家山水库管理局代表政府对冯家山水库水资源进行统一管理，拥有初始水权，属一级水权单位。冯家山水库现有各用水户拥有一定量的使用权，属二级水权单位。

第二，冯家山水库水权转换工作暂时确定在一级市场进行，即在冯家山水库管理局与项目建设单位之间进行。今后新建用水项目，用水扩容项目必须通过水权转换取得水资源的使用权。新建项目、扩容项目建设单位为水权受让单位，冯家山水库管理局为水权出让单位。根据形势发展需要，待水权转换工作经验丰富、其他条件成熟时，再逐渐进入水权转换其他市场。

第三，依据工程设计范围和工程建设投劳情况，并尊重用水现状，确定现有二级水权单位为灌区8个县（区）、宝鸡市自来水公司和陕西宝鸡第二发电有限责任公司。

第四，对冯家山水库水资源理进行综合统计分析后，确定将平水年水库来水量作为总水权。按照城市生活、农业灌溉、工业用水、生态用水、水库调度五个部分进行分配，农业灌溉部分具体量化到各县（区）。由于水库来水量具有不可确定性，因此在实际年份（特别是枯水年）各用水单位水量需要根据实际来水进行调整。

第五，由水权受让单位向冯家山水库管理局支付水权转换工程建设费用，冯家山水库管理局具体负责组织实施水权转换工程建设。水权转换工程建成后，由冯家山水库管理局负责维护和管理，运行维护费用由水权受让单位按照水权转换工程总投资的一定比例提供。

第六，水权转换期限要综合考虑水权转换工程使用年限和受让单位主体工程更新改造年限以及冯家山水库灌区水资源的配置变化，水权转换最长期限为25年。水权转换期满，受让单位需要继续取水的，应重新办理水权转换手续。非农业用水单位如果不再用水时，冯家山水库管理局收回水权。

根据以上思路，宝鸡市水利局出台了《宝鸡市冯家山水库水权转换暂行办法》，为水权转换工作奠定了政策基础，下一步主要是抓好配套办法的制定和落实。

四　水权转换的基本途径

冯家山水库水权转换的基本途径是开辟新水源、加强汛期洪水调度研究、改造灌区工程和推广灌溉技术四项内容。

（一）开辟新水源

在冯家山水库坝址以上，千河流域内新建水库，作为冯家山水库的补水工程，统一管理，统一调度，增加冯家山水库水资源总量。如以前规划八渡河上的高炉子水库。

（二）加强汛期洪水调度研究

随着天气、水文监测手段的提高，科技预报水平不断细化和精确，应当加强与气象部门、水文部门的合作，同时在流域内建立和完善水雨情监测与预警系统，积极探索在确保水库防汛安全的前提下，通过提高汛期限制水位或者实行动态汛限水位的办法，拦蓄更多的洪水，实现洪水资源化，使水库发挥更大的兴利效益。

（三）改造灌区工程

冯家山水库灌区工程经过30多年的运行，老化失修严重，输送水量损失很大，原设计灌溉水利用系数是0.55，目前仅能达到0.50。近年来，国家加大了对大型灌区建设的扶持力度，但是由于灌区更新改造所需资金量庞大，还必须通过其他渠道筹措建设资金，加大灌区工程更新改造力度，减少输送水过程中的无谓损失，提高水的利用系数，也是节水型社会建设的基本要求。

（四）推广灌溉技术

目前，灌区农业生产还是粗放的管理模式，人们对水资源的重要性和水资源紧缺认识不足，大水漫灌的现象还比较普遍，沟灌、畦灌、滴灌的普及率较低，造成水资源大量浪费。今后要加强宣传，大力推广先进的灌溉技术，做到既满足农作物的灌溉需求，又降低亩均耗水量。

第五节 凤翔县白荻沟水库水权转换实践

一 水库灌区概况

凤翔县横水河灌区位于关中平原西部，南北宽 11.5 公里，东西长 18.5 公里，是陕西省开发利用较早的国有中型自流灌区。灌区水源来自渭河三级支流横水河上游的四条支流，水源枢纽工程由白荻沟、群力、桃树沟、姚家沟等四座水库联合组成，总库容 2259 万立方米，有效库容 1064 万立方米。灌区现有设施面积 9.48 万亩，有效灌溉面积 8.06 万亩，涉及凤翔县田家庄等 7 个乡镇 53 个行政村。横水河灌区是凤翔县农业优质粮经作物主要生产区。

二 水权转换实践情况

凤翔县地处渭北旱塬，水资源短缺，人均水资源量仅占全国、全省人均水资源量的 12% 和 21%。进入 21 世纪后，全县经济社会快速发展，水资源供需矛盾日益突出。为了缓解水资源紧缺矛盾，优化用水结构，以有限的水资源支撑全县经济社会快速发展，2010 年 10 月，县水利局根据市水利局安排，决定在条件较为成熟的横水河灌区首先实行水权转换试点。横水河流域是凤翔县重要的地表水水源地，承担着县城生活供水、工业供水和农业灌溉用水等任务。21 世纪以来，区域内建材工业迅速发展，工业供水量显著增加；2009 年 12 月建成的白荻沟水库向县城供水工程每年需向县城供水 550 万吨，增加了横水河灌区供水的新功能；农业灌溉用水持续稳中有升。在有限的水资源总量下，供需水矛盾日渐突出。2010 年 10 月，凤翔县政府办公室根据市政府颁布的《宝鸡市水权转换管理暂行管理办法》和市水利局制定的《宝鸡市水权转化实施细则》，参照《宝鸡市冯家山水库水权转换暂行办法》，结合灌区实际，制定颁布了《凤翔县横水河水权转换管理办法》（以下简称《办法》），自 2010 年 10 月 25 日起施行。《办法》对二级水权分配、水权转换程序、水权转换费用、水权转换工作的组织实施与监督管理等都作了具体规定。《办法》所称水权指在水资源归国家所有的前提下，各用水单位所拥有的对横水河灌区管辖水库水资源的使用权。水权转换指拥有初始水权的横水河灌溉管理处和用水户之间的初次水权交易。凤翔县横水河灌溉管理处拥有所辖水库的初始水权，属一级水权单位，各用水单位拥有一定量的水使用权，是横水河灌溉管理处的二级用水单位。二级水权按县城生活、农业灌溉、水库调度三部分进行分配。二级水权单位有县城生活用水单位凤翔县自来水公司，农业灌溉用水单位姚家沟镇、糜杆桥镇、田家庄镇、糜杆桥镇、田家庄镇、横水镇和彪角镇。

第六节　水权转换的成效、问题和建议

一　宝鸡市实行水权转换取得的成效

（一）制定了一系列有关水权转换的地方性规范文件

宝鸡市有关水权转换的地方性规范主要有《宝鸡市水权转换管理暂行办法》，这个文件是 2010 年 7 月以第 66 号市长令发布的，当年 8 月 1 日起实行；根据有关水法规和《宝鸡市水权转换管理暂行办法》，宝鸡市水利局相继制定了《宝鸡市水权转换实施细则》、《宝鸡市冯家山水库水权转换暂行办法》；有试点的县区也由县区政府办发了相应的地方性规范文件。以《宝鸡市水权转换管理暂行办法》为代表的文件出台对宝鸡市水权转换工作具有十分重要的意义。这个《办法》是陕西省第一部涉及水权制度的规范性文件。目前，我国尚未形成完善的水权制度法规体系，在没有具体的地方性法规和实践经验的情况下，《办法》的制定和出台无疑对宝鸡乃至陕西的水权制度建设具有先导作用。《办法》是宝鸡市节水型社会建设试点工作的最大亮点。构建以水权制度建设为核心的节水型社会管理体系是节水型社会建设的主要任务。《办法》的颁布实施必将激励宝鸡及与宝鸡水资源状况类似地区水权制度和管理的不断创新，推进节水型社会创建向纵深发展。《办法》的颁布标志着水资源配置理念的转变。与全国其他地市情况相同，过去宝鸡也主要通过行政手段由政府来配置水资源，缺乏流转机制。制定水权转换办法，有利于确定水资源使用权主体，明晰水权制度，并通过市场作用，使水资源从低效益的用户转向高效益用户，逐步消除指令分配的不合理性，提高水资源的利用效率。

（二）　促进了各试点单位的水利建设工作

1. 冯家山水库灌区

冯家山水库灌区通过实施水权转换工作极大地促进了灌区渠系配套建设和节约用水工作。2009 年，冯家山水库灌区先后完成了北干四支渠、十支渠、十六支渠和南干十支渠续建配套节水建设任务。10 月下达的第四批扩大内需续建配套节水改造项目完成建设任务过半。同时，冯家山水库灌区大型泵站更新改造项目已列入陕西省大型灌溉排水泵站更新改造项目计划，项目总投资 4.03 亿元。灌区用水企业节水工作也取得很大成效。陕西宝鸡第二发电有限责任公司位于宝鸡市凤翔县长青镇，总装机容量为 1200MW，四台机组分别于 1998～2001 年投产。取水水源为冯家山水库水源，属地表水。取用水分为生产用水和非生产用水两大块。生产用水包括凝汽器冷却水、辅机和转动机械冷却用工业水、除渣用水、锅炉补给水等，约占总用水中 95%；非生产用水包括生活用水、消防用水、清扫用水等，约占总用水量的 5%。根据历年统计数据显示，全公司每年用水总量 1100 万～1652 万吨，每年有 250 万～300 万吨废水外排。全厂复用水率为 98.3%，满足国家规定汽轮机循环水为闭式循环的电厂应大于 95% 的要求。在全市建设节水型社会工作中，该企业加强节水管理工作，建立了合理的水量平衡系统，做到一水多用，水尽其用、废水回用，力求减少全厂不合理外排水量。在废污水处理方面采取六大措施，大幅减少新鲜水的取水量和废水排放量，基本可以做到废水零排放，大大节约了水量，取得了良好的社会效益和经济效益。2012 年 5 月，公司被宝鸡市命名为节水型企业。

2. 白荻沟水库灌区

灌区实施节水改造工程，通过采用开源节流、加强调度管理、调整用水结构、促进水资源使用权合理流动、推进水权转换制度改革等措施，经济效益、社会效益和生态效益显著提高。一是为灌区新增重大工业项目提供了水资源保障，促进了区域经济快速发展。二是拓宽了水利工程设融资渠道，发展了水利经济。通过水权有偿转让、农业灌溉节省水量转让工业项目用水，增加了灌区收入，灌区自身得到可持续发展。三是水权转换要求灌区积极实施节水改造和加强水源调度，节省水量以实现水权转让，从而可以有效减少农业灌溉渗漏，使水资源调配到效率和效益较高的工业和城市供水项目，使单方水 GDP 大幅增加。四是优化了水结构。农灌水量指标下降，城市和工业用水指标增加，用水结构趋于合理，水资源配置更加科学，提高了利用效率。五是水权转换分配给环境生态水量增加，促进了区域环境逐步好转，取得了良好的生态效益。

（三）促进了宝鸡市节水型城市建设

水权转换是宝鸡市建设节水型社会主要内容。从 2009 年开始的节水型城市建设，到 2013 年宝鸡市被国家命名全国节水型城市，全市建成节水型企业 39 个、节水型单位 43 个、节水型小区 30 个；更换非节水器具 32 万多个；市区污水处理率达到 89%，再生水利用率达 10%，工业用水重复利用率达 75%，自来水供水管网漏损下降到 14%，市区自备用水户年节水 500 万立方米。2015 年通过了国家第五次复检。

二　执行《办法》，实施水权转换工作存在的问题

（一）用水户对宝鸡的水情状况不了解，执行自觉性不强

宝鸡是一个缺水城市，随着经济社会的快速发展，水资源供需矛盾愈来愈突出。例如，冯家山水库作为宝鸡市城市供水和工农业生产的主要水源，承担着宝鸡市区 60% 的供水量。农业灌溉面积 136 万亩，占全市有效灌溉面积的 55%，涉及全市 5 个县区，年农业用水量达到 1.6 亿立方米。目前，向长青工业园、宝鸡第二发电厂等单位的供水指标基本是挤占农业用水指标而取得的。由于缺乏宣传和必要的引导，有关方面对这种现状并不了解，或者缺乏危机感，误以为宝鸡水资源并不缺乏，所以对水权转换管理办法反应冷淡，甚至有抵触情绪。

（二）有关各方对水权转换认识不到位，影响执行效果

水权转换涉及相关行政主管部门、灌区水管理单位、工业项目业主单位和灌区群众等多方面的利益。《办法》施行后，新上工业项目必须按照《办法》遵守转换程序，实行节水工程改造，缴纳相关费用以取得水使用权。但各方的认识还不到位，加之利益驱动，必然会对制度的执行效果造成影响。

（三）企业从自身利益考虑，配合不积极

企业通过缴纳水资源转换费、实施节水工程取得水使用权，既是企业取得水使用权的合法途径，又是企业应尽的社会责任。但由于长期的习惯性思维和自身利益的考虑，从目前情况看，一些应该通过转换取得水使用权的工业企业社会责任意识并不强，配合并不积极。

三　加快《办法》实施的几点思考和建议

（一）扩大水权转换的知情率，逐步建立公众参与机制

一是大力宣传《办法》的意义和目的，让水权转换的参与者认识到：水权转换是手段，实现节水是目的，保障宝鸡经济社会的可持续发展。二是树立企业的大局意识。水是企业发展的基本要素，节水是企业和全社会的责任。只有宝鸡的"大水缸"中有水，企业的"小水缸"才能源源不断。培养企业"投资节水，转换水权"的思维模式。三是结合节水文化建设，加强宣传教育，促进每一个公民形成水权和节水意识，倡导科学文明的生产生活方式。

（二）合理确定转换费标准

受让方之所以对水权转换持观望态度，主要是因为转换费用。《办法》规定了投资节水工程转换费用的基本构成、收益分配和代管主体，具体的转换费用管理使用办法正在制定当中。转换费用的确立应坚持三个原则：一是认真贯彻政策原则。水利部《关于水权转让的若干意见》中，要求水权转让费最低限额不低于对占用等量水源和相关工程设施进行等效替代的费用。转换费用的确定要保证政策底线。二是实行"小步快跑"。水权转换在宝鸡处于探索阶段，承担水权转换费用的受让方对这项工作的意义和效果认识有待提高。在确保最低限额的前提下，政府要根据《办法》实施的进度和效果，确定水权交易的指导价格和允许浮动的范围，并对水权交易价格进行必要的评估。三是平等协商原则。水权市场虽是一个准市场，但水权交易应由双方进行协商，在自愿的基础上达成协议。水权转换费也应在水行政主管部门的引导下，各方平等协商确定。

（三）不断完善宝鸡水权流转机制

水权转换与市场行为有关，它的实施必须有配套的政策法规予以保障。

水权流转制度包括水权转换资格审定、水权转换的程序及审批、水权转换的公告制度、水权转换的利益补偿机制以及水市场的监管制度等。《办法》初步规范了初始水权的确立原则、水权转换的程序、水权转换费用、水权转换的组织实施和监督管理以及相关法律责任。但尚未形成完备的制度体系，需要在实践中不断完善。

（四）积极实施，稳步推进

一要实行奖励机制。宝鸡实行的主要是灌区对工业项目"点对点"式的水权转换。目前，出让方初步选定了冯家山、段家峡、白荻沟、鸡峰山四个水库灌区作为试点，与首批出让方签订水权转换协议的新上工业项目可在转换费用上实行一定的优惠，以鼓励受让方参与水权转换。二是要对能源矿产企业引入竞争机制。政府应将水权作为项目竞标的主要内容，通过投资节水工程改造获得水权的企业享有同等条件下的优先权。

（五）增强服务意识，规范管理监督行为

水权转换作为新生事物是一项全新的具有探索性、尝试性的工作。政府和水行政主管部门在水权转换中的职责主要是宏观调控、组织实施和监督管理。管理人员在严格执行《办法》的同时，要树立服务意识，组织水权转换双方签订协议，负责水权转换的审批、水权转换节水工程的设计审查和招投标、监督资金的使用、节水工程的验收等环节，要做好"服务员"、"监督员"，为水权转换工作的开展尽职尽责，保障水权转换工作顺利进行，早日取得成果。

第　十　章

上下游水资源管理与水权探索：
东江流域广东河源考察[*]

　　东江流域是珠江水系的重要组成部分，发源于江西省寻乌县桠髻钵山，干流流经广东省河源、惠州、东莞、广州等市，在东莞石龙经东江河网区汇入狮子洋，流域内有新丰江水库和枫树坝水库两座大型水库以及为香港供水的东深供水工程，是广州、深圳、河源、惠州、东莞、韶关和香港等地区3400多万人的主要供水水源，是重要的"生命水、政治水、经济水"。1963年，周恩来总理批复建设东江—深圳供水工程，开始向香港有偿供水。2008年，广东省颁布《广东省东江流域水资源分配方案》，明确流域内各个地市初始水权。2014年7月，水利部印发了《关于开展水权试点工作的通知》，提出在广东省东江流域启动上下游间水权交易试点工作，东江水资源管理和水权改革迎来新的机遇。

第一节　东江流域情况

一　水资源

　　东江流域水资源充沛、降雨量大。河道全长562公里，平均坡降0.388‰，平均年径流深950.4毫米，平均年径流量237.9亿立方米。据

---

[*] 本章作者：林凌，四川省社会科学院学术顾问、研究员；巨栋，四川省社会科学院硕士研究生；刘世庆，四川省社会科学院研究员。

1956～2005 年径流量系列分析，东江流域年平均水资源总量是 331.1 亿立方米，广东省境内约为 291 亿立方米。流域属亚热带季风湿润气候区，具有明显的干湿季节，流域内多年平均雨量为 1500～2400 毫米。

东江主要支流有贝岭水、利江、新丰江、秋香江、公庄水、西枝江、石马河、曾田河等，东江干流水质尚属良好，总体稳定在 II 类功能水质。流域内的西枝江、淡水河等部分支流和河口三角洲区域水质则相对较差，特别是珠江三角洲区域，水质性缺水严重。另外，由于面源污染，干流丰水期水质较枯水期差。

东江流域中上游已建成的大型水库有三座，分别是位于支流新丰江的新丰江水库、位于贝岭水和寻乌水汇合口下游的枫树坝水库和位于支流西枝江的白盆珠水库，三大水库总的兴利库容为 82.3 亿立方米，控制面积达 11736 平方公里，占东江流域面积的 33.21%（见表 1）。

表 1 东江流域基本情况汇总

项目	广州	东莞	深圳	惠州	河源	韶关	合计
一级支流（条）	1	1		10	14		26
大型水库（宗）				3	2		5
中型水库（宗）	6	8	4	19	12	1	50
大型水闸（宗）		4		1			5
一万亩以上堤防（宗）	4	2		17			23
取水口（宗）	11	369	20	235	622		1257
排污口（宗）		6		13			19
梯级电站（宗）		1		2	11		14
河沙开采量（万立方米）*				230.7			230.7

* 河沙开采量为 2007 年开采量。

二 水量分配

2008 年，广东省出台了《广东省东江流域水资源分配方案》，明确流域水量分配和政区用水总量控制指标分解，初步建立了流域、地市、区县三级用水总量控制指标体系。广东东江流域年最大取水量为 95.64 亿立方米，除直供香港水量 11 亿立方米外，分配流域内广州、河源、惠州和东莞水量分别为 13.62 亿立方米、17.63 亿立方米、25.33 亿立方米、20.95 亿立方米，流域外深圳水量 16.63 亿立方米。2013 年广州、深圳、河源、惠州和东莞市在东江流域实际取水量分别达到 14.01 亿立方米、19.07 亿立方米、16.85 亿立方米、19.78 亿立方米、18.85 亿立方米，广州、深圳取水已经超出分水量，河源等市也接近用水总量指标（见表 2）。

表 2　广东省东江流域主要城市用水情况

单位：亿立方米

项目	广州	深圳	河源	惠州	东莞	香港
分水量	13.62	16.63	17.63	25.33	20.95	11
取水量	14.01	19.07	16.85	19.78	18.85	8.2

三　经济社会

东江流域总面积 35340 平方公里，其中广东省境内面积为 31840 平方公里，占流域总面积的 90%。东江流域是广东省经济最活跃、人口最密集的地区之一，支撑流域内外 3400 多万人口和 3 万多亿元 GDP。

表 3　2014 年广东省东江流域主要城市经济发展情况

项目 地区	常住人口 （万人）	GDP （亿元）	人均 GDP （万元）	财政收入 （亿元）	固定资产 投资 （亿元）	三次产业 结构	城镇居民 可支配 收入（元）	农民人均 纯收入 （元）
广州	1308.05	16707	129242	1241.53	4889.5	1：34：65	42955	17663
惠州	472.66	3000.7	63665	300.7	1606.7	4：57：39	22902	14364
东莞	834.31	5881.2	70604	1066.21	1427.1	0.3：45.9：53.8	36764	22327
河源	306.32	759	24881	60.45	453.29	12：51：37	18246	9884
深圳*	1077.89	16002	149497	2082.44	2717.42	0：42.7：57.3	40948	—

＊深圳不属于东江流域，属于东江供水区。

由表 3 可知，东江流域经济实力雄厚，但区域发展不均衡。广州、深圳的人均 GDP 等指标已超过 2 万美元，达到发达地区水平，数倍于全国平均水平；东莞、惠州紧随其后；河源发展相对滞后，人均 GDP 仅为广州、深圳的 19.3%、16.6%，财政收入不及广州的 1/20、深圳的 1/30。

流域内广州、东莞、惠州等地是广东的重点发展地区，未来用水总量需求旺盛，但水资源开发已接近警戒线，大量新增项目因缺乏用水指标而停建。流域中上游惠州、河源等地用水指标相对宽裕，农业用水比较粗放。

第二节　河源水资源情况

河源市位于广东东北部、东江中上游，总面积 1.58 万平方公里，87.55%属东江流域。河源东江流域面积 1.38 万平方公里，占东江流域总面积的 39.03%。2014 年全市常住人口 306.32 万人，人均 GDP 为 24881 元。河源拥有全国第八大、广东第一大的新丰江水库和广东省第二大的枫树坝水库，其水资源总量大、水质优良、调控能力强。

一　水资源基本情况

一是水量大。河源市多年平均降雨量 1500~2000 毫米，东江流域多年平均产水量 134.12 亿立方米，占东江流域多年平均总产水量 331.1 亿立方米的 40.51%、占广东省东江流域产水总量 291 亿立方米的 46.09%。2013 年全市地表水资源总量 182 亿立方米，居广东省各地级市前三名，人均水资源量达 4500 立方米，为全省、全国人均水资源量的 2 倍以上。

二是水质好。新丰江水库、枫树坝水库是广东省重要水源地，两大水库水质长期保持在国家地表水 I 类标准，其中新丰江水库是"农夫山泉"瓶装水的主要水源地。东江干流河源段交水给惠州的断面水质长期保持在 II 类地表水标准，为下游生产生活提供了优质水源保障。

三是调蓄能力强。新丰江水库和枫树坝水库总库容分别为 139.8 亿立方米、19.4 亿立方米，两大水库蓄水总库容达到 159.2 亿立方米；集雨面积分别为 5734 平方公里、5150 平方公里，两大水库集雨面积占全市总面积的 68.89%，占东江流域总面积的 30.8%。新丰江水库是我国华南地区最大的蓄水工程，总面积 1600 平方公里，其中水域面积 370 平方公里，是杭州西湖的 68 倍，是多年调节水库工程，水量调节调度能力非常强。

二　水资源管理和调度

1988 年，河源撤县设市，辖源城区、郊区、龙川县、紫金县、连平县、和平县，其成立初衷就是管理东江源头水资源，保障中下游地区用水。

一是加强水资源管理，实施最严格水资源管理制度。河源市从管理制度、组织机构、考核机制三方面着手，强力推进水资源高效管理体系。2013年市政府出台《河源市最严格水资源管理制度实施方案》和《河源市实行最严格水资源管理制度考核细则》，实行以"用水总量控制、用水效率控制、水功能区限制纳污"三项控制指标为主要内容的水资源严格管理制度。副市长率市直属有关单位主要负责人成立"河源市最严格水资源管理考核工作领导小组"，市水务局局长任领导小组办公室主任，市水务局新设水资源管理科，强化水资源管理力量。市政府对下辖六个县区每年进行一次水资源管理工作的严格考核，坚决保障水资源管控落实到位。

二是加强水资源保护，严格水功能区划分和管理。2007 年，广东省水利厅印发《广东省水功能区规划》，河源划分 39 个地表水功能区，其中河流水功能区一级区 22 个、水库功能区一级区 17 个。河源对水功能区划进行二次细分，共划定市区和县城饮用水源保护区 13 个、乡镇集中式饮用水源保护区 98 个。对水功能区和水源保护区树碑立界，明确在饮用水源保护区内严禁建设与供水设施无关的任何项目，禁止在一级水源保护区内设立新的排污口，对原有排污口加强监管控制。2012 年、2013 年河源连续两年水功能区水质达标率为 100% 。

三是加强水资源调度，保障东江下游用水需求。数据显示，东江水利枢纽工程控制在日平均流量 320 立方米/秒左右，而河源境内的新丰江、枫树坝水库总日均出库流量达到 180 立方米/秒左右（新丰江水库 150 立方米/秒、枫树坝水库 30 立方米/秒），占东江总日均流量的 56% 。可以说，整个东江水量和水质主要由新丰江和枫树坝水库来决定。[1] 河源突出抓好东江两大水库水资源联合调度，保证东江干流河源交水断面（博罗观音阁）处河

---

[1]　程东升、陈柯妍、凌志敏、劳杰灵、徐燕：《东江水系生态补偿机制调查：生态补偿 VS 水权改革》，《世纪经济报道》2014 年 3 月 9 日。

道流量不少于 320 米/秒，水质不低于 Ⅱ 类地表水标准，保障东江中下游地区供水、压咸、航运、生态等需求。

四是加快水资源工程建设，突出抓好流域综合治理。河源突出抓好以水资源保护为重点内容的山区中小河流综合治理、灌区节水改造、东江中上游水土流失治理、中小河流水系连通治理、县级以上城市防洪工程等水利水资源工程建设。规划在 2015～2020 年投入 33.58 亿元，对全市 111 条中小河流 1673.8 公里河道进行"三清一护"综合治理，即清障、清违、清淤和护岸，全面提高河道防洪减灾能力，改善河流生态；规划到 2020 年前，投入 22.41 亿元，全面改造市域内 23 宗中型灌区工程、566 宗小型灌区工程，提高农业灌溉水利用率；规划至 2020 年投入 9.1 亿元用于全市 26 宗水利江河湖泊的以水资源、水环境、水生态、水灾害为核心的综合治理；投入 8.8 亿元用于东江中上游封山育林和水源涵养，着力为经济社会可持续发展和东江中下游用水需求提供可靠保障。

第三节 水资源保护和水权建设的若干实践

一 东江：优质水源直输香港，供水价格不断上升

东江不仅养育了广东五市，还承担每年 11 亿立方米的供港水量，其中渊源可追溯至 20 世纪 60 年代。1962 年秋至 1963 年初夏，香港发生严重水荒，港英政府开始实施严格"制水"，每天分时分地供水，导致香港群众上街抢水的混乱场面。为减轻水荒，港英政府只好向广东省政府求助，派出巨轮到珠江口的深圳水库装运淡水，并着手研究从东江引水补给香港，后经周恩来总理批示，决定修建东江—深圳工程，广东省政府与港英当局签订《关于从东江取水给香港、九龙的协议》，于 1965 年正式向香港输水，每年供水 6820 万立方米，每立方米水价格为 0.1 元（可看作水权价格和水资源费之和），这成为东江水权交易的最初案例[1]。

50 年来香港水量需求不断提升，东深供水工程经历了 3 次扩建、1 次改

---

① 孙翠萍：《周恩来与东深工程》，《中华魂》2012 年第 18 期。

造，如今已累计向香港输水 223.48 亿立方米，相当于半个多三峡水库库容。供水办法也不断调整，从 2006 年开始，广东与香港每三年签订一次供水议，供水量和水价都在协议中明确，供水上限 8.2 亿立方米。最新协议显示，未来 3 年香港将支付 134 亿元用于东江购水，平均每立方米价格约为 5.45 元，价格较上一份协议上调近两成，东江水权费用和水资源价格已连续 10 年保持上升趋势①。

二　广东：限制河源工业发展，保障源头水质安全

由于地处东江上游，河源直接影响下游东莞、深圳、香港等地 4000 多万人的饮水安全，广东省政府严控该地区产业发展和项目建设，并要求其建设污水处理厂等水质净化工程。2005～2011 年，河源共拒绝了 400 多个、总投资达 650 亿元的工业污染项目，关闭了库区所有有污染的宾馆酒店和旅游景点；投资 10 多亿元建成 9 座污水处理厂和 7 座生活垃圾卫生填埋场，将全市森林覆盖率由 2006 年的 69.7% 提高到 2014 年的 73.3%。在河源看来，落后的原因是在水资源保护投入和收益乃至水资源利用权上的不平等，河源强烈希望通过生态补偿机制的建立或水权改革来解决这一问题。②

三　河源：开展水权交易论证，研究供广直饮水工程

新丰江水库拥有 "中国优质引用水资源开发基地" 称号，是国内罕见的水域功能最高的源头水、珠三角主要城市最重要的饮用水源区。当前，东江下游部分河段水质污染严重，水源性和水质性缺水问题已成为制约珠三角地区可持续发展的重要因素。为提高新丰江水库水资源利用效率，将河源水资源优势转化为经济优势，河源提出建设新丰江水库直饮水工程，通过建设专用输水管道直通珠三角城市用水管网，为该地区城市居民提供优质的饮用水源保障。从 1993 年提出该项目设想，河源就不间断地推进项目前期工作，为突破初始水权限制，现正推进农业节水置换出水权的项目论证。2015 年 3 月 9 日，一期供水城市广州与河源签订《万绿湖直饮水工程合作协议》，将

---

① 邝伟轩：《东江水供应确保港够食水》，《香港商报》2015 年 3 月 4 日。
② 程东升、陈柯妍、凌志敏、劳杰灵、徐燕：《东江水系生态补偿机制调查：生态补偿 VS 水权改革》，《世纪经济报道》2014 年 3 月 9 日。

在不影响两市现有东江取水量的情况下，河源每年向广州提供 2 亿立方米的优质水。

四　农夫山泉：投资十亿元开拓水源地，独得新丰江水库取水权

农夫山泉是国内著名的饮用水生产企业，其"我们只是大自然的搬运工"的广告语家喻户晓。该公司最初的水源地在浙江千岛湖，由于工业和旅游业发展的巨大压力、水系统自身净化的错误评估、常规的维护力度不够等，千岛湖水面临严重污染威胁。农夫山泉积极调整战略开拓新水源地，目标瞄准东江源头的新丰江水库（万绿湖）。据悉，新丰江水库中生存着桃花水母，这种水母对水质的要求极高，必须高于国家Ⅰ类水的标准，可见该水库水质极佳。2006 年 1 月 18 日，农夫山泉广东万绿湖生产基地开业，获得 10 年的单一行政取水许可，独占 139 亿立方米万绿湖取水权。河源市政府及当地政府在土地、水电等方面都给农夫山泉提供优惠的价格。农夫山泉承诺分两期投资共 10 亿元人民币，与当地市、县、镇、村分享利润，河源获得的回报相当可观。[①]

第四节　启示和建议

一　调整东江分水方案增加河源水量指标

根据《广东省实行最严格水资源管理制度考核暂行办法》和《广东省东江流域水资源分配方案》，河源市用水总量控制上限为 19.5 亿立方米，在东江流域的最大取水量是 17.63 亿立方米（其中农业用水量 12.2 亿立方米、工业供水量 5.43 亿立方米），占整个东江分水总量 106.64 亿立方米的 16.5%。河源东江流域多年平均产水量为 134.12 亿立方米，占东江流域广东省境内多年平均产水总量 291 亿立方米的 46.09%，河源两大水库日均出库流量占东江总流量的 56%，分配给河源的用水量与其东江流域面积、产水量所占比例差别较大。

---

① 李志军、王威德：《农夫"占"山泉》，《经济观察》2006 年 3 月 20 日。

近年来，河源经济社会快速发展，2014 年 GDP、公共财政收入增速均居广东省第一位，规上工业增加值、出口总额增速居全省第二位，固定资产投资增速居全省第六位，其在东江的取水量已超过 16 亿立方米，用水指标逐渐接近 17 亿立方米红线，发展"水瓶颈"制约将逐步凸显。据调研，《广东省东江流域水资源分配方案》中分配额考虑了地区 GDP、人口密度、单位水量产出值等诸多因素，但对产水量、集水面积、未来发展潜力等因素考虑较少。建议调整《广东省东江流域水资源分配方案》，改革东江流域各地区用水量分配方法，综合考虑流域面积、产水量、水质、经济社会发展、用水效率等因素，重新确定流域内各地区分水指标，并建立水量分配的动态调整机制，实现权、责、利的统一。

二　推动建设新丰江水库直饮水工程

万绿湖直饮水项目对保障广州市供水安全、促进河源市经济发展意义重大。新丰江水库距广州、深圳均在 200 公里以内，实施直饮水工程距离不长，成本可控；结合我国南水北调中线工程中渡槽、穿黄等建设经验，该工程也具有一定可操作性。建议：一是河源联合广州共同争取项目立项和水权交易试点等政策支持，并联合成立项目筹建办公室，开展项目的前期研究工作，尽快确定项目规划建设方案。二是通过初始水权分配调整、水权交易等方式向河源调剂东江用水指标，加快河源农业节水置换水权实现直饮水水量供应的专项论证及审批。三是申请广东省政府财政资金支持，加快完成项目前期工作。四是在项目推进的同时，规划开展广州与河源的交通设施互联互通、技术人才交流互动，推动河源发展融入"广佛"经济圈。

三　扩大东江下游发达地区对上游的补偿范围

河源为东江下游发展提供了水资源的可靠保障，但下游对上游的生态补偿却一直不到位。现阶段的生态补偿以广东省财政转移支付为主（主要包括 1993 年开始的水库发电量每千瓦时提取五厘钱用于上游生态建设，1999年开始的每年 1000 万元的水源林建设工程专项资金，省政府财政拨付河源污水处理厂项目 8105 万元），加之少部分产业转移或企业资金支持，上下游之间的直接转移几乎没有。这种补偿的金额明显不足，建议拓宽对上游的补偿方式，引入市场机制，让更多水资源生态服务的受益方参与，特别是建设下游发达地区对上游的横向生态补偿机制，形成良性互动的流域发展局面。

四 妥善处理水库建设移民安置的后续问题

东江两座大型水库都位于河源市，为修建水库和电站而被迫迁移的当地人民做出了巨大牺牲。除了修建水库而淹没农田房屋等直接损失外，水库移民生活水平也没有得到保障。据悉，20 世纪 80 年代，广东开始加大对水库移民工作的投入力度，但从 1958 ~ 2002 年新丰江水库建成的 45 年里人均每年拿到的补助不足 100 元。① 虽然后来国省都陆续出台相关的移民补偿政策，但仍难以满足水库移民过上好日子的强烈诉求。建议中央和广东省政府出台双重补偿政策，建立行之有效、公平合理的流域补偿机制，加强对水库移民及其后代的住房、医疗、教育、就业等方面的帮扶工作，妥善处理水库建设移民安置的后续问题。

五 鼓励源头地区发展节能高效的产业

东江哺育了珠三角的广州、深圳、香港这片中国乃至全世界最繁荣富裕的地区之一，但上游的河源却仍在经济振兴的道路上挣扎。调研中我们了解到，河源的 5 个县全部为广东省扶贫开发重点县，人均 GDP 仅为全省人均水平的 38%、全国人均水平的 56%，全市有几十万人没有脱贫。河源工业发展受到限制，但需要投入大量财力物力保持生态，与下游发展差距越拉越大。建议加快下游产业向上游转移，带动当地第二、第三产业发展；广东省政府出台产业转移的相关政策和具体实施办法，严把环境质量关口，坚决保障上游水生态质量。

六 设立专门水质监察机构统筹处理流域水质污染问题

2015 年 2 月东江源头发生污染事件，主要是江西定南地区非法经营小化工企业猖獗，部分小化工厂、塑料厂直接往河里排放生产污水。对整个流

---

① 周映华：《流域生态补偿的困境与出路——基于东江流域的分析》，《公共管理学报》2008 年第 4 期。

域的生态安全造成严重威胁。《中华人民共和国水污染防治法》第五条规定：一切单位和个人都有责任保护水环境，并有权对污染损害水环境的行为进行监督和检举。因水污染危害直接受到损失的单位和个人，有权要求致害者排除危害和赔偿损失；第55条规定：造成水污染危害的单位，有责任排除危害，并对直接受到损失的单位或者个人赔偿损失。20世纪60年代初周恩来总理嘱咐"一定要保护好东江源头水"，精心呵护好东江水源是河源、定南地区的历史使命。建议流域管理机构（珠江委）设立专门水质监察协调部门，统筹流域内跨省的水质监察等水事工作，协调推进污染源防治和水质改善工作，积极推动建立省际水事协商机制和应急处理办法，保证东江的一江清水源远流长、造福一方。

第 十 一 章

上下游水资源管理与水权探索：
石羊河流域甘肃武威考察[*]

石羊河是河西走廊三大内陆河之一，是沙漠绿洲河西粮仓千百年赖以生存的依托，她赋予这片土地的繁荣，推进着这片土地的现代化，然而，伴随工业化、城镇化、现代化的快速进程，石羊河流域过度开发不堪重负，生态环境严重恶化，上游冰川萎缩雪线上移，下游民勤绿洲遭遇沙漠吞噬日渐萎缩，由于上中游用水量增加，进入民勤的地表水量由 20 世纪 50 年代的 5.9 亿 m^3 减少到 2005 年的不足 1.0 亿 m^3，甚至出现数十年断流，流域整体功能下降，已到了不可持续发展的程度。时任国务院总理温家宝先后十三次明确指示"决不能让民勤成为第二个罗布泊"。2001 年成立了甘肃省水利厅石羊河流域管理局（以下简称流域管理机构），实行流域水资源的统一调度管理。2007 年，国务院批复《甘肃省石羊河流域重点治理规划》（以下简称《流域治理规划》），拉开石羊河流域重点治理大幕，遏止断流是最重要的目标之一，而占全流域用水 80% 的上游武威，如何实现节水确保足够水量下泄是关键因素。武威率先实施农业节水、水权试点、水价改革等一系列措施，经过 8 年努力，下游干涸 51 年之久的青土湖得以重现，民勤县水量供需情况大幅改善，石羊河流域正逐步恢复往昔风貌。

———————————

[*] 本章作者：甘肃省水利厅石羊河流域管理局杨正华、曹进军、李鹏学（凉州区水务局）、杨锦。本报告是国家社科基金重大项目"我国流域经济与政区经济协同发展研究"（12&ZD201）和国家科技支撑计划项目"水联网多水源实时调度与过程控制技术"（2013BAB05B03）及其专题"水联网石羊河流域示范"（2013BAB05B03－T3）的阶段性成果。

第一节　基本情况

石羊河流域是甘肃省三大内陆河流域之一，扼守着河西走廊的门户，位于乌鞘岭以西、祁连山北麓，东经 101°41′~104°16′、北纬 36°29′~39°27′，东南与甘肃省白银、兰州两市相连，西北与甘肃省张掖市毗邻，西南紧靠青海省，东北与内蒙古自治区接壤，流域面积 4.16 万平方公里，流域涉及武威、金昌、张掖和白银 4 市 9 县（区），总人口 250 万人，是河西走廊人口最密集的地区。

流域水系发源于祁连山东部冷龙岭北坡，主要河流自东向西有大靖河、古浪河、黄羊河、杂木河、金塔河、西营河、东大河、西大河。流域现状水资源量为 16.59 亿 m³，其中自产地表水资源量为 15.6 亿 m³，与地表水不重复的地下水资源量 0.99 亿 m³，外流域调水 2.75 亿 m³。

流域属典型的资源型缺水地区，人均水资源占有量和亩均水资源量分别为 731m³ 和 280m³，相当于全国平均水平的 35% 和 20%。流域重点治理以前，随着人口增长和经济社会发展，用水总量达 28.77 亿 m³，地下水年超采 4.32 亿 m³，农业总用水量为 24.34 亿 m³，占用水总量的 85.7%。由于上下游多次重复利用以及地下水的超采，流域水资源开发利用率高达 172%。通过流域重点治理，2010 年近期目标如期实现，民勤蔡旗断面下泄水量实现了 2.5 亿 m³ 的近期规划目标。全流域用水量从 2006 年的 30.01 亿 m³ 减少到 2014 年的 23.7 亿 m³。总用水量减少 6.31 亿 m³，年平均下降 2.6%。其中，地下水总用水量也呈逐年下降趋势，由 2006 年的 15.70 亿 m³ 逐步下降到 2014 年的 8.37 亿 m³，地下水用水量减少 7.33 亿 m³，年平均下降 5.8%。

第二节　流域水资源管理

一　水资源管理制度

流域水资源管理制度逐步完善，为全面落实治理措施提供保障。2005年 10 月甘肃省政府批复《石羊河流域水资源分配方案及 2005—2006 年度水量调度实施计划》（以下简称《石羊河流域水资源分配方案》）。2006 年 2 月又下发了《石羊河流域地表水量调度管理办法》、《石羊河流域水事协调规约》和《关于加强石羊河流域地下水资源管理的通知》3 个规范性文件。2007 年 7 月甘肃省人大常委会颁布实施《甘肃省石羊河流域水资源管理条例》（以下简称《条例》）。2014 年 1 月，甘肃省政府通过了《甘肃省石羊河流域地下水资源管理办法》（以下简称《办法》），作为《条例》的配套规章。另外，重点治理以来，市级出台管理制度 17 个，其中武威市 8 个、金昌市 9 个；县（级）以文件形式下发管理制度 39 个，其中古浪县 9 个、凉州区 14 个、民勤县 9 个、永昌县 6 个、金川区 1 个。水资源管理制度的逐步完善，使流域水资源管理走上了法制化、规范化轨道，对实现水资源统一管理、促进和巩固流域重点治理成果发挥了保障作用。

二 取水许可管理

2006 年之前，流域内水资源管理是行政区域管理。由于石羊河流域是甘肃省重要的商品粮基地，农业用水量较大，挤占了大部分生态用水，地下水超采严重，上游的武威市凉州区、金昌市永昌县在石羊河重要的支流上均修建了水库，流向下游民勤盆地的水量逐年减少，由 20 世纪 50 年代的 5.9 亿 m³ 降至 2005 年的不足 1 亿 m³。为遏制流域生态环境持续恶化，严格水资源管理，2001 年 11 月，甘肃省委、省政府决定成立甘肃省水利厅石羊河流域管理局，代表省水利厅在流域内行使行业管理和行政管理职能，统一调度管理水资源。2006 年甘肃省人民政府决定，将流域内地下水取水许可权从地方上收至流域管理机构。2007 年 7 月，省人大颁布《条例》，正式以法律形式规定：流域内地表水取水许可，属省水政主管部门管理权限的，由流域管理机构审批；流域内地下水取水许可，经取水口所在地县（区）、市水行政主管部门逐级审核后，报流域管理机构审批。流域水资源管理按照流域管理与行政管理相结合、行政管理服从流域管理的原则进行。

流域管理机构及地方水行政主管部门严格地下水取水许可管理，不折不扣地落实《条例》规定的职责，结合流域实际，制定了一系列行之有效的管理措施和办法，进一步严格规范取水许可管理。凡申请取水许可，均由取水口所在地水行政主管部门逐级审核上报。凿井机组必须登记后才能凿井作业。在严格水资源管理前提下，为支持地方经济社会发展，提出申请新增取用地下水取水许可，应当优先保证人畜饮水，支持规模化设施养殖小区（场）、重大民生项目、生态项目等国家鼓励发展的新型产业和符合流域产业结构调整及循环经济发展要求的规模以上工业项目，鼓励推广使用地下水节水新技术、新工艺、新设备和地下水循环利用。严禁新增地下水用于火力发电、景观工程等高耗水行业。禁止水源热泵（冷却降温）和小型自备水源井等特殊取水的审批。

结合"方便群众，提高效能"的要求，简化取水许可审批程序和申报条件，提高办事效率。对正常的旧井更新由县（区）水行政主管部门直接报流域管理机构、市级水务部门备案，提高了申报时效，也使取水许可审批时限从 45 天缩减至 15 天。

三　取水许可总量控制指标

流域管理机构严格按照《流域治理规划》和《石羊河流域水资源分配方案》确定的用水总量，对流域内地表水和 19744 眼机井的取水许可证进行了换发，确定了石羊河流域用水总量控制指标；依据《甘肃省行业用水定额》和市级政府出台的行业用水定额，按照就低不就高的原则，对水资源进行定额管理；随着石羊河流域重点治理项目的大力实施，地表、地下水计量设施逐步完善，水资源管理制度逐步健全，流域内所有机井要有计量设施、有取水许可证、有水权，否则不得取水。流域管理机构以此为基础，以省人民政府批准的水量控制指标为依据，监督落实市、县（区）用水总量及削减量，督促流域内市、县（区）人民政府编制各自区域内的水量分配方案和地下水开采削减量计划，坚决贯彻落实流域用水总量控制指标。

四　西营河专用输水渠和民调输水渠向下游民勤调水

2010 年蔡旗断面过站总径流达 2.59 亿 m^3，实现《流域治理规划》确定的"民勤蔡旗断面下泄水量增加到 2.5 亿 m^3 以上"的近期治理目标。2010 年西营河专用输水渠建成通水后，已经连续 5 年超额完成调水任务，累计向民勤调水 6.8 亿 m^3。同期，景电二期民调输水渠累计向民勤调水 3.7

亿 m³；从 2010 年开始，武威市累计向青土湖下泄生态水量 1.14 亿 m³，干涸 51 年之久的青土湖形成了 3～22 平方公里的人工季节性水域面积（见表1）。2014 年北部湖区形成约 106km² 的旱区湿地，《流域治理规划》确定的 2020 年"北部湖区预计将出现总面积大约 70km² 的地下水埋深小于 3 米的浅埋区，形成一定范围的旱区湿地"的目标提前 6 年实现。

表 1　蔡旗断面过水量及青土湖生态下泄水量统计

单位：万 m³，km²

年度	蔡旗断面过水量				青土湖生态下泄水量	水域面积
	景电二期民调输水渠	西营河专用输水渠调水	河道下泄	小计		
2010	6535.00	13347.00	6027.00	25909.00	1290	3
2011	7023.00	13456.00	7578.00	28057.00	1800	10
2012	7282.60	15233.00	11780.00	34295.60	3000	15
2013	7368.00	11529.00	3768.70	22665.70	2000	15
2014	8348.00	14505.00	9027.00	31880.00	3300	22
合计	36556.6	68070	38180.7	142807.3	11390	65

五　地下水资源管理水量、水位、机井指标"三控制"

流域地下水资源管理实行从水量、水位、机井指标三项控制原则。规定以县（区）为单位取水总量不能突破省政府分配的水量；如果一个区域内地下水连续下降三年以上（每年下降 1 米以上），暂停该区域新增取水，并严格控制旧井更新。[①] 流域内机井数量庞大〔个别县（区）已超 1 万眼〕，若不控制机井总量指标，必然难以控制开采量和消减量，因此，增加了机井总量指标控制的规定。一个地方新增取水，不仅项目要符合要求，水量不能突破，还需有机井指标，审批程序更加严格。

六　地下水资源保护

为有效保护流域地下水资源不受污染，要求在进行勘查、采矿、建设地

---

① 《甘肃省石羊河流域地下水资源管理办法》（甘肃省人民政府令第 109 号），2014。

下工程等活动时，采取防护性措施。对报废、闲置或者未完工的取水井，机井采取封填等有效措施，防止污染地下水和安全事故发生。禁止采用渗井（坑）、无防漏设施的沟渠、坑塘排放污水或者有毒有害物。近年来，流域管理机构在流域内布设了100多眼监测井，对地下水位、水质进行监测，有效监测地下水资源。

七　地下水调查评价

委托甘肃省水文局全面开展石羊河流域地下水调查评价工作，对流域地下水资源补给量、可开采量等做出了科学评价。进一步科学划定了流域地下水功能区及控制开采区，为流域地下水资源科学管理提供了技术支撑。

八　流域水资源调度管理信息系统工程

流域管理机构承担的石羊河流域重点治理项目水资源调度管理信息系统一、二期工程建设，已完成建设任务，通过现代化的采集、传输与控制手段，全面快速收集流域水资源信息，为科学决策、优化调度和水资源统一管理提供支持和手段，同时为评价调水目标的实现情况提供保障，提高了管理能力。

九　水资源管理法律法规宣传

《条例》和《办法》颁布实施后，流域管理机构及流域内各级水行政主管部门利用"世界水日"和"中国水周"认真安排宣传，通过电视、广播、报纸等多种方式进行宣传，使广大用水户及全社会增加对流域水资源管理法律法规的了解，提高流域内人民群众的遵守水利法律法规的自觉性。2015年，流域管理机构会同市、县（区）水行政主管部门专门在全流域开展了为期一个月水利法律法规宣传，进一步为加强流域水资源管理营造了良好的舆论氛围。

第三节　水权改革探索

一　初始水权分配

石羊河流域水资源短缺、生态环境脆弱，地处国家重要生态安全屏障

区，一直受到党中央、国务院高度重视。国务院和甘肃省政府先后批复实施
了《流域治理规划》、《石羊河流域水资源分配方案》、《关于下达甘肃省地
级行政区 2015 年 2020 年 2030 年水资源管理控制指标的通知》，明确了流域
行政区域范围内的水资源总量控制指标（见表 2）。

表 2　石羊河流域 2015 年、2020 年、2030 年水资源管理控制指标

指标 / 行政区	用水总量控制目标（亿 m³)			用水效率控制目标						重要江河湖泊水功能区水质达标率控制目标（%)		
				万元工业增加值用水量（m³/万元)			农田灌溉水有效利用系数					
	2015 年	2020 年	2030 年	2015 年	2020 年	2030 年	2015 年	2020 年	2030 年	2015 年	2020 年	2030 年
金昌市	7.02	6.57	6.76	46	31	19	0.53	0.58	0.63	50	75	100
武威市	16.26	15.15	16.18	120	81	49	0.53	0.58	0.63	70	85	95
全流域	23.28	21.72	22.94	—	—	—	—	—	—	—	—	—

为优化水资源配置的基础、衡量与评价总量控制指标、建立科学合理的
用水定额指标体系，流域内各市结合区域实际，科学制定了本行政区域的行
业用水定额指标。以定额核定用水总量，总量不足的采取调整种植结构、压
缩灌溉面积、水权转让等措施，确保总量控制指标的完成。实行定额管理，
对优化用水结构、合理分配初始水权起了重要作用。

二　水权交易制度建设

石羊河流域位于内陆河干旱区，水资源不仅总量严重短缺，且时空分布
不均，水资源已成为制约经济社会发展的重要因素。实施水资源的优化配置
和可持续利用，对区域可持续发展乃至构建国家重要的生态安全屏障均具有
重要意义。流域重点治理以来，流域内各市县（区）从水资源管理的体制
和机制、初始水权分配、水权水价改革等方面进行了大胆实践和探索，初步
形成了以总量控制和定额管理为基础的初始水权分配。尤其是流域内武威市
在初始水权分配方面进行了大胆探索和实践，取得了一定成效。

（一）水权和水市场制度建设

《条例》和《办法》相关条款规定了水权交易的内容，在省级法规规章
层面为开展水权交易提供了法律依据。石羊河流域武威市按照"压减农业

用水、节约生活用水、增加生态用水、保证工业用水"的要求，实行总量控制与定额管理相结合的供用水制度。自 2007 年石羊河流域重点治理以来，先后制定出台了《武威市人民政府关于水权制度改革的实施方案》、《武威市水资源配置和完善水权制度意见》、《武威市行业用水定额（2013）》、《武威市深化水权水价改革实施意见》等规范性文件和制度。加强水市场建设，制定出台水市场建设指导意见、水权转让管理办法等，明确了水权交易范围和方式。以县（区）、基层灌区为单位建立水权交易中心，做好区域内水量供求信息发布和水权交易管理等工作。规范水权转让行为，以水定发展、定产业、调结构，采取关井压田等迫不得已的措施，确保初始水权的落实和生态用水需求。

（二）农民用水户协会建设

参与式管理最主要的方式就是以村或渠系为单位组建农民用水户协会，让农民用水户共同参与水权分配、水价改革、灌溉用水服务、工程建设维护、水权交易等各个环节。参与式管理体现了水权分配的公开和透明，为用水户提供了了解内情、参与决策、表达意见的有效平台，在农业用水中发挥了重要作用。石羊河流域的武威市凉州区和民勤县共组建运行农民用水户协会 682 个，有工作人员 3036 人，共 23.84 万户农户参与。建成一类协会 53个、二类协会 124 个、三类协会 505 个，形成了"农户＋用水户协会＋水管单位"的民主参与运行模式。同时，协会在县（区）各级政府及水行政主管部门指导帮助下，制定了《用水管理制度》、《财务管理制度》、《工程管理制度》、《农民用水户协会选举办法》等规章制度，保证了协会工作的正常开展。

（三）逐级明晰水权到户

一是流域管理机构以《流域治理规划》和《石羊河流域水资源分配方案》为依据，将总量控制目标层级分解到县（区），各县（区）将已经分配的水权进一步细化分解到灌区、乡镇（水管站）、村组（农民用水户协会）或供水企业，将地下水水权逐级分解到每一眼机电井。同时，由县（区）级人民政府依法确认使用人权利。通常的做法是颁发《水权证》或其他有效凭证。二是完善水权管理程序，不断优化水权落实流程图，按照先确权、再计划，先申请、再分配，先刷卡、再配水的程序，控制灌溉定额和用水总量。三是强化地下水供用水管理。实行半年预决算和年终审计制度，对各级管用水单位、各行业用水进行审计，实行地下水资源管理全过程监管。四是实行水资源管理举报制度，公开供用水监督电话和投诉方式，接受社会监督。五是建立各级各类用水台账。建立灌区、乡镇、协会、用水户协会四级分类作物供用水台账，详细记载作物轮次供水量和供水面积，杜绝超用、乱用水权现象发生。

三　水联网石羊河流域示范

流域管理机构依托清华大学"十二五"国家科技支撑计划重点项目"数字流域关键技术"的课题"水联网多水源实时调度与过程控制技术"的专项"水联网石羊河流域示范"，建成石羊河流域水权交易系统网站平台，通过网上接受凉州区西营、清源灌区、民勤县七干灌区农民用水户协会的水权交易申请，结合灌区灌溉计划及配水方式，在网站交易平台进行电子化撮合和实时调配，实现水资源网络化集市交易。开展网络在线撮合水权交易示范已经取得良好成效。

（一）示范目标

配合"水联网多水源实时调度与过程控制技术"项目的研究工作，结合石羊河流域水权制度建设及水资源信息系统建设，开展以"市场网"示范为核心的水联网综合技术示范，建立石羊河流域水权交易信息中心，并在典型灌区进行示范应用，提出通过水权市场交易改变水资源利用效益的实证分析成果。

（二）示范主要内容

1. 水权交易示范灌区的资料搜集

结合石羊河流域水权制度建设现状，在流域管理机构与武威市相关县（区）政府、市县（区）水行政主管部门及基层水管单位充分协商的基础上，划定本项目水权交易示范区的范围，选择典型灌区进行水权交易试点；根据石羊河水权交易网站平台的数据库要求，搜集试点灌区水文气象、社会经济及水资源开发利用数据，掌握灌区层面灌溉制度、配水计划、水票制度等水量调度操作方式，摸清农户层面水权、用水、耕地及作物种植等情况，为水权交易的示范提供数据基础。

2. 示范的行政协调及宣传

制订详细的水权交易示范工作方案，并报请水利部相关部门，甘肃省水利厅、武威市政府等部门进行备案并征求意见；与水权交易示范灌区所在县（区）政府、水行政主管部门及基层水管单位，就水权交易开展的细节进行充分协调，确保水权交易的行政可行性；在水权交易示范区所辖的行政村及用水者协会，开展水权交易宣传工作，宣传水权交易的内容、方式与操作方法等等，制定相应激励机制，鼓励用水者协会参与水权交易示范。

3. 水权交易网站平台建设

建设石羊河流域水权交易信息中心，使其具备水权交易信息接收、处理、显示及备案等功能，它是石羊河流域水权交易示范的枢纽；配合清华大学等项目单位，将石羊河流域水权交易网站平台安装到石羊河流域水权交易信息中心的计算机上，并安排专门人员熟悉网站平台的使用与操作，负责网站平台的维护和管理。

4. 示范网站管理

在充分掌握示范区域基础信息、广泛行政协调及宣传交易的基础上，开展石羊河示范灌区用水户协会层面水权交易的示范；以流域管理机构为水权交易操作中枢，以互联网及手机通信为手段，接收典型灌区用水户协会的水权交易申请，并通过交易平台的电子化撮合，进行水权交易操作；结合典型灌区灌溉计划及配水方式，进行交易的实时调配。对比分析水权交易前后、灌区水量配置的变化情况，对水权交易的效果进行评价。

（三）示范取得的成果

1. 全面收集水权交易基础数据

为做好石羊河流域水权交易系统网络平台，从 2013 年 6 月起，先后收集凉州区西营、清源灌区及民勤县七干灌区所属 164 个协会的水权面积、人口、用水小组数量、灌区协会分布图、灌区渠系（机电井）分布图、各协会联系方式及水权配置、使用情况，全面收集示范灌区基础数据。

2. 水权交易培训及宣传成效明显

在清华大学课题组历次到示范灌区开展培训的基础上，县（区）水行政主管部门、基层水管单位结合具体业务工作，对乡镇水管站、用水户协会工作人员进行水权交易及网站平台使用知识的培训，累计举办培训 16 次，培训人员 292 人次，使参加培训的人员基本掌握了水权交易网站平台的操作方法，为在示范区全面开展水权网络在线交易奠定了基础。同时，重视水权交易的宣传，在水利部、甘肃省水利厅、各级政府组织、其他省市水利行业、科研单位考察和调研时，安排在示范区进行参观，并对石羊河流域水权交易系统网络平台在线水权交易进行演示，得到了考察调研人员的一致认可，为上级政府、部门、领导对水权交易工作的支持奠定了基础。

3. 水权交易网站平台逐步完善

在石羊河流域水权交易系统网站平台建设过程中，课题组先后多次到凉州区西营、清源灌区及民勤县七干灌区进行实地调研，在凉州区南河、候吉、截河，民勤县东大、建设等 18 个协会，凉州区清源、发放、长城等 5 个水管站以及 3 个灌区水权交易中心进行了水权交易的在线申请、审批和撮合。同时课题组对灌区管理人员、乡镇水资源办公室人员、协会会长进行了现场培训并进行了在线演示，听取了灌区管理人员、协会工作人员的意见建议，对水权交易网站进行了修改完善，使网站的操作更便捷实用。

凉州区建成 1 个区级水权交易中心、7 个灌区水权交易分中心、38 个乡镇水资源管理办公室、433 个农民用水户协会水权交易站点。民勤县建成 15 个灌区水权交易分中心、18 个乡镇水资源管理办公室、249 个农民用水户协会水权交易站点。为全面推进水权交易网站平台应用，凉州区在清源灌区建成了 4 个高标准乡镇水权交易分中心，民勤县在七干灌区建成了 10 个标准农民用水户协会水权交易站点，安装运行石羊河流域水权交易系统网络平台，实现正常的水权交易。

4. 积极增加水权在线交易量

依据《条例》和《办法》等规定，积极推动各种形式的水权交易。从 2013 年开始，流域管理机构在审批新增地下水取水许可时，就已经通过关闭现有机井取得水权水量作为部分新打机井审批的条件，2013～2015 年，因审批新增地下水取水许可共发生水权交易 35 次，交易水量 440.49 万 m³。凉州区和民勤县除正常开展传统的水权交易外，注重激发水权交易的动力，深入挖掘水权交易潜力，把土地流转、土地征用、土地闲置（撂荒）、申请新打机井、高效节水灌溉技术推广、农业种植结构调整等 6 个方面作为水权交易的重点，推进协会间、乡镇间、灌区间的水权交易和跨行业交易。2013～2015 年，流域水权交易示范县（区）累计水权交易 888 次、交易水量 2233.62 万 m³。

开展水权交易项目使水资源通过水市场的有效调剂，及时解决了供需双方的用水矛盾，在提高用水效益的同时，实现了水资源的二次优化配置。

第四节　水价改革实践

本文以武威市凉州区为例对武威水权改革的具体做法进行了总结。凉州区是武威典型的井河混灌区，从 2007 年开始在全区范围探索开展水权水价制度改革，取得了显著的节水增收效果。区内已经建成中型水库 3 座，总库容 9994 万 m³，兴建引水渠首枢纽 8 座，建成各级输配水渠道 14219 条 7262 公里。近年来，全区深入开展水权水价改革和水利管理试点等改革，2015 年又在国家财政、发改、水利、农牧等部门的大力支持和关心指导下，实施了农业水价综合改革试点项目。通过积极探索创新，以明晰水权和工程产权为前提，以完善计量设施为基础，以发展农民用水户协会为保障，以创新水价和节水奖补机制、促进节约用水为核心，形成了"水权精细化、计量智能化、水价多样化、奖补精准化、产权明晰化、协会规范化"多措并举的农业水价综合改革模式，积累了成功经验，取得了显著效果。

一　营造节水文化氛围

凉州区从提高群众节水理念入手，开展了长期性的节水教育活动，在思想意识和理论基础方面形成了有力的支撑。充分发挥社会传媒的主导作用，在电视、报刊等新闻媒体上进行大规模、大范围、大众化的节水宣传；在交通干道沿线制作永久性标牌、刷写节水宣传标语；在集镇、示范区组织巡回演讲、现身教育、实地考察等节水教育；通过以会代训、专题培训等活动，对干部群众开展节水培训。几年来，印发各类宣传材料 350 多万份，开展各类节水培训 43.6 万多人次，增强了全民节约用水、依法治水意识，促进了水权水价政策的落实，为转变用水方式，节约和保护水资源打下了良好的群众基础。

二　建立水权精细化管理机制

一是优化水权配置。从 2007 年开始，连续 9 年制订落实年度水资源使用权配置方案，按照"压减农业用水，节约生活用水，增加生态用水，保证工业用水"的总体要求，优化用水结构。在水权分配方式上，针对不同的用水类型，采用不同的分配模式，生活用水直接与人口成正比关系，水权按人口指标分配；工业用水的数量大致与工业产值成正比，按产值指标分配；生态用水直接与生态面积相关，以面积为指标进行分配；农业用水以法定面积为基础，同时，综合考虑农业产值指标，适当对高效区域进行倾斜。二是严格落实水权。建立形成了区级—灌区—乡镇—协会—小组分级负责的五级水权分配落实机制，严格用水总量控制与定额管理，将水权总量按行业逐级分配到 17.48 万用水户，逐户颁发了水权证。用水户按照"计划使用、节约归己、有偿转让"的原则合理安排使用水权。三是强化水权管理。在用水过程中，细化轮次供用水计划，建立分类作物供用水台账，分轮次刷卡取水，实行水权网格化管理，推行水权年初预算、年终审计决算制度。每轮次灌溉前，水管站向用水户协会下发灌水通知、灌溉用水告知单，严格按照灌水小组提出申请、协会加注意见、乡镇水资办签字盖章、水管站核对后再进行分轮次刷卡充值的用水程序进行管理。通过逐级审核、层层监管、凭卡供水、台账登记、轮次控制，实现了水权的精细化管理和严格的过程性控制。

三　搭建水权交易平台

一是搭建交易平台。全区成立了 1 个区级、7 个灌区级水权交易中心，在农民用水户协会设立交易点，应用网上在线水权交易信息化系统，鼓励用水户开展水权交易，探索开展了土地流转后的水权流转方式，培育建立水市场。二是健全交易制度。制定出台了《凉州区加快水权水市场建设指导意见》、《凉州区农业用水交易管理指导意见》、《石羊河流域武威市凉州区水权转让管理办法》等规范性文件，初步对农业用水交易范围、条件、方式等进行了规范。在水权交易过程中，探索形成了《灌区水权交易流程图》，制定了《水权交易申请》、《水权交易协议》、《水量交易结算》、《水权交易公示》等制度和模式，保证了水权交易工作有序进行。三是规范交易程序。农业水权交易按供水条件、供水量、交易层级的不同程序进行，灌水小组内用水户农业灌溉轮次小额度水权交易由双方自主协商进行；协会内灌水小组间农业灌溉轮次小额度水权交易由农民用水户协会主持进行；农业灌溉用水交易水量在 1000 ~ 100000m³ 的，具体交易由乡镇水权交易中心主持进行；农业灌溉用水交易水量在 10 万 ~ 50 万 m³，或者跨乡镇交易的，由灌区水权交易中心主持进行；农业用水改变用途向工业或非农业出售水权，交易水量 50 万 m³ 以下的，由灌区水权交易中心负责进行；交易水量在 50 万 m³ 以上的，由区级水权交易中心负责进行。四是合理确定交易价格。水权交易价由交易双方参照政府价格部门核定的基本水价协商确定，但不得超过基本水价的 3 倍。对于用水户、用水小组等节余的水量，且不愿进入市场交易的，可由水管单位集中按基本水价的 120% 回购水权。通过水权交易、水权转让等实现了水资源的余缺调剂和二次优化配置。

四　实现地下水远程监管

一是安装计量设施。凉州区于 2007 年一次性对全区 4887 眼机电井全部安装了智能化计量设施，智能化计量设施主要由智能控水控制器、IC 卡缴费终端、中间管理机、后台管理主机及其配套软件构成。水表通过感应器将信息传送到主板，当卡上水量用完后，电路自动关闭，系统停止运行，达到自动控制用水的目的。二是实现计量设施远程控制。研发应用了地下水信息化管理系统，在机井智能化计量设施上加装通信模块，将机井取水等数据信息通过通信卡、互联网传输至信息化管理终端，系统运行过程中，结合灌区年度单井配置水量、年初机井水表读数，借助远程终端传输的机井当前用水量、累计用水量，能够迅速判断该眼机井水量使用情况及当前水表读数，将信息数据实时传送至水管所控制中心，并将单井控制面积、种植作物、分配水量、机井和计量设施信息等数据录入系统，管理人员能够随时掌握机井运行情况，若出现水权超用等违规取水行为可远程关闭机井，有效实现对水资源的监管。未来，随着智能手机的普及与移动互联网信号的全覆盖，机井管理人员将随时随地通过手机上网登录监控系统平台，掌握所管辖区机井运行情况，分配水量的使用情况，为严格落实总量控制与定额管理目标提供了技术支撑。三是推行在线网络交易。依托清华大学研发的在线网上水权交易系统，在网上发布各用水户的余缺水量信息，由用水户在网上开展水权交易，系统自动生成交易协议，并可实时查询交易信息，为水市场的发展创造条件。四是加强计量设施用水管理。出台了《凉州区机电井智能化计量设施使用管理办法》，建立了水务、公安等部门联合执法机制，推行刷卡水量、水表读数、台账数据"三对口"和水管单位、乡镇、水务局"三检查"等制度，实现了用水精准计量，做到了配水、计量、收费"三到户"，从根本上保证了总量控制和定额管理目标的实现，为水价政策的落实提供了支撑。

五　实行多样化水价政策

一是稳步推进水价改革。2007 年以来凉州区对农业水价进行了三次大的调整，地表水计量水价由 2006 年以前的 0.08 元/m^3 调整到了目前的 0.2 元/m^3，地下水由基本水费 8 元/亩单一制水价调整为基本水费 2 元/亩 + 计量水价 0.05 元/m^3 的两部制水价。二是实行分类差别水价、超定额累进加价制度。全区对日光温室等设施农业、大田实施滴灌的种植作物，地表水水费优惠 25%、地下水水费优惠 50%；采用传统方式种植的小麦、大麦、露地平作玉米等高耗水低效益作物，地表水水费上浮 25%，地下水水费上浮 50%；特色林果业种植和生态用水，按农业用水价格的 50% 计收。按照用水超定额 30% 以下、31%～50%、50% 以上三级梯度，超额部分分别按标准水价的 150%、200%、300% 累进加价。用价格来体现水资源的稀缺程度，真正做到多用水多交费、少用水少交费、不用水给奖励。三是试点推行末级渠系水价。2015 年开始在清源灌区试点推行末级渠系水价，为 0.0308 元/m^3，农业供水实现了终端水价。国有水管单位供水水费用于水管单位运行管理、骨干水利工程维修养护等；末级渠系运行管护费用于农民用水户协会日常管理和由群众管水组织负责管护的末级渠系、高效节水灌溉工程、机电井、计量设施等工程设施的维修养护。末级渠系运行管护费用管理实行报账制，使用时由用水小组提出申请、农民用水户协会核实、乡镇水管站审核、乡镇水资源管理办公室复核、水管处（所）审批后据实报账，实报实销，专款专用，分户管理。四是规范水费收缴程序。出台了《凉州区农业水费征收使用管理办法》等制度，对水费征收使用管理进行了规范，灌区水管单位按照"年初预收、轮次核算、年终结算、多退少补"的方式，根据分配的水权水量，在第一轮灌溉前预收，每轮用水结束后，按实际用水量核算水费，年度灌溉结束后结算，多退少补。通过制定和落实多样化的水价政策，形成了激励节约用水的水价倒逼机制，既有效解决了"最后一公里"田间工程管护经费和协会运行费用，堵住了搭车收费的漏洞，又充分发挥了价格"杠杆"的撬动作用，引导群众发展高效节水产业，推动"设施农牧业＋特色林果业"主题生产模式发展。

六　明确农田水利设施产权和管理责任

一是明确水利工程产权归属。凉州区按照"谁使用、谁管护、谁负担"的原则，以国家投资或政府补助为主建成的末级渠系、高效节水工程，受益范围在同一个农民用水户协会的，产权归所在农民用水户协会所有，使用权按受益范围确定给各用水小组；机电井智能化取水计量设施，产权归灌区水管单位所有，使用权确定给受益的农民用水户协会；用水小组集体出资建设的机电井、小型水电站等，所有权和使用权确定给用水小组；社会资本以各种形式投资建设的小型农田水利设施，工程所有权和使用权确定给投资人所有。二是规范水利设施管护。土地承包经营权已约定流转给经营大户、农业合作组织等新型农业生产经营主体的，小型农田水利设施原所有权不变，使用权可以随土地流转给新型农业生产经营主体，避免了因土地流转而造成水利设施管护缺失的弊端。权属明确后，由区政府颁发所有权证和使用权证，所有权人与管护人签订管护责任书。明晰工程设施产权，落实管护主体和责任，将以往用水户在小型农田水利设施管护中"观众"的身份转变成了"演员"的身份，解决了工程有人建、无人管的问题。

七　规范农民用水户协会运行

一是组建农民用水户协会。为加快水权水价改革，凉州区于2007年在全区组建了433个农民用水户协会，民政部门进行注册登记管理，水行政主管部门向 3655 个用水小组颁发集体会员证。协会运行费用通过政府补贴和会员交纳会费的方式解决，政府每年补助运行经费 70 多万元。二是建立协会达标晋级机制。将协会进行分等定级、分类管理，不同类别补贴标准不同。通过年度考评、达标晋级、互学互促，形成了"农户 + 用水户协会 + 水管单位"的民主参与模式。三是充分发挥协会作用。农民用水户协会组织用水户参与水利工程建设与管护，分配落实水权，制订协会轮次灌溉计划，组织灌水小组进行分轮次灌溉，及时化解灌溉期间出现的各类水事矛盾纠纷，督促灌水小组长完成水费收缴工作，在农业生产和灌溉工作中发挥了主力军作用，建立起了水管单位与群众联系的"纽带"和"桥梁"。

第五节 成效、问题与建议

一 成效和经验

（一）水资源管理

1. 建立完善的水资源管理制度

重点治理以来，甘肃省人大颁布法规 1 部，省政府颁布规章 1 部，省政府及办公厅下发规范性文件 4 个、一般性文件 1 个；流域管理局以文件形式下发管理制度 4 个；市级以文件形式下发管理制度 17 个。这些为水资源管理提供了制度保障。

武威市制定以水定电、以电控水、水票使用、地下水取水井计量设施管理等一系列管理办法，建立取水许可管理制度，促进了水资源管理和节水管理的制度化和规范化建设。

2. 总用水量和地下水用水量逐年下降

《流域治理规划》实施以来，流域内各级政府严格落实《条例》，加强水资源管理具体工作的开展，尤其加大地下水资源的开发利用及保护力度，使地下水开采量大幅削减，既改善了生态环境，又有力支持了地方经济发展。

全流域用水量从 2006 年的 30.01 亿 m^3 减少到 2014 年的 23.7 亿 m^3。总用水量减少 6.31 亿 m^3，年平均下降 2.6%。其中地下水总用水量也呈逐年下降趋势，由 2006 年的 15.70 亿 m^3 逐步下降到 2014 年的 8.37 亿 m^3，地下水用水量减少 7.33 亿 m^3，年平均下降 5.8%。

3. 用水结构调整取得一定成效

武威市强力推进"设施农牧业 + 特色林果业"主体生产模式，工业、农业、生活、生态用水比例从 2006 年的 4.7 : 82.9 : 3.6 : 8.8，调整到 2014 年的 9.2 : 74.1 : 6.1 : 10.7。农业用水明显减少，工业用水和生态用水显著增加，用水结构进一步优化。"压减农业用水、节约生活用水、增加生态用水、保证工业用水"的总体思路进一步得到落实。

4. 流域重点治理成果显现

通过对流域内 26 眼监测机井数据的分析，2011 年以后有 11 眼机井年平均水位有明显上升，其他 15 眼机井年平均水位下降趋势较 2011 年前有明显减缓。地下水位呈逐年上升趋势。

2010 年蔡旗断面过站总径流达 2.59 亿 m^3，实现《流域治理规划》确定的"民勤蔡旗断面下泄水量增加到 2.5 亿 m^3 以上"的近期治理目标。从 2010 年开始，武威市累计向青土湖下泄生态水量 1.14 亿 m^3，干涸 51 年之久的青土湖形成了 3 ~ 22km² 的人工季节性水域面积。2014 年北部湖区形成约 106km² 的旱区湿地，《流域治理规划》确定的 2020 年"北部湖区预计将出现总面积大约 70km² 的地下水埋深小于 3m 的浅埋区，形成一定范围的旱区湿地"目标提前 6 年实现。

5. 严格和规范地下水取水许可管理

凡申请取水许可，均由取水口所在地水行政主管部门逐级审核上报。凿井机组必须登记后才能凿井作业；新增取用地下水，优先保证人畜饮水，支持重大生态、民生及重点规模以上工业企业项目；严禁新增地下水用于火力发电、景观工程等高耗水行业；禁止水源热泵（冷却降温）和小型自备水源井等特殊取水的审批。

6. 全面落实流域地下水总量控制指标

严格按照《流域治理规划》和《石羊河流域水资源分配方案》确定的用水总量，对流域内地表水和 19744 眼机井的取水许可证进行了换发，确定了石羊河流域用水总量控制指标；依据《甘肃省行业用水定额》和市级政府出台的行业用水定额，按照就低不就高的原则，对水资源进行定额管理；对流域内所有机井做到要有计量设施、有取水许可证、有水权，否则不得取水。以此为基础，以甘肃省人民政府批准的水量控制指标为依据，监督落实市、县（区）用水总量及削减量。

7. 提出地下水资源管理"三控制"

对地下水资源管理实行从水量、水位、机井指标三项控制。规定以县（区）为单位取水总量不能突破省政府分配的水量；如果一个区域内地下水连续下降三年以上（每年下降 1 米以上），暂停该区域新增取水；以县（区）为单位，新增取水不得突破机电井总数指标。

8. 组织开展石羊河流域地下水调查评价

全面开展石羊河流域地下水调查评价工作，对流域地下水资源补给量、可开采量等做出了科学评价。进一步科学划定了流域地下水功能区及控制开采区，为流域地下水资源科学管理提供了技术支撑。

9. 加强信息化建设，着力提高管理能力

甘肃省石管局结合石羊河流域重点治理实施了流域水资源调度管理信息系统工程，通过现代化的采集、传输与控制手段，全面快速收集流域水资源信息，为科学决策、优化调度和水资源统一管理提供支持和手段，提高了管理能力。

（二）水权建设

1. 实行总量控制与定额管理相结合的用水制度

武威市、县、乡每年印发年度水资源配置方案，分行业将水量配置灌区、农民用水户协会，将地下水水权逐级分解到每一眼机电井，按照先确权、再计划，先申请、再分配，先刷卡、再配水的程序，控制灌溉定额和用水总量。建立灌区、乡镇、协会、用水户协会四级分类作物供用水台账，详细记载作物轮次供水量和供水面积，杜绝超用、乱用水权，做到了计划用水。

2. 加强水权市场建设

武威市大胆探索并建立水权交易市场，制定水权转让管理办法等，明确水权交易的范围和方式。以县（区）、基层灌区为单位建立水权交易中心，做好区域内水量供求信息发布和水权交易管理等工作。初步建立了以水权管理为中心的水资源管理体系。

3. 实行行业用水决算和年终审计制度

武威市完善水资源管理体制、运行机制和水价制度，探索推行水资源预决算管理。对各级水管单位、各行业用水实行半年预决算和年终审计制度，实行地下水资源管理全过程监管。

4. 深化水价改革，充分发挥价格杠杆作用

武威市在 2007 年、2010 年、2013 年分 3 次对水价进行改革，对农业供水执行差别水价，城市供水对非居民、工业和特种行业用水实行超定额累进加价制度，对居民生活用水推行阶梯式水价。对引导农业种植结构调整和用水结构调整发挥了积极作用。

5. 水权建设取得明显成效，以武威市凉州区最为突出

凉州区从 2007 年开始在全区范围探索开展水权水价制度改革，取得了显著的节水增收效果，据统计，几年来，通过用水总量控制和定额管理，全区用水总量由 2006 年的 12.53 亿 m³ 削减到了目前的 10.05 亿 m³，农业用水量由 11.45 亿 m³ 削减到了 7.38 亿 m³；河水灌区灌溉水利用率由 52% 提高到了 57%，井水灌区由 76% 提高到了 84%；全区农业、生态、工业、生活用水结构由 91.4∶2.2∶4.1∶2.3 调整到了目前的 73.5∶6.3∶15.2∶5。

严格的水权控制和水价改革撬动了农业生产模式的转变。坚持压夏扩秋、压粮扩经、压低效扩高效等举措，推广高效农田节水技术，发展高效特色产业，全区农业结构调整取得了明显成效，有效破解了结构性缺水矛盾。农业增加值中，农林牧比重由 2006 年的 71.66∶0.07∶28.27 调整为 63.1∶2∶34.9；粮经比由 2006 年的 66∶34 调整为 55∶45；夏秋比由 2006 年的 50∶50 调整为 15∶85。农业生产模式的转变推动了农民生产经营性收入的大幅增加，农民人均可支配收入预计达到 10467 元，是 2006 年的 2.8 倍。

二 面临的主要问题

（一）水资源管理

第一，缺乏对《流域治理规划》确定的各项治理措施和保障措施的有效监督检查。

第二，总量控制难度仍然很大。随着经济社会的发展，居民生活用水、生态用水、工业用水增长需求较大，尤其是工业项目新增取用地下水较多，进一步加剧了用水矛盾。同时，受用水习惯、农民增收、地下水成本低等影响，地下水控制开采难度很大。巩固流域治理成果任重道远。

第三，已经安装的传统计量设施经过 10 多年运行，设备落后、备件缺乏、损坏严重；流域地下水智能化计量设施的安装率仅为 79%，还有部分机井未安装计量设施。

（二）水权建设

第一，流域内各县（区）初始水权落实进展不够平衡。受各地水资源总量、产业结构、管理体制、法规建设等影响，各地水权落实不够平衡。

第二，水权交易法律制度尚不健全。目前，水权交易缺乏国家层面的法律、法规，水利部只下发了《关于水权转让的若干意见》（水政发〔2005〕11 号）和《关于印发水权制度建设框架的通知》（水政发〔2005〕12 号）。在甘肃省级出台的法规和规章中，也只对初始水权到户和取水总量达到或者超过用水总量控制指标的地区通过水权转让方式获得用水指标做了规定。武威市市级虽然出台了有关水权交易的规范性文件，但各县（区）都执行各自行政区域的水权交易制度，水权交易规定和程序不统一，要在全市或全流域推广网上在线水权交易，缺乏相关法律制度。

第三，流域取用水计量设施运行维护不能满足水权交易的要求。流域内斗渠量水设施老化失修，维修养护费用不足，不能正常发挥作用。机井计量设施经过长期运行，因地下水含沙量大，设备极易损坏，造成维修管护成本高，正常维修经费无法保障，影响计量设施作用的正常发挥，不能满足水权交易的要求。

第四，基层水权交易组织和场所不完善。目前，专项示范灌区虽然成立了村级农民用水户协会开展水权交易，但农民用水户协会工作人员基本为兼职人员，没有固定人员和办公场所，同时受工作经费限制，水权交易组织和场所还不完善，制约石羊河流域水权交易网站平台的推广应用。

第五，流域水资源管理现状不利于促使水权交易。一是各行业和各用水户初始水权不能长期固定。流域内虽然对水权进行了初始分配，但地方政府从优先支持工业等高效产业角度出发，每年通过行政措施调整各行业分配的水权，不利于促使水权交易。二是机井取水量动态监测手段缺失，无法实时掌握和管理所有灌区实际开采量。流域内只有示范灌区清源灌区实现了地下水取水计量远程数据传输和实时监控，其他灌区不能实时掌握地下水实际开采量，而且，超采现象时有发生，也不利于促使水权交易。

第六，水权交易网站平台需要进一步修改完善。目前，水权交易网站平台仅实现了示范灌区内部各农民用水户协会之间的水权交易，且在交易数据的显示、分类、汇总、打印等基本数据处理方面存在缺陷。在水权交易网站平台上增加水权交易灌区也非常复杂，直接影响水权交易在全流域的推广应用。同时，在网站平台上不能实现县（区）内部跨行业或跨灌区（包括审批新增取用地下水水权置换）的水权交易。水权网站平台软件设计还存在遗漏和缺陷。

三　建议

（一）水权建设

第一，尽快出台国家层面较为全面的水权交易法律制度。同时，建议清华大学通过项目带动，利用石羊河流域示范专项的实践经验，指导省市两级出台健全、详细、完善、有可操作性的水权交易法规制度，为水权交易健康有序发展提供法律依据。

第二，继续给予水权交易场所建设、宣传培训的资金支持。水权交易网站平台后期应用对象主要是农民用水户协会工作人员，部分人员文化程度低，建议清华大学和武威市各级政府能够继续给予基层水权交易场所建设、宣传培训的资金支持。

第三，建议进一步修改完善水权交易网站平台，增强水权交易数据的处理能力，增加县（区）内部跨行业或跨灌区水权交易的内容；建议扩大水权交易的范围，在全流域各县（区）水务局、各灌区建立水权交易中心及分中心，以农民用水户协会为基本水权交易单元，推动全流域利用网站平台进行水权交易，通过水权交易，科学合理地配置流域有限的水资源，提高水资源的用水效率和效益。

（二）水价改革

第一，因地制宜地制定出台农业节水奖补政策。凉州区资源性缺水和结构性缺水问题并存，人均耕地面积少，农业生产效益相对低，近年来全力推行"设施农牧业＋特色林果业"主体生产模式，推广节水高效作物和高效节水灌溉技术，限制高耗水低作物种植，节水增收效果明显。建议政府相关部门出台水价和奖补政策时，对种植节水高效作物和使用高效节水灌溉工程的用水户进行水价优惠和奖补。

第二，成立中央财政专项资金，对农业节水奖补、小型农田水利设施维修养护给予补助。

第三，加大财政转移扶持力度，支持基层水利管理单位、农民用水户协会的建设，加快机电井智能化取水计量设施更新改造速度，对田间末级渠系计量设施配套完善给予专项资金扶持。

第四，继续加大灌区节水改造和高效节水技术投资力度，改善农业生产基础条件。

第 十 二 章

上下游水资源管理与水权探索：
黑河流域甘肃张掖考察[*]

　　黑河是我国仅次于塔里木河的第二大内陆河，干流全长928公里，融雪水自祁连山奔流而出，流经富饶的河西走廊，注入内蒙古东、西居延海，形成3万多平方公里的冲积三角洲，又造就了美丽的居延绿洲和灿烂的居延文化，全流域涉及青海祁连，甘肃肃南、山丹、民乐、张掖、临泽、高台、酒泉、嘉峪关、金塔，以及内蒙古额济纳旗三个省区的部分地区，上下游依赖程度极高。20世纪五六十年代，黑河开始进入持续干旱期，加之过度开荒造田和截流灌溉，50年代开始出现断流且持续时间不断延长，50年代断流约100天，1999年断流近200天，绿洲和湖面萎缩，沙尘暴肆虐，全流域生态持续恶化。2001年，国务院批复《黑河流域近期治理规划》和《塔里木河流域近期综合治理规划》，对黑河和同样面临断流困境的塔里木河同时开始治理。张掖，这个素有"金张掖"之称、黑河水量最丰沛且经济发展和耗水最大的中游大市，为确保黑河调水和增泄治理，全面落实国务院关于黑河治理的"全线闭口、集中下泄"跨省区分水方案，2000年在全国第一个开始实施节水试点、水权试点和水价改革，著名的"黑河调水"顺利实现预期目标，每年黑河干流来水的60%集中下泄到东居延海，下游额济纳旗生态显著改善，胡杨林起死回生，天然绿洲萎缩和生态退化的趋势得到有效遏制。今天的居延海，

---

　　* 本章作者：王天雄，张掖市水务局正高级工程师。

芦苇摇曳、鱼蟹飘香；今天的黑河，流域安定、生机勃勃，沿河周边生态环境恢复到 20 世纪 80 年代水平。

第一节　基本情况

一　张掖市情

张掖市位于甘肃省河西走廊中部、黑河流域中游，地处东经 97°20′～102°12′、北纬 37°28′～39°57′，东西长 465 公里，南北宽 148 公里，南依青藏高原北缘的祁连山脉，北望内蒙古高原巴丹吉林沙漠，是我国西北重要的生态安全屏障。西汉时设张掖郡，以"张国臂掖，以通西域"而得名，历史上又称甘州。张掖是坐落在祁连山和黑河湿地两个国家级自然保护区之上的城市，既有"半城芦苇"的自然美景，也有"半城塔影"的历史风貌，文化积淀深厚，人文景观丰富，东西文化、南北民族在此交融荟萃，自古以来就是丝路重镇和商贾云集之地，素有"塞上江南"和"金张掖"之美誉，也是全国历史文化名城和中国优秀旅游城市。

全市总面积 4.2 万平方公里，辖甘州、临泽、高台、山丹、民乐、肃南裕固族自治县一区五县，65 个乡镇（街道）、128 万人、38 个民族，其中分布在祁连山北麓的裕固族是全国独有、集中居住在张掖的一个少数民族。

张掖水土光热资源充足，耕种条件优越，灌溉农业发达，农作物种类繁多、品质优良，是全国重要的商品粮、瓜果蔬菜、畜禽养殖基地和全省七大农产品加工循环经济基地之一。在计划经济时代曾以全省 5% 的耕地提供了 35% 的商品粮。"张掖玉米种子"是全国唯一获得地理证明商标的种子产品，种子产量占全国年大田玉米生产用种量的 40%，是中国杂交玉米制种的首选之地。

2014 年全市实现生产总值 353.43 亿元，其中：第一产业增加值 88.98 亿元、第二产业增加值 119.04 亿元、第三产业增加值 145.41 亿元，三次产业结构调整为 25.2∶33.7∶41.1。全年完成固定资产投资 275.69 亿元，大口径财政收入 48.07 亿元，公共财政预算收入 22.14 亿元。城镇居民人均可支配收入 17386 元，农村居民人均纯收入 9489 元。

二 河流水系

黑河是我国第二大内陆河,发源于祁连山北麓,流经青海、甘肃、内蒙古三省区,干流全长 928 公里,流域面积 14.3 万平方公里。黑河干流从祁连山发源地到尾闾居延海,以莺落峡、正义峡为界,分为上、中、下游,跨越三种不同的自然地理环境。出山口莺落峡以上为上游,河道长 313 公里,两岸山高谷深,水能资源丰富,气候阴湿寒冷,年平均降水量 200 ~ 400 毫米,是黑河流域的产流区,出山口莺落峡多年平均径流量 15.8 亿立方米;莺落峡至正义峡区间为中游,河道长 204 公里,两岸地势平坦,光热资源充足,为黑河径流的灌溉农业利用区,农牧业开发历史悠久,享有"金张掖"之美誉,但年平均降水量仅为 110 毫米,蒸发能力达 1400 毫米以上;正义峡以下为下游,河道长 411 公里,除河流沿岸和居延三角洲外,大部分为沙漠戈壁,属极端干旱区,生态环境脆弱。

张掖市境内的河流均为内陆河,年径流量在百万立方米以上的大小河流有 40 条,均发源于祁连山北麓及前山地带,多由南向北流入走廊区,由东至西分属河西走廊石羊河、黑河、疏勒河三大水系。东部的东大河、西大河、西营河属石羊河水系,出山后流入武威、金昌;中部东起马营河、童子坝河、洪水河、海潮坝河、大堵麻河、大野口河、黑河、梨园河、摆浪河、讨赖河、洪水坝河、马营河、丰乐河等诸多河流属黑河水系,除西段讨赖河、洪水坝河、马营河、丰乐河出山后流入酒泉、嘉峪关外,其余出山后均由张掖市境内开发利用;西部的石油河、白杨河属疏勒河水系,出山后流入酒泉玉门。

三 水资源量

(一) 水资源总量

全市可利用地表水资源量 24.75 亿立方米,与地表水不重复的净地下水资源量 1.75 亿立方米,可利用水资源总量 26.5 亿立方米。现状人均占有可利用水资源量仅有 1250 立方米,为全国平均水平的一半,是典型的资源型缺水地区。尤其是山丹县,人均水资源量只有 600 立方米,水资源严重紧缺。

（二）地表水资源

张掖市地处黑河中游，属温带干旱性气候，年均降水量110毫米，蒸发量1400～2700毫米，境内可开发利用的河流26条，各河流水源主要为祁连山区的大气降水，通过降水、冰雪融水及山区地下水等途径混合补给。河川径流量的年际变化主要受降水的制约，同时还受冰川补给和流域蓄水的影响，年降水时空分布很不均衡，由西北向东南随海拔的增高而递增。全市可利用地表水资源量24.75亿立方米，其中：黑河干流15.8亿立方米、梨园河2.37亿立方米、其他沿山支流6.58亿立方米。

（三）地下水资源

张掖市地下水允许开采量6.43亿立方米，其中甘州2.01亿立方米、临泽1.3亿立方米、高台1.5亿立方米、山丹0.42亿立方米、民乐0.53亿立方米、肃南明花区0.67亿立方米。全市与地表水不重复的净地下水资源量1.75亿立方米。

四 水资源开发利用

多年来，张掖水利事业围绕水资源合理开发、有效保护和综合治理展开了一系列卓有成效的建设，形成了以中小型水利设施为骨干、推进高效节水为重点、地表水地下水综合开发利用并举、渠井林田相配套的水利体系运行格局。同时，通过行政、经济、工程和技术手段，水资源配置进一步优化，用水结构趋于合理，用水水平逐步提高。

近年来，着力加强水利基础设施建设，截至目前，全市建成中小型水库52座，总库容2.15亿立方米；配套机井11200眼，规模以上的提灌站32处，建成干支渠4500多公里，干支斗渠衬砌率73%；建成万亩以上灌区28处，其中大型灌区8处、中型灌区16处，发展灌溉面积534.5万亩（其中高效节水面积78万亩）；发展中小型水电站85座，装机容量114.6万千瓦。

2014年全市总用水量24.12亿立方米。按用水行业分：农业灌溉用水21.47亿立方米、工业用水0.57亿立方米、生活用水0.61亿立方米、生态用水1.47亿立方米。农业、工业、生活、生态用水比例89:2.4:2.5:6.1。

全市534.49万亩灌溉面积中，农田433.54万亩、林草100.95万亩；种植各类作物面积433.55万亩，其中夏禾作物96.61万亩，秋禾作物

218.46 万亩，经济作物 118.48 万亩。种植夏禾作物小麦 38.19 万亩、大麦 41.22 万亩、冬麦 0.21 万亩、夏杂 17.01 万亩；种植秋禾作物带田 7.66 万亩、玉米制种 131.87 万亩、玉米 56.68 万亩、秋杂 7.83 万亩、洋芋 14.31 万亩；种植经济作物瓜菜 25.56 万亩、甜菜 1.14 万亩、辣子 1.61 万亩、棉花 0.86 万亩、油料 19.68 万亩，其他制种 18.62 万亩、果园 1.19 万亩、番茄 2.49 万亩、药材 14.46 万亩、牧草 10.64 万亩，其他作物 22.23 万亩。

第二节　改革成效

一　以优化水资源配置为目标的节水型社会建设取得突出成效

张掖市自 2002 年 3 月被水利部确定为全国第一个节水型社会建设试点以来，经历了理论探索、选点实践、政府引导、社会参与、全面推进、巩固提高的过程，以水权制度改革和水资源高效利用为核心，全面推行"灌区 + 协会 + 水票"的用水管理模式，探索形成了"政府调控、市场引导、公众参与"的节水型社会运行机制，初步建立了与之相适应的水资源管理、产业结构和水利工程三大体系，坚决实行"三禁三压三扩"政策（禁止开荒、移民、禁种高耗水作物；压缩耕地面积、扩大林草面积，压缩粮食面积、扩大经济作物面积，压缩高耗水作物面积、扩大低耗水作物面积），在农村大力推广农田高效节水技术，在企业、学校、社区广泛开展城市节水创建活动，水资源供需矛盾得以有效缓解，黑河调水任务得以连续完成，全民节水意识得以明显增强，实现了经济结构调整与水资源优化配置的双向促动，提高了水的利用效率和效益，实现了节水与经济社会发展的"双赢"目标。张掖市被水利部授予全国第一个"节水型社会建设示范市"称号，张掖节水型社会展厅被水利部、教育部、全国节约用水办公室确定为全国首批节水教育基地。2006 年试点通过验收以后，按照水利部扛牢全国第一面节水旗帜的要求，继续纵深推进节水型社会建设，相继出台实施《张掖市实行最严格水资源管理制度实施意见》等制度办法，重新确定和层层分解用水总量、用水效率各项控制指标；依托项目支撑，大力开展高效节水农业示范建设，选择企业、机关、学校、社区持续开展城市节水创建活动，取得了以点带面、示范辐射的良好效果。

二　以恢复下游生态为目标的黑河调水做出巨大贡献

自 2000 年实施黑河跨省调水以来，张掖各级政府和广大干部群众讲政治、顾大局，牺牲局部利益，克服重重困难，精心组织调度，连年完成黑河水量调度任务，至 2014 年底累计向下游输水 157 亿立方米，占来水总量的 58%，东居延海自 2004 年 8 月以来连续不干涸，水域面积保持在 40～45 平方公里。据水利部委托河海大学完成的黑河近期治理后评估成果，目前下游生态得到明显的恢复和改善，下游地区地下水位明显回升，沿河生态系统和生物链得到恢复和改善，胡杨、红柳生长茂盛，植被种类增多，沿河周边生态环境已恢复到 20 世纪 80 年代水平，取得了显著的生态效果和社会效益。

三　以打造宜居宜游为方向的水生态文明建设全面推进

张掖市成功申报为全国水生态文明城市建设试点以来，委托中国水科院编制完成《张掖市水生态文明建设试点实施方案》，通过黄委会组织的专家审查，由水利部办公厅印发了审查意见。试点方案修改完善后，2014 年 7 月《张掖市水生态文明建设试点实施方案》经甘肃省人民政府正式批复。张掖着眼于做好黑河这篇"水文章"，全力推进黑河湿地保护工程，积极服务和保障宜居宜游金张掖的建设，全力以赴开展水生态治理，切实加大沿河、沿湖开发力度，甘州区滨河新区人工湖、湿地保护区、临泽县大沙河治理、高台县大湖湾水生态景观、山丹县祁家店水库风景区、民乐县洪水河水利景区、肃南县隆畅河风情线水利景观工程等水生态治理项目全面推进，着力彰显"塞上江南"的独特魅力。

四　以最严格水资源管理制度为核心的水资源管理日益加强

面对水资源开发利用与保护管理的严峻形势，水务部门科学合理划定用水总量、用水效率、限制纳污"三条红线"，全面贯彻落实最严格水资源管理制度。一是科学配置水资源，认真落实各级水资源配置方案和黑河中游县际断面控制指标实施方案，强化制度建设，出台《张掖市实行最严格水资源管理制度实施意见》，编制《张掖市水中长期供求规划》、《张掖市水权转换总体规划》等，从制度层面和水资源指标体系层面确保水资源高效利用，保障了经济发展和生态建设用水需求。二是落实用水总量控制、用水效率控制、水功能区水质达标率"三条红线"，完成用水总量控制指标方案、用水效率控制指标方案，并根据甘肃省政府办公厅下达张掖的水资源管理控制指标，依据黑河分水方案、各县区水资源配置方案及用水实际，分解完成县级行政区 2015 年、2020 年、2030 年用水总量控制、用水效率控制和水功能区水质达标率等水资源管理"三条红线"，已由市政府办公室下达各县区执行。三是认真贯彻取水许可制度、水资源论证制度、水资源有偿使用制度，加强取水许可分级审批管理与日常监管。在新批取水许可项目时，尤其严格按照区域取水总量控制指标和行业用水定额核定审批取水量，组织开展全市各类取水单位取水许可监督管理工作，杜绝无证取水的违法行为，按时完成取水单位年度用水计划下达工作。规范建设项目水资源论证，严格执行论证制度和报告审查制度，严把取水许可水资源论证关。四是探索建立水资源管理监控和责任考核制度，逐步将县区用水总量和用水效率主要指标纳入政府年终目标考核体系，并建立了用水大户取用水监控制度。

尤其在地下水管理方面，近年来市、县区水务部门多方面采取措施，限制机井数量，控制地下水开采规模，维持合理的地下水位，保护地下水生态环境。一是制定出台了《张掖市加强地下水统一管理实施方案》，明确机井审批权限和审批程序，严格机井审批管理，对全市范围内的所有新打机井进行严格把关。二是制定了《张掖市地下水分区管理方案》，将全市地下水开发利用区域划分为红区、黄区、蓝区，各分区根据地下水开发利用程度、超采程度，分别制定开发利用规划和恢复保护措施，从机井审批、取水总量、单井取水量、计量设施安装等各个环节实行分区管理，控制开采量。三是制定出台《张掖市地源热泵管理办法》，规范地下水源热泵机井建设和使用管理。四是逐步规范地下水取水监管，按照"一井一卡一证"的要求完善机井档案管理，并稳步推进机井计量设施建设，目前全市机井计量率已提高到35% 以上。

第三节 水权探索

统筹地表水和地下水管理，进一步明晰农业水权和用水总量，建立水权交易机制，引导水权有偿转让，充分发挥市场配置水资源的作用，促进有限的水资源向高效领域配置，张掖进行了积极的水权试点探索。

一 核定农业用水总量

在对全县各灌区各河流地表水及流域内地下水资源总量和现状用水规模、结构进行调查评估的基础上，本着公平、效率、协调、统一的原则，科学分析水资源规律，合理制订水资源配置方案，细化分解各灌区农业用水总量控制指标。

二 确定农业用水定额

以《甘肃省行业用水定额》为基础，本着既要保证农业的合理用水需求，又要有利于节约用水的原则，综合考虑各地水资源和土壤状况，田间工程配套、农业生产水平和产业结构调整规划等因素，深入调查，精心测算，确定农业用水定额。

三 明晰农业初始水权

本着"尊重历史、面对现实、兼顾未来"的原则，根据已形成的水权面积，确定各用水户的水权。地表水能满足灌溉区域的，地下水不再纳入水权分配，只作为抗旱应急水源；地表水不能满足灌溉区域的，缺额部分从地下水允许开采限额内分配水权。水权随耕地流转而有序转让。

四 发放水权证

将水权面积作为明晰农业初始水权的依据后，根据用水总量和定额控制指标体系，把水权层层分解细化，分解至各协会和各用水户，以户核发水权证。在水权证上明确用水户享有的合法水量，赋予用水户对水资源的合法使用权和处置权。

五 规范农业用水秩序

各灌区根据用水总量控制指标和年度用水总量控制计划，确定各用水户的年度用水计划。用水户用水实行水票制供水。用水户取水按"先确权、再计划。先申请、再分配，先购票、再取水"的程序进行。水管单位设立台账实行累加，累加值达到用水户取水指标的，原则上不再出售水票。水票为用水户的水权凭证，用水户取得水权后，可以通过水票流转的方式进行水权交易。

六 制定水权交易规则

建立水市场运行规则，界定可交易水权，制定水权交易制度，明确交易规则。建立以用水户协会为主体，政府调控、水行政主管部门参加的协调仲裁制度，协调解决水权改革和水市场建设中出现的各种矛盾和问题。完善水资源有偿使用制度，加大水资源费的征收力度，对超计划用水实行累进加价。

七 搭建水权交易平台

大灌区水管单位建立由政府主导、用水户和农民用水户协会参与的水权交易平台，成立水权交易管理委员会，制定水权交易管理规范和交易平台职责、运行流程，配套完善相关设施，逐步培育和完善水市场。

八 引导开展水权交易

按照"优化配置、节约有奖、市场交易、有序转让"的原则，鼓励和引导社会公众广泛参与，运用经济手段，发挥价格对节水的杠杆作用，实行水权有偿转让，逐步引导实现水资源高效利用和优化配置。同一农民用水户，地表水用水指标不得置换为地下水用水指标，地表水能满足需求的，允许和鼓励将地下水用水指标等量置换为地表水用水指标。不同农民用水户的水权交易，地表水水权可在全灌区交易，地下水水权出让时，县水务局和灌区管理单位具有优先回购权，地下水位埋深较浅区域的地下水水权不得出让到地下水位埋深较深的区域。

九 完善水利基础设施

加大资金投入力度，拓宽资金筹措渠道，发挥政府和用水户的投资积极性，建设和完善水利基础设施，进一步加强末级渠系计量设施建设和机井计量设施安装，为水权交易提供输水和计量保障。

十 推进民主参与式管理

按照"一村一会"要求，在现有协会基础上，以村为单位覆盖所有灌溉面积，进一步规范协会建设，通过协会将水权配置到户，出售水票，收缴水费，调处水事纠纷，协调水量交易。强化协会能力建设，增强用水户主人翁意识，激发农民管好工程、搞好灌溉管理的自觉性和主动性。

第四节 农业高效节水

一 全市农业节水

按照甘肃省政府关于建设河西走廊国家级高效节水灌溉示范区项目方案布局，张掖市总规划发展高效节水面积150万亩（管灌87.96万亩、滴灌52.50万亩、喷灌9.54万亩），其中：甘州区40万亩、临泽县16万亩、高台县26万亩、山丹县28万亩、民乐县30万亩、肃南县10万亩，总投资约15亿元。项目于2013年启动实施，目前已下达资金9亿元，计划发展高效节水面积77.36万亩（管灌23.70万亩、滴灌44.82万亩、喷灌8.84万亩），主要包括：中央财政小型农田水利建设项目、中央财政统筹从土地出让收益中计提农田水利建设项目、规模化节水灌溉增效示范项目、1万～5万亩灌区改造高效节水工程建设项目等。至2014年底，完成高效节水面积39.47万亩（管灌9.89万亩、滴灌27.48万亩、喷灌2.10万亩），完成投资4.75亿元，占下达资金的52.78%。2015年计划发展高效节水面积25万亩，投资4亿元，目前高效节水灌溉工程全部开工，完成投资1.8亿元，完成高效节水面积11.28万亩，工程建设计划年底全部完工。已实施的高效节水灌溉工程，综合亩均节水145立方米，年新增节水量7358.75万立方米，年减少地下水开采量 1500 万立方米左右，提供生态用水 4000 万立方米左右，取得了较好的节水效果和经济效益。

二 井河混灌区工程节水

盈科灌区是张掖甘州区三大灌区之一，属井河混灌区。灌区位于河西走廊中部，地处黑河中游，辖 11 个乡镇、104 个行政村，总人口 16.44 万人，控制灌溉面积 31.44 万亩，是"金张掖"重要的粮食和瓜果蔬菜生产基地。灌区始建于唐代，现已建志干渠 13 条 121 公里、支渠 54 条 239 公里、斗农渠 2564 条 1467 公里，建有机电井 900 眼，灌区内渠、路、林、田基本配套的灌溉体系已初步形成，为农业和社会经济的发展创造了一定的基础条件。灌区以黑河径流供给为主，井水补充为辅。历届区委、区政府把水利作为促进经济社会发展的"命脉"常抓不懈。为减少渠道渗漏损失，提高水的利用率，多年来盈科灌区充分利用实施黑河流域统合治理项目等灌区节水改造项目建设机遇，积极实施干、支、斗渠改建和田间配套工程，共完成干渠改建 22 公里、支渠 120 公里、斗渠 52 公里，完成田间配套 10.5 万亩，推广应用高新节水 2.5 万亩，新打机井 33 眼，维修旧井 90 眼，使灌区渠系水的利用率由改建前的 52% 提高到了 56%，节水效益明显。为保障灌区社会经济稳定快速发展提供了坚实的水资源和水利基础设施保障。

根据国家对信息化建设的宏观要求和张掖绿洲现代农业试验示范区建设的现实需求，甘州区在土地流转和规模经营的前提下，依托中央财政小型农田水利重点县项目，遵循"因地制宜、视需定建、突出重点，先试点、后扩展、高效可靠、确保效果"的原则，高起点建设，将高效节水、计算机、自动控制、通信、传感、图像模拟处理等技术充分融合，在盈科灌区党寨水管站建立起一个充分利用现代先进高科技技术、实用性强、扩展空间大的自动化灌溉的农田实施膜下滴灌自动化控制系统。

滴灌自动化控制系统主要由控制中心计算机及监控系统、灌溉控制器、阀门控制器、电磁阀、气象站、首部控制器及优传感器等构成。中央计算机安装在中心控制室。灌溉控制器、首部控制器安装在机井管理房内。中央计算机与灌溉控制器、首部控制器之间的通信采用有线连接（首部控制系统至服务中心）和无线连接两种方式。一台灌溉控制器可连接多个阀门控制器，灌溉控制器与阀门控制器之间采用无线通信方式。由中央计算机到终端电磁阀的工作过程为：中央计算机编程，将程序下达到灌溉控制器，灌溉控制器将指令发送到各轮灌区相应的阀门控制器，阀门控制器依据中央计算机制作的程序启闭各轮灌区电磁阀。监控系统控制中心配置有 2 台计算机、1 台视频录像机、1 套大屏显示系统。控制中心的局域网采用网络交换机进行网络连接。控制中心主要实现如下功能：监视灌溉系统所有工艺参数，水泵的运行状态和故障状态，电压、电流、功率、电能等电量参数，土壤的墒情，水泵出口压力、流量参数；远程启停深水泵；选择手动、自动、定时等控制灌溉方式；时间控制方式下，设定轮灌组运行时间；土壤墒情控制方式下，设定上限值和下限值；查阅生产过程历史记录，为滴灌系统运行分析提供可靠数据。

三　农业（自流灌区）水价改革

2015 年 4 月张掖市政府批复《关于深化水权水价综合改革的意见》以来，市、县（区）水利部门高度重视，多次召开专题会议，认真学习研读改革试点方案，制定措施，农业水价综合改革取得阶段性成效。列入全国农业水价综合改革试点县改革进展顺利。张掖市高台、民乐两县 2015 年被列为全国农业水价综合改革试点县，在全县范围率先全面开展水权水价综合改革，农业灌溉地表水水价、地下水水价、末级渠系水价均作了较大幅度调整，高台县农业灌溉地表水水价调整为 0.23 元/立方米，2015 年执行水价 0.152 元/立方米，地下水水价调整为 0.10 元/立方米，末级渠系水价调整为 0.019 元/立方米，并从夏灌开始执行。高台县在大幅度调整水价的同时，克服种种困难，化解矛盾，认真细致做好农民群众工作，全面开展地下水计量设施安装，目前已完成地下水计量设施安装 90%；民乐县农业灌溉地表水水价调整为 0.216 元/立方米，并组织多部门开展了农业水价调整风险评估，扎实开展宣传动员工作，目前水价改革运行平稳。高台、民乐两县按照改革方案，在水权明晰，实行分类水价、累进加价，建立水价精准补贴、节水奖励机制等方面进行了积极探索，各项工作圆满完成，上半年通过省级有关部门的验收，为全市农业水价改革提供了可借鉴的经验。

临泽县积极行动，2015 年上半年全面完成了农业水价调查、成本测算，在此基础上，6 月县政府正式批复了临泽县《关于深化水权水价综合改革的实施意见》，地下水水价调整为 0.10 元/立方米、末级渠系水价确定为 0.02 元/立方米，从 2015 年冬灌开始执行新水价，与此同时，正在抓紧开展地下水计量设施安装工作；甘州区开展了扎实的基础工作，已全面完成了骨干水利工程水价成本测算和监审工作，已编制完成实施方案，初步拟定地下水单方水价为 0.246 元/立方米、地下水单方水价为 0.10 元/立方米、末级渠系水价为 0.03~0.05 元/立方米，近期报区政府批复；山丹县目前仅完成了成本核算工作，正在组织编制实施方案；肃南县正在组织编制实施方案，初步进行了成本测算。

11 月 3 日，为贯彻落实省、市有关会议精神，加快推进全市水权水价综合改革，做好今冬明春农田水利基本建设工作，张掖召开了全市水权水价综合改革暨冬春农田水利基本建设工作会议。通报了全市水权水价综合改革进展和农田水利建设情况，分享列入全国农业水价综合改革试点县的高台县、民乐县农业水价综合改革的经验、做法，梳理出水价综合改革的难点以及存在的问题，提出了加快推进工作的具体措施，进一步明确了完成水权水价改革任务的时间表。

四　张掖市农业水价改革的主要做法

（一）用足用活政策

2015 年国家和各级党委、政府以及行业主管部门对水价改革十分重视，出台了行业、地方配套政策。特别是高台县、民乐县被列为农业水价综合改革试点后，水利部等国家有关部委和省市水利、发改、物价等部门定期对试点项目进行调研和督导，指导水价改革工作。高台县、民乐县以试点项目为契机，抓住机遇，乘势而上，落实政策，多次向县委、县政府分管领导和主要领导汇报水价改革的必要性和紧迫性，使县域内的水价改革工作得到了县委、县政府的高度重视，并给予了大力支持，确保了水价改革顺利进行。

（二）合理核定成本

各县（区）根据有关规定和要求，组建了专门的水价测算班子，集中局机关和各单位的财务人员，群策群力收集并提供相关测算资料，发挥集体的智慧对全县 2012~2014 年农业供水成本进行了测算，供物价部门审查核批。农业供水成本主要包括供水生产人员工资、直接材料、制造费用、管理费用、财务费用等。

（三）严格工作程序

市成本调查监审局对各县（区）上报的供水成本测算数据进行了审核，对列入成本的部分费用进行了核减，最终核定各县（区）2012~2015 年三年平均农业供水单位成本。各县（区）征求了全县村社和农民用水户协会对农业水价改革的意见，组织有关部门召开了水价调整社会稳定风险评估会议。在完成上述工作后向县政府上报了调整水价的请示。

（四）广泛动员宣传

在水价改革的过程中，通过电视、网络、发放宣传材料等方式，加大对水价改革的正面宣传力度，使群众认识到水价改革对水利发展的重要性，消除了抵触情绪，取得了广大群众的理解、支持和配合，促进了水价改革工作的顺利进行。

（五）严格征收管理

在小费征收上，严格落实了"预售水票、凭票供水、配水到组、以组收费"和向社会公布收费情况制度，进一步完善灌水台账登记办法，固定专人收缴水费，严格征收标准和现金管理，做到了公平放水、均衡受益、按方收费，增强了收费透明度。在使用管理方面，严格执行"收支两条线"规定，建立完善各项财务管理制度，规范票据使用、征收管理、上缴入库等环节，统一使用专用票据收费，当日收缴，当日入库，财政专户储存。同时，加大监督检查力度，确保了水价政策落实到位、水费收缴规范有序。

第五节　思考和启示

一　张掖水资源管理和水权建设中存在的问题

对资源型缺水的张掖来讲，水是决定发展的第一要素。在水资源开发利用水平不断提高的同时，用水紧张的矛盾仍然非常突出，农业灌溉与生态需水之间、中游用水与省际调水之间、水资源先天不足与经济社会发展对水资源不断增长的需求之间矛盾日益尖锐。

一是水资源先天不足，供需矛盾突出。张掖集中了全流域95%的耕地、91%的人口和80%的生产总值，在全流域经济社会和生态建设保护中占据重要地位。张掖降雨稀少，蒸发强烈，水资源严重短缺，而黑河分水方案留给中游6.3亿立方米的指标水量仅占平均来水总量的40%，很难满足灌区生产、生活用水需求，农业灌溉与生态环境争水的矛盾十分突出。

二是用水结构不合理。张掖是一个传统农业市，虽然目前张掖农业节水水平不低，但由于历史传统原因，农业一直是张掖用水的绝对主体，农业用水占全市总用水量的80%以上，农业在国民经济中比重大、耗水多、产出低，这种"一头沉"的不合理用水结构，造成农业灌溉用水需求持续增长，农业在国民经济中仍处于低产出、高耗水的地位，工业项目少、用水效益不高、用水结构不合理，单方水GDP产出偏低，水资源利用经济效益非常低下。经济结构与水资源承载能力不相适应，仍然是制约全市经济发展速度与质量的主要因素。

三是黑河调水压力巨大。实施黑河调水10多年来，张掖克服重重困难，非常艰难地完成着上级部门下达的年度调水任务，向下游调水量占来水总量比例高达58%。同时也付出了沉重的代价，每年不仅需要投入大量的人力物力疏浚堵坝，还有近60万亩农田因不能及时灌溉而减产受损。而目前执行的分水方案，调度指标过高，特别是丰水年份每来1立方米水正义峡要下泄1.18立方米水，来的多下泄的更多。近年来气温上升、祁连山冰雪消融加剧等因素，导致黑河连续10年来水偏丰，调度指标难以完成，中游负担和压力很大。由于黑河分水，中游用水指标不足，发展空间受到限制，许多重大工业项目无法审批立项，加之向下游调水没有相应生态补偿机制，与周边市（州）经济快速发展形成较大差距。

四是计量设施不配套，最严格水资源管理缺乏硬件支撑。目前，全市水资源开发利用的计量基础设施建设滞后，特别是斗渠及农业灌溉机电井量测水设施安装配套率偏低，水资源管理的计量设施不完善，使水量无法准确计量，尤其是机井取水量无法有效控制，最严格水资源管理制度和节水型社会建设中"总量控制、定额管理"的指标在地下水资源管理中无法真正落实。

二　张掖水资源管理和水权建设思考和启示

为了实现全流域协调可持续发展，保护流域生态，解决目前黑河中游水资源供需矛盾突出等制约张掖经济发展、城乡居民稳定持续增收的问题，张掖下阶段工作重点有以下几个方面。

一是深入开展全国水生态文明建设试点工作。根据全国水生态文明建设试点方案，试点期将建设水生态文明的五大体系，即安全可靠的防洪抗旱体系、高效集约的供用水体系、健康优美的水生态体系、先进特色的水文化体系、科学严格的水管理体系，形成以自然文明、用水文明、管理文明和意识文明为支撑的水生态文明，塑造现代人水和谐关系，将张掖建成水生态文明建设的示范区。

二是持续开展节水型社会建设。张掖农业用水比重大，用水相对粗放，节水潜力很大，要以节水增效为重点，着力推进特色优势产业发展。将进一步大力发展现代农业，实施生态保护建设，促进经济结构的调整和农业生产方式的根本转变，全面提升农业节水水平，从根本上缓解水资源供需矛盾，为长久落实黑河分水方案、促进全流域和谐可持续发展提供有力保障，使全国第一个节水型社会建设示范市的引领带动作用得到充分发挥。

三是全面落实最严格的水资源管理制度。以落实最严格的水资源管理制度为重点，强化计划用水管理，落实水资源管理责任，严格取水许可管理，加强水资源管理监督检查，围绕水资源配置，加强需水管理，实施用水总量控制；围绕水资源节约，加强用水管理，实行用水效率控制；围绕水资源保护，加强入河排污口管理，实现入河纳污总量控制，全面完成省政府下达的"三条红线"指标。

四是强化水利基础设施建设。全力加快《黑河流域综合规划》立项进程，协调争取年内批复规划；着力抓好河西走廊国家级高效节水灌溉示范区项目实施，确保年内发展高效节水面积25万亩以上；加快农村饮水安全工程建设速度，解决"十二五"规划剩余7.46万农村人口和1.32万学校师生的饮水安全问题；全面抓好大中型灌区节水改造、中小河流治理、重点水源工程建设、农村水电等正在争取和已落实投资计划的各类水利项目的实施。

第 十 三 章

南方丰水区水权交易的顶层设计与
探索：珠江流域广东考察[*]

水资源是人类赖以生存和发展的重要自然资源与战略资源，但水资源短缺、用水效率低下和水环境恶化并存的水资源问题已逐渐成为制约广东省经济社会可持续发展的重要因素之一。水权交易制度建设是新形势下广东省解决水资源短缺矛盾的必然选择，是水资源管理适应市场经济体制深化改革、提高社会各界节水意识、优化配置水资源的必行之路。广东省委、省政府高度重视水权交易制度建设，根据广东省自身的实际需求，2013 年省政府批准的《广东省东江流域深化实施最严格水资源管理制度的工作方案》提出"先行探索建立流域水权转让制度"；《2013 年省政府重点工作督办方案》提出要"探索试行水权交易制度"；2014 年，省委、省政府印发《广东省贯彻落实党的十八届三中全会精神 2014 年若干重要改革任务要点》进一步提出"推动水权交易市场建设"，将水权交易制度建设纳入广东省全面深化改革的重点工作。广东省水利厅于 2013 年委托广东省水利水电科学研究院开展广东省水权交易制度研究，鲜明地提出了包括广东省可交易水权的定义与内涵，水权交易需要具备水权明晰、计量准确、价值可估三个基本条件，水权交易具有政府储备水权竞争性配置、区域之间交易、用水户之间交易三种交易类型，以及建设水权交易法规体系、水权交易管理体系、水权交易技术论证体系、水权交易市场四大配套体系等符合广东省现状省情和水情的

* 本章作者：黄本胜、洪昌红、邱静、芦妍婷、黄锋华、赵璧奎，广东省水利水电科学研究院、广东省水动力学应用研究重点实验室、河口水利技术国家地方联合工程实验室。

"一三三四"顶层设计框架。根据广东省已有的基础条件，2014 年 7 月 1日，水利部将广东省列为全国七个水权试点省区之一，提出广东省重点在东江流域开展流域上下游水权交易，开展南方丰水地区水权交易的探索，为全国层面推进水权制度建设提供经验，起到示范作用。

第一节　广东省水资源现状及存在的问题

一　广东省水资源概况

广东省地处中国大陆南部，东邻福建，北接江西、湖南，西连广西，南临南海，珠江口东西两侧分别与香港特别行政区、澳门特别行政区接壤，西南部雷州半岛隔琼州海峡与海南省相望，全省辖区面积 17.79 万 km²。2013年全省实现生产总值 6.22 万亿元，全年常住人口为 1.06 亿人，人口和经济总量在全国各省区中均排在首位，人均地区生产总值达到 5.85 万元。

广东省河流众多，以珠江流域（东江、西江、北江和珠江三角洲）及独流入海的韩江流域和粤东沿海、粤西沿海诸河为主，集水面积占全省面积的 99.8%，其余属于长江流域的鄱阳湖和洞庭湖水系。广东省集水面积在 100km² 以上的各级干支流共 542 条（其中，集水面积在 1000km² 以上的有 62 条），独流入海河流 52 条。全省多年平均降水量 1771mm，年内降水主要集中在 4~10 月，约占全年降水量的 75%~95%；年际差距较大，最大年降水量是最小年的 1.84 倍，个别地区甚至达到 3 倍；多年平均水资源总量 1830 亿 m³，多年平均入境水量 2361 亿 m³。

虽然广东省水资源量较多，但时空分布与生产力布局不相匹配，大量水资源以洪水形式流入大海，难以利用。同时，广东省还面临巨大的水环境压力，2013 年全省水功能区达标率仅为 46.6%，保障供水安全压力大。此外，广东省用水效率亟待提高，2013 年广东省万元 GDP 用水量为 71m³，各地市之间差距较大，最大的（281m³）是最小的（13m³）21.6 倍；农田灌溉亩均用水量为 737m³。根据《国务院办公厅关于印发实行最严格水资源管理制度考核办法的通知》（国办发〔2013〕2 号），广东省 2015 年、2020 年、2030 年的用水总量控制指标分别为 457.61 亿 m³、456.04 亿 m³、

450.18 亿 m^3，在全国是唯一一个逐年减少的省份，而广东省 2013 年用水总量已达到 443.2 亿 m^3，接近总量控制指标，尤其以资源性缺水较为严重的东江流域最为突出。

二　广东省东江流域水资源概况

东江发源于江西省寻乌桠髻钵山，干流流经广东省河源、惠州、东莞等市，在东莞石龙经东江河网区汇入狮子洋，东江流域总面积 35340km^2，其中广东省境内面积为 31840km^2，占流域总面积的 90%。东江流域是珠江水系的重要组成部分、广东省四大水系之一，是广州、深圳、河源、惠州、东莞、韶关（新丰）、梅州（兴宁）等地以及香港地区 3000 余万人的主要供水水源，是重要的"政治水、经济水、生命水"。根据 2013 年《广东省水资源公报》，广东省东江流域多年平均水资源开发利用程度达到 29.2%，年供用水总量为 96.26 亿 m^3，其中农业用水、工业用水、生活和生态用水占比分别约为 29%、40%、29% 和 2%；东江流域农业用水相对粗放，具有较大的节水空间；万元 GDP 和万元工业增加值用水量指标仅与全省平均水平相当，用水效率有待提高；东江流域省际交界河流寻乌水、流域下游及西枝江等部分支流的水质较差，流域部分城市河段水质劣于Ⅲ类水质标准。随着流域内经济社会快速发展，东江流域水资源已处于承载能力警戒范围，上下游发展不平衡、区域用水矛盾日益尖锐、水污染等问题日益突出。

广东省东江流域已完成流域水量分配和行政区域用水总量控制指标分解工作。广东省政府于 2008 年颁布实施《广东省东江流域水资源分配方案》，正常来水年份可供东江河道外分配使用的年最大取水量为 106.64 亿 m^3（含对港供水量 11 亿 m^3）。据统计，2013 年东江流域内广州、深圳、河源、惠州、东莞用水量分别为 14.01 亿 m^3、19.07 亿 m^3、16.85 亿 m^3、19.78 亿 m^3、18.85 亿 m^3，而东江流域水资源分配方案分配至相应区域的控制指标分别为 13.62 亿 m^3、16.63 亿 m^3、17.63 亿 m^3、25.33 亿 m^3、20.95 亿 m^3，广州、深圳已超过东江分水量；河源等市也已接近省下达各地市用水总量控制指标。2012 年广东省政府颁布实施《广东省实行最严格水资源管理制度考核暂行办法》，分配至上述各市行政区域 2015 年用水总量控制指标分别为 71.5 亿 m^3、19 亿 m^3、19.5 亿 m^3、22 亿 m^3 和 21 亿 m^3。东江流域广州、河源等部分区域新增用水项目因缺乏用水增量指标暂停审批新增取水。因此，东江流域具有交易需求和意向，急需引进交易机制盘活有限的用水指标，促进水资源在流域内实现高效配置。

三 广东省水资源存在的主要问题

广东作为经济强省和人口大省，传统粗放的经济发展模式导致付出的资源环境代价较大，在水资源领域尤为突出①，存在用水方式粗放、水资源供需矛盾突出、水生态威胁严重等困局。

（一）水资源时空分布与生产力布局不匹配

广东省降雨高值区分布在粤东沿海、粤西沿海、东北江中下游区域，高值区最大多年平均降雨量约为低值区最小多年平均降雨量的 3 倍，高值区最大多年平均年径流深为低值区最小多年平均年径流深的 5 倍。此外，沿海一些降雨径流较少、而过境水量又难于利用的城市（如汕尾、深圳、珠海、台山、湛江等）常受缺水的威胁。同时，全年 80% 的降雨在时间上高度集中于主汛期 6~9 月，主要以洪水形式出现并迅速流向大海，成为不可支配的水资源。水资源时空分布与生产力布局不相匹配，导致水资源供需矛盾日益突出。珠江三角洲等经济发达地区用水需求量激增，但蓄水能力不足，水资源短缺问题突出；粤北山区调蓄能力相对较强，但需水量相对较小，水资源未充分利用；东江流域和雷州半岛资源性缺水严重；西江水量丰富，但利用率较低。

（二）人均水资源相对不足

广东省人均本地水资源占有量为 $2100m^3$（低于全国人均 $2200m^3$ 的水平，不到世界人均水资源量的 1/4），仍处于全国中等水平。水资源量相对丰富而人口密度较低的清远、韶关和河源市多年平均人均水资源量可达 $6000m^3$，而水资源量相对较少但城市化率高、人口密集的珠江三角洲地区城市的人均水资源量则十分低，作为全国节水型社会建设试点的深圳市（$240m^3$）、东莞市（$328m^3$）是广东省人均水资源量最少的两个市。可见，广东省人均占有水资源量相对较低，且区域差异较大。

---

① 林旭钿：《实行最严格水资源管理制度促进广东经济转型升级》，《中国水利》2014 年第 1 期。

（三）水质性缺水危机日益严峻

广东省属降水较为丰沛的省份，但改革开放初期经济的快速发展和环境保护措施的相对滞后与投入不足导致在经济发展的同时，伴随着水生态环境恶化的现象日益加剧。珠江三角洲地区城市河段河涌，粤东地区练江、枫江、黄冈河，粤西地区小东江，粤北韶关、清远的城市河段等均存在不同程度的污染，城市存在水质性缺水现象。一部分水库受库区人口增加和产业（养殖业等）发展影响，水体富营养化现象严重。此外，珠江三角洲河口区水资源利用还受到咸潮上溯威胁。2012 年全省废污水排放总量 124.2 亿吨，比 1997 年排放总量 98.13 亿吨增加 26.07 亿吨，增幅达 26.6%；全省54.5% 的河长水质劣于三类，1/4 的湖泊富营养化，水功能区水质达标率仅为 41%。

（四）水资源利用效率相对较低

2011 年，广东省年人均用水量为 443m³，与全国人均用水量 454m³ 持平，城乡人均生活用水量分别为 201L/日和 138L/日，分别高于全国城乡人均 198L/日和 82L/日的生活用水量。以上数据可看出，城镇人均生活用水水平与全国用水水平相当，农村生活用水水量较大，城乡用水均存在巨大的节水潜力。2012 年，全省的万元 GDP 用水量与万元工业增加值用水量分别为 75m³/万元和 46m³/万元，虽然连续 9 年呈大幅下降态势，但是与先进国家和国内先进地区相比，仍然有一定差距，高耗能、高耗水的行业较多。农田有效灌溉亩均用水量近十年变化不大，农田灌溉水有效利用系数较低，主要由于渠灌造成的大量水资源的渗漏，造成水资源的浪费。

（五）水资源管理相对粗放，社会节水意识薄弱

广东省对基层水资源管理缺乏足够重视，管理粗放，存在基层水资源管理人员配置不足、知识结构不合理等现象。此外，水资源管理经费保障不足，尚未建立长效投入保障机制。广东省所处的地理位置、气候条件和经济社会发展的模式导致社会节水意识与经济社会发展要求存在较大差距，主要表现在节水意识薄弱、水资源有偿使用认识不足、节水型社会建设推进较慢、市场激励机制不够完善、节水技术推广力度小、管理体制不完善及节水政策和措施不到位等方面，用水效率较低。

针对广东省水资源现状存在的问题，如何在最严格水资源管理制度下，

在南方丰水地区探索建立水权交易制度，使之成为科学配置和保护水资源的市场手段，是广东省面临的重大改革问题。

第二节 广东省水权交易的背景和意义

水是生命之源、生产之要、生态之基。水资源是一种人类经济社会发展不可替代的基础资源、战略资源和控制性要素，是生态系统维持健康的基础保障，也是一种经济价值与生态价值并存的自然资源。然而，随着我国经济社会的快速发展，用水效率低下、水资源短缺和水环境恶化等问题日益突显，造成我国现有的水资源紧张形势日趋严峻，水资源问题已成为局部地区制约国民经济与社会可持续发展的重要因素之一。出现这种用水过度浪费、用水效率低下和水生态环境问题并存局面的深层次原因正是水资源产权不清晰、水资源低廉甚至无偿使用造成的社会民众节水和环保意识薄弱。建立和健全自然资源资产产权制度和用途管制制度，对水流等自然生态空间进行统一确权登记，形成归属清晰、权责明确、监管有效的自然资源资产产权制度，并积极培育和推进水权水市场建设，通过市场手段实现水资源的高效配置一直是我国水资源管理领域探索和研究的新方向。在我国实行最严格水资源管理制度的背景条件下，建立和完善以市场配置为基础的水权制度，利用市场手段实现水资源的高效配置已成为解决我国水资源短缺问题和保障经济社会可持续发展的重要途径。广东省作为我国经济强省和人口大省，近几十年来经济保持高速增长、水资源供需矛盾突出、用水效率较为低下、水生态安全威胁严重等困局逐日凸显，再加之水资源时空分布不均和水环境容量极限等自然条件约束，已对广东省经济社会的可持续发展产生重要影响，需要创新水资源管理模式来打破现有的困局。在新的形势下，研究和建立符合广东省情和水情的水权交易制度，对完善社会主义市场经济体制下的水资源管理制度、充分发挥市场在水资源配置中的积极作用、提高南方丰水地区人们节水意识、促进人水和谐发展具有十分重要的现实意义。

2005 年，国务院提出把水权制度建设作为深化经济体制改革的重点内容。2011 年中央一号文件中明确提出："建立和完善国家水权制度，充分运用市场机制优化配置水资源。"2012 年，《国务院关于实行最严格水资源管理制度的意见》提出："建立健全水权制度，积极培育水市场，鼓励开展水权交易，运用市场机制合理配置水资源。" 2012 年底，党的十八大报告在大力推进生态文明建设的重要战略部署中，明确提出积极开展水权交易试点。2013 年，党的十八届三中全会报告中明确提出"推行水权交易制度"。2014 年 1 月，《水利部关于深化水利改革的指导意见》提出"建立健全水权制度"及"开展水权交易试点"。2014 年 3 月，习近平总书记对推进建立水权制度、培育水权交易市场提出明确要求。

广东省委、省政府亦高度重视水权交易制度建设。根据广东省自身的实际需求，2013 年，经省政府批准的《广东省东江流域深化实施最严格水资源管理制度的工作方案》提出"先行探索建立流域水权转让制度"；《2013年省政府重点工作督办方案》提出要"探索试行水权交易制度"；2014 年，省委、省政府印发《广东省贯彻落实党的十八届三中全会精神 2014 年若干重要改革任务要点》进一步提出"推动水权交易市场建设"，将水权交易制度建设纳入广东省全面深化改革的重点工作。

为此，广东省于 2013 年开展了水权交易制度建设研究，鲜明地提出了符合广东省实际的"一个定义内涵、三个基本条件、三种交易类型、四项配套体系"水权交易制度顶层设计框架。2014 年，水利部印发了《关于开展水权试点工作的通知》（水资源〔2014〕222 号），将广东省列为全国七个水权试点省区之一，提出广东省重点在东江流域开展流域上下游水权交易，开展南方丰水地区水权交易的探索，为全国层面推进水权制度建设提供经验和示范。

第三节 广东省水权交易制度建设的必要性

一 贯彻落实国家及省有关水权制度建设和最严格水资源管理制度的重要举措

2011 年中央一号文件中明确提出了最严格水资源管理制度，并提出建立和完善水权制度；2013 年党的十八届三中全会提出推行水权交易制度，实现水资源的优化配置。为贯彻落实中央有关精神，广东省省委 2011 年颁布了《中共广东省人民政府关于加快水利改革发展的决定》，广东省政府于2011 年底和 2012 年初在全国率先出台《广东省最严格水资源管理制度实施方案》和《广东省实现最严格水资源管理制度考核暂行办法》，率先建立了最严格水资源管理制度。随着广东省最严格水资源管理制度的深入实施，水资源的分配与管理将进一步细化，初始水权分配之后的水权转让与交易则是解决局部地区或经济主体用水矛盾的重要途径，迫切需要建立符合广东省省情和水情的水权交易制度，规范与指导水权交易和转让的行为。

根据习近平总书记在 2012 年末视察广东时提出"三个定位，两个率先"的要求，广东经济社会发展势头良好，面对国家下达广东省逐渐减少的阶段用水总量控制指标的严峻形势，开展水权交易工作有利于保障水资源可持续开发利用，提高用水效率，落实最严格水资源管理制度。广东省委、省政府高度重视水权交易制度建设，将水权交易列为广东省重点改革任务。因此，在已有的工作基础之上，解放思想，勇敢探索，先行先试，在具备条件的东江流域率先开展水权交易试点工作是深入贯彻国家及省有关水权制度建设的必然要求和落实最严格水资源管理制度的重要举措。

二　广东省解决水资源短缺矛盾的必然选择

广东省水资源时空分布与生产力布局不相匹配，大量水资源以洪水形式流入大海，难以利用。同时，广东省在保持经济高速增长的同时，用水量和废污水排放量也随之同步增加。1980~2011 年，广东省用水总量增长了42.72%，其中工业用水量增长了约 9 倍，生活用水量增长了约 5 倍；2013年全省万元 GDP 用水量为 71m³，各地市之间差距大，最大的（281m³）是最小的（13m³）21.6 倍。虽然用水效率在逐年提高，但仍有较大的上升空间，尤其是农田灌溉水有效利用系数仍然偏低，2013 年农田灌溉亩均用水量为 737m³（全国平均水平为 418m³），存在一定的节水潜力。根据《国务院办公厅关于印发实行最严格水资源管理制度考核办法的通知》（国办发〔2013〕2 号），广东省 2015 年、2020 年、2030 年用水总量控制指标阶段递减，分别为 457.61 亿 m³、456.04 亿 m³、450.18 亿 m³，而广东省部分地区现状用水总量已接近或超过用水总量控制指标，以资源性缺水较为严重的东江流域最为突出。

广东省工业化、城市化以及农业精细化等的不断发展对水资源提出了新的需求，对水资源的依赖程度在不断加强。然而，受频繁出现的极端枯水条件、水资源开发利用和水环境容量极限约束等影响，在水资源总量基本保持不变的情况下，城市快速发展和工业化水平提升使现有水资源管理制度难以适应经济社会发展的需要，生活、生产与生态争水、城乡争水、行业争水的矛盾逐步显现。

水资源是一种多功能的、动态的自然资源，用水浪费问题存在的深层次原因是水权不清以及资源的廉价甚至无偿使用，可以通过明晰水权和建立水权交易制度，实现水权流通转换，从而克服和解决区域部门、行业局限，最终实现社会的用水公平，解决供需矛盾[1][2]。随着广东省水资源开发利用竞争矛盾日益激烈，探索在现有水量初步分配基础上进行水权交易是解决日益增长的用水与争水矛盾，并提高用水效率的现实选择。

三　创新管理手段是破解广东省水资源突出问题的迫切需要

随着广东省产业结构调整趋势的加深，城镇化进程不断加快，广东省对新增用水刚性需求仍然较大，用水总量控制、用水效率提高和水功能区水质达标依然面临巨大压力，急需创新水资源管理手段，以缓解广东省未来持续发展所面临的水资源压力。开展水权交易试点工作是深化水资源管理体制改革、实现水资源优化配置和高效利用的重要手段，对破解广东省当前水资源紧缺、生态环境脆弱、水事矛盾突出等水资源管理难题具有重要的现实意义。

四　促进广东省节水减排和水生态文明建设的重要手段

广东省地处我国南方地区，虽然水资源分布存在时空不均的现象，但总体而言，水资源量仍然相对丰沛。广东地处丰水地区，造就了社会用水行为粗放、节水意识淡薄的传统习惯，部分地区和行业用水效率低下，尤其是农业用水效率存在明显偏低的现象。此外，广东省经济社会快速发展，在城市

---

[1]　李晶：《浅议市场在水资源微观配置中的决定性作用》，《中国水利》2014 年第 1 期。

[2]　张仁田、童利忠：《水权、水权分配与水权交易体制的初步研究》，《水利发展研究》2002 年第 5 期。

化过程中污水处理等基础设施建设滞后，大量未经处理的废、污水排放入河流湖库，导致水生态环境面临严重威胁，尤其是流经城区的河段以及内河水质污染较为严重。党的十八届三中全会明确指出：紧紧围绕建设美丽中国、深化生态文明体制改革，加快建立生态文明制度，健全国土空间开发、资源节约利用、生态环境保护的体制机制，推动形成人与自然和谐发展现代化建设新格局。因此，急需改变广东省传统用水模式和用水理念，提高全社会的用水效率，控制用水总量，减少入河污染物排放量。水权交易制度的建设可以让社会更好地了解水资源现状面临的问题，充分认识到水资源节约和保护的重要性，从而增强全社会的节水、保护意识，为广东省节水减排和水生态文明建设提供强而有力的社会基础①。

五 化解广东省东江流域水资源供需矛盾的现实需要

东江流域受水区是经济发展最为活跃、人口最为密集的地区之一。流域用水需求旺盛，但流域水资源开发已接近承载能力警戒线，部分地区用水量已超过流域水资源分配方案，区域用水矛盾日益尖锐，水污染等问题日益突出，部分新增用水项目因无水量指标而暂停建设；同时上游地区经济落后、资金缺乏，造成水资源保护工力度不足。开展水权交易试点工作，在用水总量控制前提下，以市场手段优化配置流域水资源，有利于保障区域经济社会的可持续发展和流域供水及生态安全，为流域内水资源节约、保护等拓宽资金渠道，提高水资源节约和保护的内在动力。

第四节 广东省水权交易需求分析和基础条件

一 广东省水权交易需求分析

水权交易制度的建设必须要与市场需求相结合，目前广东省在行政区域间交易、企业用水户间交易和农业用水向非农业用水转让方面都存在较大的

---

① 洪昌红、黄本胜、邱静、刘树峰、芦妍婷：《谈广东省水权交易制度建设必要性》，《广东水利水电》2014年第6期。

市场潜力。

（一）行政区域间交易需求

目前，广东省部分市级行政区用水总量已超或逼近总量控制红线，其中，深圳、梅州、惠州、汕尾、中山、江门、阳江、清远、潮州、揭阳10个城市用水总量已逼近控制红线，用水总量增长空间较小。

随着经济社会不断发展，各城市水资源需求的快速增长与最严格水资源管理制度下用水总量控制的矛盾将日益突出。在这种情况下，用水指标紧张的城市可通过水权交易，向水量指标富余的城市购买水权，用于生产和建设，促进当地经济社会的建设与发展。出售水权的城市也通过水权交易获得一定的资金用于节水改造和城市的基础建设与发展。

（二）企业用水户间的交易需求

在取水许可总量控制管理下，部分企业生产规模的扩大或生产时间的延长造成了需水量的激增，难以向用水指标不足的水行政主管部门申请到新增水量。当企业节水潜力有限或节水投入较大时，可通过水权交易向水资源利用效率低且通过节水获取节余水量的企业购买水权，从而用于自身的生产与发展。目前，广东省一些企业已出现上述问题，如珠江三角洲地区的部分热电厂因发电时间的增加，用水量增加，需要申请新增水量，但因地区已无新增用水指标，扩大生产所需的用水指标难以获批，影响了电厂的经济效益。水权交易不仅可以解决企业因用水总量指标限制无法获得新增配额的实际问题，同时优化调整了社会水资源配置，将水资源从用水效率低的企业转向用水效率高的企业，提高了整个社会的用水效率。因此，水权交易在广东省众多企业用水户之间存在着迫切的需求。

（三）农业向非农业水权转换需求

广东省是农业大省，农业用水占据"半壁江山"，同时因农田灌溉输水渠道渗漏严重、管理粗放等，广东省农田灌溉水有效利用系数较低，农业节水潜力具有较大的空间，农业向非农业的水权转换空间也十分广阔。农业用水向非农业用水转换可通过不同的交易形式开展。一是政府投资进行灌渠改造，并收回节余的水量作为政府的发展预留水量；二是企业出资进行灌渠改造，并建设引水工程获得节余的水权指标作为企业新增用水水权。通过水权交易探索广东省水利建设投融资的新模式。在最严格水资源管理制度下，广东省用水总量指标在逐渐呈趋紧态势，而随着用水需求的不断增加，提高农田灌溉水有效利用系数、将农业用水转为非农业用水是解决这一矛盾的有效措施，农业与非农业水权转换需求将随着水资源供需矛盾的日益突出变得更加强烈。

由此可知，在广东省实行最严格水资源管理制度的新形势下，广东省在区域政府之间、用水户之间、农业与非农业用水等多个方面都存在水权交易与转换的现实需求，水权交易市场的潜力巨大。通过水权交易不仅可以实现有限水资源的高效配置，有效地解决不断增长的用水需求与总量控制的矛盾，亦是水利建设投融资模式的创新，能够有效化解节水改造工程投融资困难、渠道单一的现有局面。

二　广东省水权交易的基础条件

随着广东省最严格水资源管理制度深入实施，广东在水资源开发、保护和管理等多个方面取得了较好的成绩，也为广东省水权交易制度的建设奠定了基础。首先，《广东省最严格水资源管理制度实施方案》和《广东省实行最严格水资源管理制度考核暂行办法》明确了广东省各地级市"三条红线"控制的目标，确定了相应的各年度重点任务，地级市亦将各项指标分解至县（区）一级行政单元，并已开展了最严格水资源管理制度考核工作。流域水分工作有序开展，广东省东江、鉴江流域早已实施了流域水量分配工作，其他重要江河流域的水量分配方案也在编制中。随着用水总量控制制度不断完善，广东省初步明晰了水权交易的主客体，为水权交易奠定了坚实基础。

其次，随着行政区用水总量控制指标的划定，地区的产业结构调整和节水型社会建设稳步推进，经济社会的快速发展以及对优质水源的需求仍需要获取一定量的水权指标来支撑地区经济社会发展和人民生活水平的提升。而广东省部分地区的用水总量已经接近初始分配指标，部分新增用水量项目因缺乏用水指标而无法建设，因此，一些地市和企业具有旺盛的交易需求和意向，这为广东省水权交易提供了重要的市场来源，急需引进市场化的交易机制盘活有限的存量水权指标，促进水资源在区域内的高效配置。

最后，广东省已经初步建立了省级水资源在线监控系统，省管大型取水户已经实施取水在线监控，全省取水许可台账建设基本完备。广东省东江流域作为水利部开展水资源分配与调度的试点，自 2008 年流域分水方案实施以来，已成功组织开展了流域水资源统一调度工作，建设了省东江流域水量水质监控系统，80% 以上的非农业取水大户已安装了计量监控设备。各地市也相继开展用水户计量监控系统建设，对取用水户实现取水在线监测和信息化管理。水资源在线监控系统的建立和完善为广东省水权交易的开展提供了有效的监控手段。

此外，广东省大中型灌区节水配套改造正在进行，部分地市前期工作已基本完成。农田灌区节水配套改造为农业节水转换成非农业用水提供了基础。

以上的水权交易需求背景和已有的工作基础均为广东省水资源的市场化运作提供了良好的基础条件。

第五节　广东省水权交易制度的顶层设计

广东省委、省政府高度重视水权交易制度建设，2013 年将水权交易制度建设列入省政府重点督办事项，2014 年将水权交易制度建设纳入了广东省全面深化改革的重点工作。根据省委、省政府和省水利厅工作部署，广东省水利水电科学研究院开展了广东省水权交易制度研究工作，鲜明地提出了符合广东省情和水情的"一三三四"水权交易制度顶层设计框架，即"一个定义内涵、三个基本条件、三种交易类型、四项配套体系"，为广东省水权交易制度建设和水市场培育提供了重要的理论依据和指导方向[①]。

一　可交易水权的定义与内涵

开展水权交易制度建设首先必须明确可交易水权的定义和内涵。近十多年来，我国学术界对水权的定义一直存在争议，无论是以私有制为基础的占有学说，还是以大陆公共法系为基础的公有学说，以及围绕水资源所有权、使用权、收益权等权利展开的"一权说"、"二权说"乃至"多权说"，主

---

① 黄本胜、洪昌红、邱静、芦妍婷、赵璧奎：《广东省水权交易制度研究与设计》，《中国水利》2014 年第 20 期。

要都是来源于产权理论，其本质是对水资源一种或多种权利的拥有[1][2]。但是无论哪种定义都需要符合国情和现实的经济社会发展水平，要能够切实解决水资源存在的实际问题。在我国现有的法律法规体制和用水矛盾多元化的历史背景下，我国宪法和水法都已经明确水资源归国家所有，由国务院代表国家行使所有权。目前，我国已全面实行最严格水资源管理制度，落实"用水总量控制、用水效率控制和水功能区限制纳污""三条红线"。因此，我国水权交易制度建设必须建立在现有的法律法规和管理制度的基础上，可交易水权的定义和内涵必须要排除争议，做到理论联系实际、指导实践，并从实践中完善理论。

为了更好地建立和健全广东省水权交易制度并积极推进广东的水权市场建设，在我国水资源所有权归属国家所有的法律现实和实行最严格管理的制度背景下，广东省提出可交易水权是指水资源的使用权，即用水总量控制中的生产用水使用权。具体而言，对于各级行政区，可交易的水权是指分解到各行政区的用水总量控制指标（生活用水除外）；对于企事业单位或取水个人，可交易的水权是指取水许可证许可的并经确权的取水指标（自来水厂的生活用水除外），这种"指标"的交易必须包括现有的法律法规和管理制度规定的责、权、利等的转移。

二　水权交易必须具备的三个基本条件

建立明确的交易规则是水权交易得以有序进行的前提，可为水权交易主体提供行为规范的框架。明确什么样的水权才可以进入市场是水权能否进行交易的前提条件，为此广东省提出了水权交易必须具备的三个基本条件。

（一）水权明晰

进入交易市场进行交易的水资源使用权必须要有明晰的产权，这是合法、合理进行交易的前提条件，非法或者权限界定模糊不清的水资源禁止进入市场进行交易。因此，进行交易的水权需要有明晰的界定，也就是说，进入交易市场的水权必须先进行确权登记。这要求在全面实行用水总量控制、

---

[1]　张庆文：《我国水权交易实施和研究进展》，《水利规划与设计》2015年第5期。

[2]　郑通汉、许长新：《我国水权价格的影响因素分析》，《水利财务与经济》2007年第8期。

定额管理的基础上，建立符合广东省省情和水情的水权确权登记和用途管制制度。

（二）计量准确

进入交易市场进行交易的水资源使用权必须要有明确的计量和监控，这是确保水权交易顺利进行的技术保障，也是确保水权交易双方行使和承担相应权利与义务的重要保障。

（三）价值可估

水权价值可估算是水权顺利进行交易的基础，也是水权交易市场健康成长的重要保障，能够避免市场失灵，杜绝恶意炒作和垄断市场价格的行为。在制定价格时需要考虑区域经济社会发展水平、水资源开发利用成本与效益、水资源保护成本、第三者影响补偿和生态补偿等的多种要素，为全省不同类型的水权交易提供可供参考的估值方法[①]。

三　三种水权交易类型

基于可交易水权的内涵与其固有特征，依据我国现阶段的法律法规、现实条件和实际的可操作性，从广东省水资源管理和用水需求出发，广东省提出了涵盖广东省水权交易基本类型的三种水权交易类型，既有广东特色又具有普遍性，能够为广东省乃至全国的水权交易制度建设提供参考。

（一）政府储备水权竞争性配置

政府储备水权包括政府预留发展水权和合法回收、回购的水权。水利部相继出台了水量分配、水权转换等相关政策或指导性意见，这些成果丰富和健全了我国的水权理论体系，部分法规既对政府预留水量提出了具体的实施要求，也为政府预留水量的划分确定提供了政策引导，为政府预留水量的实施提供了制度保障和实施平台。政府预留水量是为了有效调控水资源供需，缓解水危机，合理保证发展用水和避免水市场失灵[②]。在行政区用水总量接近控制红线时，政府储备水权除了可以满足应急需求之外，还可以为所辖范

---

① 赵璧奎、黄本胜、邱静、洪昌红、黄锋华：《基于生态补偿的区域水权交易价格研究》，《广东水利水电》2014 年第 5 期。

② 胡振鹏、傅春：《水资源产权配置与管理》，《南昌大学学报》（人文社会科学版）2001 年第 4 期。

围内的经济社会发展和产业转型提供重要保障。政府储备水权可以是初始分配时考虑未来发展和产业结构调整所需而预留的水权，也可以是通过合理的行政手段回收和市场行为回购而纳入战略储备的水权。

　　政府储备水权竞争性配置包括上一级政府向下一级政府的竞争性配置和区域政府向辖区内用水户的竞争性配置。当多个不同需求者申请政府储备水权配置时，除了价格因素以外，还需要综合考虑产业政策、用水水平、水功能区水质达标和水资源保护等因素，确定最具竞争力的一方或若干方获取政府储备水权，以促进区域水资源的高效配置、有效保护和社会经济的可持续发展。当一个区域的用水形势极为紧张时，多个下属行政区因经济发展需要在同期向上级行政区申请用水指标，或新增取水权的单位（个人）向当地政府申请用水指标，政府需要考虑区域整体利益的最大化和长久的发展需求，此时申请用水指标的行政部门或单位（个人）应当通过竞争性的有偿购买方式获取政府的储备水权，以保障有限的资源发挥最佳的作用和能效。探索政府无偿配给与竞争性有偿配置获得取水指标相结合的新模式是促进水权交易发展、打破传统的用水浪费行为、实现水资源高效配置和创新取水许可管理的重要改革，也是水权交易制度建设的重要内容和促进水权交易发育的重要手段。

（二）区域之间的水权交易

　　广东省最严格水资源管理制度用水总量控制和流域水资源分配方案划定了各地级市取用水总量控制指标，建立了行政区取水总量控制指标体系。当某一行政区域取水总量接近或者超出地区用水总量控制指标时，在交易可行的基础上，可与其他行政区域进行水权交易，从而促使落后和欠发达地区通过转让水权获得发展和水资源保护的资金，发达地区也可以通过购买水权满足当地经济社会发展对水资源的需求，实现水资源在区域间的优化配置。区域之间的水权交易实质上是政府之间总量控制指标的交易，必须是在上一级政府的指导和监督下，由同一级政府进行交易。交易之后双方区域的用水总量控制指标相应改变，但交易双方区域用水效率指标、水功能区限制纳污指标不得改变。

（三）用水户之间的水权交易

　　水权确权登记后，基于用水户之间用水效率以及节水的差异性，在水权交易经济合理、技术可行的基础上，用水户可在其辖区内开展水权交易。用水户需要新增水权时，可以向有节余的用水户购买水权，或者通过投资改造农业节水措施，实行节约的农业水权向工业水权有偿转让。用水户之间的水权交易将有效促进水资源从用水效率低的企业转向用水效率高的企业，从而实现产业结构调整和经济社会整体用水效率的提高。

四　水权交易必须建设的四大体系

作为我国 21 世纪水资源管理制度的重大创新和改革，水权制度建设将是一个长期的、循序渐进的、从理论到实践再到完善理论的过程，需要一系列的配套体系用以保障水权交易制度健全以及水权市场培育和建立。

广东省水权交易制度设计包括广东省水权交易法规体系、水权交易管理体系、水权交易技术论证体系、水权交易市场在内的四大配套体系建设设想，前三个（法规、管理、技术）方面的基础体系建设共同支撑了广东省水权交易市场建设。

（一）广东省水权交易法规体系建设

开展水权交易，首先应对现有的法律、法规、规章、制度等进行全面梳理，梳理不同效力等级的立法文件在水权交易问题上的内容规定，并完善相应的立法问题，确保从地方层面形成符合地方特点的法制保障机制。我国目前的水资源相关法律法规尚不能与水权交易市场建设相适应，水权理论基础薄弱。现行的水权还只是一个学术概念，没有得到水法的明确定义，学术界对水权的范围和定义还存在分歧；水权市场的交易主客体、水价、市场规则及水权转让制度并未建立；水资源有偿使用和排污收费制度还只是行政手段，缺乏市场调解机能。因此，我国尚未形成系统完备的水权交易相关法律体系。从长远来看，水权交易法规体系的建设是水权交易制度建设必不可少的一部分，如果相关的法律法规体系缺失就会造成整体制度建设的残缺不全，并会成为水权交易制度建设和水权交易市场形成的重要障碍。

广东省现行的法规条例在规定水权制度时，不能满足当下水权交易制度的建设需求，应该通过立法手段制定相关的管理办法及政策文件，为水权交易提供法律支撑。因此，广东省在水权交易政策法规体系建设方面需要通过修订水法实施办法、制定《广东省水权交易管理办法》和《广东省水权市场管理办法》等，明确水权交易的法律地位和规范水权交易行为。其中《广东省水权交易管理办法》应包含水权交易资格评估实施细则、资金使用管理实施细则、价格管理实施细则，以及对水权交易纠纷解决途径等内容；《广东省水权市场管理办法》应对水权交易市场运作与监管作出详细规定，包括水权市场准入制度、水权交易公告制度、水权交易合同制度、水权交易监管制度等。通过立法手段明确水权交易的主体范围、产权归属、水权分配制度、交易机构、监管责任等，提出科学可行的规章制度，为水权交易行为提供完备的法律法规依据。

（二）广东省水权交易管理体系建设

水权交易是一项关于公共自然资源的分配和使用、涉及广泛公共利益的行为，必须建立完整的管理体系才能有效避免交易对第三方产生负效应，保证其顺利实施。可借助市场服务机构开展水权确权，制订水权管理计划，评估水权价值，为水权交易提供更充足的信息，实现更专业的水权交易管理。

广东省水权交易管理体系主要包括水权交易计量监控体系和水权交易监管制度体系。水权交易计量监控体系是以取水户监管系统为依托而建立的，能够实现交易双方取水计量在线监控，完善核证管理制度，为水权交易提供监督手段。水权交易监管制度体系是在水权交易法规体系的基础上，建立政府主管、社会组织和交易平台协调配合的监督管理体系，包括各级水行政主管部门成立的水权交易管理机构和由市场平台提供的市场服务机构，明确界定交易各方的权利和义务，明确交易双方的法律责任和契约责任，建立相关的奖惩制度，维护水权交易市场秩序。水权交易管理机构主要负责初始水权分配、交易资格和交易论证审查、交易活动的监督管理等。市场服务机构主要是为水权交易提供市场场所，并负责交易系统平台的运行维护、交易活动及各个交易环节的组织，协助政府水权交易管理机构维护水权交易市场秩序，执行管理机构的有关政策法规。广东省水权交易管理体系将从政府管理机构的职能出发，包括水利、发改、司法、财政、物价、国资、环保、统计等在内的各政府职能部门在水权交易管理体系中的任务与分工，为广东省水权交易制度建设提供相应的监督和管理保障措施。

（三）广东省水权交易论证技术体系建设

由于水资源具有公共属性，水权交易的影响因素较多、涉及面较广，因此水权交易的必要性、合理性、可行性以及对生态环境和第三方的影响等问题的解答必须建立在充分论证的基础之上，尤其是交易规模较大的政府储备水权竞争性配置和区域之间的交易。然而，水权交易技术论证体系在广东乃至我国仍是空白，开展水权交易工作迫切需要建立水权交易论证技术体系，形成规范、统一的水权交易论证技术要求，指导水权交易的开展和论证报告的编写，为监管部门进行水权交易审查提供主要依据。

根据《取水许可和水资源费征收管理条例》（国务院第460号令）以及拟出台的《广东省水权交易管理试行办法》等规范性文件，结合流域或者区域综合规划以及水资源专项规划，广东省编制水权交易论证细则或技术要求等行业规范性文件，建立广东省水权交易论证技术体系。广东省水权交易技术论证体系将以数量准则、效率准则、环境准则的"三准则"为基本原则，分门别类地开展相应的水权交易论证工作。对于新建、改建、扩建等新增水权的建设项目或者通过技术改造、产业结构调整等产生节余水权的用水户，按照水权交易市场的准入条件、交易限制范围等，对申请参与水权交易的主体进行技术论证，主要包括申请人的水权交易资格、水权交易的必要性、水权交易的合理性、水权交易期限、水权交易价格、节余水权核算、申请购买水权额度核算、水权交易对生态环境和其他取用水户合法权益的影响、区域水权交易中输水工程的可靠性以及水权交易双方与最严格水资源管理制度等多个方面的内容。通过严格论证审查程序维护水权交易市场的正常秩序，确保水权交易双方的合法权益，促进广东省水资源的优化配置和可持续发展。

（四）广东省水权交易市场体系建设

水权交易平台是水权交易的重要场所，是利用市场手段配置水资源的重要体现，可以为潜在水权交易对象提供信息渠道，规范和提高交易效率，促进水权交易的公开、公正和透明。虽然我国已有不少的水权转让和交易实践案例，但仍局限于政府行政手段干预，缺乏市场行为，导致以往的交易案例以点对点形式为主，在交易过程中亦产生了诸如价格不合理、出让方不积极和争议较多等诸多问题。因此，要充分发挥市场机制在资源配置中的决定性作用与效率优势，积极培育和推进水市场建设，就必须要构建水权交易平台，并建立完善的水权交易市场体系，制定规范、统一的交易规则和流程，为水权交易提供基础场所保障。

广东省水权交易市场体系建设主要包括建立水权交易平台体系和水权交易信息化管理体系。水权交易平台体系主要是以广东省产权交易集团为依托，组建省级水权交易平台，合理制定广东省水权交易规则与流程。水权交易信息化管理体系主要是在广东省产权交易集团建立水权交易的资格核查、账户注册、交易形成、价格确定、金额结算、信息公开和争议调解等相关交易环节的信息化管理系统，并与水权交易主管部门的水权交易注册登记和核证系统实时对接。

第六节　东江流域水权交易试点探索

一　推动建立东江流域水权确权机制

水权确权是水权交易的重要基础和前提，试点工作将推动建立东江流域内有交易需求的行政区和主要行业水权确权机制。以经批准的行政区用水总量控制指标和流域水量分配方案为依据，确定区域水资源使用权；以总量控制和取水许可制度为基础，综合考虑取用水户用水现状、用水定额、生产规模等实际情况，按照先急后缓、先易后难、稳步推进的原则，开展试点范围内有交易需求的工业取用水户水资源使用权确权登记工作，将水权确定与登记作为水权交易的重要基础和前提；按照灌溉面积和灌溉定额双控原则，开展试点地区农业灌区水资源使用权确权工作。

二　开展东江流域水权交易试点

在严格控制用水总量的前提下，以东江流域广州、深圳、河源、惠州、东莞等市为重点，开展地市与地市之间、地市内县区与县区之间、县区内的水权交易试点工作。探索通过回收与回购等方式将闲置和节约的取用水指标纳入储备水量，重点用于保障广东省重点项目建设、协调空间战略发展和调控水权交易市场等。

（一）开展区域之间的水权交易试点

重点在东江流域开展上下游区域与区域之间的水权交易试点，鼓励上游地区开展多种形式的节水工作，将节约的水量向下游有需求的区域转让。以广州、惠州、深圳等市为重点，开展惠州—广州（或深圳）等市与市之间的区域水权交易。在东江流域上游农业用水占比大、用水效率相对较低而水质良好的惠州等市，通过开展灌区节水改造工程建设等方式实现农业节水。惠州等市在确保农业用水权益的前提下，将节约的农业用水量向广州、深圳市等有需求的区域转让，以满足下游地区日益增长的生活和工业用水需求。同时，推进东江流域相关地市内开展县区之间的水权交易试点工作。

（二）开展区域内取水户之间的水权交易试点

以用水总量控制为前提，对已经发证的取水许可进行规范，确认取用水户的水资源使用权。在取用水接近总量控制的地区，新建、改建和扩建项目等需要新增的取水量，通过水权交易的方式获取所需用水指标。以东江流域同一行政区域内取水户为潜在交易主体，推进取水户之间的水权交易。

第七节　广东省水权交易体制的构建

2014年7月1日，水利部印发《水利部关于开展水权试点工作的通知》（水资源〔2014〕222号），将广东列为全国七个水权试点省区之一，明确重点在东江流域上下游开展水权交易，为在全国推进水权制度建设提供经验和示范。广东省委、省政府高度重视水权交易制度建设，将推动水权交易市场建设纳入广东省全面深化改革的重要任务。为此，广东省积极组织开展水权交易制度研究、省内外考察调研及广泛的咨询等工作，针对东江流域用水矛盾突出、农业用水效率低下、水污染严重等问题，在东江流域率先开展水权试点工作。2015年6月，《广东省水权试点方案》获得水利部和广东省政府的批复，试点工作对促进东江流域水资源可持续利用和经济社会可持续发展、建立健全国家水权制度具有重要意义。

一　初步建立水权交易规则和流程

以广东省产权交易集团为依托，为试点期的水权交易活动提供服务。制定包括申请、论证、审核、公告、交易、签约、结算、变更登记等环节在内的水权交易规则及交易流程。开展水权交易政策宣贯和市场培训，引导和鼓励区域和取水户积极参与水权交易，组织开展规范和有序的水权交易活动。

二　建立水权交易信息化管理体系

（一）建立水权交易计量监控系统

以广东省省级取水户监管系统和广东省水资源监控能力建设项目为依托，加快有交易需求的农业灌区计量监控建设，建立水权交易计量监控系统，实现交易双方取水量在线监控，为水权交易提供监管手段。

（二）建设水权交易信息化管理系统

试点期间由省水利厅牵头，以广东省产权交易集团等单位为依托，初步建设能够满足试点需求且具有水权交易注册登记和核证、交易管理、面向公众信息化服务等功能的广东省水权交易信息化管理系统。建立水权交易的资格核查、账户注册、交易形成、价格确定、金额结算、信息公开和争议调解等相关交易环节的信息化管理系统，开发与集成水权基础信息管理、水权申请与出售信息公开、水权交易缴费与结算、业务咨询与争议调解、水权交易监控等多个模块，并与水权交易注册登记和核证等系统实时对接。

三　建立水权交易监管体系

（一）建立水权交易监督管理体系

建立政府主管、交易机构协调配合和社会组织参与的监督管理体系，明确规定政府部门、管理机构、交易系统和交易主体等相关各方的责任和义务，明确交易双方的法律责任和契约责任，建立相关的奖惩制度和监督管理的制度体系，维护水权交易市场秩序。

（二）初步建立水权交易法规体系

依据新修订的《广东省实施〈中华人民共和国水法〉办法》明确的水资源使用权，根据国家和省有关转让等的规定，制定《广东省水权交易管理试行办法》等省政府规章及规范性文件，规定交易水权界定、交易准入条件、交易程序、价格形成机制、资金分配与使用、监督管理及处罚规定等，保障交易双方的合法权利，尤其是农业和农民的权利，避免挤占生态、生活用水和合理的农业用水。由省财政、发展改革、水利等有关部门研究制定水权交易价格确定方法、费用缴纳及资金使用管理等规定。

（三）研究建立水权交易技术论证体系

研究制定水权交易论证技术要求，建立包括水权交易资格、准入条件、必要性、合理性、可行性、对第三者影响以及生态补偿机制和保障措施等方面的水权交易技术论证体系。研究确定包括节水工程建设、更新改造、运行维护及管理、成本补偿、经济利益补偿、生态环境补偿和交易服务等费用在内的水权交易价格计算方法。统一制定水权交易合同文本样式。

第八节　结语

水资源时空分布不均、与生产力布局不相匹配、水环境压力巨大既是广东现阶段的突出水情，也是要长期面对的基本省情。广东省开展水权交易制度建设是解决水资源短缺矛盾的必然选择，是新形势下水资源管理适应市场经济体制深化改革、加强社会各界节水意识、优化配置水资源的必行之路，对完善广东水资源管理制度具有十分必要的现实意义。广东省水权交易制度研究提出了"一个定义内涵、三个基本条件、三种交易类型和四项配套体系"的"一三三四"顶层设计框架，为广东省水权交易制度建设和水市场培育提供了重要的理论依据和指导方向。根据水利部和广东省政府批复的《广东省水权试点方案》，广东省重点在东江流域开展流域上下游水权交易，开展南方丰水地区水权交易的探索，将为全国层面推进水权制度建设提供经验和示范作用。

然而，水权交易在广东尚处于起步阶段，建设水权交易制度是一个长期、循序渐进和不断完善的过程。制度的建立需要多部门、多专业的协调配合，需处理好水权交易与取水许可制度和计划用水制度的衔接，要妥善处理好理论与实践、政府与市场、水权交易与水资源管理、交易双方和第三方利益的各种关系；同时，在积极学习和借鉴国内外先进经验的基础上，充分结合广东的实际，做到因地制宜，稳妥推进水权交易制度建设，将水权交易制度作为新时期广东省水资源管理制度的重要完善和补充；充分塑造好水资源市场化配置的新格局，形成"两手发力"的治水新局面，促进广东省水资源的可持续利用和经济社会的可持续发展。

第 十 四 章

南方丰水区水资源管理与
水权探讨：长江上游都江堰
供水区考察[*]

  闻名世界的都江堰水利工程位于水资源丰富的长江上游，浇灌了上千万亩良田，惠及 2000 万人口，是我国最大的灌区，是支撑四川省经济社会持续发展的最重要的水利基础设施。伴随工业化、城镇化、现代化进程，这个曾经不缺水的灌区频频亮起红灯，区域水资源开发程度已达 39.5% 的国际公认红线，随着供水区经济社会的持续发展，工程的供水范围逐渐扩大，用水量要求不断增加，水资源供需矛盾形势越来越严峻。都江堰灌区自从 1996 年以来就开展了灌区续建配套与节水改造，20 年来取得了显著成效，提高了灌区的灌溉水利用系数，节约了灌溉供水量。灌区已将灌溉节约的水量转移到其他行业用水，在工程总引入量条件不变的情况下，扩大了生活和工业供水，改善了生态供水，实际上灌区已经开展了水权转让工作。实践证明水权转让是优化都江堰水资源配置的有效措施，为南方丰水区水资源管理和水权建设试点提供了经验（见图 1）。

---

  * 本章作者：刘立彬，四川省水利水电设计研究院规划设计分院原副院长、教授级高级工程师。

图1　四川省都江堰水利工程渠首枢纽鸟瞰

第一节　都江堰供水区历史与现状

一　都江堰供水区发展史

　　四川省著名的都江堰水利工程是世界水利史上的一颗璀璨明珠。它是战国后期秦蜀郡守李冰于公元前256年在古蜀国治水工程基础上组织人民创建的[①]。具有历史悠久、规模巨大、布局合理、持续发展的特点；曾以乘势利导、因时制宜、无坝引水、灌排自如、综合利用、费省效宏、经久不衰著称于世，是世界水利史上的一大奇迹、人类优秀文化遗产中的一座雄伟丰碑。它在岷江干流鱼嘴河段引水，向岷江、沱江平原区（成都平原）和岷江、沱江、涪江丘陵区供水的跨流域引水工程。

　　都江堰水利工程已有2260多年的历史。据东汉应劭著《风俗通义》记载：“秦昭王使李冰为蜀守，开成都两江，灌田万顷”，按今制折算，约为69.16万亩。西汉司马迁实地考察都江堰后，在《史记·河渠书》中记载了李冰创建都江堰的功绩：蜀守冰凿离堆，辟沫水之害，穿二江成都之中。之

---

　　① 四川省地方志编纂委员会编纂《都江堰志》，四川辞书出版社，1993，第1页。

后东晋的《华阳国志·蜀志》、北魏的《水经注·江水》、北宋的《宋史·河渠志》等历朝历代的史料中都有都江堰工程建设不断发展的记载。

都江堰自古留有治水的"六字诀"、"三字经"、"八字格言"等，它辩证运用科学规律，传承中华文明，包含了"天人合一"、"人水和谐"的思想精髓。

都江堰灌区在新中国成立前主要包括成都平原14个县，耕地282万亩，工程简陋，年久失修，洪灾频繁，作用难以发挥。中华人民共和国成立当年，立即对都江堰进行了大规模的改建、整修，调整合并。新中国成立之初，灌面迅速恢复到300万亩。

至20世纪70年代，供水区经历了三个发展时期。1953～1956年建成了人民渠1～4期灌区和三合堰灌区；1956～1970年又建成了东风渠1～4期灌区，灌区扩大到整个成都平原，灌面达到626万亩。

进入20世纪70年代，都江堰渠系从北、中、南三个方向，穿过横亘于成都平原东南面的龙泉山，将岷江水引向川中丘陵区。1970年动工的东风渠5、6期工程，1972年开始受益；1978年基本完成了人民渠5～7期工程的建设并开始受益。供水区虽然得到快速发展，但老灌区的输水渠系尚未得到相应的扩建和配套，致使渠道过水断面不够，引输水和抗洪能力低，老化、病险严重，"卡脖子"工程多。特别是人民渠、东风渠两大主要输水干渠过流能力严重不足，供需矛盾十分突出，严重制约了供水区整体效益的发挥。针对这种状况，省委、省政府高度重视，从1986年开始对供水区骨干输水工程进行扩改建，先后对人民渠1～3期干渠、红岩分干渠、石堤堰、府河、东风渠取水枢纽、都江堰工业引水临时拦水闸、东风渠总干、人民渠4、6期以及大佛水库等工程进行了扩改建与配套建设。至1994年都江堰供水区实灌面积突破1000万亩（包括通济堰灌区），2010年达到1035.4万亩（包括通济堰灌区，不含通济堰灌区为983.4万亩），成为我国唯一有效灌面达到1000万亩以上的特大型供水区（见图2）。城镇供水规模也从1955年的0.5 m^3/s，增加到2010年的40.7 m^3/s，年供水能力为12.8亿 m^3（见图3）。

1996年紫坪铺水利枢纽工程开始新建，灌区续建配套与节水改造同时进行，按照"重点整治、打通输水主干道，整治重点'卡脖子'段，节约

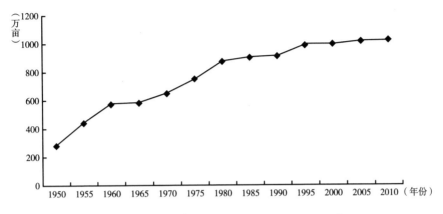

图 2　四川省都江堰水利工程灌溉面积发展示意

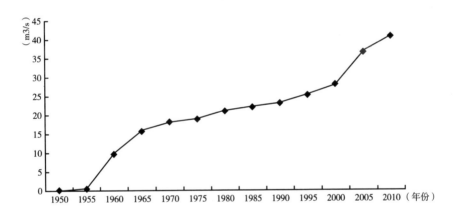

图 3　四川省都江堰水利工程生活工业供水发展示意

的水量发展新灌区和增加城市生活、生态、环保供水"的原则，首先整治
人民渠、东风渠两大输水主通道，确保全供水区总体效益的充分发挥；整治
阻碍灌区安全输水、影响范围大的重点"卡脖子"渠段与病险工程，确保
输水安全；续建配套干旱缺水、严重影响工农业发展的丘陵扩灌区，扩大都
江堰节水改造效益。具体项目包括人民渠、东风渠两大主干线渠道，重点
分干渠、支渠、渠道"卡脖子"段人民渠七期干渠隆兴至合兴的石垭隧洞
改线段等；新建简资干渠、大英和井研扩灌区以及灌区的一些用水矛盾突
出的热点、难点工程项目几十个。从 1996 年开始，截至 2010 年累计下达

投资计划 12.62 亿元，相当于 1949～1995 年水利工程建设总投资的 2.5 倍（当年价），续建、整治渠道 855km、建筑物 6925 处。实现新增灌面 30.49 万亩，改善灌面 168 万亩，灌溉水利用系数由 0.432 提高到 0.5，年增节水能力 8.81 亿 m³。目前，供水区实灌面积达到 1035.4 万亩（含补水的通济堰灌区），占全省有效灌面的 27.4%，不包括通济堰灌区为 983.4 万亩（见表 1）。

表 1　都江堰供水区历年灌溉面积和生活工业供水量增长情况

年份	灌溉面积(万亩)	灌溉面积中：平原(万亩)	灌溉面积中：丘陵(万亩)	生活、工业供水(m³/s)
1949	282.57	282.57	—	—
1953	295.79	295.79	—	—
1955	453.80	453.80	—	0.5
1965	590.62	584.49	6.13	16.0
1970	654.33	624.57	29.76	18.0
1980	883.43	660.07	223.36	21.0
1990	922.46	671.07	251.39	23.0
2000	1008.04	707.54	300.50	28.0
2005	1026.00	708.90	317.10	37.0
2010	1035.40	708.90	326.50	40.7

资料来源：四川省都江堰管理局《都江堰灌区工程手册》，内部资料，2004。

紫坪铺水利枢纽的建成，更进一步丰富和完善了都江堰供水区的工程体系。该工程以灌溉和供水为主，兼顾防洪、发电、环保等，水库最大坝高 156m，总库容 11.12 亿 m³，正常库容 9.98 亿 m³，调节库容 7.74 亿 m³，调洪库容 5.387 亿 m³。紫坪铺水库枢纽的建成为供水区农田灌溉、工业及城市生活供水、环保供水提供了水源保障，同时，也提高了下游防洪标准，保证了供水区工程效益的正常发挥。

至 2010 年全供水区已建成各级渠道 33020 条，长 46335km；其中干渠及分干渠 108 条，长 3441km；斗渠以上建筑物 4.89 万处。

供水区当地蓄水设施有大、中、小型水库 950 座，总库容 22.85 亿 m³；

其中大型水库 3 座，总库容 8.67 亿 m³；中型水库 28 座，总库容 7.44 亿 m³；加上堰塘 9.06 万处等工程，总蓄水能力 28.54 亿 m³。其中，现供水区蓄水设施有大、中、小型水库 600 座，总库容 17.51 亿 m³。其中，大型水库 3 座，总库容 8.67 亿 m³；中型水库 19 座，总库容 5.0 亿 m³；加上堰塘 7.22 万处等工程，总蓄水能力 21.47 亿 m³。

2010 年供水区已扩展到成都平原和川中丘陵区 7 个市 37 个县（市、区），有效灌面达 983.4 万亩，占全省有效灌面的 25.7%（含补水的通济堰灌区，灌面 1035.4 万亩），其中提水灌面 66.74 万亩，占有效灌面的 6.8%，建成喷灌、微灌等田间节水灌溉面积 59.29 万亩（见表 2）。供水区内利用自然落差及渠道跌水建成 129 座农村小电站，总装机 21.5 万 kW，年发电量 10.01 亿 kW·h。并向成都等市工业生活供水 40.7m³/s。

表 2　2010 年都江堰供水区分片、分地市灌面统计

单位：万亩，%

分供水区、地市	分片、分市	2010 年有效灌面		占比例
		小计	其中：田	
都江堰现供水区合计		983.4	739.2	100
供水区分片	内江平原直灌区	242.1	204.5	24.6
	人民渠 1～4 期灌区	175.1	148.7	17.8
	东风渠 1～4 期灌区	116.7	98.5	11.9
	人民渠丘陵 5～7 期灌区	153.2	107.0	15.6
	东风渠丘陵 5、6 期灌区	173.3	70.6	17.6
	外江沙沟、黑石河灌区	58.5	54.0	5.9
	外江西河、三合堰灌区	64.5	55.9	6.6
分市	成都市	483.5	413.4	49.2
	德阳市	212.5	176.2	21.6
	绵阳市	56.0	39.8	5.7
	遂宁市	32.2	19.0	3.3
	乐山市	10.4	6.7	1.1
	眉山市	113.4	60.6	11.5
	资阳市	75.4	23.6	7.7

　　灌溉 7 市的 37 个县（市、区），灌溉面积达 1035.4 万亩（含补水的通济堰灌区），为新中国成立前的 3.67 倍。

　　与灌溉范围增长同步的是供水范围的扩大。1955 年开始的沙河改建工程标志着都江堰供水范围向工业供水和生活供水扩展，供水 0.5m³/s；1958 年底开始建设马棚堰改造工程，使都江堰成为成都市青白江工业区的主要供水水源。工业引水工程建成初期主要是提供生活用水，20 世纪 60 年代后工业供水量逐渐加大。随着灌区经济不断发展、人口不断增长，目前仅成都市已有 20 多家大型（特大型）企业在都江堰工程渠道引水；而供成都市的生活用水已达到了 324 万 m³/d。生活工业每日供水流量约 40.7m³/s，新中国成立以前，都江堰水利工程的主要作用是为灌区提供农业用水，灌溉成都平原的 282 万亩农田，功能比较单一。新中国成立后，都江堰灌区灌溉范围迅速扩大，目前年供水量 12.8 亿 m³。

　　都江堰除满足灌溉、城市供水外，还对改善灌区生态环境、解决灌区人畜饮水做出了贡献。2010 年，都江堰向成都市提供生态环境用水 9 亿 m³。凡是有都江堰来水的丘陵地区的生态环境均明显优于无水地区，"绿洲效应"显著（见图 4 及图 5）。

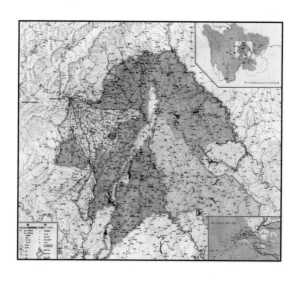

图 4　四川省都江堰水利工程供水区示意

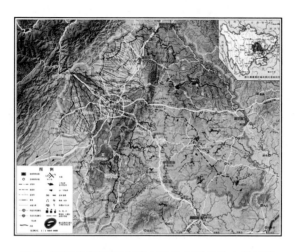

图 5　四川省都江堰水利工程供水区总体布置示意

综上所述，都江堰供水区经过 50 多年的发展，目前已成为一个"引、蓄、提"相结合的全国特大型水利工程，供水目标已由灌溉、防洪发展成为灌溉、工业生活供水、防洪、发电、水产养殖、旅游、环境保护等，取得显著的社会效益、经济效益和环境效益，正为区域社会经济可持续发展发挥着巨大的作用。

二　水利工程现状

都江堰鱼嘴将岷江分为内、外两大引水渠系。岷江右岸的供水区通过沙黑总河，在漏沙堰下分沙沟河、黑石河两大干渠供水。三合堰灌区经沙沟河输水至西河引水，规划设计灌面 117.73 万亩；岷江左岸的供水区通过内江宝瓶口进水口下总干渠，分蒲阳河、柏条河、走马河、江安河四大干渠供水，人民渠在蒲阳河 24.5km 处左岸分水，东风渠在府河 11.3km 左岸分水。

根据《都江堰总体规划报告》[1] 和《四川省都江堰灌区续建配套与节水改造规划报告（修编本）》[2]，都江堰现供水区设计灌溉面积为 1134.41 万亩（不包括通济堰补水灌区），计入规划的扩灌毗河供水工程供水区为 1467.64

① 四川省水利水电勘测设计研究院编《都江堰总体规划报告》，内部资料，1989。

② 四川省水利水电勘测设计研究院编《四川省都江堰灌区续建配套与节水改造规划报告（修编本）》，内部资料，2000。

万亩。现将工程布置情况分述如下。

(一) 渠首工程布局

都江堰渠首枢纽主要由都江堰鱼嘴、飞沙堰、宝瓶口三大工程组成。

都江堰鱼嘴布置在岷江江心，将岷江分为内江和外江，它具有引水分洪分沙之功能，至1974年于鱼嘴首部外江河段新修外江闸一座，同时将鱼嘴工程用混凝土和浆砌卵石覆盖加固。1982年在外江闸右岸修建沙黑总河进水闸。

都江堰渠首以上岷江流域面积23037km²，多年平均流量 (1959～2010年) 457m³/s，多年平均径流量144.25亿 m³。鱼嘴把岷江分为内、外两江，左为内江，右为外江。其分流百分比：总的规律是枯水期内江进水比例高于外江，洪水期随着岷江流量的增加，内江分水的比例小于外江。1974年外江闸建成后，可在枯水期增大内江分水量，但是当岷江流量大于1000m³/s时，为保证内江及成都平原安全，外江闸门全开，鱼嘴又恢复原自然分流状态。1992年飞沙堰尾部临时拦水闸建成后，可将春季从飞沙堰溢走的水量拦入宝瓶口，增加宝瓶口引水量。内江是供水区工农业供水最重要的总干渠，外江是岷江的正流，亦称金马河，是岷江的主要排洪河道。随着供水任务的增加、鱼嘴的变化，飞沙堰及其他辅助工程也发生了相当大的变化，鱼嘴"四六分水"的分水功能已经发生了较大变化，成为历史。

飞沙堰是内江的旁侧溢流堰，堰身古代沿用竹笼卵石垒砌，1964年飞沙堰坝面段用浆砌大卵石改建。鱼嘴与飞沙堰用"金刚堤"与之连接。堰口宽240m，堰高2m，具有拦引春水、排泄洪水、排沙石之功能。在保持飞沙堰原有功能条件下，为了增加宝瓶口枯期引水量，1992年在飞沙堰尾修建了临时拦水闸，彻底改变岁修期供水渠飞沙堰临时挡水板的不安全性，从而提高了成都市工业生活供水保证率。

宝瓶口是内江供水区的总进水口，为飞沙堰之下离堆与左岸玉垒山岩间人工开凿的进水口，平均口宽20m，为内江进入供水区的咽喉，既可输水又能控制过量洪水。鱼嘴、飞沙堰、宝瓶口三项工程由于布局合理，互相配合，联合运行，在整个渠首工程中起主要作用，很好地发挥了引水、泄洪、排沙、防洪的作用，因而成为世界闻名的自流引水枢纽典范工程，充分体现了我国古代劳动人民的智慧和创造力。

都江堰供水区用水分别从内江、外江引水，内江由宝瓶口进水，外江由沙黑总河进水闸进水。

（二）内江渠系及囤蓄水库工程（见图6）

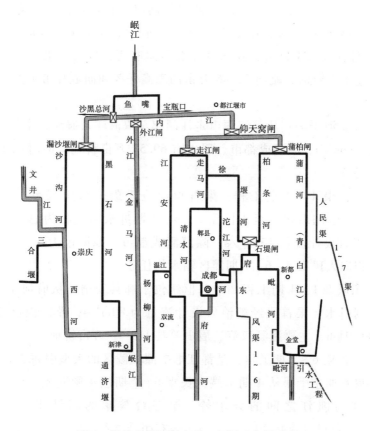

图6　四川省都江堰水利工程渠系布置示意

（1）蒲阳河干渠：以蒲阳河（人民渠进水枢纽以下称青白江）为输水排洪干渠，从都江堰市蒲柏闸起至金堂汇入沱江。全长105.8km，渠首流量240m³/s，原规划设计灌面465.23万亩（其中蒲阳河干渠灌溉64.71万亩，人民渠1～4期166.91万亩，人民渠5～7期丘陵扩灌233.61万亩），同时承担青白江区工业和生活供水。

（2）柏条河干渠：从都江堰市蒲柏闸起至石堤堰，全长44.8km，渠首流量 120m³/s。设计直灌灌面 11.78 万亩。石堤堰以下分为府河与毗河，分别注入岷江和沱江，配合徐堰河承担向东风渠 1~6 期灌区供水，设计灌面 337.06 万亩。同时承担成都市工业及生活输水和排泄区间洪水的主要任务。

（3）走马河干渠：以走马河（两河口闸以下称清水河）为输水排洪干渠，从都江堰市走江闸起至成都市区汇入府河，全长 64.1km，渠首流量 280m³/s，灌面 63.21 万亩，并通过徐堰河向府河、毗河输水，除向东风渠供水外，还承担府河、毗河 21.86 万亩的灌溉任务和向成都市工业及生活输水的任务。

（4）江安河干渠：从都江堰市走江闸起至双流注入府河，全长 95.8km，渠首流量 100m³/s，灌溉成都市、眉山市 69.53 万亩耕地，同时承担排泄区间洪水的任务。

（5）人民渠 1~4 期工程：渠首枢纽位于彭州市庆兴乡，于蒲阳河 24.97km 左岸建闸取水，至人民渠 5、6、7 期进水闸止称为总干渠，全长 89.6km，渠首设计流量 135m³/s，除灌溉成都市、德阳市 166.91 万亩耕地外，还承担向人民渠 5、6、7 期灌区输水的任务。

（6）东风渠 1~4 期工程：渠首枢纽位于郫县安靖，从府河 11.3km 处左岸进水闸引水，渠首段经整治后设计流量为 80m³/s，灌区内已建干渠 5 条，长 280.1km，主要灌溉双流、眉山等县 110.75 万亩耕地。

（7）人民渠 6~7 期工程：是都江堰扩灌丘陵区的大型引蓄工程之一。

人民渠 6 期主干渠从 4 期末端人民渠 6、7 期进水闸开始，经安县的永兴，沿涪江与凯江之间的分水岭，至三台黎曙的团结水库止，全长 118.8km，渠首设计流量 20m³/s。灌区内有团结囤蓄水库，水库总库容 2210 万 m³。设计灌溉德阳、绵阳两市三县两区，设计灌面 89.09 万亩，已灌溉 52.3 万亩。

人民渠 7 期工程，从人民渠 4 期末端人民渠 6、7 期进水闸开始，首段 25km 利用原 5 期干渠扩建而成。主干渠经德阳、中江进入丘陵区，沿凯江与郪江的分水岭，至三台县鲁班水库止，干渠长 173.7km。渠首设计流量 35m³/s。利用都江堰水量充囤灌区内已建的鲁班大型水库一座，水库总库容 2.94 亿 m³；中型水库四座，总库容 1.51 亿 m³。原规划设计灌溉中江、三台、射洪三县耕地 144.52 万亩，已灌溉 81.5 万亩。同时，利用继光水库右干渠向遂宁大英灌区输水。

（8）东风渠 5、6 期工程：主要利用灌区充囤水库囤蓄都江堰岷江来水，解决灌区工农业供水。

东风渠 5 期又称黑龙滩灌区，是以黑龙滩水库囤蓄方式供水的大型灌区。从东风渠新南干渠末端的勤劳闸扬柳引水渠引水，设计流量 $35m^3/s$，注入黑龙滩水库。水库位于仁寿县境内，控制集雨面积 $185km^2$，多年平均来水 0.78 亿 m^3，总库容 3.6 亿 m^3，从东风渠新南干渠引水充囤。灌区已建干渠 137.2km，有中型水库 2 座，总库容 2325 万 m^3。原设计灌溉仁寿等县 106.06 万亩耕地，已灌溉 88.1 万亩，同时向井研灌区输水。

东风渠 6 期又称龙泉山灌区，是从东风渠总干渠末端的罗家河坝引水，设计流量 $30m^3/s$，通过 6274m 龙泉山隧洞引水注入张家岩水库，并将来水转输至三岔水库和石盘水库串联组成灌溉体系。已建干渠 9 条，长 133.3km。灌区有一座大（二）型水库（三岔水库），位于简阳市绛溪河上游，控制集雨面积 $161.25km^2$，多年平均径流量 0.44 亿 m^3，总库容 2.287 亿 m^3。中型水库二座（石盘、张家岩水库），总库容 0.916 亿 m^3。规划设计灌溉简阳、雁江、资中 120.25 万亩耕地，已灌溉 75.4 万亩。

（三）外江水系

外江灌区在都江堰渠首沙黑总河闸引水，下分两大干渠，主要灌溉岷江（外江）右岸的都江堰市、崇州市、大邑县、邛崃市、新津县等市、县 117.73 万亩耕地，同时向通济堰灌区补水。

（1）黑石河干渠：从都江堰渠首沙黑总河漏沙堰闸分水至新津注入岷江，干渠全长 76.4km，渠首设计流量 $45m^3/s$，设计灌溉面积 37.72 万亩。

（2）沙沟河干渠：从都江堰渠首沙黑总河漏沙堰闸分水至西河，全长 31.72km，渠首设计流量 $75m^3/s$，设计灌溉面积 18.81 万亩，并在枯水期向通济堰灌区补水。

（3）西河、三合堰干渠：三合堰渠首在崇州市公义乡西河右岸，接都江堰沙沟河来水，干渠至邛崃市桑园乡，尾水入邖江，干渠长 38.1km，渠首流量 $64m^3/s$，灌面 27.39 万亩。

西河干渠起于沙沟河尾部崇州市元通镇扇子桥与文井江交汇处，长 48.5km，

设计流量 $30m^3/s$，其间左右有引水工程六处，均为 2 万 ~ 6 万亩灌面的支渠，包括文锦江灌区共灌溉 33.81 万亩耕地。西河、三合堰总计灌面 61.2 万亩。

三 都江堰供水区在四川的地位和作用

水是生命之源、生产之要、生态之基。水资源是事关国计民生的基础性自然资源和战略性经济资源，也是生态环境的控制性要素。"治蜀者，先治水"，历代都把"兴水利、除水害"作为治蜀安邦的大事。创建于公元前256 年的都江堰水利工程凝聚着中华民族的智慧和结晶，它是四川经济和社会发展的重要基础设施之一。它依靠岷江得天独厚的自然地理条件，无坝引岷江水，可控制四川省整个成都平原和岷江、沱江、涪江丘陵区。历史以来由于工程引入岷江水的"浇灌"，把人均水资源低于 $500m^3$ 的极度缺水区的成都平原，孕育成"水旱从人，不知饥馑"的"天府之国"。它造就了"天府之国"的千秋伟业，使百姓衣食住行富足，改善了自然环境，为成都平原经济腾飞创造了基础条件，"天府之国"因它而得名，都江堰水利工程灌区成为四川省经济社会发展的核心区，全省政治、经济、文化的中心。都江堰水利工程是国民经济和社会发展的基础设施和基础产业，支撑着四川省国民经济和社会的持续发展，产生了巨大的经济、社会和环境效益，使供水区成为支撑四川省经济社会发展的中心，四川省工农业生产最发达、最富饶的地区，成渝经济区的核心之一，中国西部和全省主要工业基地、商品粮基地，是四川的经济高地、最具有区位优势和经济潜力的地区。

都江堰水利工程是四川省国民经济建设和发展的命脉，供水区虽然辖区面积仅 2.72 万 km^2，占全省的 5.6%，据 2013 年资料统计，该区集中了2390 万人口，占全省 29% 的人口；其中城镇人口 1389 万人，占全省的38%，城市化率达 58%；地区生产总值 11148 亿元，占全省的 42%；人均生产总值 45139 元，为全省的 1.39 倍；工业总产值为 12121 亿元，占全省的 38%；农业总产值为 1423 亿元，占全省的 25.3%；地方财政收入 683.7亿元，占全省的 51%；耕地面积 1366 万亩，占全省的 23%；有效灌面 1126万亩，占全省的 28.7%；耕地灌溉率 82.4%。总之，区域虽然辖区面积仅占全省的 1/18，但国民经济产值及其他各项指标均占全省的 1/3 ~ 1/2，区域的人口密度、城市化率、GDP、人均 GDP、经济密度、耕地灌溉率、水利化程度、财政收入、城镇居民收入和农民人均纯收入等均居全省之首，为四川省发展水平最高的地区。它在四川具有战略性的重要地位，对全省经济起着举足轻重的决定性作用。

都江堰水利工程上千年来创造了巨大的社会、经济和环境效益，对国民经济和社会发展起着不可替代的作用，成为人类历史上一颗璀璨的明珠，是人类治水史上的一座不朽丰碑。

都江堰水利工程不仅是世界上最早的灌溉工程，它从小到大，从单一灌溉工程发展到今天灌溉、供水、防洪、发电等多功能综合利用的水利工程，也是世界上实现水利工程可持续发展的典范。都江堰供水区与全省经济社会比较如图 7 所示。

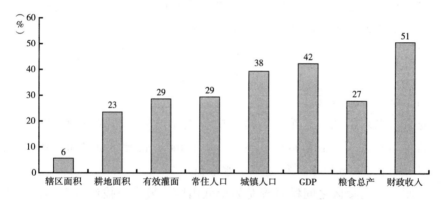

图 7　都江堰供水区与全省主要社会经济指标比较

第二节　都江堰供水区概况

一　自然地理概况

（一）地形、地貌

都江堰供水区（简称供水区）指的是都江堰水利工程提供生活、生产等方面供水所涉及控制的区域，由都江堰现供水区（《都江堰灌区续建配套与节水改造规划》确定的供水区域，不包括通济堰灌区，简称现供水区）

和规划扩灌供水区（毗河供水工程供水区，简称毗河供水区）组成，涉及成都、德阳、绵阳、遂宁、乐山、眉山、资阳、内江等 8 个市的 42 个县（市、区），辖区面积 2.72 万 km²，其中现供水区辖区面积 2.10 万 km²。涉及岷江、沱江平原区 9356km² 和岷江、沱江、涪江丘陵区 17819km²，是四川省政治、经济、文化中心，在全省国民经济中占有极为重要的战略地位。

按地貌形态划分，都江堰供水区可分为成都平原区、岷沱涪江中游丘陵区及龙泉山低山区三类地貌形态。成都平原区位于龙门山和龙泉山之间，主要包括都江堰 1949 年以前的老灌区和以后发展的人民渠 1~4 期、东风渠 1~4 期和三合堰（包括西河）灌区；岷沱涪江中游丘陵区主要分布在龙泉山以东，包括人民渠 5~7 期、东风渠 5~6 期及规划的毗河供水区。

成都平原由岷江和岷、沱两江支流的洪冲积扇连接而成，地势西北高、东南低，地面坡降 3‰~6‰，海拔 450~730m。河流均从西北流入平原，都江堰渠首位于岷江冲积扇的顶部。宝瓶口引水高程为 725m 左右，供水区耕地高程均在 720m 以下，平原面积 0.935 万 km²，占 34.4%，岷江水居高临下有利于发展自流灌溉。

龙泉山以东是岷江、沱江、涪江中游浅丘地区。海拔一般 400~500m，相对高差 50m 左右。丘陵区面积约 1.64 万 km²，占辖区面积 60.4%，其间耕地多分布在 500m 以下，很适宜引水灌溉。

平原区和丘陵之间横亘着龙泉山低山区，最高海拔约 1050m，低山区面积约 0.14 万 km²，占辖区面积的 5.2%。

（二）地质

都江堰供水区处于新华夏系四川沉降盆地西部及华夏系龙门山褶皱带边缘，构造轮廓分层明显。新华夏系构造为供水区的主要构造，包括成都断陷、龙泉山褶断带及盆地中部褶皱带。

都江堰渠首位于川西龙门山地槽边缘山前凹陷地带中段、江油—灌县（都江堰市）区域断裂带附近。出露地层有三叠系须家河组中段（T3X2），岩性为砂页岩互层夹薄煤层和白垩系红色砂岩、砾岩、泥岩。

供水区范围出露地层因地区而异。供水区西侧的龙门山区有泥盆系—白垩系地层出露，白云质灰岩，砂岩及页岩为主要岩性。横亘于供水区中部的龙泉山及其以东的广大丘陵区主要有侏罗系的沙溪庙组、遂宁组、蓬莱镇组浅红、紫红色泥岩、砂质泥岩、砂岩夹透镜体长石砂岩；白垩系天马山组岩性为淡紫红色长石砂页岩等。岩层近似水平分布，表面风化强烈，构造比较简单。

成都平原属新华夏系第三沉降带内四川构造盆地中的次一级构造凹陷，为盆地中的盆地，主体为山前复合冲积堆积平原，其周边是断块式构造台地。基底系白垩系红色砂岩、砾岩和泥岩构造，其上覆盖着深厚的第四系松散堆积物，边缘地区 15~20m，中心地带 200~300m。岩层产状平缓，总体走向北东，倾向北西。

龙泉山以东丘陵区多由侏罗系、白垩系红色砂岩、泥质页岩组成。岩层近水平分布，表面风化强烈，无大断裂存在，构造比较简单。

根据国家地震局《中国地震动参数区划图（1/400 万）》（GB18306 - 2001）及第 1 号修改单，岷江上游都江堰渠首以上区域地震基本烈度为Ⅷ度，地震动峰值加速度为 0.3g；边缘山区与平原交界一带的都江堰市、彭州、绵竹、安县一线地震基本烈度为Ⅶ度，地震动峰值加速度为 0.15g；广大平原区眉山、成都、德阳、绵阳一带，地震基本烈度为Ⅶ，地震动峰值加速度为 0.10g；供水区南部丘陵区地震基本烈度为Ⅵ或小于Ⅵ，属稳定—基本稳定区。

（三）河流水系

流经平原地区的河流主要是岷江，其次是发源于龙门山区的岷江支流邛江、斜江、文锦江，沱江支流湔江、石亭江、绵远河以及涪江支流睢水河等。

岷江发源于四川与甘肃两省交界的岷山南麓，有东西两源，东源出自弓杠岭，西源出自郎架岭。两源在松潘境内红桥关汇合后，向南流经松潘县、茂县、汶川县、都江堰市到都江堰鱼嘴处，控制流域面积 23037km²，全长 340km，落差 3009m，沿程汇入大姓沟、黑水河、杂谷脑河、渔子溪、寿溪、白沙河等较大支流。经岷江鱼嘴处后被分为内外两江，外江是岷江的正流（又称金马河或正南江），在外江右岸引水的有沙黑总河。岷江正流（金马河）在新津纳入南河（包括邛江、斜江）、西河（文锦江）后，南下到彭山江口镇与内江水系的府河汇合后流出本区，又经东坡、青神，至乐山市纳入大渡河、青衣江，于犍为纳入马边河，至宜宾注入长江，干流全长 740km，流域面积 13.6 万 km²。内江是人工开凿的引水河道，在宝瓶口以下分为蒲阳河、柏条河、走马河、江安河四大干渠水系，为灌溉、工业生活、发电输水。灌区渠系纵横，密如蛛网，形成了成都平原水网区，内江水系蒲阳河、柏条河的尾水流入青白江、毗河，与湔江、石亭江、绵远河汇集，在金堂注入沱江，形成岷沱江非闭合流域；走马河、江安河的尾水汇入府河，至彭山注入岷江。

流经丘陵区主要河流有沱江干流及其支流绛溪河、资水河、球溪河、蒙溪河；涪江干流及支流凯江、郪江等。这些中小河流除凯江源于龙门山外，其余均发源于丘陵或低山区，分别由西北向东南方向，或由东北向西南流经本区分别汇入沱江和涪江流出本区。

（四）气象、干旱

本区属我国中亚热带湿润季风气候区，具有气候温和、四季分明、降雨丰沛等特点。根据区内 20 个县（市）气象站 1959 年以来共 50 多年资料分析，多年平均气温在 15.1℃～17.3℃，日差较小，年差较大。1 月平均气温 4.6℃～7℃，7 月平均温度 25℃～27.5℃，极端最高气温 39.2℃，极端最低气温 -7.2℃。无霜日 266～317d；多年平均相对湿度 77%～84%，阴天多，日照少，多年平均日照对数 1071～1356h，日照百分率不足 30%，大于或等于 10℃，年积温 4700℃～6000℃，热量资源较丰富，适宜于多种作物的生长。多年平均蒸发量 875.1～1222.1mm，年平均降雨量 880～1250mm，最大年降水量 1667.7mm（东坡 1966 年），最小年降水量 290.9mm（三台 1996 年），地区之间年最大最小年降水量倍比达 5.73 倍。

区内降水量分布规律是西北部边缘山区大于平原区，具有从西北向东南递减的规律。降水的高值区位于西北边缘的麓头山边缘一带，多年平均降水量达 1400～1600mm，降水的低值区在东南部丘陵涪江与沱江分水岭一带的金堂、简阳、中江、乐至，多年平均降水量小于 900.0mm。气温、日照、蒸发量则具有西北较低、东南较高的特点，亦有从西北向东南递增的趋势。

受季风环流影响，降雨年内分配不均，冬春少雨，夏秋多雨。据统计冬春半年 12 月至次年 5 月的降雨占全年 17%～24%，而夏秋半年 6 月至 11 月的降雨占全年的 76%～83%。故与农作物正常需水的城乡供水常发生较大矛盾。供水区是四川省盆地地区严重干旱发生风险最高的区域之一，包括中江、三台、射洪、乐至、简阳等市县。因此，干旱是影响本区生活、生产供水，特别是影响农作物生产的灾害性天气。

本区主要干旱有冬干、春旱、夏旱、伏旱等，以春旱、夏旱为主，伏旱次之，且往往出现春夏连旱现象，持续时间长，故对本区农业生产危害很大。据统计本区春旱出现的频率为 30%～70%，夏旱出现的频率为 60%～90%，伏旱的频率为 20%～70%，春夏连旱频率达 60%～70%。

春旱分布范围广，中心大都在供水区的丘陵地区。以仁寿、金堂、简阳、雁江、中江、乐至一带为中心；夏旱几乎笼罩着整个区域，以三台、简阳、金堂、德阳、新津、中江一带为中心；伏旱分布在本区东南部的射洪、遂宁、大英、安岳、乐至一带。

二　供水区社会经济概况

（一）行政区划与人口耕地

都江堰供水区辖区面积 2.72 万 km^2，涉及成都市、德阳市、绵阳市、遂宁市、乐山市、内江市、眉山市和资阳市共 8 个市的 42 个市（县、区）。据 2010 年资料统计，共有 563 个乡（镇），户籍总人口 2324.34 万人，占全省总人口的 25.8%，其中农业人口 1432.8 万人，非农业人口 891.54 万人。城镇人口 1060.39 万人，占全省城镇人口的 32.8%，城市化率 45.6%。统计总耕地 1381.19 万亩，占全省总耕地的 23.0%，其中田 782.47 万亩，占全省田的 24.9%。田土比 57∶43，人平耕地 0.59 亩（见表 3）。

表 3　都江堰供水区分市基本情况统计

市州	辖区面积（km^2）	乡（镇）数（个）	户籍总人口（万人）	其中：农业人口（万人）	其中：非农业人口（万人）	城镇人口（万人）	城市化率（%）	统计耕地面积（万亩）	其中：田（万亩）
1. 现供水区	21020	431	1930.31	1099.47	830.84	993.98	51.49	1073.36	657.83
成都市	7297	141	968.85	370.90	597.95	696.04	71.84	376.12	308.87
德阳市	4756	104	366.45	268.99	97.46	109.80	29.96	260.33	162.01
绵阳市	2260	41	147.78	102.01	45.77	57.81	39.12	97.23	43.17
遂宁市	1565	28	112.81	92.10	20.71	32.10	28.45	69.61	27.35

续表

市州	辖区面积(km²)	乡(镇)数(个)	户籍总人口(万人)	其中:农业人口(万人)	其中:非农业人口(万人)	城镇人口(万人)	城市化率(%)	统计耕地面积(万亩)	其中:田(万亩)
内江市	292	3	11.95	10.35	1.59	1.81	15.15	7.98	4.07
乐山市	158	10	14.51	11.46	3.06	3.20	22.05	14.71	8.09
眉山市	2718	61	176.93	135.79	41.14	44.51	25.16	131.68	65.27
资阳市	1974	43	131.04	107.87	23.17	48.71	37.17	115.71	39.00
2. 毗河供水区	6155	132	394.03	333.33	60.70	66.41	16.85	307.83	124.64
成都市	217	6	25.30	18.90	6.40	7.50	29.64	18.54	5.19
遂宁市	363	6	23.49	21.87	1.62	2.50	10.64	18.76	7.88
资阳市	5575	120	345.24	292.56	52.68	56.41	16.34	270.53	111.57
3. 都江堰供水区	27175	563	2324.34	1432.80	891.54	1060.39	45.62	1381.19	782.47
全　省	484300	4406	9001.30	6646.10	2355.20	3231.20	35.90	6016.07	3143.73
占全省比重(%)	5.61	12.78	25.82	21.56	37.85	32.82	127.1	22.96	24.89

都江堰现供水区辖区面积 2.1 万 km²，涉及 8 市 37 个市（县、区），据 2010 年资料统计共有 431 个乡（镇），户籍总人口 1930.31 万人，占全供水人口的 83%，其中农业人口 1099.47 万人，非农业人口 830.84 万人。城镇人口 993.98 万人，占供水区城镇人口的 93.7%，城市化率 51.5%。统计总耕地 1073.36 万亩，占供水区总耕地的 77.7%，其中田 657.83 万亩，占供水区田的 84%。田土比 61:39，人平耕地 0.56 亩。

耕地面积按地貌划分，相对高差 50m 以下的平原区约 502.5 万亩，占耕地的 36.4%，丘陵低山区耕地 878.69 万亩，占总耕地的 63.6%。

（二）国民经济与工农业生产

由于有优越的都江堰水利工程基础设施供水和优越的自然地理条件，供水区已成为全省政治、经济、文化的中心，是全省工农业生产最发达、最富饶的地区，是成渝经济区的核心地带、地区经济核心区之一，是中国西部和全省主要工业基地、商品粮基地。区内已形成以成都特大城市为中心的平原经济圈，建立了电子信息产业、重型机械冶金工业、机电设备、飞机制造业、建筑建材业、化学医学工业、交通信息、饮料食品业、纺织丝绸、皮革、造纸、金融保险、信息咨询业、旅游业、高新技术产业，以及基础性研究、社会科学研究、文化教育等门类齐全的经济发展基地和文化中心，是全省金融、信息、商贸、旅游等第三产业最发达的地区。

据 2010 年资料统计，都江堰供水区地区生产总值 7183.34 亿元，占全省的 41.8%，其中第一产业增加值 659.19 亿元，第二产业增加值 3363.60 亿元，第三产业增加值 3160.55 亿元，第一、第二、第三产业比值为 9.2∶46.8∶44.0，人均 GDP 30905 元，为全省人均 GDP 平均的 1.46 倍。2010 年供水区工业总产值 8937.6 亿元，占全省的 38.6%，农业总产值 1072.2 亿元，占全省的 26.4%。供水区粮食总产量 873.24 万 t，占全省的 27%。

都江堰现供水区地区生产总值 6738.53 亿元，占全供水区的 93.8%，其中第一产业增加值 541.94 亿元，第二产业增加值 3149.17 亿元，第三产业增加值 3047.42 亿元，第一、第二、第三产业比值为 8.0∶46.7∶45.3，人均 GDP 34909 元，为全省人均 GDP 平均的 1.65 倍，为全省最高值。2010 年现供水区工业总产值 8288.76 亿元，占全供水区的 92.7%，农业总产值 868.8 亿元，占全供水区的 81%。现供水区粮食总产量 686.82 万 t，占全省的 21%。

又据四川省统计年鉴资料统计 2013 年供水区人口 2390 万人，其中城镇人口 1389 万人，耕地面积 1366 万亩，有效灌面 1126 万亩，地区生产总值 11148 亿元，工业总产值为 12121 亿元，农业总产值为 1423 亿元，地方财政收入 683.7 亿元。地区生产总值年递增率为 15.8%。

成都市是四川省省会，是全省政治、经济、文化的中心，是西南地区的"三中心、两枢纽"，即西南重要的科技、商贸、金融中心和交通、通信枢纽。2010 年地区生产总值 3393.6 亿元（不包括所辖县市），城镇人口 496.9 万人，城市化率 92.9%。供水区内的绵阳市已发展成为全省第二大城市，市内高新区是全国彩色电视机的生产基地。德阳市是四川省重型机械装备、食品工业生产基地。供水区人口密度平均为每平方公里 855 人，其中成都市区高达每平方公里 2515 人。都江堰供水区分市社会经济分市统计见表 4。

表4 都江堰供水区分市2010年社会经济基本情况统计

市州	地区生产总值（亿元）	第一产业增加值（亿元）	第二产业增加值（亿元）	其中:工业增加值（亿元）	第三产业增加值（亿元）	人均生产总值（元）	财政收入（亿元）	粮食播种面积（万亩）	粮食总产（万kg）
1. 现供水区	6738.53	541.94	3149.17	2678.31	3047.42	34909	385.87	1822.72	686820
成都市	4843.60	216.56	2095.91	1727.40	2531.13	49993	312.51	529.58	191459
德阳市	870.96	143.77	492.14	449.91	235.05	23768	32.37	442.36	209948
绵阳市	328.22	39.91	173.37	152.40	114.94	22211	19.41	160.36	64651
遂宁市	185.41	39.18	106.79	97.32	39.44	16435	4.60	153.83	54626
内江市	12.53	3.32	6.04	5.62	3.17	10488	0.31	16.54	4948
乐山市	16.30	4.88	7.62	7.28	3.80	11232	0.39	21.83	7661
眉山市	239.05	49.74	126.27	106.54	63.04	13511	9.04	261.91	92698
资阳市	242.46	44.59	141.03	131.85	56.84	18504	7.24	236.32	60829
2. 毗河供水区	444.81	117.25	214.43	184.96	113.13	11289	13.31	614.79	186420
成都市	37.45	8.89	14.46	9.06	14.10	14802	1.72	27.96	9458
遂宁市	17.65	8.44	4.63	3.12	4.58	7514	0.34	38.50	12744
资阳市	389.71	99.92	195.34	172.78	94.45	11288	11.25	548.33	164218
3. 都江堰供水区	7183.34	659.19	3363.60	2863.27	3160.55	30905	399.18	2437.51	873240
全 省	17185.48	2482.89	8672.18	7431.45	6030.41	21182	1134.86	10361.23	3222904
占全省比重（%）	41.80	26.55	38.79	38.53	52.41	145.90	35	23.53	27

区内交通发达，成都市已经成为西南地区交通枢纽，建成以成都为中心向四周辐射的铁路、公路、航空干线网络。有通往全国各地的宝成、成渝、成昆、成达四条铁路干线以及以成渝、成绵、成雅、成乐、成南和正建设的成汶六条高速公路为干线的交通网络。区内县与县、乡与乡之间均有公路相通，高等级的水泥、沥青路面的比例居全省之冠。

（三）水利设施建设

本区是四川省水利设施基础条件最好的地区，工农业供水主要依赖都江堰水利工程引入岷江干流的水量。此外，还有几十年来建设的各类大量当地水利设施，蓄引提当地径流水量以及开采成都平原地下水量为供水区提供辅助水源。

2010 年都江堰供水区内除特大型都江堰引水工程外，蓄引提当地径流的各类水利工程 11.69 万处，总水量能力 34.47 亿 m³，有效灌面 518.77 万亩，2010 年当地径流实供水 15.12 亿 m³。其中水库工程 950 处，总水量能力 22.85 亿 m³（大、中型水库 31 处，总水量能力 16.1 亿 m³）；小型引水工程 127 处，总水量能力 1.92 个亿 m³；塘堰 9.62 万处，总水量能力 5.69 亿 m³；固定提灌站 0.85 万处，总水量能力 3.12 亿 m³；机电井 1.1 万处，总水量能力 0.84 亿 m³。

都江堰现供水区，蓄引提当地径流的各类水利工程 8.99 万处，总水量能力 26.35 亿 m³，控制有效灌面 359.37 万亩，其中田 233.46 万亩，2010 年实供水 11.54 亿 m³。其中水库工程 600 处，总水量能力 17.65 亿 m³（其中大、中型水库 22 处，总水量能力 13.79 亿 m³）；小型引水工程 127 处，总水量能力 1.92 个亿 m³；塘堰 7.22 万处，总水量能力 3.84 亿 m³；固定提灌站 0.72 万处，总水量能力 2.21 亿 m³；机电井 0.96 万处，总水量能力 0.69 亿 m³（见表 5）。

表 5　都江堰供水区现有各类水利设施供水能力统计

区域、地市	工程处数（处）	总水量能力（万 m³）	有效灌面（万亩）	其中：田（万亩）	2010 年实供水（万 m³）	2010 年实灌（万亩）
都江堰现供水区合计	89857	263539	359.37	233.46	115371	324.98
成都市	20468	24885	35.60	22.20	13045	33.03
德阳市	24902	44638	53.14	31.71	29338	53.14
绵阳市	12065	50416	47.99	54.54	17919	32.21
遂宁市	5234	25345	55.93	33.12	15350	42.12
乐山市	980	10758	11.51	8.67	4012	9.84
内江市	1233	2852	10.02	2.82	1490	3.26
眉山市	16108	53307	104.82	61.82	25306	122.86
资阳市	8867	51337	40.35	18.58	8911	28.52
毗河供水区合计	27019	81136	159.39	111.25	35792	131.85
成都市	1593	5179	14.12	6.22	2141	14.12
遂宁市	1843	4570	9.92	5.91	2417	6.64
资阳市	23583	71387	135.35	99.12	31234	111.09
都江堰供水区合计	116876	344675	518.77	344.71	151163	456.83

注：此有效灌面和实灌面积指当地水利工程控制的灌面，未包括都江堰水利工程控制部分。

都江堰水利工程配合众多的拦引当地径流工程，组成"大、中、小型工程相配合，引、蓄、提相结合的长藤结瓜"供水网络，满足供水区域内生活、生产的供水，支撑着区域社会经济的持续发展。

第三节　都江堰供水区水资源及开发利用现状

一　供水区水资源总量及可利用量

（一）都江堰供水区水资源的组成

都江堰供水区水资源组成包括：可直接使用的入境水［岷江干流上游来水、供水区边缘山区（岷、沱江支流）入境水］、区域当地地表水资源量［供水区当地径流产水包括平原区与丘陵区（岷、沱江支流）］以及区域地下水资源量（包括平原区与丘陵区）。其中，区域当地地表水资源与区域地下水资源合称区域当地水资源。

（二）各项水资源的分析计算

1. 岷江上游（鱼嘴以上）水资源量分析

都江堰渠首鱼嘴工程以上属于岷江上游地区。岷江干流源区包括阿坝州的松潘、黑水、茂县、汶川、理县及成都市的都江堰市部分。岷江流经高原与山区，镇江关以上为松潘高原，地势高亢，海拔 3000～4000m；镇江关以下河道穿越海拔 2000～3000m 的崇山峻岭，河谷深切，呈"V"形，水面宽仅 50～100m；山高坡陡，滩多流急。

都江堰渠首控制岷江上游流域面积 23037km²，主河道全长 340km，落差 3009m，平均比降 8.85‰。映秀至都江堰市河段是岷江上游从山区到平原的过渡段，河段长 32.5km，落差 152m，平均比降 4.7‰。区间分别有渔子溪、寿溪及白沙河等较大支流汇入。举世闻名的都江堰水利工程位于岷江上游干流的末端鱼嘴处，来水量是都江堰供水区的主力水源。

岷江径流主要由降水补给，其次为地下水和高山融雪补给，多年平均径流深 200～1800mm。岷江上游干流曾经设有松潘、镇江关、姜射坝、七盘沟、中滩铺、紫坪铺等水文站。紫坪铺站设于 1936 年，控制岷江上游集水面积 22664km²，其间主要支流白沙河设有杨柳坪水文站，集水面积 363km²。

经对紫坪铺、杨柳坪、鱼嘴径流系列进行分析计算，其成果见表 6，鱼嘴处历年逐月平均流量过程详见表 7。

表 6　岷江上游主要测站径流参数统计

站名	集水面积（km²）	资料年限（年）	多年平均流量（m³/s）	多年平均径流量（亿 m³）	C_V	C_S/C_V	实测流量（m³/s）			
							最大	发生时间	最小	发生时间
紫坪铺	22664	1937~2003	459	145	0.13	2	5840	1964 年 7 月 22 日	63.8	1993 年 3 月 3 日
		1959~1998	450	141.9	0.13	2				
		1959~2010	442	139.28	0.13	2				
杨柳坪	363	1959~1998	15.1	4.76	0.2	2	1470	1999 年 8 月 15 日	2.32	1988 年 2 月 22 日
		1959~2010	15.1	4.77	0.35	2				
鱼　嘴	23037	1959~1998	467	147.3	0.13	2	7700	1964 年 7 月 22 日	82.7	1990 年 1 月 31 日
		1959~2010	457	144.25	0.15	2				

经分析计算，采用 1959~2010 年系列成果，鱼嘴处天然来水为紫坪铺天然来水加同期杨柳坪（经还原计算后）天然来水之和 457m³/s，年来水量 144.25 亿 m³。岷江鱼嘴处来水是都江堰水利工程的主力水源，由都江堰水利工程宝瓶口和沙黑总河两个取水口引水入供水区。

表 7　岷江鱼嘴河段（1959~2010 年）各来水频率月平均径流统计

来水频率（%）	年份	1 月	2 月	3 月	4 月	5 月	6 月	7 月	8 月	9 月	10 月	11 月	12 月	年平均（m³/s）	年水量（亿 m³）
5	1961	189	164	185	411	716	1095	1241	888	657	566	388	176	565	178.18
10	1964	163	145	165	250	478	721	1185	780	1173	729	341	155	530	167.6
20	1966	148	133	142	225	496	688	1041	1000	1052	636	343	153	512	161.46
50	1982	148	128	138	187	382	814	1004	521	926	581	301	133	445	140.34
80	1987	120	111	114	157	378	944	925	598	665	393	229	107	400	126.14
90	1959	162	149	162	217	531	699	657	803	469	353	268	111	388	122.36
95	2002	119	110	113	223	433	673	618	686	404	379	261	124	351	110.58
多年平均		149	132	146	262	566	857	889	702	716	556	300	139	457	144.25

2. 区域边缘山区水资源量分析

供水区西北边缘即岷、沱、涪三江上游的一部分，约 2679km²，共有岷江支流邛江、斜江、文井江（西河）；沱江支流湔江、石亭江、绵远河及涪江支流睢水河等河流经本区，是都江堰供水区的辅助水源。

边缘山区河流均发源于龙门山南麓，源短坡陡，河谷深切，进入成都平原前，一般海拔 4000～700m，坡度大多在 20‰以上，河长仅 20～65km，均属山溪型河流。

径流主要由降雨形成，其次为地下水和高山融雪补给。其河流均属于龙门山脉东南翼，由于河流不同程度受到麓头山、雅安两大暴雨区影响，故水量丰沛，多年平均径流量达 36.52 亿 m³，多年平均径流深在 500～1300mm。径流年内分配不均，每年主汛期 7～9 月水量集中，占年水量 49.5%～73.0%，枯期 1～3 月水量仅占年水量 3.9%～9.8%。而灌溉期 4～6 月水量占年水量 13.2%～23.6%，对灌溉及综合利用十分不利。水量在空间分布，以上游产水量丰富，径流深一般在 1000mm 以上；下游水量相对偏少，径流深一般在 500mm 左右。

对边缘山区河流 6 个主要代表站建站至 2010 年径流系列分别进行频率分析计算，其成果见表 8。

表 8　都江堰供水区边缘山区主要水文测站参数统计

河　名	站　名	集水面积（km²）	资料系列（年）	多年平均流量（m³/s）	多年平均径流深（mm）	多年平均径流量（亿 m³）	Cv	各频率设计值（mm）			
								10%	50%	90%	95%
文井江	跃子岩	354	1966～2010	14.6	1301	4.60	0.2	18.4	14.5	10.9	9.95
斜　江	大　邑	264	1956～2010	6.3	753	1.99	0.2	8.98	6.19	3.77	3.14
邛　江	新新场	396	1956～2007	14.3	1139	4.51	0.27	19.3	14.2	9.38	8.22
绵远河	汉旺场	410	1962～2010	12.9	995	4.08	0.28	20.1	11.7	4.92	3.27
石亭江	高景关	629	1966～2010	19.9	996	6.26	0.2	30.2	16.7	4.83	1.73
湔　江	关　口	626	1966～2010	20.7	1042	6.53	0.27	31.4	16.9	5.61	2.93
合　计		2679		88.7		27.97					

经分析计算，采用 1959～2010 年系列成果，6 条入境河流多年平均流量 88.7m³/s，年来水量 27.97 亿 m³。

3. 区域当地地表水资源量分析

区域当地地表水资源指供水区平原灌区（包括内、外江老灌区，人民渠 1～4 期、东风渠 1～4 期）与丘陵灌区（包括人民渠 5～7 期、东风渠 5～6 期以及拟建毗河供水区，其中人民渠 5～7 期、东风渠 5～6 期为都江堰现供水区丘陵片区）的当地地表径流，它们是都江堰供水区的基本水源。

在水资源分区的基础上，依据各地产、汇流条件（地形、地貌、地质、土壤、植被、水气来源等）参照四川省 1956～2000 年和都江堰供水区多年平均年降水量及多年平均年径流深等值线图划分单元。要求单元内产、汇流条件大致相同，降水、地表水、地下水计算方法可以简化，并参照供水区内中小河流已建水文测站实测分析资料，计算分区的地表水资源量。

（1）成都平原区当地地表水资源量

成都平原区当地地表水资源量计算区主要指北起绵竹，南止彭山，东至龙泉山，西至龙门山边缘之间地区。主要包括内江直供水区、西河三合堰供水区、沙黑石河外江直供水区，其中内江直供水区包括人民渠 1～4 期、东风渠 1～4 期，共 9356km²；按流域分，青衣江及岷江干流 4921km²，沱江流域 4435km²。供水区内由于地势平坦、坡度小、河网密布、沟渠纵横、耕地成片、灌排两便、土壤透水性好，故地表水和地下水互相联系、互相转化的关系十分突出。因此，成都平原水网区产、汇流及补给情况复杂。经分析，6～9 月产水量集中，占多年来水量 55%～70%。地表、地下水的补排关系：1～6 月地表或上游来水补给平原地下水，7～12 月则相反。成都平原产水量由两大部分组成，一部分为平原水网区水量，另一部分为平原周边区水量。

根据已通过规划阶段审查的都江堰供水区多年平均年径流深等值线图，同时参照四川省 1956～2000 年多年平均年径流深等值线图，分别查得各平衡片区域重心处的多年平均年径流深，采用径流修正系数，将参证站的年径流深进行修正，移至各平衡片区，各平衡片区历年年径流的年内分配是按该片代表水文站的径流资料进行推求的。成都平原区 9356km² 区域，地表径流 47.55 亿 m³，其计算成果见表 9。

表 9　成都平原区当地地表产水量成果

分　区	计算面积（km²）	年降水量		天然年径流量	
		（mm）	（万 m³）	（mm）	（万 m³）
内江平原直供水区	2906	1137.5	330558	550	159830
沙黑总河	1101	1155.6	127232	550	60555
西河、三合堰	883	1155.6	102039	550	48565
人民渠 1～4 期	3349	1141.9	382422	500	167450
东风渠 1～4 期	1117	1089.2	121663	350	39095
合计	9356	1137	1063914	508	475495

由于平原区径流量已汇集于都江堰供水区灌溉渠系之中，故不能单独分割使用。

（2）都江堰丘陵供水区当地地表水资源量

都江堰丘陵供水区主要指现供水区丘陵片区和规划扩建的毗河供水区。丘陵供水区内中小河流分属涪江、沱江流域。流域面积在 500km² 以上的支流有涪江支流凯江、郪江，沱江支流绛溪河、球溪河等，这些中小河流除凯江源于龙门山外，其余均发源于丘陵或低山。供水区径流主要由降雨形成，其变化规律受降雨所支配，径流年内分配和年际变化大。同一条河流在汛期 6～9 月，径流量占年总量的 75% 左右，枯水年高达 90% 以上。枯水季节则有断流现象。年径流变差系数 Cv 值为四川省高值区之一，一般在 0.36～0.66，呈由北向南部递增之势。径流在地区分布上差异大，处于毗河供水区的资水河流域为四川省径流低值区之一，流域径流深仅 210mm 左右，其他地区径流深在 300～400mm。

选择丘陵区沱江、涪江支流球溪河的北斗、蒙溪河的元滩湾、阳化河的涌泉、凯江的观音场、苏家河大马口、高升河油房坝水文测站作为插补延长参证站，并组成观音场和北斗水文站具有 1959～2010 年连续完整 52 年径流系列资料，按矩法进行频率分析计算，各河流及代表站径流特征值如表 10 所示。

表 10　都江堰供水区主要水文测站参数统计

河名	流域面积（km²）	多年平均水量（亿 m³）	站名	集水面积（km²）	径流系列（年）	统计参数		各设计频率年径流深（mm）			
						多年平均径流深（mm）	Cv	p＝10%	p＝50%	p＝90%	p＝95%
球溪河	2482	7.44	北斗	1856	1959～2010	401	0.55	640.6	351.7	124.2	70
蒙溪河	1445	2.41	元滩湾	870	1959～2010	277	0.63	511.1	258.1	67.1	22.8
阳化河	1961	4.2	涌泉	304	1966～2003	214	0.48	321	197.8	97.4	77.2
凯江	2596	9.93	观音场	1933	1959～2010	514	0.36	743.9	494.3	280.6	226.8
苏家河	—	—	大马口	45.1	1966～2003	223	0.66	411.4	191.5	67	46.6
高升河	—	—	油房坝	36.7	1966～2003	403	0.55	644	363.3	157.6	119.3
郫江	2145	4.85	胡家坝	1462	1957～2003	203	0.77	409.8	164.2	45.1	28.5

①都江堰现丘陵供水区当地地表水资源量

分别选择观音场水文站作为人民渠 5～7 期供水片区径流分析计算的代表站。北斗水站作为东风渠 5、6 期供水片区径流分析计算的代表站。

根据通过审查的都江堰续建配套与节水改造报告中的都江堰供水区多年平均年径流深等值线图，同时参照四川省 1956～2000 年多年平均年径流深等值线图，分别查得各平衡片区重心处的多年平均年径流深，采用径流修正系数将参证站的年径流深进行修正，移用到各平衡片区，丘陵供水区 11664km²，多年平均地表径流 33.18 亿 m³，成果如表 11 所示。各平衡片区历年年径流的年内分配是按该片代表水文站的径流资料进行推求的。

表 11　都江堰现供水区丘陵片区当地地表水资源量计算成果

分片	土地面积（km²）	降水量（mm）	径流深（mm）			年平均水资源量（亿 m³）
			多年平均	Cv	Cs/Cv	
人民渠 5、7 期	4151	865.6	260	0.36	2	10.79
人民渠 6 期	2122	831.8	280	0.36	2	5.94
东风渠 5 期	3168	948	330	0.48	2	10.45
东风渠 6 期	2223	933	270	0.48	2	6.00
合计	11664	891	284	—	—	33.18

②毗河供水区当地地表水资源量

分别选择涌泉、大马口、元滩湾、油房坝等四个水文站作为毗河供水区各片径流分析计算的代表站。采用四川省水利院近期完成的毗河供水一期工程项目建议书①中的径流分析计算成果。采用经插补延长组成的 1966～2003 年连续完整的径流系列资料，按矩法进行频率分析计算，设计值成果见表12。

表 12　毗河供水区分片当地地表水资源量计算成果

供水区分片	名称	辖区面积（km²）	面雨量（mm）	雨量改正系数（k）	多年平均径流深（mm）	多年平均径流量（亿 m³）
第一片	资水河片	1687	816.4	0.995	212.9	3.59
第二片	濛溪河、清流河	1911	878.7	0.987	274.1	5.24
第三片	苏家河、蟠龙河片	1092	859.6	0.953	212.4	2.32
第四片	姚市河、高升河片	1465	1022.8	0.987	398	5.83
合计	—	6155	—	—	275.9	16.98

4. 区域地下水资源量分析

（1）评价分区及评价方法

水资源评价中的地下水是指赋存于地表面以下岩土空隙中的饱和重力水。地下水资源量指地下水中参与水循环且可以更新的动态水量（不含井灌回归补给量）。

地下水资源量评价类型区，划分的目的是确定各个具有相似水文地质特征的均衡计算区。采用全国水资源综合规划的计算方法，结合都江堰供水区的实际推算，其水量是都江堰供水区的补充水源。

采用水均衡法评价地下水资源量，以地下水总补给量表示平原地下水天然资源量，以河川基流量表示山丘区地下水天然资源量。

平原区首先计算各地下水均衡计算区近期多年平均各项补给量、地下水总补给量及潜水蒸发量，并将这些计算成果按模数和计算面积分配到各计算

---

① 四川省水利水电勘测设计研究院编《四川省都江堰灌区毗河供水一期工程项目建议书》，内部资料，2011。

分区中，求出平原区多年平均地下水总补给量、潜水蒸发量。

山丘区由于缺乏有关资料，本次水资源评价仅以河川基流量作为地下水资源量，以 1980～2003 年河川基流量的多年平均值为山丘区多年平均地下水资源量。

（2）平原区地下水资源量

成都平原降水丰沛，河道渠系分布密集，农灌用水量大，给地下水补给、排泄提供了有利条件，还直接影响地下水动态变化。都江堰供水区内成都平原多年平均地下水资源可开采量 31.97 亿 m^3（见表13）。

表13　都江堰供水区平原平坝区地下水水资源可开采量分析成果

Ⅱ级类型区名称	地级行政区	三级区	计算面积（km^2）	资源量（亿 m^3）	可开采量（亿 m^3）	可开采量模数（万 m^3/a·km^2）
成都盆地山间平原区	成都市	青衣江和岷江干流	5849	24.99	20.76	35.5
	成都市	沱江	1199	5.11	3.70	30.8
	德阳市	沱江	2188	9.37	7.32	33.4
	绵阳市	涪江	120	0.28	0.19	16.2
	合计	—	9356	39.75	31.97	—

（3）山丘区地下水资源量

都江堰供水区山丘区面积占总面积的65%，属一般性山丘区。对于山丘区一般采用分割河川基流的方法。河川基流量是指河川径流量中由地下水渗透补给河水的部分；从河川径流中分割出地下水补给部分，将河川基流作为总排泄量来评价山丘区地下水资源。

通过上述各种方法确定的计算分区河川基流模数乘以该计算分区的面积，得到计算分区系列的河川基流量，再将各计算分区按照三级水资源分区套行政分区进行汇总得到都江堰供水区的河川基流量，从而统计出都江堰供水区山丘区浅层地下水资源量，全供水区山丘区近期条件下，多年平均地下水资源量为 9.92 亿 m^3，地下水水资源可开采量 5.49 亿 m^3，都江堰供水区山丘区浅层地下水资源量如表14所示。

表 14　都江堰供水区山丘区地下水水资源可开采量分析成果

市、县	辖区面积（万 m²）	地下水储量（万 m³）	可开采量（万 m³）	可开采量模数（万 m³·a）
1. 现供水区合计	11664	76084	38465	3.30
成都市	249	17488	328	1.32
德阳市	2568	13764	7476	2.91
绵阳市	2140	11470	8429	3.94
遂宁市	1565	5136	3494	2.23
乐山市	158	1110	884	5.59
内江市	292	815	669	2.29
眉山市	2718	19095	11769	4.33
资阳市	1974	7206	5416	2.74
2. 毗河供水区合计	6155	23067	16391	2.66
成都市	217	1524	286	1.32
遂宁市	363	1191	810	2.23
资阳市	5575	20352	15295	2.74
3. 都江堰供水区合计	17819	99151	54856	3.08

（4）地下水资源量的确定

平原区以总补给量作为地下水资源量，山丘区以总排泄量作为地下水资源量。平原区和山丘区地下水资源量间存在着相互转换。在确定包括平原和山丘区的都江堰供水区地下水资源量时，应扣除平原区与山丘区地下水资源量间的重复计算量。

将地表水和地下水分别评价，把河川径流量作为地表水资源量，把地下水总补给量（或总排泄量）作为地下水资源量。由于地表水和地下水互相转换，河川径流中包含一部分地下水排泄量，地下水补给量中又有一部分来源于地表水体入渗，故不能将地表水资源量和地下水资源量直接相加作为水资源总量，而应扣除互相转换的重复计算量。山丘区地下水资源量与地表水资源量重复计算量即为山丘区河川基流量，成都平原区本次地表水与地下水重复计算量即地下水资源量扣除水稻田旱作期和旱地由降水入渗形成的潜水蒸发量（11514 万 m³）。都江堰供水区 1980～2003 年多年平均地下水资源量与地表水资源量间的重复计算量为 48.52 亿 m³。

（三）都江堰供水区水资源总量

都江堰水资源总量由当地径流产水量（包括成都平原平坝区、现供水区丘陵区和扩建毗河供水区）以及相应范围的不重复地下水资源量组成；供水区入境水资源包括岷江上游入境水和边缘山区入境水（见图 8）。

水资源总量用下式计算：

$$W = Rs + Pr = R + Pr - Rg$$

式中：W——水资源总量；

Rs——地表水径流量（即河川径流量与河川基流之差值）；

Pr——降水入渗补给量（山丘区用地下水总排泄量替代）；

R——河川径流量（即地表水资源量）；

Rg——河川基流量（平原区为降水入渗补给量形成的河道排泄量）。

综上所述，鉴于都江堰供水区的特殊性，供水主要依靠岷过入境水，所以人们往往把岷过入境水作为工程的"当地"水资源对待。实际上都江堰供水区当地水资源总量为 98.87 亿 m³，其中当地地表水 97.72 亿 m³、地下水 49.67 亿 m³（其中重复计算量 48.52 亿 m³，不重复计算量 1.15 亿 m³）。

计入入境水量后供水区总水资源量为 271.09 亿 m³，其中当地地表水 98.87 亿 m³、入境水资源 172.22 亿 m³（其中岷江水资源 144.25 亿 m³，边缘山区水资源 27.97 亿 m³），详见表 15。

表 15　都江堰供水区水资源总量分析成果

序号	水资源分类	分区	计算面积（km²）	地表水资源量（亿 m³）	地下水资源量（亿 m³）	其中:重复计算地下水资源量（亿 m³）	水资源总量（亿 m³）	占比（%）	人均水资源（m³/人）
一	当地水资源总量	合计	27175	97.72	49.67	48.52	98.87	36.5	425
		其中：成都平原区	9356	47.55	39.75	38.60	48.7	—	417
		现丘陵供水区	11664	33.19	7.61	7.61	33.19	—	435

续表

序号	水资源分类	分区	计算面积（km²）	地表水资源量（亿 m³）	地下水资源量（亿 m³）	其中：重复计算地下水资源量（亿 m³）	水资源总量（亿 m³）	占比（%）	人均水资源（m³/人）
		毗河供水区	6155	16.98	2.31	2.31	16.98	—	431
二	入境水资源量	合计	25716	172.22	—	—	172.22	63.5	—
1	岷江入境水量	鱼嘴断面	23037	144.25	—	—	144.25	—	—
2	边缘山区入境水量	6 条河流	2679	27.97	—	—	27.97	—	—
三	计入入境水都江堰总水资源量	合计	52891	269.94	—	—	271.09	100	1166

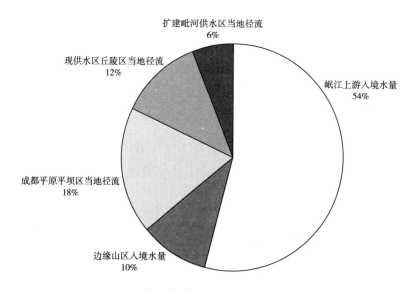

图 8　都江堰供水区水资源组成示意

　　参考《四川省水资源综合规划》[①] 水资源调查评价成果，将按县、市计算的水资源量进行适当修正，分解到都江堰供水区各市，得供水区各市水资源成果如表 16 所示。

---

①　四川省水利水电勘测设计研究院编《四川省水资源综合规划报告》，内部资料，2013。

表16　都江堰供水区各市当地水资源总量分析成果

地市	辖区面积（km²）	户籍总人口（万人）	地表水资源量（亿 m³）	地下水资源量（亿 m³）	其中：重复计算地下水资源量（亿 m³）	水资源总量（亿 m³）	人均水资源量（m³/人）
都江堰现供水区	21020	1930.31	80.74	47.36	46.21	81.89	424
成都市	7297	968.85	34.54	31.84	31.03	35.35	365
德阳市	4756	366.45	16.69	10.75	10.43	17.01	464
绵阳市	2260	147.78	5.93	1.43	1.41	5.95	403
遂宁市	1565	112.81	5.13	0.51	0.51	5.13	455
内江市	292	11.95	0.42	0.11	0.11	0.42	354
乐山市	158	14.51	1.33	0.08	0.08	1.33	916
眉山市	2718	176.93	11.03	1.91	1.91	11.03	623
资阳市	1974	131.04	5.67	0.72	0.72	5.67	433
扩建毗河供水区	6155	394.03	16.98	2.31	2.31	16.98	431
成都市	217	25.30	1.44	0.15	0.15	1.44	569
遂宁市	363	23.49	0.86	0.12	0.12	0.86	366
资阳市	5575	345.24	14.68	2.04	2.04	14.68	425
都江堰供水区	27175	2324.34	97.72	49.67	48.52	98.87	425
全省	484300	9001.30	2614.54	616.34	615.19	2615.69	2906

以此标准计算，供水区当地水资源人均仅有425m³，按联合国教科文组织制定的水资源丰歉标准和水利部水资源司提出的中国的水资源紧张标准，应属于极度缺水区。即使计入入境水资源后，人均水资源也只提高到1166m³，仍属中度缺水区，仅相当于全省人均水平的40%，水资源贫乏将成为都江堰供水区社会经济发展的严重制约因素和软肋。

（四）水资源质量

1. 地表水水质

监测资料表明，岷江上游河段及其支流水质均以Ⅱ、Ⅲ类水质为主，水质优良。岷江进入供水区水系的41个监测断面中，水质以Ⅱ、Ⅲ类为主，占68.3%，主要污染河段出现在杨柳河、府河、南河，主要污染项目为石油类、氨氮、生化需氧量。

宝瓶口等断面据水质监测资料显示，丰、枯期均能满足Ⅱ类水质标准。都江堰渠系水质经供水区范围内沿线各断面点监测，情况良好，也能达到地面水类或类水质标准。

都江堰供水区出境水断面，岷江、沱江水系由于接纳成都市德阳等地大量的生活污水和工业废水，水质已受到一定程度污染。岷江（内江）的黄龙溪、岷江（外江）的岳店子以及沱江的五凤溪等，监测资料表明，岷江水质一般为V类或劣V类，岳店子和沱江为Ⅲ类。主要污染项目为氨氮、溶解氧、生化需氧量，属重度污染。

区域所在的岷江中段（监测断面彭山岷江大桥）、府河（监测断面黄龙溪）水质差，不能稳定达到水环境功能区的水质目标要求。其中，府河黄龙溪断面水质连续5年达标频次为0，水质以劣V类为主；彭山岷江大桥断面2010年属Ⅳ类水，全年达标频次仅33.3%。

供水区内沱江水系25个监测断面，Ⅰ、Ⅱ、Ⅲ类水质断面10个，占40%。主要污染河段出现在毗河、南门河，沱江干流等，主要污染项目为石油类、氨氮、生化需氧量。沱江水质较差，沱江干流整体受污染严重，沱江正源绵远河在流经绵竹县汉王场以后，由于接纳德阳市工业废水，水质已受到一定程度污染。

2. 地下水水质

地下水的化学特征受地形地貌、地层岩时、水文气象等因素和循环交替条件控制，由于成都平原降水充沛，水网发达，地下水补给、径流、排泄也十分通畅，所以水化学类型比较简单，主要有六种类型，即 $HCO3-Ca$ 型水、$HCO_3-Ca-Mg$ 型水、$HCO_3-Ca-Na$ 型水、$HCO_3-CI-Ca$ 型水、$HCO_3-SO_4-Ca-Mg$ 型水、HCO_3-SO_4-Ca 型水。

Ⅰ、Ⅱ、Ⅲ类水广布平原区，水质好、埋深浅、水量丰富，可供饮用，且其下部中、下更新统含水层承压水含锶（Sr）和偏硅酸（H_2Sio_3）并达到饮用矿泉水标准，Ⅰ、Ⅱ、Ⅲ类水面积约占总面积的95%。

Ⅵ类水零散分布在Ⅰ、Ⅱ、Ⅲ类水区域中，影响范围极小，而且主要是人为污染，污染物大多以 HO_2-、HN_4+ 超过Ⅲ类水质为主，经简单处理可供饮用。

V类水主要分布于红层丘陵区，部分侏罗系砂泥岩（$CaSO_4$）或者白垩系灌口组（$HaSO_4$）分布区，水化学类型 HCO_3-SO_4-Ca 居多，还有 $HCO_3-CI-Ca$、HCO_3-Ca 等类型。多数可供工农业利用，少数不能直接利用。

综上所述，通过区域进、出口及供水区内各监测断面水质资料可知，供水区进口各断面大都为Ⅱ、Ⅲ类水质，水质均较优，适宜生活、工业使用。而出口各断面大都为Ⅲ类至Ⅴ类，甚至为劣Ⅴ类水质，水质受到污染。供水区域内水质总体良好，其他局部污染严重，水环境有恶化趋势，区域内水生态环境质量现状不容乐观，成都平原曾经拥有的优美水环境正在退化。

（五）水资源可利用量

水资源可利用量是指在可预见的时期内，在统筹考虑生活、生产和生态环境用水的基础上，通过经济合理、技术可行的措施，可供河道外生活、生产、生态用水的一次性利用的最大水量（不包括回归水的重复利用）是一个流域水资源开发利用的最大控制上限。水资源可利用量以水资源可持续开发利用为前提，水资源的开发利用要对经济社会的发展起促进和保障作用，且又不对生态环境造成破坏。根据《全国水资源综合规划》中有关地表水资源可利用水量的计算方法，地表水资源可利用量按正算法和倒算法相结合计算。

水资源可利用量应扣除不可以被利用和不可能被利用的水量。所谓不可以被利用水量是指不允许利用的水量，以免造成生态环境恶化及被破坏的严重后果，即必须满足河道内生态环境用水量。不可能被利用水量是指受种种因素和条件的限制无法利用的水量，即是汛期难于控制利用洪水量，主要包括超出工程最大调蓄能力和供水能力的洪水量、在可预见时期内受工程经济技术性影响不可能被利用的水量以及在可预见的时期内超出最大用水需求的水量等。将流域控制站汛期的天然径流量减去流域调蓄和耗用的最大水量，剩余的水量即为汛期难于控制利用的下泄洪水量。四川省汛期出现的时间较长，一般在4~10月，且又分成两个或多个相对集中的高峰期。以4~6月为一汛期时段，7~10月为另一汛期时段，分别分析计算其难于控制的利用洪水量。用控制站汛期天然径流系列资料减流域汛期最大调蓄及用水消耗量，得出逐年汛期难于控制利用洪水量，并计算其多年平均值，作为不可能被利用水量。

水资源可利用总量，采取地表水可利用量与浅层地下水可开采量相加再扣除两者之间重复计算量的方法估算。平原区地表水资源不能用，地下水资源可以使用；丘陵区地下水已包括在地表水中，可认为是重复计算量。扣除重复计算量后汇总，都江堰供水区总水资源量271亿 m³，可利用水资源量 184.5 亿 m^3，占水资源总量的 68.1%。其中，当地可利用水资源 57.05 亿 m^3，占当地水资源总量 98.87 亿 m^3 的 57.7%；入境水资源可利用水资源 127.48 亿 m^3，占入境水资源总量 172.22 亿 m^3 的 74%（见表 17）。

表 17　都江堰供水区水资源可利用量计算成果

序号	分区	计算面积(km^2)	水资源总量（亿 m^3）	可利用水资源量（亿 m^3）	重复计算可利用水资源（亿 m^3）	扣重复计算后可利用水资源量(亿 m^3)	地表水资源可利用率(%)
一	都江堰供水区水资源可利用总量	27175	98.87	62.54	5.49	57.05	57.7
1	都江堰供水区地表水资源	27175	97.72	25.08	—	25.08	25.7
1）	平原供水区小计	9356	47.55	0		0	0
2）	丘陵供水区小计	11664	33.19	16.59	—	16.59	50.0
3）	扩建毗河供水区	6155	16.98	8.49		8.49	50.0
2	都江堰供水区地下水资源	27175	49.67	37.46	5.49	31.97	65.9
1）	成都平原区	9356	39.75	31.97	—	31.97	80.4
2）	现供水区丘陵	11664	7.61	3.85	3.85	—	0
3）	毗河供水区	6155	2.31	1.64	1.64	—	0
二	都江堰供水区入境水资源	25716	172.22	127.48	—	127.48	74.0
1	岷江鱼嘴	23037	144.25	116.66	—	116.66	80.9
2	边缘山区河流	2679	27.97	10.82	—	10.82	38.7
三	计入入境水都江堰总水资源量	52891	271.09	190.02	5.49	184.53	68.1

二　水资源开发利用现状

（一）都江堰水利工程引入水量与供水现状

都江堰水利工程具有得天独厚的自然地理优势，渠首处于岷江冲积扇的顶端，位置高，可以利用岷江上游丰沛的水量控制岷、沱江流域的整个成都平原和丘陵区。都江堰供水区（特别是平原区）的用水，除利用当地径流供水外，主要依靠都江堰水利工程在岷江干流鱼嘴河段引入岷江水量供给。

都江堰水利工程为无坝引水工程，靠鱼嘴、飞沙堰、宝瓶口科学设计、布局合理，由宝瓶口和沙黑总河两个取水口引进岷江干流鱼嘴处来水，两取水口合计设计引水流量 600m³/s（加大流量 650m³/s）。其中，宝瓶口设计引水流量 480m³/s、沙黑总河设计引水流量 120m³/s，满足灌区用水后，多余水量和退水通过供水区渠道（河道）分别进水入岷江和沱江。

随着都江堰供水区的扩大，1955 年发展了工业、生活用水户，灌溉高峰季节的枯水期缺水逐渐突出，都江堰水利工程单靠天然状态引入水量，在枯水期就无法满足供水的需求，为解决枯期水量的严重不足和年年岁修期建（拆）杩槎之苦，在 1974 年修建了外江闸，将岷江枯期水量拦引入内江。外江闸建成后引入内江 1～5 月的枯水，仍有部分从飞沙堰溢走。为适应供水区用水增长的需要，1992 年在飞沙堰尾部建成临时拦水闸，可将春季从飞沙堰溢走的水量也拦引入宝瓶口，年均增加宝瓶口引水量约 3 亿 m³。改变了无坝引水水量不足的现状，增加引入的枯期水量，彻底改变了历史以来无坝引水的内、外江分水比例关系。

不同时期都江堰水利工程引入水量见图 9 和表 18。

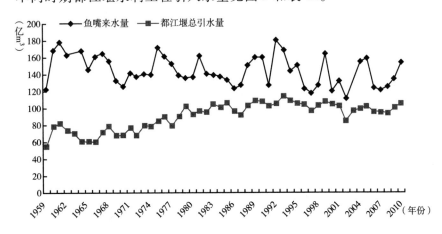

图 9　岷江鱼嘴断面来水与都江堰水利工程引入水量关系

表 18　都江堰供水区不同时期引入水量情况

单位：亿 m³，%

年份	引水方式	岷江来水	都江堰水利工程引入水量	引入水占来水比例	其中：枯水期 12 月至次年 5 月	占引入水量比例	金马河排水
1959～1974	完全无调节方式	151.18	85.76	56.7	24.31	28.3	65.42
1975～1990	建有外江闸增引	145.7	97.44	66.9	29.63	30.4	48.28
1991～2010	建有飞沙堰临时闸	138.42	100.81	72.9	32.63	32.4	37.61
多年平均(1959～2010 年)		144.25	95.86	66.1	29.14	30.4	48.39

注：由都江堰管理局供水处提供资料整理而得。

　　从历史统计资料可知，都江堰水利工程具有引水比例高的特点，拦引入宝瓶口和沙黑总河的水量随着供水区扩大、成都市工业生活供水的增加而逐渐增长。都江堰水利工程引入岷江水量占岷江总来水量的比例，从有水文记录（20 世纪 50 年代）的 54.8%；增加到 20 世纪 70 年代的 56.7%；到 20 世纪 80 年代的 66.9%；到 20 世纪 90 年代以后的 72.9%。多年平均引入水量 96 亿 m³，占多年平均来水的 66.5%，占河段可利用水资源量的 82.2%，接近可利用水资源的上限；最大年（1993 年）可引入水量 110.72 亿 m³，最小年（1959 年）可引入水量 66.29 亿 m³。

　　在引入水量中，内江宝瓶口引入水量占 80%，外江沙黑总河引入水量占 20%。由于来水丰枯不均和引水工程的无调节性能，都江堰工程引入水量中，枯水期（12 月至次年 5 月）仅占全年的 30.4% 左右。随着历史时代的前进，供水区工农业供水的增加必然要改变都江堰古老的引水方式，调节增加引水量是历史发展的必然。

　　都江堰供水区供水量根据历史资料分析，几个年份现供水区的灌面，供工业、生活用水实测统计数，分析都江堰实际年供用水情况见表 19。

　　从历史上几个实际年份工程供用水资料分析得如下结论。

表 19　都江堰现供水区几个实际代表年供水量情况

单位：亿 m³，%

年份	岷江鱼嘴处来水量	都江堰工程引入水量	引水占年来水比例	综合毛需水量	工程实际供水量	在实供水中			供需平衡		金马河排水量
						生活工业	灌溉	生态环境	平原直灌区不足水量	供水区引入待分配水量	
1959	122.36	66.29	54.2	52.7	50.1	2.8	42.3	5	2.6	16.19	56.07
1970	125.51	87.35	69.6	58.88	55.08	5.68	44.4	5	3.8	32.27	38.16
1980	136.86	88.77	64.9	66.97	62.32	6.25	51.07	5	4.65	26.45	48.09
1985	133.71	103.12	77.1	65.26	60.44	6.91	48.53	5	4.82	42.68	30.59
1990	160.52	105.58	65.8	70.67	66.48	7.36	54.12	5	4.19	39.1	54.94
1995	150.74	104.13	69.1	71.85	69.18	8.75	55.43	5	2.67	34.95	46.61
2000	120.14	105.66	87.9	76.54	71.81	9.81	56.5	5.5	4.73	33.85	14.48
2005	158.5	102.83	64.9	79.2	76.69	11.71	55.41	9.57	2.51	26.14	55.67
2010	153.55	105.5	68.7	73.68	71.83	12.84	50.16	8.83	1.85	33.67	48.05

注：由都江堰管理局供水处提供资料整理而得。

第一，随着都江堰供水区的扩大，在扣除当地径流和自备水源供水后，需都江堰水利工程毛供水量，由 1980 年的 66.97 亿 m³ 增长到 2005 年的 79.2 亿 m³，因受来水年内分配不均和上游无调节的影响供水区在枯水期几乎年年都缺水 2 亿～5 亿 m³。考虑上述影响因素，都江堰水利工程实际毛供水量 1980 年为 62.32 亿 m³，到 2005 年为 76.69 亿 m³。2010 年由于区域经济发展、灌区节水改造开展取得显著成效等原因，灌区需毛供水量 73.68 亿 m³，供水量减少到 71.83 亿 m³，主要是灌溉用水量减少。

第二，都江堰供水区的农田灌溉面积虽然不断扩大，从 1980 年 883.4 万亩到 2010 年 1035.4 万亩，但实际灌溉供水量并没有显著增加，主要原因是从 1998 年以来开展的灌区续建配套与节水改造，提高了灌溉水利用系数以及大面积采用旱育秧等先进节水的生产技术和灌水方式，节约了灌溉水量。而灌区农灌供水量占总供水比例从 1980 年的 81.9% 下降到 2010 年的 69.8%；生活工业供水比例从 1959 年的 5.6% 上升到 2010 年的 17.9%。

第三，供用水总量表明，岷江上游河段现状水资源开发利用率已经达到

43.1%（近十年平均河道外用水/多年平均来水），超过了国际公认的水资源 30% ~ 40% 的合理开发范围。

但是引入供水区的水量有一部分并未被充分利用，主要是汛期（丰水期）引入的洪水，它通过各级渠道（如青白江、毗河成为岷江和沱江的连接河道）供水区灌溉的退水、回归水和供水区区间洪水，回归了岷、沱江，使岷沱江成为不封闭河流。

（二）岷江水资源开发利用情况

都江堰历史上为无坝引水工程，靠鱼嘴、飞沙堰、宝瓶口科学设计，布局合理，由宝瓶口和沙黑总河两进水口引进岷江鱼嘴处来水，满足供水区用水后，多余水量分别退水入岷江和沱江。都江堰水利工程开发任务已从原来单纯的灌溉，发展到现在具有灌溉、供水、发电、防洪等综合利用功能的特大型水利工程。

多年来，都江堰现供水区的生活、生产供水除利用当地径流供水外，主要依靠都江堰水利工程引入岷江水量供给。都江堰水利工程主要向成都平原区农田灌溉供水和向丘陵供水区（人民渠 5 ~ 7 期和东风渠 5、6 期）农田灌溉补水；另外，向成都地区（主要是锦江、金牛、武侯、青羊、成华、龙泉驿、青白江等城区）提供生活、工业供水。近年来平原供水区生活供水范围在扩大，丘陵供水区也利用引入水量开始发展城镇生活供水，如人民渠给德阳，黑龙滩水库向仁寿、东坡、井研城区供水等，引入供水区多余水量用于渠道发电水量。

随着都江堰供水区的扩大，都江堰水利工程单靠天然状态引入水量在枯水期已无法满足供水的要求，为解决枯期水量严重不足的问题，在 1974 年修建了外江闸，后又在 1992 年建成飞沙堰尾部临时拦水闸，增加引入的枯期水量。1996 年紫坪铺水利枢纽工程开始新建，但因为水库工程的调控能力有限，都江堰水利工程尚未实现有调节供水。

据管理局实测统计资料分析，2000 ~ 2010 年，岷江鱼嘴断面 11 年平均来水量 133.2 亿 m^3，宝瓶口和沙黑总河进水口多年平均引入水量 98.56 亿 m^3，引入水量占岷江来水的 74%，引入水量占岷江可利用水量的 84.5%。多年平均供水 69.56 亿 m^3（含河道内外生态用水量），供水占引入水量的 70.6%，岷江水资源利用率达 43.1%。引入水量中有 29.0 亿 m^3 是通过内外江渠系排入下游河道的，另外年均金马河排水34.64亿 m³，主要是洪期水量。2000年以来都江堰水利工程实际引、用水量见表20和图10。

表20　都江堰水利工程历年实际引、供水统计

单位：亿 m³

项目	岷江鱼嘴来水	都江堰水利工程引入水量	实际供水量				供水区余水	金马河排水
			总计	农业	生活工业	生态环境		
2000～2010年11年平均	133.2	98.56	69.56	51.5	11.12	6.94	29.0	34.64

注：由都江堰管理局供水处提供资料整理而得。

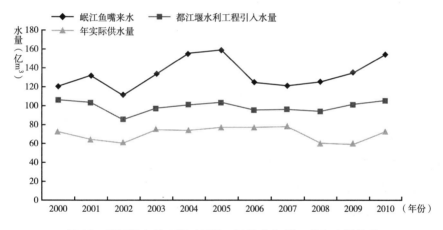

图10　都江堰水利工程（2000～2010年）引、供入水量关系

目前，岷江鱼嘴河段的水资源开发利用率为43.1%，已经成为全省水资源开发利用率最高的地区之一，另外，引入供水区的总水量中有29.0亿 m³，主要是洪水期水量没有很好被利用。

（三）当地径流开发利用情况

本区是四川省水利设施基础条件最好的地区，除有都江堰特大型骨干工程外，在供水区内还有大量利用当地径流（除岷江引水外的其他水源，包括边缘山区水源）的中、小型水利工程，它们与都江堰水利工程组成"大、中、小、微"、"引、蓄、提"、"长藤结瓜"的水利供水网络。另外，还有众多工矿企业和城镇利用当地径流和地下水的自备水源工程供水，满足供水区域内生活、生产的供水，支撑着区域社会经济的持续发展。

2010 年都江堰供水区内除特大型都江堰引水工程外，蓄引提当地径流的各类水利工程 12.36 万处，总水量能力 34.47 亿 m³，有效灌面 518.77 万亩，2010 年当地径流实供水 15.12 亿 m³。其中水库工程 950 处，总水量能力 22.85 亿 m³（大、中型水库 31 处，总水量能力 16.1 亿 m³）；小型引水工程 127 处，总水量能力 1.92 个亿 m³；塘堰 9.62 万处，总水量能力 5.69 亿 m³；固定提灌站 0.85 万处，总水量能力 3.12 亿 m³；机电井 1.1 万处，总水量能力 0.84m³。

都江堰现供水区蓄引提当地径流的各类水利工程 8.99 万处，总水量能力 26.35 亿 m³，控制有效灌面 359.37 万亩，其中田 233.46 万亩，2010 年实供水 11.54 亿 m³。其中水库工程 600 处，总水量能力 17.65 亿 m³（其中大、中型水库 22 处，总水量能力 13.79 亿 m³）；小型引水工程 127 处，总水量能力 1.92 个亿 m³；塘堰 7.22 万处，总水量能力 3.84 亿 m³；固定提灌站 0.72 万处，总水量能力 2.21 亿 m³；机电井 0.96 万处，总水量能力 0.69 亿 m³。

现状水利设施分布具有平原供水区工程少、供水能力小、调蓄能力差，丘陵供水区工程多、供水能力大、调蓄能力强的特点。

现供水区水利设施总水量能力 26.35 亿 m³，其中，平原区总水量能力 3.71 亿 m³（包括向平原区供水的山丘区工程），占现供水区的 14.1%，而丘陵区总水量能力 22.64 亿 m³，占现供水区的 85.9%。2010 年都江堰现供水区水利工程实供水量 11.54 亿 m³，为供水能力的 43.8%。丘陵供水区水量能力 22.64 亿 m³，占区域当地径流 33.19 亿 m³（为丘陵区当地径流）的 68.2%（工程调控能力达 68.2%），是全省水利工程控制当地径流较高的地区；而 2010 年丘陵区实供水 9.32 亿 m³，占区域当地径流的 28.1%。说明丘陵区利用当地径流的程度已经比较高，虽然还有一定的开发潜力，但潜力不大。同时，也说明丘陵区有比较多的蓄水容积，有一定的囤蓄能力可以利用。

三 都江堰水利持续发展存在的主要问题

（一）水资源量不足，时空分布不均，季节性缺水严重

都江堰供水区当地水资源总量为 98.87 亿 m³，计入入境水量后总水资

源量为 271.1 亿 m³，而可利用水资源仅 184.5 亿 m³。供水区当地水资源人均仅有 425m³，按联合国教科文组织制定的水资源丰歉标准应属于极度缺水区。即使计入入境水资源后人均水资源也只提高到 1166m³，仍属中度缺水区，大大低于全省人均水资源 2906m³ 的平均指标，仅相当于全省人均水资源的 40%，如按可利用水资源量计算则更低。因此，供水区的水资源总量是短缺的，水资源短缺将成为都江堰供水区社会经济发展的严重制约因素和软肋。

作为都江堰水利工程的主水源，岷江鱼嘴处多年平均流量为 457m³/s，年来水量 144.25 亿 m³。径流年内变化很不均匀，5~10 月径流量约占年径流量的 78.6%，其中 6~9 月主汛期约占全年径流量的 57.8%，枯水期 11 月至次年 4 月径流量占全年径流量的 21.4%；最小月径流一般出现在 2 月，仅占年水量的 2.2%，1998 年 2 月曾出现平均来水流量仅为 82.2m³/s 的历史最低值。都江堰工程多年平均引入水量为 96 亿 m³，占多年平均来水的 66.5%，占河段可利用水资源量的 82.2%，接近可利用水资源的上限。

岷江水资源时空分布的不均将加剧水资源的短缺和季节性缺水，成为扩大水资源供给和提高供水区水资源承载能力的严重障碍。岷江鱼嘴河段多年（1959~2010 年）平均来水及月分配见表 21。

表 21　岷江鱼嘴河段多年（1959~2010 年）平均来水及月分配

月份	1	2	3	4	5	6	7	8	9	10	11	12	年水量
月平均流量（m³/s）	149	132	146	262	566	857	889	702	716	556	299	197	457
年均水量（亿 m³）	3.99	3.19	3.9	6.78	15.15	22.21	23.71	18.81	18.57	14.9	7.78	5.26	144.25
占比(%)	2.76	2.21	2.7	4.7	10.5	15.38	16.49	13.03	12.86	10.33	5.39	3.65	100

至今都江堰仍为自流引水，引水量受天然来水的限制。渠首由于无蓄水工程调节，虽然从 20 世纪 70 年代以来采取了很多的工程措施，1974 年修建了外江闸，1992 年又修建了飞沙堰临时拦水闸，将岷江枯水期水量大部分引入供水区，以增加枯水期灌溉用水量，2006 年紫坪铺水库投入运行，但水库有效库容 7.74 亿 m³，仅具有季调节功能，仍然不能根本改变枯水期

4~6月供水区工农业用水严重不足的局面。

目前，农田灌溉仍是供水区第一大用水户，2010 年实供水量 50.16 亿 m³，占总用水的 69.8%，平原供水区用水逐年增加且用水峰量集中，加之平原区灌面 656.9 万亩，占全供水区灌面的 66.8%，又无调蓄能力，要求都江堰水利工程直接供水，使供需矛盾更加突出。

据都江堰系列年现状供需平衡分析计算，供水区季节性缺水严重，平原直灌区 2~6 月几乎每年都缺水。近几年由于灌区开展续建配套与节水改造，提高灌溉水利用系数，旱育秧等节水农耕、农艺技术的推广等原因，春灌农田用水高峰季节供水矛盾有所缓解，但仍不能根本解决都江堰供水区枯水期用水高峰期缺水的矛盾。

（二）岷江上游和供水区调蓄能力不足

目前，岷江上游虽然有紫坪铺调节水库，但有效库容仅 7.74 亿 m³，调蓄能力很低，只有 5.4%，况且未能完全实现"电调服从水调"，与全国平均调蓄能力 25.8% 以上的水平差距很大，这将直接影响到都江堰水利工程引入水量可利用的多少和都江堰水利工程水资源承载能力的高低。岷江上游即将投入运行的以发电为主的毛尔盖、狮子坪和剑科水库，调节库容增加6.31 亿 m³，也能起到调峰补枯的作用，对提高岷江的调蓄能力有好处，但岷江上游的调蓄能力只提高到 9.7%，其调节能力仍很有限。

都江堰水利工程取水枢纽引入水量，虽然多年平均达 95.86 亿 m³，最高年引入水量已达到 110 亿 m³，但年内分布不均，枯水期水少、洪水期水多。但在引入水量中枯水期 12 月至次年 5 月仅占全年的 30.4% 左右，枯水期 12 月至次年 4 月引入水量仅占年引入水量的 21.4%，丰水期 6~10 月的引入水量却占年引入水量的 60.6%，最枯 2 月的引入水量只占 3.1%。而广大的平原直供水区生活、生产用水占总供水 80% 以上，限于地形等条件的限制几乎无调蓄能力，而供水区下游丘陵供水区用水占总供水的不到 15%，它的调蓄能力目前仍不足。因此，每年引入水量枯水期不足、丰水期有余，每年丰水期多余水量除用于发电外，视为各河道、渠道的生态环境水，通过供水区河道（渠道）直接退水入岷江、沱江。

由于 1、2、3 月枯水期水量太少，仅占引入水量的 10.9%，无法满足供水的要求；而 6、7、8 月丰水量引入水量多，占引入水量的 38.8%，在满足供水后有多余水量，丰水期的多余水量，特别是平原区又无囤蓄工程调蓄用于枯水期，限制了提高供水效率，制约了扩大生活、工业供水，增加水资源的承载能力的可能。

都江堰水利工程两个取水口 1959～2010 年平均年引入水量及月分配情况见表 22 及图 11。

表 22　都江堰水利工程现况多年平均年引入水量及月分配情况

月份	1	2	3	4	5	6	7	8	9	10	11	12	年平均
宝瓶口 （m³/s）	119	102	112	192	352	404	380	339	329	293	139	99	239
沙黑总河 （m³/s）	23.3	22.1	22.9	44.9	88.8	97.8	92.5	89.8	87	85.1	70.8	49.6	64.7
合计 （m³/s）	142	124	135	237	441	502	472	429	416	378	210	149	304
引入水量 （亿 m³）	3.81	3.01	3.61	6.14	11.82	13.00	12.65	11.49	10.79	10.12	5.44	3.98	95.86
占比 （%）	3.97	3.14	3.77	6.40	12.33	13.57	13.19	11.99	11.26	10.56	5.68	4.15	100

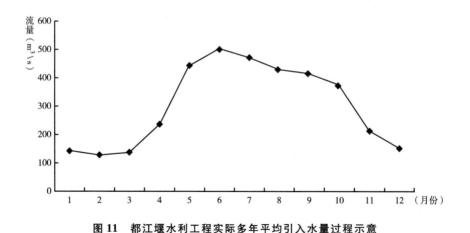

图 11　都江堰水利工程实际多年平均引入水量过程示意

（三）都江堰水利工程缺乏反调节工程

供水规模如此庞大的都江堰水利工程，目前渠首缺乏水源调节工程和现代化的配水枢纽控制工程。渠首枢纽工程体系仍然处于不完善的运行状态，无法根据供水区的需水量有效地调节引水量，严重制约了工程的水量配置。20 世纪 70 年代建设的外江闸，不能根本解决水量的调控问题，当岷江上游已建梯级电站调峰运行时，就会造成鱼嘴处岷江来水的不稳定。目前，紫坪铺水库建成后枯水期对下游用水起到了一定的缓解作用，但还没有完全实现真正的"电调服从水调"。当水库电站按日调节调峰运行时，其下泄水量波动变化较大，都江堰水利工程由于缺乏反调节工程，反而引起都江堰水利工程引入水量更大的不稳定，造成新的水量浪费。

紫坪铺水库并没有完全按下游综合供水要求的水库调度图运行，下泄水量出现当下游用水大时水库放水不够，用水小时水库又多放水，无反调节能力，造成岷江鱼嘴河段来水忽大忽小，极不稳定。一方面影响了都江堰供水调度，不能确保供水区正常供水，另一方面造成了枯水期宝贵的水量损失，还严重影响到沿岸人民群众的生命、财产安全。

为对渠首供水进行科学而灵活的调配，确保供水区近远期目标的顺利实现，应尽快建设现代化的渠首配水枢纽，以便对上游紫坪铺水利枢纽下泄水量进行反调节，实现水量二次分配。

（四）工程老化严重，供水区续建配套与节水改造任务仍然艰巨

都江堰水利工程已有2260多年的历史，供水区建设历经沧桑，从小到大逐步扩大到现在的规模。已建成各级渠道（干、支、斗、农）33020 条，长 46335km；斗渠以上建筑物 4.89 万处。虽然，国家历年投入大量的资金进行整修、改造，但由于建设标准低、投入力度不足、渠道工程配套差，加之工程运行几十年后，老化严重病险工程多、渗漏严重、田间灌溉方式落后，水量浪费严重。由于供水区范围大，输水损失十分严重，每年有近 20 亿 m³ 水量损失在输水的过程中。因此，在降低用水定额的同时，提高输水效率是节约水量扩大供给的关键之一，初步估算供水区灌溉水利用系数每提高一个百分点就相当于节水 1 亿 m³，效果十分明显。2000 年《四川省都江堰灌区续建配套与节水改造规划报告》提出都江堰灌区需进行续建配套、扩（改）建、加固、衬砌防渗渠道共 5197km，占灌区已建需整治衬砌渠道的 90%；需整治、改造建筑物 7286 处，占应整治改造的 61.3%。在中央的关心下，1996 年开始续建配套与节水改造以来，截至 2010 年累计下达投资计划 12.62 亿元，其中中央投资 8.1 亿元、地方投资 4.52 亿元，相当于 1949~1995 年水利工程建设总投资的 2.5 倍（当年价）。续建、整治渠道 855km，建筑物 6925 处。实现新增灌面 30.49 万亩，改善灌面 168 万亩，灌溉利用系数由 0.432 提高到 0.5，年增节水能力 8.81 亿 m^3，灌水周期由 30 天缩短为 20 天，受益区亩次平均用水量下降 17.7%。项目直接受益区亩均粮食产量提高率达到 21.9%，农业综合生产能力提高率达到 58.1%，取得了显著效果。但到现在余留下来的续建配套与节水改造的任务还十分艰巨，另外还有大量的末级渠系改造渠道 35770 条，共长 35781.34km，田间工程需要整治配套才能彻底改变灌区工程老化、配套差、渗漏严重的局面，实现《报告》提出的灌溉水利用系数提高、节水 12.3 亿 m^3 的目标。

（五）用水浪费限制了水资源的合理利用

供水区生活、生产用水浪费较大成为扩大水资源利用的主要问题之一，人们仍存在都江堰水资源是"取之不尽、用之不竭"的错误理念，节水意识十分淡薄，各行业用水浪费现象普遍存在，没有认识到供水区水资源严重不足，岷江入境水也很有限，成都平原是四川省水资源极度缺水区。

2010 年灌区建成喷灌、微灌等田间节水仅灌溉面积 59.29 万亩，仅占总灌面的 6%；渠道防渗面积 491.3 万亩，只占总灌面的 50%。这说明了供水区农田灌溉仍为传统的灌溉方式，先进的农耕、农艺技术所占的比例仍然偏少，渠道衬砌率低，水量损失严重。经分析，灌区水分生产率只有 $1kg/m^3$ 左右，远低于我国的先进指标，更低于国际先进指标 $2kg/m^3$。经过十多年的灌区续建配套与节水改造，灌溉水利用系数有所提高，水量损失虽然比过去有所减少，但用水浪费仍然很大。先进的节水灌溉方式采用不够，这又是造成水量损失的又一重要原因。

目前，都江堰向成都市直供生活、工业供水达 $40.7m^3/s$，约 12.84 亿 m^3，生活、工业的用水有很多浪费地方存在。在继续狠抓灌区节水改造、加大农业节水工作力度、减少灌区用水的同时，要充分重视工业和生活节水，以节水促减污，抑制用水过快增长，减少废污水排放量，改善水生态环境。都江堰供水区和成都市生活和工业节水潜力很大。

（六）要求都江堰工程增加供水呼声越来越高，水资源供需矛盾日益加剧

进入 21 世纪，保护水生态环境、维护河流健康"生命"的呼声不断增高，外江闸和飞沙堰临时闸建成后，岷江鱼嘴处枯水期水量几乎都被都江堰水利工程调入供水区，造成了金马河鱼嘴至青城大桥河段出现枯水期断流现象，影响了岷江局部河段的水生态环境。过去都江堰水利工程引水过多地占用了岷江的生态基流，为了维护河道的健康生命、保障生态安全，都江堰水利工程不能再沿用以前将枯水全部引走的老路，要返还河道（金马河）一定的生态水量，修复金马河的生态环境。成都市为解决"锦江"污染问题，需要适当增放生态环境需水，这些都应该在都江堰供水时给予安排。因此，都江堰在水资源合理配置时，必须考虑这些合理供水要求，实际上也是新增的供水要求。

目前，随着我国改革开放的深入发展、工业化程度的提高、城市化进程的加速、城市人口的增长，各地市对都江堰供水也提出了新的要求。如成都市新建的供水 100 万 m^3/d 的七水厂，一期设计规模 50 万 m^3/d，2013 年已建成；二期工程也即将上马建设。德阳市是四川省重型机械装备基地，也是都江堰的主要供水户，目前城市供水主要依靠地下水。根据规划，城市要发展到 100 万人，原规划兴建为城市供水的清平水库，也因为 2008 年"5·12"汶川特大地震、水库库区被移民占用不可能建设，必须依靠都江堰人民渠供水，计划建华强沟水库囤蓄都江堰水量为城市新增供水 0.64 亿 m^3。绵阳市也计划引用都江堰人民渠六期水源在燕儿河水库修建 10 万 m^3/d 的自来水厂，作为涪江右岸部分市区供水水源和绵阳市城市应急供水水源。丘陵供水区的黑龙滩、张家岩、老鹰等水库也增加了对眉山市东坡区、仁寿、彭山、资阳市雁江区、简阳市的城市供水任务。

都江堰毗河供水工程是四川省水资源战略部署中重要的一环，是都江堰水利工程的重要组成部分，是解决川中缺水老旱区最佳的水源方案，兴建毗河供水工程十分必要和迫切，列入四川省水利发展"十二五"期间开工建设的重点项目。毗河供水工程供水区涉及成都市金堂、资阳市简阳、雁江、乐至、安岳及遂宁市安居区和大英共 7 县（市、区），总人口 417.73 万人，其中城镇人口 32.43 万人，总耕地 428.56 万亩，规划设计灌溉面积 333.23

万亩。为解决丘陵老干旱区人民生存的重大民生问题，首先实施一期工程。一期项目的开发任务是以城镇生活、工业供水和灌溉为主，优先安排人畜饮水特别困难、城镇供水效益较好、农业灌溉需水迫切、配套能力较强以及经济效益较好的工程。一期工程已经通过国家发改委、水利部审查通过，目前已正式开工建设。一期工程实施后，可解决 154.3 万城镇人口、71.3 万农村人口和 218.9 万头牲畜用水及部分第二、第三产业用水，实现灌溉面积125.49 万亩，一期工程引水枢纽引水流量 22.0m³/s，引用毗河苟家滩多年平均供水 4.32 亿 m³。

综上所述，无论是水生态环境需水，还是城市生活、工业需水以及毗河供水区农灌、生活供水，都向都江堰水利工程提出了新的供水要求，而供水要求越来越大，其水资源供需矛盾也必将会越来越大。

第四节　都江堰供水区水资源供需形势分析

一　水资源供需形势分析

（一）都江堰水资源供需形势严峻

都江堰水利工程是四川省经济社会持续发展的重要基础设施，也是供水区经济社会可持续发展的根本保障之一。四川省要实现发展新跨越和社会和谐稳定、要为建成西部经济发展高地和全面小康社会打下具有决定性意义的基础，都离不开都江堰供水区的持续发展，因此都江堰供水区可持续发展的前景远大而广阔。

都江堰水利工程正面临着岷江来水丰、枯严重不均，水源的调控能力差，平原直灌区无囤蓄能力，增加供水的潜力越来越小的压力，特别是枯水期增加供水，水资源开发利用率较高，已经接近水资源承载能力的上限。而目前供水区经济社会的发展对都江堰水利工程供水提出了更高的要求，有更多的城市、企业都希望都江堰水利工程能为他们提供更多的清洁水源，特别是城市的快速发展，都希望纳入都江堰的供水范围或寻找都江堰工程作为他们的应急水源；四川省的一号工程、确定为国家级开发区的"天府新区"的建设，目前也离不开都江堰工程供水；区域内一些生态环境脆弱的河流也希望都江堰工程增加生态供水；总之，社会经济持续发展对需水的要求越来越高，都江堰工程的供水负担越来越重。都江堰工程供水面临着严峻的困难与挑战。要实现对经济社会发展的供水安全保障、粮食安全保障、生态安全保障，都江堰工程能否提供更多水量满足人们要求，都江堰水利工程能否在有限的水资源条件下，实现发展目标？成为摆在人们面前的大问题。

21世纪，都江堰水利要以科学发展观为统领，牢固树立"以人为本、人水和谐"的思想，"节水优先、空间均衡、系统治理、两手发力"的治水思路，以新的资源观为指导，围绕都江堰水资源的节约与保护、开发和利用、管理等，研究区域内各种水资源的可利用量，进行水资源的承载能力、工程的保障能力、环境的承受能力等方面研究，探讨如何优化都江堰水资源的配置，从多方面共同构建都江堰水利可持续发展的基本体系。统筹兼顾、综合协调，处理好经济社会可持续发展，按照生活、生产、生态需水的要求，协调城市与农村、平原与丘陵的发展要求，促进经济社会与生态环境、城市与农村全面协调发展，建设现代化的和谐都江堰，确保都江堰可持续发展，为实现四川经济社会与生态环境的可持续协调发展做出更大的贡献。

（二）水资源供需平衡分析

1. 社会经济发展预测

为便于研究优化都江堰供水区水资源配置、分析都江堰水资源承载能力的大小、探讨供水区缺水情况等，首先进行供水区的总需水量预测和供需平衡分析。

经济发展指标以实际数据分析与地方规划指标为依据。供水区总需水量预测的方法是：首先采用在强化节水措施下的用水定额计算各部门需水量，然后在供水区分片预测的基础上汇总为全供水区总需水量预测结果，分别对供水区不考虑天府新区建设（常态发展）和考虑天府新区建设两种情况进行供需平衡分析。

供需水预测以2010年为基准年，设计水平年采用2020年和2030年。需水预测按"三生"（即生活、生产、生态）需水量进行计算。生活需水量包括城镇生活需水量和农村生活需水量两部分；生产需水量包括第一产业（种植业、林牧渔业）需水量、第二产业（工业和建筑）需水量、第三产业（商饮业、服务业等）需水量；生态需水量主要指河道外为维护生态环境

（包括绿化、河湖补水、环境卫生）的需水量，而河道内生态需水，在计算水资源可利用水量中已经扣出，此处不再单独计算。

天府新区直接采用《四川省成都天府新区总体规划（2010—2030）》的需水量预测结果。为避免计算重复，都江堰供水区涉及天府新区 1578km² 范围内的需水量预测直接使用天府新区的预测结果，都江堰供水区不再预测涉及范围的生活、生产用水增长量。

（1）经济社会发展指标

人口指标预测：以 2010 年供水区户籍人口为基数，参考四川省计生委人口发展规划，并在分区计算的基础上，分析供水区近年人口的变化情况。城镇化预测，依据省政府和市、县（市、区）政府制定的城镇化发展战略与规划，充分考虑水资源条件对城镇发展的承载能力，在城镇发展合理布局的前提下，采用城镇化率方法进行预测。2010 年供水区总人口 2324.34 万人，其中城镇人口 950.66 万人；不考虑天府新区建设，预测 2020 年总人口 2524.06 万人，其中城镇人口 1311.04 万人；2030 年总人口 2573.19 万人，其中城镇人口 1562.03 万人。考虑天府新区建设，预测 2020 年总人口 3044.06 万人，其中城镇人口 1784.94 万人；2030 年总人口 3241.59 万人，其中城镇人口 2234.83 万人。

国民经济发展指标：各水平年国民经济发展预测以 2010 年供水区分县实际统计数据为基数，参考四川省经济发展战略目标，以有关行业发展规划为基本依据，结合全省水资源综合规划的 2020 年和 2030 年水平年指标按区域经济正常增长进行预测。经济社会发展指标先按县级行政区进行预测，并进行协调平衡。

分析计算供水区不同水平年第一、第二、第三产业和地区生产总值的结果，供水区 2010 年 GDP 7183 亿元，不考虑天府新区建设，2020 年 GDP 17693 亿元、2030 年 GDP 35843 亿元。考虑天府新区建设，预测 2020 年 GDP 21557 亿元、2030 年 GDP 45205 亿元。

灌溉面积指标：都江堰供水区的灌溉面积，水利部审查批准的《都江堰总体规划报告》和《都江堰灌区续建配套与节水改造报告》早已认定，现供水区设计灌溉面积 1134.41 万亩，计入规划的毗河供水区后，终期灌溉面积为 1467.64 万亩。根据计算，2020 年现供水区达到设计灌面 1134.41 万亩，毗河引水工程完成一期 125.49 万亩；2030 年毗河供水工程全部建成。实际因建设和城市扩大挤占灌溉面积造成的农业用水减少，将作为节水的潜力使用，各水平年灌面见表 23。

表 23　都江堰供水区各水平年灌溉面积预测

单位：万亩

分区	分片	2010 年		2020 年		2030 年	
		小计	其中：田	小计	其中：田	小计	其中：田
内江	内江平原供水区	242.1	221.4	231.09	217.81	231.09	217.81
	人民渠 1~4 期灌区	175.2	149	166.91	146.3	166.91	146.3
	东风渠 1~4 期灌区	116.6	81.3	110.75	79.09	110.75	79.09
	人民渠丘陵 5~7 期灌区	153.2	107	266.75	144.0	266.75	144.0
	东风渠丘陵 5、6 期灌区	173.3	70.6	241.18	93.9	241.18	93.9
外江	沙沟、黑石河灌区	57.7	51.53	56.53	52.58	56.53	52.58
	西河、三合堰灌区	65.3	58.37	61.2	58.5	61.2	58.5
规划	毗河供水灌区	—	—	125.49	54.06	333.23	143.16
	全灌区合计	983.4	739.2	1259.9	846.24	1467.64	935.34

（2）经济社会需水定额

综合分析《四川省水资源综合规划》、《四川省用水定额（修订稿）》以及 2010 年四川省统计分析指标结果，拟定了都江堰供水区各行业净需水定额（见表 24）。

表 24　都江堰供水区各水平年生活、生产需水定额

水平年	生活		生产						第二产业		第三产业	河道外生态		
			第一产业											
			P=50%						综合工业	建筑业		绿化	河湖需水	环境卫生
	城镇生活	农村生活	农田灌溉	林果地	草场	鱼塘	大牲畜	小牲畜						
	(L/人·d)		(m³/亩)				(L/头·日)		(m³/万元)			(m³/hm²)		
2005	120	55	242	83	104	911	30	15	232	22.7	20	2180	13825	1708
2010	128	75	229	77	85	639	35	18	80	13.6	15.3	2170	13716	1712
2020	140	80	218	69	76	543	40	20	70	9.9	11.4	2168	14141	1772
2030	158	90	207	60	70	520	40	20	48	7.6	9.4	2150	14250	1905

农田灌溉是目前的用水大户，为使农田灌溉需水计算更可靠，采用长系列年进行灌溉制度设计。在《都江堰毗河供水工程项目建议书》20 个设计代表站 1966～2003 年共 38 年灌溉制度设计成果的基础上，以成都、德阳、乐至、简阳、郫县、崇州、中江、三台、仁寿共 9 个站作为设计代表站，补充计算 2004～2010 年共 7 年的灌溉制度设计。以水稻、小麦、油菜、玉米、红苕、蔬菜等为代表作物，制定了 9 个站各规划水平年各片区 1966～2010年共 45 年系列的灌溉制度（见表 25）。

表 25　都江堰供水区各代表站综合灌溉净定额成果

单位：$m^3/$亩

代表站	郫县	崇州	成都	德阳	简阳	仁寿	三台	中江	乐至
代表范围	内江灌区	外江灌区	东风渠1～4期	人民渠1～4期	东风渠6期	东风渠5期	人民渠6期	人民渠5、7期	毗河灌区
44 年平均	365	381	299	325	207	207	204	226	204
P = 50%	363	382	296	324	206	210	202	225	206
P = 80%	412	417	335	369	254	236	233	255	240
P = 90%	448	437	342	405	266	271	280	295	250

根据都江堰水利工程实际渠系布置，参考《四川省都江堰灌区续建配套与节水改造规划报告》渠系水利用系数计算原成果，采用考斯加可夫公式，考虑干、支渠不同衬砌情况的水量损失比例，分六大干渠复核分片灌区的渠系水利用系数，计算灌溉水利用系数。全灌区灌溉水利用系数 2010 年为 0.463，2020 年达到 0.55，2030 年达到 0.58。

2. 经济社会需水量预测

（1）都江堰供水区范围经济社会需水量预测

都江堰供水区经济社会需水量指都江堰供水区整个范围内的生活和生产需水，通称为经济社会需水，经济社会需水量按净需水量和毛需水量进行预测。

生活净需水量为用户终端水量，按各水平年人口和人均日用水定额计算净需水，除以输配水系统的水有效利用率得毛需水。城市河道外生态需水按面积指标估算。工业、建筑业、第三产业净需水量为用户终端水量，工业净需水量预测采用万元增加值取水量法进行预测；建筑业净需水预测采用建筑业万元增加值用水量法；第三产业净需水可采用万元增加值用水量法进行预测，除以输配水系统的水有效利用率得毛需水。

农灌则根据综合净灌溉定额，结合灌溉面积预测结果，计算灌溉净需水量；再结合田间水利用系数和斗口以下（包括斗渠、农渠和毛渠）渠系水利用系数，计算至取水口灌溉毛需水量。灌溉需水量的计算包括每年 4～6 月枯水期通过沙沟河、西河向通济堰的补水量。

根据上述各类用水户需水量的预测结果，按生活（城镇、农村）、生产 [第一产业（农业、畜牧）、第二产业、第三产业]、生态（城市河道外生态需水包括绿地、环境卫生、河湖等）需水进行汇总。

供水区总净需水量（含天府新区经济社会需水）2010 水平年为 70.3 亿 m^3，2020 水平年为 111.2 亿 m^3，2030 水平年为 140.2 亿 m^3。考虑输配水损失和灌溉水利用系数后供水区毛需水量（含天府新区经济社会需水）2010 水平年为 109.2 亿 m^3，2020 水平年为 145.9 亿 m^3，2030 水平年为 174.6 亿 m^3（见表 26）。

天府新区所在区域直接采用《四川省成都天府新区总体规划（2010—2030）》的预测结果（见表 27）。

表 26　都江堰供水区经济社会总毛需水量结果汇总

单位：亿 m^3

分片	水平年	城乡生活需水	第一产业需水（P=50%）	第二产业需水	第三产业需水	生产需水合计	河道外生态需水	总需水总计
全供水区净需水合计	2010	7.10	30.91	26.86	4.39	62.16	1.05	70.31
	2020	10.04	35.34	53.38	10.99	99.70	1.41	111.15
	2030	12.71	38.85	71.86	14.84	125.55	1.94	140.20
其中：平原供水区	2010	4.80	23.20	21.14	3.89	48.22	0.95	53.96
	2020	6.22	21.31	41.85	9.86	73.01	1.12	80.35
	2030	7.24	20.87	51.89	12.82	85.59	1.48	94.31
全供水区毛需水合计	2010	8.15	65.36	29.71	4.88	99.95	1.05	109.15
	2020	11.31	62.93	57.99	12.22	133.14	1.41	145.86
	2030	13.82	65.53	76.82	16.49	158.83	1.94	174.59
其中：平原供水区	2010	5.54	49.53	23.35	4.32	77.20	0.95	83.69
	2020	7.02	38.22	45.26	10.95	94.43	1.12	102.57
	2030	7.74	35.43	55.21	14.25	104.88	1.48	114.10

表 27　天府新区经济社会总毛需水量成果汇总

单位：亿 m³

分片	水平年	城乡生活需水小计	第二产业需水	第三产业需水	生产需水合计	河道外生态需水量	总需水总计
天府新区	2010	0.57	3.07	0.50	3.57	0.35	4.50
	2020	1.18	10.31	3.23	13.54	0.42	15.13
	2030	1.49	15.40	3.68	19.08	0.49	21.06

（2）都江堰水利工程需直接供水范围需水预测

为简化繁杂的水量平衡计算，只研究由岷江水源直接供水部分的水量平衡计算。预测都江堰水利工程直接供水范围的需水是指直接以都江堰水利工程引入岷江水源为用水水源供水（或补水）的需水预测，主要是区域范围内的灌溉和区域内部分城市、工业供水。不包括由区域内其他江河为城市、工业的供水部分。作为都江堰水利工程直接供水区，简称都江堰直供水区，包括都江堰现直供水区（简称现直供水区）与毗河供水区。

都江堰水利工程不可能把全供水区需水都承担起来，都江堰水利工程对都江堰直供水区的主要供水任务：一是为成都平原直供区农田提供灌溉供水，为丘陵控制区农田在首先使用当地径流供水后，补充不足灌溉水量，含每年枯水期 4～6 月向通济堰补水；二是为成都地区（主要指五城区、青白江区、龙泉驿区及郫县等）以及彭州市等提供生活、工业供水；三是为德阳城区及雁江区、东坡区、仁寿县、井研县等少数城市生活补水。其他城镇和乡村的生活、工业供水，分别依靠利用当地河流和当地径流的水利设施和利用当地径流企事业单位自备水源工程供水。

故按 2010 年都江堰水利工程实供水，参照总需水预测结果供水增长比例，考虑一些供水机械增长因素，预测 2020 年和 2030 年都江堰直供水区需水量。农田灌溉需水量以现供水区灌溉节水为基础，增加灌溉面积实现灌溉供水零（负）增长，只发展毗河供水区灌溉；生活工业供水要考虑天府新区需水、平原区按计划新建成都市 100 万 t/日的第七水厂、丘陵区增加德阳等城市生活供水等。都江堰水利工程直供水预测见表 28。

表 28 都江堰水利工程直接供水预测

单位：亿 m³

水平年	分片	农田灌溉毛需水量(平均)	工业生活需水量都江堰毛供水	供水合计
2010	1. 现直供水区合计	50.70	13.69	64.39
	其中:平原供水区	42.91	12.84	55.75
	现丘陵供水区	7.79	0.84	8.63
	2. 毗河供水区	0.00	0.00	0.00
	3. 都江堰直供水区合计	50.70	13.69	64.39
2020	1. 现直供水区合计	41.30	18.94	60.24
	其中:平原供水区	31.82	16.49	48.31
	现丘陵供水区	9.48	2.45	11.93
	2. 毗河供水区	2.21	2.11	4.32
	3. 天府新区	0.00	15.13	15.13
	4. 都江堰直供水区合计	43.51	36.18	79.69
2030	1. 现直供水区合计	38.76	20.65	59.41
	其中:平原供水区	30.07	17.80	47.87
	现丘陵供水区	8.69	2.85	11.54
	2. 毗河供水区	5.29	5.95	11.23
	3. 天府新区	0.00	21.06	21.06
	4. 都江堰直供水区合计	44.05	47.66	91.71

结果显示，都江堰水利工程 2010 年直接供水 64.39 亿 m³，2020 年为 79.69 亿 m³，2030 年为 91.71 亿 m³，年增长率为 1.78%。其中，农灌由 50.7 亿 m³ 下降到 44.05 亿 m³，年增长率为 -0.7%，属负增长；生活工业则由 13.69 亿 m³ 增加到 47.66 亿 m³，年增长率 6.44%（见图 12）。

在生活工业供水中，2010~2030 年，成都地区（平原区，不含天府新区）由 12.84 亿 m³，增长到 17.8 亿 m³，净增加 4.96 亿 m³；现丘陵区由 0.84 亿 m³ 增长到 2.85 亿 m³，净增加 2.01 亿 m³；毗河供水区净增加 5.95 亿 m³。

（3）河道内生态需水

采用《河湖生态需水评估导则（试行）》（SL/Z479-2010）推荐的蒙大拿法，按多年平均流量的某个百分比作为计算生态流量的标准。结合《水利水电建设项目水资源论证导则》（SL525-2011）的要求，考虑本河段供水任务重、重要性强等因素取生态需水占年平均流量的 10% 计算。

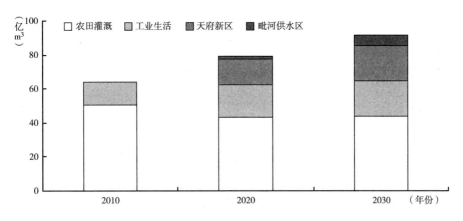

图 12 都江堰水利工程各水平年直供总毛需水量示意

主要选取了生态环境问题比较敏感的岷江鱼嘴断面作为控制节点。鱼嘴多年平均 $457m^3/s$，取河道内生态需水流量 $45m^3/s$，年河道内生态需水量 14.19 亿 m^3。

金马河原是岷江主河道，都江堰取水枢纽建成后，随着都江堰供水区引入水量的逐渐增加，枯水期金马河外江闸至青城桥之间河段曾经常断流，而汛期则成为季节性的排洪河道。为使金马河生态环境状况在一定程度上得到修复改善，赋予河流健康生命，根据毗河供水工程项目建议书生态环境需水分析，分配金马河河道内生态需水量 $15m^3/s$，年河道内生态需水量 4.73 亿 m^3，加上汛期泄水能满足青城桥生态年水量 10 亿 m^3（水利部岷江水量分配意见关于生态基流与生态环境下泄流量）的要求。

外江供水区输水总干渠（沙黑总河）设计流量 $120m^3/s$，预留 $5m^3/s$ 的河道内生态需水流量、年河道内生态需水量 1.58 亿 m^3。

其余 $25m^3/s$ 河道内生态需水流量、年河道内生态需水量 7.88 亿 m^3 全部通过宝瓶口进入内江渠系，重点改善成都市府、南河（又称锦江）的生态环境。

另外，四川省环境保护厅根据天府新区总体规划预测，现状水体环境质量差是天府新区建设的重大环境"瓶颈"。经预测，天府新区到 2030 年将新增生活污水 3.45 亿吨/年、新增 COD 排放量 1.04 万吨/年、新增氨氮排放 1725 吨/年。同时，天府新区还将新增工业废水排放总量 1.16 亿 m^3/年、新增 COD 排放量 1.19 万吨/年、新增氨氮排放量 562 吨/年。

为满足河流环境质量达到功能区Ⅲ类的基本要求，按河流径污比不低于5.0计，到2015年天府新区需要增加10.55亿 m³ 河道内生态需水，到2020年天府新区需要增加15.70亿 m³ 河道内生态需水，到2030年天府新区需要增加23.05亿 m³ 河道内生态需水。

3. 供水预测

供水预测的主要内容是在对供水区各类水源现有供水设施的工程布局、供水能力、运行状况以及水资源的开发程度与存在问题等综合调查分析的基础上，进行水资源开发利用前景和潜力分析（包括对地表水、地下水和其他水源的合理开发利用），提供水资源供需分析与合理配置选用。重点分析两方面的指标：一是考虑更新改造、续建配套现有水利工程可能增加的供水能力以及相应的经济技术指标；二是考虑规划的水利工程，重点是新建大中型蓄、引、提水工程的供水规模，以及工程的主要技术经济指标。

（1）岷江上游调蓄水量

电力部门已经在岷江上游基本建成狮子坪、毛尔盖两座以发电为主的调蓄水库，2011年开始蓄水发电。目前，正开展另一个发电水库剑科水库建设的前期工作，计划2020年前可建成投入运行。这三座大型水库功能虽然主要为发电，但它对岷江上游调丰补枯将起一定作用，可以增加都江堰水利工程枯水期的引入水量的比例，减少丰水期的弃水量。此外，根据岷江上游干流梯级开发规划成果，在干流上还规划有十里铺水库，为配合紫坪铺水库，该水库应定为供水为主的水利枢纽，辅助紫坪铺水库起到调节水量作用。

现状（2010年）在紫坪铺水库未完全发挥效益的情况下，都江堰水利工程内外江进水口引入水量105.5亿 m³，其中枯水期（12月至次年5月）引入水量占36.6%；当紫坪铺水库完全发挥效益，有调节库容7.74亿 m³，根据"电调服从水调"的原则，按供水过程放水情况下，内外江进水口年均引入水量将达113.74亿 m³；2020年上游狮子坪、毛尔盖、剑科建成按发电要求放水，此时上游四库共有调节库容14.05亿 m³，都江堰水利工程内外江进水口年均引入水量将达122.22亿 m³，其中枯水期（12月至次年5月）引入水量可提高到43.2%；2030年十里铺建成，配合紫坪铺运行，共有调节库容17.13亿 m³，都江堰水利工程内外江进水口年均引入水量将增加到 123.34 亿 m³，其中枯水期（12 月至次年 5 月）引入水量可提高到 45%，基本达到了岷江鱼嘴河段可引水量的极限（见表 29）。

表 29　岷江上游水库建成后都江堰水利工程增加引入水量

单位：m³/s，亿 m³

年型	进水口规模	年均都江堰水利工程可引入水量	扣河道内生态需水量	增加引入水量
2010 年现状	480 + 120	105.5	96.67	—
2010 水平年	480 + 120	113.74	104.38	7.71
2020 水平年	530 + 120	122.22	112.76	8.38
2030 水平年	530 + 120	123.34	113.88	1.12

　　岷江上游区域经济社会的发展，势必引起生活、生产供水量的增加，造成岷江来水的减少。为此，根据《四川省岷江上游及供水区水资源综合规划报告》[1] 预测结果，岷江上游河段 2020 水平年供水将达到 2.25 亿 m³，2030 水平年将达到 3.22 亿 m³。除去现有水利工程供水，分别需在 2020 水平年及 2030 水平年新增供水 1.6 亿 m³ 和 2.1 亿 m³。因此，在考虑上游调节水库的影响时，也应考虑上游用水增长对岷江来水的影响，故 2020 水平年在岷江上游来水中扣减年均耗水 0.8 亿 m³；2030 水平年扣减年均耗水 1.05 亿 m³。

　　（2）供水区新建水源工程规划

　　根据供水区各县、市近期水利规划，全省"十二五"大、中型水库规划以及毗河供水工程一期项目等规划，供水区在近期计划新建、扩建大、中型水库 30 座，这些工程集中在边缘山区和丘陵区，可新增调蓄库容 13.15 亿 m³，一方面拦蓄当地径流，增加近 2468km² 的集水面积拦蓄当地水量 6 亿~7 亿 m³；另一方面囤蓄都江堰引入来水，减轻都江堰水利工程枯水期水源的严重不足。特别是毗河供水工程，新建、扩建的较大的囤蓄水库就有 8 座，总库容为 5.01 亿 m³（见表 30）。

---

① 四川省水利水电勘测设计研究院编《四川省岷江上游及供水区水资源综合规划报告》，内部资料，2007。

表 30　都江堰供水区新建、扩（改）建水库各水平年供水量

单位：亿 m^3

年型	当地径流供水	增加当地径流供水	供水区可充囤容积	增加可充囤容积
2010 年现状	11.54	——	7.68	——
2010 水平年	13.48	1.9	8.84	1.16
2020 水平年	17.48	4.0	10.48	1.64
2030 水平年	18.83	1.35	13.43	2.95

（3）其他措施增加供水量

2000 年《四川省都江堰灌区续建配套与节水改造规划报告》提出都江堰灌区需进行续建配套、扩（改）建、加固、衬砌防渗等道共 5197km。通过续建配套与节水改造，计划 2030 年灌溉水利用系数提高到 0.58，节约的水量可转化为新增供水。

改进农作物种植结构，对供水区内不宜发展水稻作物的地区，可发展省水的旱作物，既可增产又可节水。积极推进灌区现代化建设，发展节水微、喷、滴灌，采用节水的农耕农技措施，扩大旱育秧面积，降低灌水定额，这些节水措施节约的水量，在需水预测和供需平衡中已经考虑，不再单独计算。

4. 各方案、各水平年供需平衡计算

都江堰供水区供需平衡主要是按照都江堰水资源配置的原则、方法分别进行都江堰直供水区的供需平衡研究。

采用 1966～2010 年水利年（6 月至次年 5 月）共 44 年逐旬系列，对 2010 年、2020 年、2030 年三个水平年进行逐旬水利计算。将整个供水区分为外江沙沟，黑石河片，外江西河，三合堰片，内江平原直供区片（蒲、柏、走、江四大干渠和人民渠 1～4 期、东风渠 1～4 期），人民渠 5～7 期片，东风渠 5、6 期片和毗河供水区共 6 片。按三种方案各 44 年系列年逐旬进行供需水平衡计算。

方案一，不计入天府新区用水 2010 年、2020 年和 2030 年三个水平年；

方案二，计入天府新区新增非河道内生态需水（即计入天府新区生活、生产及河道外生态需水）2020 年和 2030 年两个水平年；

方案三，计入天府新区新增需水（含河道内生态需水）2020 年和 2030

年两个水平年。

在各片供水区内进行灌溉用水与当地水利设施供水的水量要平衡，不足水量需由都江堰水利工程补充。各片需由都江堰水利工程补充的灌溉水量（含丘陵供水区充囤水量）除以各片区至渠首鱼嘴的灌溉水利用系数，得到鱼嘴断面处的灌溉毛需供水，再加上各片区计入损失的生活、工业用水，求得都江堰供水区总需供水。

按鱼嘴来水量、供水区总供水量和缺水量综合排频，选择 P = 50%（1977～1978 年）、P = 80%（1996～1997 年）、P = 90%（2006～2007 年）和 P = 95%（2002～2003 年）的典型年。各典型年主要成果见表 31 至表 32。

（三）供需平衡计算结果分析

1. 现况供需平衡

现况年实际都江堰供水区工程总引入水量 105.5 亿 m^3，综合毛供水 71.83 亿 m^3（扣 8.83 亿 m^3 河道内生态供水量后为 63 亿 m^3），内外江余水 33.67 亿 m^3。岷江上游河段现状水资源利用率已经达到 43.1%。

如果不计入天府新区的用水，按 2010 水平年系列年（44 年）计算，在预留岷江来水多年平均流量 10% 的河道内生态需水量 14.19 亿 m^3 后，都江堰水利工程引入水量在用于供水区生活、生产供水 64.37 亿 m^3 后，年平均缺水 2.18 亿 m^3，缺水年数 33 年，综合供水保证率 24.4%。说明在现状条件下，都江堰直供水区，由于岷江上游工程调控能力低（5.5%）、工程枯水期引入水量不足、农田灌溉用水量大、节水力度不够等原因，年供水保证率不高。

2. 规划 2030 水平年供需平衡

2030 水平年都江堰直供水区水资源可利用量已全部开发利用起来，岷江上游调节水库增加到五座，调蓄能力从 7.74 亿 m^3 增加到 17.13 亿 m^3；灌区继续实施续建配套与节水改造，开展了灌区现代化建设，提高了灌溉水利用系数；灌溉节水效益显著并已转移到生活工业供水等条件下，都江堰供水区水资源承载能力明显提高。扣除河道内生态供水量后，都江堰水利工程引入水资源量为 104.28 亿～113.88 亿 m^3，占总来水的 73.9%～81.7%，占可利用水资源的 89.4%～97.6%。如果不计入

表 31　都江堰供水区不计入天府新区用水方案各典型年总供需平衡计算结果

单位：%，亿 m³

水平年	保证率	鱼嘴来水	金马河走水			都江堰引入水量	其中:宝瓶口引入水量	都江堰总供水				内江水量平衡	
			生态基流	排水	小计			生态	灌溉	生活工业	合计	不足	多余
现况	2010	153.55	2.00	46.05	48.05	105.50	78.21	8.83	52.01	12.84	73.68	1.85	33.67
2010	50	140.40	4.73	29.85	34.58	105.82	96.82	9.46	49.69	13.68	72.83	1.13	34.12
	80	128.82	4.73	10.95	15.68	113.13	103.20	9.46	54.49	13.68	77.63	5.78	41.29
	90	111.86	4.73	0.68	5.41	106.44	94.08	9.46	63.71	13.68	86.84	2.16	21.75
	95	102.30	4.73	3.95	8.68	93.62	82.83	9.46	64.20	13.68	87.33	9.62	15.91
	多年平均	141.17	4.73	22.72	27.45	113.74	103.77	9.46	50.69	13.68	73.83	2.18	42.08
2020	50	137.58	4.73	18.06	22.79	114.79	107.35	9.46	44.83	21.05	75.34	0.00	39.46
	80	130.07	4.73	5.24	9.97	120.10	111.91	9.46	47.28	21.05	77.79	1.02	43.33
	90	114.89	4.73	0.67	5.40	109.49	99.42	9.46	54.61	21.05	85.12	0.00	24.36
	95	101.34	4.73	2.60	7.33	94.01	85.15	9.46	54.36	21.05	84.87	6.14	15.28
	多年平均	139.81	4.73	12.86	17.59	122.22	114.01	9.46	43.52	21.05	74.02	0.45	48.64
2030	50	137.06	4.73	15.12	19.85	117.21	110.24	9.46	46.99	26.60	83.05	0.16	34.33
	80	131.00	4.73	7.06	11.79	119.21	111.56	9.46	50.44	26.60	86.50	1.40	34.11
	90	117.15	4.73	0.00	4.73	112.42	103.07	9.46	53.77	26.60	89.82	0.00	22.60
	95	100.90	4.73	2.70	7.43	93.47	85.22	9.46	54.99	26.60	91.05	7.94	10.36
	多年平均	139.34	4.73	11.27	16.00	123.34	115.67	9.46	44.05	26.60	80.11	0.62	43.83

表 32　都江堰供水区计入天府新区用水方案各典型年总供需平衡计算结果

单位：%，亿 m³

水平年	保证率	鱼嘴来水	金马河走水			都江堰引入水量	其中：宝瓶口引入水量	都江堰总供水				内江水量平衡	
			生态基流	排水	小计			生态	灌溉	生活工业	合计	不足	多余
2020 计入天府	50	137.58	4.73	18.06	22.79	114.79	107.35	9.46	44.83	33.76	88.04	0.42	27.17
	80	130.07	4.73	5.24	9.97	120.10	111.91	9.46	47.28	33.76	90.50	2.22	31.82
	90	110.50	4.73	0.00	4.73	105.77	95.70	9.46	54.61	33.76	97.83	5.13	13.07
	95	101.34	4.73	2.60	7.33	94.01	85.15	9.46	54.36	33.76	97.58	9.06	5.49
	多年平均	139.81	4.73	12.81	17.54	122.27	114.06	9.46	43.52	33.76	86.73	1.11	36.64
2030 计入天府	50	137.06	4.73	15.12	19.85	117.21	110.24	9.46	46.99	45.49	101.94	0.90	16.18
	80	124.50	4.73	2.45	7.18	117.33	109.68	9.46	50.44	45.49	105.39	5.24	17.18
	90	109.98	4.73	0.00	4.73	105.25	95.90	9.46	53.77	45.49	108.71	8.54	5.07
	95	100.42	4.73	2.70	7.43	92.99	84.74	9.46	54.99	45.49	109.94	19.81	2.86
	多年平均	139.30	4.73	10.65	15.38	123.93	116.26	9.46	44.05	45.49	99.00	2.13	27.06
2020 加生态	50	137.58	4.73	18.06	22.79	114.79	107.35	22.64	44.83	33.76	101.22	5.00	18.57
	80	130.07	4.73	5.24	9.97	120.10	111.91	22.64	47.28	33.76	103.68	3.58	20.00
	90	110.50	4.73	0.00	4.73	105.77	95.70	22.64	54.61	33.76	111.01	9.20	3.96
	95	101.34	4.73	2.60	7.33	94.01	85.15	22.64	54.36	33.76	110.75	18.93	2.18
	多年平均	139.81	4.73	12.81	17.54	122.27	114.06	22.64	43.52	33.76	99.91	3.60	25.96
2030 加生态	50	137.06	4.73	15.12	19.85	117.21	110.24	32.51	46.99	45.49	124.99	15.19	7.41
	80	124.50	4.73	2.45	7.18	117.33	109.68	32.51	50.44	45.49	128.44	13.35	2.24
	90	109.98	4.73	0.00	4.73	105.25	95.90	32.51	53.77	45.49	131.76	26.51	0.00
	95	100.42	4.73	2.70	7.43	92.99	84.74	32.51	54.99	45.49	132.99	40.30	0.93
	多年平均	139.30	4.73	10.65	15.38	123.93	116.26	32.51	44.05	45.49	122.05	10.44	12.33

天府新区的用水,都江堰水利工程引入水量基本上可满足水平年都江堰直供水区生活、生产年均综合供水 70.65 亿 m³,供水区基本实现供需平衡。年均供水比 2010 水平年增加 6.28 亿 m³,其中,灌溉减少 6.64 亿 m³,生活工业增加 12.92 亿 m³(其中,平原区增加 4.96 亿 m³,丘陵区增加 2.01 亿 m³,毗河供水区 5.95 亿 m³)。供需平衡结果年平均缺水 0.62 亿 m³,缺水年数 9 年,年供水综合保证率达 77.8%。基本达到了岷江水资源可利用量的上限值。

从水量供需平衡角度分析,工程引入岷江水量的承载能力上限是生活、生产综合供水 70 亿 ~75 亿 m³。此时,都江堰水利工程将达到水资源承载能力的上限,岷江上游河段的水资源利用率将达到 50.7%。

3. 计入天府新区供水的供需平衡

建设天府新区要求供水将有较大的增长,但由于都江堰的水资源可利用量有限,甚至在 P=90% 典型年都江堰工程引入水量已经小于需供水量。供需平衡呈现缺水增加、破坏年份增多、保证率降低的趋势。年均缺水为 1.11 亿 ~2.13 亿 m³,破坏年份 18 ~27 年,保证率下降到 57.8% ~37.8%;P=90% 典型年缺水达 5.13 亿 ~8.54 亿 m³。以 2 月为例,缺水流量达 27 ~54m³/s,严重缺水使供水区的供需平衡无法实现,都江堰工程已经不能满足天府新区增加供水的要求。2020 水平年后供水区水资源利用将达到其水资源承载能力的上限(见表 33)。

表 33　几个方案供需平衡破坏年份与破坏旬数统计

单位:%

方案	水平年	44 年中破坏年份		44 年中破坏旬数	
		年份	保证率	旬数	保证率
不计入天府新区用水	2010	33	24.4	196	87.6
	2020	7	82.2	22	98.5
	2030	9	77.8	44	97.2
计入天府新区非河道内生态需水	2020	18	57.8	152	90.3
	2030	27	37.8	472	70.2
计入天府新区新增需水(含河道内生态需水)	2020	37	15.6	472	70.2
	2030	43	2.2	959	39.4

4. 水资源供需形势分析

通过上述各个水平年供水区水量平衡分析计算，在都江堰供水区正常需水发展的形势下，虽然 2030 年供需基本平衡，但 2030 年以后都江堰供水区将面临水资源与人口、经济发展、水生态的严峻挑战，水资源、水生态环境将承受着巨大压力。各水平年岷江河段水资源开发利用率、当地径流开发利用率等指标分析结果见表 34。

表 34　各水平年岷江河段水资源开发利用率分析结果

单位：亿 m³，%

项目	水平年	岷江鱼嘴河段主力水源					丘陵灌区当地径流基本水源			
		河段年均来水	都江堰工程引入水量	引入水占来水比例	实际供水量(不含生态)	河段水资源开发利用率	年均当地径流量	年均当地径流利用量	占可利用水资源比例	当地水资源开发利用率
常态发展情况	现况 11 年平均	144.25	95.86	66.5	62.1	43.1	48.7	11.54	46.0	23.7
	2010	141.17	113.74	80.6	62.3	44.1	48.7	13.48	53.7	27.7
	2020	139.81	122.22	87.4	64.1	45.9	48.7	17.48	69.7	35.9
	2030	139.34	123.34	88.5	70.7	50.7	48.7	18.83	75.1	38.7
计入天府新区	2020	139.81	122.22	87.4	77.3	55.3	48.7	17.48	69.7	35.9
	2030	139.34	123.34	88.5	89.5	64.3	48.7	18.83	75.1	38.7

注：岷江鱼嘴河段可利用水量 116.66 亿 m³，丘陵区（包括毗河灌区）当地水资源可利用量 25.08 亿 m³。

由于岷江丰、枯期来水的不均匀，水源的调控能力不足以及灌溉供水的不均匀，在引入都江堰直供水区的水量中，除生活、生产和生态用水，还有部分余水，70% 以上分布在丰水期。余水占都江堰引入水量的 35.5% ~ 39.8%，而且大多数旬都有余水，有的旬余水还较多，如何充分利用这部分余水、将这部分余水转化为增加供水是提高岷江引入水量利用率的关键，是优化都江堰水资源配置重要措施之一，对提高都江堰水利工程水资源承载能力具有重要意义。

至 2030 水平年都江堰工程引入岷江河段来水基本可以承载供水区经济社会的发展，但已经达到水资源承载能力的极限，水资源供需形势严峻。水资源开发利用率已经达到 50.7%，灌区当地径流开发利用率也已经达到 38.7%，为可利用水资源的 75%，接近水资源可利用量的上限。都江堰供水区 2030 年以后即便不考虑天府新区的建设，也将超过水资源承载能力的上限，要满足供水的需要，必须另辟水源。当然如果考虑天府新区的建设，更应提前于 2020 年以后另辟水源，建设"引大济岷"工程。

2011 年 11 月，四川省人民政府组织编制完成《四川省成都天府新区总体方案》，天府新区是成渝经济区打造产业、经济发展的新引擎，"再造一个产业成都"。水利部水资源司于 2014 年 5 月 22 日对《四川省成都天府新区总体方案水资源论证报告书》[①] 进行了审查。

《四川省成都天府新区总体方案水资源论证报告书》指出：天府新区位于都江堰供水区内，是都江堰供水区的重要组成部分，通过都江堰供水区的水资源配置分析，都江堰现有的水资源配置工程很难完全满足供水区长远用水需求，必须在通过强化节水、高效利用现有水源的前提下进行开源。随着成渝经济区规划逐步实施、天府新区的强力推进，区域在今后较长一段时间社会经济仍将处在高速发展通道上，供水需求增长明显，而天府新区规划范围内水源缺乏，且受平原区地形条件限制，水多以汛期雨洪形式出现，难以大量利用，仅可以通过现有小微型水利设施少量利用；现状供水以都江堰水源为主，考虑到都江堰已成供水区及规划新建的毗河供水工程用水量增加，现状都江堰水资源开发利用率已经较高，开发潜力不大，仅可通过加大都江堰供水区的节水力度、优化都江堰供水区的水量调配，少量增加天府新区的供水；而随着天府新区规划的逐步实施，近期用水需求有较大幅度的增加，现有水源工程已经不能满足区域社会经济发展的需要，必须在增加非常规水源利用的前提下，通过积极开辟新水源解决该区的供水问题，按照都江堰供水区的水资源配置方案，与供水区相邻的青衣江、大渡河具有水量丰沛、位置相对较高、当地用水量很少等优点，可作为天府新区的主要供水水源及都江堰供水区的补充水源。目前，四川省人

---

① 四川省水利水电勘测设计研究院编《四川省成都天府新区总体方案水资源论证报告书》，内部资料，2014。

民政府正组织省直相关部门开展天府新区供水工程——引大济岷（含引青济岷）工程的前期工作。

二　水资源承载能力分析

为解决都江堰水资源合理配置问题，进一步研究水资源的承载能力是必要的。水资源承载能力是决定经济社会发展的重要因素，水资源的可持续承载是保障区域社会经济可持续发展的前提。目前，水资源承载能力尚没有形成权威统一的定义，在众多职业承载能力问题的研究中，水资源承载能力是较为复杂的一种。多家研究归纳起来：水资源承载能力是指当地的水资源在一定的经济社会发展阶段，在不破坏社会和生态系统时，最大能够支撑国民经济发展（包括工业、农业、社会、人民生活等）的能力，是衡量水资源对社会经济发展和生态环境的综合承载能力，是可以承载人口、经济发展和生态服务功能发挥的综合反映，它是一个随社会、经济、科学技术发展而变化的综合指标。

国内水资源承载能力研究起步较晚，水资源承载力评价方法较多，有简单定额估算法、常规趋势法、运筹学理论、系统动力学理论、模糊综合评判理论、多目标决策分析法以及简单的供需平衡理论等，虽立足不同的角度，但均存在不同程度的缺陷，目前尚无统一和成熟的方法，而且新的理论和技术较少。因此，本次研究仍采用概念清晰、计算简便的综合指标法和模糊综合评价法进行综合定性分析，使用比较直观、概念清晰、计算方便的水资源供需平衡分析评价法进行水资源承载能力估算。

（一）综合指标法估算

这是环境保护科学部门常用的一种方法[①]，它采用水量承载指数、人口承载指数、社会经济承载指数和生态环境承载指数等四个概念清晰、计算简便的指标来分析表示区域水资源对人口、社会经济和生态环境的承载能力，常用水量承载指数、人口承载指数、社会经济承载指数和生态环境承载指数等表示。而各指数实现程度的指标用相应的最大供水规模、承载人口数量、承载经济规模（GDP）和承载生态环境用水量等具体指标来

---

① 四川省环境保护科学研究院编《安宁河谷生态建设与环境保护规划》，内部资料，2009。

表示。

水量承载指数：指可供水量或可利用水资源量与需水量的比值，表示现有可供水资源量对需水量的满足程度。

人口承载指数：指水资源供给能力预测的人口数量与按社会发展趋势预测的人口数量的比值，表示水资源对人口发展的承载程度。

社会经济承载指数：指水资源供给能力预测的 GDP 数量与按社会发展趋势预测的 GDP 数量的比值，表示水资源对社会经济发展的承载程度。

生态环境承载指数：指水资源供给能力预测的生态环境需水量与按社会发展趋势预测的生态环境需水量的比值，表示水资源对生态环境的承载程度。

水资源承载力：指水量承载指数、人口承载指数、社会经济承载指数、生态环境承载指数四项承载指标的加权平均值，加权数可以根据四个子系统的相对重要性来设定。为简便计算，本研究报告设定各指标的权数相等。水资源承载力表示水资源能够最大支撑人口、社会经济和生态环境发展的综合程度。当水资源承载指数大于 1 时，区域水资源承载能力大于人口、社会经济、生态发展的需要，且指数越大越好，指数越大供水的安全性越高；反之，区域水资源不能承载人口、社会经济、生态发展的需要。

都江堰供水区 2010 年现状，人口 2324.34 万人，GDP 7183.34 亿元，水资源可利用量 184.5 亿 m^3，其中岷江水资源可利用量 116.7 亿 m^3，考虑预留 20 亿 m^3 地下水作为战略资源一般不使用，可利用水资源实际按 164.5 亿 m^3 使用。按预测指标，从资源角度分析，都江堰整个供水区的承载人口和承载 GDP 的上限见表 35。

表 35　都江堰供水区承载能力上限

水平年	供水指标 （m^3/人·年）	GDP 指标 （m^3/万元）	最大承载 人口（万人）	最大承载 GDP（亿元）
2010	331	135	4969.8	12185
2020	500	80	3290.0	20563
2030	620	45	2653.2	36556

如果不考虑天府新区建设，都江堰供水区水资源可利用量在全部开发调动起来的前提下，基本能承载 2030 水平年供水区的要求，水资源承载指数已经接近 1 了（见表 36）。

表36　都江堰供水区各水平年承载指数计算

方案	水平年	人口承载指数	社会经济承载指数	水量承载指数	生态环境承载指数	水资源承载指数
不考虑天府新区建设	2010	2.138	1.696	1.507	1.000	1.585
	2020	1.303	1.162	1.258	1.000	1.181
	2030	1.031	1.020	1.071	1.000	1.031
考虑天府新区建设	2010	2.138	1.696	1.507	1.000	1.585
	2020	1.081	0.954	1.128	0.475	0.909
	2030	0.818	0.809	0.942	0.381	0.738

（二）水资源压力指数法

中国科学院可持续发展战略研究组编著《2007 中国可持续发展战略报告——水：治理与创新》推荐的水压力[①]综合评估意见，从区域尺度上对水压力进行综合分析和初步定量评估，评价人类经济社会活动对水资源产生影响和冲击的规模和强度，而水压力的大小受自然条件、人口规模、生活质量、经济总量和结构技术条件、污染程度、管理水平、保护力度的影响和制约。因此，分析和揭示形成不利冲击和影响的原因对寻求有效的治理对策、缓解或减轻人类活动对水资源和水环境的巨大压力、促进水资源的可持续利用、水生态环境的改善具有十分重要的意义。

水资源压力：主要是指为了满足人类的生存发展需要以及维持整个社会经济活动的正常运行对水资源产生的数量上的压力。主要分为三个方面：一是庞大的人口生存和发展需求对水资源先天禀赋的压力；二是水资源年内分布不均衡以及社会经济要素空间组合错位对水资源所产生的压力；三是因人类的水资源开发利用强度、方式、技术和管理水平的不同，而产生的水资源

---

① 中国科学院可持续发展战略研究组编著《2007 中国可持续发展战略报告——水：治理与创新》，科学出版社，2007，第 186 页。水压力是指在一定的自然地理背景和时空条件下，一个地区的人类社会经济活动对其赖以生存和发展的水资源和水生态环境产生的影响和冲击。

开发利用压力。

水环境压力：水环境压力指社会经济活动过程中产生的污染物排放到水体和水环境中对水体的各种服务功能产生影响，从而形成的对水质的污染压力。水环境压力一是过量施用化肥、农药，造成面源污染压力，来自化肥和农药的使用；二是城市工业废水、生活污水未经处理或处理不到位形成的点源污染压力。

水生态压力：水生态压力主要是指人类过度开发利用水资源、挤占生态用水而导致水生态系统平衡和服务功能下降的压力，来自三个方面：土地退化（水土流失、荒漠化、盐碱化）、水旱灾害、生态用水（水资源过度开采、生态需水、湿地减少等）。

水压力综合评估包括水资源压力、水环境压力和水生态压力。

水压力评估通过对水资源压力指数、水环境压力指数和水生态压力指数三者平均，求得四川省、涉及市和供水区的水压力综合指数，指数越大表示压力越大。参考《四川水利改革与发展》[①] 一书，四川省、涉及市计算结果见表37。

表37 都江堰供水区相关各市与四川省的水压力指数

市(州)及地貌分区	水资源压力指数	水环境压力指数	水生态压力	水压力综合指数
四川省	0.158	0.417	0.000	0.192
都江堰供水区	8.658	3.637	0.125	4.140
成都市	4.747	3.922	0.150	2.940
德阳市	1.592	4.933	0.102	2.209
绵阳市	0.911	1.128	0.000	0.680
遂宁市	1.578	8.067	0.216	3.287
内江市	1.578	11.846	0.141	4.522
乐山市	0.136	1.972	0.000	0.703
眉山市	0.712	1.635	0.000	0.783
资阳市	1.828	5.032	0.000	2.287

注：本表参考林凌、王道延等编《四川水利改革与发展》（社会科学文献出版社，2013）一书结果计算。

---

① 林凌、王道延等编《四川水利改革与发展》，社会科学文献出版社，2013，第106页。

水压力综合指数初步计算结果表明：都江堰供水区水压力指数为4.14，全省平均水压力指数为0.192，都江堰供水区水压力指数最大。

（三）各水平年水量平衡分析法

在研究都江堰供水区水资源承载能力的基础上，根据前面供需平衡计算的结果，再进一步分析都江堰水利工程引入水量的承载能力。

前述岷江鱼嘴河段现状多年平均来水水资源可利用量为116.66亿m³，根据上述调节计算结果可知，在设计的条件和岷江上游五座水库调蓄作用下，都江堰水利工程引入水资源量扣除内外江供水区河道内生态用水后为104.28亿~113.88亿m³，基本达到了岷江水资源可利用量的上限（89.4%~97.6%），岷江水资源的利用已基本达到了水资源的极限，因此都江堰水利工程不可能再增加多少引入水量。

在不计入天府新区用水的供水方案中，至2030水平年，在全部开发利用起来的前提下，上游调节水库增加调蓄能力；灌区实施续建配套与节水改造和灌区现代化建设，提高了灌溉水利用系数；随着都江堰供水区人口增加、社会经济的发展、城镇化规模的推进，都江堰水利工程年均生活、生产供水量从64.37亿m³增加到70.65亿m³，其中年均灌溉供水减少6.64亿m³，年均生活工业供水增加12.92亿m³，灌溉节水转化为生活、工业供水。

根据都江堰供水区各水平年水量平衡计算可以得出如下结论：在年综合供水保证率80%的情况下，工程引入岷江水量的承载能力上限是生活、生产综合供水70亿~75亿m³，不包括河道内生态供水10亿m³，近期不可能再增加生态环境供水量。

（四）水资源承载能力初步结论

综合以上三种方式水资源承载能力分析，我们可以得出如下结论。

一是都江堰供水区水资源人均仅有425m³，即使计入入境水资源后，人均水资源也只提高到1166m³，仍属水资源贫乏地区，但区域人均年用水量达700m³以上，是全省人均水平的1.9倍以上；区域水压力指数为全省平均综合水压力数0.19（相对值）的22倍，是四川省水压力最大的地区之一；2030年水资源承载指数将降至1左右，说明水资源仅能承担社会经济2030水平年的发展需要（未包括天府新区），几乎没有发展的潜力了，计入天府新区的发展将超过区域水资源的承载能力。这些都充分说明供水区供需矛盾十分突出。

二是岷江鱼嘴河段是全省水资源开发利用率最高的河流，现况已经达到43.1%，2030年将达到50.7%，超过了国际公认的水资源30%～40%的合理开发范围。

三是供水区现状和将来都是当地水资源开发利用水平较高的地区，因"三水"转化十分复杂，平原区当地径流已汇入渠系直灌供水之中，不能单独使用。丘陵区当地径流利用率现况已经达到28.1%，超过全省平均10%的水平，2030年将达到37.5%，潜力也不大。

四是供需平衡成果表明岷江鱼嘴河段可利用水资源已经为都江堰工程全部引用，最合适的生活、生产供水上限不宜超过75亿 m^3。

五是提高水资源的承载能力，优化水资源配置。重要措施是在优先节水的前提下，一方面充分合理利用都江堰工程引入供水区的余水；另一方面开展水权转让优化水资源配置。

第五节　都江堰供水区水资源合理配置

一　历史上都江堰供水区的水资源配置管理概况

水资源合理配置就是对水资源的合理分配和科学安排，是指在一定时期内，对一特定流域或区域的水资源，遵循公平公正、高效利用、统筹协调的原则，通过工程与非工程措施，调节水资源的天然时空分布，使其符合需水过程的要求，在各用水部门之间进行科学合理分配实现水资源的可持续利用，保障社会经济、资源、环境的协调发展，提高水资源的利用效率，协调并满足各用水部门的需水要求。水资源的配置、管理与水量分配是工程能否发挥效益、合理利用水量的关键。

据《都江堰志》记载，都江堰在两千多年的实践中，逐步形成了三级管理的体制。省级政府部门直管渠首工程，设置堰官，管理堰务，称为"官堰"。下级地方政府部门按行政区划管理各干渠、分干渠或支渠，统称为地方水利工程，在各干渠引水的支渠以下灌溉工程，由受益群众组织自建自管，称为"民堰"。

汉灵帝时（公元 168 年）已设置"都水掾"和"都水长"等水利官员。据《水经注·江水》载，三国蜀汉时，诸葛亮北征，以此堰（都江堰）为农本，国之所资，以征丁千二百人主护之，有堰官。雍正六年改军粮同知为水利同知。中华民国元年改水利同知为水利委员。中华民国二十五年由水利局派员成立都江堰工程处，专管渠首工程，灌区各县，由水利局主持地方水利工程。

新中国成立以后，各级政府十分重视都江堰的组织建设，1950 年 3 月成立了川西都江堰管理处，1952 年 9 月正式更名为四川省人民政府都江堰管理处，1978 年改建四川省都江堰管理局为常设机构。下设 6 个管理处，县（市、区）或干渠划段设管理站。负责全灌区的工程建设、维护，水资源配置管理，水量分配等。根据历史资料和出土文物的记载，秦汉时代就已经制定了"旱则引灌、涝则疏导"等一套管理制度和维修方法。《宋史·河渠志》载：在离堆岩壁上已刻有观测水位的水则，共十划，每划一尺。水位到了六划，流量即满足灌溉需要，超过六划，多余的水从飞沙堰溢洪道排泄入外江。历史以来总结了如"深淘滩，低作堰"、"挖河沙，堆堤岸"、"分四六，平潦旱"、"水画符，铁桩见"、"砌鱼嘴，安羊圈"、"立拜阙，留漏罐"以及"遇弯截角，逢正抽心"、"乘势利导，因时制宜"等许多治水经验、方针和原则。

历史以来都江堰工程渠首配水就有所谓"分四六，平潦旱"的经验总结，也就是都江堰工程依靠渠首鱼嘴分水堤、宝瓶口、飞沙堰三大主体工程，既合理布局各自的独特功用，又相互依存、相互制约、协调自如，联合发挥分水引水、泄洪排沙的重要作用，实现枯水期 60% 的水量进入内江（宝瓶口）供灌区使用，40% 的水量泄入外江（岷江正流，也称金马河）；而丰水期则相反，40% 的水量进入内江（宝瓶口）、60% 的水量泄入外江。都江堰渠首的"四六分水"水资源配置是一个历史概念，是古人对都江堰渠首分水配置宏观规律的一个概念性总结，只有在特定的工程状态和特定的来水条件下才能够比较理想地实现。工程运行资料分析表明，在 1938 ~ 1949 年，当岷江流量小于 400m³/s 时，内江分流比只有 25% ~ 40%，即内江相应的引水量只有 40 ~ 160m³/s。1949 年底抢修都江堰，其后几乎每年淘淤，并用杩槎拦水，保证了内江引水畅通，从而使 1950～1968 年春灌期的分流比接近 60%。从 1964 年起在内江河段连续 5 年高强度淘淤，以及因春灌需水而架设杩槎拦水，使内江分流比进一步加大，在 1969～1973 年春灌期的分流比为 75%。都江堰供水区的扩大，发展了工业、生活用水户，灌溉高峰季节的枯水期缺水逐渐突出，都江堰水利工程单靠天然状态引入水量，在枯水期就无法满足供水的要求，为解决枯期水量的严重不足和年年岁修期建（拆）杩槎之苦，1974 年建成外江闸后，将岷江枯期水量拦引入内江，内江引水得到了根本保证，30 年来春灌期内江引水约占渠首断面流量的 75%。外江闸建成后引入内江 1～5 月的枯水，但仍有部分从飞沙堰溢走。为适应供水区用水增长的需要，1992 年在飞沙堰尾部建成临时拦水闸，可将春季从飞沙堰溢走的水量也拦引入宝瓶口，年均增加宝瓶口引水量约 3 亿 m³。根据 1965～1979 年汛期内江分流资料和最大洪峰流量内江分流资料分析可以看出，内江分流比大于 50% 的时候较多，并未少进洪水。可见，内外江分流比是随着岷江流量的大小、岁修、河道淘淤、河口杩槎拦水工程等因素的变化而相应改变的，是根据灌区用水需要可以人为调整的。

由于工程的供水量逐年增加，引入的枯水期水量越来越不能满足需要，20 世纪 90 年代飞沙堰尾部建成临时拦水闸，已经彻底改变了历史以来内、外江分水比例，枯水期水量几乎全部引入供水区，甚至造成金马河首段的断流。

都江堰管理局掌握全灌区水源分配计划，按照分水、配水原则，根据平原直灌区和丘陵蓄灌区及工业用水特点，实行平原农业用水按比例分水，丘陵实行引蓄结合以蓄为主，先蓄后用。重点工业用水和城市生活用水在都江堰管理局渠首总水源提取单独分配，管理局掌握岷江总来水量的 5% 作为机动水灵活调度，平时按比例分给渠首各大干渠灌区，必要时集中机动水重点解决缺水的主要灌区和当时出现的用水矛盾。并实行交接水制度，上交下接，先交后用，交够再用。都江堰的水量分配，新中国成立前是以农田灌溉为主，基本上是按灌溉面积比例分水，向有初始水权的农户供水，群众称为"按成分水"。

一直到 1959 年仍然是以灌溉面积为主，但有所改进，参照土壤差异，实行万亩流量指标配水。当岷江上游来水量不能达到灌区万亩配水指标时，成都地区重点工业用水按原计划供应，农业用水按岷江上游实际来水量多少增减。1960 年改成分水为计划配水，各县各灌区根据本区域的作物种类、用水时间、用水量或农村用水计划，编制配水计划和引水计划，于用水前 15 日报送都江堰管理处，由管理处根据全灌区用水计划，按计划配给各干渠应分水量。1962 年以后都江堰灌溉面积扩大到 600 多万亩，灌溉高峰期用水全面紧张，取消了万亩定额配水方法，改为根据 1958~1961 年各干渠实际配给的水量反求分水比例，得到公认，以后的配水办法按此比例延续下去。而丘陵灌区用水按丰水期引水囤蓄原则执行，主要在 6 月上旬至 11 月上旬。

二　水资源合理配置的指导思想和原则

（一）水资源合理配置的指导思想

水资源合理配置应以科学发展观为统领，以可持续发展水利为指导，全面规划，统筹兼顾，标本兼治，综合利用，合理开发，优化配置，全面节约，有效保护，可持续利用。兴利除害结合，开源节流并重，防洪抗旱并举，因地制宜、突出重点，继续巩固和加强水利基础设施建设，强化对涉水事务的社会管理和公共服务，深化水利改革，不断提高水利服务于经济社会发展的综合能力，全面推进节水型社会建设，提高供水区水资源利用效率和效益，妥善处理水利发展与经济社会发展和生态环境保护的关系，以水资源的可持续利用和保障支撑经济社会的可持续发展。

贯彻以人为本、人水和谐的理念，坚持"节水优先、空间均衡、系统治理、两手发力"的治水思路，遵循资源共享的准则。《水法》规定，水资源为国家所有，属于"公共资源"，不同地区、不同阶层乃至不同时代的人们对水资源有共享的权利。本着高效经济的原则，提高水资源的利用效率，统筹协调各用水部门的需求，坚持可持续发展的治水思路，按照构建社会主义和谐社会的要求合理配置水资源。

（二）水资源合理配置的原则

1. 坚持公平公正的原则

水是生命之源，是经济发展和社会进步的生命线，是实现经济社会可持续发展的重要物质基础。水不仅关系到干旱、洪涝、灌溉、环境，还关系到供水安全、粮食安全和国家安全。水资源优化配置就是要实现供水区内地区之间均衡发展、平衡发展、公平公正发展。

2. 坚持人水和谐、以人为本，着力发展民生水利

坚持以人为本，把优先解决涉及群众切身利益的水利保障问题作为配置的出发点。切实搞好关系全局的供水安全、粮食安全、生态安全。要把保障供水安全作为水利发展的首要任务，要尊重水的自然规律和经济社会发展规律，按照人口、资源、环境与经济社会协调发展的要求，充分考虑水资源承载能力和水环境承载能力，合理开发利用水资源，促进优化经济社会发展布局，妥善处理防洪、水资源开发利用和生态环境保护的关系。在水资源开发利用方面，把建设节水型社会作为破解都江堰供水区水资源短缺的战略性措施，不断提高水资源利用效率和效益。在水资源保护和水环境治理方面，以恢复和改善水体功能为目标，强调经济社会发展要与水资源和水环境的承载能力相协调，并在经济社会发展的过程中保护好水资源。

3. 坚持全面统筹协调发展

水资源的优化配置必须坚持全面性、合理性，坚持统筹协调的原则。统筹协调社会经济发展与生态环境保护的要求，合理调配生活、生产和生态用水；统筹考虑现状用水情况与未来用水需求，并适当留有余地，保障水资源的可持续利用。促进区域和城乡协调发展，建立公平合理、利益共享、良性互动的水资源配置格局。考虑水资源条件和城市化、工农业生产力布局、经济结构，合理确定水资源配置发展的目标、速度和规模。水资源的调配必须有利于生态环境的保护和修复，协调好生活、生产、生态用水。通过水资源的全面节约、有效保护、优化配置、合理开发、高效利用、综合治理和科学管理，促进人口、资源、环境与经济发展相协调。以创新体制机制为动力，确保都江堰供水区经济社会可持续发展。

4. 坚持资源节约和保护并重

坚持走资源节约、环境友好的可持续发展之路，继续把水资源的有效保护和节约利用放在突出位置，坚持节水为主、治污优先，多渠道开源、全面推进节水型社会建设是水利建设的一项长期性任务。转变粗放式的水资源开发利用方式，大力发展循环经济、低碳经济，提高水资源利用效率和效益。改"以需定供"为"以供定需"、"量水而行"。通过建立以经济手段为主的节水机制，发展供水区节水型农业、节水型工业和节水型城市。

（三）水资源配置的任务

水资源的合理配置要依据社会主义市场经济法律、行政、经济以及技术等手段，对水资源通过各种工程与非工程措施在各用水户之间进行合理分配、协调，处理水资源分布与生产力布局的相互关系，为实施可持续发展战略创造有利的水资源条件。调整水资源天然分布，满足经济社会发展对水的需求，同时调整经济社会发展布局，与水资源分布及承载能力相适应。因此，要在抑制需水增长的前提下，保障用水供给；探索水权，进行供水区水量合理分配；协调生活用水、生产用水及环境用水；协调国民经济用水关系，进行各用水户水量配置。

都江堰供水区水资源配置总体任务如下。

一是提高水资源的调控能力，加快岷江上游调蓄工程的建设。改变岷江水资源时空分布不均匀的现状，积极推进紫坪铺水库的反调节枢纽建设，尽可能实现岷江主力水源按需水过程要求供水。

二是积极开发边缘山区水源，建设必要的调蓄水库，补充供水区缺水时段水量的不足，提高都江堰工程引入供水区余水（即待分配余水）的利用率。

三是进一步挖掘丘陵区当地径流的潜力，减少都江堰工程直供水量，特别是枯水期的供水量；建设必要的囤蓄水库，充分利用都江堰工程引入的丰水期余水量。

四是强化节水，节水是永恒的主题。彻底改变粗放的用水方式，加强灌区续建配套与节水改造，建设现代化灌区，因地制宜地调整农作物种植结构，积极采用先进节水技术，发展节水微、喷、滴灌技术，不断提高水的利用率和利用效率；实施水权转让试点，将农业节水转移到生活、工业用水中。

五是推进工矿企业节水工艺改造，调整工矿产业结构和布局，提高工业用水重复利用率。加强城市生活节水，强化公共用水管理，加大污水处理力度，逐步提高中水回用率和污水处理再生利用率；合理开发地下水解决农村分散区域的生活供水，充分利用多种水源，蓄洪、集雨工程、回归水以增加各种可利用的水源，建设节水型社会。

六是按计划为金马河下泄生态水量，修复金马河水生态环境功能，协调好流域、区域生活、生产、生态用水。

七是实行最严格的水资源管理制度，建立用水总量控制制度，确立水资源开发利用红线。建立用水效率控制制度，确立用水效率控制红线；建立水功能限制纳污制度，确立水功能区限制纳污红线。

通过水资源优化配置，建成水资源合理配置和高效利用体系，保障供水安全、粮食安全；构建生态良好的水环境保护体系确保生态安全；建成有利于水利科学发展的制度体系，深化改革、强化管理、理顺机制，建设现代化、良性运行的水管理体系，建设可靠的、稳定的水资源保障体系。

三 都江堰供水区水资源合理配置意见

（一）水资源合理配置的基本思路

都江堰供水区供水任务重，必须调动各方面的水源参与配合。首先，要充分利用区域内的当地径流，这是基本水源，对丘陵片区尤为重要，要尽可能少用都江堰工程引入枯期水量；积极开发边缘山区的辅助水源，合理配置岷江主力水源，减轻主力水源枯水的压力和提高主力水源利用率。各企业要尽可能利用当地径流发展自备水源工程，广大农村特别是分散地区要适度开采地下水，解决分散的人畜饮水问题。其次，能够通过修建当地蓄、引、提工程供水的，就不要把供水任务加到都江堰工程上。制订配置方案，要充分考虑都江堰工程引入的岷江水源的有限性，只有这样才能多水源合理配置，提高区域水资源利用率。各水平年水资源配置的基本思路如下。

1. 确保城乡生活用水

都江堰工程经过 50 多年的发展，已经从历史上的单纯引水灌溉工程，发展成为一个集灌溉、工业生活供水、防洪、发电、水产养殖、旅游、环境保护等多功能的综合利用工程。生活工业供水由零发展到现况的 13.68 亿 m^3，占总供水的 19%，2030 年将达到 26.6 亿 m^3，占总供水的 33.5%。坚持以人为本的科学发展观，必须保证城乡生活供水。

2. 维护河流的健康生命，预留 10% 的生态基流用水

确保维护河流的健康生命，实现人与自然和谐相处，彻底改变过去"吃干饮尽"的引水方式，根据鱼嘴河段流量，预留 10% 的岷江来水作为生态用水，分配金马河 $15m^3/s$、外江沙黑总河 $5m^3/s$、内江宝瓶口 $25m^3/s$，主要给成都市府南河。此流量是生态基流，必须首先保证。鉴于供水区的重要性和岷江水源条件，在岷江水资源未根本改善前也不可能有大的增加。

3. 充分发挥岷江上游调蓄水库的作用

岷江上游目前已建成狮子坪、毛尔盖和紫坪铺水库，而狮子坪、毛尔盖两座属电力部门以发电为主的调蓄水库，2011 年已开始蓄水发电。正开展另一个发电水库剑科水库的前期工作，计划 2020 年前建成投入运行，还有规划的十里铺水库未建设。目前，紫坪铺水库尚未正常发挥效益。

因此，2010 水平年只考虑紫坪铺水库单独运行，按照"电调服从水调"的原则，以下游供水区供水要水调节放水；2020 水平年狮子坪、毛尔盖、剑科三水库按电力管理部门要求枯水期等流量调节，下游由紫坪铺水库按都江堰综合供水要水调节放水，尽可能实现四库联合运行；2030 水平年狮子坪、毛尔盖、剑科三水库按电力部门枯水期等流量调节，下游由十里铺、紫坪铺两水库再按都江堰供水要水调节放水，尽可能实现五库联合运行。岷江来水应扣减上游区域经济社会发展增加供水对来水量的影响。

4. 毗河供水工程分期实施

为确保粮食生产安全，战胜丘陵区严重干旱，发展灌溉面积，实现都江堰工程最终规模，建设毗河供水工程十分必要。毗河供水工程已在国家发改委立项，是已经开工建设的都江堰扩灌区，计划 2020 年建成毗河引水一期工程，实现灌溉面积 125.49 万亩；2030 年毗河供水工程全部建成。

5. 正确处理水资源与工农业生产发展关系

该区域是水资源的贫乏地区，但也是四川省经济最发达的重点地区，为了改变工农业发展完全依赖对水资源掠夺性开发的经济增长方式，提高水资源的利用效率，必须坚持发展具有先进工艺技术、节水的工业企业，实现工业污废水的零排放，节约用水。

6. 供水区水量配置顺序

都江堰工程引入供水区的岷江水量，在预留生态用水后，水量分配的基本原则是：首先是满足现状成都平原地区生活、工业供水及平原直供水区的灌溉供水和丘陵区生活供水。其次是向丘陵区输水，为丘陵区补充灌溉和部分生活供水，枯水期（12 月至次年 5 月）首先确保平原直供水区供水和丘陵区生活供水，原则不向丘陵区灌溉供水，丰水期（6～11 月）再向丘陵区灌溉供水。丘陵供水区灌溉供水利用充囤水库，实行头年丰水期蓄水，第二年枯水期用水。

都江堰工程枯水期引入水量在满足平原区用水后，若枯水期有多余水量再按实际情况分配给丘陵区使用。

供水区内的渠道电站不单独配水，利用生活、灌溉、工业配水和余水发电。

（二）水资源合理配置

根据水量平衡计算成果，都江堰供水区水资源的合理配置方案如下。

都江堰工程引入岷江水量，原则上应控制在 110 亿～120 亿 m^3，占岷江来水的 80%～85%，为河段可利用水量的上限。生态环境基流，控制在最小要求，即多年平均流量的 10%，可适当减少丰水期引入水量，增加金马河丰水期的生态流量，加上汛期泄水满足青城桥断面处生态年水量 10 亿 m^3 的要求。

供水区的生活、生产总供水应控制在 70 亿～75 亿 m^3（除非岷江上游或者供水区增加更多的调蓄工程外），占岷江鱼嘴来水的 48%～52%。

其中：灌溉 42 亿～45 亿 m^3，占总供水的 60%；生活工业供水 28 亿～30 亿 m^3，占总供水的 40%。

第六节　实施水权转让是优化都江堰水资源配置的有效措施

一　水权转让是新时期对水资源配置的要求

都江堰供水区是四川省经济社会发展的核心区，是全省政治、经济、文化的中心，是全省工农业生产最发达、最富饶的地区；但也是水资源贫乏、供需矛盾最突出、水压力最大的地区。随着经济和社会的进一步发展，供水区城镇化进度将快速推进，城市人口的迅猛增长、工业化的增速加快使都江堰生活、工业供水范围越来越大，用水要求越来越高，用水量越来越多；而极端天气的频繁出现，使干旱缺水更加严重；人们生活水平的提高对确保粮食生产安全的要求越高，对改善生态环境的呼声日趋提高。这一切都对水的供应提出了更高的要求，该区供需矛盾将更加突出。

通过前面分析、论证也可以看出，都江堰水资源的利用呈现一种相互矛盾的局面。

一方面是都江堰水利工程的岷江主力水源不但不增加，反而呈现下降的局面，统计资料表明，岷江来水在 20 世纪 30 年代（1937～1940 年）平均径流量 174.1 亿 m³，40 年代（1941～1950 年）平均径流量 156.5 亿 m³，50 年代（1951～1960 年）平均径流量 156.5 亿 m³，60 年代（1961～1970 年）平均径流量 155.8 亿 m³，70 年代（1971～1980 年）平均径流量 142.6 亿 m³，80 年代（1981～1990 年）平均径流量 143.2 亿 m³，90 年代（1991～2000 年）平均径流量 142.3 亿 m³，21 世纪初（2001～2010 年）平均径流量 134.5 亿 m³，而枯水期流量存在下降的趋势。岷江来水条件受限，不可能改善增加；受地形地质条件的限制，岷江上游的调蓄能力不可能有大的增加，"调丰补枯"能力有限；都江堰供水区水资源开发利用率目前已经较高，超过了合理的利用上限；都江堰两取水口引入水量已经超过了河段可利用水资源量，达到了河段水资源承载能力的上限，不可能再进一步增加；灌区当地径流利用率也较高，增加利用潜力有限。因此，再增加水源供给的可能性不大，水资源的供应问题确实成为人们心中十分沉重的负担。

另一方面是供水区城市扩大、城镇人口增加、工业企业增多，产业聚集，需要供水的对象增加，供水量增大，特别水平原地区需要的直供水增加，供水压力确实不断增大，水资源的供需矛盾将日趋突出。

此外，都江堰供水区从历史以来一直是以农田灌溉供水为主，灌溉供水占总供水的比重虽然已经由历史上的 100% 下降到现在的 60%～70%。十多年来灌区都在进行续建配套与节水改造，但总体来讲灌溉方式仍较落后，灌溉水利用系数很低，水量浪费仍十分突出，节水的潜力较大。虽然 2030 水平年供水区水量平衡，在已经包含了农田灌溉节水的转移（即水权转让）后才基本实现平衡。

严峻的形势要求我们寻求在不增加新的水源的情况下，不侵占农业用水户的水权，保障粮食生产安全又节约灌溉用水，提高水的利用率，发挥最大的使用价值，从而优化水资源配置。

对于都江堰供水区，要提高水资源的承载能力，优化水资源配置有两个主要途径。

一个途径是充分合理地利用都江堰工程引入供水区丰水期（汛期）余水来提高水量利用率，提高水资源的承载能力。但由于余水具有年内、年际分布的不均性、分散性和保证率低的特点。因此，余水的利用与在都江堰供水区是否有囤蓄库容进行调节及其合理调度有关。在实现供水按计划合理调配的前提下，按理论计算只要在都江堰供水区修建一定数量的囤蓄水库，将余水囤蓄起来，弥补缺水旬无水时使用，解决少数时段缺水这个瓶颈问题，就可以进一步扩大余水利用，增加对新增用水户的供水。否则，余水保证率低，不好利用，将会造成供水的不稳定性和不安全性。而因受地形条件限制，增加调蓄库容对平原直供水区来说是比较困难的；对于丘陵供水区相对要容易一些。

另一个途径就是通过实施水权的转让，在不增加供水总量的前提下，开展灌区续建配套与节水改造，将农灌渠系输水损失的水量节约下来，转让给城镇生活或工业企业供水，满足新增用水户的用水需求。水权转让是优化水资源配置的又一有效措施，是新时期对水资源配置的要求。都江堰供水区具有实施水权转让的基础条件，可以积极探索和具体实践，稳妥地推进水权制度建设，以积极寻求破解水资源制约当地经济社会发展的新途径。

二　水权转换是优化水资源配置的有效措施

（一）水权交易的法律依据

《中华人民共和国水法》规定"水资源属于国家所有"，属于"公共资源"，也就是国家对水资源行使占有、使用、收益和处分权利，国家对所有权的享受和行使可以排除任何组织和个人的干涉。使用权人依据法律对国家所有的水资源享有使用并获得收益的权利。国家实行水资源有偿使用制度，直接从江河、湖泊或者地下取用水资源的单位和个人通过申请领取取水许可证，缴纳水资源费，取得取水权。

2006年国务院颁布了《取水许可和水资源费征收管理条例》（国务院令第460号），该条例的第二十七条规定：依法获得取水权的单位或者个人，通过调整产品和产业结构、改革工艺、节水等措施节约水资源的，在取水许可的有效期和取水限额内，经原审批机关批准，可以依法有偿转让其节约的水资源，并到原审批机关办理取水权变更手续。

2011 年中央《关于加快水利改革发展的决定》实现最严格水资源管理制度中提出的"建立和完善国家水权制度，充分运用市场机制优化配置水资源"。

2012 年《国务院关于实行最严格水资源管理制度的意见》（国发〔2012〕3 号文件）提出"严格控制流域和区域取用水总量。建立健全水权制度，积极培育水市场，鼓励开展水权交易，运用市场机制合理配置水资源"。

《水利部关于水权转让的若干意见》就水权转让的基本原则、限制范围，水权的转让费、转让年限、监督管理等，都提出了办法。

上述众多的政府文件和部门管理制度为水权转让工作提供了充分的法律基础和开展水权转让的指导意见。

（二）都江堰供水区具有实施水权转让的可行性

前面各章分析了都江堰供水区各行业用水快速增长，供需矛盾突出，但区域水资源紧缺、水资源承载能力有限；水资源开发利用率已经较高，再增加工程供水的潜力有限；受最严格水资源管理"三条红线"控制，增加供水指标有限；供水区以农田灌溉为主，农灌是用水大户，农灌用水占总供水的 70% ~80%，节水潜力较大等，都说明都江堰供水区具有适宜开展水权转让探索和实践工作的基础条件和必要性。

2000 年经水利部水规总院批准的《四川省都江堰灌区续建配套与节水改造报告》（修编本），通过 2015 水平年、2020 水平年供需平衡分析，提出了灌区经过节水改造，可实现农田灌溉节水潜力的初步预测，可以节水 23.6 亿 m³，十多年节水改造的实践经验已经取得了节水效益。都江堰供水区规划 2030 水平年的供需平衡计算成果，实际已经考虑了节水的转移，才能实现水量的供需平衡，这些都为开展水权转让工作探索和实践提供了依据和可行性。

水权转让是都江堰供水的一个新课题，实际上也是一个正在实施中的课题。水权转让是都江堰优化水资源配置的有效措施之一。《黄河水权转换制度构建及实践》[①] 一书指出：水权转让是水权权属者（主要是农业部门）通

[①]　水利部黄河水利委员会编《黄河水权转换制度构建及实践》，黄河水利出版社，2008，第 81 ~ 85 页。

过采取各种节水措施，将节余的水量有偿转让给水权的受让方（主要是工业部门）。从以上分析可以看出，水权转让对改善都江堰供水区的供水是值得研究、探索和试点的。长期以来，我国水资源管理配置一直采用计划经济的手段，因水权不清，水市场交易没有形成，水资源统一管理与优化配置难以实现。建立和完善水权制度，明晰水资源产权，实行水资源有偿使用制度，利用水市场和政府宏观调控手段实现水资源优化配置，在我国一些地区的可行性探索实践，表明建立水权制度和水市场是可行的。这有利于取水许可制度和江河取水总量控制制度的实施；有利于水资源管理从粗放型向集约型转变，提高水的利用率，调整水供需矛盾；有利于水的利用从低效益的经济领域向高效益的经济领域调整；有利于水资源的有偿使用，增加水利投入，推进水资源的开发、利用、治理、配置、节约、保护；对实现水资源可持续利用、保障经济社会可持续发展具有深远的历史意义和重要的现实意义。

黄河流域是我国水资源贫乏的地区，但又是我国的重点经济发展地区，水资源供需矛盾十分突出，除积极推进从长江调水的南水北调工程建设外；也积极推进通过建立和完善水权制度、实施水权转让提高水的利用率，优化水资源配置缓减水供需矛盾，制定了《黄河水权转换管理实施办法（试行）》、《黄河可供水量分配方案》、《黄河水量调度条例》等制度办法，结合流域或区域水资源综合规划，编制水权转换总体规划，开展了水权转让试点工作，按"试点先行、稳步推进"的要求进行。如内蒙古鄂尔多斯市，甘肃张掖、民勤等地区开展了区域间水权交易、行业间水权交易、农民间水票交易等50多个项目，转让水量4亿 m³，实现了水权由低附加值行业向高附加值行业的流转，改善了灌区节水工程状况，拓宽了灌区节水改造融资渠道，有利于农业增产和减轻农民负担，取得较好的效果。黄河流域开展水权转让的实践经验是值得都江堰供水区开展水权转让学习和借鉴的。

分析都江堰供水区水资源和供水的特点可知，都江堰供水区具有开展水权转让试点的必要性、可行性和多种条件，可以开展试点。有利于都江堰水资源优化配置，提高水资源利用率和水资源的承载能力，探索推进水资源的开发、利用、治理、配置、节约、保护。

三 都江堰供水区灌溉节水潜力分析

（一）都江堰供水区灌溉水利用系数的确定

水权转换中的灌区节水潜力是指通过采取一系列的工程和非工程节水技术措施，灌区预期所需的灌溉水量与初始状态相比，可能减少的取水水量。农业灌溉用水从水源到转换成作物生理水的过程中，除了被作物利用，还有相当一部分在通过渠道输送过程和进入田间后，因渠道渗漏、田间水量多而跑水或深层渗漏、水面蒸发以及引水过多而直接进入退水渠损失掉。在损失水量中，渠道退水量、田间排水量和地下水的各项补给量等水量在采取节水措施之前，通常在农业或其他方面也是可以再利用的，属于可回收水量；而被蒸发掉的水量则不能被再利用，属不可回收水量。灌区节水量计算时通过采取渠道衬砌、田间节水灌溉技术、高新节水技术、种植结构调整和节水管理技术等工程和非工程节水措施，减少了的损失水量，包括渠道渗漏量、田间渗漏量、水面蒸发量、退水量等可回收和不可回收的损失水量。因此，灌区节水量包括可回收水量和不可回收水量两部分。

根据《四川省都江堰灌区续建配套与节水改造规划报告》[①] 计算结果，渠系水利用系数的大小与渠系长度、灌区分布、流量大小、工程质量及管理水平有关。渠系总损失水量包括渠道沿程渗漏损失和因管理不善（如管理水平低、灌区配套差、泄水、跑水等）所造成的损失两部分。

渠道渗漏损失：本灌区各级渠道均采用衬砌。经调查分析并参考有关资料，同时结合本灌区的实际衬砌方式、材料等情况，总干、干渠衬砌减少渗漏损失 70% ~ 80% ；分干、支渠减少渗漏损失 60% ~ 70% ；斗渠减少渗漏损失 50% ~ 60% 。

其他损失：通过调查，并结合有关资料分析，灌区因管理不善所造成的水量损失约占总损失的 20% 左右。考虑到本项目实施后，通过提高管理水平，健全组织机构，配备计量设备，进行科学管理，合理用水，这部分损失

---

① 四川省水利水电勘测设计研究院编《四川省都江堰灌区续建配套与节水改造规划报告（修编本）》，内部资料，2000。

水量可大大减少。因此，确定本工程其他损失占总损失水量的 10% （即管理不善损失减少 50% 左右）。

田间水量损失因采用了节水灌溉措施，采用田间水利用系数则按 0.9 ～ 0.95 计算。

参照灌区渠系布置，渠系输水损失根据分渠系设计保证率采用的灌水模数，按考斯加可夫公式，由斗农渠至干渠，从下至上进行逐级推算至都江堰取水口，计算得各级渠道的渠道水利用系数，最后得到全灌区的灌溉水利用系数（见表 38）。

表 38　都江堰各分片灌区渠系水利用系数

灌区分片	渠系水利用系数						田间水利用系数	灌溉水利用系数
	总干渠	干渠	分干渠	支渠	斗渠以下	渠系		
内江平原片	—	0.961	0.956	0.943	0.792	0.686	0.95	0.652
外江平原片	—	0.991	0.958	0.948	0.717	0.645	0.95	0.613
人民渠 1～4 期	—	0.984	0.941	0.897	0.756	0.628	0.95	0.597
东风渠 1～4 期	—	0.984	0.943	0.899	0.821	0.685	0.9	0.617
人民渠 6 期	0.85	0.992	0.952	0.922	0.798	0.591	0.9	0.532
人民渠 5、7 期	0.85	0.985	0.948	0.870	0.829	0.572	0.9	0.515
东风渠 5 期	0.8	0.981	0.941	0.909	0.833	0.559	0.9	0.503
东风渠 6 期	0.85	0.981	0.944	0.936	0.801	0.590	0.9	0.531
毗河引水灌区	0.98	0.97	0.94	0.91	0.810	0.658	0.95	0.563

经推算，全灌区节水改造前（2000 年）灌溉水利用系数仅为 0.432。

按规划根据节水改造项目的实施情况，到设计水平年 2020 年，全灌区灌溉水利用系数可达到 0.55，2030 水平年将达到 0.58。

（二）都江堰供水区灌溉节水潜力分析

《四川省都江堰灌区续建配套与节水改造规划报告》曾经就都江堰灌区续建配套与节水改造实施后能节约多少灌溉水量做过预测，由于采取了通过输水系统衬砌、整治、改造工程措施、田间节水工程措施、农业节水种植高新技术、种植结构调整、节水管理技术等工程措施和农业措施，降低了灌溉定额，提高了灌溉水利用系数。从现状（1998 年）至设计水平年（当时为 2015 年），农业灌溉总节水潜力为 23.6 亿 m³。其中，因农业节水种植高新技术、种植结构调整等使灌溉定额降低节水 11.27 亿 m³；因采取了输水系统衬砌、整治、改造工程措施、田间节水工程措施等，灌溉水利用系数从 0.432 提高到 0.558，节水 12.33 亿 m³。

本次参考原计算结果，重新复核完善了原计算结果，都江堰现供水区如果完成灌区续建配套与节水改造（不考虑新建毗河灌溉工程），至 2030 年供水区预期所需的灌溉水量与初始状态相比，可能减少的取水水量即为可能的农业灌溉节水潜力计算见表 39。

表 39　都江堰供水区农田灌溉节水潜力计算

项目	节水前 1998 年	2010 年	2020 年	2030 年	合计
现灌区灌溉面积（未计通济堰和毗河灌区）（万亩）	954.61	983.4	1134.41	1134.41	—
灌区综合平均灌溉定额（m³/亩）	390	322	300	271	—
节水后净定额（m³/亩）	304	300	271	262	—
灌溉水利用系数	0.432	0.463	0.55	0.58	—
灌溉净需水（亿 m³）	30.71	29.49	30.74	29.77	—
当地径流净供水（亿 m³）	6.03	6.25	8.13	7.97	—
都江堰现灌区净需供水（亿 m³）	22.95	23.24	22.61	21.8	—
都江堰现灌区毛需供水（亿 m³）	53.13	50.19	41.11	37.59	—
现灌区可节约水量（亿 m³）	—	2.94	9.09	3.52	15.55
另外每亩灌溉定额降低（m³/亩）	—	68	22	29	119
另外灌溉定额降低节水（亿 m³）	—	6.69	2.50	3.29	12.48
合计总节水潜力（亿 m³）	—	9.62	11.58	6.81	28.01

经分析从都江堰节水改造刚开始的 1998 年计算至 2030 年，现灌区设计灌面由 954.6 万亩达到 1134.41 万亩后（未计入毗河引水扩灌区，扩灌区主要使用都江堰工程引入的丰水期余水囤蓄供水，原则少增加使用枯水），总可节水 28.02 亿 m³。

一部分是因农业节水种植高新技术（如旱育秧、微喷滴灌溉、适时种植、覆盖保墒、蓄水保水耕作技术等），以及种植结构调整（水作改旱作、优良品种等）使灌溉定额降低节水 12.47 亿 m³，因为这部分水量不参与供水区水资源供需平衡，不可能再利用，称为不可回收的节水量。

另一部分为因采取了通过输水系统衬砌、整治、改造工程措施、田间节水工程措施等，减少渠系输水损失，使灌溉水利用系数从 0.432 提高到 0.58，节水 15.54 亿 m³，因为这部分水量参与水资源供需平衡，是灌区采取节水措施后灌区取水量的减少量，也就是可能通过节水措施再利用的真实节水量，称为可回收的节水量。这部分水量可回收水量 15.54 亿 m³，可以作水权转让的基本水量。

四　都江堰供水区灌溉可转让水量估算

（一）都江堰供水区灌溉可转让水量估算

《四川省都江堰灌区续建配套与节水改造规划报告》已经提出将部分节约水量转移，用于扩大灌面和城市生活用水及工业用水中，都江堰供水区十多年来，续建配套与节水改造实践已经证明，供水区灌溉面积由 954.61 万亩扩大到 2010 年的 983.4 万亩，基本实现灌溉需水的零增长，至 2030 年现灌区灌溉面积达到 1134.41 万亩，农业灌溉需水仍将继续执行零增长方式。正在建设中的都江堰扩灌区毗河引水工程，设计灌溉面积 313.62 万亩（可研成果），主要建立在首先充分利用当地径流的基础上，辅以都江堰供水的供水工程补水。其扩灌区用水主要是在充分利用当地径流的基础上，使用都江堰工程宝瓶口引入的丰水期余水在扩灌区通过足够容积充囤水库，囤蓄丰水期余水，实施"引洪囤蓄、先蓄后用"，补充丘陵区水量的不足。毗河引水工程就是利用现供水区余水，少使用枯水，不增加都江堰工程枯水期水量负担，原则上不影响都江堰工程现供水区农业节水的水量转移。

前面已经计算得知，都江堰供水区可以节约的可回收农田灌溉节水潜力水量为 15.54 亿 m³，不等于可转让的水量。因为灌溉年供水过程线是非常不均匀的，灌溉高峰期用水量多，一般生长期用水量小，有的季节可能不需水；而生活工业供水过程线一般是均匀而稳定的，年内各月旬比较均匀。必须要有足够的调蓄能力才能实现节水的水量完全再分配。特别是都江堰引水工程，来水调节性能差，供水区（特别是平原地区）在没有足够调蓄容积调节水量的情况下，无法把年内不均匀的灌溉节约水量重新完全再分配，全部转换成均匀的生活工业供水，只能按实际条件转让部分水量给新用水户，另一部分多余的节水量只能变成区域的生态环境水量。因此，水量转移量必然小于节约的可回收水量，水量转移量的大小将决定于转换水量的工程调节能力，随着调控能力的大小而变化，其转让的最大值为计算的可回收水量15.54亿 m^3。

都江堰工程十多年续建配套与节水改造的实践证明，1998～2010年节水改造开展以来，供水区投入各项建设资金12.62亿元，整治了灌区的主要渠道855km、建筑物6925处，使灌区输水大通道畅通，新增灌面30.49万亩、改善灌面168万亩，经实测推算已使灌区的灌溉水利用系数经从0.432提高到0.50，年均节约水量8.81亿 m^3，相当于每节约1立方米水投资1.43元。目前已经有3.38亿 m^3，转移为供水区城市的生活工业供水（如给成都七水厂、温江寿丰水厂、新都三水厂、大丰水厂等企业的供水），其他的节约水量实际上已作为成都市的生态环境水量，实现了在不增加用水指标的情况下，保障经济社会发展用水的要求，实现了水资源由低附加值行业向高附加值行业的流转。

实践证明都江堰供水区，水权转让工作实际上早已开始，只是没有由用水企业与水权权属者之间直接进行，没有由用水企业出资签定水权转换合同，而是由政府投资主导进行，由国家向取得取水许可证的新用水户供水。今后可以把这项工作提上议事日程，使其正规化，在更大范围内推广，为优化都江堰水资源配置、提高都江堰水资源承载能力做贡献。

（二）积极探索与完善水权转让制度

水权转让是优化水资源配置的有效措施之一，在我国正处于初期试点和实践探索的阶段，虽然取得了一些成绩，但仍然面临着一些问题，存在一些值得研究和完善的地方。

一是水权制度尚需建立健全，有关法律法规有待健全，水权转换的基础研究较为薄弱，对相关利益方的补偿机制尚需进一步研究。

二是初始水权尚未完全明晰，怎样界定和分配初始水权，流域上下游、地区之间水权的交换，水权交易的范围、类型等要素尚未明确，这些都是水权交易的前提条件。

三是水权交易市场尚需建立，水权交易平台建设滞后。

四是取水许可制度落实和取水许可监督管理尚未完全到位。

五是水权保护和监控制度尚需健全。

六是水资源监控能力和水量监测设施建设滞后等。

节水是永恒的主题，水权转让不是对所有地方都是万能的，主要适合于水资源紧缺、供需矛盾较大、水资源开发利用率已经较高且潜力有限、"三条红线"总用水量指标有限的区域和地区。而对于水资源相对丰富、水资源开发利用率较低、供需矛盾不大的区域和地区，就没有这样紧迫。它强调的是将农田灌溉用水节约出来，转让给生活工业供水，此项工作涉及方方面面的问题。因此，要搞好水权转让，必须首先做好水权转让的总体规划，逐步试点进行。

相信通过都江堰供水区水权转让的探索和积极实践，都江堰供水区将取得优化水资源配置的良好效果，不断完善我国水权交易制度，积极稳妥地推进水权制度建设。

第三篇　世界经验

第 十 五 章
美国：明晰和多样化的水权制度[*]

第一节　美国水资源概况

美国地处北美洲中部，总面积 937 万平方公里，人口约 3.1 亿人。2013年，美国国内生产总值达到 16.8 万亿美元，居世界国家和地区首位。人均国内生产总值 5.31 万美元，位居世界国家和地区第 10 名。美国西临太平洋，东接大西洋。辽阔的地域上平原、山脉、丘陵、沙漠、湖泊、沼泽等各种地貌类型均有分布，山地占国土面积的 1/3，丘陵及平原占 2/3。境内地势东、西两侧高，中间低，东部与西部大致以南北向的落基山东麓为界，也是美国太平洋水系和大西洋水系的分水岭，两边的气候和自然条件差异较大。

美国河流大多为南北走向，主要有五个水系：一是墨西哥湾水系，由密西西比河及格兰德河等河流构成，其流域面积占美国本土面积的 2/3；二是太平洋水系，由科罗拉多河、哥伦比亚河、萨克拉门托河、圣华金河等河流构成；三是大西洋水系，包括波托马克河以及哈得逊河等；四是白令海水系，由阿拉斯加州的育空河及其他诸河构成；五是北冰洋水系，包括阿拉斯加州注入北冰洋的河流。

根据降水量和水资源的自然分布，美国水资源特点大致概括为人均丰富，东多西少。美国水资源总量为 2.97 万亿 m^3，人均水资源量约 $9600m^3$

＊ 本章作者：付实，四川省社会科学院西部大开发研究中心副秘书长、副研究员。

（是我国人均水资源量的 4.6 倍），总体上看，美国是一个水资源较为丰富的国家。全美多年平均降水量为 760mm。以落基山脉为界，可将美国本土化分成两个不同区域。落基山脉以西的西部 17 个州为干旱和半干旱区，以冬季降水为主，年降水量在 500mm 以下。内陆地区甚至只有 250mm 左右，尤其科罗拉多河下游地区不足 90mm，是全美水资源较为紧缺的地区。落基山脉以东的东部年降水量为 800～1000mm，以夏季降水为主，是湿润与半湿润地区。

密西西比河是北美洲最长的河流，水系全长 6270km，为世界第四长河（前三为尼罗河、亚马孙河和长江）；流域面积 298 万 km²，是北美大陆流域面积最广的水系，两岸多湖泊和沼泽。本流源头在明尼苏达州落基山北段，流经中央大平原，注入墨西哥湾。除主流外，可通航的支流约有 40 条，水深 2.75 米的航道达 1 万 km，并通过运河与五大湖连成一巨大的内河航运系统。

第二节　美国水权制度和水权市场理论和实践

一　水权制度理论及实践

（一）水权和水权制度的法律界定

水权是权利人引流和储存定量的水的权利。按照科罗拉多等州的法律和某些判例的观点，水权由两部分权利组成，一种是从水源中引流定量的水的权利，另一种是在河流外的水库中或者在河流内的水库中储存定量的水的权利。水权与其他的财产权尤其是不动产权益相比，具有较大的不同：该权利的行使可以减少水资源的数量，并可使该水资源的质量变坏。这会反过来影响他人的水权，因他人亦有权利用同一水资源①。

水权属于财产权。美国西部各州法律规定，其边界内的水资源为州所有，而水资源使用权则从公众所有权中分离出来。在州政府水资源所有权

---

① Davis S. 2001，"The Politics of Water Scarcity in the Western States"，The Social Science Journal，Vol. 38，pp. 527 - 542.

下，水权是一种对水资源的使用权。该权利不是对水资源整体的所有权，而是一种用益权。尽管水权不是对水资源完整的财产权，但水的使用权在本质上也可看作一种财产权，非经过合法程序是不能被损害的[①]。

水权制度是指对水权的分配、许可、收益、转让、交易、调整等活动进行管理与规范而形成的一系列制度的总称。水权制度包括水权的定量、水权的获得、对水权人进行管理、水权的分割与层层落实、水权的转让与交易等各个方面的内容。水权制度与一个国家或地区的政治体制、经济发展状况、法律制度、文化习惯、历史沿承等有着密切的关系[②]。

美国为联邦体制的国家，各州各自拥有极大的自治权限，对于境内水资源的管理除联邦保留水权与印第安水权外，主要由各州自行制定相关规定对水资源加以管理。虽然各州有着各自的水法律，但气候地形相似的州的水权制度往往具有较大的相似性，如东部各州往往实行河岸权所有权制度，而西部各州一般采用优先占用权制度。

尽管美国的水资源分配主要由州法律规定，但是这并不意味着联邦政府完全不介入水资源利用。联邦政府对水资源分配的干预主要体现在联邦保留水权和联邦优先权两方面。当需要开辟一个公共区域作为专用时可以设立联邦保留水权，包括最初的印第安保留区以及后来的其他联邦所属的保留区，如军事地区、国家公园以及国家森林保护区等。联邦保留水权只针对为实现保留区主要目标所需的用水，而不考虑其他目的的用水。联邦保留水权自保留地批准之日起优先使用。而根据联邦优先权，联邦水法是优先于州水法的。联邦水法中的一个重要内容就是如何调节州际水资源在各州间的分配。州际水资源的分配主要通过三个方式实现：首先是州际水资源分配协议由州与州签订，并经过国会批准；其次是法庭裁决，有关州际水资源分配的诉讼提交联邦最高法院进行裁决；最后是由国会针对州际水资源分配制定专门的法律[③]。

（二）美国水权制度的演变

美国的水权制度是逐渐演化的，以得克萨斯州为例，1600 年代水权制

①　黄锡生：《水权制度研究》，科学出版社，2005，第 5 页。
②　黄锡生：《水权制度研究》，科学出版社，2005，第 7 页。
③　崔建远、刘斌：《美国水权制度》，科学出版社，2005，第 12 页。

度采用的是西班牙的土地许可制度，水权是附着在土地权上的；1840 年，得克萨斯共和国采用了英国的普通法，水权制度采用河岸所有权学说；1889 年得克萨斯州制定了《灌溉法》，采用了优先占用权学说；1913 年通过的《灌溉法》采用了更为严格的行政管理（许可制度等）的占用原则；1967 年得克萨斯州的《水权裁定法》继续沿用占用学说（许可执照）[①]。下面具体介绍美国水权制度的历史演变。

1. 早期——河岸所有水权制

美国在最初的殖民时期，沿用英国的《普通法》和 1804 年的《拿破仑法典》，遵循河岸所有权原则（riparian right），即毗邻水体和水域的土地所有者拥有水权。此时的水权被认为属于地权的一部分，是一种依附于土地的权利。目前，美国有 28 个州采行河岸所有权，例如特拉华、佛罗里达和佐治亚等州，大多是水量较丰沛的东部各州。

2. 19 世纪——优先占用水权制

随着农业灌溉在美国的发展，河岸所有权原则日见弊端，因为它限制了那些非毗邻水源的土地所有者的用水权，影响了水资源配置的公平性和经济的发展。于是，随着水资源的需求量增加，美国水资源较稀少的西部各州，逐渐放弃了河岸所有权制度，于 19 世纪发展出优先占用水权制度。

优先占用水权制度源自于 19 世纪美国西部淘金热中出现的"取水先占先用惯例（first in time，first in right）"，即：谁先占用了水资源，谁就优先取得了这部分水的支配权与使用权。这样，土地开发和利用中对水资源的引取不再受河岸权的限制，水权与地权被强制分开，以先占用水者为优先水权人。

该惯例后渐发展为优先占用水权制度，规定要取得水权必须先申请，并履行一定法律程序后才可获得。获得用水权的用户必须按申请的用途用水，不得将水挪作他用，也不得单独出卖水的使用权。如果要出卖这种使用权，则必须与被灌溉的土地作为一个整体同时出售。已申请获得的水权有高低等级之分，在缺水期间，政府优先足额保证较高级（长期）的水权专用者，

---

① 崔建远、刘斌：《美国水权制度》，科学出版社，2005，第 16 页。

然后再将余水量逐级分配给较低级（短期）的水权专用者。目前，美国总共有九个州（Alaska，Arizona，Colorado，Idaho，Montana，Nevada，New Mexico，Utah，Wyoming）采用优先占用水权制。

3. 混合水权制的形成

美国还有一些州实行混合水权制度（hybrid system），即上述二种水权制度并存使用。加州是实行混合水权制最早的州。加州法院于1886年创造了加州原则（California doctrine），确定同一流域内可以存在两种不同的水权制度。与加州相比，其他州是先实行河岸所有权制度，后因为优先占用水权制更适合而改为实行优先占用水权制，但法律上仍承认实施前所取得的河岸所有制度或既得水权，因此，在州内形成了二种水权制度并行的情形。美国目前总共有十个州（California，Oregon，Washington，Kansas，Nebraska，North Dakota，Oklahoma，South Dakota，Texas，Mississippi）实行混合制。

4. 公共水权的形成

在水权管理的初始阶段，水权管理的主要内容是进行水资源分配（通过水权许可、登记来实现，以量化的指标来表示）和保护水权人的用水权利。进入20世纪40年代以后，竞争性的经济活动、城市用水及环境和生态对有限水资源的需求日益增长，从而导致了竞争性用水的出现。这样，水权制度不断得到调整与改革。这些调整与改革主要表现为消除对水权的转让与交易的障碍、强调对水资源的合理配置（如满足河道内用水）、启用公共所有权以调整或削弱水权人的权利保障程度、满足公益性用水需求等。由此，出现了公共水权，即用于航运、娱乐休闲（如游泳、水上娱乐、休闲）、科学研究以及满足生态和环境保护要求的地表水使用权。公共水权已经成为评价水资源利用时考虑公共利益的一个重要因素。以科罗拉多州为例，1973年州水利局（CWCB）被授权拥有批准河流流量和天然湖泊水位的权利，以便能合理地保护自然环境。目前，该州水利局拥有攫盖全州近8000英里的河流和500个天然湖泊的1800个批准权。河流流量的审批，一般是依据联邦和州政府的有关部门提供的生态推荐值来批准。

（三）美国水权制度主要内容

如前所述，美国水权制度主要可分为河岸所有水权制、优先占用水权制与混合水权制三种制度，现分别就水权发展，水权取得、转移、终止等内容介绍如下。

1. 河岸所有水权制度

（1）演进与发展

河岸所有水权，又称滨岸所有水权，其规定流域水权属于沿岸的土地所有者，本质是水权私有，并且依附于地权，当地权发生转移时，水权也随之转移。河岸所有水权制的发展是动态变化的，已经历下列四个阶段：第一阶段是绝对所有权制度，即必须拥有河岸的土地才可以从河流引水。第二阶段是合理所有权制度，即所有和水资源邻接的土地都有共同的用水权利。第三阶段是相关权利原则，即水权的分配应考虑水的供求状况，当供不应求时，所有水岸的地主都应该减少用水以共渡难关，当供过于求时，多余的水量应该供给那些非水岸的相关土地使用。第四阶段是许可制。1914年后，美国各州开始实行许可制，即河岸水权人要取得水权，必须先向主管机关提出申请，获得主管机关的许可后才能取得水权[①]。

（2）水权的获得

如上所述，根据美国水权许可制度的规定，河岸水权人要取得水权，必须先向主管机关提交申请并经主管机关审查通过后才可获得。主管机关对于申请人的水权申请，必须从水源类型、取水量、取水地点以及对公众的影响这些方面加以审查。申请人的用水量应介于能维持河川最小流量范围内，以期能确保河川鱼类与野生动物的生存及其他公共利益。而申请人在取得取水许可后，必须提出用水记录报请主管机关查验。

（3）移转与终止

由于河岸所有水权制度的水权依附于地权，原则上水权随着其所依附的河岸土地所有权转移而转移。另外，如果主管机关基于公益的目的而征收河岸水权，则河岸水权人的水权因征收而终止。

2. 优先占用水权制

（1）源起和发展

优先占用水权制度最早起源美国西部地区，其规定：水权与地权分离，

---

① 崔建远、刘斌：《美国水权制度》，科学出版社，2005，第20页。

水资源成为公共资源，用户没有所有权，但承认对水的用益权，先申请者优于后申请者取得水权。其基本原则包括：一是时先权先（first in time, first in right），即先占用者具有优先使用权；二是有益用途（beneficial use），即水的使用必须用于能产生效益的活动；三是不用即废（use it or lose it），即如果用水者长期废弃引水工程并且不用水（一般为 2～5 年），就会丧失继续引水或用水的权利；四是占有权可以通过特定的契约出售，而与任何土地买卖无关。

（2）水权的获得

以犹他州为例，其自然资源局（Department of Natural Resources）水资源处（Division of Water Resource）的最高首长为州工程师（state engineer），因此，在犹他州欲取得水权，水权人必须经由申请，并由州工程师核准发照，方可取得水权。水权申请具体程序为：申请人须先备齐申请文件，内容包括取水时间、地点与取水量等，向州或地方办事处提出申请，并经公告21 天接受异议。若有异议，则邀请相关用水人召开公听会，由地方办事处人员协助处理。形成建议后再送交州工程师，经州工程师审核通过并核准发照，其申请批准流程如图 1 所示。

（3）移转与终止

优先占用水权制的水权是与地权分离的，故可单独转移，但其转移必须受到法令的限制，且不得影响其他水权人的权益。水权的任何流转（包括买卖、租赁或交换）应经州水资源控制委员会批准。只有在水权流转不会对其他水权造成损害并不会对鱼类、野生生物或其他生态有益用水造成不合理的影响的前提下，州水管部门才可予以批准。加州的水权流转分为短期流转和长期流转，后者审批程序十分烦琐，需要经过一定手续，交易成本较高。水权移转主要可分为下列几种转移方式。

a. 买卖或租赁。水权的买卖（sale）或租赁（lease），属于水权最典型的永久或暂时性的转移。买卖属于水权权利的永久转移，买受人继承出卖人的一切权利义务，其内容包括因水权所赋予的所有利益、成本及所负担的义务与风险。租赁则属于水权权利的暂时性转移，水权的权利仍为原水权人所有，承租人仅取得取用水量的权利，而其租赁的期限视用水人的需要而调整，可达一季、一年或多年不等，故此种转移方式对需要用水人的取水赋予

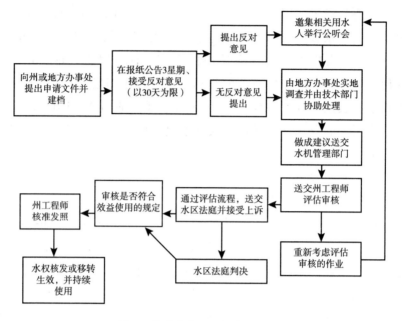

图 1　美国犹他州水权申请流程

资料来源：黄俊杰、施铭权、辜仲明等《水权管制手段之发展》，《厦门大学法律评论》2006 年第 1 期。

了相当大的弹性[①]。

　　b. 选择权。水权选择权（options）是指一种使用受益权的预约性或暂时性的转移契约，转移者为水资源的使用受益权，水权权利本身并未真正转移，而购买该选择契约所付出的代价应属于水租，而非买水的价格。在平时，需要稳定供给的用水者，即可预先购买选择权，至水源不足时，便可行使选择权而获得水资源的供给。

　　优先占用水权的终止，主要有下列几种情形。

　　a. 撤销。在优先占用水权制下，对水权的取得与占用标准为有效利用，故如果水权人未有效利用或停止使用水权，则主管机关得撤销该水权，其水权因此而终止。

　　b. 停用达一定期限或放弃水权。大多数州规定，若水权人停止使用水

---

　　① 黄俊杰、施铭权、辜仲明等：《水权管制手段之发展》，《厦门大学法律评论》2006 年第 1 期。

权达一定时间，该水权将被终止。另外，若水权人放弃水权，水权亦终止。

3. 混合制

美国目前共有 10 个州实行混合水权制，其中以加州最先开始实行，且最为完备，下面以加州混合制为例来加以介绍。

加州地处美国西海岸，现有约 3700 万人，是美国经济和人口规模最大的州。加州水权体系主要由两种权利组成：河岸所有权和优先占用权。其他类型的水权在加州也存在着，其中包括保留水权（联邦政府为实现特定目的而为公有土地预留的用水权）和印第安人村庄水权。

（1）主管机关——加州水资源控制委员会（SWRCB）

加州水资源控制委员会（SWRCB）为加州水权主管机关，负责水权和水质管理，有权为从地表和地下河流引取并用水的主体颁发许可证和执照。故在加州，由 SWRCB 负责水权的审查和核发。欲取得水权者，必须向 SWRCB 申请并取得许可，由其加以监督。

（2）水权的获得

河岸所有权本附着于地权，故紧邻河岸土地直接取得河岸的水权，不需要取得许可，并应遵守合理有效（reasonable and beneficial use）的用水原则。在枯水期时，所有河岸水权人可按比例获得水量，但如果河岸水权人将水资源取出而用于其他土地时，则必须申请水权。

在 1914 年加州水法制定前，优先占用水权的取得根据"先占先用"的原则。自 1914 年后，任何人要取得优先占用水权，都必须向 SWRCB 申请，经 SWRCB 审核、环境评估、公告、异议后，才核发许可证（permit）。

如果 SWRCB 认为河流水量充足并且申请人属于有益用水，就会对新的先占优先水权申请予以批准。在对申请进行审查的过程中，水管部门还会考虑用水人有益用水所带来的其他利益、可能产生的水污染以及水质影响等问题。一旦水管部门颁发了许可，申请人就获得了引水和用水的资格。州水管部门的决定和命令受州最高法院的司法审查。取得水权者，依其申请先后顺序享有优先权，在枯水期时，先取得水权者比后取得水权者享有优先用水的权利。

（3）转移和交易

河岸水权依附于地权之上，故其转移是随同其所附着的土地一起进行的，不能单独转移，更不允许交易。

优先占用水权允许单独转移和交易（包括买卖、租赁或交换），但转移和交易必须遵守不损害原则，即不会对其他水权造成损害和不对鱼类、野生生物或其他生态有益用水造成不合理的影响，并符合用水目的、用水地点与引水地的相关法律，经由 SWRCB 审核许可后才可进行。加州的水权流转分为短期流转和长期流转，前者审批程序十分烦琐，交易成本较高。

（4）终止

河岸水权的终止是指邻近河岸的土地所有权人，若土地因分割而未比邻河岸时，其水权归于消灭。

对于优先占用水权，在特定的情形，SWRCB 可撤销水权，而水权撤销后，水权人原分配的水量，将回归公有并由 SWRCB 重新分配。加州水法规定关于水权的撤销主要有下列三种情形：水权人停用全部或部分分配水权达五年时；水权人仅拥有许可而尚未取得用水执照前，SWRCB 经调查程序确认有必要时；水权人不按照用水执照的规定事项用水，或者不依有效使用的原则用水时①。

二 水权交易和水市场理论及实践

（一）水权交易和水市场概况

美国是世界上市场经济最为发达的国家，水权制度创设最早，也较为完善发达，世界最早的可交易水权制度就是于 20 世纪 80 年代出现在美国西部地区。目前，美国水权交易主要集中在西部各州，以加利福尼亚水银行最富有特色。美国加利福尼亚州从 1987 年起连续经历了 5 年干旱，为消除旱灾带来的负面影响，州政府于 1991 年发起建设了水银行。水银行本质上是一种水权交易中介组织，其主要负责购买出售水资源的用户的水，这些水包括农地休耕后的节约用水、使用地下水而节约的地表水、水库调水等；然后将收购来的水卖给急需用水的用户。水银行主要作用是简化了水权交易程序，促进水权便捷交易，更合理地对水资源进行了配置，并给交易双方带来了较好的经济效益。例如，1991 年，水银行在 45 天内竟买到了 10 亿 m³ 的水，

① 黄俊杰、施铭权、辜仲明等：《水权管制手段之发展》，《厦门大学法律评论》2006 年第 1 期。

其买入价为 10 美分/m³，卖出价是 14 美分/m³，这些水大多数来自休耕地用水和地下水。水银行对这些水进行合理的配置，据估计，带来的经济效益达3.5 亿美元。因此，这种水权交易形式逐步在美国推广开来，科罗拉多州、新墨西哥州和得克萨斯州等地也都建立了水银行。

另外，在美国的西部还成立了灌溉公司，公司股份是以水权作为表现形式。灌溉农户通过加入灌溉协会或灌溉公司，并按分配取得水权、依法取得水权或在流域上游取得蓄水权。在灌溉期，水库管理单位把当年入库的水量按水权分配，给拥有水权的农户输放一定水量，并用输放水量计算库存各用水户的蓄水量。现在，美国还出现了网上水权交易，即水权的买卖双方到水权市场网站进行登记，而后在网上完成水权交易①。

在美国，用水主体间的水权转让与交易主要是通过水权市场来实现的，并辅以行政手段加以指导和引导。水市场中的绝大部分水交易是从农村转向城市。据统计，在得克萨斯州，99% 的水交易是从农业用水转变为非农业用水。该州的里格兰市，1990 年确立的水权中，有 45% 自 1970 年起已经被买走②。

（二）加州水银行制度

水银行由美国爱达荷州首创，后来被加利福尼亚州（加州）、科罗拉多州、得克萨斯州及亚利桑那州许多水资源缺乏的地区采用。英国、法国、德国、意大利、比利时、丹麦、希腊、荷兰、西班牙、爱尔兰、卢森堡、葡萄牙、瑞典等欧洲国家也越来越多地利用水银行应对水资源紧张的局面，水银行是这些国家水资源管理的重要组成部分，其中加州的水银行制度最有特色，也最著名，以下从源起、运作、改进、评价等方面对加州水银行制度做具体论述③。

1. *加州水银行诞生背景*

加州水银行问世于 1991 年，但其雏形早就存在。早期的加州水权交易就包括在 1977 年间由联邦土地复垦局赞助中央峡谷工程水权人的一个成功的水银行以及接下来的水资源合并协议和其他的水权交易。

---

① 水利部黄河水利委员会：《黄河水权制度转换制度构建及实践》，黄河水利出版社，2008，第 67 页。
② 水利部黄河水利委员会：《黄河水权制度转换制度构建及实践》，黄河水利出版社，2008，第 64 页。
③ 黄顺星：《美国加州水权制度研究》，硕士学位论文，厦门大学，2004，第 60~63 页。

从 1987 年开始，加州连续数年干旱，当时加州主要蓄水池都因旱灾而干涸，城市水量供给严重不足，农业、工业和城市居民用水都面临着严重的威胁。在这种紧急情况下，由州水资源部（DWR）组织并负责操作的 1991 年干旱水银行诞生了。水银行本质上是一种水权交易中介组织，通过水银行，州水资源部从自愿出售水的用户那里购买水资源，之后再卖给急需水的用户。

2. 加州水银行的具体运作

（1）购水合同

州水资源部成立了一个购水委员会（Water Purchase Committee）负责水银行水购买的前期工作。委员会成员由潜在的交易双方代表组成。其任务是为水银行交易协商出一组示范合同条款、确定统一水价以及评估在此价格上将获得的水量。为了鼓励水权出售人积极参与水权让与并保护其合法权益，委员会拟订的购水合同包括了一个价格伸缩条款，该条款规定如果特定之日处于相似处境的其他水权购买人所出价格超过本合同价格的 10%，水权出售人可按这二者中较高价格进行出售。水资源部通过这样的方式打消了水权出售人的顾虑，尽量使其水权出售利益得到最大化，从而鼓励了水权人将水卖给水银行。

（2）水银行水的具体来源

在干旱的条件下，能够出售给水银行的多余的水从何而来呢？出售人通过以下几种方式将水进行节余。第一，农地休耕（fallowing farmland）。通过休耕的方式将节余下来的灌溉用水出售给水银行。1991 年，水银行购买的水大约一半都是来自休耕土地。第二，地下水取代（Ground Water Substitution）。土地所有人抽取地下水浇灌庄稼而将地表水转让给水银行。甚至一些合同规定直接抽取地下水卖给水银行。但是，过度抽取地下水可能会给水源地造成损害。为了消除这一隐忧，合同规定出售者必须对地下水进行测量，然后由当地的水管理部门向水银行输送等量的水。第三，水库调水（Reservoir Withdrawal）。

（3）水银行水的具体分配

水银行通过各种水购买合同收集了大量的水资源，但是如何公平地将水资源进行再分配，使其得以最大化利用也是水银行运作的重要组成部分。加州水银行根据需要的迫切程度（Critical Needs）来确定分水的优先顺序，确保处于最急迫状态的参与者能够首先得到满足。

首先，公共健康和安全被认定为最紧急（emergency needs），所以，水首先满足该方面的需要。其次是被认定为迫切需要（critical needs），包括全年必需水量70%得不到满足的工业用水和生活用水、需水保证具有高经济价值农作物的存活的农业用水、动植物保护用水。再次是事先接受配额的实体以及为了减少实质经济损失而需要水额外供应的用水人。最后用于州水道工程的蓄水。

（4）水银行的改进

1991年的加州水银行为缓解加州干旱所带来的严峻形势发挥了较大作用，但是其操作也招致外界一些负面评价，包括水的购买是基于早期需要的，而这些需求与所签署的合同不一致，以及其操作影响了以农业为支柱产业地区的经济状况，过度抽取地下水带来的地下水问题、环境问题等。

为解决这些问题，1992年的加州水银行在操作上进行了很多改进。第一，除非事先存在有意愿的水购买人参与了合同协商，否则DWR不会购买任何水。第二，不再通过农业休耕合同来购水。水只能通过地下水交换和储存地表水获得。第三，用所谓的"system of pools"来记录水的购买和出售情况。每一个池代表了一个水银行需要满足的具体水需求。当供需情况发生变化时，再创建一个新的池。尽管每一个池的水价都是根据其独特条件创建的，但是新池的创建并不会改变这一价格。第四，更加重视渔业和野生生物的水需求。例如，渔业和狩猎部为保护渔业和野生动物栖息地购买了20000立方英尺水。而1991年的水银行并没有因为此目的而直接进行水购买。第五，进行其他交易。水银行在成立之初进行的是水实物交易，1995年开始组合"水资源买进选择权交易"和"水资源实物交易"。所谓水资源买进选择权是一种销售合同，枯水银行设定了每立方米供水的预付款价格，从水权者手中买进了价值3.8亿 m^3 的水权，然后转售给需求者。

3. 加州水银行评价

加州水银行的成功运行表明：水权人对参与水权交易具有很大的积极性，鼓励了水权人通过节水技术等方式将多余的水出售给急需用水的人，促进了水从经济效益产出较低的利用领域流向具有较高经济价值的利用领域。

（1）促进水权便捷交易

与一般的水权交易相比，加州水银行具有难以比拟的优势。由于加州水银行并非一个市场机构或自治机构，而是由州水资源部支持实施的，因此其不但享受资金技术上的支持，在具体审查方面也会享受法律给予的特殊优待。这样，通过水银行进行交易具有天然的优势。水银行能够得以成功运作，很大一部分原因是在通常条件下妨碍水权进行交易的法律和制度限制都被取消了。州立法在1991～1992年取消了可通过水银行进行水权交易的环境影响评价，这些法律上的便利为成功实施水交易提供了更多的机会。同时，因为所有的合同条款都是标准化的，并且交易过程非常透明，水银行也能从实质上减少水权交易的交易成本。

（2）灵活克服法律障碍

在河岸权之下，传统上禁止河水用于非河岸土地或者流域外的土地。加州水银行购买的水全部是从圣克利门托与河口三角洲流域输送到其南部海湾，其距离早已跨越河岸土地的界限。为了克服这一合法性障碍，加州水银行采取了一个既灵活又便利的方式巧妙化解了这一难题，即河岸权人向州水资源部出售的水并不涉及水的转移与引出，而是以河岸权人同意将其原本正常要引出的水留于河道内的方式进行交易。换句话说，水银行并没有从河岸权人处购水，而只是以参与交易的河岸权人放弃其用水的方式将水继续留于河道内。通过向河岸所有人购买"放弃用水承诺"，而非水本身，水资源部得以实现两大目标：在使州水道工程中有更充足的水用于分配或者供水银行出售的同时也保护了河口三角洲的水质。在1991年的水银行实施过程中，将近一半的水都来自河岸权人[1]。

（3）政府发挥了重要的主导作用

美国加利福尼亚州水银行之所以成功运行，其重要原因是州政府的主导并且参与。一是加利福尼亚州水资源局设有审核委员会，对水权交易的数量、质量及用途进行严格控制，以避免水权交易对他人或环境造成危害。二是通过水银行的运作，政府掌握着水资源配置的主动权，将水银行的水在沿

---

[1]　Gray, Brian, 2008, "The Market and the Community: Lesson From California Drought Water Bank", Haltings West – Northwest Journal of Environmental Law, 14: 12.

线不同地区、行业及生态保护中科学分配，促进调水沿线经济社会发展。三是保障生态环境用水。水银行常常预留生态、应急用水，然后才允许水资源的买卖。从加州的情况看，根据当年情况，政府在不同年份有不同用水份额的考量：加州 1991 年将 45% 的水量用于城市，15% 的水量用于农业生产，40% 的水量由政府统一支配。1992 年，加州 25% 的水量用于城市，60% 的水量用于农业灌溉，15% 的水量支持环境及野生动物需求。在 1994 年，加州将 15% 的水量用于城市供水，85% 的水量给予农业灌溉[①]。

第三节　美国水权制度和水权市场的主要特色和经验

一　水权制度的主要特色

（一）水权多样化和制度明晰

美国水权制度主要特征是因时因地制宜而形成的多样化和水权明晰。美国横跨太平洋和大西洋，各州地理、气候、资源、经济发展等因素差异较大，各州因时因地制宜，选择与本州地理、气候、资源、经济发展相适应的水权制度，水权制度呈现多样化和地区差异的特点：在美国东部地区如阿肯色州等，由于水资源较为丰富，采用的是河岸所有权制度；在美国西部如犹他州等，由于干旱缺水，采用的则是优先占用权制度；美国加州则实行河岸所有权与优先占用权并存的混合水权制度；此外还有公共水权制度，用于航运、休闲、科学研究以及为满足生态和环境要求对地表水的使用权。

从制度上看，无论是河岸使用权制度还是优先占用权制度，都通过合理明晰界定水权，明确了水资源所有者和使用者对水资源的各种权利、义务，从而使国家、地方和用水户之间的责、权、利相互区隔又互为协调。另外，水权制度和水权信息公开透明，水权申请、变更、交易、终止等流程较为完备，环环相扣，并从法律上赋予公众参与水权许可从申请、编制到审查、批准的全过程的权利，鼓励公众参与和监督水权管理。

---

① 崔建远、刘斌：《美国水权制度》，科学出版社，2005，第 87 页。

（二）水法律体系较为完善

美国的水法律体系有两个层次：一是联邦参、众议院通过的水法律，如 1965 年的《水资源规划法案》、1968 年的《国家水委员会法案》、1972 年的《清洁水保护法》、1986 年的《水资源开发法案》等，用来约束全国的所有水事活动和协调各州之间的水权关系；二是各州因地制宜制定的地方性水法律，如《加州水法》、《科罗拉多州水法概要》等管理各州内部水权关系。

美国水法律体系是典型的案例法，体系比较健全，一切水事活动都依法办理。大中型水工程的规划、兴建和管理都要通过法律程序决定，而获取水权是工程兴建的第一步。在水权管理上，参与水事活动管理的政府机构、事业单位、企业单位的职责明确分开，各自在法律赋予的权限范围内充分发挥作用，若发生违法行为，通过法律手段给予纠正。另外，美国的水法律体系是随着社会的不断发展而完善的，不同历史时期水资源开发的目标不同，因而制定出的水法律的侧重点也不一样。如 1902 年通过了《垦殖法》，成立了内务部垦务局，以承担西部 17 个州干旱地区的水资源开发任务；1965 年，国会通过了《水资源规划法案》，并成立联邦中央水资源理事会；1969 年，颁布了《国会环境政策法》等。

（三）按优先权进行水权分配

美国水资源分配基本上采用取水许可制度，即用户开发使用水资源，需要向水资源管理部门提出申请，经批准后取得取水许可证，方能按照规定的地点、期限和水量取水。用户使用水资源应按规定交纳水费或水资源费，由州指定的单位或机构收取。水资源的分配和使用由水的主管部门进行控制，水权分配以满足优先权和"有益的"经济活动为原则。当水资源不能满足所有需求时，水权等级低的用户必须服从于水权等级高的用户的用水需求。从用水优先权来看，几乎各州都规定家庭用水优先于农业和其他用水，在时间上一般根据申请时间的先后授予相应的优先权。

（四）管理体制上以州为主，联邦政府进行协调

美国是联邦制国家，大部分州水法规定水资源归州所有，在水资源管理上实行以州为基本单位的管理体制。州以下分成若干个水务局，对供水、排水、污水处理等诸多水务统筹考虑、统一管理。州际水资源开发利用的矛盾则由联邦政府有关机构进行协调，如果协调不成往往诉诸法律，通过司法程

序予以解决。

美国联邦有关部门在水资源管理上也起着一定的作用。例如，农业部自然资源保护局担负农业上水资源的开发、利用和环保的职责。国家地质调查局水资源处负责收集、监测、分析和提供全国所有水文资料，在四大河流域设有办事处。国家环保署根据环保需要，制定相应的规定和要求，调控和约束水资源的开发利用，防止水资源被污染。陆军工程兵团主要负责由政府投资兴建的大型水利工程的规划与施工。

（五）重视生态环保用水

20世纪中期后，随着经济的发展和水资源开发利用活动的增强，水生态问题逐渐严重，美国不少州逐渐将生态环境用水列入地方法案中，一是明确了生态用水的优先性，即正常情况下，除生活用水外的任何用水必须在生态环境可承受范围内汲取，二是规定了河流基流、河道内用水、各类湿地、河口三角洲等生态环境用水量限定值。

目前，在美国50个州内有46个州拥有河道内流量管理权，其中11个州是以法规条例形式加以规定，生态用水管理已经成为水资源管理部门的一项重要工作，尤其是在西部半干旱地区的几个州。美国主要生态用水管理制度有原生态流量制度和最小流量制度。《自然和景观河流法》将一些河流划定为自然景观类河流，维持其天然河流状态，保护或禁止开发。很多州的水法规定了最小流量制度，即为维护必要水量和水质以及健康环境，保护水生态系统免遭退化、污染和损害，明确规定河流允许的最低河流流量，申请人的总用水量应处于能维持河川最小流量范围内。

二　水权交易和水权市场主要特色

美国西部的水权交易具有以下几个特点。

一是水资源所有权公有，使用权私有。美国西部各州水法规定水资源归州所有，而水权初次分配主要是以私有制为基础的滨岸所有权制度和优先占用权制度。水所有权的公有使州政府在行政管理上可以为了公共利益（如环境生态、野生动植物和景观娱乐等）而进行调节；水使用权的私有有利于保障个人用水效益和提高用水效率，加上完善的核算体系为使用和交易水资源提供了可预期性，保障了交易利益，促进了水权市场的发展。

二是以较为完善的法律体系作为保障。美国由国家和州两个层次法律构成的法律体系来规定水权转让和交易。国家层次的法律如 1965 年的《水资源规划法案》、1968 年的《国家水委员会法案》、1986 年的《水资源开发法案》等主要协调各州之间的水权转让关系；州层次的法律如《加州水法》、《科罗拉多州水法概要》等管理各州水权交易。任何调水工程、水权交易都以法律为先导，依据完善的法律体系行事。

三是交易过程透明，程序严格。水权作为私有财产，允许移转和交易。水权的转让和交易必须由州水机构或法院批准，需经过申请、批准、公告、有偿转让等一系列程序。每个环节的进行都是以不损害其他人的利益和环境生态安全为前提，一旦对生命财产和环境生态造成损害，将面临严峻的处罚。

四是水权交易有公正的水权咨询服务公司作中介。水权咨询服务公司在美国水权交易中发挥着重要的作用，几乎所有的水权交易都要通过水权咨询服务公司。水权咨询服务公司提供各种记录档案和其他必需的证明材料，为委托人水权的占有水量、法律地位以及水权的有益利用提供专家证词、完成详细的水权调查报告、对水权的实际价值进行评估、代理诉讼等中介专业服务，如怀俄明水权咨询服务公司就是一家专职经营水权管理的服务公司。

五是水权交易不断创新。世界最早的水银行制度产生于美国西部地区，加州的水银行制度是最有特色，也是最著名的，后逐步扩展至世界其他国家。在美国的西部还成立了灌溉公司，公司股份是以水权作为表现形式，灌溉农户可以申请股份，以此来依法取得水权或蓄水权。现在，美国还出现了网上水权交易，即水权的买卖双方到水权市场网站进行登记，而后在网上完成水权交易。

三 水权交易纯市场交易模式的探讨

按政府和市场地位和作用，水权交易模式大致可分为三种，一是纯行政模式，即政府以行政手段来进行水权交易；二是纯市场模式，即市场用市场机制来进行水权交易；三是市场和政府相结合模式，即在政府调控下以市场机制来进行水权交易。纯行政模式通常出现在水权交易制度不健全的时期，弊端比较明显，那第二种模式和第三种模式谁优谁劣呢？美国的欧文斯谷和洛杉矶调水还水案例可以给我们一定的借鉴和启示。①

（一）20 世纪洛杉矶到美国欧文斯谷"调水"

20 世纪初，随着经济的发展，水资源本身的稀缺性逐渐显现，尤其在美西部，水资源的利用矛盾日益突出。洛杉矶城市化、工业化进程加快以及人口增长导致对水资源的需求增加。欧文斯流域位于洛杉矶以北 240 英里，水资源充足。1905 年，洛杉矶政府发行 2300 万美元债券用于建设引水渠，试图把欧文斯谷河水引到洛杉矶，摆脱洛杉矶用水短缺的困境。

欧文斯谷流域采用沿岸水权制度，水权依附在土地权利上。在 20 世纪初，欧文斯谷所有的水权都已分配到农户。每户农户的土地面积通常较小，且气候干旱，因此，农户不会仅就水权与洛杉矶方进行交易。洛杉矶要想获得欧文斯谷的水就要购买农户的土地，这就使双方的交场较复杂和困难。双方争论的焦点主要是关于土地价格的确定标准。洛杉矶水委会以评估专家评估的欧文斯谷土地价格作为交易价格，期望最小化交易成本；欧文斯谷土地所有者以水资源到达洛杉矶后洛杉矶的土地价格作为交易价格，期望从该交易中获得较多的利益分配。由此，洛杉矶水委会和欧文斯谷土地所有者关于土地价格和水权价格的确定进行了长达 29 年（1905 ~ 1934 年）的讨价还价。

（二）21 世纪洛杉矶向欧文斯谷"还水"

洛杉矶自从与欧文斯谷达成水权交易后，城市规模日益扩大，人口急剧增加，从沙漠小城发展为世界大都市；而欧文斯谷则由调水前水资源丰富的农牧区变成干旱荒芜的盐碱地。欧文斯谷原是植被茂密，水质清澈，延绵 40 多平方公里的大草原。由于洛杉矶引水渠的截流，欧文斯河已完全干涸，原来的一片碧波现已成为一片盐碱地河床。欧文斯谷中的摩诺湖由于被截流，水位在 12 年里下降了 20 米；由于荒漠化，蒸发水量远大于流入水量，湖水盐碱度超过普通海水的 3 倍，湖中的生物急剧减少，导致环境恶化。欧文斯谷环境的急剧恶化导致引到洛杉矶的水量随之减少，水质下降，严重影响到洛杉矶城市居民生活和经济发展。洛杉矶最终认识到：建立在欧文斯谷

---

① 叶锐：《水资源再配置模式研究》，博士学位论文，西北大学，2012，第 67 ~ 68 页。

环境日益恶化的基础上的水资源难以持续供应，自身也难以持续发展。只有保护好欧文斯谷的生态环境才能保证水资源的数量和质量。在洛杉矶调水百年后，洛杉矶终于同意把部分水流"还给"欧文斯谷。

洛杉矶在"还水"给欧文斯谷的同时，也关注欧文斯谷生态环境的解决和恢复。洛杉矶花费4亿多美元，在欧文斯谷湖面上修建了专用的灌溉管道，解决碱尘暴肆虐问题。同时，修建全美最发达的储水系统，调配用水高峰期和低峰期的时间差，提高水资源利用率。并试图开辟新水源，进行海水淡化实验性研究，在合理的成本下使海水淡化为可用水。

（三）借鉴和启示

欧文斯谷到洛杉矶调水是美国历史上持续时间最长、规模最大的一次水资源再配置，具有理论和实践上的重要借鉴意义。

1. 短期看，纯市场交易模式配置水资源是有效率的

在同一流域，或不同流域、不同地区的小规模调水，可以通过交易主体的讨价还价进行水资源的再配置。即使交易制度是不完善的，交易双方能够在自愿和平等的原则下通过市场谈判达成交易，该交易也是有效率的。一般而言，通过市场交易确定的最终价格通常高于以其他方式确定的交易价格。水资源再配置通常是从边际产出较低的行业（地区）流向边际产出较高的行业（地区）。边际产出较高的行业（地区）可以创造出较高的价值，对所交易的水资源可支付接近水资源真实价值的价格。市场价格机制能够发现水资源的真实商品价值，从而提高水资源的利用效益和水资源再配置效率。据计算，1900～1930年，欧文斯谷获得11568000美元的总收益，洛杉矶获得407051000美元的总收益，相当于欧文斯谷的35倍。欧文斯谷土地财产的总价值上升了917%，洛杉矶土地财产的总价值上升了4408%。

2. 长期看，纯市场交易模式配置水资源不能实现社会最优

欧文斯谷与洛杉矶水权交易经过百年后，洛杉矶需加倍"还水"给欧文斯谷，这长达百年的"调水"与"还水"以强有力的事实证明，任何以牺牲环境为前提的水权交易都是短暂的，成本也是巨大的。一方面，纯市场交易基于价格机制，只遵从效率原则，未考虑到公平问题，可能造成农业生产用水紧缺、生态环境恶化等问题。另一方面，纯市场机制同时存在市场失灵的情况，不能体现水权交易的外部性，尤其是水权交易对未参与交易的用

水者和交易流域的生态环境问题的负外部效应，这就导致市场交易机制的扭曲，不能实现社会最优，最终导致整个社会的福利损失。

因此，水资源配置采用市场交易模式的同时，水资源合理利用、生态环境保护等问题仍需得到相关法律和制度的重视，这就需要政府发挥指导和调控作用。只有市场机制＋政府调控才有助于水资源得到最有效的利用，才能促进经济发展和生态环境保护双赢，实现经济可持续发展。

第四节　美国水权制度对我国的借鉴和启示

一　建立清晰明确的水权制度

从美国水权制度理论和实践看，明确水权是水资源有效配置的基础。水权越是界定清楚明晰，水权相关方作出关于水资源使用和交易的决定就越明智和理性。我国的水资源归国家所有，在这个基本规定下，如何根据用水方式的不同，合理界定产权，使国家、地方、工程单位和用户间的责、权、利相互协调，并在此基础上，探索有效保护、开发利用水资源的产权结构和管理制度，是一个亟须解决的问题[①]。

从我国目前的水权制度看，水资源国家所有的概念非常明确，但水的使用权、配置权和收益权比较模糊，水资源所有权与经营权不分，缺乏实践层面上的操作性。在这种情况下，权利人的权利是不稳定的，与他人的权利界限也是模糊的，从而造成水资源使用效率比较低下，水资源纷争频发，阻碍了我国水权交易市场的建设和发展[②]，这就需要我国进一步从法律上合理明晰界定水权，明确水资源所有者和使用者对水资源的各种权利、义务，使国家、地方和用水户之间的责、权、利既边界明确又相互支持。

二　确定合理的初始水权分配方式

我国地域广阔，水资源量南多北少，时间、空间分布极不均匀，地理水

[①] 杨为民：《浅析美国西部水权制度及其对我国的启示》，《中南民族大学学报》（人文社会科学版）2005 年第 12 期。

[②] 李雪松：《中国水资源制度研究》，武汉大学出版社，2006，第 61 页。

文和社会经济条件差异显著。因此，我国的水权分配方式并不宜采用全国单一的"一刀切"方式，可根据区域、流域水资源的供给和需求因时制宜、因地制宜，在符合国家法律法规基础上，建立符合区域和流域特点的区域性和流域性的水权分配方式。

在初始产权确定中，公平性和公开性原则应该受到特别的关注。初始水权在确定时可采取民主协商的方式，特别应该考虑农民和落后地区的水权利益。初始水权确定以后，新水源或新水利工程的水权可以采用招标或市场购买的方式获取；政府同时对一些贫困农民或城市居民进行目标补贴，提高他们获取新水权的能力，体现公平的原则。

三 完善相关法律保障体系

我国《宪法》和《水法》虽已对水资源所有权作了明确的界定但尚未对水资源的使用权作出明确具体的规定，在使用权归属、权限范围和取得使用权条件等方面尚缺乏可操作的法律条文。现行的政策法规中很少涉及水权的内容，更少有涉及水权转让的内容。随着跨流域调水、跨地区引水及节水工程的建设，以水权为核心的水资源配置和管理等深层次问题将日益突出。因此，应尽快建立和完善一系列法律法规和水权制度，对水权的界定、分配、转让或交易作出明确规定，用法律形式确定新的水资源管理体制。

四 预留和保护生态环境用水

水的利用通常分为两大类。第一类可称为河道外利用或者消耗性利用，例如农业灌溉、城市生活用水、工业用水等。第二类可称为河道内或非消耗性利用，这种利用并不将水引出河道外，反而要求水资源留于河道内以发挥其娱乐、美学和生态价值。传统上，人们对水的使用基本集中在家庭用水、公共给水、农业及工业用水、水力用水等河道外用水，而忽视了娱乐用水、美化景观用水、水运用水、生态保育用水等河道内用水。随着水资源供需矛盾的日益紧张和水生态环境渐趋恶化，美国各州逐渐意识到生态用水的重要性，却发现河道内的水已经被使用殆尽。为了解决这一问题，美国一些州如加州不得不对原来的先占水权做出调整，甚至削减一部分水权人的权利，造成了不少纠纷和矛盾。

为了避免上述两难的境地，美国经验启示我们在水资源初始分配过程中，应当首先调查清楚流域内的可用水量，保留一部分生态用水，用于干旱季节的水生环境的维护与保持，促进野生生物资源的繁殖和保育，并于污染严重时对整个流域起到稀释污染的作用。另外，政府还可以通过行政方式或市场赎买方式从私人手中取得部分生态用水用于水环境的保护。

第 十 六 章

澳大利亚：发达完善的水权交易[*]

第一节　水资源概况

澳大利亚位于南半球，国土面积 768 万平方公里，人口 2400 多万。2013 年澳大利亚 GDP 为 1.561 万亿美元，人均 GDP 67488 美元，是南半球经济最发达的国家和全球第十二大经济体、全球第四大农产品出口国，是多种矿产出口量全球第一的国家，也是世界上放养绵羊数量和出口羊毛最多的国家。

澳大利亚跨两个气候带，北部属于热带气候，每年 4 月至 11 月是雨季，11 月至第二年的 4 月是旱季。澳洲南部属于温带气候，四季分明。澳洲内陆是荒无人烟的沙漠，干旱少雨，气温高，温差大；相反在沿海地区，雨量充沛，气候湿润，呈明显的海洋性。

澳大利亚四面临海，大部分国土（约 70%）属于干旱或半干旱地带，中部大部分地区不适合居住。澳大利亚有 11 个大沙漠，它们约占整个大陆面积的 20%。由于降雨量很小，大陆 1/3 以上的面积被沙漠覆盖。澳大利亚是世界上最平坦、最干燥的大陆，中部洼地及西部高原均为气候干燥的沙漠，中部的艾尔湖是澳大利亚的最低点，湖面低于海平面 16 米。能用于畜牧及耕种的土地只有 26 万平方公里。沿海地带，特别是东南沿海地带，适于居住与耕种，这里丘陵起伏，水源丰富，土地肥沃。整个沿海地带形成一

* 本章作者：付实，四川省社会科学院西部大开发研究中心副秘书长、副研究员。

条环绕大陆的"绿带"，正是这条绿带养育了这个国家的人民。

根据降水量和水资源的自然分布，澳大利亚水资源特点大致概括为：水资源总量较少，人均较丰富，时空分布不均。澳大利亚水资源总量比较少，约为 4400 亿立方米，由于全国人口较少，人均水资源量为 18743 立方米。澳大利亚大陆是全球最干旱的大陆，全境年平均降水仅 470 毫米，每年降水量的变化幅度很大，降水的地区分布很不均匀。大陆西南和塔斯马尼亚山地雨量丰富，占国土面积 1/3 的中部和西部沙漠地区年平均降水量不足 250 毫米，最干旱地区艾尔湖附近的降水量不足 100 毫米。降水的年内分配也不均匀，降水主要集中在冬春之间，5~12 月降水占全年总量的 2/3。澳大利亚国土辽阔，气候干旱，且蒸发量大，除了塔斯马尼亚州以外，几乎每个州和地区都经历着水资源短缺，其主要农业区 Murray - Darling 流域水资源开采量已经高达 80%，远远超过 30%~40% 的生态安全开采量。[1]

澳大利亚境内河网稀疏，多流程短、季节性河流。墨累河和达令河是澳大利亚最长的两条河流，其中最长河流——墨累河（Murray River）长 2589 公里。这两个河流系统形成墨累—达令盆地，面积 100 多万平方公里，相当于大陆总面积的 14%。艾尔湖是靠近大陆中心一个极大的盐湖，面积超过 9000 平方公里，但长期呈干涸状态。

第二节 水权制度和水权市场理论和实践

一 水权制度理论及实践

在澳大利亚，水权即水的使用权。水权主要依据水量、可靠性、使用权期限及输送能力等定义。为了便于交易，法律上可将水权分割成若干部分，如水量或份额、输送能力或抽取率、现场使用权等。水权像土地和股份一样被视为一种资产，应进行公开注册并且是可审查的，能独立进行交易[2]。

（一）水权制度的演变和发展

在澳大利亚殖民的早期，由于人口较少，且多集中居住在降雨较丰沛的

---

① 胡德胜、陈冬：《澳大利亚水资源法律与政策》，郑州大学出版社，2008，第 35 页。

② 黄锡生：《水权制度研究》，科学出版社，2005，第 61 页。

地区，水资源的矛盾不是十分突出。进入 19 世纪后期，随着农畜业的迅猛发展和城市用水的大量增加，水资源供需变得紧张起来，水权制度也就由此产生。总的来说，澳大利亚水权制度的发展大致经历了以下几个阶段。

19 世纪中叶前为河岸所有权阶段。殖民早期的澳大利亚水资源基本处于无人拥有财产权的状态，18 世纪至 19 世纪中叶，澳大利亚的水权制度开始以英国的共同法为基础，实行河岸所有权制度，规定与河道毗连的土地所有者拥有用水权。

20 世纪早期实行水权许可制度。随着人口密度的不断增加、开垦土地面积的不断扩大，远离河岸的土地拥有者由于没有水权，土地得不到灌溉，水资源的矛盾变得越来越尖锐。所以，各州开始立法，如 1886 年通过的《维多利亚水法》规定：水权与土地所有权分离，明确水资源是公共资源，归州政府所有，由州政府调整和分配水权。私人或集体只能拥有水资源的使用权，用水户通过州或地区政府相关机构以许可证和协议体系来取得水权。除经水资源管理部门批准，或随土地一起出让之外，水权一般不能转让。

由于国家农业发展的需要和内陆地区定居人口的增多，20 世纪初澳大利亚出现了共同水权。这种水权的特征就是农业灌区设施是由发展商或政府投资发展，然后由当地灌区农民共享灌溉水权。另外，1914 年出现了各州共同水权。墨累河是澳大利亚的一条主要河流，这条河由维多利亚州、南澳大利亚州及新南威尔士州共同拥有。随着对墨累河取水的不断增加，三州对墨累河水分配的矛盾也日益突出。1914 年，三州政府在联邦政府的参与下签订了《墨累河水资源协议》（后来修改成《Murray – Darling 流域协议》），该协议确定墨累河的水权归三州共同所有，三州根据协议对水权进行分配，以定量的方式明确各州所拥有的具体水权。

20 世纪 70 年代后开始实施计量水权（volumetric water rights）。传统的以灌溉用地或作物种类方式来确定水权是典型的以需定供的方式。20 世纪 70 年代后，计量水权开始在澳大利亚实施，即根据河流的可用水量来分配灌溉用水及环境用水，也就是以供定需型。然后，农户根据自己所拥有的水权来确定农业生产结构或灌溉面积。计量水权的方式通常有三种：一是流量分享（release sharing），即当渠道有水时，灌溉者在各自的定量范围内各取所需，但节余水量不能转为下一年度使用，也不能转让。由于该水权不能转到下一年度，也不能转让，该种水权方式并不有利于水资源的节约利用。二是连年计量（continuous accounting）。这种水权方式就是当年用不完的水指标可以转到下一年度，从而促进节约用水。连年计量虽然可以促进用水的节约，但当用户积攒的水量足够大时，可能超过水库的供水能力，从而影响供水的可靠性。三是库容定量（capacity sharing）。库容定量就是用水者的水权直接分配在库容，而不是在取水口。这种水权方式不受其他用水者用水的影响或因为新增加用水户而受到影响①。

20世纪70年代后开始实施可交易水权。到了20世纪70年代，澳大利亚水资源短缺状况日益加剧，供需矛盾进一步突出，可授权的水量也越来越少，有时甚至超过可利用量，所以新用水户很难通过申请获得水权，在这种情况下，澳大利亚政府通过立法允许水权交易。1983年，新南威尔士州和南澳大利亚进行水权交易，这是澳大利亚的第一次水权交易。目前，水权交易在澳大利亚相当普遍，其已成为世界上水权交易和水市场的典范。以维多利亚州为例，2003年水权永久转让年交易量为2500万立方米，临时转让年交易量为2.5亿立方米，已形成了固定的水权交易市场。根据澳大利亚产业委员会（industrial Commission）估计，在墨累—达令流域，每年因水权交易而产生的经济效益可达4000万澳元。

（二）水权制度主要内容

澳大利亚是联邦制国家，各州都通过立法来管理本行政区域内的水资源，州内的地表水、地下水、降水统属州政府所有，由州政府控制并分配水权；跨州河流水资源的使用是在联邦政府的协调下，由有关各州达成分水协议，各州共享水权。水权从流域到州到城镇到灌区到农户被层层分解，如图1所示。

从管理体制看，澳大利亚水资源管理体制分为邦、州和地方三个层次，基本上以州为主：在联邦政府，联邦政府水利委员会是国家管理地表水和地下水的主要机构，农林渔业部和环境部也具有相应的水管理职能。在州，州政府是水资源的拥有者、管理者，负责调整和分配水权，州政府内水管理机构负责水资源的评价、规划、监督和开发利用，并负责州内的供水、灌溉、

① 田亚平：《澳大利亚水权制度对我国的启示》，《2008年中国法学会环境资源法学研究会年会论文集》（学会内部资料）。

制度科层的层次   产权的持有者、赋权体系和分配机制

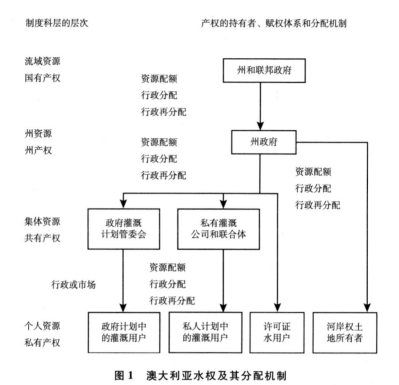

图1 澳大利亚水权及其分配机制

资料来源：Challen R. 2000，"Institutions，Transaction Costs，and Environmental Policy：Institutional Reform for Water Resources"，Northampton：Edward Elgar.

防洪、河道整治等水利工程建设，水资源市场由州机构管理，保证市场运营顺畅。在地方，水务局作为水资源配额的授权管理者，执行州政府颁布的水法律、法规，负责供水、排水及水环境保护。总的来看，各级政府分工明确，对水资源进行分级管理，取得了较好的成效。

澳大利亚各州水权制度有很大的相似性，其中以维多利亚州最为典型，也比较完善，下面以维多利亚州为例具体说明澳大利亚的水权制度。

1. 水权的类型

《维多利亚水法》规定，维多利亚州水的所有权归州政府所有。农户对河道外的水有使用的权利，同时有从流经其土地的河道内为家庭生活和家禽饮用而取水的权利，其他取水、用水都需申请。《维多利亚水法》还规定，水权分为三种类型：一是授予具有灌溉和供水职能的管理机构、电力公司的

水权，称为批发水权。二是授予个人从河道、地下或从管理机构的工程中直接取水以及河道内用水权利的许可证。许可证有效期限一般为15年，到期前须申请更换。三是灌区内的农户具有用水权，灌溉管理机构必须确保向农户提供生活、灌溉和畜牧用水。

2. 水权的分配

理论上，水权分配是根据综合规划系统及全流域资源的水文评价进行的，包括消耗性和非消耗性用水权的分配。根据某一河流多年（40年左右）的来水和用水记录以及土地的拥有情况等，确定个人农牧场主或公司用水额度。澳大利亚高度重视环境用水。水分配过程中，每个流域经测试后首先评估确定需要多少环境生态用水，在生态环境用水得到保证的前提下，再确定可供消费水量。除了某些特殊或紧急情况，环境用水具有优先权。在水权分配过程中，还积极创立各种途径吸引社会大众的广泛参与，包括让各用水户、利益团体和一般社区成员参与到影响水权分配与管理的流域规划过程中，建立与水分配有关的公众咨询程序等。

3. 水权的获得

根据《维多利亚水法》，批发水权和许可证的取得，一般要经过以下几个步骤：①申请人按照规定的格式和方式提出申请，提交用水要求等相关材料，并缴纳申请费用；②自然资源和环境部要求申请人发布申请告示，以在规定的时间内按规定的方式征求意见；③自然资源和环境部组织一个调查组，委托其研究和考虑对有关申请的意见，提交调查研究报告；④在考虑了调查组的报告，以及其他必须考虑的因素后[①]，决定批准或不予批准申请；⑤对于批发水权的授予，必须在政府公报上发布授权命令，授权命令包括授权水量的定量方法（如用体积，或指定水位，或用水流，或库存水量份额等方法）、是否可以转让以及转让的方式和范围、安装计量设施、水的记账程序，以及其他需要规定的条件等；⑥对于许可证的批准，附加有必须遵守的条件，包括：水道的保护、用途、最大取水量、支付水费、保护环境、有效利用水资源、补偿对他人的不利影响、计量设施的安装和使用等。对于违

---

① 这些考虑因素包括：已存在或计划的水量与水质、对排水系统和环境的不利影响、申请者已被授权的水量、环境保护的要求、水的用途、潜在申请者的需求。

反上述规定的，可吊销许可证；⑦许可证除可通过授权给予申请人外，也可在申请人之间采取出售的方法，出售的方式可采取拍卖、招标和其他合适方法。未取得许可证而擅自取水的属于违法行为，当事人将受到罚款或3~6个月的监禁处罚①。

4. 水价机制

澳大利亚的水价按水的用途大致可以分为三类：第一类是工业用水水价，这类水价完全按照市场运作，价格中包含所有成本费用，并要考虑一定的税收和供水公司的利润；第二类是城市居民用水水价，这部分水价主要核计成本价和供水公司适当的利润；第三类是农牧业用水水价，这类水价政府一直采用倾斜政策，水价主要为供水公司的成本价，以调动农民生产积极性，降低生产成本。政府水行政主管部门每年在供水公司的核算中，对不能回收的部分水成本采用政府补贴的办法，使供水公司能够维持正常发展。

5. 灌溉部门的公司化及私有化

绝大多数澳大利亚灌区都是由政府有关部门进行管理，灌区水费收入只占运行成本的70%，各州政府每年都要给灌溉进行大量的财政补贴。如据维多利亚州政府估计，1988年用于灌溉方面的补贴高达1.3亿澳元。另外，过度灌溉还造成土壤的盐碱化。澳大利亚土地盐碱化面积达473万公顷，大部分都是由于过度灌溉造成的。进入20世纪90年代，提高水价、改善灌溉效益的呼声日益提高。为此，澳大利亚政府对灌溉部门进一步改制：一是将现有的官方管理机构公司化，使其成为国有公司，按照《公司法》进行运作，如维多利亚州的Murrumbidgee灌区就是这种管理模式；二是将灌区交给农户管理，农户再以某种方式组织产生灌溉公司，由公司对灌区实行管理，如南澳大利亚州的Central灌溉信托公司②。

6. 生态用水管理制度

这种制度主要包括生态水权制度和政府回购生态用水制度等。针对人类过度利用水资源而产生的水生态问题，1995年澳大利亚政府颁布了《水分配与水权——实施水权的国家框架》，明确了"环境是合法用水户"；1996

---

①　胡德胜、陈冬：《澳大利亚水资源法律与政策》，郑州大学出版社，2008，第45页。

②　黄锡生：《水权制度研究》，科学出版社，2005，第72页。

年发布了《保障生态系统供水的国家原则》，其中，最基本的原则是河流和湿地是法定的用水户，明确为其配置水资源是保证生态可持续的重要因素，要求管理机构必须建立环境用水配置效果的监测系统，并通过监测和研究结果调整配置方案。

早期用水许可颁发过度，生态用水量无法满足。为解决这一问题，20世纪90年代中期澳大利亚开始实施用水上限控制制度和政府回购制度。除了规定社会取用水上限（Water Cap）来减少取用水量外，针对取水许可颁发过度的情况，政府还采取回购办法以增加生态用水量。以墨累—达令河流域为例，2004年政府出资5亿澳元从墨累—达令河流域的水权拥有者手中购买5亿立方米水作为生态用水，保留在墨累河流域，以解决其水生态环境问题。

二 水权转换和水市场理论及实践

（一）水权交易和水市场概况

澳大利亚进入20世纪70年代后，随着水资源短缺状况日益加剧，水资源供需矛盾进一步突出，可授权的水量也越来越少，有时甚至超过可利用量，所以新用水户很难通过申请获得水权，在这种情况下，澳大利亚政府通过立法允许水权交易。通过水权交易购买用水权成为新用水户可获得所需水量，具有节余水量的用户也可通过交易获得收益。1983年，新南威尔士州和南澳大利亚进行水权交易，这是澳大利亚的第一次水权交易。新南威尔士州开始时只允许墨累河沿岸的私人引水者进行水转让，到1984年制定条例将工业用水也列入可转让范围。1983~1984年度新南威尔士州完成4次临时水权交易，交易量为257万立方米。从80年代末开始，在本州内以及同其他州之间可进行临时或永久水权交易并且交易额逐年增长。1989年出现首次永久性水权交易，1989~1990年度永久性水权交易为5次，交易量为270万立方米。

进入20世纪90年代，澳大利亚的水交易迅猛发展，给澳大利亚的农业和用水户带来了巨大的经济利益。这是澳大利亚联邦政府政务院水改革框架的一项重要成果。1994年2月，澳大利亚联邦政务院签署批准了水工业改革框架协议，其中最重要的改革之一是要求各州推行水分配综合体系，其基础是水权与土地权的分离和水权综合体系的建立。1995 年 4 月，澳大利亚联邦政务院批准推行包括水工业在内的国家竞争政策和相应改革计划。联邦政府以协议的形式承诺为改革提供财政资助，以推动各州贯彻改革计划，这大大促进了水权交易的发展。1997 ~ 1998 年度，仅新南威尔士州就完成 1980 次临时水权交易，总交易量达 5.07 亿立方米，其中跨流域水权交易 133 次，交易量 6278 万立方米；完成永久性水权交易 125 次，交易量 4760 万立方米。1999 年 4 月，在政府灌区内也开始推行水权效益，不同的政府灌区间、政府灌区与私人引水者之间也开始了水转让。在维多利亚州，2003 年水权临时转让年交易量已达 2.5 亿立方米，永久转让年交易量为 2500 万立方米。目前，水权交易在澳大利亚相当普遍，水权交易制度也比较完善，许多州已形成了固定的水权交易市场，已成为世界上水权交易和水市场的典范①。

实践证明，澳大利亚水权交易使水资源的利用向更高效益的方面转移，给农业以及其他用水户带来了直接的经济效益，促进了区域发展，改善了生态环境。用水户和供水公司出于自身的经济利益，更加关注节约用水，促进了先进技术的应用，提高了用水管理水平。澳大利亚水权交易的典型案例要数南澳大利亚的墨累—达令流域的水权交易。根据澳大利亚产业委员会（industrial Commission）估计，在墨累—达令流域，每年因水权交易而产生的经济效益可达 4000 万澳元。当然，由于立法、自然条件、经济和政治等方面的不同，水权交易在不同的州、地区、区域和流域之间的发展还有所差异。

（二）水权交易制度主要内容

1. 水权交易的原则

总体上看，澳大利亚水市场交易的原则有：①所有水权交易应以合适的水资源管理规划和农场用水管理规划为基础，地表水水权交易应符合河流管理规划以及其他相关资源管理规划和政策，地下水权的交易一般只能在共同的含水层内进行，同样要符合地下水管理规划及其他规划和政策；②水交易必须以对河流的生态可持续性和对其他用户的影响最小为原则，除必须保障

---

① 沈满洪：《论水权交易与交易成本》，《人民黄河》2004 年第 7 期。

生态和环境用水外，还要符合供水能力和灌区盐碱化控制标准，以保护生态环境的健康发展；③交易必须有信息透明的水交易市场，为买卖双方或潜在的买卖双方提供可能的水权交易的价格和买卖机会。

2. 水权交易范围和方式

在澳大利亚，批发水权、许可证和用水权均可转让，但水权交易是有适用范围的。澳大利亚法律规定：核心环境配水以及为保障生态系统健康、水质的保留用水不得交易。一些家庭人畜用水、城镇供水以及多数地下水同样是不可交易的。

水权交易方式从时间上划分，可以分为临时转让（年度或季节的水量交易）和永久转让（水证转让）；从空间上划分，可以分为州内转让和州际转让，这两种方式交叉组合，就有四种方式：州内临时水权转让、州内永久水权转让、州际临时水权转让和州际永久水权转让。根据中介方式的不同，水权交易还可分为私下交易、通过经纪人交易和通过交易所交易三种。

3. 水权交易的具体程序

澳大利亚比较具有代表性的是维多利亚州的水权交易制度，下面以维多利亚州水权交易程序为例来说明。在维多利亚州，水权交易基本由市场决定，政府只是调控而不进行直接干预，转让人可采取拍卖、招标或其他方式进行。但是水权转让必须遵守《维多利亚水法》中有关规定，主要有：①转让人必须事先向有关部门提出申请，并缴纳规定的费用。批发水权和许可证的转让须向自然资源与环境部提出申请，灌区内农户用水权的转让需向负责供水的管理机构提出申请。批发水权的永久转让，申请人必须在政府公报或在相关地区广泛发行的报纸上刊登布告，说明转让的水权是部分转让，还是全部转让，以及出售方法的具体细节。②自然资源和环境部在考虑由其组织的调查组的意见和其他必须加以考虑的因素后，可以批准批发水权或许可证的转让，也可以不予批准。灌区内用水权的转让必须经供水管理机构同意，永久转让还需经在转让方土地上享有权益的人的同意。③在批发水权永久转让后，出让人必须申请调整授权。批发水权可临时或永久转让给州内的土地所有者或占用者，也可临时转让给州外的土地所有者或占用者。④永久转让给州内或临时转让给州外的土地所有者或占用者后，出让人必须将出售细节给受让人，以便在土地注册簿中登记。许可证转让后，自然资源和环境部可以修改许可证的必须遵守的附加条件，对州外土地所有者或占用者的转让，必须遵守政府公报上颁布批准命令中规定的期限和条件。⑤批发水权临时转让给农户或灌区内用水权的临时转让，其转让期限规定为：在双方协议的时段内生效，但是，如果转让在灌溉期内被批准，则不得超过该灌溉期的剩余时间；如果转让批准在两个灌溉期之间，则不得超过下一个灌溉期的全部时间。⑥澳大利亚州际的交易必须得到两个州水权管理当局的批准，交易的限制条件包括水交易不会对第三方和环境生态产生负面影响。流域委员会还会根据交易情况调整各州的水分配封顶线，以确保整个流域的取水量没有增加①。

4. 政府的职能

澳大利亚州政府在水权交易中起着非常重要的作用，包括：①提供基本的法律和法规框架，建立有效水权交易制度，保障土地所有者、管理当局、灌溉公司或合作社以及其他私营代理能够有效进行交易，而不会对第三方产生负面影响及对河流、含水层、环境和可持续发展不产生破坏。②作为资源的看守者，建立用水和环境影响的科学与技术标准，规定环境流量。③提供强有力的监测制度并向广大社区发布信息。如通过发展水交易所等方法促进价格公开和市场信息的传播。④明确私营代理机构的权限，使它们在权限内运营。⑤促进对社区有明显效益的水交易。⑥维持资源的供给，保证优先顺序的灵活性，处理不断出现的各种新问题等②。

案例1：澳大利亚新南威尔士州的"水权永久交易"和"水权暂时交易"

澳大利亚的水权交易是根据各州水法进行的，其中新南威尔士州是水权交易最早进行也是水权交易较发达的州。在新南威尔士州主要法律依据是2000年颁发的《水管理法》（*Water Management Act 2000*）。新南威尔士州还通过墨累—达令水域委员会推行控制取水的政策。例如，灌溉区域内的水权只有40%被允许交易，以防水权过多地流出灌溉区域。

新南威尔士州在墨累—达令河流域采用了"水权永久交易"（Permanent

---

① 黄锡生：《水权制度研究》，科学出版社，2005，第78页。
② 水利部黄河水利委员会：《黄河水权制度转换制度构建及实践》，黄河水利出版社，2008，第65页。

Water Trade）和"水权暂时交易"（Temporary Water Trade）交易制度。前者是将水权本身转移给其他所有者，后者不涉及水的所有权而只在某一时段内（一般是一年）交易可实际利用的水量。水权永久交易不超过全部交易水量的10%，"水权暂时交易"占绝对优势。在新南威尔士州用水交易方式有四种："私下交易"、"组织内交易（在灌溉公司或企事业机构间进行）"、"通过中间商的交易（经由斡旋交易的机构进行）"和"用水交易所交易"。目前，新南威尔士州的南灌溉地区协议会（SRIDC）经营用水交易所，开市时间从每年灌溉期即8月到第二年的5月共十个月，但水权交易可以全年进行。

水权永久交易的交易程序：首先向用水交易所提出申请出售自己剩余的水权，其次登记并公开自己理想的出售条件。水权需求者根据上市交易的水量和价格信息，经过竞标交易，中标者支付水权价款，最后得到水权。水权暂时交易的情况：旱期可交易水量减少，所以旱期水权暂时交易价格升高，丰水期则价格下降。水权暂时交易中1000立方米用水的平均价格在15.33～37.68澳大利亚元，但近年价格有攀升趋势。总之，用水供需缺口越大，价格变动幅度也越大。

墨累—达令河流域用水交易中农场是最重要的参与者。园艺农场拥有稳定的水权，能够出售过剩水权，他们一方面积极利用水权暂时交易，另一方面也在卖出一些未使用的淡水资源。水稻农场只有普通水权，经常面临用水不足。作为普通水权持有者的农场其耕地面积越大，通过水权交易买进的水量也就越多①。

第三节　水权制度和水权市场的主要特色和经验

澳大利亚充分发挥政府调控和市场机制，通过完善水权制度、规范水权转让、培育水交易市场，实现了优化配置水资源、提高水资源利用效率的目标，成为世界上水权制度和水权交易的典范。

---

① 资料来源：Sturgess G L，Wright M. 1993，"Water Rights in Rural New South Wales：the Evolution of a Property Rights System"，St. Leonards：Centre for Independent Studies。

一　水权制度主要特色

（一）水资源分级管理，权责明确

澳大利亚的水资源管理实行行政管理和流域管理相结合的体系，各级政府分工明确，对水资源进行分级管理，取得了较好的成效。从行政管理看，水资源管理大体分联邦、州和地方三级，但基本上以州为主。联邦政府水利委员会是国家管理地表水和地下水的主要机构，农林渔业部和环境部也具有相应水管理职能。各州水资源所有权属于州政府，由管水机构代表州政府实施水资源管理、开发和供水分配权，发放取水许可证。地方的水务部门是执行机构，负责供水、排水及水环境保护。

从流域管理看，流域管理机构一般设有流域部长理事会、流域委员会和社区咨询委员会。部长理事会是流域管理的决策机构，决定流域内水事的政策和主张。流域委员会是一个执行机构，接受部长理事会指导，对各州负责，负责分配流域水资源、提供咨询意见、实施资源管理策略等。社区咨询委员会是部长理事会的咨询机构，负责调查研究，收集各方意见，对一些决策问题进行咨询，发布最新研究成果。成员一般来自农民联合会、地方政府协会、工会理事会及各种基金会等。

（二）水价机制发挥重要杠杆作用

澳大利亚的水价按水的用途大致可以分为3类：第一类是工业用水水价，这类水价完全按照市场运作，价格中包含所有成本费用，并要考虑一定的税收和供水公司的利润；第二类是城市居民用水水价，这部分水价主要核计成本价和供水公司适当的利润；第三类是农牧业用水水价，这类水价政府一直采用倾斜政策，水价主要为供水公司的成本价，政府水行政主管部门每年在供水公司的核算中，对不能回收的部分水成本采用政府补贴的办法，使供水公司维持正常发展。另外，水市场的交易价格按市场规律办事，由交易双方协商定价，政府不进行干预。

澳大利亚的水价机制在用水管理及水市场方面发挥了较好的经济杠杆作用。一方面体现和尊重水资源的商品属性，即水资源是有价的稀缺品，谁使用谁付费。另一方面，针对不同水商品属性实施不同水价机制，如对工业用水和水权交易实行市场化价格，保障供水公司的正常利润，有利于供水公司的运用和发展；对居民用水和农业用水实施价格优惠，并由政府进行正常补贴，有利于维护居民和农民的民生利益；通过超量加价和中水回用，有利于促进全社会节约用水，提高用水效率。

（三）供水体系按公司化和市场化模式运作

进入 20 世纪 90 年代，澳大利亚政府对供水体系进行了公司化和市场化改制，一是政企分开，将官方供水机构公司化，使其成为国有公司，按照《公司法》进行运作；二是成立市场化的灌溉公司，由灌溉公司对灌区实行管理。市场化后的公司可以由政府部门参股，也吸纳民间团体或个体参股。供水体系企业化运作突出了水资源的商品属性，有利于形成平等竞争的水市场，避免行业垄断，提升服务质量。同时，政企分开有利于减轻政府的工作负担，使其更注重调控职能，有利于降低政府资金压力和财政风险。

（四）推动公众参与水资源管理

在澳大利亚，为推动公众参与水资源管理，一方面给公众提供参与平台，设立一些民间机构，如社区咨询委员会、农民联合会、民间团体等，吸引公众参与这些平台并积极献计献策；另一方面，推行一些如"水的共享计划"，"节水行动计划"等水权管理活动，吸引公众主动参与到水管理和水节约的具体活动中，以提高公众的参与意识和节水意识。实践证明，澳大利亚水资源管理中的公众参与有效促进了公众对水资源管理和分配的参与积极性，提高了水资源分配和水权交易的效率和公平性，有利于全民节水意识和环保意识的提升。

（五）有比较完善的用水计量设施和水资源信息监测系统

用水计量设施和水资源信息监测系统是水资源管理的技术基础。澳大利亚经过近百年的水资源开发和持续的技术投入，已建立比较完善的用水计量设施和水资源信息监测系统。在澳大利亚，很多河流开发程度很高，已普遍安装了用水计量设施，建立了比较完善的水资源信息监测系统，从而能可靠地预测年内、年际水资源可分配总量，极大地提高了水权定量管理的可操作性和有效性。例如，在新南威尔士州一些流域内，地表水用水计量普及率达 94%，地下水用水计量普及率达 34%，并且水资源信息监测系统实行了自动化，信息可以通过网络平台与社会共享，企业和公众通过查询可以随时了解到所需要的水资源信息，从而理性作出关于水事活动的判断和决策，提高了用水效率。

二　水权交易和水权市场的主要特色

（一）水权交易主要是农业或畜牧业用水之间的水权交易

澳大利亚是世界闻名的农业、畜牧业大国和重要的矿产出口国，农业、畜牧业、矿产业非常发达，用水量占全国用水总量比例非常高。据统计，1995～1996年，澳大利亚畜牧业用水占35%，农业用水约占27%，工业及其他用水占26%（采矿为主），城市用水占12%。农业和畜牧业用水占全国用水总量的比例超过了60%。

用水结构决定了水交易结构，与美国的水市场是由工业和城市用水户主导不同，在澳大利亚，水交易主要是农业或畜牧业用水之间的交易，其中大部分的水权交易发生在农户之间，也有少部分发生在农户与供水管理机构之间；大部分属临时性交易，少部分为永久性交易。

（二）政府和中介机构发挥了重要作用

在澳大利亚，州政府和中介机构在水权交易中起着非常重要的作用。州政府对水权交易起着调控和管理作用，包括：建立有效的水权交易制度；对水权交易进行有效监管以保证水交易不会对第三方和环境生态产生负面影响；建立用水和环境影响的科学与技术标准，规定环境流量；规定严格的监测制度并及时向公众发布信息；规范和监管水权交易中介代理机构等[1]。

水交易中介如经纪人、代理商、水交易所、水权服务公司起着服务和桥梁作用，提供各种中介专业服务，包括：提供水权记录档案和其他必需的证明材料，为委托人水权的占有水量、法律地位以及水权的有益利用提供专家证词，提供详细的水权调查报告，对水权的实际价值进行评估等。

（三）跨界河流共享水权

在澳大利亚，水资源是公共资源，所有权归州政府。跨州河流水资源，则是在联邦政府的协调下，由有关各州达成分水协议，各州共享水权。例

---

[1]　水利部黄河水利委员会：《黄河水权制度转换制度构建及实践》，黄河水利出版社，2008，第65页。

如，墨累河是澳大利亚一条流经维多利亚州、南澳大利亚州及新南威尔士州的主要河流。随着对墨累河取水需求量的不断增加，三州对墨累河水分配也出现了越来越大的矛盾。由于澳大利亚联邦政府没有水资源的拥有权，墨累河的水权只能通过两种方案解决：一是三州按其所需，无节制地从墨累河取水，这种取水方式显然不利于水资源的合理开发和水环境的保护；二是三州签订有关协议，将墨累河的水权规定为三州共同所有，然后根据协议对水权进行再分配，以确定各州所拥有的具体水权。1914年，三州政府在联邦政府的参与下签订了《墨累河水资源协议》，以定量的方式明确了各州所拥有的具体水权。

案例2：澳大利亚跨流域调水工程

澳大利亚跨流域调水工程主要是雪山工程、西澳大利亚金矿区管道工程，昆士兰州里德调水工程、布莱德菲尔德工程正在计划中。雪山工程是世界上著名的跨流域调水工程，该工程位于澳大利亚南阿尔卑斯山脉，通过对雪山河流筑坝将水转移到大分水岭西部墨累河流域。它是一个综合用水和水力发电工程，解决了澳大利亚大量电力需求，支持了灌溉农业的扩展。雪山工程于1949年开工建设，全部工程于1974年竣工。

澳大利亚跨流域调水管理中，水权初始分配有很好的综合规划系统，在整个调水过程中政府都充分发挥自己的职能。调水资源在联邦政府协调下由各州达成协议，结合各州对水资源的使用情况来确定分配额度。在跨流域调水的水权交易上，交易应符合河流管理规划以及其他相关资源管理规划和政策。调水区直接对受水区进行水权交易，各州以及联邦政府在管理者和规划者的宏观层面进行协调和指导，形成各级政府监督指导下的跨流域调水水权交易市场。联邦政府作为调水资源的管理者，有责任制定和管理具体的政策框架，在跨流域调水水权交易中起着非常重要的作用。

雪山调水工程的管理机构是墨累—达令河流域委员会，它有权决定跨流域调水沿线水量分配方案，负责调水工程管理和调度，监督用水户按照规定取水和用水，协调、处理工程沿线水权纠纷，制定水资源管理政策法规。2002年，雪山工程管理局更名为雪山水利有限公司。该公司为新南威尔士州、维多利亚州和联邦政府共有，在联邦政府的监督指导下经营水和管理水，通过提供水商品服务，自主经营，自负盈亏，体现了市场化运作的特色①。

（四）水权可以作为资本资产融资

澳大利亚法律规定水权作为一种财产权是可以交易的。随着水权交易制度的创新，水权不仅可以买卖，而且可以作为资本资产如抵押品和附属担保品来融资。也就是说，澳大利亚不仅存在水权出让和转让市场，而且存在水权金融市场。用户拥有的水权可以作为抵押标的物进行抵押，从有关金融机构获得抵押贷款，用于水权转让和交易。

（五）水权交易程序明确，可操作性强

澳大利亚各州政府水法规中对水权交易程序和买卖合同中的有关内容做了具体规定，这些规定详细、透明，具有较强的可操作性。例如，新南威尔士州中一个农场主如要进行水权转换，可以先上网查询或向相关政府机构咨询水交易程序、方式、方法等相关内容，然后下载相关材料进行申请。在申请的同时，由于水交易市场信息是透明公开的，这个农场主还可查询和了解水市场中可能的水权交易的价格和买卖机会。申请通过后，农场主就可以按照法律规定的交易程序进行水权转换了。

第四节　水权制度对我国的借鉴和启示

一　建立和完善我国的水法律体系

水法律和水政策体系是澳大利亚有效实施水资源管理的根本手段。澳大利亚各州基本上都形成了比较健全的水权法律法规体系，对水权的界定、申请、分配、转让、交易、调整、终止等方面作了具体规定，从而实现了依法治水，依法管水。除了水法律外，澳大利亚还非常重视水政策的指导作用，例如，为推进发展水权交易和水市场，澳大利亚相继发布了《1994 年水事改革框架》（1994 年 2 月）和《水分配与水权—实施水权的国家框架》

---

① 鞠茂森、张仁田：《澳大利亚水交易》，黄河水利出版社，2001，第 81 页。

（1995 年 10 月）等水资源政策报告，对实施水权综合体系特别是水权交易提出了具体指导意见和政策建议，大大促进了澳大利亚各地水权综合体系及水市场的建立。

2002 年 10 月开始施行的新水法是我国水法律体系的基础，但与澳大利亚等先进国家相比，我国有关水资源管理和保护方面的配套性法律法规还不健全，实践操作性还不强，满足不了经济社会快速发展的要求。当前要进一步建立和完善合理、可操作性强的配套性水法律体系和政策体系，尤其是关于水资源费的征收、管理和使用的配套性法律法规，关于水权界定、分配、调整、续期和终止的配套性法律法规，关于水权交易条件、范围、程序的界定和水权交易价格的配套性法律法规，尽快形成水权交易的政策法规和技术规范等体系。

二 借鉴墨累河水权共享方式

如上所说，墨累河是流经维多利亚州、南澳大利亚州及新南威尔士州的一条河流。随着对墨累河取水需求量的不断增加，三州对墨累河水分配也出现了越来越大的矛盾。为解决这一问题，三州在联邦政府的协调下决定共享水权，并签订了《墨累河水资源协议》，以定量的方式明确了各州所拥有的具体水权。

我国很多河流流经数个省区。如何分配上游中游下游之间、省份之间以及省内各地区之间的水权是一个长期难以解决的问题。墨累河水权共享协议对我国跨省河流水权分配具有一定借鉴意义。当前可以选几条跨省河流进行水权分配试点，即在中央政府指导下，由河流流经的省区签订水权共享协议，以定量的形式明确各省区的水权，下游省区对上游、中游省区进行合理的经济补偿。

三 推进全国重要河流用水计量设施和水资源监测系统建设

用水计量设施和水资源信息监测系统是现代水资源管理的技术基础。澳大利亚已建立比较完善的用水计量设施和水资源信息监测系统，从而能可靠地预测年内、年际水资源可分配总量，极大地提高了水权定量管理的可操作性和有效性。我国应借鉴这一经验，积极推进全国重要河流的用水计量设施和水资源监测系统建设，包括：流域水资源的动态监测系统建设；流域河道生态基流的实时监测；流域水资源预报预测模型的研究开发；加强流域各用水区域间边界段面的水资源监测系统建设，包括对水量、水质信息的监测；大型用水户的取水计量实时监测系统建设等。

四　建立水权交易公告和登记制度

水权交易公告和登记制度是水权交易制度的重要组成部分。澳大利亚主要通过水权交易公告和登记制度来管理水权交易，很少直接干涉水权交易的价格，水权交易的价格主要由交易双方协商确定。水权交易一般经过"申请—审批—转让—水权证转换"的程序。对于批发水权的永久交易，申请人还必须在政府公报或在相关地区广泛发行的报纸以及网站上刊登公告，说明转让的水权是部分转让还是全部转让，以及出售方法的具体细节。这一制度有利于政府对水权交易进行监督，防止水权交易对第三方和生态环境造成损害。

参照澳大利亚经验，我国也应建立水权交易公告和登记制度，并把其作为对水权转让和交易进行有效监督的重要方式。水权交易双方无论是获得水权还是丧失水权，都应向水行政主管部门办理登记手续。水交易相关部门要对水权交易内容进行公告，包括交易时间、水质水量、期限、方式和条件等，这样将有利于水权交易的公开、公平和效率的提高，既保护了水权交易双方的合法利益，又避免了水权交易对第三方和生态环境造成损害。

五　我国水权交易趋势是农业和工业之间的交易

用水结构决定了水交易结构。澳大利亚是农业、畜牧业大国，水权交易主要是农业或畜牧业用水之间的交易；而美国以工业和服务业为主，水市场则是由工业和城市用水户主导。实践证明，无论是澳大利亚农业内部之间的水权交易还是美国农业和工业之间的水权交易都是水资源由低效率、低效益的用途向高效率、高效益的用途转移，因而一方面促进了节水，另一方面又提高了用水效益，特别是农业与工业之间的交易更显著提高用水效益。

与澳大利亚相比，在我国用水结构中，农业同样是用水大户，但与澳大利亚不同的是，我国目前农业人口巨大，城市化程度比较低，农业生产以家庭生产为主，形成规模经营的还较少。随着我国城市化和工业化的推进，大量农民开始进城工作和定居，城市供水不足和工业服务业水资源短缺问题日益突出。从全国来看，缺水城市数量不断增多，其中有些城市缺水程度非常严重，因而有些城市开始通过水权交易试点将原来用于农业灌溉的水源转向了工业和城镇供水。从未来发展趋势看，随着我国城市化和工业化的加速推进，我国逐步进入工业化后期和后工业化阶段，我国水权交易趋势应是由农业向工业、服务业转移，由农村向城市转移。我们应该看到这一水权交易发展趋势，并采取有力措施适应这种转变趋势。

第十七章

法国：特色分权化的水权制度[*]

第一节 法国水资源概况

一 法国概况

法国是西欧面积最大的国家，国土面积63万多平方公里，领土呈对称的六边形。行政区划包括大区、省和市镇3个级别。大区、省和市镇均由各自的议会管理，国家政府在各大区和各省设有行政首长。法国是最发达的工业国家之一，2013年国内生产总值（按购买力平价）为2.333万亿美元，排名世界第9位，人均国内生产总值36453美元，排名世界第24位。[①]

二 法国水环境概况

法国境内河流众多，水网纵横交错，主要有五大水系：塞纳河、加龙河、卢瓦尔河、莱茵河和罗讷河（见表1）。

---

[*] 本章作者：唐佳路，西南交通大学；付实，四川省社会科学院西部大开发研究中心副秘书长、研究员。

[①] 数据整理自中国外交网。

表 1　法国五大河流概况

单位：km，万 km^2

河流名称	全长	流域面积	流经国家
塞纳河（Seine）	780	7.87	法国、比利时
卢瓦尔河（Loire）	1020	12.10	法国
罗讷河（Rhone）	812	9.70	瑞士、法国
加龙河（Garonne）	575	8.48	法国、西班牙
莱茵河（Rhin）	1232	18.50	德国、奥地利、瑞士、法国、荷兰、列支敦士登

注：数据整理自皇家地理学会网。

　　法国六大流域包括阿杜尔—加龙河流域、阿尔图瓦—皮卡底流域、卢瓦尔—布列塔尼流域、莱茵河—默兹流域、罗讷河—地中海—科西嘉流域、塞纳河—诺曼底流域（见表2）。

表 2　法国六大流域概况

单位：万 km^2，万人

流域及其主要河流	主要河流面积	人口
阿杜尔—加龙河流域，其方位及主要河流：法国西南部，阿杜尔河、加龙河及主要支流洛特河、多尔多涅河	8.7	400
阿尔图瓦—皮卡底流域，其方位及主要河流：巴黎平原北部，索姆河、瓦兹河	2.0	180
卢瓦尔—布列塔尼流域，其方位及主要河流：法国中西部，卢瓦尔河、曼恩河、谢尔河、维埃纳河、夏朗特河	15.5	1150
莱茵河—默兹流域，其方位及主要河流：法国东北部，默兹河、摩泽尔河、伊尔河	3.0	400
罗讷河—地中海—科西嘉流域，其方位及主要河流：法国东南部，罗讷河、索恩河、杜河、迪朗斯河	13.0	1300
塞纳河—诺曼底流域，其方位及主要河流：法国西北部，塞纳河、马恩河、瓦兹河、约纳河、埃纳河	9.8	1870

注：数据整理自皇家地理学会网。

　　法国水资源较为丰富，年降水量由西北至东南从 600mm 增至 1000mm，山区与高原地区降雨量更大。境内年均水资源量为 4780 亿 m^3，水资源总量为 2037 亿 m³，可开发水资源量为 1000 亿 m³。淡水资源总量约为 180 亿 m³，总可再生水资源量约为 186 亿 m³。全国地表水资源分为四大类，即河流、湖泊、过渡水和沿岸水体，总共有水体 2.3 万多个，其中河流数量占总水体数量的 94%。

法国水环境经历了从污染到改善、从治理到保护的漫长过程。从 15 世纪初出现的早期城市化环境问题到 20 世纪中期的湖泊富营养化趋势，工业化的影响贯穿其中。从 1964 年颁布的《水污染防治法》开始，政府逐步颁布多项法令，限制工农业废水的排放，大力开展水污染治理工作。

第二节　法国水法制度的建立

一　水权

（一）水权理念的变革

现代水权是包括水资源的所有权、经营权和使用权在内的三种权利的总和，是国家、单位和个人对水的物权和取水权。其中包括对水的占有、使用、收益和处分的权利，并且取水主体可以依法直接从地下、江河、湖泊等水资源中取水。在过去，大多数国家的水权仅仅限于对用水的使用权，一般是约定俗成的。进入 19 世纪以后，个人与国家有很多关于水使用的矛盾和冲突，经过长期的实践，最后普遍认为水权是产权渗透到水资源领域的产物，水资源的所有权是实现水资源使用权的前提，水资源使用权行使是满足人民生活需要的客观要求。水权理念经过了长时间的实践和发展，归根到底是人类对于财产和土地所有的一次新的认知。

（二）从河岸权到国家公共水权

河岸权可以称作水权制度的起源，是指合理使用与河岸土地相连的水体，同时还不影响其他河岸土地所有者的权利，源于 1804 年《拿破仑法典》。自然而然地，由于河岸权实行的国家也实行私有土地制度，当人民获得土地所有权时，也获得了沿岸的水权，土地一旦出售，水权就具有了排他性和可转让性。

但是在一些干旱少雨的地区，人类为了充分利用水资源建立了优先占用权制度。水资源处于公共领域，谁先开渠引水谁就优先占有了使用权。但这种制度使水权不能转让和交易，就算水资源和土地一起转让了，但是用水的先后次序必须按时间排序。

如今水权制度发展的趋势是水权公有化。水权从土地中分离出来，成为独立的个体，归国家、州政府或王室所有。根据国家的历史情况和政治体制，推动水权制度现代化发展是国际大形势，一些国外学者也称20世纪是现代水法的形成和发展时期。

二　法国水权制度的构建

"水一直是最有价值的自然资源之一，但是由于它总是流动的，所以界定和分配水的产权时，一直存在问题。"[①] 20世纪以前，由于水资源相对充足，并没有建立排他性水权制度的需要，各国基本都以农业为主，土地所有权相当重要，所以各国都自然地将水资源归入土地权属，法国也不例外。在传统的法国，土地作为一种财产，是个人私有的，土地所有法内容包括对土地的占有、使用、收益和处分四项权能。水是属于大地的，主要依土地所有权来确定水资源的私人所有权，即将水作为土地的附属物，在私人土地上的地表水和地下水属于土地所有人，而流出私人土地的水流则成为公共水流。

进入20世纪后，人们逐渐了解到，水并不是"取之不尽、用之不竭"的。随着城市化和工业化进程的加快，水的资源稀缺性逐渐表露。水资源既有物质性稀缺（人口在不断膨胀而水资源并没有相应增长），也有经济性稀缺（由于一定的经济投入而开发的水资源是有限的，不能满足人们对资源的需求）。人们发现，水资源的时间分布和空间分布存在着巨大差异，在依赖土地所有法的基础上，水资源供需矛盾突出，更重要的是，水是人们生存和发展的物质资料。当一个人的利益受到侵害，按照亚当·斯密的"经济人"理论：自我利益最大化是经济人行动的唯一动机，人们会想方设法维护自己的权益。传统水权显然已不再适用于高速发展的法国，并且过去制定的法律条文也不适应日新月异的社会状况。

法国水权立法的时间周期长，并且几经修改。法国政府在20世纪致力

---

① 引自 Jacques OUDIN, "Le partenariat public – privé dans le financement des réseaux d'eau et d'assainissement", Revue dëeconomie financière. Hors – série, Partenariat Publicprivé et développement territorial. 1995. pp. 183 – 197。

于新的水权时，修订现行的水权法律条款时则意见不统一。有人提倡改变地下水司法上的法律法规，1953 年，国会议员委员会就建议将地下水作为今后公共财产的一部分，然而到了 1973 年 6 月 28 日，地下水和海外水资源才变成国家公共财产的一部分（这个方案也被西班牙、意大利所采用），另外一种声音是保持现有的法律条款和管理层（见表 3）。

表 3　法国重要水法及部门一览

年份	名称
1964	《水污染防治法》
1967	《保护水域令》
1971	环境部
1992	《公共卫生法》、《公共水道和内陆通航法》

注：作者根据法国水法颁布时间整理。

法国现行的《水法》颁布于 1992 年，是对 1964 年《水法》的改革和完善。其中明确规定"水是国家共同资产的一部分"，法国所有水资源归国有。法国水资源管理主要是按流域实行综合、分权管理（见图 1）。

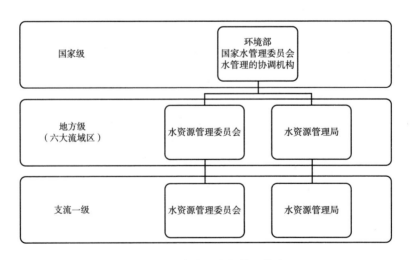

图 1　法国水资源分级管理模式

第三节　法国分权化特色的水权管理模式

一　国外的流域管理模式

各国的水权管理经历了一个由分散到集中的过程，如今集中型的管理模式是现代国家在水权管理中最普遍的模式，主要有如下特点。

建立专职保护环境或者水源的政府机构。20 世纪起，美、法、英、日等国家都建立了集中水环境管理权力的部门，如法国在 1971 年设立的环境部，美国 1970 年设立的环境保护局。

按照国家历史、环境和政体的实际情况，建设了可实行垂直管理的流域管理区域。法国把全国的水资源划分为 6 个流域，美国联邦环保局将全国分为 10 个流域等。

集权和分权的协调发展。为了避免对水权的垄断，各个地区，州政府的水权管理机构的权限首先要一致，其次中央政府的环境管理权力通过法律强化，如美国 1969 年的《环境保护法》，这样确立了中央环境保护部门的主导地位，但其下管理的地方环境部门又能根据地方各自的法律和流域特点进行调整。

其中美国和英国由于政体原因，建立了联邦制下的流域协调委员会、流域管理局、议会制下的流域委员会，实行直接管制中的行政治理。法国在《水域分类、管理和污染控制法》（1964 年）中确立了环境部门，通过立法治理。

在水资源相对紧缺的澳大利亚，可以授权的水量越来越少，新的水用户获得水权相当困难，市场治理就发挥了极大的作用。通过水权交易与水权出租（墨累—达令流域）、用水者付费和污染者付费达到以水养水的目的，此外还有污染施害者给污染受害者进行补偿的制度——补偿制度、以电养水制度等。

总的来说，国外的经验告诉我们，集中型的水权管理体制可以有效地提高决策的效率，并且能促使水权信息快速地在体制内交流，使水资源的开采、分配和调度使用符合实际情况。市场机制的引入则加入了极大的灵活性与自由性，但依然需要国家的监管和协调。

二 法国水权分权管理的特色

(一) 法国水权分权制度的历史沿革 (见图2)

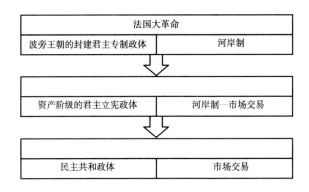

图2 法国水权分权制度的历史沿革

从法国历史来看,法国经历了波旁王朝的封建君主专制政体、资产阶级的君主立宪政体和民主共和政体,这使人民具有极强的自主和独立性,这一点从水权公共所有、国家收回水权时地方与国家长期的博弈可以看出。

在波旁王朝统治时期,河岸制依然是法国水权主要的制度基础,在长期河岸制的背景下,法国人民对水权私有有强烈的心理认同感,这无疑增加了水权收归国有的难度。1830年法国爆发"七月革命",最终结束了波旁王朝在法国的统治。这对于水权改革是一个转折。在之后的资产阶级君主立宪制政体下,法国逐渐开始了水权制度从河岸制到市场交易的转变。整体来看,从一开始的水权收归国有的进程中,法国人民已经拥有了质疑政府、不畏权力的特质,民间撰文批评水权改革屡见不鲜。

大革命中诞生的法国议会是以法国启蒙思想家的三权分立和"主权在民"的理论原则为指导的,它作为法国资产阶级的国家最高权力机构或是国家最高立法机构,在君主立宪制时期起着限制王权的作用,在民主共和制时期起着监督和均衡行政权力的作用,它本身就是分权思想的体现。经过改革的议会选举制度是从下到上的,这无疑成了水权分权改革的政治基础。在经历了社会种种巨大变革后,已经不能再用一概而全的方法来管理法国水权,法国政府随即认识到,以六大流域为基础,进行分权管理,是最适应法国国情的方法。

之后法兰西第一共和国、法兰西第二共和国的更替并没有减缓法国水权市场化交易的脚步，相反，在这个时期法国水权建设迎来了空前的成功。与水权相关的水费、水价政策也终于在地方与中央的反复博弈中确定了下来。1875 年法国通过共和国宪法，从法律上肯定了共和制，从而使君主制复辟的危险在法国结束，共和政体在法国最终稳定下来，这也使水权公有、水权管理地方分权的制度在法国稳定下来。最重要的是，随着法国政权的更迭，法国人民逐渐意识到过去以河岸制为基础的对水权的认知是带有陈腐和习惯性的，水权独立、管理分权是世界性的潮流，这种意识的更新是空前绝后的。

从 1958 年开始的法兰西第五共和国在 1964 年和 1967 年制定了《水污染防治法》和《保护水域令》，在 1992 年制定了《公共卫生法》和《公共水道和内陆通航法》，水权分权管理模式和水权交易市场逐渐在法国稳定下来。

（二）以流域为基础的分权管理

法国水权管理是以流域为基础的。英国、法国都是实行河岸权的传统国家，因为河岸权制度当初是伴随沿河两岸的土地所有权产生的，一般适用于水资源丰富的地区[①]。1964 年法国颁布了《水法》，规定：水是全民共同财产的组成部分，在遵守法律、规定以及以前所立法规的情况下，使用水是所有人的权利。从法律上明确了水资源的所有权与使用权的归属关系。同时，将全国按水系划分为六大流域，在各流域建立流域委员会和流域水资源管理局，以统一规划和管理水资源，目标是既满足用户的用水需求，又满足环境保护的需求。1992 年颁布了新的《水法》进一步加强了这一分权管理体制，将水管理的机构设置区分为国家级、流域级、地方级等几个层次。

法国将全国划分为六大流域区，以流域为基础来分权管理。这是考虑到每个流域具体情况的不同，具体情况具体分析的结果。从历史的眼光看，法国以流域为基础的分权管理极具法国特色，成为世界上水权管理的典型之一。

---

① 引自黄锡生《水权制度研究》，科学出版社，2005，第 20 ~ 28、58 ~ 59 页。

（三）法国水资源管理的特点

1. 法国水法律法规体系比较完善

1964 年法国颁布了修改过的《水法》，1992 年颁布了新的《水法》，1964 年和 1967 年制定了《水污染防治法》和《保护水域令》，1992 年制定了《公共卫生法》和《公共水道和内陆通航法》，建立了以《水法》为基础，其他相关的法律如《公共卫生法》、《民事法》、《刑法》、《国家财产法》、《公共水道和内陆通航法》及有关水政策、法令等为辅助的较为完善的水资源管理法规体系。

法国的水法规体系建立了以下有关水资源的开发、使用、管理和保护原则：①按流域统一管理原则；②多目标综合利用原则；③水生态系统保护原则；④国家公共主管部门和流域开发者协同制定水开发总体规划和实施方案；⑤"以水养水、专款专用"的原则，用水者和排污者必须付费；⑥统筹规划原则，制定中长期规划，并确定流域投资优先项目；⑦共同参与原则，政府部门和用水户共同管理水资源。[①]

2. 法国的水资源管理实行分权管理制，呈现垂直分布的特点

法国水资源管理分为国家级、流域级、地方级等几个层次。国家负责制定和监督实施水法律、水法规和水政策，国家级机构有环境部、国家水管理委员会和水管理的协调机构。国家水管理委员会对国家水政策的发展走向以及与水有关的法律法规起草负责，同时负责法规的批准、取水排水的授权、水质管理等的协调工作。

法国将全国分为六大流域区，每个流域设立的水资源管理委员会和水资源管理局分别为决策机构和执行机构。流域委员会是流域水利问题的立法和咨询机构，由用水户、地方行政官员、社会组织的有关人士组成，负责水资源的综合管理，包括制定流域水资源开发利用总体规划、确定五年计划、调解水事矛盾、提出水费征收与水资源开发项目和污水处理项目投资分配意见。其他还有流域协调总监（行政长官）、流域行政委员会和罗纳河公司。流域水资源管理局是实施流域水资源管理的主体机构。水管局局长由国家环境部委派，水管局领导层成员中地方代表及用水产代表从流域委员会成员中

[①]　万军、张惠英：《法国的流域管理》，《中国水利》2002 年第 10 期。

选举产生，组成流域水管局的董事会，董事会对水管局进行管理。董事会的成员按"三三制"组成，其中，1/3 代表由用户和专业协会选举产生，1/3 由地方选举产生，其余 1/3 由国家政府有关部门（环境部、渔业部等）委派。董事长按国家法令提名，任期 3 年。水管局主要职能：一是制定流域水资源利用规划，报委员会认可和审批；二是分配财政经费，管理水资源基金；三是负责收费，包括用水费和用水污染防治费；四是水信息的收集；五是通过补贴、贷款等各项鼓励措施促进污染防治措施的建设和水资源保护等。

支流一级水管理委员会负责制定地区一级水资源开发利用规划、水管理方案；地方政府官员和用户代表参与流域及支流一级水管会水资源管理决策工作。

市镇一级直接负责供水及污水处理工程等项目立项、资金筹措、水价及确定项目和运行管理的公司，水公司则根据有关政策法令和规定，负责供水及污水处理工程的经营管理。

总的来看，法国分权、综合的管理方式综合考虑了地表水与地下水、水资源数量与质量、经济发展和生态保护，极大地确保了水权的包含性。另外，通过流域委员会能够协调和平衡流域内与水相关的各个利益方面的不同目的（包括社会的、经济的、生态的、文化的），这样确保了管理的科学性。同时，因为流域综合管理是建立在一套完整的法律体系之上的，借助国家与有关的公共或私人公司达成的协议，同时采取各种手段（法规、经济措施、规划）加以贯彻实施确保了再实施过程中的可操作性。分权制衡、综合管理，法国以流域为单元，促进了水资源的合理利用保护，促进了流域经济和社会的繁荣发展。

3. 法国水费制度：分权制定

法国的水费制度体系完整。在水价管理方面，法国采取"以水养水"制度。法国水价政策的制定是在国家宏观调控指导下，通过各流域委员会与用水户协商，确定水费和污染税费的标准，并由各流域委员会的执行机构——水务局负责向用户征收水费和污染税费，体现了地方分权制定水费的政策特点。水费价格全国不统一，各地方政府可根据具体情况确定水价，但地方确定水价时必须充分考虑上缴流域机构的费用和国家的税收。法国国家政府设立了农业供水基金，主要用于补贴人口稀少地区和小城镇兴建供水、污水处理工程。

（1）用途：不同用途的水，价格不同

工业用水水价：根据各地供水条件确定，在各行政区之间存在差异。一般根据水源状况、污染程度、供水时间及为提高供水质量和改善水质而采取的供水工程措施等的差别，分区采用不同的水费标准。枯水期水价标准通常约为其他时间水价的 2 倍，取用地下水水价标准接近于枯水期地表水水价。在水资源充足地区用水超过一定限度后，水价降低。

城市用水水价：流域与流域之间及流域内部的市镇间各不相同，考虑了供水的边际成本变化，收费标准随城市人口的增加、供水水质与供水服务质量的提高而增加。

农业用水水价：灌溉服务费一般包括水输送费（从坝、库、井等引水）、压力管道输送费（泵站、引水渠等），灌溉设备和劳动力费用。灌溉服务费的标准根据水资源供求关系、灌溉制度方式、政府资助程度相应核算。

（2）主体：谁污染谁付费，谁用水谁付费

水费是法国水资源管理经费的主要来源，法国充分利用市场手段优化配置水资源（见表4）。

表 4　法国水费构成

单位：%

项目	饮用水	城市废水的收集净化	设施建设维护	国家基金	税收
比重	40	33	20.5	1	5.5

注：作者根据法国水费组成整理而成。

（3）构成：水价结构

以流域和地区为基础，根据流域和地区的水资源状况，结合流域委员会制定的水费和污染税费标准，考虑水价的决定因素（供水成本、利润率和税率、财政补贴和减免税等），分别制定工业、农业和城市生活用水水价。农村和城市水价差别较大，但地区水价差要高于城乡水价差。一般通过市场调节和供求关系制定和执行不同水价。

法国的水费从构成和实际单价来看都是较高的，这可以促进节水并且促使排污量的减少，使供水企业及污水处理企业均处于良性循环。另外，管理费是由流域水务局收取，并用于补助流域内新的供水工程和污水处理工程的建设，这极大地推动了供水工程，特别是污水处理工程的建设，处于良性的循环。

（四）综合流域管理模式的分权建构

综合流域管理模式是法国水权管理的标志[①]。综合管理流域水资源的水量、水质、水工程、水处理是法国水资源管理成功的标志，如罗讷河流域委员会。综合流域管理模式的建构基础是各个流域不同阶层、不同职业的公民的共同参与。流域水资源管理委员会是由国家代表，大区代表，省代表，乡代表，政府官员，议员，工业、农业、城市用水户代表，咨询专家组成，确保流域所在的地区都能参与到改革和决策的制定中来。模式的建构还包含完善的会议制程，流域水资源管理委员会每年召开 1~2 次会议，通过一些决议。其作用是协调各方面的利益，增强水资源开发利用决策中的民主性，使地方最大限度地参与到改革中来。

综合流域管理模式的建构和地方参与改革是同时进行的，他们互相补充，中央政府整体宏观地来建构管理模式，地方有序参与改革，为管理的骨架填充血肉，使之符合地方不同流域的水资源情况。

1. 地方参与水权改革大致经历了三个阶段（见图 3）

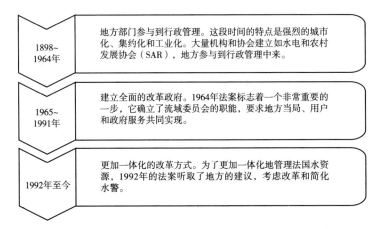

图 3 地方参与水权改革的三个阶段

---

① 黄锡生：《水权制度研究》，科学出版社，2005，第 152~153 页。

2. 地方参与水权管理的案例

（1）地方特色分权管理的典型：地方经营管理权建立的雏形

在 19 世纪，法国和一些欧洲邻国发生了一系列的水污染，从此之后，法国的用水管理制度有了灵活的调整。

1853 年总自来水公司建立，1880 年里昂自来水公司建立。但是初期的运行出现了资源浪费、国营监管过于严格、经济不稳定的问题。同时，在法国的城市化进程中，政府公共管理也相对薄弱，私人企业更能适应社会需求。在此基础上，部分私营的自来水公司介入法国饮用水管理系统，快速发展的有总自来水公司、里昂自来水公司和布依格公司。而这些私人企业，在技术和管理模式上的不断进步成为法国水资源管理的重要力量。法国绝大部分的水资源管理都依靠私有企业来完成。在 1926 年，法国政府颁布了 Poicare 法案①，规定地市一级的地方政府有权力自主引入私有企业进行水资源管理。到今天，法国 75% 的饮用水渠道的建设、60% 的饮用水净化都由私有企业来完成。这在欧洲国家是一个比较特殊和值得借鉴的特例。

从管理建构的角度，法国水资源的管理建立在授权管理的基础上，其中主要有两个原因。第一：在公共管理体系中，地方政府过于分散，财力不足，对饮用水的管理和渠道难以维系。第二：地方治理比较成熟，地方拥有的极大的自治权，将第三方机构引入公共资源的管理当中。

（2）地方特色分权管理的典型：地方经营管理权的完善和公私合作

1982 年的法国地方分权改革给予了地方行政区域公共服务的自由经营管理权。市镇可以自由地选择它们自己的公共管理服务模式，但是中央政府可以通过分布在各地方的行政长官来发挥它的控制作用。有些地方政府会选择自己来经营管理城市的供水系统以及污水处理，有些则决定求助于外部的组织（通常是私人企业或者公家机构以及公私合营的企业）。

---

① Corinne LARRUE, "La gestion de l'eau: à la croisée des politiques publiques et des territoires" (Water Management, between Public Policies and Territories), *Persee*, 2002.01.

总的来说，这种直接的财政管理模式确保了法国的地方政府通常可以和那些私人企业合作来确保城市公共服务管理的运行（直接的财政管理是没有财政自由的，它只是把开支算在地方财政的开支中。自由的财政管理，地方政府是可以自己分配开支并可以有不同于中央政府的自己的想法去分配财政开支①），因此地方依然在中央政府的调控中。

在具体操作手段上，地方政府可以通过招投标的方式，引入私有企业，并与之签订合同。合同形式一般分为两种：第一是全权委托的方式，私人企业负责渠道道建设，同时负责出售水，收取水款。而水价由地方政府与企业共同制定，企业获利。第二是地方政府负责渠道建设，企业负责饮用水的分配和管理。地方政府在出售水获得的款项中，提取部分收入。

3. 法国项目用水申请流程

第一，确定项目所在的区域。由于法国设六大流域委员会，这个项目的负责人需要向当地流域委员会提交项目计划报告，详细说明取水量、污水物质组成及污水排放量。经地方水资源管理委员会、流域委员会审查后，由省长批准颁发取水许可证。目前，对项目的审查主要包括对污水排放是否造成对河道水体污染、影响公众健康和他人用水等方面。

第二，审批通过后，对应级别的流域水管理局负责执行，负责流域内对水资源的开发和利用给予财政支持，并且负责相应的需求水量信息的收集和发布。

第三，信息发布后，由流域水管理局决定这个项目的用水是选择自己城市的供水系统还是求助外部组织（私人企业或者公私合营的企业）。

第四，水价的确定。根据项目的类型（工业农业还是城市用水）、用水量（是否需要跨流域供水）、时期（是否枯水期）和市场供需关系综合决定水价。

第五，选择好供水公司和确定水价后，水公司根据有关政策和法令负责供水（见图4）。

---

① Corinne LARRUE, "La gestion de l'eau: à la croisée des politiques publiques et des territoires" (Water Management, Between Public Policies and Territories), *Persee*, 2002.01.

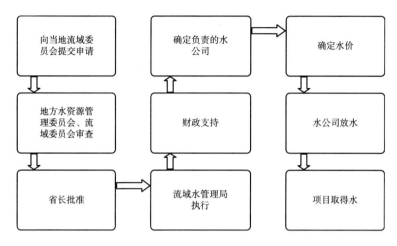

图 4　法国项目用水申请流程

第四节　法国水权制度总结

法国是欧洲发展较早的国家，同时也是水权发展较快的国家。通过多年的法律完善，特别是经过 20 世纪后实行的水权改革，水权市场得到了规范。对水资源权属的重视程度很高，其管理也是相当严格，制定了许多强制性措施。此外，法国的水权研究工作也比较深入，为国际水资源管理提供了支撑。世界银行也提到一种真正的"法国典型"授权管理模式①。纵观法国的水权改革，其特征主要为较强的地方自治性，水权管理按照综合、分权、分级管理原则进行。这个特点与法国地方分权化政治体制相适应，而在水权改革的过程中，逐步将市场交易引入水权变更过程中。

在法国的水权管理体系中，国家及国家级机构制定和实施水法律，各流域的水资源管理委员会和水资源管理局负责地区决策与实施。其分级层次为国家级、流域级、支流级、市镇级。在管理的过程中，以水养水，这可以满足集体用水需要，同时可以节约用水，尊重水文生态环境。具有开创性、典型性，这一制度被西班牙、意大利所采用。综合以上对法国水权及其管理模

---

① 引自 La gestion de l'eau："à la croisée des politiques publiques et des territoires"（Water Management, between Public Policies and Territories）Corinne LARRUE，2002。

式的研究，我们能够了解到，一种典型的模式有其历史必然性，被人民所接受的选择必然是经过了实践的检验和历史的总结的，法国根据国家地方自主性较大、人民自主管理性较强的特点，经过长时间的与地方博弈，最终成功地实行水权分权管理模式，成为世界上水权授权管理模式的典型。这对法国国家经济政治发展有深远影响，对其他国家和地区具有极大的借鉴意义。

第 十 八 章

日本：国家所有水权的范例[*]

第一节　水资源概况

日本是亚洲东部太平洋上一个群岛国家，领土由本州、四国、九州、北海道四大岛及 6800 多个小岛组成，总面积 37.8 万 km²，其中山地和丘陵占总面积的 75%，沿海平原约占全国国土面积的 1/4。2014 年，日本人口约1.27 亿，GDP 4.6 万亿美元，目前是仅次于美国、中国的世界第三大经济体。

日本位于亚洲季风地带，是世界上降水量较多的地区，年均降雨量为1718mm，是世界平均降雨量的 2 倍，但季节差异很大，6 月的梅雨期和 9月、10 月的台风期，降雨量约占全年的 40%。日本的水资源总量为 4500 亿m³，由于人口众多，人均水资源量约为 3500m³，不到全球平均水平的 1/2，是一个水资源较为缺乏的国家。年用水量约为 900 亿 m³，其中，农业用水占 66%，工业用水占 15%，生活用水占 19%。从历年总用水量的变化来看，1990 年达到峰值，其后随着工业用水量减少略有下降。

日本的国土狭长，其中 75% 为山地和丘陵，66% 被森林覆盖。受地形地势的影响，日本的河流具有坡度大、长度短、水流急的特点。其中，最长的河流是信侬川，长度仅为 367km；第二和第三大河流分别是利根川和石狩川。最大的湖泊是琵琶湖，面积 672.8km²。

---

* 本章作者：付实，四川省社会科学院西部大开发研究中心副秘书长、副研究员。

日本的河流按重要性可划分为一级河流、二级河流、准用河流和普通河流。一级河流最重要，其中特别重要区间由中央政府直接管理，称为直辖区间；其余区间由中央政府委托地方政府管理，称为指定区间。二级河流由地方政府管理，其他河流由基层政府管理。2002年，在全国的河流中直辖区间占7%、指定区间占54%、二级河流占14%、准用河流（含普通河流）占25%。这就是说，日本河流中7%是由中央政府管理，68%是由地方政府管理，25%是由基层政府管理①。

第二节　水权制度和水权市场理论和实践

一　水权制度理论及实践

（一）水权的定义和种类

1. 水权的定义

在日本，水权又称水利使用权、流水使用权、流水占有权、公水使用权等，是为实现特定的目的，排他、垄断地利用河流流水的权利，该权利实质上是具有物权性质的对公共河川水资源之持续性、排他性的使用权②。

日本水法明确规定日本水资源所有权归国家。1896年起实施的日本《河川法》中就阐明了"流水占用"的概念，明确江河水资源归国家所有，并规定了"惯例水权（为处理既有用水的水权问题而作出的规定）"、"许可水权（江河取水、用水的权利需要得到政府行政机构的许可）"。在1964年，日本对《河川法》作了修改，从过去的以治水对策为核心转变为以水资源的开发利用和治水并重，将申请"惯例水权"规定为义务。在1995年，又对《河川法》作出了修改，规定"江河属国家产业，它的保护、利用及管理应予恰当进行，应力求达到规定的各项目标。江河水流不得隶属于私人所有"。

2. 水权的基本内容与分类

（1）依水权取得方法，水权可分为惯例水权和许可水权

---

① 七户克彦：《关于日本水权问题的现状》，《公营企业》2010年第8期。

② 黄俊杰、施铭权、辜仲明：《水权管制手段之发展》，《厦门大学法律评论》2006年第1期。

早在 1896 年起实施的日本《河川法》中就规定了"惯例水权"和"许可水权"。"惯例水权"是为处理既有用水的水权问题而作出的规定，即 1896 年以前的既有取水团体按照《河川法》视为获得许可团体，自动拥有水权。惯例水权是建立在用水者已存在对水资源的实际支配的事实基础上，并由法律加以承认的用水权利。惯例水权的主体一般是村落共同体，取水规模一般不大，其用途实际是多样的，主要用于灌溉、生活用水、消防等。目前，日本大多农业灌溉用水还属于"惯例水权"。

"许可水权"是指根据《河川法》，用水者向政府水资源管理部门申请并得到许可后获得的在江河取水、用水的权利。1965 年修改后的《河川法》第 23 款规定了特许取水权制度："拟使用河水者，应获得河流管理者的批准，具体程序由建设省的法令规定。"许可水权是在工业化和城市化发展进程中，为满足工业用水和城市用水需要，通过水资源开发工程（水库和引水工程等）而逐步形成的。由于许可水权的所有者和管理者一般为中央或地方政府，用水者要取得水权，必须向水权管理者申请许可。

据统计，截至 2008 年，日本一级河流的水权数量为 98049 件，其中惯例水权 79731 件，许可水权 18318 件；日本二级河流水权数量 43538 件，其中惯例水权 37225 件，许可水权 6313 件。按具体使用性质则可进一步划分为农业用水水权、工业用水水权、水力发电用水水权、自来水取水水权、杂项用水水权及其他水权[1]。

（2）依水权安定性，水权可分为安定水权、丰水水权

安定水权指水权人申请水权时，其所申请的用水量必须介于"基准流量"范围内方可获得主管机关的许可。"基准流量"是指基准枯水量扣除现有水权流量与河川维持流量两者之和。水权使用人在"基准流量"范围内取用水资源，方能使河川水源流量安定，故称为"安定水权"。丰水水权指在河川流量超过基准枯水流量时才可获得的取水权利，其取得以不侵犯既得水权为原则，该类水权在日本乃属于例外，通常仅限于发电或消融雪水之情形。丰水水权与安定水权两者最大差异之处乃在于安定水权在基准枯水年仍

---

[1] 七户克彦：《关于日本水权问题的现状》，《公营企业》2010 年第 8 期。

有可能整年取水，但丰水水权则可能发生全年无法取水的情形①。

（二）水权制度主要内容

1. 四级河川分级管理制度

日本水资源管理最主要的法律依据是《河川法》。《河川法》依照河川的重要性，将河川分为四种类型：一级河川、二级河川、准用河川以及普通河川，并且依其特性，由中央与地方分别管理（见图1）。一级河川最为重要，由建设大臣根据河流对国家的经济利益及可能造成的危害来认定，其中特别重要区间由中央政府直接管理，称为直辖区间；其余区间由中央政府委托地方政府管理，称为指定区间。二级河川及准用河川由地方长官或城市市长分别根据河川对公共利益的重要性来认定，二级河川由地方政府管理，准用河川由基层政府管理。跨界的二级河川和准用河川，按地方政府的行政管理界限分别进行管理。

一级河川和二级河川严格地按《河川法》进行管理，准用河川也基本上按《河川法》进行管理，普通河川则不属《河川法》的管理对象。但根据《地方自治法》，这些河川要根据地方政府的法律法规进行管理。如果地方没有这方面的法规，这些河川则按《国家财产法》进行管理。

2. 惯例水权向许可水权的转换

相较于许可水权，惯例水权用水者和用水量难以准确统计，其权利内容也不够明确，给河流管理者进行水利设施建设、水资源利用评估、水资源开发利用规划带来一定困难。因此，日本政府1964年修改后的《河川法》将申请惯例水权规定为义务，即惯例水权拥有者有义务向水资源管理部门申请许可水权，在实践中也积极鼓励惯例水权拥有者将惯例水权改变为许可水权。

事实上，从1965年开始，日本很多大型农业用水团体将惯例水权上交国家，再由国家将其转化为许可水权交还，即在法律上进行了权利变更及确认。目前，虽然惯例水权的数量仍多于许可水权，但许可水权已得到了用水者的普遍认可，许可水权已成为水权的主流。例如，1965～2007年，日本在一级河流和二级河流上分别完成了3698件和1488件的水权转换，剩余的

---

① 黄俊杰、施铭权、辜仲明：《水权管制手段之发展》，《厦门大学法律评论》2006年第1期。

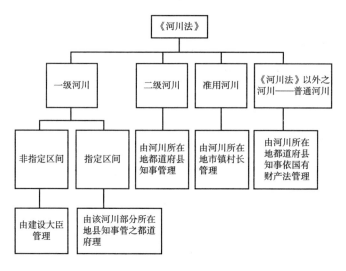

图1　日本四级河川和相应管理机构

资料来源：黄俊杰、施铭权、辜仲明等《水权管制手段之发展》,《厦门大学法律评论》2006年第1期。

一级河流79731件、二级河流37225件惯例水权也有望转换为许可水权①。

3. 水权的管理

日本根据《河川法》进行的水权管理包括两层含义：一是对水权在内的水资源进行管理，二是对包括治水、利水和水环境在内的河流流域进行的管理。根据日本法律，河流管理者对河水的取用进行管理，任何人都必须根据河流等级向相应河流管理部门申请，并获得河流管理部门颁发的用水许可证之后才能在河流中取水和使用水。河流管理部门一般根据以下的原则决定是否颁发取水许可证：①用水活动是否必须；②用水目的是否合理以及有利于公共利益；③水资源的使用计划是否可行；④取用水量是否会损害他人的正常利用以及河流的生态功能。

申请水权者必须根据河流等级向相应河流管理部门申请，如果是一级河川非指定区间的水权，应向建设大臣申请；如果是一级河川指定区间和二级河川的水权，应向地方长官申请；如果是一级河川指定区间和二级河川的水

① 七户克彦：《关于日本水权问题的现状》,《公营企业》2010年第8期。

权，应向河川所在地地方长官申请；如果是准用河川和普通河川的水权，应向河川所在地市镇长申请。另外，河流管理部门还要通知不同意新水权申请的已有用水户及通知可能会受到不利影响的渔业经营者。被通知者要在收到通知书的 39 天内对用水申请提出意见。

河流管理部门在审查了用水申请书后，要考虑用水目的的合理性、申请者的取水量与其工程实施能力间的合理性，处理好申请人开发活动与地区规划的关系。对河流的流量特性、现状用水情况、河道内需水量、上游蓄水设施的水量平衡都要进行考察。《河川法》限定了拥有水权的期限和条件。当水权的授权涉及水权的转移时，要尊重已有的水权拥有者，要考虑"时序优先"原则。依据用水的目的、取水量、耗水量、取水方式等条件的不同，拥有水权的期限是有差别的，如水权许可期限一般为 10 年，水力发电水权为 30 年，到期后取水许可需重新申请，并经评估审核后重新颁发。另外，为保证中下游取水，《河川法》还将下游既有水权者的同意作为给予上游新的水权许可的先决条件。

水权未经批准不允许从一种用途转到另一种用途。如果要进行水权的转让，水权首先必须交回到河流管理部门手中，然后现有水权者和欲接受水权者向河流管理部门提出申请，经批准后才能得到水权。申请书要附有工程介绍，工程介绍中要说明用水的必要性。河流管理部门要与有关政府机构协商，这些政府机构可能是有关部门的，也可能是有关地方政府的，然后根据水的用途及河流的性质来确定水权转让能否成立。

另外，日本民众和社会的水权及环保意识很强，违反取水许可及水权约束的行为很少，基本是自觉遵守水事秩序。一旦发现水事侵权及违法行为，水资源管理部门首先会劝诫、警告，若无效，会借助媒体曝光，让其遭受社会的谴责，民众不再购买这些产品，对严重违法的行为会依法进行惩处。

4. 日本的水价体系

日本的水价按生活用自来水、工业用水和农业用水分为 3 个不同的体系。生活用自来水的供给者是各地方政府设立的自来水公司，均为公营企业。供水成本由水资源费、折旧费、贷款利息、维修费、动力费和人工费等组成。水价低于供水成本，差额部分由地方财政负担。此外，城市居民除负担水费外还需负担污水处理费。

工业用水的提供者同样是地方政府的自来水公司。日本全国的工业用水平均价格大大低于生活用自来水的价格。造成这种巨大价格差的原因主要有以下三点：第一，供水成本本身的差异；第二，中央政府从促进产业振兴的角度出发，对地方政府的工业用水设施建设费用给予补贴；第三，许多地方政府出于吸引投资的考虑，实行工业用水的优惠价格，由地方财政对自来水公司进行补贴①。

农业用水的使用者——农民由于本身拥有水权，所以不是按用水量支付费用，而是以支付水利设施的建设费用和维护管理费的形式付费，这些费用均以农户所拥有的土地面积作为分摊标准。

总的来说，水权制度是本国历史、社会和文化的反映，应该根据各国资源禀赋与经济发展阶段建立与本国国情相一致的水权制度。日本的水权归国家所有，自1896年第一部日本《河川法》开始，经过200多年的发展和完善，日本水权制度对水资源管理体制，水权的分配、分类，水权许可程序，水权许可管理，水权的裁决，水权纠纷的解决，水权的转让，水生态环境的保护等作了具体的规定，日本水权制度已成为世界公认的公有水权制度的典范。

二　水权转换和水市场理论及实践

(一)　水权交易概况

日本水权转让分两种，一是被永久转让，二是枯水季节暂时转让。永久转让一旦水权返还后还要再度分配给水权的需要者。后者仅作为"水的融通"，在枯水时期由日本河流管理部门和水权相关者进行协商将农用水和发电用水分配给城市自来水企业。

不过，日本《河川法》规定，已获得许可的水权所有者不能直接将水权转让给他人，只能由政府给予新用水者以水权。也就是说，当发生水权转让时，水权首先必须交回到河流管理部门手中。新的申请人必须向河流管理部门提出申请，经批准后才能得到这个水权。这说明：一方面日本河流管理部门对水权转让和交易有很强的控制权，水权转让和交易是不灵活的；另一

① 林家彬：《日本水资源管理体系考察及借鉴》，《水资源保护》2004年第4期。

方面，现行法律条件下直接交易水权是非法的。虽然水权交易已逐渐成为国际发展趋势，但日本还没有通过立法使水权直接转让和交易合法化。

（二）野村综合研究所设计的日本水权交易制度

目前日本没有直接的水权交易，也就不存在水市场，但随着国际很多国家如美国、澳大利亚、智利等建立了水权交易制度和水市场，日本是否需要建立水权交易制度和建立什么样的水权交易制度已成为日本国内研究学界的一个重要研究题目，日本著名的研究所——野村综合研究所提出了其设计的日本的水权交易制度[①]。

1. 建立水权交易制度的必要性

野村综合研究所指出日本建立水权交易制度的必要性在于：一是全球性气候变化背景下，日本政府必须增加投资不断完善水利设施，做好应对洪水和旱灾的准备，但由于日本出生率下降和人口老龄化使人口数量不断减少，政府财政负担加重，这需要筹措大量资金用来维修或加固水坝、水堰等与水利设施。二是预计到2040年日本未使用的淡水资源每年将达到100亿立方米。为了水资源的转让与流通，日本需要建立更加合理有效的水权交易市场。如果能够将尚未使用的淡水资源变为可持续交易的水权商品，就可筹集资金解决水利设施的资金困难。三是建立水权交易制度可在水资源分配中引进价格机制以大幅提高用水的有效性，通过水权交易市场实现与支付能力相匹配的水权的再分配。

2. 分段式水权交易制度设计

为符合日本《河川法》现有规定，日本野村综合研究所提出了分段式水权交易制度，也就是说，分段式水权交易制度并没有改变现行的水权需求者与河流管理者之间的关系，即先由需求者向河流管理者申请所需的水权使用量，再由河流管理者审查批准并分配水资源。具体来说，分段式水权交易制度设计如下。

首先，将国内水权制度相关者分为三方：河流管理者、一次水权者、二次水权者。河流管理者就是上面所说的河流管理部门，一次水权者是现在的

---

① 以下内容引自植村哲士、宇都正哲、三好俊一《日本与世界的水权制度与水权交易》，《知识产权创造》2010年第9期。

水权持有者一方，二次水权者是需要水权者一方。其次，水权交易分为两个阶段：第一阶段，河流管理者先将水权分配给一次水权者；第二阶段，一次水权者与二次水权者进行水权交易。第一阶段中，有权进行"水资源分配"的河流管理者既可是原有的水资源分配管理部门，也可是新建立的水资源分配机构。第二阶段水权交易体系中的一次水权者就是已有的水权者——农场主、工业用水企事业机构，二次水权者一般设定为某一时点水资源最终需求者，即处于水循环末端的供水机构和农业用水供给机构等。以上制度设计不会改变现在的水权者（一次水权者）用水，因为当一次水权者需要水资源时，允许他们自行使用而不必向水权交易市场出售自己的水资源。

分段式水权交易制度的主要特征就在于它只是明确了各个用水者单位时间内最大用水量与日均用水量之间的差距，设计的分段式水权交易制度可根据以上两个用量差距出售那些尚未使用的水资源。

3. 建立水权交易市场

水权交易市场是一次水权者与二次水权者之间供需交易的市场，预计初期的交易量较少，交易方式主要采用"相对交易"和"竞价交易"的方式，国内水权交易市场要计算交易量并记录交易数据，这些数据将作为水资源管理机构再度分配水源的参考依据，也可用在管理取水量方面，如检验某河流是否过度取水以便保持河流的正常流量。需要积累并分析的数据是水坝水位、河水流量、地下水位、降水量、水需求动向，能被充分处理的排水的水量，与水有关事故的统计，短期、中期、长期的降水预报，水权交易所的水交易数据。对通过多种渠道收集的数据还需要统一进行加工，规范形成市场交易需要的、可供决策的信息。

4. 水资源金融商品交易与资本市场

有效地进行水的实物交易、规避交易风险、发展水权交易衍生金融商品是非常重要的。野村研究所新设计的水权交易制度重视金融市场，希望吸收金融市场上的投资资金进入水资源领域，并引导一定的收益回流到水资源领域用于资源保护。日本水权交易市场上具体的交易商品：①水实物。水实物是指一次水权者所持水权作为原资产的、有物权属性的水权选择权，但有附加条件，即一旦遭遇枯水期将中止该权利。水权选择权持有者能够在规定的河流范围内取水，或能够要求一次水权者转让在规定场所内的淡水资源等。

②水权远期交割。水实物的远期交割只限定在有完善安全的运输手段的地区之间进行，因为远期交割必须保证能够实际完成水的转让移交。③水权的期货交易和水权指数交易。这些交易不发生水实物的物理上的位移和转让，因此与其他交易方式比较，期货交易和指数交易更具灵活性。

5. 政府发挥监管作用和服务机构发挥中介作用

野村研究所提出水权交易市场制度的建立必须依靠政府的政策指导和统筹管理，也要发挥服务机构的积极作用。

建立水资源管理机构。水资源管理机构负责管理地表水和地下水，将记录并管理日本国内淡水资源的全部数据，掌握淡水资源的总量，掌握各河川流域可转让的、可出口的淡水量，同时也可监管水权交易所报告的水权交易情况。日本经济通产省具体设计水权交易制度，监管与水权交易有关的现货与期货商品交易。日本财务省负责对水权交易的课税，同时设立水利税特别会计，将该税种作为目的税统一征收，税收收入可用来支付国内水利基础设施维修管理和更新费用。

设立水权交易所。可选择在以下任何一家交易所内建立水权交易所，如东京工业品交易所、东京谷物商品交易所、中部大阪商品交易所、关西商品交易。建立的交易所在进行水权交易结算的同时，代国家收缴水权交易税，统计并收集水权交易记录，定期向政府部门和国民公布这些信息。

银行和投行等金融机构参与水权金融商品交易，包括水权实物、水权现货、水权期货等；船运公司按照交易合同负责水的运输；保险公司通过销售各种保险，例如灾害保险、运输保险等。保险公司还可开发销售与水资源和气候相关的衍生保险商品。

第三节　水权制度主要特色和经验

一　管理体制纵向是分级管理，横向是"多龙治水，多龙管水"

从管理体制纵向看是四级分级管理，日本将河川分为四种类型：一级河川、二级河川、准用河川以及普通河川，并且依其特性，由中央与地方分别管理。即中央政府直接管理一级河川直辖区间，地方政府管理一级河川指定区间，地方政府管理二级河川，基层政府管理准用河川。

从管理体制横向看，日本水资源管理属于"多龙治水，多龙管水"的模式。日本中央政府中与水资源管理有关的部级机构有 5 个，包括环境省（水质保全局负责水质的保护）、国土交通省（水资源部负责水资源规划，河川局负责河流的治水和利水）、厚生劳动省（生活卫生局水道环境部负责饮用水的卫生）、经济产业省（环境立地局负责工业用水，资源能源厅负责水力发电的规划管理）、农林水产省（林野厅指导部负责河流上游的流域治理）。这些部门分别按照政府赋予的职能进行水质的保护、水资源规划和防洪、饮用水的卫生、工业用水、水力发电以及灌溉和农业用水等方面的管理。管理上是"多龙治水"，客观上存在各自为政、彼此之间缺乏沟通和协调的弊端，因此，日本于 1998 年 8 月建立了包括负责水资源管理的 5 个部级机构在内的部际联席会议机制，开展了各部门之间的信息沟通和意见交换，从而较大地提高了各管理部门的合作和协调水平。

二　建立了比较完善的水法律体系

自 1896 年第一部日本水法——《河川法》开始，经过 200 多年的不断完善和 1964 年、1997 年的两次修改，日本已建立了比较完善的水法律法规体系来管理全国的水事活动，即形成了以《河川法》为中心，由《特定多用途水库法》、《水资源开发促进法》、《水资源开发公团法》、《水源地区对策特别措施法》、《水道法》、《工业用水法》、《运河法》、《公有水面填海造地法》、《防洪法》、《防沙法》、《水质污染防止法》等组成的水权法律体系。除了这些法律法规外，地方自治法，都道府县、市镇村之条例（如《普通河川管理条例》）也包括了与地方水资源管理有关的内容。

三　以水资源规划体系来引领水资源开发和管理

日本的水资源规划分为水系规划和全国规划两个层次。水系规划是根据《水资源开发促进法》的规定，以水资源开发水系为对象制定的。根据该法的规定，凡是在产业发展和城市人口增加迅速、需要制定紧急用水对策的区域，作为该区域主要供水水源的河流水系将被指定为水资源开发水系，并对该水系制定水资源开发基本规划。自《水资源开发促进法》颁布实施以来，先后有利根川、淀川、筑后川、木曾川、吉野川、荒川、丰川等七大水系受到指定，并制定了各个水系的水资源开发基本规划。规划的基本内容包括各部门用水量的预测及供给目标、为了达到供给目标所需要兴建的设施的基本情况、其他有关水资源综合开发利用合理化的重要事项①。

水资源国家规划方面，1983 年日本第一次发布了《水资源白皮书》，1987 年发布了《全国水资源综合规划》。对于都道府县一级的地方政府是否制定本地区的水资源规划，日本没有统一的规定和要求，由各地方政府根据需要自行制定。目前，在全部 47 个都道府县中，有 20 个县拥有自己的水资源规划，另有一些地方将有关的内容反映在当地的综合规划中。另外，日本还有一个半官方的水利机构——水资源开发公团，是根据 1961 年颁发的《水资源开发公团法》和《水资源开发促进法》成立并开展工作的。它的基本任务是根据国家的各项长期规划和地方政府的远景规划，对日本的七大水系统进行开发、治理、筹集资金、统筹全国的水资源开发事业。

四　建立了水源区的利益补偿机制

上游地区往往因为环境和生态保护、库区淹没、水源水质保护而使生产和生活活动受到较大限制，如虽然自然资源丰富但不能发展高耗能、高污染的产业等，而下游地区可以从良好的生态环境和优良水质中获得更高的经济利益。因此，由下游地区对上游地区或水源区进行必要的利益补偿是促进区域协调发展和居民共富的一个重要手段。日本在这方面做了较好的尝试。

案例：日本建立对水源区补偿机制

日本迫切地感到建立水源区利益补偿制度的需要，是在 20 世纪 60 年代经济步入高速增长时期以后。当时工业和城市用水急剧增加，需要大量修建水库以开发新的水源。但水库的建设主体与库区居民之间往往就补偿问题旷

---

① 林家彬：《日本水资源管理体系考察及借鉴》，《水资源保护》2004 年第 4 期。

日持久地争执不下。人们开始认识到，仅仅靠水库建设主体承担经济补偿是不够的，需要采取更为综合的对策。在这种背景下，1972 年制定的《琵琶湖综合开发特别措施法》在建立对水源区的综合利益补偿机制方面开了先河。以该法为基础，琵琶湖综合开发规划中包括了对水源区的一系列综合开发和整治项目，国家提高了对这些项目的经费负担比例，同时下游受益地区也负担水源区的部分项目经费。1973 年制定的《水源地区对策特别措施法》则把这种做法变为普遍制度固定下来。

目前，日本的水源区所享有的利益补偿共由 3 部分组成：水库建设主体以支付搬迁费等形式对居民的直接经济补偿、依据《水源地区对策特别措施法》采取的补偿措施、通过"水源地区对策基金"采取的补偿措施[1]。

第四节 水权制度对我国的借鉴和启示

日本和我国一样，水权归国家所有，并由国家分配和管理，其水权制度和我国水权制度有较大的相似性，因此，其水权制度的实践和经验对我国水权制度的发展和完善，具有一定的借鉴作用。

一 水权制度的变革要尊重传统、尊重习惯

1896 年起实施的日本《河川法》中就规定了"惯例水权"。"惯例水权"是为处理既有用水的水权问题而作出的规定，即建立在用水者已存在对水资源的实际支配的事实基础上，并由法律加以承认的用水权利。目前，虽然很多"惯例水权"已经转变为"许可水权"，但日本还有很多农业灌溉用水属于"惯例水权"。由此，从日本的水权制度形成变迁看，其水权制度较尊重历史惯例、尊重已经形成的水权安排。

我国水权制度也有很悠久的历史，民间存在着一些用水的风俗习惯。我国古代水权制度既有国家颁行的正式法律，如唐朝的《水部式》，也有

① 林家彬：《日本水资源管理体系考察及借鉴》，《水资源保护》2004 年第 4 期。

诸如乡规民约、风俗习惯等非正式制度。我国可以借鉴日本经验，在全国建立统一的水法律体系和水权制度前提下，尊重历史习惯、尊重现有合理的用水安排，这对进一步完善和顺利实施我国的水权制度是有积极意义的。

二 试点建立对水源区的利益补偿机制

日本在1972年制定了《琵琶湖综合开发特别措施法》，开创了对水源区的综合利益补偿机制，1973年制定的《水源地区对策特别措施法》则把这种做法变为普遍制度固定下来。借鉴日本的成功经验，我国也应逐步建立水源区的综合利益补偿机制。首先，参照日本做法，在国内重要水源区进行利益补偿机制试点，取得成功做法和经验后向全国推广。其次，可制定《水源地区保护法》，除规定水源保护区的划定办法、各类主体对保护水源保护区的责任和义务之外，还应规定对水源保护区实行利益补偿的原则，作为实施利益补偿的法律依据。最后，各水源保护区所在流域的有关地方政府共同组建流域共同基金，出资比例由有关各方主要按在水资源利用中的受益程度协商确定。基金的用途主要用来支持和鼓励对水源区和上游地区的生态环境保护和水质保护行动①。

三 改革水行政管理制度

一是明确分清水开发部门与水行政主管部门的不同权责。水开发部门以水资源开发利用为中心，组织编制各级水资源开发利用综合规划，利用新技术进行水资源开发治理，指导、负责水资源开发、利用工作等。水行政主管部门代表国家行使水资源权属管理，以水权管理为中心，包括各级水权的界定、水权申请和获得、水权使用量权的核定及监测、水权转让或交易的指导、审批和执行、水权纠纷的处理等。

二是建立像日本那样的部际联络会议。我国新《水法》明确规定："国务院水行政主管部门负责全国水资源的统一管理和监督工作"，即主要由水利部负责对我国水资源进行统一管理和监督，但还有其他一些部委也涉及了

---

① 林家彬：《日本水资源管理体系考察及借鉴》，《水资源保护》2004年第4期。

水资源的开发、利用、节约和保护，如我国目前水环境污染控制与管理涉及环境保护部、水利部、国土资源部、林业部、农业部等多个部委，这样就带来了各自为政、缺乏协调合作的问题。可以借鉴日本经验，由水利部牵头组建水资源管理部际联络会议，以加强有关部委之间的协调和沟通，进一步提高水资源管理的效率。

第四篇　未来展望

第 十 九 章

唯有改革活水来[*]

　　水是生命之源、生产之要、生态之基，是人类生存发展的最关键要素。中国是水资源大国，水资源总量居世界第六位；中国又是人口大国，人均水资源拥有量仅为世界平均水平的 1/4，是全球 13 个人均水资源最贫乏的国家之一，特别是经历高速增长 30 多年，全国普遍面临缺水问题且不断加剧，全国 670 个城市一半以上缺水，110 多个严重缺水，水已成为制约中国今天发展的最大瓶颈，我们每一个公民都有责任促进水资源节约、高效、科学、公平、可持续利用，这正是水权制度建设的根本目标。深化水权改革，创新水权改革，转变发展方式，优化结构布局，政府与市场两手发力，制度、工程、科技并重，上中下游共享发展，人与自然和谐协调，让一江活水源远流长，这是作者的愿望和本书的结语。

第一节　加快水权改革

　　我国水权试点启动十来年的成效证明，发挥市场配置资源的作用具有十分重大的意义。水具有自然属性、社会属性、经济属性，具有公共品和私人品多重特征，水资源管理因而需要多重手段，政府职能对于水资源管理制度的制定、执行和监督都至关重要，市场机制对于优化水资源配置、高效节约用水、协调各方利益、处理水事纠纷，同样发挥着重要的作用。十八届三中

　　* 本章作者：刘世庆，四川省社会科学院西部大开发研究中心秘书长、研究员；林睿，中国社会科学院博士研究生；巨栋，四川省社会科学院硕士研究生；郭时君，四川省社会科学院硕士研究生。

全会指出，经济体制改革是全面深化改革的重点，核心问题是处理好政府和市场的关系，使市场在资源配置中起决定性作用和更好发挥政府作用。水资源的稀缺性随经济社会发展将会越来越突出，加快水权改革、发挥市场配置资源的作用，政府和市场两手都要硬。

水权作为公共品时，由于非排他性和非竞争性特征，单由市场配置会导致水资源浪费、污染等问题。加快水权交易制度建设、强化水资源作为私人物品的属性有助于将市场机制引入水资源管理，提高配置效率。交易中，水权作为标的物可给出让方带来一定的经济效益，在市场机制逐渐完善后，更多主体会参与市场并提高交易量，从而刺激节水产业发展和广泛性的社会节水行动；水权受让方有偿获得水权提高了用水成本，必然将采取更加高效的用水行为，从而带动生产生活方式、产业结构等的变革。从这些来看，水权改革涉及水资源的自然、社会、经济三种属性，融合了其公共物品和私人物品的两大特征，是水资源高效配置的有力措施，加快水权交易制度建设将促进我国全面改革的深化。

我国水权制度尚不完善，从各试点情况来看，现阶段水权交易属于"摸着石头过河"，缺乏相关法规和政策的引导和监控。在加快交易制度建设的同时，必须完善相关法律法规的建设，避免"市场失灵"。水资源是生态环境的组成部分、人类赖以生存的生命源泉，本身就带有极强的外部性和公共物品属性，在局部地区可能还具有垄断特征，存在信息不对称的情况[1]。这就必须由政府制定系统性的法律法规和管理办法并严格执行，一是要完善水权界定、分配、交易的法律法规、管理办法及相关技术标准，建立水权的调整、续期和终止及水市场建设的法律法规，强化生态用水配套法律体系。二是要强化"依法治水"，加大水事宣传、立法、矛盾化解和对违法行为的惩处力度。大力推进农田水利、节约用水、地下水管理等领域的立法进程，要严格履行水行政执法职责，加强源头控制和隐患排查化解，持续深入开展水法治宣传教育等。政府作为"看得见的手"，依靠强制性措施有效缓解市场机制下的外部性、垄断等"失灵"问题，保障水权制度改革高效、公平。[2]

---

① 宁立波、徐恒力：《水资源自然属性和社会属性分析》，《地理与地理信息科学》2004 年第 1 期。
② 陈雷：《学习贯彻四中全会精神开创依法治水管水兴水新局面》，中国水利网，2014 年 10 月 27 日。

第二节　创新水权改革

水权制度对中国来说还是一个新事物，水权改革试点和实践进一步给我们提出许多新的启迪：跨流域水权交易可不可以突破省域界限扩大到省份之间？水量节约带来可交易水权的思路可不可以延伸到水质换水权？以现状为主兼顾发展为原则的初始水量分配对上游地区是否公平，是否需要改进？这些都是实际生活中亟须解决而且可以突破的领域，创新水权改革面临许多紧迫的重大课题，笔者提出一些初步探讨问题。

一　跨流域水权交易从省域走向省际：发挥南水北调中线、东线作用，调整黄河"八七分水"指标，化解黄河上游缺水矛盾新思路

黄河上游缺水的解决方案引起各方面激烈争论，尤其是从长江源头调水补黄河上游的南水北调西线方案，因生态环境问题、水量保障问题、民族宗教问题等争论尤为激烈。南水北调中线和东线通水，特别是河南省在一省范围内成功了实现了跨流域水权交易，为解决缺水问题提供了一个可行的思路。

讨论黄河上游缺水的解决办法，首先需要明确其缺水的性质。事实上，黄河上游水资源极为丰富，并不缺水，黄河兰州以上产水占黄河产水量的 60%，著名水利泰斗钱正英院士尖锐指出："长江水多不在源头，黄河缺水不在上游。"[1]黄河上游的缺水是指标性缺水而不是资源性缺水。黄河 1987 年实行各省区分水时，上游经济落后，分水指标很少，青海被誉为黄河水塔，为黄河提供了 36.9% 的水，"八七分水"指标仅 3.8%；甘肃为黄河提供了 23.8% 的水，"八七分水"指标仅 8.2%（见表 1）。可以看到，解决黄河上游缺水问题需要注意的是指标问题而非资源问题。

---

[1]　赵业安：《钱正英谈治黄》，《西部研究通讯》2014 年第 3 期。

表 1　黄河流域省区水量及"八七分水"指标

单位：亿 $m^3 \cdot a$，%

地　区	产水量	比例	分配水量	比例
青　海	193.95	36.86001	14.1	3.810811
四　川	0.6	0.114029	0.4	0.108108
甘　肃	125.15	23.78464	30.4	8.216216
宁　夏	8.45	1.605914	40.0	10.81081
内蒙古	9.2	1.748451	58.6	15.83784
陕　西	89.81	17.0683	38.0	10.27027
山　西	37.55	7.136341	43.1	11.64865
河　南	44.9	8.533202	55.4	14.97297
山　东	17.32	3.291649	70.0	18.91892
河北、天津	0	0	20.0	5.405405
合　计	526.93	100	370.0	100

资料来源：①产水量摘自各省水利厅水资源公报；②分配水量参考"八七分水"方案。摘自《国家计委、水利部关于颁布实施〈黄河可供水量年度分配及干流水量调度方案〉和〈黄河水量调度管理办法〉的通知》（计地区〔1998〕2520 号），1998 年 12 月 14 日。

南水北调中线和东线竣工通水，为解决黄河上游缺水问题带来新的空间。南水北调东线工程规划最终调水 148 亿 m^3 以上，中线工程规划最终调水 130 亿 m^3 以上，相对于黄河"八七分水"总量 370 亿 m^3 大幅增加了 75% 以上，为缓解黄河上游缺水矛盾带来巨大空间，毛主席几十年前提出向长江借水的设想，在中线和东线真正成为现实。[①] 这里肯定会出现一个疑问：东线和中线的位置在黄河下游，这个思路可行吗？有利因素恰恰是：黄河上游不是资源性缺水而是指标性缺水，需要突破的难题是制度障碍，区位问题不是问题，而且有利于实现"高水高用"。水利界老前辈钱正英院士和林一山院士均一再强调不要轻易把高海拔区域的水放下去，要"高水高用"[②]。

河南省成功实现首例跨流域水权交易，证明发挥南水北调中线、东线作

[①] 水利部南水北调规划设计管理局、水利部天津勘测规划设计研究院：《南水北调工程方案综述简介》，2003 年 1 月，http://www.nsbd.gov.cn/zx/gcgh/200308/t20030825_195175.html。

[②] 邓英陶：《林一山访谈录》，林凌、刘宝珺主编《南水北调西线工程备忘录》，经济科学出版社，2006，第 247 ~ 255 页；赵业安：《钱正英谈治黄》，《西部研究通讯》2014 年第 3 期。

用解决黄河上游缺水问题的设想是可行的。河南是水利部 2014 年水权交易试点七个省区之一,试点内容之一是跨流域水权交易。河南省地跨长江、淮河、黄河、海河四大水系,南水北调中线 731km 纵贯河南,给河南带来一条清澈甘甜的大河,水质为二类,设计流量 350m³/s,且有扩大余地,河南具备跨流域水权交易的最好条件。同时,河南水资源分布失衡问题十分严峻,跨流域水权交易的必要性突出。2015 年 11 月,首例跨流域水权交易在河南新密市与平顶山市之间达成。每年转让水量 2200 万 m³,最长使用期限 20 年,根据综合水价和交易收益计算,首次转让水量为 0.87 元/m³,此后每 3 年双方的水利部门将签订一次内容更加具体的水量交易协议。

河南跨流域水权交易的做法可以而且应该进一步突破交易主体范围,推广到黄河上下游之间的跨流域水权交易。黄河"八七分水"当年曾设想当南水北调东线、中线发挥作用时进行调整,现在时机已经成熟。调整途径有两种:一是由中央政府主导调整流域各省区用水指标。1987 年黄河进行全流域水量分配时,黄河源头和上游的青海、甘肃等省区经济不发达,水资源分配指标很少。28 年来,上游省区经济社会发生了很大变化,特别是西部大开发以来和新型工业化城镇化和大型能源基地建设,上游省区需水规模发生很大变化,从公平性来说,也应该给产水贡献极大的上游一些回报,钱正英院士多年前指出:黄河 62% 的水产在兰州以上,产在兰州、青海的水为什么不可以留在兰州、青海使用呢?可以充分就地利用,应该"高水高用"[①]。二是通过水权交易实现调整,即黄河上中游区域向下游区域购买南水北调中线和东线的长江水权,取水仍在黄河上中游。

这里的关键是水价改革:黄河水、长江水、地上水、地下水,只要水质相同、用途相同,就要逐步并轨实现基本相同的水价,鼓励河南和山东多用中线和东线的长江水,改变山东不愿用东线长江水的情况[②]。据调研了解,省际水权交易最大的障碍,一是水质,二是水价,三是担心原始水权利益丧失被后任和后代责骂,尤其是省际范围。山东不愿意用南水北调东线水,一是担忧水质不好,二是价格远远高于黄河水。而河南在跨流域水权交易中,

① 赵业安:《钱正英谈治黄》,《西部研究通讯》2014 年第 3 期。
② 南焱:《南水北调东线遭遇高水价难题》,《中国经济周刊》2014 年第 2 期。

各市县使用中线水的积极性很高，原因一是水质好，大大超过黄河水，居民比喻为甜水；二是水权转换发生在一省范围内，不担心失去原始水权利益和后任后代批评。跨流域水权交易必须设法突破这些障碍。

利用南水北调中线、东线通水机遇调整黄河"八七分水"方案是增量改革，不减少流域各省区原有总水量指标，是多方受益的帕累托最佳的改革方案，阻力小，积极性高，推进和成功的保证性大。黄河上游可以增加宝贵的用水指标，下游能够增加经济收益，而且打开了"东线、中线、西线不可替代"的死结，规避南水北调西线工程在青藏高原长江源头调水的极大风险，这个风险的危害性难以预料，可能成为中华民族发展进程的巨大灾难①，这绝非危言耸听。

跨流域调水还有许多需要思考和讨论的问题：如何补偿长江调出水地区？据笔者实地所见，中线工程是一个十分成功的工程，河南、河北、北京、天津增加了一条清洁甘甜自流的大江，但如何考虑调水区的利益？从长江调到黄河的水增加了黄河流域的初始水权，且现在我国已开启市场机制的水权水市场，长江调出水的区域却仍然受到严格的水权限制而影响发展，这个问题迟早会引起各界关注和讨论。

二　水质换水权：鼓励水权改革创新，构建开源与节流并重的水权制度

水质性缺水已成为全国各区域面临的普遍问题，解决水质性缺水危机迫在眉睫，且增水潜力巨大。

我国水权试点的普遍模式是：把改善农渠减少渗漏从而节约出来的水量，经监测审批扣除各种必要的弥补水量后，视为可交易水量进行交易，从农业水权转换为工业水权和城镇水权。这个模式的核心是"节流"，通过农业节水增加了可交易的用水指标，实现了工业和城镇用水指标的增加。

增加可用水还有另一种途径：治理废水污水。废水污水经过治理达到一定标准的水如中水，已经广泛应用于工业、城市绿化、道路清洗、生活设置清洗（如抽水马桶）等，随着污水处理技术的不断进步，污水处理能够达

---

① 赵业安：《钱正英谈治黄》，《西部研究通讯》2014 年第 3 期。

到的标准越来越高，用途越来越广泛。鼓励污水治理、开发利用再生水，是各个国家应对水资源危机普遍采取的政策。美国、以色列、日本、新加坡等国家已建立了完善的再生水开发利用体系，出台了相应的政策法规和技术标准，再生水开发利用率最高达到75%。相较于海水淡化、工程调水等措施，再生水开发利用比远距离调水成本低、难度小，比海水淡化更加经济，具有明显的成本优势和生态优势，不仅提高了资源利用效率，还保障了水生态的良性循环。既然节约出来的水量可以转换为水权进行交易，为什么不可以把这个模式进一步扩展，鼓励通过治污增加的可用水也转换为水权进行交易。这个模式的核心是"开源"，是在现有的水资源开发利用基础上进行的增量突破，直接扩大了水资源的有效供给量，相比于"节流"的水权交易模式来说，治污增水的模式潜力更大、生态效益更佳，应该大力倡导。

中国水权改革的下一步任务是开源与节流并重，创新水权交易模式，建设具有中国特色的水权交易模式。我国废水回收技术与国际差距很大，潜力也非常突出。根据《2014年中国环境状况公报》我国每年处理的污水量已经达到382.7亿 m^3 的规模，城市污水处理率达到90.2%，而真正得到利用的再生水资源仅占10%，按照发达国家70%的利用率计算，我国每年还有近230亿 m^3 的再生水资源可开发[1]，相当于再造一个太湖的水量！建议国家水权试点中增加开源的试点省份，给予力度更大的特殊政策，推动中国把开源的事业做大。通过把再生水纳入水资源配置体系，建设污水回收系统和再生水输送管网；完善污染源自动监测体系，实现水污染高效动态管控；增加科学技术投入，提高污水处理水平和相关规范标准；禁止工业废水直接排放，加快流域污染水体重点治理；完善水权交易体系，实现水质改善，置换出的水权真正可交易。丰水区域如广东、四川，改善水质的意义重大，且潜力巨大。

以四川沱江流域为例，沱江是长江上游左岸一级支流，全长712km，流域面积3.29万 km^2，全流域多年平均气温17.1℃。流域多年平均降雨量850～1200mm，多年平均年径流量149.3亿 m^3，河口年平均流量982 m^3/s。流域内有成都、重庆、德阳、内江、自贡、资阳、绵阳、遂宁、泸州等大中

---

[1]　姜辰：《我国再生水利用率仅占污水处理量10%》，《经济参考报》2014年4月14日。

城市，是四川省城镇、人口、企业最密集的区域，在四川占有极为重要的战略地位。由于沿江经济发展较快，大量污水废水排入河流，沱江流域又是水资源最紧缺和水污染最严重的流域。2004 年 3 月，四川川化股份有限公司高浓度氨氮超标废水（2611～7618mg/L）经支流毗河排入沱江，造成沿线简阳、资阳、资中和内江近 100 万群众从 3 月 2 日到 3 月 26 日饮水中断 25 天，死鱼 100 万 kg，直接经济损失 2.19 亿多元。2005 年全年评价河长 993.6km，Ⅱ类、Ⅲ类水质河长只占 37.9%，劣于Ⅴ类占 12.7%，62.1% 评价河段不能满足城乡生活用水要求，沿岸城市纷纷另找水源。据报道，由于水质污染严重，沱江流域已成为癌症高发区域[1]。十年来沱江流域强化治理取得较大进展，但劣Ⅴ类水质占比仍有 23.7%[2]，沱江流域仍是资源性缺水和水质性缺水最严重的区域。如果能够消除现有的劣Ⅴ类水体，按沱江多年平均（1956～2005 年）水资源量 94.81 亿 m³ 计算，有望直接增水 22 亿 m³ 左右，治水所得的可用水作为水权增量可发挥更大效益。鼓励沱江流域治理污染、实施"水质换水权试点"具有重要意义和巨大增水潜力。

三　创新上下游水权交易模式，促进流域经济与政区经济协同发展

上下游左右岸利益关系是流域管理和水权制度建设的重点难点。20 世纪黄河和西北三条内陆河断流，引起全社会高度关注，国家先后采取一系列措施应对：实施黄河"八七分水"方案，石羊河、黑河、塔里木河治理工程，张掖节水社会建设试点，张掖、武威、黄河宁蒙河段等水权水价试点等，这些工程建设和改革试点取得显著成效，河流断流得到遏止，河流生态大幅改善，节水理念和水权理念逐步深入人心，初步积累了协调上下游关系的经验。我国协调上下游利益的关键做法：一是严格实施全流域分水，确保上下游均衡用水，遏制断流和生态恶化。二是行政手段和法制手段严格控制的同时，发挥市场配置资源的作用，用水权水价机制奖励节水，激励高效用水。

这些政策的作用和效果无疑十分显著，但也有许多值得进一步探讨之处，特别是初始水权分配和调整问题，产水多的上游应不应该有发展权保

---

① 杨传敏：《四川沱江流域因污染成癌症高发地区》，《南方都市报》2007 年 11 月 7 日。

② 四川省环保厅：《2014 年四川省环境状况公报》，2015 年 6 月 5 日，http://www.schj.gov.cn/cs/hjjc/zkgg/201506/P020150605606595714588.pdf。

障？先占水的下游应不应该有既得利益保障？

上下游关系和矛盾有几种情况。第一种情况是产水多、用水多、用水早的发达区域正好是上游，如黑河、石羊河、塔里木河流域。上中游自然条件较好，开发较早，用水较多，武威和张掖分别是石羊河流域和黑河流域的传统农业区域，素有"金张掖、银武威"之称，农业发达、人口稠密、用水极多是导致河流断流的重要因素之一，他们当然应为断流负责，这种情况容易达成共识，水权改革容易推进。

第二种情况是产水多的上游用水少、用水晚、初始水权分配少。青海最为典型，青海产水 193.95 亿 m³，占黄河 36.86%，但 1987 年黄河分水时，青海经济落后，在"现状为主、兼顾未来"的分水原则下，仅获得分水指标 14.1 亿 m³，仅占"八七分水"的 3.81%（见表 1），现在青海进入加快发展时期，却受到用水指标限制。这带来一个困惑：我国的初始水权分配制度是否公平合理？

第三种情况是另一个方向的问题可能随之提出：发达的黄河中下游省区，包括华北各省和天津，他们在过去快速发展时，全国水资源还没有到目前这样的紧缺状况，这些区域率先取占了流域水资源甚至外流域水资源，现在，当上游发展需要用水时，这些先占水区域的既得利益是否应该保护？

根据国际通行做法和中国特色，我们主张协调上下游利益关系坚持以下原则。

第一，协调上下游全流域水量关系坚持两条原则。①产水多的上游因发展滞后而暂时不用水的时候，水更多地被中下游使用是合理的，但并不意味着上游放弃水权，当上游发展需要用水时，应该无偿获得水权，黄河等类似情况应该调整初始水权分配，即建立水权分配的动态调整机制。②任何河段用水都不能影响其他利益相关者，比如黑河、石羊河上中游区域为断流买单不是天经地义。现实中，上下游关系调整的实现更多依靠反复协商。

第二，协调上下游全流域水质关系坚持两条原则。①谁污染谁治理，上游要对水环境破坏付费。②谁受益谁付费，下游要向上游保护环境付费，应该鼓励河源等类似情况获得下游补偿。南水北调中线工程给河源提供了启示和借鉴：如果修建一条从河源到广州或到香港的渠道，下游会争相买水给予河源补偿。环境经济学有一条重要原理在全书不断反复询问读者：你是愿意为清洁的环境付费还是愿意忍受污染？值得我们思考。

上述问题还带给我们一个更深层面的思考：我国的初始水权分配制度是否公平？如何向公平的方向修正？我国初始水权分配以初始水量分配为基础，这可能是没有办法的办法，有的地区如河源就明确提出：水量控制红线是工作考核，确立的时候并没有说这是初始水权，现在说是初始水权很不公平，这些抱怨不是没有理由。

第三节　建设智能水利

人类正经历着信息技术变革的伟大时代，中国水利事业也不例外，它不仅经历着从工程水利向资源水利的转型，而且经历着向智慧水利的进步，水权制度建设分享着这个时代带来的技术革命和制度变革，在物联网和数字流域不断丰富发展的基础上，水联网从科研走向田间，理论研究和实践取得长足发展，水权改革和制度建设正在迎来水联网时代[1]。

水联网赋予水权改革更加丰富的内涵和任务。王光谦院士四年前提出水联网概念时指出：水联网通过各种信息传感设备测量水文水质等水利要素，传递到互联网上，进行信息交换和通信，以实现信息智能化识别、定位、跟踪、监控、计算、管理、模拟、预测和管理[2]。水联网的建设利用传统信息技术及物联网、无线宽带、云计算等新兴技术，实现更加精细、动态、智能的管理、服务、决策机制，促进智慧水利建设[3]。清华大学土木水利学院副院长王忠静教授等承担的国家科技支撑计划项目"水联网多水源实时调度与过程控制技术"（2013BAB05B03）及其专题

---

① 王光谦：《未来 10 年将要迎来水联网时代》，2011 年 5 月 27 日，http：//www. cws. net. cn/CWSNews_ View. asp？ CWSNewsID = 33896。

② 王光谦：《未来 10 年将要迎来水联网时代》，2011 年 5 月 27 日，http：//www. cws. net. cn/CWSNews_ View. asp？ CWSNewsID = 33896。

③ 梁尊清：《关于水务信息化建设思路的思考》，2014 年 7 月 6 日，http：//www. szwrb. gov. cn/szswkj/Szswkj_ 41/Lunwen01. htm。

"水联网石羊河流域示范"（2013BAB05B03－T3）①已展现出初步成果：通过水联网多水源实时调度与过程控制技术在项目区的示范应用，有效推进水资源管理的准确预报、精确调度、高效管理和有效利用，该项目还为水权改革和市场参与各方提供了一个看得见、摸得着、公开透明、便捷操作的互联网平台，各方能够清楚了解需水、储水、配水、供水、输水，以及水量、水质、水价、水时间等各种信息，做出最佳选择，促进水资源高效利用②。水联网的另一层任务是将全国范围或局部区域的水资源连为一个系统，使水权交易与交易后的取水和水量调度有保障。

　　水联网和智慧水利是未来发展趋势，也是全球共识，世界各国都在积极推进，它对于严格水资源管理，促进水资源高效、节约、公平、可持续利用具有重要作用。水联网和智慧水利在我国还是新事物，面临许多挑战，需要大胆创新，让"互联网＋"在水利改革发展中取得突破。

第四节　让一江活水源远流长

　　水权改革的目标是促进水资源可持续利用。水资源是有限的，水权制度的作用也是有限的，实现水资源可持续利用，还必须在转变发展理念上下功夫。近几十年来，缺水的北方在不断调水的同时，人口不断膨胀，城镇超常扩张，产业大上快上，缺水情况不断加剧。事实说明，不转变发展方式，任何调水都不能解决缺水问题。

　　21 世纪的中国把以人为本、人口资源环境全面协调可持续发展的科学发展观、建立节约型社会提到基本国策的高度。2003 年 3 月 9 日，胡锦涛同志在中央人口资源环境工作座谈会上强调指出："对水资源进行合理开发、高效利用、优化配置、全面节约、有效保护和综合治理，下大气力解决

---

① 王忠静、王光谦、王建华、王浩：《基于水联网及智慧水利提高水资源效能》，《水利水电技术》2013 年第 1 期。
② 甘肃省水利厅：《国家科技支撑计划"水联网多水源实时调度与过程控制技术"2015 年度现场工作会在省疏勒河管理局召开》，2015 年 7 月 14 日，http：//www.gssl.gov.cn/tingsdwxw/sslhlyszyglj/2015/07/15/1436952252088.html。

洪涝灾害、水资源不足和水污染问题。"① 习近平总书记 2014 年 6 月发表重要讲话强调要"节水优先、空间均衡、系统治理、两手发力",强调要以水定城、以水定人、以水定产②。这些指示是新时期党中央提出的科学治水的重要思想,是水权制度建设的重要原则。

这里特别指出,一定要全面理解"空间均衡"四个字。"空间均衡"既包含跨流域调水和优化水资源空间布局,比如通过南水北调形成全国大水网;而且包含主动调整我们的生活生产方式去适应水资源空间分布特点,实现以水定城、定人、定产,不能为了调水而片面理解"空间均衡"。我们在调研中发现,设计单位往往用"空间均衡"四个字来说明南水北调西线工程的必要性,而另一个机构在宣传解释"空间均衡"四个字时,则强调以水定产、定人、定城。南水北调为缓解北方缺水和黄河缺水发挥了重要作用,但长江调水也是有限度的,要设置长江调水红线。我们每个人、每个领域都要转变发展理念,转变发展方式,调整结构,优化布局。

治水的根本目标是建设健康河流,让河流具有"造血"机制,有充足的自身水源补充。这个目标在黄河也完全有条件、有潜力实现。一是保水。保护好黄河源头的重要水源地——扎陵湖、鄂陵湖,增加黄河入水;治理恢复黄河源头两大湿地若尔盖湿地和甘南湿地,增加黄河入水。据四川环境科学专家研究,若尔盖和甘南两大湿地的治理恢复仅需投资 100 亿元,便可增加黄河入水 80 亿 m³③,相当于南水北调西线一期规划设计调水量。二是节水,特别是黄灌区农业节水潜力巨大。目前,黄灌区水损耗高达 30% ~ 40%。据中国科学院专家计算,如果采用防渗漏水泥管道、改漫灌为滴灌等系列节水措施,可节水约 90 亿 m³/a④,加之水权制度的推进,流域内节水积极性提高,节水量有望取得更大突破。三是黑山峡工程建设。可通过优化

① 吕兰军:《基层水资源管理面临的机遇》,《水资源研究》2010 年第 3 期。
② 陈雷:《新时期治水兴水的科学指南——深入学习贯彻习近平总书记关于治水的重要论述》,《求是》2014 年第 15 期。
③ 刘永顺、谢天:《恢复若尔盖—玛曲高原湿地再造西水东流》,林凌、刘宝珺主编《南水北调西线工程备忘录》,经济科学出版社,2006,第 111 ~ 115 页。
④ 鲁家果:《南水北调西线工程决策要慎重》,林凌、刘宝珺主编《南水北调西线工程备忘录》,经济科学出版社,2006,第 152 ~ 154 页。

调度增加供水 50 亿 m³/a①，其主要问题是处理好相邻省区的利益协调，而流域内工程比之跨流域调水，无论在自然风险还是在利益协调等方面，难度都小得多。四是继续推进退耕还林、退牧还草、水土保持等生态建设工程和水保措施，积极推进小流域治理，增强黄河"造血"功能，让黄河成为一条健康的河流。

古人云：问渠哪得清如许？为有源头活水来。李克强总理 2014 年 4 月在重庆主持研究长江经济带发展时强调"确保一江清水绵延后世"②。展望未来，我们有理由相信：在全社会共同努力下，一个实现水资源节约、高效、科学、公平、可持续利用的时代，一个优化全国水资源配置的时代正在到来。愿一江活水源远流长。

---

① 赵业安：《黄河水情沙情新变化与黄河水资源开发利用》，《西部研究通讯》2014 年第 4 期。

② 李克强：《建设长江经济带确保一江清水绵延后世》，2014 年 4 月 28 日，http://news.xinhuanet.com/politics/2014-04/28/c_1110452390_2.htm。

参考文献

水利部水利水电规划设计总院：《中国水资源及其开发利用调查评价》，中国水利水电出版社，2014。

刘宝珺、韩作振、廖声萍：《水资源的天然属性决定人为干预必须慎之又慎》，林凌、刘宝珺主编《南水北调西线工程备忘录》，经济科学出版社，2006。

雷静、张琳、黄站峰：《长江流域水资源开发利用率初步研究》，《人民长江》2010年第2期。

张桂林、吴植：《王浩：长江流域水资源可持续利用须因地制宜综合开发》，新华网，2009年9月10日。

沈满洪：《论水权交易与交易成本》，《人民黄河》2004年第7期。

杨力敏、张宇明：《对水权等基本概念的辨析》，《中国水利报》2001年5月10日。

李琪：《国外水资源管理体制比较》，《水利经济》1998年第1期。

常云昆：《黄河断流与黄河水权制度研究》，中国社会科学出版社，2001。

王金霞、黄季焜：《国外水权交易的经验及对中国的启示》，《农业技术经济》2002年第5期。

傅春、胡振鹏：《国内外水权研究的若干进展》，《中国水利》2000年第6期。

张仁田、陈守伦、童利忠：《水权分配与水市场中的水权交易体制》，《华北水电水利学院学报》2002年第6期。

《国务院办公厅转发国家计委和水电部关于黄河可供水量分配方案报告的通知》（国办发〔1987〕61 号）。

马晓强、韩锦绵：《我国水权制度 60 年：变迁、启示与展望》，《生态经济》2009 年第 12 期。

王亚华：《水权解释》，上海人民出版社，2005。

杨士坤、牛富：《实践水权水市场理论，积极探索解决漳河水事纠纷的新途径》，《海河水利》2004 年第 2 期。

张瑞美、尹明万、张献锋、闫莉：《我国水权流转情况跟踪调查》，《水利经济》2014 年第 1 期。

朱珍华：《论我国水权转让的性质》，《吉首大学学报》（社会科学版）2014 年第 9 期。

李晶：《我国水权制度建设进展与研判》，《水利发展研究》2004 年第 1 期。

李晶：《浅议市场在水资源微观配置中的决定性作用》，《中国水利》2014 年第 1 期。

王尔德、李诗韵：《七省区启动水权试点》，东风财富网，2014 年 7 月 23 日。

汪开宏：《石羊河流域凉州区水权制度改革的思考》，《中国农村水利水电》2010 年第 9 期。

水利部黄河水利委员会编《黄河水权制度转换制度构建及实践》，黄河水利出版社，2008。

黄本胜、芦妍婷、洪昌红、邱静：《广东省水权交易制度建设及试点若干问题探讨》，《水利发展研究》2014 年第 10 期。

黄本胜、洪昌红、邱静、芦妍婷、赵璧奎：《广东省水权交易制度研究与设计》，《中国水利》2014 年第 20 期。

王浩等：《流域初始水权分配理论与实践》，中国水利水电出版社，2008。

李阳、赵中极：《我国公共水权制度及其发展趋势探讨》，《中国水运》2007 年第 10 期。

闵祥鹏、徐玉昌、李谢辉：《水权制度的反思与重构——基于黄河流域水资源利用现状的分析》,《人民黄河》2012 年第 10 期。

贾科华:《水权制度建设难以一蹴而就——专访中国工程院院士、中国水科院水资源所所长王浩》,《中国能源报》2014 年 9 月 22 日。

李雪松:《论水资源可持续利用的公平与效率》,《生态经济》2001 年第 12 期。

李雪松:《中国水资源制度研究》,武汉大学出版社,2006。

孙春芳:《水利部部署水权市场建设》,《21 世纪经济报道》2014 年 6 月 24 日。

王赫:《我国水权制度完善的法律思考》,《甘肃政法学院学报》2007 年第 2 期。

内蒙古自治区水利水电勘测设计研究院:《内蒙古鄂尔多斯市引黄灌区水权细化方案》。

张慧玲:《走出水资源制约的瓶颈》,《内蒙古日报》2015 年 2 月 4 日。

杨波、张迎春、杨晓东:《鄂尔多斯市黄河水权转让工作成效与经验》,《内蒙古水利》2014 年第 1 期。

周映华:《流域生态补偿的困境与出路——基于东江流域的分析》,《公共管理学报》2008 年第 4 期。

林旭钿:《实行最严格水资源管理制度促进广东经济转型升级》,《中国水利》2014 年第 1 期。

张仁田、童利忠:《水权、水权分配与水权交易体制的初步研究》,《水利发展研究》2002 年第 5 期。

洪昌红、黄本胜、邱静、刘树峰、芦妍婷:《谈广东省水权交易制度建设必要性》,《广东水利水电》2014 年第 6 期。

张庆文:《我国水权交易实施和研究进展》,《水利规划与设计》2015 年第 5 期。

郑通汉、许长新:《我国水权价格的影响因素分析》,《水利财务与经济》2007 年第 8 期。

赵璧奎、黄本胜、邱静、洪昌红、黄锋华:《基于生态补偿的区域水权交易价格研究》,《广东水利水电》2014 年第 5 期。

胡振鹏、傅春:《水资源产权配置与管理》,《南昌大学学报》(人文社会科学版）2001年第4期。

四川省地方志编纂委员会编纂《都江堰志》，四川辞书出版社，1993。

四川省水利水电勘测设计研究院编《都江堰总体规划报告》（内部资料），1989。

四川省水利水电勘测设计研究院编《四川省都江堰灌区续建配套与节水改造规划报告（修编本）》，内部资料，2000。

四川省水利水电勘测设计研究院编《四川省都江堰灌区毗河供水一期工程项目建议书》（内部资料），2011。

四川省水利水电勘测设计研究院编《四川省水资源综合规划报告》（内部资料），2013。

中国科学院可持续发展战略研究组编《2007中国可持续发展战略报告——水：治理与创新》，科学出版社，2007。

林凌、王道延等编《四川水利改革与发展》，社会科学文献出版社，2013。

崔建远、刘斌：《美国水权制度》，科学出版社，2005。

黄锡生、邓禾：《澳美水权制度的启示》，《2003年中国法学会环境资源法学研究会年会论文集》（学会内部资料）。

黄锡生：《水权制度研究》，科学出版社，2005。

姜文来：《水权及其作用探讨》，《中国水利》2000年第12期。

李秀霞、项传慧、张宙云：《水权与水权交易的法律问题》，《山东水利》2004年第2期。

李先波、陈勇：《我国现代水权制度建立的立法障碍与完善建议》，《中国软科学》2003年第11期。

汪恕诚：《水权和水市场——谈实现水资源优化配置的经济手段》，《中国水利》2000年第11期。

王万山：《浅议国外的水权交易和水圈市场》，《水利经济》2004年第4期。

王小军：《美国水权交易制度研究》，《中南大学学报》（社会科学版）2011年第6期。

席平健、周妮娜：《"水权交易"实践模式之比较研究》，《南方经济》

2005 年第 5 期。

谢永刚:《水权制度与经济绩效》,经济科学出版社,2004。

杨为民:《浅析美国西部水权制度及其对我国的启示》,《中南民族大学学报》(人文社会科学版) 2005 年第 S2 期。

赵海林、赵敏、毛春梅、朱红文:《中外水权制度比较研究与我国水权制度改革》,《水利经济》2003 年第 4 期。

周余华、胡和平、李赞堂:《美国加州水资源开发管理历史与现状的启示》,《水利水电技术》2001 年第 7 期。

才惠莲、蓝楠、黄红霞:《我国水权转让法律制度的构建》,《水资源可持续利用与水生态环境保护的法律问题研究——2008 年全国环境资源法学研讨会(年会)论文集》,2008。

胡德胜、陈冬:《澳大利亚水资源法律与政策》,郑州大学出版社,2008。

田亚平:《澳大利亚水权制度对我国的启示》,《2008 年中国法学会环境资源法学研究会年会论文集》(学会内部资料)。

余文华:《国外水权制度的立法启示》,《法制与社会》2007 年第 3 期。

万军、张惠英:《法国的流域管理》,《中国水利》2002 年第 10 期。

矫勇、陈明忠、石波、孙平生:《英国法国水资源管理制度的考察》,《中国水利》2001 年第 3 期。

林家彬:《日本水资源管理体系考察及借鉴》,《水资源保护》2004 年第 4 期。

七户克彦:《关于日本水权问题的现状》,《公营企业》2010 年第 8 期。

黄俊杰、施铭权、辜仲明:《水权管制手段之发展》,《厦门大学法律评论》2006 年第 1 期。

南焱:《南水北调东线遭遇高水价难题》,《中国经济周刊》2014 年第 2 期。

吕兰军:《基层水资源管理面临的机遇》,《水资源研究》2010 年第 3 期。

陈雷:《新时期治水兴水的科学指南——深入学习贯彻习近平总书记关于治水的重要论述》,《求是》2014 年第 15 期。

刘永顺、谢天:《恢复若尔盖—玛曲高原湿地再造西水东流》,林凌、刘宝珺主编《南水北调西线工程备忘录》,经济科学出版社,2006。

鲁家果:《南水北调西线工程决策要慎重》,林凌、刘宝珺主编《南水北调西线工程备忘录》,经济科学出版社。

Carlos E. & Aquino G. 1998,"Water Management in the Americas",Water Resources Development, Vol. 14, No. 3, pp. 289 −291.

Challen R. 2000. "Institutions, Transaction Costs, and Environmental Policy: Institutional Reform for Water Resources". Northampton: Edward Elgar.

Crase L, Dollery B. 2000. "Water Market as a Vehicle for Water Reform: the Case of New South Wales". The Australia Journal of Agricultural and Resource Economics, 44 (2): 299 −321.

Davis S. 2001. "The Politics of Water Scarcity in the Western States". The Social Science Journal, Vol. 38, pp. 527 −542.

Gray, Brian. 2008. "The Market and the Community: Lesson From California Drought Water Bank". Haltings West − Northwest Journal of Environmental Law, 14: 12.

Paul Hold, Mateen Thobani. 1996. "Tradable Water Right: A Property Rights Approach or Resolving Water Shortage and Promoting Investment", The World Bank.

Sturgess G L, Wright M. 1993. "Water Rights in Rural New South Wales: the Evolution of a Property Rights System". St. Leonards: Centre for Independent Studies.

Jacques OUDIN. Le partenariat public −privé dans le financement des réseaux d'eau et d'assainissement. *Persee*, 2002. 0.

Guttinger PHILIPPE. Le statut juridique de l'eau souterraine. *Persee*, 1992. 03 −06.

附　相关法规文件

国务院办公厅转发国家计委和水电部
关于黄河可供水量分配方案报告的通知

国办发〔1987〕61号

青海、四川、甘肃、陕西、宁夏、内蒙古、山西、河南、山东、天津、河北省、自治区、直辖市人民政府，国务院有关部门：

国家计委、水电部《关于黄河可供水量分配方案的报告》已经国务院原则同意，现转发给你们，请贯彻执行。

建国以来，黄河流域工农业发展迅速，生产和生活用水大量增加。自七十年代以来，黄河下游河段经常断流，已影响生产的发展和生活的需要。目前，各地考虑"四化"建设发展而提出的用水量超过了黄河可能供给的水量。黄河流域地处干旱、半干旱地区，黄河本身水少沙多，除需保持一定的冲沙入海水量外，能够提供的水量难以全部满足各地的要求，水资源的供需矛盾日趋突出。要解决好黄河流域用水问题，必须做到统筹兼顾、合理安排，实行计划用水、节约用水。希望各有关省、自治区、直辖市从全局出发，大力推行节水措施，以黄河可供水量分配方案为依据，制定各自的用水规划，并把这项规划与各地的国民经济发展计划紧密联系起来，以取得更好的综合经济效益。

国务院办公厅

一九八七年九月十一日

关于黄河可供水量分配方案的报告

国务院：

黄河流域干旱缺水，黄河上中游的兰州至三门峡河段（涉及甘、宁、蒙、陕、晋五省、区）缺水尤为严重，60%—70%的地区年降水量在四百毫米以下，20%左右的地区年降水量不足二百毫米，人均水资源量为三百二十立方米，是全国平均量的八分之一，亩均水资源量一百一十立方米，为全国平均量的十六分之一。当前，甘、陕、晋三省和宁夏南部山区，农田灌溉率较低，经常干旱成灾。西安、太原等工业城市在河川流量日益减少的情况下，过量开采地下水，使地下水位漏斗不断扩大，地面不断下沉。以山西为中心的能源基地大部分位于黄河流域，工农业需水量较大，水资源的供需矛盾更加突出。黄河下游地区人口稠密，工农业生产比较集中，亩均水资源量仅一百五十立方米，人均水资源量不到二百六十立方米。目前，在河南、山东两省引黄灌溉用水的高峰时期，山东下游河段经常断流，从一九七一年至一九八六年，其中有十年发生断流，累计断流一百三十天。

黄河流域多年平均河川径流量为五百八十亿立方米（含花园口以下二十亿立方米）。解放初期，沿黄各省（区）每年引用黄河水量约六十亿至八十亿立方米；八十年代初，每年引用水量为二百五十亿至二百八十亿立方米。三十多年增加了二百亿立方米左右，约占黄河总径流量的35%。今后随着工农业生产的进一步发展，引用水量将继续上升，上下游用水的矛盾也将日益尖锐。

黄河下游河道是举世闻名的地上河，黄河下游多年平均来沙量为十六亿吨，每年入海泥沙十二亿吨左右，河道淤积约四亿吨，因而造成河床与洪水位逐年抬高，洪水威胁愈来愈大。随着工农业和城市用水量的增加，将进一步减少入海水量，从而使河道淤积日趋严重。为了黄河治理和防洪的需要，必须留有一定的输沙入海水量，尽可能保持每年淤积不大于四亿吨的水平，才不致加速下游河道的恶化。据有关部门多次测算，为了保证河道淤积量每年不大于四亿吨，至少需要冲沙水量二百亿至二百四十亿立方米（这一部分水量主要是汛期洪水，大部分无法利用）。因此，黄河天然径流量五百八十亿立方米中，可引用的水量不过三百六十亿立方米左右。

一九八三年，沿黄各省（区、市）向黄河水利委员会提出二〇〇〇年的需水量为七百四十七亿立方米，超出黄河可供分配水量一倍以上。一九八六年，各地对需水量压缩后，提出需水量为六百亿立方米，仍大大超过黄河的可供水量。为此，必须根据统筹兼顾、全面安排的原则，解决好上下游的用水矛盾。

黄河水利委员会自七十年代以来，做了大量的调查研究工作，提出了沿黄各省（区、市）用水现状及发展趋势的预测。一九八三年七月，水电部召开黄河水资源评价与综合利用审议会，参加会议的有沿黄各省（区、市）和国务院有关部委的同志，这次会议对黄河水量分配问题，提出了初步建议。一九八四年八月，在全国计划会议上，国家计委就水电部报送的《黄河河川径流量的预测和分配的初步意见》，约请同黄河水量分配关系密切的十二个省（区、市）计委和水电、石油、建设、农业等部门的同志座谈，调整并提出了在南水北调工程生效前黄河可供水量分配方案。方案如下：

地区	青海	四川	甘肃	宁夏	内蒙古	陕西	山西	河南	山东	河北	天津	合计
（亿立方米）年耗水量	14.1	0.4	30.4	40.0	58.6	38.0	43.1	55.4	70.0	20.0	370.0	

上述方案以一九八〇年实际用水量为基础，认真研究了有关省（区、市）的灌溉发展规模、工业和城市用水增长以及大中型水利工程兴建的可能性，黄河流域总引用水量比一九八〇年增加40%以上。其中：山西省因能源基地发展的需要，增加用水量50%以上；宁夏、内蒙古自治区当前农业用水较多（但有效利用率不高，今后主要应在节水中求发展）增加用水量10%左右；河北省、天津市今后一个时期需从黄河引水接济，分配用水量二十亿立方米。其他沿黄各省（区）一般增加用水量30%～40%。

这一分水方案已经考虑了黄河最大可能的供水量，沿黄各省（区、市）必须从这一实际出发，组织和发展节水型生产，以此分水方案为依据，规划工农业生产和城市生活用水，安排建设项目不要超出水量分配方案，以免因水源无法落实而造成不能正常生产。只有共同遵守并执行水量分配方案，才能减少上下游之间的用水矛盾，使黄河水资源得到合理利用，获得较好的经济效益、生态效益和社会效益。

上述水量分配方案，是按黄河正常年份水量制订的，今后还需要根据不同的水情逐年作出合理的调度安排。

从长远看，为了适应沿黄各省（区、市）经济建设和人民生活发展的用水要求，从长江流域调水是必要的。当前除了积极推进南水北调东线工程建设外，要尽早开展中线、西线南水北调工程的科研和前期工作。

以上报告如无不妥，请批转有关省、自治区、直辖市和有关部门贯彻执行。

国家计委

水利电力部

一九八七年八月二十九日

国务院关于黑河流域近期治理规划的批复

国函〔2001〕86号*

水利部：

你部报送的《关于报送〈黑河流域近期治理规划〉的请示》（水资源〔2001〕169号）收悉。现批复如下：

一、原则同意《黑河流域近期治理规划》（以下简称《规划》），请你们认真组织实施。《规划》中涉及的建设项目，按照基本建设程序逐项报批。

二、实施黑河流域综合治理，要坚持以生态系统建设和保护为根本，以水资源的科学管理、合理配置、高效利用为核心，上、中、下游统筹考虑，工程措施和非工程措施紧密结合，生态建设与经济发展相协调，科学安排生活、生产和生态用水。

---

* 摘自《中华人民共和国中央人民政府网》：http://www. gov. cn/gongbao/content/2001/content_ 60988. htm。

三、要以国家已批准的水量分配方案为依据，按照分步实施、逐步到位的原则，采取综合措施，逐年增加正义峡下泄水量。到 2003 年，当莺落峡多年平均来水 15.8 亿立方米时，正义峡下泄水量 9.5 亿立方米；并控制鼎新片引水量在 0.9 亿立方米以内，东风场区引水量在 0.6 亿立方米以内。

四、加强流域水资源统一管理和科学调度。要建立健全流域统一管理与行政区域管理相结合的管理体制，明确事权划分。黄河水利委员会黑河流域管理局负责黑河水资源的统一管理和调度；组织取水许可制度的实施，编制水量分配方案和年度分水计划，检查监督流域水量分配计划的执行情况；负责组织流域内重要水利工程的建设、运行调度和管理；协调处理流域内各省（自治区）之间的水事纠纷等。流域内各省（自治区）实行区域用水总量控制行政首长负责制，各级人民政府按照黄河水利委员会黑河流域管理局制定的年度分水计划，负责各自辖区的用配水管理，采取综合措施，确保 3 年内实现国家确定的水量分配方案及各项控制指标。

五、要充分运用经济杠杆，促进节约用水。合理核定黑河流域不同行业的供水水价，大力进行定额水价制度，对定额内的用水实行基本水价，对超定额用水实行累进加价制度。

六、流域内的经济发展要充分考虑水资源条件，积极稳妥地进行经济结构调整。不再扩大农田灌溉面积。2003 年以前黑河干流甘肃省境内要完成 32 万亩农田退耕、自然封育任务；积极调整作物种植结构，限制种植水稻等高耗水作物。流域内的城市和工业要贯彻节水优先、治污为本的原则，严格控制兴建耗水量大和污染严重的建设项目。

七、要切实加强资金管理和工程质量管理。真正管好、用好工程建设资金，提高资金使用率和使用效益。严格工程建设管理，精心设计，精心施工，确保质量。

八、同意建立联席会议制度。由水利部牵头，国家发展计划委员会、财政部、国家林业局、国家环保总局、农业部、国土资源部、总装备部等部门和内蒙古自治区、甘肃省、青海省人民政府及黄河水利委员会参加，协商解决黑河流域综合治理的重大问题。联席会议议定的事项由有关部门和省（自治区）在各自职责范围内分别组织实施。议定事项的落实情况由黄河水利委员会督办。

　　加快黑河流域综合治理，对于实现流域经济和社会可持续发展，加强民族团结，具有十分重要的意义，是实施西部大开发战略的重点工程。内蒙古自治区、甘肃、青海省人民政府、中央有关部门和单位要加强领导，密切配合，保障投入，确保完成《规划》确定的各项目标任务，逐步恢复黑河生态系统。

国务院

二〇〇一年八月三日

中华人民共和国主席令

第 74 号

　　《中华人民共和国水法》已由中华人民共和国第九届全国人民代表大会常务委员会第二十九次会议于 2002 年 8 月 29 日修订通过，现将修订后的《中华人民共和国水法》公布，自 2002 年 10 月 1 日起施行。

中华人民共和国主席　江泽民

二〇〇二年八月二十九日

中华人民共和国水法

（2002 年 8 月 29 日第九届全国人民代表大会

常务委员会第二十九次会议通过）

目　录

第一章　总　则

第一条　为了合理开发、利用、节约和保护水资源，防治水害，实现水资源的可持续利用，适应国民经济和社会发展的需要，制定本法。

第二条　在中华人民共和国领域内开发、利用、节约、保护、管理水资源，防治水害，适用本法。

本法所称水资源，包括地表水和地下水。

第三条　水资源属于国家所有。水资源的所有权由国务院代表国家行使。农村集体经济组织的水塘和由农村集体经济组织修建管理的水库中的水，归各该农村集体经济组织使用。

第四条　开发、利用、节约、保护水资源和防治水害，应当全面规划、统筹兼顾、标本兼治、综合利用、讲求效益，发挥水资源的多种功能，协调好生活、生产经营和生态环境用水。

第五条　县级以上人民政府应当加强水利基础设施建设，并将其纳入本级国民经济和社会发展计划。

第六条　国家鼓励单位和个人依法开发、利用水资源，并保护其合法权益。开发、利用水资源的单位和个人有依法保护水资源的义务。

第七条　国家对水资源依法实行取水许可制度和有偿使用制度。但是，农村集体经济组织及其成员使用本集体经济组织的水塘、水库中的水的除外。国务院水行政主管部门负责全国取水许可制度和水资源有偿使用制度的组织实施。

第八条　国家厉行节约用水，大力推行节约用水措施，推广节约用水新技术、新工艺，发展节水型工业、农业和服务业，建立节水型社会。

各级人民政府应当采取措施，加强对节约用水的管理，建立节约用水技术开发推广体系，培育和发展节约用水产业。

单位和个人有节约用水的义务。

第九条　国家保护水资源，采取有效措施，保护植被，植树种草，涵养水源，防治水土流失和水体污染，改善生态环境。

第十条 国家鼓励和支持开发、利用、节约、保护、管理水资源和防治水害的先进科学技术的研究、推广和应用。

第十一条 在开发、利用、节约、保护、管理水资源和防治水害等方面成绩显著的单位和个人，由人民政府给予奖励。

第十二条 国家对水资源实行流域管理与行政区域管理相结合的管理体制。

国务院水行政主管部门负责全国水资源的统一管理和监督工作。

国务院水行政主管部门在国家确定的重要江河、湖泊设立的流域管理机构（以下简称流域管理机构），在所管辖的范围内行使法律、行政法规规定的和国务院水行政主管部门授予的水资源管理和监督职责。

县级以上地方人民政府水行政主管部门按照规定的权限，负责本行政区域内水资源的统一管理和监督工作。

第十三条 国务院有关部门按照职责分工，负责水资源开发、利用、节约和保护的有关工作。

县级以上地方人民政府有关部门按照职责分工，负责本行政区域内水资源开发、利用、节约和保护的有关工作。

第二章 水资源规划

第十四条 国家制定全国水资源战略规划。

开发、利用、节约、保护水资源和防治水害，应当按照流域、区域统一制定规划。规划分为流域规划和区域规划。流域规划包括流域综合规划和流域专业规划；区域规划包括区域综合规划和区域专业规划。

前款所称综合规划，是指根据经济社会发展需要和水资源开发利用现状编制的开发、利用、节约、保护水资源和防治水害的总体部署。前款所称专业规划，是指防洪、治涝、灌溉、航运、供水、水力发电、竹木流放、渔业、水资源保护、水土保持、防沙治沙、节约用水等规划。

第十五条 流域范围内的区域规划应当服从流域规划，专业规划应当服从综合规划。

流域综合规划和区域综合规划以及与土地利用关系密切的专业规划，应当与国民经济和社会发展规划以及土地利用总体规划、城市总体规划和环境保护规划相协调，兼顾各地区、各行业的需要。

第十六条 制定规划，必须进行水资源综合科学考察和调查评价。水资源综合科学考察和调查评价，由县级以上人民政府水行政主管部门会同同级有关部门组织进行。

县级以上人民政府应当加强水文、水资源信息系统建设。县级以上人民政府水行政主管部门和流域管理机构应当加强对水资源的动态监测。

基本水文资料应当按照国家有关规定予以公开。

第十七条 国家确定的重要江河、湖泊的流域综合规划，由国务院水行政主管部门会同国务院有关部门和有关省、自治区、直辖市人民政府编制，报国务院批准。跨省、自治区、直辖市的其他江河、湖泊的流域综合规划和区域综合规划，由有关流域管理机构会同江河、湖泊所在地的省、自治区、直辖市人民政府水行政主管部门和有关部门编制，分别经有关省、自治区、直辖市人民政府审查提出意见后，报国务院水行政主管部门审核；国务院水行政主管部门征求国务院有关部门意见后，报国务院或者其授权的部门批准。

前款规定以外的其他江河、湖泊的流域综合规划和区域综合规划，由县级以上地方人民政府水行政主管部门会同同级有关部门和有关地方人民政府编制，报本级人民政府或者其授权的部门批准，并报上一级水行政主管部门备案。

专业规划由县级以上人民政府有关部门编制，征求同级其他有关部门意见后，报本级人民政府批准。其中，防洪规划、水土保持规划的编制、批准，依照防洪法、水土保持法的有关规定执行。

第十八条 规划一经批准，必须严格执行。

经批准的规划需要修改时，必须按照规划编制程序经原批准机关批准。

第十九条 建设水工程，必须符合流域综合规划。在国家确定的重要江河、湖泊和跨省、自治区、直辖市的江河、湖泊上建设水工程，其工程可行性研究报告报请批准前，有关流域管理机构应当对水工程的建设是否符合流域综合规划进行审查并签署意见；在其他江河、湖泊上建设水工程，其工程可行性研究报告报请批准前，县级以上地方人民政府水行政主管部门应当按照管理权限对水工程的建设是否符合流域综合规划进行审查并签署意见。水工程建设涉及防洪的，依照防洪法的有关规定执行；涉及其他地区和行业的，建设单位应当事先征求有关地区和部门的意见。

第三章 水资源开发利用

第二十条 开发、利用水资源，应当坚持兴利与除害相结合，兼顾上下游、左右岸和有关地区之间的利益，充分发挥水资源的综合效益，并服从防洪的总体安排。

第二十一条 开发、利用水资源，应当首先满足城乡居民生活用水，并兼顾农业、工业、生态环境用水以及航运等需要。

在干旱和半干旱地区开发、利用水资源，应当充分考虑生态环境用水需要。

第二十二条 跨流域调水，应当进行全面规划和科学论证，统筹兼顾调出和调入流域的用水需要，防止对生态环境造成破坏。

第二十三条 地方各级人民政府应当结合本地区水资源的实际情况，按照地表水与地下水统一调度开发、开源与节流相结合、节流优先和污水处理再利用的原则，合理组织开发、综合利用水资源。

国民经济和社会发展规划以及城市总体规划的编制、重大建设项目的布局，应当与当地水资源条件和防洪要求相适应，并进行科学论证；在水资源不足的地区，应当对城市规模和建设耗水量大的工业、农业和服务业项目加以限制。

第二十四条 在水资源短缺的地区，国家鼓励对雨水和微咸水的收集、开发、利用和对海水的利用、淡化。

第二十五条 地方各级人民政府应当加强对灌溉、排涝、水土保持工作的领导，促进农业生产发展；在容易发生盐碱化和渍害的地区，应当采取措施，控制和降低地下水的水位。

农村集体经济组织或者其成员依法在本集体经济组织所有的集体土地或者承包土地上投资兴建水工程设施的，按照谁投资建设谁管理和谁受益的原则，对水工程设施及其蓄水进行管理和合理使用。

农村集体经济组织修建水库应当经县级以上地方人民政府水行政主管部

门批准。

第二十六条　国家鼓励开发、利用水能资源。在水能丰富的河流，应当有计划地进行多目标梯级开发。

建设水力发电站，应当保护生态环境，兼顾防洪、供水、灌溉、航运、竹木流放和渔业等方面的需要。

第二十七条　国家鼓励开发、利用水运资源。在水生生物洄游通道、通航或者竹木流放的河流上修建永久性拦河闸坝，建设单位应当同时修建过鱼、过船、过木设施，或者经国务院授权的部门批准采取其他补救措施，并妥善安排施工和蓄水期间的水生生物保护、航运和竹木流放，所需费用由建设单位承担。

在不通航的河流或者人工水道上修建闸坝后可以通航的，闸坝建设单位应当同时修建过船设施或者预留过船设施位置。

第二十八条　任何单位和个人引水、截（蓄）水、排水，不得损害公共利益和他人的合法权益。

第二十九条　国家对水工程建设移民实行开发性移民的方针，按照前期补偿、补助与后期扶持相结合的原则，妥善安排移民的生产和生活，保护移民的合法权益。

移民安置应当与工程建设同步进行。建设单位应当根据安置地区的环境容量和可持续发展的原则，因地制宜，编制移民安置规划，经依法批准后，由有关地方人民政府组织实施。所需移民经费列入工程建设投资计划。

第四章　水资源、水域和水工程的保护

第三十条　县级以上人民政府水行政主管部门、流域管理机构以及其他有关部门在制定水资源开发、利用规划和调度水资源时，应当注意维持江河的合理流量和湖泊、水库以及地下水的合理水位，维护水体的自然净化能力。

第三十一条　从事水资源开发、利用、节约、保护和防治水害等水事活动，应当遵守经批准的规划；因违反规划造成江河和湖泊水域使用功能降低、地下水超采、地面沉降、水体污染的，应当承担治理责任。

开采矿藏或者建设地下工程，因疏干排水导致地下水水位下降、水源枯

竭或者地面塌陷，采矿单位或者建设单位应当采取补救措施；对他人生活和生产造成损失的，依法给予补偿。

第三十二条 国务院水行政主管部门会同国务院环境保护行政主管部门、有关部门和有关省、自治区、直辖市人民政府，按照流域综合规划、水资源保护规划和经济社会发展要求，拟定国家确定的重要江河、湖泊的水功能区划，报国务院批准。跨省、自治区、直辖市的其他江河、湖泊的水功能区划，由有关流域管理机构会同江河、湖泊所在地的省、自治区、直辖市人民政府水行政主管部门、环境保护行政主管部门和其他有关部门拟定，分别经有关省、自治区、直辖市人民政府审查提出意见后，由国务院水行政主管部门会同国务院环境保护行政主管部门审核，报国务院或者其授权的部门批准。

前款规定以外的其他江河、湖泊的水功能区划，由县级以上地方人民政府水行政主管部门会同同级人民政府环境保护行政主管部门和有关部门拟定，报同级人民政府或者其授权的部门批准，并报上一级水行政主管部门和环境保护行政主管部门备案。

县级以上人民政府水行政主管部门或者流域管理机构应当按照水功能区对水质的要求和水体的自然净化能力，核定该水域的纳污能力，向环境保护行政主管部门提出该水域的限制排污总量意见。

县级以上地方人民政府水行政主管部门和流域管理机构应当对水功能区的水质状况进行监测，发现重点污染物排放总量超过控制指标的，或者水功能区的水质未达到水域使用功能对水质的要求的，应当及时报告有关人民政府采取治理措施，并向环境保护行政主管部门通报。

第三十三条 国家建立饮用水水源保护区制度。省、自治区、直辖市人民政府应当划定饮用水水源保护区，并采取措施，防止水源枯竭和水体污染，保证城乡居民饮用水安全。

第三十四条 禁止在饮用水水源保护区内设置排污口。

在江河、湖泊新建、改建或者扩大排污口，应当经过有管辖权的水行政主管部门或者流域管理机构同意，由环境保护行政主管部门负责对该建设项目的环境影响报告书进行审批。

第三十五条 从事工程建设，占用农业灌溉水源、灌排工程设施，或者对原有灌溉用水、供水水源有不利影响的，建设单位应当采取相应的补救措施；造成损失的，依法给予补偿。

第三十六条 在地下水超采地区，县级以上地方人民政府应当采取措施，严格控制开采地下水。在地下水严重超采地区，经省、自治区、直辖市人民政府批准，可以划定地下水禁止开采或者限制开采区。在沿海地区开采地下水，应当经过科学论证，并采取措施，防止地面沉降和海水入侵。

第三十七条 禁止在江河、湖泊、水库、运河、渠道内弃置、堆放阻碍行洪的物体和种植阻碍行洪的林木及高秆作物。

禁止在河道管理范围内建设妨碍行洪的建筑物、构筑物以及从事影响河势稳定、危害河岸堤防安全和其他妨碍河道行洪的活动。

第三十八条 在河道管理范围内建设桥梁、码头和其他拦河、跨河、临河建筑物、构筑物，铺设跨河管道、电缆，应当符合国家规定的防洪标准和其他有关的技术要求，工程建设方案应当依照防洪法的有关规定报经有关水行政主管部门审查同意。

因建设前款工程设施，需要扩建、改建、拆除或者损坏原有水工程设施的，建设单位应当负担扩建、改建的费用和损失补偿。但是，原有工程设施属于违法工程的除外。

第三十九条 国家实行河道采沙许可制度。河道采沙许可制度实施办法，由国务院规定。

在河道管理范围内采沙，影响河势稳定或者危及堤防安全的，有关县级以上人民政府水行政主管部门应当划定禁采区和规定禁采期，并予以公告。

第四十条 禁止围湖造地。已经围垦的，应当按照国家规定的防洪标准有计划地退地还湖。

禁止围垦河道。确需围垦的，应当经过科学论证，经省、自治区、直辖市人民政府水行政主管部门或者国务院水行政主管部门同意后，报本级人民政府批准。

第四十一条 单位和个人有保护水工程的义务，不得侵占、毁坏堤防、护岸、防汛、水文监测、水文地质监测等工程设施。

第四十二条 县级以上地方人民政府应当采取措施，保障本行政区域内水工程，特别是水坝和堤防的安全，限期消除险情。水行政主管部门应当加强对水工程安全的监督管理。

第四十三条　国家对水工程实施保护。国家所有的水工程应当按照国务院的规定划定工程管理和保护范围。

国务院水行政主管部门或者流域管理机构管理的水工程，由主管部门或者流域管理机构商有关省、自治区、直辖市人民政府划定工程管理和保护范围。

前款规定以外的其他水工程，应当按照省、自治区、直辖市人民政府的规定，划定工程保护范围和保护职责。

在水工程保护范围内，禁止从事影响水工程运行和危害水工程安全的爆破、打井、采石、取土等活动。

第五章　水资源配置和节约使用

第四十四条　国务院发展计划主管部门和国务院水行政主管部门负责全国水资源的宏观调配。全国的和跨省、自治区、直辖市的水中长期供求规划，由国务院水行政主管部门会同有关部门制订，经国务院发展计划主管部门审查批准后执行。地方的水中长期供求规划，由县级以上地方人民政府水行政主管部门会同同级有关部门依据上一级水中长期供求规划和本地区的实际情况制订，经本级人民政府发展计划主管部门审查批准后执行。

水中长期供求规划应当依据水的供求现状、国民经济和社会发展规划、流域规划、区域规划，按照水资源供需协调、综合平衡、保护生态、厉行节约、合理开源的原则制定。

第四十五条　调蓄径流和分配水量，应当依据流域规划和水中长期供求规划，以流域为单元制定水量分配方案。

跨省、自治区、直辖市的水量分配方案和旱情紧急情况下的水量调度预案，由流域管理机构商有关省、自治区、直辖市人民政府制订，报国务院或者其授权的部门批准后执行。其他跨行政区域的水量分配方案和旱情紧急情况下的水量调度预案，由共同的上一级人民政府水行政主管部门商有关地方人民政府制订，报本级人民政府批准后执行。

水量分配方案和旱情紧急情况下的水量调度预案经批准后，有关地方人民政府必须执行。

在不同行政区域之间的边界河流上建设水资源开发、利用项目，应当符合该流域经批准的水量分配方案，由有关县级以上地方人民政府报共同的上一级人民政府水行政主管部门或者有关流域管理机构批准。

第四十六条 县级以上地方人民政府水行政主管部门或者流域管理机构应当根据批准的水量分配方案和年度预测来水量，制定年度水量分配方案和调度计划，实施水量统一调度；有关地方人民政府必须服从。

国家确定的重要江河、湖泊的年度水量分配方案，应当纳入国家的国民经济和社会发展年度计划。

第四十七条 国家对用水实行总量控制和定额管理相结合的制度。

省、自治区、直辖市人民政府有关行业主管部门应当制订本行政区域内行业用水定额，报同级水行政主管部门和质量监督检验行政主管部门审核同意后，由省、自治区、直辖市人民政府公布，并报国务院水行政主管部门和国务院质量监督检验行政主管部门备案。

县级以上地方人民政府发展计划主管部门会同同级水行政主管部门，根据用水定额、经济技术条件以及水量分配方案确定的可供本行政区域使用的水量，制定年度用水计划，对本行政区域内的年度用水实行总量控制。

第四十八条 直接从江河、湖泊或者地下取用水资源的单位和个人，应当按照国家取水许可制度和水资源有偿使用制度的规定，向水行政主管部门或者流域管理机构申请领取取水许可证，并缴纳水资源费，取得取水权。但是，家庭生活和零星散养、圈养畜禽饮用等少量取水的除外。

实施取水许可制度和征收管理水资源费的具体办法，由国务院规定。

第四十九条 用水应当计量，并按照批准的用水计划用水。

用水实行计量收费和超定额累进加价制度。

第五十条 各级人民政府应当推行节水灌溉方式和节水技术，对农业蓄水、输水工程采取必要的防渗漏措施，提高农业用水效率。

第五十一条 工业用水应当采用先进技术、工艺和设备，增加循环用水次数，提高水的重复利用率。

国家逐步淘汰落后的、耗水量高的工艺、设备和产品，具体名录由国务院经济综合主管部门会同国务院水行政主管部门和有关部门制定并公布。生产者、销售者或者生产经营中的使用者应当在规定的时间内停止生产、销售或者使用列入名录的工艺、设备和产品。

第五十二条　城市人民政府应当因地制宜采取有效措施，推广节水型生活用水器具，降低城市供水管网漏失率，提高生活用水效率；加强城市污水集中处理，鼓励使用再生水，提高污水再生利用率。

第五十三条　新建、扩建、改建建设项目，应当制订节水措施方案，配套建设节水设施。节水设施应当与主体工程同时设计、同时施工、同时投产。

供水企业和自建供水设施的单位应当加强供水设施的维护管理，减少水的漏失。

第五十四条　各级人民政府应当积极采取措施，改善城乡居民的饮用水条件。

第五十五条　使用水工程供应的水，应当按照国家规定向供水单位缴纳水费。供水价格应当按照补偿成本、合理收益、优质优价、公平负担的原则确定。具体办法由省级以上人民政府价格主管部门会同同级水行政主管部门或者其他供水行政主管部门依据职权制定。

第六章　水事纠纷处理与执法监督检查

第五十六条　不同行政区域之间发生水事纠纷的，应当协商处理；协商不成的，由上一级人民政府裁决，有关各方必须遵照执行。在水事纠纷解决前，未经各方达成协议或者共同的上一级人民政府批准，在行政区域交界线两侧一定范围内，任何一方不得修建排水、阻水、取水和截（蓄）水工程，不得单方面改变水的现状。

第五十七条　单位之间、个人之间、单位与个人之间发生的水事纠纷，应当协商解决；当事人不愿协商或者协商不成的，可以申请县级以上地方人民政府或者其授权的部门调解，也可以直接向人民法院提起民事诉讼。县级以上地方人民政府或者其授权的部门调解不成的，当事人可以向人民法院提起民事诉讼。

在水事纠纷解决前，当事人不得单方面改变现状。

第五十八条　县级以上人民政府或者其授权的部门在处理水事纠纷时，有权采取临时处置措施，有关各方或者当事人必须服从。

第五十九条　县级以上人民政府水行政主管部门和流域管理机构应当对违反本法的行为加强监督检查并依法进行查处。

水政监督检查人员应当忠于职守，秉公执法。

第六十条　县级以上人民政府水行政主管部门、流域管理机构及其水政监督检查人员履行本法规定的监督检查职责时，有权采取下列措施：

（一）要求被检查单位提供有关文件、证照、资料；

（二）要求被检查单位就执行本法的有关问题作出说明；

（三）进入被检查单位的生产场所进行调查；

（四）责令被检查单位停止违反本法的行为，履行法定义务。

第六十一条　有关单位或者个人对水政监督检查人员的监督检查工作应当给予配合，不得拒绝或者阻碍水政监督检查人员依法执行职务。

第六十二条　水政监督检查人员在履行监督检查职责时，应当向被检查单位或者个人出示执法证件。

第六十三条　县级以上人民政府或者上级水行政主管部门发现本级或者下级水行政主管部门在监督检查工作中有违法或者失职行为的，应当责令其限期改正。

第七章　法律责任

第六十四条　水行政主管部门或者其他有关部门以及水工程管理单位及其工作人员，利用职务上的便利收取他人财物、其他好处或者玩忽职守，对不符合法定条件的单位或者个人核发许可证、签署审查同意意见，不按照水量分配方案分配水量，不按照国家有关规定收取水资源费，不履行监督职责，或者发现违法行为不予查处，造成严重后果，构成犯罪的，对负有责任的主管人员和其他直接责任人员依照刑法的有关规定追究刑事责任；尚不够刑事处罚的，依法给予行政处分。

第六十五条　在河道管理范围内建设妨碍行洪的建筑物、构筑物，或者从事影响河势稳定、危害河岸堤防安全和其他妨碍河道行洪的活动的，由县级以上人民政府水行政主管部门或者流域管理机构依据职权，责令停止违法行为，限期拆除违法建筑物、构筑物，恢复原状；逾期不拆除、不恢复原状的，强行拆除，所需费用由违法单位或者个人负担，并处一万元以上十万元以下的罚款。

未经水行政主管部门或者流域管理机构同意，擅自修建水工程，或者建设桥梁、码头和其他拦河、跨河、临河建筑物、构筑物，铺设跨河管道、电缆，且防洪法未作规定的，由县级以上人民政府水行政主管部门或者流域管理机构依据职权，责令停止违法行为，限期补办有关手续；逾期不补办或者补办未被批准的，责令限期拆除违法建筑物、构筑物；逾期不拆除的，强行拆除，所需费用由违法单位或者个人负担，并处一万元以上十万元以下的罚款。

虽经水行政主管部门或者流域管理机构同意，但未按照要求修建前款所列工程设施的，由县级以上人民政府水行政主管部门或者流域管理机构依据职权，责令限期改正，按照情节轻重，处一万元以上十万元以下的罚款。

第六十六条　有下列行为之一，且防洪法未作规定的，由县级以上人民政府水行政主管部门或者流域管理机构依据职权，责令停止违法行为，限期清除障碍或者采取其他补救措施，处一万元以上五万元以下的罚款：

（一）在江河、湖泊、水库、运河、渠道内弃置、堆放阻碍行洪的物体和种植阻碍行洪的林木及高秆作物的；

（二）围湖造地或者未经批准围垦河道的。

第六十七条　在饮用水水源保护区内设置排污口的，由县级以上地方人民政府责令限期拆除、恢复原状；逾期不拆除、不恢复原状的，强行拆除、恢复原状，并处五万元以上十万元以下的罚款。

未经水行政主管部门或者流域管理机构审查同意，擅自在江河、湖泊新建、改建或者扩大排污口的，由县级以上人民政府水行政主管部门或者流域管理机构依据职权，责令停止违法行为，限期恢复原状，处五万元以上十万元以下的罚款。

第六十八条　生产、销售或者在生产经营中使用国家明令淘汰的落后的、耗水量高的工艺、设备和产品的，由县级以上地方人民政府经济综合主管部门责令停止生产、销售或者使用，处二万元以上十万元以下的罚款。

第六十九条　有下列行为之一的，由县级以上人民政府水行政主管部门或者流域管理机构依据职权，责令停止违法行为，限期采取补救措施，处二万元以上十万元以下的罚款；情节严重的，吊销其取水许可证：

（一）未经批准擅自取水的；

（二）未依照批准的取水许可规定条件取水的。

第七十条 拒不缴纳、拖延缴纳或者拖欠水资源费的，由县级以上人民政府水行政主管部门或者流域管理机构依据职权，责令限期缴纳；逾期不缴纳的，从滞纳之日起按日加收滞纳部分千分之二的滞纳金，并处应缴或者补缴水资源费一倍以上五倍以下的罚款。

第七十一条 建设项目的节水设施没有建成或者没有达到国家规定的要求，擅自投入使用的，由县级以上人民政府有关部门或者流域管理机构依据职权，责令停止使用，限期改正，处五万元以上十万元以下的罚款。

第七十二条 有下列行为之一，构成犯罪的，依照刑法的有关规定追究刑事责任；尚不够刑事处罚，且防洪法未作规定的，由县级以上地方人民政府水行政主管部门或者流域管理机构依据职权，责令停止违法行为，采取补救措施，处一万元以上五万元以下的罚款；违反治安管理处罚条例的，由公安机关依法给予治安管理处罚；给他人造成损失的，依法承担赔偿责任：

（一）侵占、毁坏水工程及堤防、护岸等有关设施，毁坏防汛、水文监测、水文地质监测设施的；

（二）在水工程保护范围内，从事影响水工程运行和危害水工程安全的爆破、打井、采石、取土等活动的。

第七十三条 侵占、盗窃或者抢夺防汛物资，防洪排涝、农田水利、水文监测和测量以及其他水工程设备和器材，贪污或者挪用国家救灾、抢险、防汛、移民安置和补偿及其他水利建设款物，构成犯罪的，依照刑法的有关规定追究刑事责任。

第七十四条 在水事纠纷发生及其处理过程中煽动闹事、结伙斗殴、抢夺或者损坏公私财物、非法限制他人人身自由，构成犯罪的，依照刑法的有关规定追究刑事责任；尚不够刑事处罚的，由公安机关依法给予治安管理处罚。

第七十五条 不同行政区域之间发生水事纠纷，有下列行为之一的，对负有责任的主管人员和其他直接责任人员依法给予行政处分：

（一）拒不执行水量分配方案和水量调度预案的；

（二）拒不服从水量统一调度的；

（三）拒不执行上一级人民政府的裁决的；

（四）在水事纠纷解决前，未经各方达成协议或者上一级人民政府批准，单方面违反本法规定改变水的现状的。

第七十六条 引水、截（蓄）水、排水，损害公共利益或者他人合法权益的，依法承担民事责任。

第七十七条 对违反本法第三十九条有关河道采沙许可制度规定的行政处罚，由国务院规定。

第八章 附 则

第七十八条 中华人民共和国缔结或者参加的与国际或者国境边界河流、湖泊有关的国际条约、协定与中华人民共和国法律有不同规定的，适用国际条约、协定的规定。但是，中华人民共和国声明保留的条款除外。

第七十九条 本法所称水工程，是指在江河、湖泊和地下水源上开发、利用、**控制**、调配和保护水资源的各类工程。

第八十条 海水的开发、利用、保护和管理，依照有关法律的规定执行。

第八十一条 从事防洪活动，依照防洪法的规定执行。

水污染防治，依照水污染防治法的规定执行。

第八十二条 本法自 2002 年 10 月 1 日起施行。

水利部关于内蒙古宁夏黄河干流水权
转换试点工作的指导意见

水资源〔2004〕159 号

黄河水利委员会，内蒙古自治区水利厅、宁夏回族自治区水利厅：

内蒙古自治区和宁夏回族自治区沿黄地区水资源短缺，现状用水结构不适应经济和社会发展要求，工业用水仅占总用水量的 3% 左右，远低于全国 20% 的平均水平；农业用水比例高达 95% 以上，灌区工程老化失修，用水效率低下，农业灌溉节水潜力较大。

按照党的十六大提出的实现全面建设小康社会的目标，今后 10 年内蒙古自治区和宁夏回族自治区经济将会快速增长，城市化率也将有较大提高，沿黄地区工业和城镇用水量将有较大幅度增加。根据水资源供需平衡分析，2010 年，该区域工业用水量的需求将占总用水量的 10% 左右，未来工业和城市用水的不断增加将主要通过全面建设节水型社会和远期的南水北调来解决。近期在水资源总量难以增加的情况下，解决该地区火电等优势产业的发展和急迫的城市用水问题，必须从当地实际出发，通过合理调整用水结构、大力推行灌区节水，在确保居民生活、粮食安全和基本生态用水的前提下，改变现有水资源利用格局，引导水资源向高效益、高效率方向转移，实现以节水、高效为目标的优化配置，以水资源的可持续利用支持经济社会的可持续发展。

按照治水新思路，应用水权、水市场理论，黄河水利委员会、内蒙古自治区和宁夏回族自治区水行政主管部门于 2003 年开展了水权转换试点工作，探索出一条解决干旱地区经济社会发展用水的新途径。在实地调查和充分研究的基础上，我部组织完成了内蒙古、宁夏黄灌区近期水资源供需形势及水权转换水量初步分析等工作。为了进一步引导、规范和推进水权转换工作，提出以下意见：

一 指导思想和基本原则

1. 指导思想

按照国家新的治水方略，坚持科学发展观，以水权、水市场理论为指导，以流域和区域水资源总体规划为基础，以实现水资源合理配置、高效利用和有效保护、建设节水型社会为目标，以节约用水和调整用水结构为手段；通过政府调控，市场引导，平等协商，兼顾效率与公平，统筹水权转换工作；农业节水支持工业和城市发展，工业发展积累资金又转而支持农业，促进经济社会协调发展。

2. 基本原则

（1）总量控制原则。开展水权转换工作应遵循 1987 年国务院批准的黄河可供水量分配方案，服从黄河水资源统一调度。

（2）以明晰初始水权为前提的原则。应在建立和完善水资源宏观控制和微观定额两套指标体系的基础上，明晰初始水权，作为水权转换工作的前提条件；依照取水许可管理权限，逐步建立水权转换审查制度，分级负责组织实施。

（3）水资源供需平衡原则。水权转换工作应依据全面建设小康社会的目标以及国家和地区的国民经济和社会发展规划，做好水资源供需平衡预测，统筹配置地表水和地下水以及其他水源，统筹协调生活、生产和生态用水，实现区域水资源在现状水平年和转换期限内的供需平衡。

（4）政府监管原则。应建立和规范水权转换秩序，加强政府监管，鼓励社会的广泛参与和监督，防止造成市场垄断；切实保障农民及第三方合法权益，保护生态环境。水权转换必须符合国家产业政策，严格限制水资源向低水平重复建设项目转移。

（5）市场调节原则。逐步建立和完善公开、公平、公正、有序的水权转换市场，通过有偿转换制度，充分发挥市场机制在资源配置中的作用，鼓励水资源向低耗水、低污染、高效益、高效率行业转移。

二　水权转换的界定、范围和条件

1、本意见所称水权是指取水权，所称水权转换是指取水权的转换。

直接从江河、湖泊或者地下取用水资源的单位和个人，应当按照国家取水许可制度和水资源有偿使用制度的规定，向水行政主管部门或者流域管理机构申请领取取水许可证，并缴纳水资源费，取得取水权。

2、内蒙古自治区、宁夏回族自治区水权转换试点范围近期暂限于黄河干流取水权转换（区域间的水权转换可参照本指导意见执行）。

3、水权转换出让方必须是已经依法取得取水权，并拥有节余水量（近期主要指工程节水量，暂不考虑非工程措施节水量）的取水权益人。

4、水权转换不得违背现行法律法规和有关政策的规定。

三　水权转换的期限与价格

1. 水权转换期限

水权转换的期限要与国家和自治区的国民经济和社会发展规划相适应；综合考虑节水工程设施的使用年限和受水工程设施的运行年限，兼顾供求双方的利益，合理确定水权转换期限。

水权转换期满，受让方需要继续取水的，应重新办理转换手续；受让方不再取水的，水权返还出让方，并由出让方办理相应的取水许可手续。

水权转换期内，受让方不得擅自改变所取得水量的用途。

2．水权转换价格

本意见所指水权转换价格为：水权转换总费用/（水权转换期限×年转换水量）。

水权转换总费用包括水权转换成本和合理收益。

水权转换总费用要综合考虑保障持续获得水权的工程建设成本与运行成本以及必要的经济补偿与生态补偿，并结合当地水资源供给状况、水权转换期限等因素，合理确定。

涉及节水改造工程的水权转换，其转换总费用应涵盖：（1）节水工程建设费用，包括灌溉渠系的防渗砌护工程、配套建筑物、末级渠系节水工程、量水设施、设备等新增费用；（2）节水工程的运行维护费，是指上述新增工程的岁修及日常维护费用；（3）节水工程的更新改造费用，是指当节水工程的设计使用期限短于水权转换期限时所必须增加的费用；（4）因不同用水保证率而带来的风险补偿；（5）必要的经济利益补偿和生态补偿等。

四　水权转换的程序

水权转换依照下列程序进行：

1、水权转换双方向自治区水行政主管部门提出书面申请，并提交出让方的取水许可证复印件、水权转换双方签订的意向性协议、《水权转换可行性研究报告》和《建设项目水资源论证报告书》等有关材料。其中，由黄河水利委员会审批取水许可的，自治区水行政主管部门受理水权转换申请后，提出初审意见并报送黄河水利委员会。

黄河水利委员会和自治区水行政主管部门应按照有关规定全面审查，并向社会公示，符合转换条件的，予以批复。

经审查批复后，水权转换双方应正式签订《水权转换协议书》，制定《水权转换实施方案》，报黄河水利委员会和自治区水行政主管部门备案，并办理取水许可相关手续。

2、水权转换涉及节水改造工程的，应严格按照国家基本建设程序的要求进行节水改造工程建设和管理。

节水改造工程竣工后，由黄河水利委员会会同自治区水行政主管部门等有关部门，根据施工、监理单位出具的工程竣工验收申请报告和监理报告，对节水改造工程进行现场验收，并核定是否满足节水目标要求。

验收合格后，水权转换双方方可到自治区水行政主管部门或黄河水利委员会办理取水许可申请相关手续。

3、水权转换出让方取水许可变更，受让方领到取水许可证后，水权转换生效。

五　组织实施与监督管理

黄河水利委员会、内蒙古自治区和宁夏回族自治区水行政主管部门要高度重视水权转换工作，加强领导，明确责任，及时总结水权转换工作的经验，正确引导水权转换工作，做好组织实施和监督管理，并逐步建立公众参与的机制。

黄河水利委员会要加强黄河取水总量控制，加强对内蒙古自治区和宁夏回族自治区水权转换工作的指导，严格审查《自治区水权转换总体规划》并监督实施；按照管理权限和程序，积极稳妥地推进水权转换工作。

内蒙古自治区和宁夏回族自治区要尽快明晰初始水权，编制《自治区水权转换总体规划》，并报黄河水利委员会审查；要加强项目审批和资金管理，确保水权转换资金的专款专用，并切实保障水权转换所涉及的农民利益；要成立水权转换工作领导小组和办事机构，负责当地水权转换工作的协调、管理，并及时协调处理在转换期内发生的涉及水权转换双方利益的问题。

黄河水利委员会、内蒙古自治区和宁夏回族自治区水行政主管部门可根据本指导意见，结合实际情况，制定水权转换实施办法和细则。

二○○四年五月十八日

黄河水权转换管理实施办法（试行）

（2004 年 6 月 29 日　水利部黄河水利委员会）

第一章　总则

第一条　为优化配置、高效利用黄河水资源，规范黄河水权转换行为，根据《中华人民共和国水法》、国务院《取水许可制度实施办法》和《水利部关于内蒙古宁夏黄河干流水权转换试点工作的指导意见》，结合黄河水资源开发利用、管理与调度实际，制定本办法。

第二条　本办法所称水权是指黄河取水权，所称水权转换是指黄河取水权的转换。

直接取用黄河干支流地表水和流域内地下水的取水人，依法向具有管辖权的黄河水利委员会（以下简称黄委）或地方各级人民政府水行政主管部门申请领取取水许可证，并缴纳水资源费，取得黄河取水权。

第三条　进行水权转换的省（自治区、直辖市）应制定初始水权分配方案和水权转换总体规划。

黄河水权转换应当在本省（自治区、直辖市）范围内进行。

第四条　水权转换出让方必须是依法获得黄河取水权并在一定期限内拥有节余水量或者通过工程节水措施拥有节余水量的取水人。

第五条　黄河水权转换应遵循以下原则：

（一）总量控制原则。黄河水权转换必须在国务院批准的正常年份黄河可供水量分配方案确定的水量指标内进行，凡无余留黄河水量指标的省（自治区、直辖市），新增引黄用水项目必须通过水权转换方式在分配给本省（自治区、直辖市）水量指标内获得黄河取水权；

（二）统一调度原则。实施黄河水权转换的有关省（自治区、直辖市）必须严格执行黄河水量调度指令，确保省（自治区）际断面下泄流量和水量符合水量调度要求。水权转换双方应严格按照批准的年度用水计划用水；

（三）水权明晰原则。水权转换应首先进行初始水权分配。省级人民政府水行政主管部门应会同同级发展计划主管部门，根据黄河可供水量分配方案和已审批的取水许可情况，结合本省（自治区、直辖市）国民经济与社会发展规划，将耗水指标分配到各市（地、盟）或以下行政区域，在征求黄委意见后，由省级人民政府批准。初始水权分配与已审批的取水许可不一致的，应通过水权转换实现初始水权的分配；

（四）可持续利用原则。黄河水权转换应有利于黄河水资源的合理配置、高效利用、有效保护和节水型社会的建设。受让水权的建设项目应符合国家产业政策，采用先进的节水措施和工艺；

（五）政府监管和市场调节相结合的原则。黄委和地方各级人民政府水行政主管部门应按照公开、公平、公正的原则加强黄河水权转换的监督管理，切实保障水权转换所涉及的第三方的合法权益，保护生态环境，充分发挥市场机制在资源配置中的作用，实行水权有偿转换，引导水资源向低耗水、低污染、高效益、高效率行业转移。

第二章　水权转换审批权限与程序

第六条　按照黄河取水许可审批权限由黄委审批发放取水许可证或所在省（自治区、直辖市）无余留水量指标的，水权转换由黄委审查批复。

其他水权转换由省级人民政府水行政主管部门审查批复，审查批复意见应在十五日内报黄委备案。

第七条　水权转换总体规划由省级人民政府水行政主管部门会同同级发展计划主管部门结合流域或区域水资源综合规划进行编制，报黄委审查。

第八条　黄河水权转换双方需联合向所在省级人民政府水行政主管部门提出水权转换申请，并附具以下材料：

（一）取水许可证复印件；

（二）水权转换双方签订的意向性水权转换协议；

（三）建设项目水资源论证报告书；

（四）黄河水权转换可行性研究报告；

（五）拥有初始水权的地方人民政府出具的水权转换承诺意见；

（六）其他与水权转换有关的文件或资料。

第九条　由黄委审查批复的水权转换，省级人民政府水行政主管部门在受理水权转换申请后，应进行初审。经初审同意的水权转换申请，省级人民政府水行政主管部门应将水权转换申请及书面初审意见报黄委。

第十条　黄委应对水权转换材料进行全面审核；出现下列情况之一的，不予受理：

（一）水权转换不符合所在省（自治区、直辖市）水权转换总体规划的；

（二）受让水权建设项目不符合国家产业政策的；

（三）提交材料存在虚假情况的；

（四）申请材料不齐全，并在二十个工作日内未完成补正的。

第十一条　黄委自接到省级人民政府水行政主管部门提交的水权转换申请及书面初审意见和有关材料（或补正材料）之日起四十五个工作日内完成审查，出具书面审查意见，符合条件的应予以批复。

报告书修改和现场勘察所需时间不计算在审查批复时限之内。

第十二条　建设项目水资源论证报告书的审查，按水利部、国家计委《建设项目水资源论证管理办法》和水利部《建设项目水资源论证报告书审查工作管理规定（试行）》执行。

黄河水权转换可行性研究报告按水权转换的审查批复权限由黄委或省级人民政府水行政主管部门组织审查。

建设项目水资源论证报告书和黄河水权转换可行性研究报告的审查意见是水权转换审查批复和办理取水许可（预）申请的技术依据。

第十三条　水权转换申请经批准后，转换双方需正式签订水权转换协议，制定水权转换实施方案。

水权转换协议应包括出让方和受让方名称、转换水量、期限、费用及支付方式、双方的权利与义务、违约责任、双方法人代表或主要负责人签名、双方签章及其他需要说明的事项。

第三章　技术文件的编制要求

第十四条　省（自治区、直辖市）水权转换总体规划应包括以下内容：

（一）本省（自治区、直辖市）引黄用水现状及用水合理性分析；

（二）规划期主要行业用水定额；

（三）本省（自治区、直辖市）引黄用水节水潜力及可转换的水量分析，可转换的水量应控制在本省（自治区、直辖市）引黄用水节水潜力范围之内；

（四）遵循黄河可供水量分配方案，现状引黄耗水量超过国务院分配指标的，应提出通过节水措施达到国务院分配指标的年限和逐年节水目标；

（五）经批准的初始水权分配方案；

（六）提出可转换水量的地区分布、受让水权建设项目的总体布局及分阶段实施安排意见；

（七）明确近期水权转换的受让方和出让方及相应的转换水量；

（八）水权转换的组织实施与监督管理。

第十五条　黄河水权转换可行性研究报告应包括以下内容：

（一）水权转换的必要性和可行性；

（二）受让方用水需求（含用水量、用水定额、水质要求和用水过程）及合理性分析；

（三）出让方现状用水量、用水定额、用水合理性及节水潜力分析；

（四）出让方为农业用水的，应提出灌区节水工程规划，分析节水量及可转换水量；出让方为工业用水的，应分析水平衡测试和工业用水重复利用率，提出节水减污技术改造措施和工艺，分析节水量及可转换水量；

（五）转换期限及转换费用；

（六）水权转换对第三方及周边水环境的影响与补偿措施；

（七）用水管理与用水监测；

（八）节水改造工程的建设与运行管理；

（九）有关协议及承诺文件。

第十六条　黄河水权转换可行性研究报告应由持有工程设计（水利行业）和水文水资源调查评价甲级或乙级资质证书的单位编制。

第十七条　建设项目水资源论证报告书按水利部、国家计委《建设项目水资源论证管理办法》和水利部《水文水资源调查评价资质和建设项目水资源论证资质管理办法（试行）》的要求进行编制。

第四章　水权转换期限与费用

第十八条　水权转换期限要兼顾水权转换双方的利益，综合考虑节水主体工程使用年限和受让方主体工程更新改造的年限，以及黄河水市场和水资源配置的变化，原则上水权转换期限不超过二十五年。

水权转换期满，受让方需继续取水的，应重新办理水权转换手续；受让方不再取水的，水权返还出让方，取水许可审批机关重新调整出让方取水许可水量。

第十九条 水权转换总费用包括水权转换成本和合理收益。

通过工程节水措施转换水权的，转换总费用应包括：

（一）节水工程建设费用，包括节水主体工程及配套工程、量水设施等新增费用；

（二）节水工程和量水设施的运行维护费用（岁修及日常维护费用）；

（三）节水工程的更新改造费用（当节水工程的设计使用期限短于水权转换期限时所必须增加的费用）；

（四）因提高供水保证率而增加耗水量的补偿；

（五）必要的经济利益补偿和生态补偿等。

第五章 组织实施与监督管理

第二十条 水权转换申请经审查批复后，省级人民政府水行政主管部门应组织水权转换双方正式签订水权转换协议，制定水权转换实施方案。

水权转换申请由黄委审查批复的，省级人民政府水行政主管部门应将水权转换协议和水权转换实施方案报黄委备案。

第二十一条 省级人民政府水行政主管部门负责水权转换节水工程的设计审查，组织或监督节水改造工程的招投标和建设，督促水权转换资金的到位，监督资金的使用情况。

节水工程的建设管理应严格执行国家基本建设程序，并先于受让方取水工程投入运用。

第二十二条 节水工程竣工后，由黄委会同省级人民政府水行政主管部门组织验收。

验收管理办法另行制定。

第二十三条 节水工程验收合格后，水权转换双方方可申请办理取水许可证或调整取水许可水量指标的手续，出让方变更取水许可证的许可水量，受让方领取取水许可证，水权转换方可生效。

在水权转换有效期内，受让方不得擅自改变取水标的。

第二十四条　黄委和省级人民政府水行政主管部门应对黄河水权转换项目的实施情况进行监督检查。

第二十五条　水权转换正式生效后，水权转换双方的用水管理按照水利部《取水许可监督管理办法》和国家计委、水利部《黄河水量调度管理办法》的有关规定执行。

第六章　罚则

第二十六条　出现下列情况之一的，黄委可暂停或取消该水权转换申请项目：

（一）节水工程未通过验收或节水工程未投入使用而受让方擅自取水的；

（二）水权转换申请获得批准后未签订水权转换协议或两年内水权转换节水工程未开工建设的。

第二十七条　对于已经生效的水权转换，水权转换双方违反取水许可管理的规定，按照国务院《取水许可制度实施办法》和水利部《取水许可监督管理办法》的规定，给予警告、罚款直至吊销取水许可证的处罚。

第二十八条　因不执行调度指令或监督管理不善，造成所辖黄河干流河段出现断流的，五年内暂停有关省（自治区）水权转换申请的受理和审批工作。

第二十九条　出现下列情形之一的，一年内暂停有关省（自治区、直辖市）黄河水权转换项目的受理和审批工作：

（一）省（自治区、直辖市）实际引黄耗水量连续两年超过年度分水指标或未达到同期规划节水目标的；

（二）不严格执行黄河水量调度指令，省（自治区）入境断面流量达到调度控制指标，而出境断面下泄流量连续十天比控制指标小 10% 及其以上的。

第三十条　越权审批或未经批准擅自进行黄河水权转换的，该水权转换项目无效，在年度用水计划中不予分配用水指标，并在一年内暂停有关省

（自治区、直辖市）黄河水权转换项目的受理和审批工作。

第七章 附则

第三十一条 本办法由黄委负责解释。

第三十二条 本办法自印发之日起施行。

关于印发水权制度建设框架的通知

（2005 年 1 月 11 日，水利部文件水政法〔2005〕12 号）

各流域机构，各省、自治区、直辖市水利（水务）厅（局），各计划单列市水利（水务）局，新疆生产建设兵团水利局：

坚持科学发展观，建立健全水权制度，对于加强水资源管理，促进水资源的可持续利用具有重要作用。水权制度是现代水管理的基本制度，涉及水资源管理和开发利用的方方面面，内容广泛。为理清水权制度的基本，提高对水权制度的认识，推进水权制度建设，我部编制了《水权制度建设框架》。《水权制度建设框架》是开展水权制度建设的指导性文件。各级水利部门要充分认识水权制度建设的重要性，结合实际，有重点、有步骤、有计划地开展相关制度建设，逐步建立符合我国国情的水权制度体系。

附件：

水权制度建设框架

水是人类生存的生命线，是经济发展和社会进步的生命线，是可持续发展的重要物质基础。我国人均水资源占有量低，时空分布不均匀，是水旱灾害十分频繁的国家。随着经济社会的快速发展、人口增加、城镇化进程加快，水资源供需矛盾日益加剧，水资源与经济社会可持续发展的要求越来越迫切。水资源可持续利用是我国经济社会发展的战略问题，加强水资源管理，推进水资源的合理开发，提高水资源的利用效率和效益，实现水资源的可持续利用，支撑经济社会的可持续发展是当代水利工作的重要任务。

实现水资源的可持续利用，关键要抓好水资源的配置、节约和保护。在市场经济条件下，建立行政管理与市场机制相结合的水权制度，是优化水资源配置，加强节约和保护的重要措施。

水权制度是现代水管理的基本制度，涉及水资源管理和开发利用的方方面面，内容广泛。在现有的法律法规中，已有许多规定涉及水权制度，其中部分规定需要在新的历史条件下进行调整，而水权制度体系中更多的内容尚待作明确规定。为理清水权制度的基本内容，提高对水权制度的认识，推进水权制度建设，现对水权制度建设提出如下意见。

一 水权制度建设的指导思想和基本原则

（一）指导思想

以党的十六大精神为指导，贯彻落实可持续发展战略、依法治国方略、水法规和中央治水方针，根据水资源的特点和市场经济的要求，优化水资源配置、提高水资源的利用效率和效益、保护用水者权益，建立健全我国的水权制度体系，为实现水资源的可持续利用、以水资源的可持续利用支持经济社会可持续发展服务。

（二）基本原则

1. 可持续利用原则

建立健全水权制度，必须坚持有利于水资源可持续利用的原则。要将水量和水质统一纳入到水权的规范之中，同时还要考虑代际间水资源分配的平衡和生态要求。水权是涉水权利和义务的统一，要以水资源承载力和水环境承载力作为水权配置的约束条件，利用流转机制促进水资源的优化配置和高效利用，加大政府对水资源管理和水环境保护的责任。

2. 统一管理、监督的原则

建立健全水权制度，必须贯彻水资源统一管理、监督的原则。实施科学的水权管理的前提是水资源统一管理。水资源统一管理必须坚持流域管理与行政区域管理相结合、水量与水质管理相结合、水资源管理与水资源开发利用工作相分离的原则。

3. 优化配置原则

建立健全水权制度，必须坚持水资源优化配置的原则。要按照总量控制和定额管理双控制的要求配置水资源。根据区域行业定额、人口经济布局和发展规划、生态环境状况及发展目标预定区域用水总量，在以流域为单元对水资源可配置量和水环境状况进行综合平衡后，最终确定区域用水总量。区域根据区域总量控制的要求按照用水次序和行业用水定额通过取水许可制度的实施对取用水户进行水权的分配。各地在进行水权分配时要留有余地，考虑救灾、医疗、公共安全以及其他突发事件的用水要求和地区经济社会发展的潜在要求。国家可根据经济社会发展要求对区域用水总量进行宏观调配，区域也要根据技术经济发展状况和当地可利用水量，及时调整行业用水定额。国家还要建立水权流转制度，促进水资源的优化配置。

4. 权、责、义统一的原则

建立健全水权制度，必须清晰界定政府的权力和责任以及用水户的权利和义务，并做到统一。权利和义务的统一是国家通过水权配置，实现用水权利社会化成功与否的前提，也是水权流转成功与否的前提。

5. 公平与效率的原则

建立健全水权制度，公平和效率既是出发点，也是归属。在水权配置过程中，充分考虑不同地区、不同人群生存和发展的平等用水权，并充分考虑经济社会和生态环境的用水需求。合理确定行业用水定额、确定用水优先次序、确定紧急状态下的用水保障措施和保障次序。与水资源有偿使用制度相衔接，水权必须有偿获得，并通过流转，优化水资源配置，提高水资源的效用。

6. 政府调控与市场机制相结合的原则

建立健全水权制度，既要保证政府调控作用，防止市场失效，又要发挥市场机制的作用，提高配置效率。

二　水权制度建设框架

水权制度是界定、配置、调整、保护和行使水权，明确政府之间、政府和用水户之间以及用水户之间的权、责、利关系的规则，是从法制、体制、机制等方面对水权进行规范和保障的一系列制度的总称。

水权制度体系由水资源所有权制度、水资源使用权制度、水权流转制度三部分内容组成。

（一）水资源所有权制度

水法明确规定"水资源属于国家所有。水资源的所有权由国务院代表国家行使。"国务院是水资源所有权的代表，代表国家对水资源行使占有、使用、收益和处分的权利。推行水资源宏观布局、省际水量分配、跨流域调水以及水污染防治等多方面工作，都涉及到省际之间的利益分配，必须强化国家对水资源的宏观管理。地方各级人民政府水行政主管部门依法负责本行政区域内水资源的统一管理和监督，并服从国家对水资源的统一规划、统一管理和统一调配的宏观管理。国家对水资源进行区域分配，是在国家宏观管理的前提下依法赋予地方各级人民政府水行政主管部门对特定额度水资源和水域进行配置、管理和保护的行政权力和行政责任，而不是国家对水资源所有权的分割。

水资源所有权制度建设必须坚持国家对水资源实行宏观调控的原则，突出国家的管理职责。主要内容包括如下几个方面。

1. 水资源统一管理制度

明确国家对水资源实行统一管理的内涵。制定国家对水资源实行总量控制和定额管理的管理办法。

2. 全国水资源规划制度

水资源规划是水资源配置、保护、管理和开发利用的基础。编制全国水资源开发利用近期和中长期规划，流域综合规划和水资源规划、水中长期供求规划、水资源配置方案、水功能区划、河流水量分配方案、旱情紧急情况下的水量调度预案等，建立编制水资源配置方案和河流水量分配方案的管理制度。

3. 流域水资源分配的协商机制

包括中央政府调控，流域内各省（直辖市、自治区）政府参加的协商制度。

4. 区域用水矛盾的协调仲裁机制

5. 水资源价值核算制度

包括对水资源的经济、环境和生态价值进行评估的制度，对水资源的调查评价，对水资源可利用量估算，对水资源演变情势分析等制度。

6. 跨流域调水项目的论证和管理制度

7. 水资源管理体制

规范水资源的国家宏观管理体制、流域管理体制和区域水管理体制，规范水资源配置统一决策、监管的体制和机制。

（二）水资源使用权制度

根据水法的有关规定，建立水权分配机制、对各类水使用权分配的规范以及水量分配方案。根据水法对用水实行总量控制和定额管理相结合的制度规定，确定各类用水户的合理用水量，为分配水权奠定基础。水权分配首先要遵循优先原则，保障人的基本生活用水，优先权的确定要根据社会、经济发展和水情变化而有所变化，同时在不同地区要根据当地特殊需要，确定优先次序。

要做到科学、合理分配水权，必须建立两套指标，即水资源的宏观控制指标和微观定额体系。根据全国、各流域和各行政区域的水资源量和可利用量确定控制指标，通过定额核定区域用水总量，在综合平衡的基础上，制定水资源宏观控制指标，对各省级区域进行水量分配。各行政区域再按管理权限向下一级行政区域分配水量。根据水权理论和经济发展制定分行业、分地区的万元国内生产总值用水定额指标体系，以逐步接近国际平均水平为总目标，加强管理，完善法制，建设节水防污型社会。通过建立微观定额体系，制定出各行政区域的行业生产用水和生活用水定额，并以各行各业的用水定额为主要依据核算用水总量，在充分考虑区域水资源量以及区域经济发展和生态环境情况的基础上，科学地进行水量分配。

水资源使用权制度主要包括以下内容。

1. 水权分配

（1）建立流域水资源分配机制，制定分配原则，明确分配的条件、机制和程序。重点工作是研究区域水资源额度的界定，包括水资源量的配置额度和水环境容量的配置额度。

（2）建立用水总量宏观控制指标体系。对各省级区域进行水量分配，进而再向下一级行政区域分配水量，流域机构和区域负责向用水户配置水资源。区域配置的水资源总量不超过区域宏观控制指标，流域内各区域配置的水资源总量不超过流域可配置总量。

（3）建立用水定额指标体系。合理确定各类用水户的用水量，为向社会用水户分配水权奠定基础。制定各行政区域的行业生产用水和生活用水定额，并以各行各业的用水定额为主要依据核算用水总量，依据宏观控制指标，科学地进行水量分配。

（4）建立水权的登记及管理制度。对用水户的初始水权进行登记和确认，保证初始水权的基本稳定，并对初始水权的调整、流转和终止进行规范。

（5）制定水权分配的协商制度。建立利益相关者利益表达如听证等机制，实现政府调控和用水户参与相结合的水权分配的协商制度。

（6）建立对各类水使用权分配的规范。建立和完善水能、水温、水体、水面及水运使用权的配置制度，建立健全相关监管制度，规范利用市场机制进行配置的行为。

（7）完善大型用水户和公共取水权的配水机制。建立配水方案制定、调整以及相关用水户参与的相关制度。

（8）建立公共事业用水管理制度，保障救灾、医疗、公共安全以及涉及卫生、生态、环境等突发事件的公共用水。

（9）建立生态用水管理制度，强化生态用水的管理，充分考虑生态环境用水的需求。

（10）制定干旱期动态配水管理制度、紧急状态用水调度制度。规定特殊条件下水量分配办法，对特殊条件和年份（如干旱年）各类用水水量进行调整和分配。

2. 取水管理

（1）修订《取水许可制度实施办法》。

（2）制定取水许可监督管理办法。对取得取水许可的单位和个人进行监督管理，包括对水的使用目的、水质等方面的监督管理。

（3）制定国际边界河流和国际跨界河流取水许可管理办法。对于向国际边界河流和国际跨界河流申请取水的行为进行许可管理，包括取水限额、取水河段、水质要求等。

（4）制定取水权终止管理规定，明确规定取水权的使用期限和终止时间。

（5）建立健全水资源有偿使用制度，尽快出台全国水资源费征收管理法规。为了进一步规范水资源费的征收和管理，应制定出台全国性的水资源费征收管理的法规，各地据此修订地方水资源费的征收和管理实施办法。

3. 水资源和水环境保护

建立水权制度的核心之一是提高用水效率和效益、有效保护水资源。应尽快完善水资源节约和保护制度，建设节水防污型社会。

（1）制定全国节约用水管理法律法规，建立节水型社会指标体系。

（2）保护水环境，加强提高水环境承载能力的制度建设。完善环境影响评价制度、水功能区划管理及保护制度，建立并实施生态用水和河道基流保障制度以及区域水环境容量分配制度。

（3）完善控制排污的制度。依据有关法律法规，建立和完善排污浓度控制与总量控制相结合的制度、边界断面水质监测制度、入河排污口管理制度、污染事件责任追究制度、污染限期治理制度、排污行为现场检查制度以及其他各项排污管理制度。

（4）完善地下水管理及保护制度。为保护地下水资源，要充分考虑代际公平原则，不能破坏地下水平衡。要完善地下水水位和水质监测、开采总量控制、限采区和禁采区的划定及管理、超采区地下水回补等方面的制度。

4. 权利保护

根据国家有关物权的法律法规，规范政府和用户、用户和用户间的关系，维护国家权益，保护水权拥有者权利。

（三）水权流转制度

水权流转即水资源使用权的流转，目前主要为取水权的流转。水权流转不是目的，而是利用市场机制对水资源优化配置的经济手段，由于与市场行为有关，它的实施必须有配套的政策法规予以保障。水权流转制度包括水权转让资格审定、水权转让的程序及审批、水权转让的公告制度、水权转让的利益补偿机制以及水市场的监管制度等。影响范围和程度较小的商品水交易更多地由市场主体自主安排，政府进行市场秩序的监管。

1. 水权转让方面

（1）制定水权转让管理办法。对水权转让的条件、审批程序、权益和责任转移以及对水权转让与其他市场行为关系的规定，包括不同类别水权的范围、转让条件和程序、内容、方式、期限、水权计量方法、水权交易规则和交易价格、审批部门等方面的规定。

（2）规范水权转让合同文本。统一水权转让合同文本格式和内容。

（3）建立水权转让协商制度。水权转让是水权持有者之间的一种市场行为，需要建立政府主导下的民主协商机制。政府是水权转让的监管者。

（4）建立水权转让第三方利益补偿制度。明确水权转让对周边地区、其他用水户及环境等造成的影响进行评估、补偿的办法。

（5）实行水权转让公告制度。水权转让主体对自己拥有的多余水权进行公告，有利于水权转让的公开、公平和效率的提高，公告制度要规定公告的时间、水量水质、期限、公告方式、转让条件等内容。

2. 水市场建设方面

水市场是通过市场交换取得水权的机制或场所。水市场的建立需要有法律法规的保障。在我国，水市场还是新生事物，需要进一步发展和培育。水市场的发展需要相应的法律、法规和政策的支持、约束和规范。

（1）国家出台水市场建设指导意见。明确水市场建设、运行和管理的机构，建立水市场运行规则和相关管理、仲裁机制以及包括价格监管等交易行为监管机制。

（2）探索水银行机制。借鉴国外经验，用银行机制对水权进行市场化配置。探索建立水银行，制定水银行试行办法，通过水银行调蓄、流转水权。

水权制度建设框架深化水务管理体制改革指导意见

（2005 年 2 月 4 日水利部水资源司〔2005〕49 号）

近年来，在中央十五届五中全会关于"改革水的管理体制"精神指引下，地方各级人民政府为适应经济社会发展需要，缓解城乡供水紧张状况，贯彻科学发展观和中央水利工作方针，落实《水法》有关规定，推进以区域涉水行政事务统一管理为标志的水管理体制改革。目前，全国 30 个省、自治区、直辖市组建水务局或由水利局承担水务统一管理职能的县级以上行政区已达 1251 个，占全国县级以上行政区总数的 53%，其中，北京市、上海市、黑龙江省、海南省已实现了辖区内的水务统一管理。实现水务统一管理的地区，在统一调配地表与地下、城市与农村、区内与区外水资源，统一编制涉水规划，提高城乡防洪安全、供水安全、生态安全等方面，取得了明显成效。但也存在着观念转变不够；关系尚未真正理顺；各地改革不同步，上下级管理职能不对口；现有法规滞后于水务管理实践；水务投资和项目融资渠道不畅；水务产业化与市场化发育缓慢；队伍建设不适应形势发展要求等问题。为进一步推进和深化水务管理体制改革，高度重视和认真解决改革进程中遇到的各种问题，加强对这项工作的指导，在调查研究和总结各地实践经验的基础上，水利部提出本指导意见，供各地参照执行。各地应在本意见指导下，从当地实际出发，积极探索，勇于实践，进一步推进和深化水务管理体制改革。

一 进一步提高对水务统一管理必要性的认识

水务统一管理是贯彻科学发展观和中央治水方针，保证城乡供水安全和全面建设小康社会的迫切需要。水务统一管理是贯彻科学发展观的具体体现，是统筹城乡发展、统筹区域发展、统筹经济社会发展的重要措施，是贯彻中央治水方针的实际行动，是水利部党组治水新思路的成功实践，是确保城乡供水安全和全面建设小康社会的迫切需要。

水务统一管理是水资源开发利用规律的客观要求，符合水资源的自然属性和经济属性。流域性和循环可再生性是水资源区别于其他资源的重要属性，水资源始终处在降水——径流——蒸发的水文循环之中，要求对水资源的利用形成取水——供水——用水——排水——处理回用的系统循环，对区域涉水事务进行统一管理。城乡分割、部门分割的水管理体制是计划经济的产物，造成涉水规划难协调，水源工程和供水、节水设施建设难同步，水源配置和供水调度难统一，污水处理与再生水回用难一致，不能适应生产力发展对水务生产关系的要求。只有实行水务统一管理才能有效解决水资源开发利用中存在的矛盾。

水务统一管理是优化配置水资源，提高水资源利用效率的体制保证。《水法》明确规定各级水行政主管部门负责行政区域内的水资源统一管理和监督工作。水资源管理是对水资源量、质、温、能的全要素管理，对水资源治理、开发、利用、配置、节约、保护的全方位管理，对水资源供给、使用、排放的全过程管理，因此在水资源统一管理基础上的水务统一管理是水资源优化配置、高效利用和科学保护的体制保证。

水务统一管理是水务行业适应城市化和工业化快速发展的必然结果。改革开放以来，我国经济社会快速发展，城市化率稳步提高，城市水资源供需矛盾日益突出。而城市化地区水资源总量少、利用效率低，用水集中、排污量大、处理不足，水安全保证程度不高，只有对涉水行政事务进行统一管理才能从根本上解决以城市为重点的水问题。

二　进一步深化水务管理体制改革工作

水务管理就是在水资源统一管理的前提下，对涉水行政事务统一管理。要对城乡水资源进行统一管理，对辖区范围内防洪、水源、供水、用水、节水、排水、污水处理与回用以及农田水利、水土保持乃至农村水电等涉水行政事务的统一管理。水务管理体制的核心是在行政区域水资源统一管理的前提下实现涉水行政事务统一管理，推动一体化的水服务体系建设。水务管理的目标是：通过涉水行政事务的管理体制改革，整合涉水行政职能，提高水行政的社会管理能力和公共服务水平，实现水资源的优化配置、高效利用和科学保护。逐步建立政企分开、政事分开、责权明晰、运转协调的水务管理体制；建立政府主导、社会筹资、市场运作、企业开发的水务运行机制；建立发挥体制优势、强化行业管理的水务政策法规体系。

水务管理不仅是管理职能和服务范围的转变，更重要的是治水思路和水利发展战略的重大转变，要适应这种转变，就要转变观念，明确目标，在思路、管理、服务、投资、建设、运营几个方面实现观念创新、机制创新和体制创新。在建立水务管理体制的过程中，还要注意把握职能调整与管理的关系，行业管理与行业隶属的关系，管理形式与内容的关系，量质并重。做好水务管理工作，要逐步实现以下几方面的转变：

一是工作领域从农村水利向城乡一体化水务转变。以建设节水防污型社会为目标，对城乡水资源全面规划、统筹兼顾，优化配置，农村供水与城市供水相统筹，城市防洪工程与城市建设相协调，实行城乡防洪、供水、排水、污水处理、再生水回用、地下水回灌统一调度。

二是管理方式从直接管理向间接管理转变。实现从管水务企业到管水务资产的转变；实现从静态管理到动态管理的转变；实现从实物形态管理到价值形态管理的转变；实现从前置性审批管理向全过程监督管理的转变；实现从管理领导班子向委派产权代表的转变。

三是运行机制从单纯的政府建设管理向政府主导、社会筹资、市场运行、企业开发转变。必须充分发挥市场机制在水务工程建设与运营中的作用，改革水务投融资体制与运行机制，推进水务产业化与市场化进程，构建水务良性运行机制。

四是人才结构从注重工程技术人才向技术、管理、经营人才并重转变。要通过引进人才、加强培训、扩展知识结构等方式建设一支懂技术、会管理、善经营的水务人才队伍，为水务改革与发展提供人力资源保障。

三　依靠地方人民政府，开创水务工作新局面

一是建立健全政企分开、政事分开的现代水务管理体制。水务管理的政府职能要突出水务的社会管理和公共服务职能。具体职能为统一制定水务管理法律法规与技术经济政策；统一编制水务各项规划，完善水务规划体系，形成民主科学的决策机制；审核水务建设年度计划；制定并监督执行城市供水应急预案；负责城乡防洪、除涝、城市河道整治；负责城乡水生态、水环境建设与管理；负责城乡水土流失治理；负责水力资源的开发利用和水电设施的建设与管理；负责水务企业经营资质的审核认证以及特许经营权的发放和收回，规范水务企业的经营行为，保障公众用水的合法权益和各种投资主体的合法权益；制定市场准入规则，加强市场监管；监测供排水水量、水质、水压等主要指标，监督水务企业服务质量；建立水务公益性工程稳定的投融资渠道和市场运营模式；负责水源和供水、排水系统的统一调度；监督水务国有资产的保值增值，对水务系统公益型和经营型资产采用不同的监管方式，突出对公益型水务资产的监管；建立科学的成本评估体系，协助价格主管部门制定供水、排水等价格政策。

二是协调各部门关系，形成统一管理、团结治水的水务工作格局。水务管理是一种全新的管理体制，是水行政管理职能的重大变革，是涉水事务职能的重组，要按照"统一管理，团结治水"的要求，加强与有关部门的协

作，取得他们的支持，协调处理好各方面的关系，共同做好水务工作。供排水工程及管网、城市防洪工程、水土保持与水环境工程等水务设施是城市基础设施的重要组成部分，其建设规划应依法纳入城市总体规划；城市供水管网施工改造离不开建设主管部门的支持；污水处理厂的布局和建设、水功能区管理、水力资源开发与水污染防治、生态环境保护工作密切相关，也要协调好与环境保护主管部门的关系。

三是健全地方性水务管理法规体系。要充分发挥水务统一管理的体制优势，严格执行《行政许可法》《水法》《防洪法》《水土保持法》《取水许可制度实施办法》《水利产业政策》等法律法规，建立对城市供水、用水、排水的监督机制，采用取水许可、计划用水等行政措施，从源头上加强城市用水的监管。要针对执法和行政管理中存在的突出问题，密切结合当地实际，清理与水务管理体制不相适应的地方性水务管理办法，按照水务统一管理的要求，明确执法主体，逐步建立健全发挥水务管理优势、强化水务行业管理的《城市供排水管理办法》《城市污水处理及回用管理办法》《城市饮用水水源地保护办法》《城市计划用水与节约用水管理办法》等地方性水务管理法规。在完善地方性水务管理法规体系的同时，要加强执法监督和工作指导，全面贯彻落实现有法律、法规，及时研究解决工作中出现的新情况、新问题。

四　依靠地方人民政府，推进水务产业化与市场化进程

在国家政策指导下，积极推进水务产业化与市场化进程，逐步建立政府主导、社会筹资、市场运作、企业开发的水务运行机制。

一是建立多元化、多渠道、多层次的水务投融资机制。要区分公益性项目与经营性项目，确定不同的投资机制与运营模式。对于农村水利、城市防洪、城市供排水管网和水源保护等公益性工程，政府应该承担起建设、运行、维护以及更新改造的责任，主要目标是建立稳定的财政投资来源和市场化的运营模式，加大政府财政投资力度，要把国家政策规定的城市基础设施建设维护费中用于城市防洪及供排水设施与管网改造部分的投资用足用好，还要研究支持公益性水务工程建设的相关政策措施，同时也要按照事权划分原则，形成多级投入机制。对于城市供水等经营性项目，

资金来源应该市场化，利用特许经营、投资补助、招标拍卖等多种方式，吸收社会资本参与开发，走市场化开发、社会化投资、企业化管理、产业化发展的道路。

二是在推进水务市场化的同时，加强政府对水务市场的监管。政府对水务市场的监管是水务市场化的重要组成部分，要通过水务规划体系、技术标准和定额体系、相关行政法规对水市场进行监管。监管的主要内容是水务服务质量、服务价格、运行安全和国有资产的保值和增值。

三是改革水价形成机制，依靠科技进步推进水务产业化、市场化进程。根据国务院办公厅《关于推进水价改革促进节约用水保护水资源的通知》精神，综合考虑水务企业生产成本、居民承受能力和物价指数，建立合理的供水水价形成机制和水价调整机制，对居民用水实行阶梯式计量水价，对非居民用水实行计划用水和定额管理，以及超计划、超定额加价方法，促进节约用水。加大污水处理费的征收管理力度，尽快实现所有城市开征污水处理费；已经开征污水处理费的城市，要把污水处理费的征收标准尽快提高到保本微利的水平。在继续推进供水行业市场化与产业化发展的同时，积极引进、开发污水处理等先进技术与装备，合理确定和调整回用水价格，加快培育污水处理与再生水回用市场。

四是构建有利于水务行业市场化改革的宏观政策环境和配套改革措施。要确立规范的水务市场准入与退出规则；建立完善特许经营管理办法；建立健全水价调整与听证程序、产品与服务价格审核程序；建立政策性损害的利益补偿机制；实行内外资进入水务行业的国民待遇和政策；统筹考虑职工安置与国有资产保值增值。推进水务产业化与市场化，要充分考虑不同地区的发展差距，政策要适度向中西部欠发达地区和东北老工业基地倾斜，因地制宜，分类指导。

五是整合水务产业结构，培育跨区域的大型水务集团。应利用投资主体的多元化改革，以市场为主导，以资本结构的调整拉动产业整合。鼓励有扩展实力、具有一定规模的水务企业，通过并购、整体收购、交叉持股等多种形式，培育跨区域的大型水务集团，在竞争中做大做强。

六是推进水务行业产权制度改革。随着水利工程管理体制改革的深入和水务企业改制的全面展开，要加大水务企业产权制度改革的步伐，建立

"产权清晰，权责明确，政企分开，管理科学"的现代企业制度，使水务企业真正成为法人主体和市场竞争主体。

五 全面规划，突出重点，扎扎实实做好水务工作

各地要根据全国统一部署，在水资源综合规划工作基础上，加强城市水资源规划等专项规划工作，编制城市供水规划、城市防洪规划、城市排水规划、城市水生态建设规划等专业规划，形成完整的水务规划体系，纳入城市总体规划。要结合规划的开展，梳理水务工作中存在的突出问题，根据水务工作的特点，综合考虑水安全、水资源、水生态、水景观、水文化、水经济，以保障防洪安全、供水安全、生态安全和建设节水防污型社会为重点，加强城市防洪、供水设施建设，加强水资源监测、加大水源保护力度，强化全社会节水和治污，扎实做好水务工作。

一是以城市防洪工程建设为重点，切实提高城市防洪保安能力。在工程建设中，进一步完善规划，使防洪、排涝、调水等功能得以完善配套，保证整体效益得以发挥，全面提高城市的防洪保安能力。

二是以保证城乡供水安全为重点，提高用水保证率。本着"优水优用"的原则，按照"先地表水、后地下水"的用水秩序，合理配置地表水、地下水。利用现有水工程体系，实施多水源联合调度，保证城乡供水水量和水质；广开水源渠道，大力发展区域供水、联网供水。

三是以维护河流健康生命为重点，不断改善城乡水环境。通过高水平的规划和高标准的建设，真正把城市水利建设成为清水绿带、环境优美、风景怡人的现代化工程设施，促进人与自然和谐。

四是以加强城乡供水水源保护为重点，切实加强对重要水域的保护。加快截污导流工程建设，强化污水排放管理，对城市供水水源地要设立保护区，保证供水保证率和水质总达标率在95%以上。重要城市要建立供水应急预案，从水量、水质上确保城市的供水安全。按照水功能区划要求，切实加强水功能区的监督管理，核定水域纳污能力，提出限制排污总量的意见。

五是加强培训，优化结构，建立高素质的水务干部职工队伍。切实加强水务队伍建设，努力提高水务队伍整体素质，强化服务意识，提高服务质量和水平。水务局领导班子中必须配备熟悉水务管理或供排水业务的同志，使

领导班子结构更合理。原来从事农村水利工作的同志，要主动学习城市水利和经营管理知识，尽快熟悉城市工作；原来从事城市供排水工作的同志，也要努力学习水利知识。各级水利系统要对水务干部队伍建设和人才培养给予高度重视，采用集中培训、学习考察、境外培训、技术交流、挂职锻炼等多种形式，加强培训，加快干部队伍建设和机构能力建设。将水务干部队伍建设与依法行政紧密结合起来，严格水行政执法，坚持依法治水，培养一支既懂业务、又懂政策法规的干部队伍，做到文明执法、规范执法，提高水务行业在人民群众中的地位。

希望各地在水务管理体制改革中，加强学习和调查研究，及时总结经验，研究新情况，解决新问题，进一步深化水务管理体制改革。

水利部关于水权转让的若干意见

（水政法〔2005〕11 号）

各流域机构，各省、自治区、直辖市水利（水务）厅（局），各计划单列市水利（水务）局，新疆生产建设兵团水利局：

健全水权转让（指水资源使用权转让，下同）的政策法规，促进水资源的高效利用和优化配置是落实科学发展观，实现水资源可持续利用的重要环节。在中央水利工作方针和新时期治水思路的指导下，近几年来，一些地区陆续开展了水权转让的实践，推动了水资源使用权的合理流转，促进了水资源的优化配置、高效利用、节约和保护。为进一步推进水权制度建设，规范水权转让行为，现对水权转让提出如下意见。

一　积极推进水权转让

1. 水是基础性的自然资源和战略性的经济资源，是人类生存的生命线，也是经济社会可持续发展的重要物质基础。水旱灾害频发、水土流失严重、水污染加剧、水资源短缺已成为制约我国经济社会发展的重要因素。解决我国水资源短缺的矛盾，最根本的办法是建立节水防污型社会，实现水资源优化配置，提高水资源的利用效率和效益。

2. 充分发挥市场机制对资源配置的基础性作用，促进水资源的合理配置。各地要大胆探索，勇于创新，积极开展水权转让实践，为建立完善的水权制度创造更多的经验。

二　水权转让的基本原则

3. 水资源可持续利用的原则。水权转让既要尊重水的自然属性和客观规律，又要尊重水的商品属性和价值规律，适应经济社会发展对水的需求，统筹兼顾生活、生产、生态用水，以流域为单元，全面协调地表水、地下水、上下游、左右岸、干支流、水量与水质、开发利用和节约保护的关系，充分发挥水资源的综合功能，实现水资源的可持续利用。

4. 政府调控和市场机制相结合的原则。水资源属国家所有，水资源所有权由国务院代表国家行使，国家对水资源实行统一管理和宏观调控，各级政府及其水行政主管部门依法对水资源实行管理。充分发挥市场在水资源配置中的作用，建立政府调控和市场调节相结合的水资源配置机制。

5. 公平和效率相结合的原则。在确保粮食安全、稳定农业发展的前提下，为适应国家经济布局和产业结构调整的要求，推动水资源向低污染、高效率产业转移。水权转让必须首先满足城乡居民生活用水，充分考虑生态系统的基本用水，水权由农业向其他行业转让必须保障农业用水的基本要求。水权转让要有利于建立节水防污型社会，防止片面追求经济利益。

6. 产权明晰的原则。水权转让以明晰水资源使用权为前提，所转让的水权必须依法取得。水权转让是权利和义务的转移，受让方在取得权利的同时，必须承担相应义务。

7. 公平、公正、公开的原则。要尊重水权转让双方的意愿，以自愿为前提进行民主协商，充分考虑各方利益，并及时向社会公开水权转让的相关事项。

8. 有偿转让和合理补偿的原则。水权转让双方主体平等，应遵循市场交易的基本准则，合理确定双方的经济利益。因转让对第三方造成损失或影响的必须给予合理的经济补偿。

三　水权转让的限制范围

9. 取用水总量超过本流域或本行政区域水资源可利用量的，除国家有特殊规定的，不得向本流域或本行政区域以外的用水户转让。

10. 在地下水限采区的地下水取水户不得将水权转让。

11. 为生态环境分配的水权不得转让。

12. 对公共利益、生态环境或第三者利益可能造成重大影响的不得转让。

13. 不得向国家限制发展的产业用水户转让。

四　水权转让的转让费

14. 运用市场机制，合理确定水权转让费是进行水权转让的基础。水权转让费应在水行政主管部门或流域管理机构引导下，各方平等协商确定。

15. 水权转让费是指所转让水权的价格和相关补偿。水权转让费的确定应考虑相关工程的建设、更新改造和运行维护，提高供水保障率的成本补偿，生态环境和第三方利益的补偿，转让年限，供水工程水价以及相关费用等多种因素，其最低限额不低于对占用的等量水源和相关工程设施进行等效替代的费用。水权转让费由受让方承担。

五　水权转让的年限

16. 水行政主管部门或流域管理机构要根据水资源管理和配置的要求，综合考虑与水权转让相关的水工程使用年限和需水项目的使用年限，兼顾供求双方利益，对水权转让的年限提出要求，并依据取水许可管理的有关规定，进行审查复核。

六　水权转让的监督管理

17. 水行政主管部门或流域管理机构应对水权转让进行引导、服务、管理和监督，积极向社会提供信息，组织进行可行性研究和相关论证，对转让双方达成的协议及时向社会公示。对涉及公共利益、生态环境或第三方利益的，水行政主管部门或流域管理机构应当向社会公告并举行听证。对有多个受让申请的转让，水行政主管部门或流域管理机构可组织招标、拍卖等形式。

18. 灌区的基层组织、农民用水户协会和农民用水户间的水交易，在征得上一级管理组织同意后，可简化程序实施。

七　积极探索，逐步完善水权转让制度

19. 各级水行政主管部门和流域管理机构要认真研究当地经济社会发展要求和水资源开发利用状况，制订水资源规划，确定水资源承载能力和水环境承载能力，按照总量控制和定额管理的要求，加强取水许可管理，切实推进水资源优化配置、高效利用。

20. 鼓励探索，积极稳妥地推进水权转让。水权转让涉及法律、经济、社会、环境、水利等多学科领域，各地应积极组织多学科攻关，解决理论问题。要积极开展试点工作，认真总结水权转让的经验，加快建立完善的水权转让制度。

21. 健全水权转让的政策法规，加强对水权转让的引导、服务和监督管理，注意协调好各方面的利益关系，尤其注重保护好公共利益和涉及水权转让的第三方利益，注重保护好水生态和水环境，推动水权制度建设健康有序地发展。

二〇〇五年一月十一日

取水许可和水资源费征收管理条例

2006 - 02 - 21

法规名称：取水许可和水资源费征收管理条例

法规类别：行政法规

制定机关：国务院

颁布日期：2006. 01. 24

实施日期：2006. 04. 15

修改日期：

法规内容：

取水许可和水资源费征收管理条例

第一章　总　　则

第一条　为加强水资源管理和保护，促进水资源的节约与合理开发利

用，根据《中华人民共和国水法》，制定本条例。

第二条 本条例所称取水，是指利用取水工程或者设施直接从江河、湖泊或者地下取用水资源。

取用水资源的单位和个人，除本条例第四条规定的情形外，都应当申请领取取水许可证，并缴纳水资源费。

本条例所称取水工程或者设施，是指闸、坝、渠道、人工河道、虹吸管、水泵、水井以及水电站等。

第三条 县级以上人民政府水行政主管部门按照分级管理权限，负责取水许可制度的组织实施和监督管理。

国务院水行政主管部门在国家确定的重要江河、湖泊设立的流域管理机构（以下简称流域管理机构），依照本条例规定和国务院水行政主管部门授权，负责所管辖范围内取水许可制度的组织实施和监督管理。

县级以上人民政府水行政主管部门、财政部门和价格主管部门依照本条例规定和管理权限，负责水资源费的征收、管理和监督。

第四条 下列情形不需要申请领取取水许可证：

（一）农村集体经济组织及其成员使用本集体经济组织的水塘、水库中的水的；

（二）家庭生活和零星散养、圈养畜禽饮用等少量取水的；

（三）为保障矿井等地下工程施工安全和生产安全必须进行临时应急取（排）水的；

（四）为消除对公共安全或者公共利益的危害临时应急取水的；

（五）为农业抗旱和维护生态与环境必须临时应急取水的。

前款第（二）项规定的少量取水的限额，由省、自治区、直辖市人民政府规定；第（三）项、第（四）项规定的取水，应当及时报县级以上地方人民政府水行政主管部门或者流域管理机构备案；第（五）项规定的取水，应当经县级以上人民政府水行政主管部门或者流域管理机构同意。

第五条 取水许可应当首先满足城乡居民生活用水，并兼顾农业、工业、生态与环境用水以及航运等需要。

省、自治区、直辖市人民政府可以依照本条例规定的职责权限，在同一流域或者区域内，根据实际情况对前款各项用水规定具体的先后顺序。

第六条　实施取水许可必须符合水资源综合规划、流域综合规划、水中长期供求规划和水功能区划，遵守依照《中华人民共和国水法》规定批准的水量分配方案；尚未制定水量分配方案的，应当遵守有关地方人民政府间签订的协议。

第七条　实施取水许可应当坚持地表水与地下水统筹考虑，开源与节流相结合、节流优先的原则，实行总量控制与定额管理相结合。

流域内批准取水的总耗水量不得超过本流域水资源可利用量。

行政区域内批准取水的总水量，不得超过流域管理机构或者上一级水行政主管部门下达的可供本行政区域取用的水量；其中，批准取用地下水的总水量，不得超过本行政区域地下水可开采量，并应当符合地下水开发利用规划的要求。制定地下水开发利用规划应当征求国土资源主管部门的意见。

第八条　取水许可和水资源费征收管理制度的实施应当遵循公开、公平、公正、高效和便民的原则。

第九条　任何单位和个人都有节约和保护水资源的义务。

对节约和保护水资源有突出贡献的单位和个人，由县级以上人民政府给予表彰和奖励。

第二章　取水的申请和受理

第十条　申请取水的单位或者个人（以下简称申请人），应当向具有审批权限的审批机关提出申请。申请利用多种水源，且各种水源的取水许可审批机关不同的，应当向其中最高一级审批机关提出申请。

取水许可权限属于流域管理机构的，应当向取水口所在地的省、自治区、直辖市人民政府水行政主管部门提出申请。省、自治区、直辖市人民政府水行政主管部门，应当自收到申请之日起 20 个工作日内提出意见，并连同全部申请材料转报流域管理机构；流域管理机构收到后，应当依照本条例第十三条的规定作出处理。

第十一条　申请取水应当提交下列材料：

（一）申请书；

（二）与第三者利害关系的相关说明；

（三）属于备案项目的，提供有关备案材料；

（四）国务院水行政主管部门规定的其他材料。

建设项目需要取水的，申请人还应当提交由具备建设项目水资源论证资质的单位编制的建设项目水资源论证报告书。论证报告书应当包括取水水源、用水合理性以及对生态与环境的影响等内容。

第十二条　申请书应当包括下列事项：

（一）申请人的名称（姓名）、地址；

（二）申请理由；

（三）取水的起始时间及期限；

（四）取水目的、取水量、年内各月的用水量等；

（五）水源及取水地点；

（六）取水方式、计量方式和节水措施；

（七）退水地点和退水中所含主要污染物以及污水处理措施；

（八）国务院水行政主管部门规定的其他事项。

第十三条　县级以上地方人民政府水行政主管部门或者流域管理机构，应当自收到取水申请之日起 5 个工作日内对申请材料进行审查，并根据下列不同情形分别作出处理：

（一）申请材料齐全、符合法定形式、属于本机关受理范围的，予以受理；

（二）提交的材料不完备或者申请书内容填注不明的，通知申请人补正；

（三）不属于本机关受理范围的，告知申请人向有受理权限的机关提出申请。

第三章　取水许可的审查和决定

第十四条　取水许可实行分级审批。

下列取水由流域管理机构审批：

（一）长江、黄河、淮河、海河、滦河、珠江、松花江、辽河、金沙江、汉江的干流和太湖以及其他跨省、自治区、直辖市河流、湖泊的指定河段限额以上的取水；

（二）国际跨界河流的指定河段和国际边界河流限额以上的取水；

（三）省际边界河流、湖泊限额以上的取水；

（四）跨省、自治区、直辖市行政区域的取水；

（五）由国务院或者国务院投资主管部门审批、核准的大型建设项目的取水；

（六）流域管理机构直接管理的河道（河段）、湖泊内的取水。

前款所称的指定河段和限额以及流域管理机构直接管理的河道（河段）、湖泊，由国务院水行政主管部门规定。

其他取水由县级以上地方人民政府水行政主管部门按照省、自治区、直辖市人民政府规定的审批权限审批。

第十五条　批准的水量分配方案或者签订的协议是确定流域与行政区域取水许可总量控制的依据。

跨省、自治区、直辖市的江河、湖泊，尚未制定水量分配方案或者尚未签订协议的，有关省、自治区、直辖市的取水许可总量控制指标，由流域管理机构根据流域水资源条件，依据水资源综合规划、流域综合规划和水中长期供求规划，结合各省、自治区、直辖市取水现状及供需情况，商有关省、自治区、直辖市人民政府水行政主管部门提出，报国务院水行政主管部门批准；设区的市、县（市）行政区域的取水许可总量控制指标，由省、自治区、直辖市人民政府水行政主管部门依据本省、自治区、直辖市取水许可总量控制指标，结合各地取水现状及供需情况制定，并报流域管理机构备案。

第十六条　按照行业用水定额核定的用水量是取水量审批的主要依据。

省、自治区、直辖市人民政府水行政主管部门和质量监督检验管理部门对本行政区域行业用水定额的制定负责指导并组织实施。

尚未制定本行政区域行业用水定额的，可以参照国务院有关行业主管部门制定的行业用水定额执行。

第十七条　审批机关受理取水申请后，应当对取水申请材料进行全面审查，并综合考虑取水可能对水资源的节约保护和经济社会发展带来的影响，决定是否批准取水申请。

第十八条　审批机关认为取水涉及社会公共利益需要听证的，应当向社会公告，并举行听证。

取水涉及申请人与他人之间重大利害关系的，审批机关在作出是否批准取水申请的决定前，应当告知申请人、利害关系人。申请人、利害关系人要求听证的，审批机关应当组织听证。

因取水申请引起争议或者诉讼的，审批机关应当书面通知申请人中止审批程序；争议解决或者诉讼终止后，恢复审批程序。

第十九条　审批机关应当自受理取水申请之日起45个工作日内决定批准或者不批准。决定批准的，应当同时签发取水申请批准文件。

对取用城市规划区地下水的取水申请，审批机关应当征求城市建设主管部门的意见，城市建设主管部门应当自收到征求意见材料之日起5个工作日内提出意见并转送取水审批机关。

本条第一款规定的审批期限，不包括举行听证和征求有关部门意见所需的时间。

第二十条　有下列情形之一的，审批机关不予批准，并在作出不批准的决定时，书面告知申请人不批准的理由和依据：

（一）在地下水禁采区取用地下水的；

（二）在取水许可总量已经达到取水许可控制总量的地区增加取水量的；

（三）可能对水功能区水域使用功能造成重大损害的；

（四）取水、退水布局不合理的；

（五）城市公共供水管网能够满足用水需要时，建设项目自备取水设施取用地下水的；

（六）可能对第三者或者社会公共利益产生重大损害的；

（七）属于备案项目，未报送备案的；

（八）法律、行政法规规定的其他情形。

审批的取水量不得超过取水工程或者设施设计的取水量。

第二十一条　取水申请经审批机关批准，申请人方可兴建取水工程或者设施。需由国家审批、核准的建设项目，未取得取水申请批准文件的，项目主管部门不得审批、核准该建设项目。

第二十二条　取水申请批准后3年内，取水工程或者设施未开工建设，或者需由国家审批、核准的建设项目未取得国家审批、核准的，取水申请批准文件自行失效。

建设项目中取水事项有较大变更的，建设单位应当重新进行建设项目水资源论证，并重新申请取水。

第二十三条　取水工程或者设施竣工后，申请人应当按照国务院水行政主管部门的规定，向取水审批机关报送取水工程或者设施试运行情况等相关材料；经验收合格的，由审批机关核发取水许可证。

直接利用已有的取水工程或者设施取水的，经审批机关审查合格，发给取水许可证。

审批机关应当将发放取水许可证的情况及时通知取水口所在地县级人民政府水行政主管部门，并定期对取水许可证的发放情况予以公告。

第二十四条　取水许可证应当包括下列内容：

（一）取水单位或者个人的名称（姓名）；

（二）取水期限；

（三）取水量和取水用途；

（四）水源类型；

（五）取水、退水地点及退水方式、退水量。

前款第（三）项规定的取水量是在江河、湖泊、地下水多年平均水量情况下允许的取水单位或者个人的最大取水量。

取水许可证由国务院水行政主管部门统一制作，审批机关核发取水许可证只能收取工本费。

第二十五条　取水许可证有效期限一般为 5 年，最长不超过 10 年。有效期届满，需要延续的，取水单位或者个人应当在有效期届满 45 日前向原审批机关提出申请，原审批机关应当在有效期届满前，作出是否延续的决定。

第二十六条　取水单位或者个人要求变更取水许可证载明的事项的，应当依照本条例的规定向原审批机关申请，经原审批机关批准，办理有关变更手续。

第二十七条　依法获得取水权的单位或者个人，通过调整产品和产业结构、改革工艺、节水等措施节约水资源的，在取水许可的有效期和取水限额内，经原审批机关批准，可以依法有偿转让其节约的水资源，并到原审批机关办理取水权变更手续。具体办法由国务院水行政主管部门制定。

第四章 水资源费的征收和使用管理

第二十八条 取水单位或者个人应当缴纳水资源费。

取水单位或者个人应当按照经批准的年度取水计划取水。超计划或者超定额取水的，对超计划或者超定额部分累进收取水资源费。

水资源费征收标准由省、自治区、直辖市人民政府价格主管部门会同同级财政部门、水行政主管部门制定，报本级人民政府批准，并报国务院价格主管部门、财政部门和水行政主管部门备案。其中，由流域管理机构审批取水的中央直属和跨省、自治区、直辖市水利工程的水资源费征收标准，由国务院价格主管部门会同国务院财政部门、水行政主管部门制定。

第二十九条 制定水资源费征收标准，应当遵循下列原则：

（一）促进水资源的合理开发、利用、节约和保护；

（二）与当地水资源条件和经济社会发展水平相适应；

（三）统筹地表水和地下水的合理开发利用，防止地下水过量开采；

（四）充分考虑不同产业和行业的差别。

第三十条 各级地方人民政府应当采取措施，提高农业用水效率，发展节水型农业。

农业生产取水的水资源费征收标准应当根据当地水资源条件、农村经济发展状况和促进农业节约用水需要制定。农业生产取水的水资源费征收标准应当低于其他用水的水资源费征收标准，粮食作物的水资源费征收标准应当低于经济作物的水资源费征收标准。农业生产取水的水资源费征收的步骤和范围由省、自治区、直辖市人民政府规定。

第三十一条 水资源费由取水审批机关负责征收；其中，流域管理机构审批的，水资源费由取水口所在地省、自治区、直辖市人民政府水行政主管部门代为征收。

第三十二条 水资源费缴纳数额根据取水口所在地水资源费征收标准和实际取水量确定。

水力发电用水和火力发电贯流式冷却用水可以根据取水口所在地水资源费征收标准和实际发电量确定缴纳数额。

第三十三条 取水审批机关确定水资源费缴纳数额后，应当向取水单位或者个人送达水资源费缴纳通知单，取水单位或者个人应当自收到缴纳通知单之日起 7 日内办理缴纳手续。

直接从江河、湖泊或者地下取用水资源从事农业生产的，对超过省、自治区、直辖市规定的农业生产用水限额部分的水资源，由取水单位或者个人根据取水口所在地水资源费征收标准和实际取水量缴纳水资源费；符合规定的农业生产用水限额的取水，不缴纳水资源费。取用供水工程的水从事农业生产的，由用水单位或者个人按照实际用水量向供水工程单位缴纳水费，由供水工程单位统一缴纳水资源费；水资源费计入供水成本。

为了公共利益需要，按照国家批准的跨行政区域水量分配方案实施的临时应急调水，由调入区域的取用水的单位或者个人，根据所在地水资源费征收标准和实际取水量缴纳水资源费。

第三十四条　取水单位或者个人因特殊困难不能按期缴纳水资源费的，可以自收到水资源费缴纳通知单之日起 7 日内向发出缴纳通知单的水行政主管部门申请缓缴；发出缴纳通知单的水行政主管部门应当自收到缓缴申请之日起 5 个工作日内作出书面决定并通知申请人；期满未作决定的，视为同意。水资源费的缓缴期限最长不得超过 90 日。

第三十五条　征收的水资源费应当按照国务院财政部门的规定分别解缴中央和地方国库。因筹集水利工程基金，国务院对水资源费的提取、解缴另有规定的，从其规定。

第三十六条　征收的水资源费应当全额纳入财政预算，由财政部门按照批准的部门财政预算统筹安排，主要用于水资源的节约、保护和管理，也可以用于水资源的合理开发。

第三十七条　任何单位和个人不得截留、侵占或者挪用水资源费。

审计机关应当加强对水资源使用和管理的审计监督。

第五章　监督管理

第三十八条　县级以上人民政府水行政主管部门或者流域管理机构应当依照本条例规定，加强对取水许可制度实施的监督管理。

县级以上人民政府水行政主管部门、财政部门和价格主管部门应当加强对水资源费征收、使用情况的监督管理。

第三十九条 年度水量分配方案和年度取水计划是年度取水总量控制的依据，应当根据批准的水量分配方案或者签订的协议，结合实际用水状况、行业用水定额、下一年度预测来水量等制定。

国家确定的重要江河、湖泊的流域年度水量分配方案和年度取水计划，由流域管理机构会同有关省、自治区、直辖市人民政府水行政主管部门制定。

县级以上各地方行政区域的年度水量分配方案和年度取水计划，由县级以上地方人民政府水行政主管部门根据上一级地方人民政府水行政主管部门或者流域管理机构下达的年度水量分配方案和年度取水计划制定。

第四十条 取水审批机关依照本地区下一年度取水计划、取水单位或者个人提出的下一年度取水计划建议，按照统筹协调、综合平衡、留有余地的原则，向取水单位或者个人下达下一年度取水计划。

取水单位或者个人因特殊原因需要调整年度取水计划的，应当经原审批机关同意。

第四十一条 有下列情形之一的，审批机关可以对取水单位或者个人的年度取水量予以限制：

（一）因自然原因，水资源不能满足本地区正常供水的；

（二）取水、退水对水功能区水域使用功能、生态与环境造成严重影响的；

（三）地下水严重超采或者因地下水开采引起地面沉降等地质灾害的；

（四）出现需要限制取水量的其他特殊情况的。

发生重大旱情时，审批机关可以对取水单位或者个人的取水量予以紧急限制。

第四十二条 取水单位或者个人应当在每年的 12 月 31 日前向审批机关报送本年度的取水情况和下一年度取水计划建议。

审批机关应当按年度将取用地下水的情况抄送同级国土资源主管部门，将取用城市规划区地下水的情况抄送同级城市建设主管部门。

审批机关依照本条例第四十一条第一款的规定，需要对取水单位或者个人的年度取水量予以限制的，应当在采取限制措施前及时书面通知取水单位或者个人。

第四十三条 取水单位或者个人应当依照国家技术标准安装计量设施，保证计量设施正常运行，并按照规定填报取水统计报表。

第四十四条 连续停止取水满2年的，由原审批机关注销取水许可证。由于不可抗力或者进行重大技术改造等原因造成停止取水满2年的，经原审批机关同意，可以保留取水许可证。

第四十五条 县级以上人民政府水行政主管部门或者流域管理机构在进行监督检查时，有权采取下列措施：

（一）要求被检查单位或者个人提供有关文件、证照、资料；

（二）要求被检查单位或者个人就执行本条例的有关问题作出说明；

（三）进入被检查单位或者个人的生产场所进行调查；

（四）责令被检查单位或者个人停止违反本条例的行为，履行法定义务。

监督检查人员在进行监督检查时，应当出示合法有效的行政执法证件。有关单位和个人对监督检查工作应当给予配合，不得拒绝或者阻碍监督检查人员依法执行公务。

第四十六条 县级以上地方人民政府水行政主管部门应当按照国务院水行政主管部门的规定，及时向上一级水行政主管部门或者所在流域的流域管理机构报送本行政区域上一年度取水许可证发放情况。

流域管理机构应当按照国务院水行政主管部门的规定，及时向国务院水行政主管部门报送其上一年度取水许可证发放情况，并同时抄送取水口所在地省、自治区、直辖市人民政府水行政主管部门。

上一级水行政主管部门或者流域管理机构发现越权审批、取水许可证核准的总取水量超过水量分配方案或者协议规定的数量、年度实际取水总量超过下达的年度水量分配方案和年度取水计划的，应当及时要求有关水行政主管部门或者流域管理机构纠正。

第六章 法律责任

第四十七条 县级以上地方人民政府水行政主管部门、流域管理机构或者其他有关部门及其工作人员，有下列行为之一的，由其上级行政机关或者监察机关责令改正；情节严重的，对直接负责的主管人员和其他直接责任人员依法给予行政处分；构成犯罪的，依法追究刑事责任：

（一）对符合法定条件的取水申请不予受理或者不在法定期限内批准的；

（二）对不符合法定条件的申请人签发取水申请批准文件或者发放取水许可证的；

（三）违反审批权限签发取水申请批准文件或者发放取水许可证的；

（四）对未取得取水申请批准文件的建设项目，擅自审批、核准的；

（五）不按照规定征收水资源费，或者对不符合缓缴条件而批准缓缴水资源费的；

（六）侵占、截留、挪用水资源费的；

（七）不履行监督职责，发现违法行为不予查处的；

（八）其他滥用职权、玩忽职守、徇私舞弊的行为。

前款第（六）项规定的被侵占、截留、挪用的水资源费，应当依法予以追缴。

第四十八条　未经批准擅自取水，或者未依照批准的取水许可规定条件取水的，依照《中华人民共和国水法》第六十九条规定处罚；给他人造成妨碍或者损失的，应当排除妨碍、赔偿损失。

第四十九条　未取得取水申请批准文件擅自建设取水工程或者设施的，责令停止违法行为，限期补办有关手续；逾期不补办或者补办未被批准的，责令限期拆除或者封闭其取水工程或者设施；逾期不拆除或者不封闭其取水工程或者设施的，由县级以上地方人民政府水行政主管部门或者流域管理机构组织拆除或者封闭，所需费用由违法行为人承担，可以处 5 万元以下罚款。

第五十条　申请人隐瞒有关情况或者提供虚假材料骗取取水申请批准文件或者取水许可证的，取水申请批准文件或者取水许可证无效，对申请人给予警告，责令其限期补缴应当缴纳的水资源费，处 2 万元以上 10 万元以下罚款；构成犯罪的，依法追究刑事责任。

第五十一条　拒不执行审批机关作出的取水量限制决定，或者未经批准擅自转让取水权的，责令停止违法行为，限期改正，处 2 万元以上 10 万元以下罚款；逾期拒不改正或者情节严重的，吊销取水许可证。

第五十二条　有下列行为之一的，责令停止违法行为，限期改正，处

5000 元以上 2 万元以下罚款；情节严重的，吊销取水许可证：

（一）不按照规定报送年度取水情况的；

（二）拒绝接受监督检查或者弄虚作假的；

（三）退水水质达不到规定要求的。

第五十三条 未安装计量设施的，责令限期安装，并按照日最大取水能力计算的取水量和水资源费征收标准计征水资源费，处 5000 元以上 2 万元以下罚款；情节严重的，吊销取水许可证。

计量设施不合格或者运行不正常的，责令限期更换或者修复；逾期不更换或者不修复的，按照日最大取水能力计算的取水量和水资源费征收标准计征水资源费，可以处 1 万元以下罚款；情节严重的，吊销取水许可证。

第五十四条 取水单位或者个人拒不缴纳、拖延缴纳或者拖欠水资源费的，依照《中华人民共和国水法》第七十条规定处罚。

第五十五条 对违反规定征收水资源费、取水许可证照费的，由价格主管部门依法予以行政处罚。

第五十六条 伪造、涂改、冒用取水申请批准文件、取水许可证的，责令改正，没收违法所得和非法财物，并处 2 万元以上 10 万元以下罚款；构成犯罪的，依法追究刑事责任。

第五十七条 本条例规定的行政处罚，由县级以上人民政府水行政主管部门或者流域管理机构按照规定的权限决定。

第七章 附 则

第五十八条 本条例自 2006 年 4 月 15 日起施行。1993 年 8 月 1 日国务院发布的《取水许可制度实施办法》同时废止。

水量分配暂行办法

第一条 为实施水量分配，促进水资源优化配置，合理开发、利用和节约、保护水资源，根据《中华人民共和国水法》，制定本办法。

第二条 水量分配是对水资源可利用总量或者可分配的水量向行政区域进行逐级分配，确定行政区域生活、生产可消耗的水量份额或者取用水水量份额（以下简称水量份额）。

水资源可利用总量包括地表水资源可利用量和地下水资源可开采量，扣除两者的重复量。地表水资源可利用量是指在保护生态与环境和水资源可持续利用的前提下，通过经济合理、技术可行的措施，在当地地表水资源中可供河道外消耗利用的最大水量；地下水资源可开采量是指在可预见的时期内，通过经济合理、技术可行的措施，在不引起生态与环境恶化的条件下，以凿井的方式从地下含水层中获取的可持续利用的水量。

可分配的水量是指在水资源开发利用程度已经很高或者水资源丰富的流域和行政区域或者水流条件复杂的河网地区以及其他不适合以水资源可利用总量进行水量分配的流域和行政区域，按照方便管理、利于操作和水资源节约与保护、供需协调的原则，统筹考虑生活、生产和生态与环境用水，确定的用于分配的水量。

经水量分配确定的行政区域水量份额是实施用水总量控制和定额管理相结合制度的基础。

第三条　本办法适用于跨省、自治区、直辖市的水量分配和省、自治区、直辖市以下其他跨行政区域的水量分配。

跨省、自治区、直辖市的水量分配是指以流域为单元向省、自治区、直辖市进行的水量分配。省、自治区、直辖市以下其他跨行政区域的水量分配是指以省、自治区、直辖市或者地市级行政区域为单元，向下一级行政区域进行的水量分配。

国际河流（含跨界、边界河流和湖泊）的水量分配不适用本办法。

第四条　跨省、自治区、直辖市的水量分配方案由水利部所属流域管理机构（以下简称流域管理机构）商有关省、自治区、直辖市人民政府制订，报国务院或者其授权的部门批准。

省、自治区、直辖市以下其他跨行政区域的水量分配方案由共同的上一级人民政府水行政主管部门商有关地方人民政府制订，报本级人民政府批准。

经批准的水量分配方案需修改或调整时，应当按照方案制定程序经原批准机关批准。

第五条　水量分配应当遵循公平和公正的原则，充分考虑流域与行政区域水资源条件、供用水历史和现状、未来发展的供水能力和用水需求、节水型社会建设的要求，妥善处理上下游、左右岸的用水关系，协调地表水与地下水、河道内与河道外用水，统筹安排生活、生产、生态与环境用水。

第六条　水量分配应当以水资源综合规划为基础。

尚未制定水资源综合规划的，可以在进行水资源及其开发利用的调查评价、供需水预测和供需平衡分析的基础上，进行水量分配试点工作。跨省、自治区、直辖市河流的试点方案，经流域管理机构审查，报水利部批准；省、自治区、直辖市境内河流的试点方案，经流域管理机构审核后，由省级水行政主管部门批准。水资源综合规划制定或者本行政区域的水量份额确定后，试点水量分配方案不符合要求的，应当及时进行调整。

第七条　省、自治区、直辖市人民政府公布的行业用水定额是本行政区域实施水量分配的重要依据。

流域管理机构在制订流域水量分配方案时，可以结合流域及各行政区域用水实际和经济技术条件，考虑先进合理的用水水平，参考流域内有关省、自治区、直辖市的用水定额标准，经流域综合协调平衡，与有关省、自治区、直辖市人民政府协商确定行政区域水量份额的核算指标。

第八条　为满足未来发展用水需求和国家重大发展战略用水需求，根据流域或者行政区域的水资源条件，水量分配方案制订机关可以与有关行政区域人民政府协商预留一定的水量份额。预留水量的管理权限，由水量分配方案批准机关决定。

预留水量份额尚未分配前，可以将其相应的水量合理分配到年度水量分配方案和调度计划中。

第九条　水量分配应当建立科学论证、民主协商和行政决策相结合的分配机制。

水量分配方案制订机关应当进行方案比选，广泛听取意见，在民主协商、综合平衡的基础上，确定各行政区域水量份额和相应的流量、水位、水质等控制性指标，提出水量分配方案，报批准机关审批。

第十条　水量分配方案包括以下主要内容：

（一）流域或者行政区域水资源可利用总量或者可分配的水量。

（二）各行政区域的水量份额及其相应的河段、水库、湖泊和地下水开采区域。

（三）对应于不同来水频率或保证率的各行政区域年度用水量的调整和相应调度原则。

（四）预留的水量份额及其相应的河段、水库、湖泊和地下水开采区域。

（五）跨行政区域河流、湖泊的边界断面流量、径流量、湖泊水位、水质，以及跨行政区域地下水水源地地下水水位和水质等控制指标。

第十一条 各行政区域使用跨行政区域河流、湖泊和地下水水源地的水量通过河流的边界断面流量、径流量和湖泊水位以及地下水水位监控。监测水量或者水位的同时，应当监测水体的水质。

第十二条 流域管理机构或者县级以上地方人民政府水行政主管部门应当根据批准的水量分配方案和年度预测来水量以及用水需求，结合水工程运行情况，制订年度水量分配方案和调度计划，确定用水时段和用水量，实施年度总量控制和水量统一调度。

当出现旱情紧急情况或者其他突发公共事件时，应当按照经批准的旱情紧急情况下的水量调度预案或者突发公共事件应急处置预案进行调度或处置。

第十三条 为预防省际水事纠纷的发生，在省际边界河流、湖泊和跨省、自治区、直辖市河段的取用水量，由流域管理机构会同有关省、自治区、直辖市人民政府水行政主管部门根据批准的水量分配方案和省际边界河流（河段、湖泊）水利规划确定，并落实调度计划、计量设施以及监控措施。

跨省、自治区、直辖市地下水水源地的取用水量，由流域管理机构会同有关省、自治区、直辖市人民政府水行政主管部门根据批准的水量分配方案和省际边界地区地下水开发利用规划确定，并落实开采计划、计量设施以及监控措施。

第十四条 流域管理机构和各级水行政主管部门应当加强水资源管理监控信息系统建设，提高水量、水质监控信息采集、传输的时效性，保障水量分配方案的有效实施。

第十五条 已经实施或者批准的跨流域调水工程调入的水量，按照规划或者有关协议实施分配。

第十六条　流域管理机构和各省、自治区、直辖市人民政府水行政主管部门可以根据本办法制定实施细则，报水利部备案。

第十七条　本办法自 2008 年 2 月 1 日起施行。

中共中央　国务院关于加快水利改革发展的决定

（二〇一〇年十二月三十一日）

水是生命之源、生产之要、生态之基。兴水利、除水害，事关人类生存、经济发展、社会进步，历来是治国安邦的大事。促进经济长期平稳较快发展和社会和谐稳定，夺取全面建设小康社会新胜利，必须下决心加快水利发展，切实增强水利支撑保障能力，实现水资源可持续利用。近年来我国频繁发生的严重水旱灾害，造成重大生命财产损失，暴露出农田水利等基础设施十分薄弱，必须大力加强水利建设。现就加快水利改革发展，作出如下决定。

一　新形势下水利的战略地位

（一）水利面临的新形势。新中国成立以来，特别是改革开放以来，党和国家始终高度重视水利工作，领导人民开展了气壮山河的水利建设，取得了举世瞩目的巨大成就，为经济社会发展、人民安居乐业作出了突出贡献。但必须看到，人多水少、水资源时空分布不均是我国的基本国情水情。洪涝灾害频繁仍然是中华民族的心腹大患，水资源供需矛盾突出仍然是可持续发展的主要瓶颈，农田水利建设滞后仍然是影响农业稳定发展和国家粮食安全的最大硬伤，水利设施薄弱仍然是国家基础设施的明显短板。随着工业化、城镇化深入发展，全球气候变化影响加大，我国水利面临的形势更趋严峻，增强防灾减灾能力要求越来越迫切，强化水资源节约保护工作越来越繁重，加快扭转农业主要"靠天吃饭"局面任务越来越艰巨。2010 年西南地区发生特大干旱、多数省区市遭受洪涝灾害、部分地方突发严重山洪泥石流，再次警示我们加快水利建设刻不容缓。

（二）新形势下水利的地位和作用。水利是现代农业建设不可或缺的首要条件，是经济社会发展不可替代的基础支撑，是生态环境改善不可分割的保障系统，具有很强的公益性、基础性、战略性。加快水利改革发展，不仅事关农业农村发展，而且事关经济社会发展全局；不仅关系到防洪安全、供水安全、粮食安全，而且关系到经济安全、生态安全、国家安全。要把水利工作摆上党和国家事业发展更加突出的位置，着力加快农田水利建设，推动水利实现跨越式发展。

二　水利改革发展的指导思想、目标任务和基本原则

（三）指导思想。全面贯彻党的十七大和十七届三中、四中、五中全会精神，以邓小平理论和"三个代表"重要思想为指导，深入贯彻落实科学发展观，把水利作为国家基础设施建设的优先领域，把农田水利作为农村基础设施建设的重点任务，把严格水资源管理作为加快转变经济发展方式的战略举措，注重科学治水、依法治水，突出加强薄弱环节建设，大力发展民生水利，不断深化水利改革，加快建设节水型社会，促进水利可持续发展，努力走出一条中国特色水利现代化道路。

（四）目标任务。力争通过5年到10年努力，从根本上扭转水利建设明显滞后的局面。到2020年，基本建成防洪抗旱减灾体系，重点城市和防洪保护区防洪能力明显提高，抗旱能力显著增强，"十二五"期间基本完成重点中小河流（包括大江大河支流、独流入海河流和内陆河流）重要河段治理、全面完成小型水库除险加固和山洪灾害易发区预警预报系统建设；基本建成水资源合理配置和高效利用体系，全国年用水总量力争控制在6700亿立方米以内，城乡供水保证率显著提高，城乡居民饮水安全得到全面保障，万元国内生产总值和万元工业增加值用水量明显降低，农田灌溉水有效利用系数提高到0.55以上，"十二五"期间新增农田有效灌溉面积4000万亩；基本建成水资源保护和河湖健康保障体系，主要江河湖泊水功能区水质明显改善，城镇供水水源地水质全面达标，重点区域水土流失得到有效治理，地下水超采基本遏制；基本建成有利于水利科学发展的制度体系，最严格的水资源管理制度基本建立，水利投入稳定增长机制进一步完善，有利于水资源节约和合理配置的水价形成机制基本建立，水利工程良性运行机制基本形成。

（五）基本原则。一要坚持民生优先。着力解决群众最关心最直接最现

实的水利问题,推动民生水利新发展。二要坚持统筹兼顾。注重兴利除害结合、防灾减灾并重、治标治本兼顾,促进流域与区域、城市与农村、东中西部地区水利协调发展。三要坚持人水和谐。顺应自然规律和社会发展规律,合理开发、优化配置、全面节约、有效保护水资源。四要坚持政府主导。发挥公共财政对水利发展的保障作用,形成政府社会协同治水兴水合力。五要坚持改革创新。加快水利重点领域和关键环节改革攻坚,破解制约水利发展的体制机制障碍。

三 突出加强农田水利等薄弱环节建设

(六)大兴农田水利建设。到 2020 年,基本完成大型灌区、重点中型灌区续建配套和节水改造任务。结合全国新增千亿斤粮食生产能力规划实施,在水土资源条件具备的地区,新建一批灌区,增加农田有效灌溉面积。实施大中型灌溉排水泵站更新改造,加强重点涝区治理,完善灌排体系。健全农田水利建设新机制,中央和省级财政要大幅增加专项补助资金,市、县两级政府也要切实增加农田水利建设投入,引导农民自愿投工投劳。加快推进小型农田水利重点县建设,优先安排产粮大县,加强灌区末级渠系建设和田间工程配套,促进旱涝保收高标准农田建设。因地制宜兴建中小型水利设施,支持山丘区小水窖、小水池、小塘坝、小泵站、小水渠等“五小水利”工程建设,重点向革命老区、民族地区、边疆地区、贫困地区倾斜。大力发展节水灌溉,推广渠道防渗、管道输水、喷灌滴灌等技术,扩大节水、抗旱设备补贴范围。积极发展旱作农业,采用地膜覆盖、深松深耕、保护性耕作等技术。稳步发展牧区水利,建设节水高效灌溉饲草料地。

(七)加快中小河流治理和小型水库除险加固。中小河流治理要优先安排洪涝灾害易发、保护区人口密集、保护对象重要的河流及河段,加固堤岸,清淤疏浚,使治理河段基本达到国家防洪标准。巩固大中型病险水库除险加固成果,加快小型病险水库除险加固步伐,尽快消除水库安全隐患,恢复防洪库容,增强水资源调控能力。推进大中型病险水闸除险加固。山洪地质灾害防治要坚持工程措施和非工程措施相结合,抓紧完善专群结合的监测预警体系,加快实施防灾避让和重点治理。

(八)抓紧解决工程性缺水问题。加快推进西南等工程性缺水地区重点水源工程建设，坚持蓄引提与合理开采地下水相结合，以县域为单元，尽快建设一批中小型水库、引提水和连通工程，支持农民兴建小微型水利设施，显著提高雨洪资源利用和供水保障能力，基本解决缺水城镇、人口较集中乡村的供水问题。

（九）提高防汛抗旱应急能力。尽快健全防汛抗旱统一指挥、分级负责、部门协作、反应迅速、协调有序、运转高效的应急管理机制。加强监测预警能力建设，加大投入，整合资源，提高雨情汛情旱情预报水平。建立专业化与社会化相结合的应急抢险救援队伍，着力推进县乡两级防汛抗旱服务组织建设，健全应急抢险物资储备体系，完善应急预案。建设一批规模合理、标准适度的抗旱应急水源工程，建立应对特大干旱和突发水安全事件的水源储备制度。加强人工增雨（雪）作业示范区建设，科学开发利用空中云水资源。

（十）继续推进农村饮水安全建设。到 2013 年解决规划内农村饮水安全问题，"十二五"期间基本解决新增农村饮水不安全人口的饮水问题。积极推进集中供水工程建设，提高农村自来水普及率。有条件的地方延伸集中供水管网，发展城乡一体化供水。加强农村饮水安全工程运行管理，落实管护主体，加强水源保护和水质监测，确保工程长期发挥效益。制定支持农村饮水安全工程建设的用地政策，确保土地供应，对建设、运行给予税收优惠，供水用电执行居民生活或农业排灌用电价格。

四 全面加快水利基础设施建设

（十一）继续实施大江大河治理。进一步治理淮河，搞好黄河下游治理和长江中下游河势控制，继续推进主要江河河道整治和堤防建设，加强太湖、洞庭湖、鄱阳湖综合治理，全面加快蓄滞洪区建设，合理安排居民迁建。搞好黄河下游滩区安全建设。"十二五"期间抓紧建设一批流域防洪控制性水利枢纽工程，不断提高调蓄洪水能力。加强城市防洪排涝工程建设，提高城市排涝标准。推进海堤建设和跨界河流整治。

（十二）加强水资源配置工程建设。完善优化水资源战略配置格局，在保护生态前提下，尽快建设一批骨干水源工程和河湖水系连通工程，提高水资源调控水平和供水保障能力。加快推进南水北调东中线一期工程及配套工程建设，确保工程质量，适时开展南水北调西线工程前期研究。积极推进一批跨流域、区域调水工程建设。着力解决西北等地区资源性缺水问题。大力推进污水处理回用，积极开展海水淡化和综合利用，高度重视雨水、微咸水利用。

（十三）搞好水土保持和水生态保护。实施国家水土保持重点工程，采取小流域综合治理、淤地坝建设、坡耕地整治、造林绿化、生态修复等措施，有效防治水土流失。进一步加强长江上中游、黄河上中游、西南石漠化地区、东北黑土区等重点区域及山洪地质灾害易发区的水土流失防治。继续推进生态脆弱河流和地区水生态修复，加快污染严重江河湖泊水环境治理。加强重要生态保护区、水源涵养区、江河源头区、湿地的保护。实施农村河道综合整治，大力开展生态清洁型小流域建设。强化生产建设项目水土保持监督管理。建立健全水土保持、建设项目占用水利设施和水域等补偿制度。

（十四）合理开发水能资源。在保护生态和农民利益前提下，加快水能资源开发利用。统筹兼顾防洪、灌溉、供水、发电、航运等功能，科学制定规划，积极发展水电，加强水能资源管理，规范开发许可，强化水电安全监管。大力发展农村水电，积极开展水电新农村电气化县建设和小水电代燃料生态保护工程建设，搞好农村水电配套电网改造工程建设。

（十五）强化水文气象和水利科技支撑。加强水文气象基础设施建设，扩大覆盖范围，优化站网布局，着力增强重点地区、重要城市、地下水超采区水文测报能力，加快应急机动监测能力建设，实现资料共享，全面提高服务水平。健全水利科技创新体系，强化基础条件平台建设，加强基础研究和技术研发，力争在水利重点领域、关键环节和核心技术上实现新突破，获得一批具有重大实用价值的研究成果，加大技术引进和推广应用力度。提高水利技术装备水平。建立健全水利行业技术标准。推进水利信息化建设，全面实施"金水工程"，加快建设国家防汛抗旱指挥系统和水资源管理信息系统，提高水资源调控、水利管理和工程运行的信息化水平，以水利信息化带动水利现代化。加强水利国际交流与合作。

五　建立水利投入稳定增长机制

（十六）加大公共财政对水利的投入。多渠道筹集资金，力争今后10

年全社会水利年平均投入比 2010 年高出一倍。发挥政府在水利建设中的主导作用，将水利作为公共财政投入的重点领域。各级财政对水利投入的总量和增幅要有明显提高。进一步提高水利建设资金在国家固定资产投资中的比重。大幅度增加中央和地方财政专项水利资金。从土地出让收益中提取 10% 用于农田水利建设，充分发挥新增建设用地土地有偿使用费等土地整治资金的综合效益。进一步完善水利建设基金政策，延长征收年限，拓宽来源渠道，增加收入规模。完善水资源有偿使用制度，合理调整水资源费征收标准，扩大征收范围，严格征收、使用和管理。有重点防洪任务和水资源严重短缺的城市要从城市建设维护税中划出一定比例用于城市防洪排涝和水源工程建设。切实加强水利投资项目和资金监督管理。

（十七）加强对水利建设的金融支持。综合运用财政和货币政策，引导金融机构增加水利信贷资金。有条件的地方根据不同水利工程的建设特点和项目性质，确定财政贴息的规模、期限和贴息率。在风险可控的前提下，支持农业发展银行积极开展水利建设中长期政策性贷款业务。鼓励国家开发银行、农业银行、农村信用社、邮政储蓄银行等银行业金融机构进一步增加农田水利建设的信贷资金。支持符合条件的水利企业上市和发行债券，探索发展大型水利设备设施的融资租赁业务，积极开展水利项目收益权质押贷款等多种形式融资。鼓励和支持发展洪水保险。提高水利利用外资的规模和质量。

（十八）广泛吸引社会资金投资水利。鼓励符合条件的地方政府融资平台公司通过直接、间接融资方式，拓宽水利投融资渠道，吸引社会资金参与水利建设。鼓励农民自力更生、艰苦奋斗，在统一规划基础上，按照多筹多补、多干多补原则，加大一事一议财政奖补力度，充分调动农民兴修农田水利的积极性。结合增值税改革和立法进程，完善农村水电增值税政策。完善水利工程耕地占用税政策。积极稳妥推进经营性水利项目进行市场融资。

六 实行最严格的水资源管理制度

（十九）建立用水总量控制制度。确立水资源开发利用控制红线，抓紧制定主要江河水量分配方案，建立取用水总量控制指标体系。加强相关规划和项目建设布局水资源论证工作，国民经济和社会发展规划以及城市总体规划的编制、重大建设项目的布局，要与当地水资源条件和防洪要求相适应。严格执行建设项目水资源论证制度，对擅自开工建设或投产的一律责令停止。严格取水许可审批管理，对取用水总量已达到或超过控制指标的地区，暂停审批建设项目新增取水；对取用水总量接近控制指标的地区，限制审批新增取水。严格地下水管理和保护，尽快核定并公布禁采和限采范围，逐步削减地下水超采量，实现采补平衡。强化水资源统一调度，协调好生活、生产、生态环境用水，完善水资源调度方案、应急调度预案和调度计划。建立和完善国家水权制度，充分运用市场机制优化配置水资源。

（二十）建立用水效率控制制度。确立用水效率控制红线，坚决遏制用水浪费，把节水工作贯穿于经济社会发展和群众生产生活全过程。加快制定区域、行业和用水产品的用水效率指标体系，加强用水定额和计划管理。对取用水达到一定规模的用水户实行重点监控。严格限制水资源不足地区建设高耗水型工业项目。落实建设项目节水设施与主体工程同时设计、同时施工、同时投产制度。加快实施节水技术改造，全面加强企业节水管理，建设节水示范工程，普及农业高效节水技术。抓紧制定节水强制性标准，尽快淘汰不符合节水标准的用水工艺、设备和产品。

（二十一）建立水功能区限制纳污制度。确立水功能区限制纳污红线，从严核定水域纳污容量，严格控制入河湖排污总量。各级政府要把限制排污总量作为水污染防治和污染减排工作的重要依据，明确责任，落实措施。对排污量已超出水功能区限制排污总量的地区，限制审批新增取水和入河排污口。建立水功能区水质达标评价体系，完善监测预警监督管理制度。加强水源地保护，依法划定饮用水水源保护区，强化饮用水水源应急管理。建立水生态补偿机制。

（二十二）建立水资源管理责任和考核制度。县级以上地方政府主要负责人对本行政区域水资源管理和保护工作负总责。严格实施水资源管理考核制度，水行政主管部门会同有关部门，对各地区水资源开发利用、节约保护主要指标的落实情况进行考核，考核结果交由干部主管部门，作为地方政府相关领导干部综合考核评价的重要依据。加强水量水质监测能力建设，为强化监督考核提供技术支撑。

七 不断创新水利发展体制机制

（二十三）完善水资源管理体制。强化城乡水资源统一管理，对城乡供水、水资源综合利用、水环境治理和防洪排涝等实行统筹规划、协调实施，促进水资源优化配置。完善流域管理与区域管理相结合的水资源管理制度，建立事权清晰、分工明确、行为规范、运转协调的水资源管理工作机制。进一步完善水资源保护和水污染防治协调机制。

（二十四）加快水利工程建设和管理体制改革。区分水利工程性质，分类推进改革，健全良性运行机制。深化国有水利工程管理体制改革，落实好公益性、准公益性水管单位基本支出和维修养护经费。中央财政对中西部地区、贫困地区公益性工程维修养护经费给予补助。妥善解决水管单位分流人员社会保障问题。深化小型水利工程产权制度改革，明确所有权和使用权，落实管护主体和责任，对公益性小型水利工程管护经费给予补助，探索社会化和专业化的多种水利工程管理模式。对非经营性政府投资项目，加快推行代建制。充分发挥市场机制在水利工程建设和运行中的作用，引导经营性水利工程积极走向市场，完善法人治理结构，实现自主经营、自负盈亏。

（二十五）健全基层水利服务体系。建立健全职能明确、布局合理、队伍精干、服务到位的基层水利服务体系，全面提高基层水利服务能力。以乡镇或小流域为单元，健全基层水利服务机构，强化水资源管理、防汛抗旱、农田水利建设、水利科技推广等公益性职能，按规定核定人员编制，经费纳入县级财政预算。大力发展农民用水合作组织。

（二十六）积极推进水价改革。充分发挥水价的调节作用，兼顾效率和公平，大力促进节约用水和产业结构调整。工业和服务业用水要逐步实行超额累进加价制度，拉开高耗水行业与其他行业的水价差价。合理调整城市居民生活用水价格，稳步推行阶梯式水价制度。按照促进节约用水、降低农民水费支出、保障灌排工程良性运行的原则，推进农业水价综合改革，农业灌排工程运行管理费用由财政适当补助，探索实行农民定额内用水享受优惠水价、超定额用水累进加价的办法。

八　切实加强对水利工作的领导

（二十七）落实各级党委和政府责任。各级党委和政府要站在全局和战略高度，切实加强水利工作，及时研究解决水利改革发展中的突出问题。实行防汛抗旱、饮水安全保障、水资源管理、水库安全管理行政首长负责制。各地要结合实际，认真落实水利改革发展各项措施，确保取得实效。各级水行政主管部门要切实增强责任意识，认真履行职责，抓好水利改革发展各项任务的实施工作。各有关部门和单位要按照职能分工，尽快制定完善各项配套措施和办法，形成推动水利改革发展合力。把加强农田水利建设作为农村基层开展创先争优活动的重要内容，充分发挥农村基层党组织的战斗堡垒作用和广大党员的先锋模范作用，带领广大农民群众加快改善农村生产生活条件。

（二十八）推进依法治水。建立健全水法规体系，抓紧完善水资源配置、节约保护、防汛抗旱、农村水利、水土保持、流域管理等领域的法律法规。全面推进水利综合执法，严格执行水资源论证、取水许可、水工程建设规划同意书、洪水影响评价、水土保持方案等制度。加强河湖管理，严禁建设项目非法侵占河湖水域。加强国家防汛抗旱督察工作制度化建设。健全预防为主、预防与调处相结合的水事纠纷调处机制，完善应急预案。深化水行政许可审批制度改革。科学编制水利规划，完善全国、流域、区域水利规划体系，加快重点建设项目前期工作，强化水利规划对涉水活动的管理和约束作用。做好水库移民安置工作，落实后期扶持政策。

（二十九）加强水利队伍建设。适应水利改革发展新要求，全面提升水利系统干部职工队伍素质，切实增强水利勘测设计、建设管理和依法行政能力。支持大专院校、中等职业学校水利类专业建设。大力引进、培养、选拔各类管理人才、专业技术人才、高技能人才，完善人才评价、流动、激励机制。鼓励广大科技人员服务于水利改革发展第一线，加大基层水利职工在职教育和继续培训力度，解决基层水利职工生产生活中的实际困难。广大水利干部职工要弘扬"献身、负责、求实"的水利行业精神，更加贴近民生，更多服务基层，更好服务经济社会发展全局。

（三十）动员全社会力量关心支持水利工作。加大力度宣传国情水情，提高全民水患意识、节水意识、水资源保护意识，广泛动员全社会力量参与水利建设。把水情教育纳入国民素质教育体系和中小学教育课程体系，作为各级领导干部和公务员教育培训的重要内容。把水利纳入公益性宣传范围，为水利又好又快发展营造良好舆论氛围。对在加快水利改革发展中取得显著成绩的单位和个人，各级政府要按照国家有关规定给予表彰奖励。

加快水利改革发展，使命光荣，任务艰巨，责任重大。我们要紧密团结在以胡锦涛同志为总书记的党中央周围，与时俱进，开拓进取，扎实工作，奋力开创水利工作新局面！

国务院关于实行最严格水资源管理制度的意见

国发〔2012〕3 号

各省、自治区、直辖市人民政府，国务院各部委、各直属机构：

水是生命之源、生产之要、生态之基，人多水少、水资源时空分布不均是我国的基本国情和水情。当前我国水资源面临的形势十分严峻，水资源短缺、水污染严重、水生态环境恶化等问题日益突出，已成为制约经济社会可持续发展的主要瓶颈。为贯彻落实好中央水利工作会议和《中共中央　国务院关于加快水利改革发展的决定》（中发〔2011〕1 号）的要求，现就实行最严格水资源管理制度提出以下意见：

一　总体要求

（一）指导思想。深入贯彻落实科学发展观，以水资源配置、节约和保护为重点，强化用水需求和用水过程管理，通过健全制度、落实责任、提高能力、强化监管，严格控制用水总量，全面提高用水效率，严格控制入河湖排污总量，加快节水型社会建设，促进水资源可持续利用和经济发展方式转变，推动经济社会发展与水资源水环境承载能力相协调，保障经济社会长期平稳较快发展。

（二）基本原则。坚持以人为本，着力解决人民群众最关心最直接最现实的水资源问题，保障饮水安全、供水安全和生态安全；坚持人水和谐，尊重自然规律和经济社会发展规律，处理好水资源开发与保护关系，以水定需、量水而行、因水制宜；坚持统筹兼顾，协调好生活、生产和生态用水，协调好上下游、左右岸、干支流、地表水和地下水关系；坚持改革创新，完善水资源管理体制和机制，改进管理方式和方法；坚持因地制宜，实行分类指导，注重制度实施的可行性和有效性。

（三）主要目标。

确立水资源开发利用控制红线，到 2030 年全国用水总量控制在 7000 亿立方米以内；确立用水效率控制红线，到 2030 年用水效率达到或接近世界先进水平，万元工业增加值用水量（以 2000 年不变价计，下同）降低到 40立方米以下，农田灌溉水有效利用系数提高到 0.6 以上；确立水功能区限制纳污红线，到 2030 年主要污染物入河湖总量控制在水功能区纳污能力范围之内，水功能区水质达标率提高到 95% 以上。

为实现上述目标，到 2015 年，全国用水总量力争控制在 6350 亿立方米以内；万元工业增加值用水量比 2010 年下降 30% 以上，农田灌溉水有效利用系数提高到 0.53 以上；重要江河湖泊水功能区水质达标率提高到 60% 以上。到 2020 年，全国用水总量力争控制在 6700 亿立方米以内；万元工业增加值用水量降低到 65 立方米以下，农田灌溉水有效利用系数提高到 0.55 以上；重要江河湖泊水功能区水质达标率提高到 80% 以上，城镇供水水源地水质全面达标。

二　加强水资源开发利用控制红线管理，严格实行用水总量控制

（四）严格规划管理和水资源论证。开发利用水资源，应当符合主体功能区的要求，按照流域和区域统一制定规划，充分发挥水资源的多种功能和综合效益。建设水工程，必须符合流域综合规划和防洪规划，由有关水行政主管部门或流域管理机构按照管理权限进行审查并签署意见。加强相关规划和项目建设布局水资源论证工作，国民经济和社会发展规划以及城市总体规划的编制、重大建设项目的布局，应当与当地水资源条件和防洪要求相适应。严格执行建设项目水资源论证制度，对未依法完成水资源论证工作的建设项目，审批机关不予批准，建设单位不得擅自开工建设和投产使用，对违反规定的，一律责令停止。

（五）严格控制流域和区域取用水总量。加快制定主要江河流域水量分

配方案，建立覆盖流域和省市县三级行政区域的取用水总量控制指标体系，实施流域和区域取用水总量控制。各省、自治区、直辖市要按照江河流域水量分配方案或取用水总量控制指标，制订年度用水计划，依法对本行政区域内的年度用水实行总量管理。建立健全水权制度，积极培育水市场，鼓励开展水权交易，运用市场机制合理配置水资源。

（六）严格实施取水许可。严格规范取水许可审批管理，对取用水总量已达到或超过控制指标的地区，暂停审批建设项目新增取水；对取用水总量接近控制指标的地区，限制审批建设项目新增取水。对不符合国家产业政策或列入国家产业结构调整指导目录中淘汰类的，产品不符合行业用水定额标准的，在城市公共供水管网能够满足用水需要却通过自备取水设施取用地下水的，以及地下水已严重超采的地区取用地下水的建设项目取水申请，审批机关不予批准。

（七）严格水资源有偿使用。合理调整水资源费征收标准，扩大征收范围，严格水资源费征收、使用和管理。各省、自治区、直辖市要抓紧完善水资源费征收、使用和管理的规章制度，严格按照规定的征收范围、对象、标准和程序征收，确保应收尽收，任何单位和个人不得擅自减免、缓征或停征水资源费。水资源费主要用于水资源节约、保护和管理，严格依法查处挤占挪用水资源费的行为。

（八）严格地下水管理和保护。加强地下水动态监测，实行地下水取用水总量控制和水位控制。各省、自治区、直辖市人民政府要尽快核定并公布地下水禁采和限采范围。在地下水超采区，禁止农业、工业建设项目和服务业新增取用地下水，并逐步削减超采量，实现地下水采补平衡。深层承压地下水原则上只能作为应急和战略储备水源。依法规范机井建设审批管理，限期关闭在城市公共供水管网覆盖范围内的自备水井。抓紧编制并实施全国地下水利用与保护规划以及南水北调东中线受水区、地面沉降区、海水入侵区地下水压采方案，逐步削减开采量。

（九）强化水资源统一调度。流域管理机构和县级以上地方人民政府水行政主管部门要依法制订和完善水资源调度方案、应急调度预案和调度计划，对水资源实行统一调度。区域水资源调度应当服从流域水资源统一调度，水力发电、供水、航运等调度应当服从流域水资源统一调度。水资源调度方案、应急调度预案和调度计划一经批准，有关地方人民政府和部门等必须服从。

三　加强用水效率控制红线管理，全面推进节水型社会建设

（十）全面加强节约用水管理。各级人民政府要切实履行推进节水型社会建设的责任，把节约用水贯穿于经济社会发展和群众生活生产全过程，建立健全有利于节约用水的体制和机制。稳步推进水价改革。各项引水、调水、取水、供用水工程建设必须首先考虑节水要求。水资源短缺、生态脆弱地区要严格控制城市规模过度扩张，限制高耗水工业项目建设和高耗水服务业发展，遏制农业粗放用水。

（十一）强化用水定额管理。加快制定高耗水工业和服务业用水定额国家标准。各省、自治区、直辖市人民政府要根据用水效率控制红线确定的目标，及时组织修订本行政区域内各行业用水定额。对纳入取水许可管理的单位和其他用水大户实行计划用水管理，建立用水单位重点监控名录，强化用水监控管理。新建、扩建和改建建设项目应制订节水措施方案，保证节水设施与主体工程同时设计、同时施工、同时投产（即"三同时"制度），对违反"三同时"制度的，由县级以上地方人民政府有关部门或流域管理机构责令停止取用水并限期整改。

（十二）加快推进节水技术改造。制定节水强制性标准，逐步实行用水产品用水效率标识管理，禁止生产和销售不符合节水强制性标准的产品。加大农业节水力度，完善和落实节水灌溉的产业支持、技术服务、财政补贴等政策措施，大力发展管道输水、喷灌、微灌等高效节水灌溉。加大工业节水技术改造，建设工业节水示范工程。充分考虑不同工业行业和工业企业的用水状况和节水潜力，合理确定节水目标。有关部门要抓紧制定并公布落后的、耗水量高的用水工艺、设备和产品淘汰名录。加大城市生活节水工作力度，开展节水示范工作，逐步淘汰公共建筑中不符合节水标准的用水设备及产品，大力推广使用生活节水器具，着力降低供水管网漏损率。鼓励并积极发展污水处理回用、雨水和微咸水开发利用、海水淡化和直接利用等非常规水源开发利用。加快城市污水处理回用管网建设，逐步提高城市污水处理回用比例。非常规水源开发利用纳入水资源统一配置。

四 加强水功能区限制纳污红线管理，严格控制入河湖排污总量

（十三）严格水功能区监督管理。完善水功能区监督管理制度，建立水功能区水质达标评价体系，加强水功能区动态监测和科学管理。水功能区布局要服从和服务于所在区域的主体功能定位，符合主体功能区的发展方向和开发原则。从严核定水域纳污容量，严格控制入河湖排污总量。各级人民政府要把限制排污总量作为水污染防治和污染减排工作的重要依据。切实加强水污染防控，加强工业污染源控制，加大主要污染物减排力度，提高城市污水处理率，改善重点流域水环境质量，防治江河湖库富营养化。流域管理机构要加强重要江河湖泊的省界水质水量监测。严格入河湖排污口监督管理，对排污量超出水功能区限排总量的地区，限制审批新增取水和入河湖排污口。

（十四）加强饮用水水源保护。各省、自治区、直辖市人民政府要依法划定饮用水水源保护区，开展重要饮用水水源地安全保障达标建设。禁止在饮用水水源保护区内设置排污口，对已设置的，由县级以上地方人民政府责令限期拆除。县级以上地方人民政府要完善饮用水水源地核准和安全评估制度，公布重要饮用水水源地名录。加快实施全国城市饮用水水源地安全保障规划和农村饮水安全工程规划。加强水土流失治理，防治面源污染，禁止破坏水源涵养林。强化饮用水水源应急管理，完善饮用水水源地突发事件应急预案，建立备用水源。

（十五）推进水生态系统保护与修复。开发利用水资源应维持河流合理流量和湖泊、水库以及地下水的合理水位，充分考虑基本生态用水需求，维护河湖健康生态。编制全国水生态系统保护与修复规划，加强重要生态保护区、水源涵养区、江河源头区和湿地的保护，开展内源污染整治，推进生态脆弱河流和地区水生态修复。研究建立生态用水及河流生态评价指标体系，定期组织开展全国重要河湖健康评估，建立健全水生态补偿机制。

五 保障措施

（十六）建立水资源管理责任和考核制度。要将水资源开发、利用、节约和保护的主要指标纳入地方经济社会发展综合评价体系，县级以上地方人

民政府主要负责人对本行政区域水资源管理和保护工作负总责。国务院对各省、自治区、直辖市的主要指标落实情况进行考核，水利部会同有关部门具体组织实施，考核结果交由干部主管部门，作为地方人民政府相关领导干部和相关企业负责人综合考核评价的重要依据。具体考核办法由水利部会同有关部门制订，报国务院批准后实施。有关部门要加强沟通协调，水行政主管部门负责实施水资源的统一监督管理，发展改革、财政、国土资源、环境保护、住房城乡建设、监察、法制等部门按照职责分工，各司其职，密切配合，形成合力，共同做好最严格水资源管理制度的实施工作。

（十七）健全水资源监控体系。抓紧制定水资源监测、用水计量与统计等管理办法，健全相关技术标准体系。加强省界等重要控制断面、水功能区和地下水的水质水量监测能力建设。流域管理机构对省界水量的监测核定数据作为考核有关省、自治区、直辖市用水总量的依据之一，对省界水质的监测核定数据作为考核有关省、自治区、直辖市重点流域水污染防治专项规划实施情况的依据之一。加强取水、排水、入河湖排污口计量监控设施建设，加快建设国家水资源管理系统，逐步建立中央、流域和地方水资源监控管理平台，加快应急机动监测能力建设，全面提高监控、预警和管理能力。及时发布水资源公报等信息。

（十八）完善水资源管理体制。进一步完善流域管理与行政区域管理相结合的水资源管理体制，切实加强流域水资源的统一规划、统一管理和统一调度。强化城乡水资源统一管理，对城乡供水、水资源综合利用、水环境治理和防洪排涝等实行统筹规划、协调实施，促进水资源优化配置。

（十九）完善水资源管理投入机制。各级人民政府要拓宽投资渠道，建立长效、稳定的水资源管理投入机制，保障水资源节约、保护和管理工作经费，对水资源管理系统建设、节水技术推广与应用、地下水超采区治理、水生态系统保护与修复等给予重点支持。中央财政加大对水资源节约、保护和管理的支持力度。

（二十）健全政策法规和社会监督机制。抓紧完善水资源配置、节约、保护和管理等方面的政策法规体系。广泛深入开展基本水情宣传教育，强化社会舆论监督，进一步增强全社会水忧患意识和水资源节约保护意识，形成节约用水、合理用水的良好风尚。大力推进水资源管理科学决策和民主决策，完善公众参与机制，采取多种方式听取各方面意见，进一步提高决策透明度。对在水资源节约、保护和管理中取得显著成绩的单位和个人给予表彰奖励。

国务院

二〇一二年一月十二日

《中共中央关于全面深化改革若干重大问题的决定》全文

（2013 年 11 月 12 日中国共产党第十八届中央委员会第三次全体会议通过）

为贯彻落实党的十八大关于全面深化改革的战略部署，十八届中央委员会第三次全体会议研究了全面深化改革的若干重大问题，作出如下决定。

一　全面深化改革的重大意义和指导思想

（1）改革开放是党在新的时代条件下带领全国各族人民进行的新的伟大革命，是当代中国最鲜明的特色。党的十一届三中全会召开三十五年来，我们党以巨大的政治勇气，锐意推进经济体制、政治体制、文化体制、社会体制、生态文明体制和党的建设制度改革，不断扩大开放，决心之大、变革之深、影响之广前所未有，成就举世瞩目。

改革开放最主要的成果是开创和发展了中国特色社会主义，为社会主义现代化建设提供了强大动力和有力保障。事实证明，改革开放是决定当代中国命运的关键抉择，是党和人民事业大踏步赶上时代的重要法宝。

实践发展永无止境，解放思想永无止境，改革开放永无止境。面对新形势新任务，全面建成小康社会，进而建成富强民主文明和谐的社会主义现代化国家、实现中华民族伟大复兴的中国梦，必须在新的历史起点上全面深化改革，不断增强中国特色社会主义道路自信、理论自信、制度自信。

（2）全面深化改革，必须高举中国特色社会主义伟大旗帜，以马克思列宁主义、毛泽东思想、邓小平理论、"三个代表"重要思想、科学发展观为指导，坚定信心，凝聚共识，统筹谋划，协同推进，坚持社会主义市场经济改革方向，以促进社会公平正义、增进人民福祉为出发点和落脚点，进一步解放思想、解放和发展社会生产力、解放和增强社会活力，坚决破除各方面体制机制弊端，努力开拓中国特色社会主义事业更加广阔的前景。

全面深化改革的总目标是完善和发展中国特色社会主义制度，推进国家治理体系和治理能力现代化。必须更加注重改革的系统性、整体性、协同性，加快发展社会主义市场经济、民主政治、先进文化、和谐社会、生态文明，让一切劳动、知识、技术、管理、资本的活力竞相迸发，让一切创造社会财富的源泉充分涌流，让发展成果更多更公平惠及全体人民。

紧紧围绕使市场在资源配置中起决定性作用深化经济体制改革，坚持和完善基本经济制度，加快完善现代市场体系、宏观调控体系、开放型经济体系，加快转变经济发展方式，加快建设创新型国家，推动经济更有效率、更加公平、更可持续发展。

紧紧围绕坚持党的领导、人民当家作主、依法治国有机统一深化政治体制改革，加快推进社会主义民主政治制度化、规范化、程序化，建设社会主义法治国家，发展更加广泛、更加充分、更加健全的人民民主。

紧紧围绕建设社会主义核心价值体系、社会主义文化强国深化文化体制改革，加快完善文化管理体制和文化生产经营机制，建立健全现代公共文化服务体系、现代文化市场体系，推动社会主义文化大发展大繁荣。

紧紧围绕更好保障和改善民生、促进社会公平正义深化社会体制改革，改革收入分配制度，促进共同富裕，推进社会领域制度创新，推进基本公共服务均等化，加快形成科学有效的社会治理体制，确保社会既充满活力又和谐有序。

紧紧围绕建设美丽中国深化生态文明体制改革，加快建立生态文明制度，健全国土空间开发、资源节约利用、生态环境保护的体制机制，推动形成人与自然和谐发展现代化建设新格局。

紧紧围绕提高科学执政、民主执政、依法执政水平深化党的建设制度改革，加强民主集中制建设，完善党的领导体制和执政方式，保持党的先进性和纯洁性，为改革开放和社会主义现代化建设提供坚强政治保证。

（3）全面深化改革，必须立足于我国长期处于社会主义初级阶段这个最大实际，坚持发展仍是解决我国所有问题的关键这个重大战略判断，以经济建设为中心，发挥经济体制改革牵引作用，推动生产关系同生产力、上层建筑同经济基础相适应，推动经济社会持续健康发展。

经济体制改革是全面深化改革的重点，核心问题是处理好政府和市场的关系，使市场在资源配置中起决定性作用和更好发挥政府作用。市场决定资源配置是市场经济的一般规律，健全社会主义市场经济体制必须遵循这条规律，着力解决市场体系不完善、政府干预过多和监管不到位问题。

必须积极稳妥从广度和深度上推进市场化改革，大幅度减少政府对资源的直接配置，推动资源配置依据市场规则、市场价格、市场竞争实现效益最大化和效率最优化。政府的职责和作用主要是保持宏观经济稳定，加强和优化公共服务，保障公平竞争，加强市场监管，维护市场秩序，推动可持续发展，促进共同富裕，弥补市场失灵。

（4）改革开放的成功实践为全面深化改革提供了重要经验，必须长期坚持。最重要的是，坚持党的领导，贯彻党的基本路线，不走封闭僵化的老路，不走改旗易帜的邪路，坚定走中国特色社会主义道路，始终确保改革正确方向；坚持解放思想、实事求是、与时俱进、求真务实，一切从实际出发，总结国内成功做法，借鉴国外有益经验，勇于推进理论和实践创新；坚持以人为本，尊重人民主体地位，发挥群众首创精神，紧紧依靠人民推动改革，促进人的全面发展；坚持正确处理改革发展稳定关系，胆子要大、步子要稳，加强顶层设计和摸着石头过河相结合，整体推进和重点突破相促进，提高改革决策科学性，广泛凝聚共识，形成改革合力。

当前，我国发展进入新阶段，改革进入攻坚期和深水区。必须以强烈的历史使命感，最大限度集中全党全社会智慧，最大限度调动一切积极因素，敢于啃硬骨头，敢于涉险滩，以更大决心冲破思想观念的束缚、突破利益固化的藩篱，推动中国特色社会主义制度自我完善和发展。

到二〇二〇年，在重要领域和关键环节改革上取得决定性成果，完成本决定提出的改革任务，形成系统完备、科学规范、运行有效的制度体系，使各方面制度更加成熟更加定型。

二　坚持和完善基本经济制度

公有制为主体、多种所有制经济共同发展的基本经济制度，是中国特色社会主义制度的重要支柱，也是社会主义市场经济体制的根基。公有制经济和非公有制经济都是社会主义市场经济的重要组成部分，都是我国经济社会发展的重要基础。必须毫不动摇巩固和发展公有制经济，坚持公有制主体地位，发挥国有经济主导作用，不断增强国有经济活力、控制力、影响力。必须毫不动摇鼓励、支持、引导非公有制经济发展，激发非公有制经济活力和创造力。

（5）完善产权保护制度。产权是所有制的核心。健全归属清晰、权责明确、保护严格、流转顺畅的现代产权制度。公有制经济财产权不可侵犯，非公有制经济财产权同样不可侵犯。

国家保护各种所有制经济产权和合法利益，保证各种所有制经济依法平等使用生产要素、公开公平公正参与市场竞争、同等受到法律保护，依法监管各种所有制经济。

（6）积极发展混合所有制经济。国有资本、集体资本、非公有资本等交叉持股、相互融合的混合所有制经济，是基本经济制度的重要实现形式，有利于国有资本放大功能、保值增值、提高竞争力，有利于各种所有制资本取长补短、相互促进、共同发展。允许更多国有经济和其他所有制经济发展成为混合所有制经济。国有资本投资项目允许非国有资本参股。允许混合所有制经济实行企业员工持股，形成资本所有者和劳动者利益共同体。

完善国有资产管理体制，以管资本为主加强国有资产监管，改革国有资本授权经营体制，组建若干国有资本运营公司，支持有条件的国有企业改组为国有资本投资公司。国有资本投资运营要服务于国家战略目标，更多投向关系国家安全、国民经济命脉的重要行业和关键领域，重点提供公共服务、发展重要前瞻性战略性产业、保护生态环境、支持科技进步、保障国家安全。

划转部分国有资本充实社会保障基金。完善国有资本经营预算制度，提高国有资本收益上缴公共财政比例，二〇二〇年提到百分之三十，更多用于保障和改善民生。

（7）推动国有企业完善现代企业制度。国有企业属于全民所有，是推进国家现代化、保障人民共同利益的重要力量。国有企业总体上已经同市场经济相融合，必须适应市场化、国际化新形势，以规范经营决策、资产保值增值、公平参与竞争、提高企业效率、增强企业活力、承担社会责任为重点，进一步深化国有企业改革。

准确界定不同国有企业功能。国有资本加大对公益性企业的投入，在提供公共服务方面作出更大贡献。国有资本继续控股经营的自然垄断行业，实行以政企分开、政资分开、特许经营、政府监管为主要内容的改革，根据不同行业特点实行网运分开、放开竞争性业务，推进公共资源配置市场化。进一步破除各种形式的行政垄断。

健全协调运转、有效制衡的公司法人治理结构。建立职业经理人制度，更好发挥企业家作用。深化企业内部管理人员能上能下、员工能进能出、收入能增能减的制度改革。建立长效激励约束机制，强化国有企业经营投资责任追究。探索推进国有企业财务预算等重大信息公开。

国有企业要合理增加市场化选聘比例，合理确定并严格规范国有企业管理人员薪酬水平、职务待遇、职务消费、业务消费。

（8）支持非公有制经济健康发展。非公有制经济在支撑增长、促进创新、扩大就业、增加税收等方面具有重要作用。坚持权利平等、机会平等、规则平等，废除对非公有制经济各种形式的不合理规定，消除各种隐性壁垒，制定非公有制企业进入特许经营领域具体办法。

鼓励非公有制企业参与国有企业改革，鼓励发展非公有资本控股的混合所有制企业，鼓励有条件的私营企业建立现代企业制度。

三 加快完善现代市场体系

建设统一开放、竞争有序的市场体系，是使市场在资源配置中起决定性作用的基础。必须加快形成企业自主经营、公平竞争，消费者自由选择、自主消费，商品和要素自由流动、平等交换的现代市场体系，着力清除市场壁垒，提高资源配置效率和公平性。

（9）建立公平开放透明的市场规则。实行统一的市场准入制度，在制定负面清单基础上，各类市场主体可依法平等进入清单之外领域。探索对外商投资实行准入前国民待遇加负面清单的管理模式。推进工商注册制度便利化，削减资质认定项目，由先证后照改为先照后证，把注册资本实缴登记制逐步改为认缴登记制。推进国内贸易流通体制改革，建设法治化营商环境。

改革市场监管体系，实行统一的市场监管，清理和废除妨碍全国统一市场和公平竞争的各种规定和做法，严禁和惩处各类违法实行优惠政策行为，反对地方保护，反对垄断和不正当竞争。建立健全社会征信体系，褒扬诚信，惩戒失信。健全优胜劣汰市场化退出机制，完善企业破产制度。

（10）完善主要由市场决定价格的机制。凡是能由市场形成价格的都交给市场，政府不进行不当干预。推进水、石油、天然气、电力、交通、电信等领域价格改革，放开竞争性环节价格。政府定价范围主要限定在重要公用事业、公益性服务、网络型自然垄断环节，提高透明度，接受社会监督。完善农产品价格形成机制，注重发挥市场形成价格作用。

（11）建立城乡统一的建设用地市场。在符合规划和用途管制前提下，允许农村集体经营性建设用地出让、租赁、入股，实行与国有土地同等入市、同权同价。缩小征地范围，规范征地程序，完善对被征地农民合理、规范、多元保障机制。扩大国有土地有偿使用范围，减少非公益性用地划拨。建立兼顾国家、集体、个人的土地增值收益分配机制，合理提高个人收益。完善土地租赁、转让、抵押二级市场。

（12）完善金融市场体系。扩大金融业对内对外开放，在加强监管前提下，允许具备条件的民间资本依法发起设立中小型银行等金融机构。推进政策性金融机构改革。健全多层次资本市场体系，推进股票发行注册制改革，多渠道推动股权融资，发展并规范债券市场，提高直接融资比重。完善保险经济补偿机制，建立巨灾保险制度。发展普惠金融。鼓励金融创新，丰富金融市场层次和产品。

完善人民币汇率市场化形成机制，加快推进利率市场化，健全反映市场供求关系的国债收益率曲线。推动资本市场双向开放，有序提高跨境资本和金融交易可兑换程度，建立健全宏观审慎管理框架下的外债和资本流动管理体系，加快实现人民币资本项目可兑换。

落实金融监管改革措施和稳健标准，完善监管协调机制，界定中央和地方金融监管职责和风险处置责任。建立存款保险制度，完善金融机构市场化退出机制。加强金融基础设施建设，保障金融市场安全高效运行和整体稳定。

（13）深化科技体制改革。建立健全鼓励原始创新、集成创新、引进消化吸收再创新的体制机制，健全技术创新市场导向机制，发挥市场对技术研发方向、路线选择、要素价格、各类创新要素配置的导向作用。建立产学研协同创新机制，强化企业在技术创新中的主体地位，发挥大型企业创新骨干作用，激发中小企业创新活力，推进应用型技术研发机构市场化、企业化改革，建设国家创新体系。

加强知识产权运用和保护，健全技术创新激励机制，探索建立知识产权法院。打破行政主导和部门分割，建立主要由市场决定技术创新项目和经费分配、评价成果的机制。发展技术市场，健全技术转移机制，改善科技型中小企业融资条件，完善风险投资机制，创新商业模式，促进科技成果资本化、产业化。

整合科技规划和资源，完善政府对基础性、战略性、前沿性科学研究和共性技术研究的支持机制。国家重大科研基础设施依照规定应该开放的一律对社会开放。建立创新调查制度和创新报告制度，构建公开透明的国家科研资源管理和项目评价机制。

改革院士遴选和管理体制，优化学科布局，提高中青年人才比例，实行院士退休和退出制度。

四　加快转变政府职能

科学的宏观调控，有效的政府治理，是发挥社会主义市场经济体制优势的内在要求。必须切实转变政府职能，深化行政体制改革，创新行政管理方式，增强政府公信力和执行力，建设法治政府和服务型政府。

（14）健全宏观调控体系。宏观调控的主要任务是保持经济总量平衡，促进重大经济结构协调和生产力布局优化，减缓经济周期波动影响，防范区域性、系统性风险，稳定市场预期，实现经济持续健康发展。健全以国家发展战略和规划为导向、以财政政策和货币政策为主要手段的宏观调控体系，推进宏观调控目标制定和政策手段运用机制化，加强财政政策、货币政策与产业、价格等政策手段协调配合，提高相机抉择水平，增强宏观调控前瞻性、针对性、协同性。形成参与国际宏观经济政策协调的机制，推动国际经济治理结构完善。

深化投资体制改革，确立企业投资主体地位。企业投资项目，除关系国家安全和生态安全、涉及全国重大生产力布局、战略性资源开发和重大公共利益等项目外，一律由企业依法依规自主决策，政府不再审批。强化节能节地节水、环境、技术、安全等市场准入标准，建立健全防范和化解产能过剩长效机制。

完善发展成果考核评价体系，纠正单纯以经济增长速度评定政绩的偏向，加大资源消耗、环境损害、生态效益、产能过剩、科技创新、安全生产、新增债务等指标的权重，更加重视劳动就业、居民收入、社会保障、人民健康状况。加快建立国家统一的经济核算制度，编制全国和地方资产负债表，建立全社会房产、信用等基础数据统一平台，推进部门信息共享。

（15）全面正确履行政府职能。进一步简政放权，深化行政审批制度改革，最大限度减少中央政府对微观事务的管理，市场机制能有效调节的经济活动，一律取消审批，对保留的行政审批事项要规范管理、提高效率；直接面向基层、量大面广、由地方管理更方便有效的经济社会事项，一律下放地方和基层管理。

政府要加强发展战略、规划、政策、标准等制定和实施，加强市场活动监管，加强各类公共服务提供。加强中央政府宏观调控职责和能力，加强地方政府公共服务、市场监管、社会管理、环境保护等职责。推广政府购买服务，凡属事务性管理服务，原则上都要引入竞争机制，通过合同、委托等方式向社会购买。

加快事业单位分类改革，加大政府购买公共服务力度，推动公办事业单位与主管部门理顺关系和去行政化，创造条件，逐步取消学校、科研院所、医院等单位的行政级别。建立事业单位法人治理结构，推进有条件的事业单位转为企业或社会组织。建立各类事业单位统一登记管理制度。

（16）优化政府组织结构。转变政府职能必须深化机构改革。优化政府机构设置、职能配置、工作流程，完善决策权、执行权、监督权既相互制约又相互协调的行政运行机制。严格绩效管理，突出责任落实，确保权责一致。

统筹党政群机构改革，理顺部门职责关系。积极稳妥实施大部门制。优化行政区划设置，有条件的地方探索推进省直接管理县（市）体制改革。严格控制机构编制，严格按规定职数配备领导干部，减少机构数量和领导职数，严格控制财政供养人员总量。推进机构编制管理科学化、规范化、法制化。

五　深化财税体制改革

财政是国家治理的基础和重要支柱，科学的财税体制是优化资源配置、维护市场统一、促进社会公平、实现国家长治久安的制度保障。必须完善立法、明确事权、改革税制、稳定税负、透明预算、提高效率，建立现代财政制度，发挥中央和地方两个积极性。

（17）改进预算管理制度。实施全面规范、公开透明的预算制度。审核预算的重点由平衡状态、赤字规模向支出预算和政策拓展。清理规范重点支出同财政收支增幅或生产总值挂钩事项，一般不采取挂钩方式。建立跨年度预算平衡机制，建立权责发生制的政府综合财务报告制度，建立规范合理的中央和地方政府债务管理及风险预警机制。

完善一般性转移支付增长机制，重点增加对革命老区、民族地区、边疆地区、贫困地区的转移支付。中央出台增支政策形成的地方财力缺口，原则上通过一般性转移支付调节。清理、整合、规范专项转移支付项目，逐步取消竞争性领域专项和地方资金配套，严格控制引导类、救济类、应急类专项，对保留专项进行甄别，属地方事务的划入一般性转移支付。

（18）完善税收制度。深化税收制度改革，完善地方税体系，逐步提高直接税比重。推进增值税改革，适当简化税率。调整消费税征收范围、环节、税率，把高耗能、高污染产品及部分高档消费品纳入征收范围。逐步建立综合与分类相结合的个人所得税制。加快房地产税立法并适时推进改革，加快资源税改革，推动环境保护费改税。

按照统一税制、公平税负、促进公平竞争的原则，加强对税收优惠特别是区域税收优惠政策的规范管理。税收优惠政策统一由专门税收法律法规规定，清理规范税收优惠政策。完善国税、地税征管体制。

（19）建立事权和支出责任相适应的制度。适度加强中央事权和支出责任，国防、外交、国家安全、关系全国统一市场规则和管理等作为中央事权；部分社会保障、跨区域重大项目建设维护等作为中央和地方共同事权，逐步理顺事权关系；区域性公共服务作为地方事权。中央和地方按照事权划分相应承担和分担支出责任。中央可通过安排转移支付将部分事权支出责任委托地方承担。对于跨区域且对其他地区影响较大的公共服务，中央通过转移支付承担一部分地方事权支出责任。

保持现有中央和地方财力格局总体稳定，结合税制改革，考虑税种属性，进一步理顺中央和地方收入划分。

六 健全城乡发展一体化体制机制

城乡二元结构是制约城乡发展一体化的主要障碍。必须健全体制机制，形成以工促农、以城带乡、工农互惠、城乡一体的新型工农城乡关系，让广大农民平等参与现代化进程、共同分享现代化成果。

（20）加快构建新型农业经营体系。坚持家庭经营在农业中的基础性地位，推进家庭经营、集体经营、合作经营、企业经营等共同发展的农业经营方式创新。坚持农村土地集体所有权，依法维护农民土地承包经营权，发展壮大集体经济。稳定农村土地承包关系并保持长久不变，在坚持和完善最严格的耕地保护制度前提下，赋予农民对承包地占有、使用、收益、流转及承包经营权抵押、担保权能，允许农民以承包经营权入股发展农业产业化经营。鼓励承包经营权在公开市场上向专业大户、家庭农场、农民合作社、农业企业流转，发展多种形式规模经营。

鼓励农村发展合作经济，扶持发展规模化、专业化、现代化经营，允许财政项目资金直接投向符合条件的合作社，允许财政补助形成的资产转交合作社持有和管护，允许合作社开展信用合作。鼓励和引导工商资本到农村发展适合企业化经营的现代种养业，向农业输入现代生产要素和经营模式。

（21）赋予农民更多财产权利。保障农民集体经济组织成员权利，积极发展农民股份合作，赋予农民对集体资产股份占有、收益、有偿退出及抵押、担保、继承权。保障农户宅基地用益物权，改革完善农村宅基地制度，选择若干试点，慎重稳妥推进农民住房财产权抵押、担保、转让，探索农民增加财产性收入渠道。建立农村产权流转交易市场，推动农村产权流转交易公开、公正、规范运行。

（22）推进城乡要素平等交换和公共资源均衡配置。维护农民生产要素权益，保障农民工同工同酬，保障农民公平分享土地增值收益，保障金融机构农村存款主要用于农业农村。健全农业支持保护体系，改革农业补贴制度，完善粮食主产区利益补偿机制。完善农业保险制度。鼓励社会资本投向农村建设，允许企业和社会组织在农村兴办各类事业。统筹城乡基础设施建设和社区建设，推进城乡基本公共服务均等化。

（23）完善城镇化健康发展体制机制。坚持走中国特色新型城镇化道路，推进以人为核心的城镇化，推动大中小城市和小城镇协调发展、产业和城镇融合发展，促进城镇化和新农村建设协调推进。优化城市空间结构和管理格局，增强城市综合承载能力。

推进城市建设管理创新。建立透明规范的城市建设投融资机制，允许地方政府通过发债等多种方式拓宽城市建设融资渠道，允许社会资本通过特许经营等方式参与城市基础设施投资和运营，研究建立城市基础设施、住宅政策性金融机构。完善设市标准，严格审批程序，对具备行政区划调整条件的县可有序改市。对吸纳人口多、经济实力强的镇，可赋予同人口和经济规模相适应的管理权。建立和完善跨区域城市发展协调机制。

推进农业转移人口市民化，逐步把符合条件的农业转移人口转为城镇居民。创新人口管理，加快户籍制度改革，全面放开建制镇和小城市落户限制，有序放开中等城市落户限制，合理确定大城市落户条件，严格控制特大城市人口规模。稳步推进城镇基本公共服务常住人口全覆盖，把进城落户农民完全纳入城镇住房和社会保障体系，在农村参加的养老保险和医疗保险规范接入城镇社保体系。建立财政转移支付同农业转移人口市民化挂钩机制，从严合理供给城市建设用地，提高城市土地利用率。

七　构建开放型经济新体制

适应经济全球化新形势，必须推动对内对外开放相互促进、引进来和走出去更好结合，促进国际国内要素有序自由流动、资源高效配置、市场深度融合，加快培育参与和引领国际经济合作竞争新优势，以开放促改革。

（24）放宽投资准入。统一内外资法律法规，保持外资政策稳定、透明、可预期。推进金融、教育、文化、医疗等服务业领域有序开放，放开育幼养老、建筑设计、会计审计、商贸物流、电子商务等服务业领域外资准入限制，进一步放开一般制造业。加快海关特殊监管区域整合优化。

建立中国上海自由贸易试验区是党中央在新形势下推进改革开放的重大

举措，要切实建设好、管理好，为全面深化改革和扩大开放探索新途径、积累新经验。在推进现有试点基础上，选择若干具备条件地方发展自由贸易园（港）区。

扩大企业及个人对外投资，确立企业及个人对外投资主体地位，允许发挥自身优势到境外开展投资合作，允许自担风险到各国各地区自由承揽工程和劳务合作项目，允许创新方式走出去开展绿地投资、并购投资、证券投资、联合投资等。

加快同有关国家和地区商签投资协定，改革涉外投资审批体制，完善领事保护体制，提供权益保障、投资促进、风险预警等更多服务，扩大投资合作空间。

（25）加快自由贸易区建设。坚持世界贸易体制规则，坚持双边、多边、区域次区域开放合作，扩大同各国各地区利益汇合点，以周边为基础加快实施自由贸易区战略。改革市场准入、海关监管、检验检疫等管理体制，加快环境保护、投资保护、政府采购、电子商务等新议题谈判，形成面向全球的高标准自由贸易区网络。

扩大对香港特别行政区、澳门特别行政区和台湾地区开放合作。

（26）扩大内陆沿边开放。抓住全球产业重新布局机遇，推动内陆贸易、投资、技术创新协调发展。创新加工贸易模式，形成有利于推动内陆产业集群发展的体制机制。支持内陆城市增开国际客货运航线，发展多式联运，形成横贯东中西、联结南北方对外经济走廊。推动内陆同沿海沿边通关协作，实现口岸管理相关部门信息互换、监管互认、执法互助。

加快沿边开放步伐，允许沿边重点口岸、边境城市、经济合作区在人员往来、加工物流、旅游等方面实行特殊方式和政策。建立开发性金融机构，加快同周边国家和区域基础设施互联互通建设，推进丝绸之路经济带、海上丝绸之路建设，形成全方位开放新格局。

八 加强社会主义民主政治制度建设

发展社会主义民主政治，必须以保证人民当家作主为根本，坚持和完善人民代表大会制度、中国共产党领导的多党合作和政治协商制度、民族区域自治制度以及基层群众自治制度，更加注重健全民主制度、丰富民主形式，从各层次各领域扩大公民有序政治参与，充分发挥我国社会主义政治制度优越性。

（27）推动人民代表大会制度与时俱进。坚持人民主体地位，推进人民代表大会制度理论和实践创新，发挥人民代表大会制度的根本政治制度作用。完善中国特色社会主义法律体系，健全立法起草、论证、协调、审议机制，提高立法质量，防止地方保护和部门利益法制化。健全"一府两院"由人大产生、对人大负责、受人大监督制度。健全人大讨论、决定重大事项制度，各级政府重大决策出台前向本级人大报告。加强人大预算决算审查监督、国有资产监督职能。落实税收法定原则。加强人大常委会同人大代表的联系，充分发挥代表作用。通过建立健全代表联络机构、网络平台等形式密切代表同人民群众联系。

完善人大工作机制，通过座谈、听证、评估、公布法律草案等扩大公民有序参与立法途径，通过询问、质询、特定问题调查、备案审查等积极回应社会关切。

（28）推进协商民主广泛多层制度化发展。协商民主是我国社会主义民主政治的特有形式和独特优势，是党的群众路线在政治领域的重要体现。在党的领导下，以经济社会发展重大问题和涉及群众切身利益的实际问题为内容，在全社会开展广泛协商，坚持协商于决策之前和决策实施之中。

构建程序合理、环节完整的协商民主体系，拓宽国家政权机关、政协组织、党派团体、基层组织、社会组织的协商渠道。深入开展立法协商、行政协商、民主协商、参政协商、社会协商。加强中国特色新型智库建设，建立健全决策咨询制度。

发挥统一战线在协商民主中的重要作用。完善中国共产党同各民主党派的政治协商，认真听取各民主党派和无党派人士意见。中共中央根据年度工作重点提出规划，采取协商会、谈心会、座谈会等进行协商。完善民主党派中央直接向中共中央提出建议制度。贯彻党的民族政策，保障少数民族合法权益，巩固和发展平等团结互助和谐的社会主义民族关系。

发挥人民政协作为协商民主重要渠道作用。重点推进政治协商、民主监督、参政议政制度化、规范化、程序化。各级党委和政府、政协制定并组织实施协商年度工作计划，就一些重要决策听取政协意见。完善人民政协制度体系，规范协商内容、协商程序。拓展协商民主形式，更加活跃有序地组织专题协商、对口协商、界别协商、提案办理协商，增加协商密度，提高协商成效。在政协健全委员联络机构，完善委员联络制度。

（29）发展基层民主。畅通民主渠道，健全基层选举、议事、公开、述职、问责等机制。开展形式多样的基层民主协商，推进基层协商制度化，建立健全居民、村民监督机制，促进群众在城乡社区治理、基层公共事务和公益事业中依法自我管理、自我服务、自我教育、自我监督。健全以职工代表大会为基本形式的企事业单位民主管理制度，加强社会组织民主机制建设，保障职工参与管理和监督的民主权利。

九　推进法治中国建设

建设法治中国，必须坚持依法治国、依法执政、依法行政共同推进，坚持法治国家、法治政府、法治社会一体建设。深化司法体制改革，加快建设公正高效权威的社会主义司法制度，维护人民权益，让人民群众在每一个司法案件中都感受到公平正义。

（30）维护宪法法律权威。宪法是保证党和国家兴旺发达、长治久安的根本法，具有最高权威。要进一步健全宪法实施监督机制和程序，把全面贯彻实施宪法提高到一个新水平。建立健全全社会忠于、遵守、维护、运用宪法法律的制度。坚持法律面前人人平等，任何组织或者个人都不得有超越宪法法律的特权，一切违反宪法法律的行为都必须予以追究。

普遍建立法律顾问制度。完善规范性文件、重大决策合法性审查机制。建立科学的法治建设指标体系和考核标准。健全法规、规章、规范性文件备案审查制度。健全社会普法教育机制，增强全民法治观念。逐步增加有地方立法权的较大的市数量。

（31）深化行政执法体制改革。整合执法主体，相对集中执法权，推进综合执法，着力解决权责交叉、多头执法问题，建立权责统一、权威高效的行政执法体制。减少行政执法层级，加强食品药品、安全生产、环境保护、劳动保障、海域海岛等重点领域基层执法力量。理顺城管执法体制，提高执法和服务水平。

完善行政执法程序，规范执法自由裁量权，加强对行政执法的监督，全面落实行政执法责任制和执法经费由财政保障制度，做到严格规范公正文明执法。完善行政执法与刑事司法衔接机制。

（32）确保依法独立公正行使审判权检察权。改革司法管理体制，推动省以下地方法院、检察院人财物统一管理，探索建立与行政区划适当分离的司法管辖制度，保证国家法律统一正确实施。

建立符合职业特点的司法人员管理制度，健全法官、检察官、人民警察统一招录、有序交流、逐级遴选机制，完善司法人员分类管理制度，健全法官、检察官、人民警察职业保障制度。

（33）健全司法权力运行机制。优化司法职权配置，健全司法权力分工负责、互相配合、互相制约机制，加强和规范对司法活动的法律监督和社会监督。

改革审判委员会制度，完善主审法官、合议庭办案责任制，让审理者裁判、由裁判者负责。明确各级法院职能定位，规范上下级法院审级监督关系。

推进审判公开、检务公开，录制并保留全程庭审资料。增强法律文书说理性，推动公开法院生效裁判文书。严格规范减刑、假释、保外就医程序，强化监督制度。广泛实行人民陪审员、人民监督员制度，拓宽人民群众有序参与司法渠道。

（34）完善人权司法保障制度。国家尊重和保障人权。进一步规范查封、扣押、冻结、处理涉案财物的司法程序。健全错案防止、纠正、责任追究机制，严禁刑讯逼供、体罚虐待，严格实行非法证据排除规则。逐步减少适用死刑罪名。

废止劳动教养制度，完善对违法犯罪行为的惩治和矫正法律，健全社区矫正制度。

健全国家司法救助制度，完善法律援助制度。完善律师执业权利保障机制和违法违规执业惩戒制度，加强职业道德建设，发挥律师在依法维护公民和法人合法权益方面的重要作用。

十　强化权力运行制约和监督体系

坚持用制度管权管事管人，让人民监督权力，让权力在阳光下运行，是把权力关进制度笼子的根本之策。必须构建决策科学、执行坚决、监督有力的权力运行体系，健全惩治和预防腐败体系，建设廉洁政治，努力实现干部清正、政府清廉、政治清明。

（35）形成科学有效的权力制约和协调机制。完善党和国家领导体制，坚持民主集中制，充分发挥党的领导核心作用。规范各级党政主要领导干部职责权限，科学配置党政部门及内设机构权力和职能，明确职责定位和工作任务。

加强和改进对主要领导干部行使权力的制约和监督，加强行政监察和审计监督。

推行地方各级政府及其工作部门权力清单制度，依法公开权力运行流程。完善党务、政务和各领域办事公开制度，推进决策公开、管理公开、服务公开、结果公开。

（36）加强反腐败体制机制创新和制度保障。加强党对党风廉政建设和反腐败工作统一领导。改革党的纪律检查体制，健全反腐败领导体制和工作机制，改革和完善各级反腐败协调小组职能。

落实党风廉政建设责任制，党委负主体责任，纪委负监督责任，制定实施切实可行的责任追究制度。各级纪委要履行协助党委加强党风建设和组织协调反腐败工作的职责，加强对同级党委特别是常委会成员的监督，更好发挥党内监督专门机关作用。

推动党的纪律检查工作双重领导体制具体化、程序化、制度化，强化上级纪委对下级纪委的领导。查办腐败案件以上级纪委领导为主，线索处置和案件查办在向同级党委报告的同时必须向上级纪委报告。各级纪委书记、副书记的提名和考察以上级纪委会同组织部门为主。

全面落实中央纪委向中央一级党和国家机关派驻纪检机构，实行统一名称、统一管理。派驻机构对派出机关负责，履行监督职责。改进中央和省区市巡视制度，做到对地方、部门、企事业单位全覆盖。

健全反腐倡廉法规制度体系，完善惩治和预防腐败、防控廉政风险、防止利益冲突、领导干部报告个人有关事项、任职回避等方面法律法规，推行新提任领导干部有关事项公开制度试点。健全民主监督、法律监督、舆论监督机制，运用和规范互联网监督。

（37）健全改进作风常态化制度。围绕反对形式主义、官僚主义、享乐主义和奢靡之风，加快体制机制改革和建设。健全领导干部带头改进作风、深入基层调查研究机制，完善直接联系和服务群众制度。改革会议公文制度，从中央做起带头减少会议、文件，着力改进会风文风。健全严格的财务预算、核准和审计制度，着力控制"三公"经费支出和楼堂馆所建设。完善选人用人专项检查和责任追究制度，着力纠正跑官要官等不正之风。改革政绩考核机制，着力解决"形象工程"、"政绩工程"以及不作为、乱作为等问题。

规范并严格执行领导干部工作生活保障制度，不准多处占用住房和办公用房，不准超标准配备办公用房和生活用房，不准违规配备公车，不准违规配备秘书，不准超规格警卫，不准超标准进行公务接待，严肃查处违反规定超标准享受待遇等问题。探索实行官邸制。

完善并严格执行领导干部亲属经商、担任公职和社会组织职务、出国定居等相关制度规定，防止领导干部利用公共权力或自身影响为亲属和其他特定关系人谋取私利，坚决反对特权思想和作风。

十一　推进文化体制机制创新

建设社会主义文化强国，增强国家文化软实力，必须坚持社会主义先进文化前进方向，坚持中国特色社会主义文化发展道路，培育和践行社会主义核心价值观，巩固马克思主义在意识形态领域的指导地位，巩固全党全国各族人民团结奋斗的共同思想基础。坚持以人民为中心的工作导向，坚持把社会效益放在首位、社会效益和经济效益相统一，以激发全民族文化创造活力为中心环节，进一步深化文化体制改革。

（38）完善文化管理体制。按照政企分开、政事分开原则，推动政府部门由办文化向管文化转变，推动党政部门与其所属的文化企事业单位进一步理顺关系。建立党委和政府监管国有文化资产的管理机构，实行管人管事管资产管导向相统一。

健全坚持正确舆论导向的体制机制。健全基础管理、内容管理、行业管理以及网络违法犯罪防范和打击等工作联动机制，健全网络突发事件处置机制，形成正面引导和依法管理相结合的网络舆论工作格局。整合新闻媒体资源，推动传统媒体和新兴媒体融合发展。推动新闻发布制度化。严格新闻工作者职业资格制度，重视新型媒介运用和管理，规范传播秩序。

（39）建立健全现代文化市场体系。完善文化市场准入和退出机制，鼓励各类市场主体公平竞争、优胜劣汰，促进文化资源在全国范围内流动。继续推进国有经营性文化单位转企改制，加快公司制、股份制改造。对按规定转制的重要国有传媒企业探索实行特殊管理股制度。推动文化企业跨地区、跨行业、跨所有制兼并重组，提高文化产业规模化、集约化、专业化水平。

鼓励非公有制文化企业发展，降低社会资本进入门槛，允许参与对外出版、网络出版，允许以控股形式参与国有影视制作机构、文艺院团改制经营。支持各种形式小微文化企业发展。

在坚持出版权、播出权特许经营前提下，允许制作和出版、制作和播出分开。建立多层次文化产品和要素市场，鼓励金融资本、社会资本、文化资源相结合。完善文化经济政策，扩大政府文化资助和文化采购，加强版权保护。健全文化产品评价体系，改革评奖制度，推出更多文化精品。

（40）构建现代公共文化服务体系。建立公共文化服务体系建设协调机制，统筹服务设施网络建设，促进基本公共文化服务标准化、均等化。建立群众评价和反馈机制，推动文化惠民项目与群众文化需求有效对接。整合基层宣传文化、党员教育、科学普及、体育健身等设施，建设综合性文化服务中心。

明确不同文化事业单位功能定位，建立法人治理结构，完善绩效考核机制。推动公共图书馆、博物馆、文化馆、科技馆等组建理事会，吸纳有关方面代表、专业人士、各界群众参与管理。

引入竞争机制，推动公共文化服务社会化发展。鼓励社会力量、社会资本参与公共文化服务体系建设，培育文化非营利组织。

（41）提高文化开放水平。坚持政府主导、企业主体、市场运作、社会参与，扩大对外文化交流，加强国际传播能力和对外话语体系建设，推动中华文化走向世界。理顺内宣外宣体制，支持重点媒体面向国内国际发展。培育外向型文化企业，支持文化企业到境外开拓市场。鼓励社会组织、中资机构等参与孔子学院和海外文化中心建设，承担人文交流项目。

积极吸收借鉴国外一切优秀文化成果，引进有利于我国文化发展的人才、技术、经营管理经验。切实维护国家文化安全。

十二　推进社会事业改革创新

实现发展成果更多更公平惠及全体人民，必须加快社会事业改革，解决好人民最关心最直接最现实的利益问题，努力为社会提供多样化服务，更好满足人民需求。

（42）深化教育领域综合改革。全面贯彻党的教育方针，坚持立德树人，加强社会主义核心价值体系教育，完善中华优秀传统文化教育，形成爱学习、爱劳动、爱祖国活动的有效形式和长效机制，增强学生社会责任感、创新精神、实践能力。强化体育课和课外锻炼，促进青少年身心健康、体魄强健。改进美育教学，提高学生审美和人文素养。大力促进教育公平，健全家庭经济困难学生资助体系，构建利用信息化手段扩大优质教育资源覆盖面的有效机制，逐步缩小区域、城乡、校际差距。统筹城乡义务教育资源均衡配置，实行公办学校标准化建设和校长教师交流轮岗，不设重点学校重点班，破解择校难题，标本兼治减轻学生课业负担。加快现代职业教育体系建设，深化产教融合、校企合作，培养高素质劳动者和技能型人才。创新高校人才培养机制，促进高校办出特色争创一流。推进学前教育、特殊教育、继续教育改革发展。

推进考试招生制度改革，探索招生和考试相对分离、学生考试多次选择、学校依法自主招生、专业机构组织实施、政府宏观管理、社会参与监督的运行机制，从根本上解决一考定终身的弊端。义务教育免试就近入学，试行学区制和九年一贯对口招生。推行初高中学业水平考试和综合素质评价。加快推进职业院校分类招考或注册入学。逐步推行普通高校基于统一高考和高中学业水平考试成绩的综合评价多元录取机制。探索全国统考减少科目、不分文理科、外语等科目社会化考试一年多考。试行普通高校、高职院校、成人高校之间学分转换，拓宽终身学习通道。

深入推进管办评分离，扩大省级政府教育统筹权和学校办学自主权，完善学校内部治理结构。强化国家教育督导，委托社会组织开展教育评估监测。健全政府补贴、政府购买服务、助学贷款、基金奖励、捐资激励等制度，鼓励社会力量兴办教育。

（43）健全促进就业创业体制机制。建立经济发展和扩大就业的联动机制，健全政府促进就业责任制度。规范招人用人制度，消除城乡、行业、身份、性别等一切影响平等就业的制度障碍和就业歧视。完善扶持创业的优惠政策，形成政府激励创业、社会支持创业、劳动者勇于创业新机制。完善城乡均等的公共就业创业服务体系，构建劳动者终身职业培训体系。增强失业保险制度预防失业、促进就业功能，完善就业失业监测统计制度。创新劳动关系协调机制，畅通职工表达合理诉求渠道。

促进以高校毕业生为重点的青年就业和农村转移劳动力、城镇困难人员、退役军人就业。结合产业升级开发更多适合高校毕业生的就业岗位。政府购买基层公共管理和社会服务岗位更多用于吸纳高校毕业生就业。健全鼓励高校毕业生到基层工作的服务保障机制，提高公务员定向招录和事业单位优先招聘比例。实行激励高校毕业生自主创业政策，整合发展国家和省级高校毕业生就业创业基金。实施离校未就业高校毕业生就业促进计划，把未就业的纳入就业见习、技能培训等就业准备活动之中，对有特殊困难的实行全程就业服务。

（44）形成合理有序的收入分配格局。着重保护劳动所得，努力实现劳动报酬增长和劳动生产率提高同步，提高劳动报酬在初次分配中的比重。健全工资决定和正常增长机制，完善最低工资和工资支付保障制度，完善企业工资集体协商制度。改革机关事业单位工资和津贴补贴制度，完善艰苦边远地区津贴增长机制。健全资本、知识、技术、管理等由要素市场决定的报酬机制。扩展投资和租赁服务等途径，优化上市公司投资者回报机制，保护投资者尤其是中小投资者合法权益，多渠道增加居民财产性收入。

完善以税收、社会保障、转移支付为主要手段的再分配调节机制，加大税收调节力度。建立公共资源出让收益合理共享机制。完善慈善捐助减免税制度，支持慈善事业发挥扶贫济困积极作用。

规范收入分配秩序，完善收入分配调控体制机制和政策体系，建立个人收入和财产信息系统，保护合法收入，调节过高收入，清理规范隐性收入，取缔非法收入，增加低收入者收入，扩大中等收入者比重，努力缩小城乡、区域、行业收入分配差距，逐步形成橄榄型分配格局。

（45）建立更加公平可持续的社会保障制度。坚持社会统筹和个人账户相结合的基本养老保险制度，完善个人账户制度，健全多缴多得激励机制，确保参保人权益，实现基础养老金全国统筹，坚持精算平衡原则。推进机关事业单位养老保险制度改革。整合城乡居民基本养老保险制度、基本医疗保险制度。推进城乡最低生活保障制度统筹发展。建立健全合理兼顾各类人员的社会保障待遇确定和正常调整机制。完善社会保险关系转移接续政策，扩大参保缴费覆盖面，适时适当降低社会保险费率。研究制定渐进式延迟退休年龄政策。加快健全社会保障管理体制和经办服务体系。健全符合国情的住房保障和供应体系，建立公开规范的住房公积金制度，改进住房公积金提取、使用、监管机制。

健全社会保障财政投入制度，完善社会保障预算制度。加强社会保险基金投资管理和监督，推进基金市场化、多元化投资运营。制定实施免税、延期征税等优惠政策，加快发展企业年金、职业年金、商业保险，构建多层次社会保障体系。

积极应对人口老龄化，加快建立社会养老服务体系和发展老年服务产业。健全农村留守儿童、妇女、老年人关爱服务体系，健全残疾人权益保障、困境儿童分类保障制度。

（46）深化医药卫生体制改革。统筹推进医疗保障、医疗服务、公共卫生、药品供应、监管体制综合改革。深化基层医疗卫生机构综合改革，健全网络化城乡基层医疗卫生服务运行机制。加快公立医院改革，落实政府责任，建立科学的医疗绩效评价机制和适应行业特点的人才培养、人事薪酬制度。完善合理分级诊疗模式，建立社区医生和居民契约服务关系。充分利用信息化手段，促进优质医疗资源纵向流动。加强区域公共卫生服务资源整合。取消以药补医，理顺医药价格，建立科学补偿机制。改革医保支付方式，健全全民医保体系。加快健全重特大疾病医疗保险和救助制度。完善中医药事业发展政策和机制。

鼓励社会办医，优先支持举办非营利性医疗机构。社会资金可直接投向资源稀缺及满足多元需求服务领域，多种形式参与公立医院改制重组。允许医师多点执业，允许民办医疗机构纳入医保定点范围。

坚持计划生育的基本国策，启动实施一方是独生子女的夫妇可生育两个孩子的政策，逐步调整完善生育政策，促进人口长期均衡发展。

十三 创新社会治理体制

创新社会治理，必须着眼于维护最广大人民根本利益，最大限度增加和谐因素，增强社会发展活力，提高社会治理水平，全面推进平安中国建设，维护国家安全，确保人民安居乐业、社会安定有序。

（47）改进社会治理方式。坚持系统治理，加强党委领导，发挥政府主导作用，鼓励和支持社会各方面参与，实现政府治理和社会自我调节、居民自治良性互动。坚持依法治理，加强法治保障，运用法治思维和法治方式化解社会矛盾。坚持综合治理，强化道德约束，规范社会行为，调节利益关系，协调社会关系，解决社会问题。坚持源头治理，标本兼治、重在治本，以网格化管理、社会化服务为方向，健全基层综合服务管理平台，及时反映和协调人民群众各方面各层次利益诉求。

（48）激发社会组织活力。正确处理政府和社会关系，加快实施政社分开，推进社会组织明确权责、依法自治、发挥作用。适合由社会组织提供的公共服务和解决的事项，交由社会组织承担。支持和发展志愿服务组织。限期实现行业协会商会与行政机关真正脱钩，重点培育和优先发展行业协会商会类、科技类、公益慈善类、城乡社区服务类社会组织，成立时直接依法申请登记。加强对社会组织和在华境外非政府组织的管理，引导它们依法开展活动。

（49）创新有效预防和化解社会矛盾体制。健全重大决策社会稳定风险评估机制。建立畅通有序的诉求表达、心理干预、矛盾调处、权益保障机制，使群众问题能反映、矛盾能化解、权益有保障。

改革行政复议体制，健全行政复议案件审理机制，纠正违法或不当行政行为。完善人民调解、行政调解、司法调解联动工作体系，建立调处化解矛盾纠纷综合机制。

改革信访工作制度，实行网上受理信访制度，健全及时就地解决群众合理诉求机制。把涉法涉诉信访纳入法治轨道解决，建立涉法涉诉信访依法终结制度。

（50）健全公共安全体系。完善统一权威的食品药品安全监管机构，建立最严格的覆盖全过程的监管制度，建立食品原产地可追溯制度和质量标识制度，保障食品药品安全。深化安全生产管理体制改革，建立隐患排查治理体系和安全预防控制体系，遏制重特大安全事故。健全防灾减灾救灾体制。加强社会治安综合治理，创新立体化社会治安防控体系，依法严密防范和惩治各类违法犯罪活动。

坚持积极利用、科学发展、依法管理、确保安全的方针，加大依法管理网络力度，加快完善互联网管理领导体制，确保国家网络和信息安全。

设立国家安全委员会，完善国家安全体制和国家安全战略，确保国家安全。

十四　加快生态文明制度建设

建设生态文明，必须建立系统完整的生态文明制度体系，实行最严格的源头保护制度、损害赔偿制度、责任追究制度，完善环境治理和生态修复制度，用制度保护生态环境。

（51）健全自然资源资产产权制度和用途管制制度。对水流、森林、山岭、草原、荒地、滩涂等自然生态空间进行统一确权登记，形成归属清晰、权责明确、监管有效的自然资源资产产权制度。建立空间规划体系，划定生产、生活、生态空间开发管制界限，落实用途管制。健全能源、水、土地节约集约使用制度。

健全国家自然资源资产管理体制，统一行使全民所有自然资源资产所有者职责。完善自然资源监管体制，统一行使所有国土空间用途管制职责。

（52）划定生态保护红线。坚定不移实施主体功能区制度，建立国土空间开发保护制度，严格按照主体功能区定位推动发展，建立国家公园体制。建立资源环境承载能力监测预警机制，对水土资源、环境容量和海洋资源超载区域实行限制性措施。对限制开发区域和生态脆弱的国家扶贫开发工作重点县取消地区生产总值考核。

探索编制自然资源资产负债表，对领导干部实行自然资源资产离任审计。建立生态环境损害责任终身追究制。

（53）实行资源有偿使用制度和生态补偿制度。加快自然资源及其产品价格改革，全面反映市场供求、资源稀缺程度、生态环境损害成本和修复效益。坚持使用资源付费和谁污染环境、谁破坏生态谁付费原则，逐步将资源税扩展到占用各种自然生态空间。稳定和扩大退耕还林、退牧还草范围，调整严重污染和地下水严重超采区耕地用途，有序实现耕地、河湖休养生息。建立有效调节工业用地和居住用地合理比价机制，提高工业用地价格。坚持谁受益、谁补偿原则，完善对重点生态功能区的生态补偿机制，推动地区间建立横向生态补偿制度。发展环保市场，推行节能量、碳排放权、排污权、水权交易制度，建立吸引社会资本投入生态环境保护的市场化机制，推行环境污染第三方治理。

（54）改革生态环境保护管理体制。建立和完善严格监管所有污染物排放的环境保护管理制度，独立进行环境监管和行政执法。建立陆海统筹的生态系统保护修复和污染防治区域联动机制。健全国有林区经营管理体制，完善集体林权制度改革。及时公布环境信息，健全举报制度，加强社会监督。完善污染物排放许可制，实行企事业单位污染物排放总量控制制度。对造成生态环境损害的责任者严格实行赔偿制度，依法追究刑事责任。

十五　深化国防和军队改革

紧紧围绕建设一支听党指挥、能打胜仗、作风优良的人民军队这一党在新形势下的强军目标，着力解决制约国防和军队建设发展的突出矛盾和问题，创新发展军事理论，加强军事战略指导，完善新时期军事战略方针，构建中国特色现代军事力量体系。

（55）深化军队体制编制调整改革。推进领导管理体制改革，优化军委总部领导机关职能配置和机构设置，完善各军兵种领导管理体制。健全军委联合作战指挥机构和战区联合作战指挥体制，推进联合作战训练和保障体制改革。完善新型作战力量领导体制。加强信息化建设集中统管。优化武装警察部队力量结构和指挥管理体制。

优化军队规模结构，调整改善军兵种比例、官兵比例、部队与机关比例，减少非战斗机构和人员。依据不同方向安全需求和作战任务改革部队编成。加快新型作战力量建设。深化军队院校改革，健全军队院校教育、部队训练实践、军事职业教育三位一体的新型军事人才培养体系。

（56）推进军队政策制度调整改革。健全完善与军队职能任务需求和国家政策制度创新相适应的军事人力资源政策制度。以建立军官职业化制度为牵引，逐步形成科学规范的军队干部制度体系。健全完善文职人员制度。完善兵役制度、士官制度、退役军人安置制度改革配套政策。

健全军费管理制度，建立需求牵引规划、规划主导资源配置机制。健全完善经费物资管理标准制度体系。深化预算管理、集中收付、物资采购和军人医疗、保险、住房保障等制度改革。

健全军事法规制度体系，探索改进部队科学管理的方式方法。

（57）推动军民融合深度发展。在国家层面建立推动军民融合发展的统一领导、军地协调、需求对接、资源共享机制。健全国防工业体系，完善国防科技协同创新体制，改革国防科研生产管理和武器装备采购体制机制，引导优势民营企业进入军品科研生产和维修领域。改革完善依托国民教育培养军事人才的政策制度。拓展军队保障社会化领域。深化国防教育改革。健全国防动员体制机制，完善平时征用和战时动员法规制度。深化民兵预备役体制改革。调整理顺边海空防管理体制机制。

十六 加强和改善党对全面深化改革的领导

全面深化改革必须加强和改善党的领导，充分发挥党总揽全局、协调各方的领导核心作用，建设学习型、服务型、创新型的马克思主义执政党，提高党的领导水平和执政能力，确保改革取得成功。

（58）全党同志要把思想和行动统一到中央关于全面深化改革重大决策部署上来，正确处理中央和地方、全局和局部、当前和长远的关系，正确对待利益格局调整，充分发扬党内民主，坚决维护中央权威，保证政令畅通，坚定不移实现中央改革决策部署。

中央成立全面深化改革领导小组，负责改革总体设计、统筹协调、整体推进、督促落实。

各级党委要切实履行对改革的领导责任，完善科学民主决策机制，以重大问题为导向，把各项改革举措落到实处。加强各级领导班子建设，完善干部教育培训和实践锻炼制度，不断提高领导班子和领导干部推动改革能力。创新基层党建工作，健全党的基层组织体系，充分发挥基层党组织的战斗堡垒作用，引导广大党员积极投身改革事业，发扬"钉钉子"精神，抓铁有痕、踏石留印，为全面深化改革作出积极贡献。

（59）全面深化改革，需要有力的组织保证和人才支撑。坚持党管干部原则，深化干部人事制度改革，构建有效管用、简便易行的选人用人机制，使各方面优秀干部充分涌现。发挥党组织领导和把关作用，强化党委（党组）、分管领导和组织部门在干部选拔任用中的权重和干部考察识别的责任，改革和完善干部考核评价制度，改进竞争性选拔干部办法，改进优秀年轻干部培养选拔机制，区分实施选任制和委任制干部选拔方式，坚决纠正唯票取人、唯分取人等现象，用好各年龄段干部，真正把信念坚定、为民服务、勤政务实、敢于担当、清正廉洁的好干部选拔出来。

打破干部部门化，拓宽选人视野和渠道，加强干部跨条块跨领域交流。破除"官本位"观念，推进干部能上能下、能进能出。完善和落实领导干部问责制，完善从严管理干部队伍制度体系。深化公务员分类改革，推行公务员职务与职级并行、职级与待遇挂钩制度，加快建立专业技术类、行政执法类公务员和聘任人员管理制度。完善基层公务员录用制度，在艰苦边远地区适当降低进入门槛。

建立集聚人才体制机制，择天下英才而用之。打破体制壁垒，扫除身份障碍，让人人都有成长成才、脱颖而出的通道，让各类人才都有施展才华的广阔天地。完善党政机关、企事业单位、社会各方面人才顺畅流动的制度体系。健全人才向基层流动、向艰苦地区和岗位流动、在一线创业的激励机制。加快形成具有国际竞争力的人才制度优势，完善人才评价机制，增强人才政策开放度，广泛吸引境外优秀人才回国或来华创业发展。

（60）人民是改革的主体，要坚持党的群众路线，建立社会参与机制，充分发挥人民群众积极性、主动性、创造性，充分发挥工会、共青团、妇联等人民团体作用，齐心协力推进改革。鼓励地方、基层和群众大胆探索，加强重大改革试点工作，及时总结经验，宽容改革失误，加强宣传和舆论引导，为全面深化改革营造良好社会环境。

全党同志要紧密团结在以习近平同志为总书记的党中央周围，锐意进取，攻坚克难，谱写改革开放伟大事业历史新篇章，为全面建成小康社会、不断夺取中国特色社会主义新胜利、实现中华民族伟大复兴的中国梦而奋斗！（完）

后　记

　　本书为国家社科基金重大项目"我国流域经济与政区经济协同发展研究"（编号12&ZD201）阶段成果。课题组在2014年黄河流域和长江流域调研的基础上，2015年针对水权专题再次实地考察，赴西北内陆河石羊河流域甘肃武威、黑河流域甘肃张掖考察上下游分水和水权水价改革试点，赴黄河宁蒙河段内蒙古鄂尔多斯、巴彦淖尔、呼和浩特和宁夏银川、盐池等考察水权确权、行业间水权转换和水权交易平台建设试点，赴广东、惠州、河源考察南方地区水权交易特点、水权交易平台建设和东江流域上下游水权交易试点，赴河南郑州、平顶山、南阳、新密等考察南水北调中线工程及跨流域水权交易试点，赴都江堰考察南方丰水区灌区水资源管理和水权管理；课题组还特别前往水利部、黄河委、长江委、珠江委调研，请教制度建设和总体情况，历经两年考察和研究，完成本专题研究和本书撰写。

　　全书研究由刘世庆、林凌牵头和组织；全书统稿由刘世庆、巨栋、郭时君完成。各章作者分别是：第1章：郭时君、刘立彬；第2章：付实、郭时君；第3章：林睿、郭时君、刘世庆、巨栋；第4章：刘世庆、郭时君、林睿、巨栋；第5章：林凌、刘世庆、巨栋、郭时君、付实、邵平桢；第6章：郭时君；第7章：巨栋；第8章：杨大勇、郭贵明、王鸣镝、杨向明；第9章：樊维翰；第10章：林凌、巨栋、刘世庆；第11章：杨正华、曹进军、李鹏学、杨锦；第12章：王天雄；第13章：黄本胜、洪昌红、邱静、芦妍婷、黄锋华、赵璧奎；第14章：刘立彬；第15章：付实；第16章：付实；第17章：唐佳路、付实；第18章：付实；第19章：刘世庆、林睿、巨栋、郭时君。

　　本书的调研和撰写要特别感谢：水利部、黄委会、长江委、珠江委、石羊河流域管理局、甘肃张掖水务局、内蒙古水利厅、鄂尔多斯市水务局、巴彦淖尔市水务局、宁夏社科院、宁夏水利厅、宁夏盐池水务局、广东省水利厅、广东省水科院、惠州市水务局、河源市水务局、东江流域管理局、河南省水利厅、南水北调中线工程管理局、平顶山市水利局、邓州市水利局、新密市水利局、四川省水利厅等给予的大力帮助，他们不仅给予无私且十分耐心的指导，而且共同完成部分章节的研究和撰写。本书撰写中参阅和吸收了大量国内外研究成果和各方面资料数据；出版过程中，得到社会科学文献出版社的积极协助，在此一并表示衷心感谢！

　　本书专题领域新、内容广、研究难度大，尽管在研究过程中我们始终兢兢业业，力求精益求精，但由于专业水平、研究能力和时间资料所限，不足甚或错误之处在所难免，衷心希望专家读者提出宝贵意见。

作　者

2015 年 11 月

图书在版编目（CIP）数据

中国水权制度建设考察报告/刘世庆等著. —北京：社会科学文献
出版社，2015.12
ISBN 978 - 7 - 5097 - 8599 - 7

Ⅰ.①中…　Ⅱ.①刘…　Ⅲ.①水资源管理 - 研究报告 - 中国
Ⅳ.①TV213.4

中国版本图书馆 CIP 数据核字（2015）第 312848 号

中国水权制度建设考察报告

著　　者 / 刘世庆　巨　栋　刘立彬　郭时君　等

出 版 人 / 谢寿光
项目统筹 / 高振华
责任编辑 / 高振华

出　　版 / 社会科学文献出版社·皮书出版分社 （010）59367127
　　　　　地址：北京市北三环中路甲 29 号院华龙大厦　邮编：100029
　　　　　网址：www. ssap. com. cn
发　　行 / 市场营销中心 （010）59367081　59367018
印　　装 / 北京盛通印刷股份有限公司

规　　格 / 开　本：787mm × 1092mm　1/16
　　　　　印　张：35　字　数：569 千字
版　　次 / 2015 年 12 月第 1 版　2015 年 12 月第 1 次印刷
书　　号 / ISBN 978 - 7 - 5097 - 8599 - 7
定　　价 / 298.00 元

本书如有印装质量问题，请与读者服务中心（010 - 59367028）联系